基礎コース
細胞生物学

Stephen R. BOLSOVER・Elizabeth A. SHEPHARD
Hugh A. WHITE・Jeremy S. HYAMS 著

永田恭介監訳

東京化学同人

CELL BIOLOGY: A Short Course, 3rd edition.
Copyright © 2011 by John Wiley & Sons, Inc.
All rights reserved. This translation published
under license. Japanese translation edition
© 2013 by Tokyo Kagaku Dozin Co., Ltd.

目　　次

1. 細胞と組織 ··· 1
顕微鏡の原理 ··· 1
　光学顕微鏡 ··· 2
　電子顕微鏡 ··· 3
　走査型電子顕微鏡 ··· 4
細胞の分類 ·· 5
　細胞分裂 ·· 7
ウイルス ··· 8
真核細胞の起源 ·· 8
生体内での細胞の特殊性の獲得 ··· 9
幹細胞による組織への細胞の補充 ··· 10
細胞壁 ·· 10
まとめ ·· 10
参考文献 ··· 11
復習問題 ··· 11
発展問題 ··· 11
応用例 1・1 沪過滅菌 ··· 4
発 展 1・1 蛍光顕微鏡 ··· 6
発 展 1・2 顕微鏡の発明への報酬 ··· 7
発 展 1・3 幹 細 胞 ··· 8

2. 水と高分子 ·· 12
化学結合: 電子を共有する ·· 12
水との相互作用: 溶液 ·· 13
　イオン性の化合物は極性溶媒にのみ溶ける ···································· 13
　酸とは水に H^+ を与える分子である ··· 13
　塩基は水から H^+ を受取る分子である ·· 14
　等 電 点 ··· 15
　水素結合は水素原子が共有されたときに
　　　　　　形成される ·· 15
生体高分子 ··· 16
炭水化物: あめと鞭 ··· 16
　甘味の種類 ··· 16
　二 糖 ··· 17
　甘いものは力の源 ·· 17
　修飾された糖 ·· 18
酸化と還元とは電子の移動である ·· 20
アミノ酸, ポリペプチド, タンパク質 ·· 20
脂 質 ·· 22
加水分解 ··· 24
まとめ ·· 25
参考文献 ··· 25
復習問題 ··· 25
発展問題 ··· 26
応用例 2・1 サラダドレッシングは
　　　　　　　　　溶媒の混合物である ··· 15
発 展 2・1 命 名 法 ··· 20
発 展 2・2 折れ曲がりがもつもの: 二重結合,
　　　　　　　　膜の流動性と月見草 ·· 23
医療応用 2・1 糖尿病性アシドーシス ·· 15
医療応用 2・2 AIDS 治療薬としての
　　　　　　　　　プロテアーゼ阻害剤 ·· 20

3. 生体膜と細胞小器官 ··· 27
細胞の膜構造の基本的性質 ··· 27
　直線状の膜: 二重層を通した拡散 ··· 27
　細胞間結合 ··· 28
二重の膜によって構成される細胞小器官 ·· 29
　核 ··· 29
　ミトコンドリア ··· 30
一重の膜によって構成される細胞小器官 ·· 31
　ペルオキシソーム ·· 31
　小 胞 体 ··· 31
　ゴルジ装置 ··· 31
　リソソーム ··· 32
まとめ ·· 32
参考文献 ··· 32
復習問題 ··· 33
発展問題 ··· 33
応用例 3・1 肺における素早い拡散 ··· 28
応用例 3・2 ギャップ結合が卵を
　　　　　　　　待機状態にしている ·· 29
応用例 3・3 細胞質での DNA 破壊 ·· 30
発 展 3・1 細胞小器官研究者へのノーベル賞 ································· 31
医療応用 3・1 リソソーム蓄積症 ·· 32

4. DNAの構造と遺伝コード……………………………………34

- DNA の 構 造………………………………34
  - 2本のDNA鎖は相補的である……………35
  - DNA分子は二重らせんである……………35
  - DNA構造には異なる型がある……………36
- 遺伝物質としての DNA……………………36
- DNA分子の折りたたみと染色体構築………36
  - 真核生物の染色体とクロマチン構造……36
  - 原核生物の染色体…………………………38
  - プラスミド…………………………………38
  - ウイルス……………………………………38
- 遺 伝 コ ー ド………………………………39
  - アミノ酸の略称……………………………40
- 遺伝コードは"縮重"しているが
  "曖昧"ではない…………………………41
- 開始/終止コドンと読み枠…………………42
- ミスセンス変異………………………………42
- ま と め………………………………………43
- 参 考 文 献……………………………………43
- 復 習 問 題……………………………………43
- 発 展 問 題……………………………………44
- 応用例4・1 Erwin Chargaff の謎のデータ………36
- 発 展4・1 DNA——ゴルディウスの結び目………37
- 医療応用4・1 抗ウイルス薬…………………………37
- 医療応用4・2 早期翻訳停止…………………………39
- 医療応用4・3 トリメチルアミン尿症………………41

5. 情報記憶媒体としてのDNA………………………………45

- DNA 複 製……………………………………45
  - DNA複製フォーク…………………………45
- 複製の際にDNAの二重らせんは
  タンパク質によってほどかれる…………45
  - DnaA タンパク質……………………………45
  - DnaB および DnaC タンパク質……………46
  - 一本鎖DNA結合タンパク質………………46
- DNA 複製の生化学……………………………46
  - DNA合成にはRNAプライマーが必要……46
  - RNA プライマーは除かれる………………48
  - DNAポリメラーゼによる校正機構………48
  - ミスマッチ修復は校正機構をバックアップする……48
- 複製後の DNA 修復……………………………49
  - 自発的または化学的にひき起こされる塩基損傷……49
  - DNA 修復プロセス…………………………50
- 真核生物中の遺伝子構造および構成………51
  - イントロンとエキソン：真核生物の遺伝子に
    付与された複雑さ………………………51
  - 真核生物DNAのおもな分類………………52
- 遺 伝 子 命 名 法………………………………54
- ま と め………………………………………54
- 参 考 文 献……………………………………54
- 復 習 問 題……………………………………54
- 発 展 問 題……………………………………55
- 応用例5・1 Meselson と Stahl の実験………………47
- 発 展5・1 多細胞生物には遺伝子よりさらに多くの
  タンパク質が存在する……………………52
- 発 展5・2 ゲノムプロジェクト………………………53
- 医療応用5・1 DNAポリメラーゼ阻害と癌治療……47
- 医療応用5・2 ブルーム症候群と色素性乾皮症……51

6. 転写と遺伝子発現………………………………56

- RNA の 構 造…………………………………56
- RNA ポリメラーゼ……………………………56
- 遺 伝 子 の 表 記 法……………………………56
- 細 菌 の RNA 合 成……………………………56
- 細菌の遺伝子発現コントロール……………58
  - 誘導性ペロンとしての lac…………………59
  - 抑制性オペロンとしての trp………………61
- 真核生物の RNA 合成…………………………62
  - 真核生物のメッセンジャーRNAの
    プロセシング……………………………62
- 真核生物の遺伝子発現コントロール………64
  - グルココルチコイドは細胞膜を通過して
    転写を活性化する………………………66
- ま と め………………………………………67
- 参 考 文 献……………………………………67
- 復 習 問 題……………………………………67
- 発 展 問 題……………………………………68
- 応用例6・1 クオラムセンシング：
  暗闇で発光するイカ………………………61
- 発 展6・1 RNA分子は遺伝子発現を抑制する………62
- 医療応用6・1 セント・ジョーンズ・ワート，
  グレープフルーツと自然の解毒………63
- 医療応用6・2 腎臓のアルドステロン………………64
- 医療応用6・3 グルココルチコイドホルモンは
  転写を抑制する：関節リウマチ……64

7. 組換えDNAとゲノム工学 ……69
- DNA クローニング ……69
- クローンの作製 ……69
  - 外来 DNA 分子の細菌への導入 ……71
  - cDNA クローン選択について ……73
  - ゲノム DNA のクローニング ……75
- DNA クローンの利用 ……77
  - DNA 塩基配列決定 ……77
  - サザンブロット法 ……78
  - in situ ハイブリダイゼーション ……80
  - ノーザンブロット法 ……80
  - 細菌での哺乳類タンパク質の発現 ……81
  - タンパク質工学 ……82
  - ポリメラーゼ連鎖反応 ……83
  - 病気の原因遺伝子を同定する ……84
- 逆遺伝学 ……84
- トランスジェニックおよびノックアウトマウス ……85
- DNA 検査をする倫理的問題 ……86
- まとめ ……86
- 参考文献 ……87
- 復習問題 ……87
- 発展問題 ……88
- 応用例 7・1 クローニングベクター pBluescript ……70
- 応用例 7・2 受容体タンパク質をコードする cDNA のクローニング ……74
- 発 展 7・1 遺伝子改変 (GM) 植物——これは世界の食糧需要に応えられるのか ……84
- 医療応用 7・1 マイクロアレイと癌治療方針 ……80

8. ゲノムの全体像 ……89
- 遺伝子とゲノム ……89
  - 遺伝子とは ……89
  - ゲノムとは ……90
- ゲノム解析の現状 ……91
  - 生物間におけるゲノムの違い ……92
  - 遺伝子にかかわる領域の非コード DNA の役割 ……92
- 反復配列 ……92
- ゲノムからポストゲノム——オミクス研究 ……93
  - 一塩基多型 (SNP: single nucleotide polymorphism) 解析 ……93
  - 非コード RNA の重要性と役割 ……93
- 発 展 8・1 エピジェネティックな遺伝子発現調節 ……90

9. タンパク質の生産 ……96
- アミノ酸の tRNA への付加 ……96
  - 転移 RNA，アンチコドン，ゆらぎ ……96
- リボソーム ……97
- 細菌のタンパク質合成 ……97
  - リボソーム結合部位 ……97
  - ポリペプチド鎖の始まり ……99
  - 70S 開始複合体 ……100
  - 細菌におけるタンパク質鎖の伸長 ……100
  - ポリリボソーム ……101
  - タンパク質合成の終結 ……101
  - リボソームはリサイクルされる ……102
- 真核生物のタンパク質合成は少し複雑である ……102
  - 抗生物質とタンパク質合成 ……103
- タンパク質の分解 ……104
- まとめ ……105
- 参考文献 ……105
- 復習問題 ……105
- 発展問題 ……106
- 応用例 9・1 刺激物質としてのホルミルメチオニン ……99
- 応用例 9・2 ジフテリア菌はタンパク質合成を阻害する ……102
- 発 展 9・1 タンパク質を一次元で分離する方法 ……98
- 発 展 9・2 ペプチジルトランスフェラーゼはリボザイムである ……101
- 発 展 9・3 プロテオミクス ……104
- 医療応用 9・1 終止信号の読み飛ばし ……102

10. タンパク質の構造 ……107
- タンパク質の名前 ……107
- アミノ酸のポリマー ……107
  - 構成要素としてのアミノ酸 ……107
  - 各アミノ酸のユニークな性質 ……110
- 天然に存在する 20 種以外のアミノ酸 ……111
- タンパク質の三次元構造 ……111
- 水素結合 ……111
- 静電的相互作用 ……111
- ファンデルワールス力 ……111
- 疎水結合 ……112
- ジスルフィド結合 ……112
- 構造の次数 ……112

一次構造 ································112
　　二次構造 ································112
　　三次構造：ドメインとモチーフ ········113
　　四次構造 ································116
　補欠分子族 ································116
　一次構造により二次以上の構造は決まっている ········117
　まとめ ····································118
　参考文献 ··································118
　復習問題 ··································118
　発展問題 ··································118

応用例 10・1　塩橋は ROMK のチャネルを開いている ·················110
発　展 10・1　ハイドロパシープロット——血小板由来増殖因子受容体の場合 ·········109
発　展 10・2　光学異性とアミノ酸 ········115
発　展 10・3　腐った魚で狂ったマウスを治す ·········117
医療応用 10・1　Ras に疎水的グループを付ける理由 ·················111
医療応用 10・2　狂牛病：タンパク質が巻戻らなくなる ···············116

11. 細胞内タンパク質輸送 ···············119

細胞内タンパク質輸送の3様式 ···········119
　　標的化配列 ····························120
　　残留シグナル ························120
核　輸　送 ··································120
　　核膜孔複合体 ··························120
　　核膜孔を介するゲート輸送 ··········120
　　GTPase と GDP/GTP 反応サイクル ·····121
　　核輸送における GTPase ···············121
タンパク質の膜透過 ·······················122
　　ミトコンドリアへのタンパク質移行 ·······122
　　シャペロンとタンパク質のフォールディング ·······122
　　ペルオキシソームへのタンパク質移行 ·······124
　　粗面小胞体上でのタンパク質合成 ···125
　　小胞体とゴルジ体における糖鎖付加 ·······126
細胞内区画間の小胞輸送 ·················126
　　小胞の分離と融合の原理 ············126
　　小胞の形成 ····························127
　　コートマー被覆小胞 ·················127

　　クラスリン被覆小胞 ·················128
　　トランスゴルジ網とタンパク質分泌 ·······128
　　リソソームへのタンパク質輸送 ····129
　　融　合 ··································130
まとめ ······································131
参考文献 ····································131
復習問題 ····································131
発展問題 ····································132
応用例 11・1　小胞体内でのカルシウムイオンの保持 ·················121
応用例 11・2　自転車走者と糖鎖付加 ···126
応用例 11・3　SNARE，食中毒，しわ取り ·········130
発　展 11・1　輸送の観察 ··················127
医療応用 11・1　カルシニューリンの阻害——免疫抑制剤の働き方 ····124
医療応用 11・2　タンパク質輸送の誤りで腎結石ができるわけ ·············125
医療応用 11・3　リソソーム標的化シグナルの欠陥 ·······129

12. タンパク質はどう働くのか ········133

タンパク質は他の分子にどのように結合するのか ·····133
タンパク質の動的な構造 ·················133
　　アロステリック効果 ·················133
　　タンパク質の優先構造を変化させる化学変化 ·········135
酵素はタンパク質触媒である ············135
　　酵素反応の初速度 ·····················137
　　初速度における基質濃度の効果 ···139
　　酵素濃度の影響 ······················139
　　特異性定数 ····························140
補因子と補欠分子族 ·······················140
酵素は制御できる ··························141
まとめ ······································143

参考文献 ····································143
復習問題 ····································143
発展問題 ··································144
応用例 12・1　早ければよいのではない ·········139
発　展 12・1　酵素のアッセイでは何を測定するのか ·········135
発　展 12・2　迅速反応法 ··················138
発　展 12・3　V_m と K_M の決定 ············140
発　展 12・4　シトクロム P450 には多くの役割がある ·······140
医療応用 12・1　胎児への酸素 ············134
医療応用 12・2　血液中の酵素濃度の測定 ·········137
医療応用 12・3　薬と酵素 ··················142

13. 細胞のエネルギー代謝 ······················· 145
細胞のエネルギー通貨 ······························· 145
  還元されたニコチンアミドアデニンジヌクレオチド
    （NADH） ······································ 146
  ヌクレオシド三リン酸
    （ATP および GTP, CTP, TTP, UTP） ······ 146
  ミトコンドリア膜の水素イオン勾配 ··············· 146
  細胞膜のナトリウムイオン勾配 ···················· 147
エネルギー通貨は互いに交換できる ················ 148
  四つのエネルギー通貨の相互変換の仕方 ·········· 148
  電子伝達系 ·· 149
  ATP 合成酵素 ····································· 151
  Na^+/K^+-ATPase ······························· 152
  ADP/ATP 交換体 ································· 152
  輸送体は輸送方向を変えられる ···················· 153
まとめ ·· 156
参考文献 ·· 156
復習問題 ·· 156
発展問題 ·· 156
応用例 13・1 エネルギー変換を阻害する化合物 ······ 150
応用例 13・2 細菌の泳ぎの燃料 ························· 151
発 展 13・1 褐色脂肪 ·································· 149
発 展 13・2 ATP 合成酵素：回転モーターによる
          ATP 合成 ····························· 153
発 展 13・3 自由エネルギーの概念：あることが起こるか，
          起こらないか？ ······················ 154
発 展 13・4 光 合 成 ·································· 155
医療応用 13・1 NAD^+，ペラグラ，慢性疲労症候群 ··· 147
医療応用 13・2 ミトコンドリアと神経変性疾患 ········ 148

14. 代　謝 ······················· 157
クエン酸回路: 代謝の中心的な変換の場 ············ 158
グルコースからピルビン酸へ: 解糖系 ·············· 159
  酸素を使わない解糖系 ····························· 161
  グリコーゲンは解糖系にグルコースを
    供給することができる ·························· 162
  グルコースは酸化されてペントースになる ········ 162
脂肪酸から遊離するアセチル CoA: β 酸化 ········ 163
代謝エネルギーの別の源としてのアミノ酸 ········· 164
グルコースの合成: 糖新生 ··························· 165
グリコーゲンの合成 ·································· 166
脂肪酸，アシルグリセロールおよび
  コレステロールの合成 ····························· 168
アミノ酸の合成 ······································ 169
エネルギー産生の調節 ······························· 171
  フィードバックとフィードフォワード ············ 171
  解糖における負のフィードバック調節 ············ 171
  筋細胞におけるフィードフォワード調節 ·········· 172
まとめ ·· 173
参考文献 ·· 173
復習問題 ·· 173
発展問題 ·· 174
応用例 14・1 嫌気性生物の長所と短所 ················ 161
応用例 14・2 危険なアキーフルーツ ·················· 165
発 展 14・1 尿素回路――最初に発見された
          代謝サイクル ························ 167
発 展 14・2 しっかり食べると，太ってくる ········· 171
医療応用 14・1 睡 眠 病 ································ 160
医療応用 14・2 遺伝的筋痙攣 ·························· 161
医療応用 14・3 赤血球とグルコース-6-リン酸
          デヒドロゲナーゼ欠乏症 ············ 163
医療応用 14・4 アシル CoA デヒドロゲナーゼの
          欠乏と乳幼児突然死症候群 ·········· 165
医療応用 14・5 フェニルケトン尿症 ··················· 170

15. イオンと膜電位 ······················· 175
カリウムイオンの濃度勾配と静止電位 ············· 175
  カリウムチャネルがカリウムイオンに
    透過性のある細胞膜をつくる ··················· 175
  濃度勾配と電圧は均衡できる ····················· 176
塩化物イオン濃度勾配 ······························· 178
チャネルの一般的な性質 ····························· 178
輸送体の一般的な性質 ······························· 178
  グルコース輸送体 ·································· 179
  Na^+/Ca^{2+} 交換体 ······························· 180
  酵素作用を伴う輸送体: カルシウム ATPase ······· 181
電気的シグナル ······································ 182
  痛覚受容神経細胞 ·································· 182
  電位依存性ナトリウムチャネル ···················· 184
  ナトリウム性活動電位 ····························· 185
  シグナルの強さは活動電位の頻度によって
    決定される ······································ 188
  ミエリン形成と活動電位の伝導 ···················· 188
まとめ ·· 189
参考文献 ·· 190
復習問題 ·· 190

発展問題 ……………………………………190
応用例 15・1 シトクロム c
　　　　　——必須であるが破壊的 ……………180
応用例 15・2 グルコース輸送体は必要不可欠 ……181
応用例 15・3 不活性化プラグの切断 …………184
応用例 15・4 コショウと痛み ……………………185

応用例 15・5 概して安全な局所麻酔薬 …………185
発　展 15・1 膜電位の測定法 ……………………176
発　展 15・2 ネルンストの式 ……………………179
医療応用 15・1 毒を盛られた心臓はより強い ……183
医療応用 15・2 ナトリウムチャネル病 …………185
医療応用 15・3 腎臓における溶質の動き ………186

16. 細胞内シグナル伝達 …………………………………………………………………192

カルシウムイオン ……………………………192
　カルシウムイオンは細胞外液から流入する …192
　カルシウムイオンは小胞体から放出される …193
　細胞内カルシウムイオンによりさまざまな
　　細胞現象が活性化される ……………………195
　カルシウムイオン濃度の
　　休止状態レベルへの回復 ……………………197
サイクリックアデノシン一リン酸 ……………197
サイクリックグアノシン一リン酸 ……………199
多様な細胞内メッセンジャー ……………………199
生化学的シグナル伝達 ……………………………199
　チロシンキナーゼ型受容体と
　　MAPキナーゼカスケード …………………199
　増殖因子はカルシウムシグナルを
　　誘起することができる ………………………201

　プロテインキナーゼBおよびグルコース輸送体：
　　インスリンはどのように機能するのか ……202
　サイトカイン受容体 ……………………………203
　クロストーク——シグナル伝達系
　　またはシグナルウエブ ………………………204
まとめ ……………………………………………205
参考文献 ……………………………………………205
復習問題 ……………………………………………205
発展問題 ……………………………………………206
応用例 16・1 カルシウムシグナルの可視化 ……193
応用例 16・2 嫌気的解糖の知識 …………………198
発　展 16・1 リアノジン受容体 …………………196
医療応用 16・1 増殖因子受容体阻害 ……………200
医療応用 16・2 Zarnestra は Ras を阻害する ……201

17. 細胞間情報伝達 …………………………………………………………………………207

伝達物質と受容体の分類 …………………………207
　イオンチャネル型細胞表面受容体 ……………207
　代謝型細胞表面受容体 …………………………207
　細胞内受容体 ……………………………………208
　伝達物質の存続時間による分類 ………………209
素早い情報伝達：神経細胞から標的へ …………209
　抑制性伝達：塩化物イオン透過性
　　イオンチャネル型受容体 ……………………210
　神経細胞はどのように体を制御するか ………210
パラ分泌伝達物質と筋肉への血液供給の制御 …212
　血液供給はホルモンによっても制御される …213
　成長中の筋肉における血管新生 ………………213

走化性 ……………………………………………214
発生過程におけるシグナル伝達 …………………214
　内在性シグナル …………………………………214
　誘導シグナリング ………………………………216
まとめ ……………………………………………216
参考文献 ……………………………………………216
復習問題 ……………………………………………216
発展問題 ……………………………………………217
応用例 17・1 毒性のあるグルタミン酸類似化合物 ……208
応用例 17・2 バイアグラ …………………………213
応用例 17・3 ニトログリセリンは
　　　　　　狭心症を和らげる …………………214

18. 機械的分子 ………………………………………………………………………………218

微小管 ……………………………………………218
微小管を基盤とする運動 …………………………220
　繊毛と鞭毛 ………………………………………220
　細胞内輸送 ………………………………………221
マイクロフィラメント ……………………………222
　筋収縮 ……………………………………………223
　細胞運動 …………………………………………224

中間径フィラメント ……………………………224
　固定結合 …………………………………………225
まとめ ……………………………………………226
参考文献 ……………………………………………226
復習問題 ……………………………………………226
発展問題 ……………………………………………227
発　展 18・1 植物細胞の特別な性質 ……………225

医療応用 18・1 ある種の細菌はみずからの目的の
　　　　　　　ために細胞骨格を乗取る ………221

医療応用 18・2 死によって保護される ………222

19. 真核生物における細胞周期と細胞数制御 …………228
有糸分裂の各時期 …………228
減数分裂と受精 …………230
減数分裂 …………231
　受精と遺伝 …………231
　交差と連鎖 …………233
細胞分裂周期の制御 …………233
　チェックポイントによって
　　　細胞周期の停止と進行が決まる …………235
　細胞周期の終了 …………236
　細胞周期と癌 …………236
　血管新生 …………237
アポトーシス …………238
　指令された細胞死:
　　デスドメイン受容体によるもの …………239

デフォルト細胞死: 増殖因子が欠乏したとき …………239
病から生ずる死: ストレスによって活性化される
　　アポトーシス …………240
まとめ …………240
参考文献 …………241
復習問題 …………241
発展問題 …………242
応用例 19・1 タキソールは有糸分裂を停止させる …………229
応用例 19・2 染色体の計測 …………230
応用例 19・3 日焼け，細胞死と皮膚癌 …………237
応用例 19・4 ニューロトロフィンの輸送 …………238
医療応用 19・1 ダウン症 …………231
医療応用 19・2 いとことの結婚はなぜ危険か …………232
医療応用 19・3 網膜芽細胞腫 …………235

20. 免疫システムの細胞生物学 …………243
免疫システムにかかわる細胞 …………243
B 細胞と抗体 …………243
　他の抗体アイソフォーム …………245
　抗体構造の遺伝子的基盤 …………245
T 細胞 …………248
　$CD8^+$ T 細胞の働き …………249
　$CD4^+$ T 細胞の働き …………250
自己免疫疾患 …………252

まとめ …………252
参考文献 …………252
復習問題 …………253
発展問題 …………253
発展 20・1 モノクローナル抗体 …………247
医療応用 20・1 治療に使用される
　　　　　　　モノクローナル抗体 …………251
医療応用 20・2 受動免疫 …………251

21. 事例研究: 嚢胞性線維症 …………254
嚢胞性線維症は重症の遺伝病である …………254
嚢胞性線維症の根本的障害は
　　塩化物イオン輸送にある …………254
嚢胞性線維症の遺伝子を求めて …………255
CF 遺伝子のクローニング …………255
CFTR 遺伝子は塩化物イオンチャネルを
　　コードしている …………256
嚢胞性線維症の新しい治療法 …………256
嚢胞線維症の診断検査 …………258

嚢胞性線維症の出生前着床前診断 …………258
将来 …………259
まとめ …………259
参考文献 …………259
復習問題 …………259
発展問題 …………260
発展 21・1 脂質二重層における電位固定法 …………257
医療応用 21・1 レーバー先天性黒内障の
　　　　　　　遺伝子治療 …………258

付録: チャネルと輸送体 …………264

用語解説 …………267

復習問題の解答 …………291

索引 …………303

著 者 序

　前版の"Cell Biology: A Short Course"の狙いは，特に大学1年生に合ったかたちで細胞生物学の広い領域をカバーすることであった．しかも，内容，価格，本自体の重さなどの点で学生に負担のかからないように配慮していた．このような考え方を残しながら，新しい版では全体を改訂し，また新たに癌と免疫系についての章を設けた．曖昧な遺伝病についてよりは医学系コースで取扱われることの多い話題について，以前より数多くの例を紹介することにした．

　この本の全体を通してのテーマは，生命の基本単位である"細胞"である．最初に顕微鏡で観察できる細胞の構成要素について説明する（第1〜3章）．ついで分子生物学のセントラルドグマについて概説し，どのようにしてRNAがDNAからつくられ，タンパク質がつくられるかについて述べる（日本語版では第4〜7，9章．以降，日本語版での章番号）．これに続く章では，タンパク質が細胞の内外の適切な場所に運ばれるメカニズムとタンパク質の機能発現のメカニズムについて述べる（第10〜12章）．ついで，細胞がどのようにして化学エネルギーや電気的エネルギーを調達し，消費するのかを説明する（第13〜15章）．第16，17章では，細胞内および細胞間の化学的な情報伝達について述べる．第18章では細胞骨格について述べ，それが重要な機能を果たす細胞分裂については，細胞死の詳細とともに第19章で述べる．第20章は免疫系について述べるためにこの版で新たに付け加えられた章である．最後に第21章では，必ずしも希少ではない遺伝病である嚢胞性線維症を例にとって，この本で学んできたことを復習する．

　本書全体を通じて，箱で囲んだ記事を配置した．"応用例"では本文中で述べた話題を詳しく説明する．"医療応用"では材料の医学的な意味の説明をする．"発展"では本文では触れられなかった内容について討論する．各章末の"復習問題"は読者が内容をどの程度吸収し理解したかを測る目安となり，一方で各章の"発展問題"では事実より考え方を問われる．

　この本とともに，本書の広範な内容をカバーするウエブサイト*（http://www.wileyshortcourse.com/cellbiology）を活用いただきたい．追加の自己学習用テスト問題のみならず，豊富な追加例，掘り下げた解説，医学的な議論など，本書には掲載できなかった内容が載っている．このウエブサイトには，他のインターネットを介した学習資源情報や記載のもととなった研究に関する公表論文などの情報も掲載されており，読者は本の中で述べられた内容の根拠を追求することができる．

＊　このサイトは英語版読者のために，原出版社により運営されているものです．また，日本語版には対応しておらず，日本語版読者の使用は保証されていません．

訳 者 序

　大学における教育改革が強く喧伝されるようになってきている．日本の大学生の学習時間は諸外国に比べて短いともいわれている．日本の大学の緊縮された"財"，蛸壺的な教育システムなどといった構造的な問題だけではなく，大学の入学試験の在り方なども大きな問題である．自然科学系の大学をめざす学生は，その志望が生物学や医学などであっても，高校時代に"生物"を履修せず，受験科目として"生物"を選択することがない場合がきわめて多くなってきている．受け入れた大学では，"生物"の補習を行わなければならない場合もある．

　本書は，好評のうちに第3版を迎えた"Cell Biology: A Short Course"の日本語版である．本書の著者序文に述べられているとおり，本書は学部の初期の頃の学生のニーズに合わせたつくりとなっている．"細胞とは？"というシンプルな課題を設定して，章が進むようになっている．上記のような"生物"を学ばずに生物系（医学系，薬学系，農学系，保健学系，看護学系などを含む）に入学した学生には最適な教科書の一つである．それのみならず，高校で"生物"を履修した学生にとっても，大学の"生物"を学ぶために頭の切替えを行うための良い指導書でもある．加えて，大学院においても，学部で学んだことを基礎に異分野としての生物系の大学院への進学を決めた者（物理学，化学，工学，あるいはコンピューター科学などを学んだ者）にとっては，1～2カ月で大学の生物を復習するための良書でもある．これらの学生に，時代に沿ったコンパクトな入門教科書として本書を大いに活用いただければ，翻訳者一同の大きな喜びである．

　本書の内容については，前出の原書の序文部分にその概要がまとめられている．"Cell Biology: A Short Course"を手に取ったときに，一つだけ疑問がわいた．コンテンポラルな研究を背景にした大変に理念の通った本ではあるが，ポストゲノムプロジェクトの時代である21世紀に，細胞ゲノムといった視点からの解説がほとんどないことである．ゲノム・ポストゲノム時代に入った今，生命科学は大きな変貌期を迎えている．ヒトについてですら，あらゆる営みを分子レベルで研究対象とすることが可能になってきている．この時代の学生には，是非，ゲノムという視点からも生物を捉えるという考え方を学んで欲しいという思いから，翻訳本ではかなり珍しいケースではあるが，この日本語版では"書き下ろし"として，ゲノム・ポストゲノムに関する章を設けた（もちろん，原著者の許諾のもとに）．その章では，ただ新しい知見を解説するだけではなく，進化的な視点も含めて細胞ゲノムの成り立ちに対する考え方についても述べており，今後のこの分野の発展の基盤を十分学修できる内容となっている．

　翻訳にあたっては，日本の細胞生物学，分子生物学，生化学などの領域で一家言をもつ研究者に参画いただいた．これらの訳者のほかに，監訳にあたり筑波大学の監訳者の研究室のスタッフに大きなご助力をいただいた．最後に，この本を出版するにあたり，企画の段階から具体的な作業に至るまで支えていただいた株式会社東京化学同人の住田さん，村上さんには深謝する．

　2013年7月

訳者を代表して

永 田 恭 介

監　訳

永 田 恭 介　　筑波大学医学医療系 永田特別研究室長, 薬学博士

翻　訳

饗 場 弘 二　　鈴鹿医療科学大学薬学部 教授, 薬学博士　[9章]
天ヶ瀬紀久子　　京都薬科大学薬学部 助教, 博士(薬学)　[14章]
市 川 雄 一　　早稲田大学先進理工学部 助手, 修士(理学)　[5章]
伊 原 さよ子　　東京大学大学院農学生命科学研究科 助教, 博士(農学)　[17章]
遠 藤 斗志也　　名古屋大学大学院理学研究科 教授, 理学博士　[11章]
堅 田 利 明　　東京大学大学院薬学系研究科 教授, 薬学博士　[3章]
金 保 安 則　　筑波大学医学医療系 教授, 薬学博士　[16章, 付録：チャネルと輸送体]
胡 桃 坂 仁 志　　早稲田大学理工学術院 教授, 博士(学術)　[5章]
佐 藤 智 典（とし のり）　　慶應義塾大学理工学部 教授, 工学博士　[2章]
嶋 本 伸 雄　　京都産業大学総合生命科学部 教授, 理学博士　[10章]
菅 澤　　薫　　神戸大学自然科学系先端融合研究環バイオシグナル研究センター 教授, 薬学博士　[4章]
竹 内　　理　　京都大学ウイルス研究所 教授, 博士(医学)　[20章]
竹 内 孝 治　　京都薬科大学 名誉教授, 薬学博士　[14章]
竹 安 邦 夫　　京都大学大学院生命科学研究科 教授, 理学博士, 医学博士　[15章]
田 沼 靖 一　　東京理科大学薬学部 教授, 薬学博士　[7章]
東 原 和 成　　東京大学大学院農学生命科学研究科 教授, Ph.D.　[17章]
永 田 恭 介　　筑波大学医学医療系 永田特別研究室長, 薬学博士　[1章]
中 山 和 久　　京都大学大学院薬学研究科 教授, 医学博士　[18章]
成 瀬　　達（さとる）　　みよし市民病院 院長, 医学博士　[21章]
西 村 善 文　　横浜市立大学大学院生命医科学研究科 教授, 薬学博士　[12章]
久 永 眞 市　　首都大学東京大学院理工学研究科 教授, 理学博士　[19章]
深 水 昭 吉　　筑波大学生命環境系 教授, 農学博士　[6章]
吉 田 賢 右（まさ すけ）　　京都産業大学総合生命科学部 教授, 理学博士　[13章]

(五十音順, [　]内は担当箇所)

執　筆

井 出 利 憲　　愛媛県立医療技術大学 学長, 薬学博士　[8章]

1

細 胞 と 組 織

　細胞は生命の基本単位である．細菌，酵母，アメーバなどの微生物は単細胞で存在しているのに対し，ヒトは60兆個（1兆＝10^{12}）の細胞から構成されており，これらの細胞はほとんどの場合，組織とよばれる集合体を形成している．いくつかの例外はあるが，細胞はマイクロメートル（μm，1 μm＝1/1000 mm）という単位で測定されるほど小さく（図1・1），それらの発見は17世紀の顕微鏡製作グループの信念によって支えられた．顕微鏡の開発は，当時ヒトの目では見ることのできなかった未知の世界を提供し，現代まで続く科学と産業の発展を支えてきた．

　Robert Hooke（1635-1703）は細胞を最初に発見し，記録した人物であり，植物組織の *cella*（空間）を発見した．しかし，この時代の最も注目すべき偉人は，ドイツのAnton van Leeuwenhoek（1632-1723）である．彼は科学的な教養はもたなかったが，顕微鏡の製作，さらに微小生物界の発見，また記録者としてたぐいまれな才能をもっていた．さらに，van Leeuwenhoekはオランダ，デルフトの画家Johannes Vermeer（1632-1675）と同時代の人であり，友人であった．Vermeerは，van Leeuwenhoekがミクロの世界を発見するために光を用いることを検討していたときと同時期に，光と影を作品に用いた第一人者であった．

　van Leeuwenhoekによる微生物や原生生物，赤血球，精子の発見などの功績があったにもかかわらず，植物学者であるMatthias Schleidenと動物学者のTheodor Schwannにより"すべての生物は細胞から成り立っている"とした"細胞説"が唱えられたのは，van Leeuwenhoekの死から約100年後の1838年であり，これが現代生物学の始まりとなった．しかし，生物の内側と外側を分けている細胞膜（図1・2）は非常に薄く，光学顕微鏡を用いても観察することができなかったため，細胞説が一般的に認められるには時間がかかった．

🔵 顕微鏡の原理

　顕微鏡は小さなものを拡大して大きく見せる．光学顕微鏡は物体を1500倍まで拡大し，電子顕微鏡は数百万倍まで拡大することができる．顕微鏡が識別できる細かさはその分解能で決まっている．分解能とは二つの物体が二つとして認識される最小の距離として定義され，顕微鏡の分解能は，おもにその顕微鏡の光源の波長によって決まる．波長が小さければ小さいほど，回折を起こす物体が小さければ小さいほど，その顕微鏡は高性能ということになる．

　光学顕微鏡は波長が約500 nm（nm；1 nm＝1/1000 μm）の可視光を用いているので，この波長の約半分の250 nmの物体まで識別することができる．したがって，光学顕微鏡は小さい細胞やおもな細胞内構造，細胞小器官を視覚化するために使われる．細胞の構造や器官を，顕微鏡を用いて明らかにしていく研究は，細胞学として

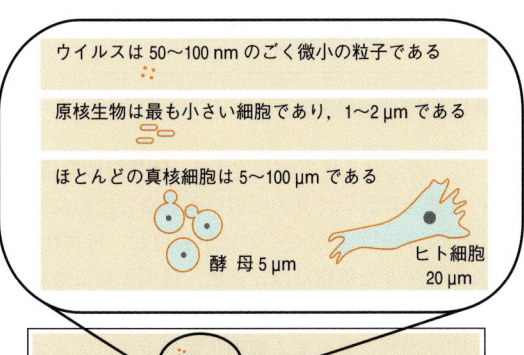

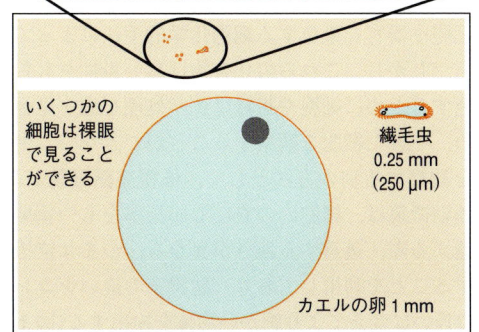

図1・1　細胞の大きさ　1 mm＝10^{-3} m；1 μm＝10^{-6} m；1 nm＝10^{-9} m.

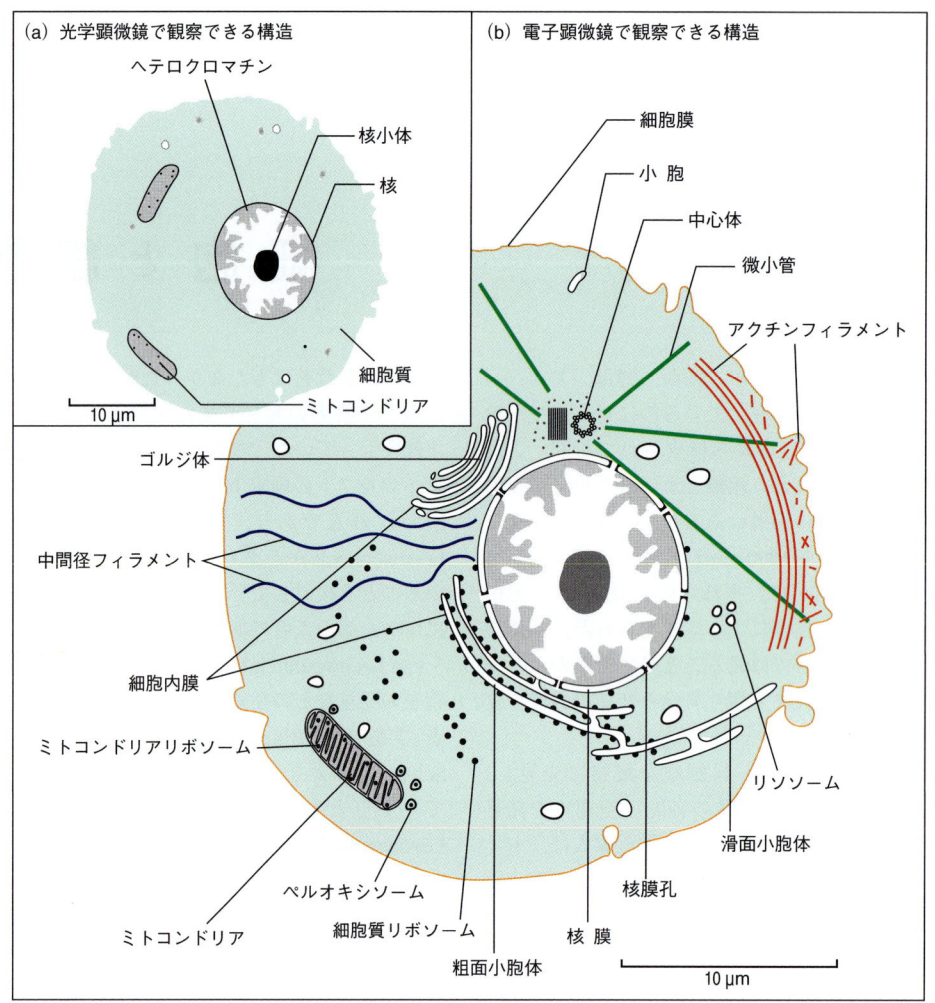

図 1・2　光学顕微鏡と電子顕微鏡を通して見える細胞構造

知られている．電子顕微鏡は，細胞小器官やその他の細胞内構造の**超微細構造**を観察するために用いられる（図1・2）．電子線の波長は白色光の $1/10^5$ なので，理論的には，光学顕微鏡よりもはるかに分解能が高い．実際に，透過型電子顕微鏡は光学顕微鏡で識別できる限界より，約 $1/10^3$ 倍も小さい構造を識別することができる．すなわち，約 0.2 nm 以下のサイズを識別できる．

光学顕微鏡

光学顕微鏡（図1・3a，図1・4）は，光源と3枚のレンズで構成される．光源には太陽光や人工的な光が用いられ，3枚のレンズは**集光レンズ**，**対物レンズ**，**接眼レンズ**から成り立っている．集光レンズは標本に光を集め，対物レンズは拡大像をつくり出し，接眼レンズは拡大された像を目に送る．多様なレンズの焦点距離や配置によって，得られる倍率が決定する．**明視野顕微鏡**では，細胞の各部分において光の吸収率が異なるために透過光の像にコントラストがつくことを利用し，可視化する．ほとんどの生きた細胞はほぼ無色，透明であるため，光を透過してしまう．このような問題は，特定の細胞内構造や細胞小器官を染色する**細胞化学**的手法によって解決できる．しかし，これらの化合物は高い毒性をもち，また染色するために細胞や組織に化学処理を施す場合があるため，生きた細胞を観察することができない．生きた細胞を観察する別の方法として，**位相差顕微鏡**がある．位相差顕微鏡は，細胞内の異なる屈折率をもつ領域を光が透過する際，透過する速さが異なる，つまり位相差が発生することを利用しており，屈折率の違いをコントラストの違いに変えてより細かい物体を検出する（図1・5）．光学顕微鏡は物理的にいくつかの種類に分けられるが（正立，倒立など），光学上の原理は同じである．

1. 細胞と組織

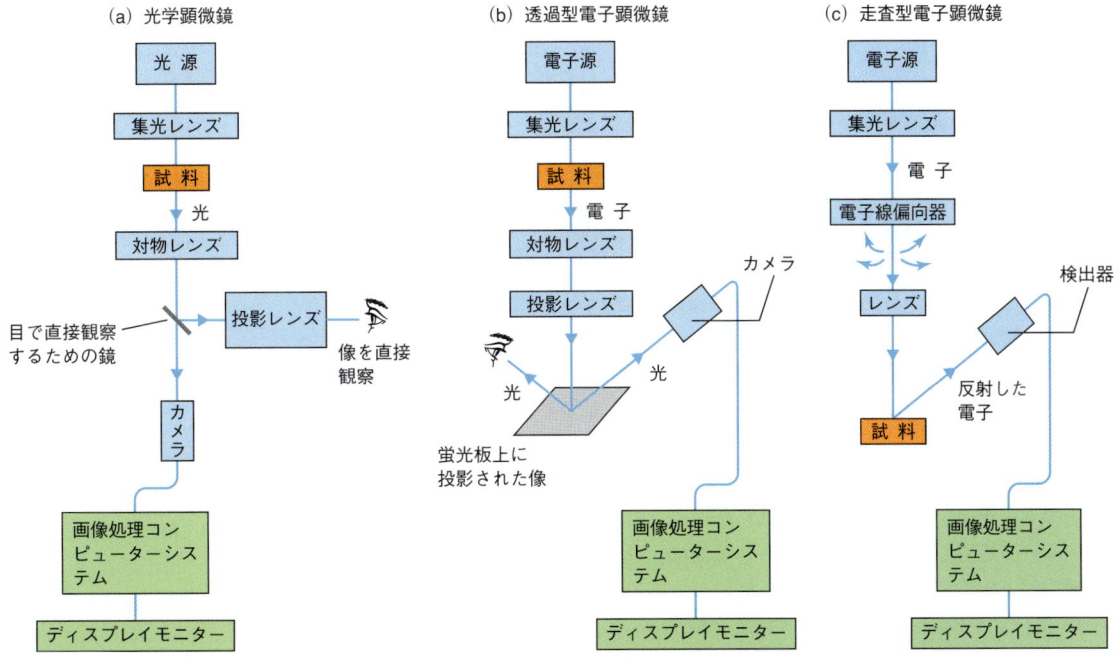

図1・3　光学顕微鏡と電子顕微鏡の概要

図1・4　正立光学顕微鏡

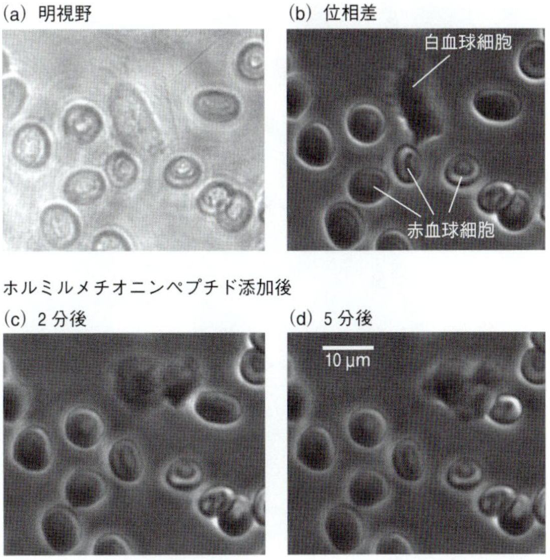

(a) 明視野　　(b) 位相差

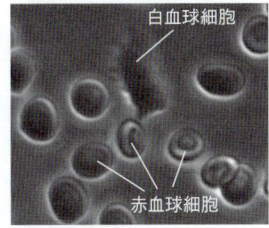

ホルミルメチオニンペプチド添加後
(c) 2分後　　(d) 5分後

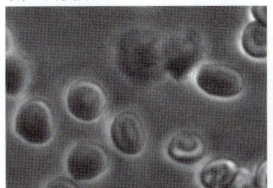

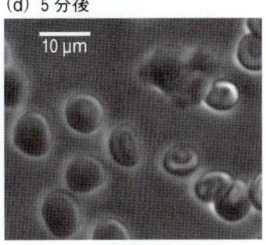

図1・5　ヒトの血球細胞の観察像　(a) は明視野顕微鏡による観察像．(b) は位相差顕微鏡による，明視野像では見ることができない白血球細胞の位相差像．(c) と (d) はホルミルメチオニンペプチド添加後2分と，5分で得られた像 (p.99ページ参照)．白血球細胞は活性化され，右に遊走し始める．

電子顕微鏡

電子は試料を透過するので，生物学で一般的に用いられる電子顕微鏡は**透過型電子顕微鏡**である．透過型電子顕微鏡の原理は光学顕微鏡と同じであるが，ガラスレンズではなく電子線を屈折させる磁気コイルを用いている (図1・3b)．電子銃は，細いV字をしたタングステンのワイヤーを3000℃で加熱することで，電子線をつくり出す．電子は空気中の分子と衝突すると減速し，散乱するので，電子顕微鏡の円筒内は真空である．この真空管内で高い電圧をかけることで電子を加速させ，試料に照射することで像を得ることができる．拡大された像は，電子が当たると光を放出する蛍光スクリーン上に見るこ

とができる．電子顕微鏡は高い分解能を有する一方で，電子線による生物試料への障害があるため，電子顕微鏡での観察には特別な調整法が必要である．電子顕微鏡用の細胞の調製法の概要を図1・6に示した．透過型電子顕微鏡では詳細な像は得られるが，生きた細胞ではなく，高度に加工された二次元の像しか得られない（図1・7）．さらに，画像は死んだ細胞の特定の瞬間に撮られたスナップショットであり，そのような像は細心の注意をはらって解釈されなければならない．電子顕微鏡は大きく，高価で，熟練したオペレーターを必要とする．それでも，電子顕微鏡はナノメートル（nm）というスケールで細胞の超微細構造を理解するための主要な装置である．

走査型電子顕微鏡

透過型電子顕微鏡で得られる像は試料を通過した電子を用いるが，**走査型電子顕微鏡**で得られる像は，電子線を試料表面上で走査させて，表面から反射した電子を用いている（図1・3c）．これらの反射電子を検出し，ディスプレイモニター上で画像に変換することで，顕微鏡像ができる．走査型電子顕微鏡は拡大倍率の幅が10倍

組織片（～1 mm³）をグルタルアルデヒドと四酸化オスミニウムに浸す．この化学物質は細胞のすべての構成因子に結合し，組織を固定する．その後完全に洗い流す

組織をアセトンやエタノールに浸し脱水する

組織を樹脂に包埋する

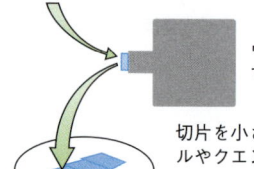ウルトラミクロトームとよばれる機械で切片（薄さは100 nm以下）を作る

切片を小さな金属製格子網にのせ，酢酸ウラニルやクエン酸鉛で染色する．電子顕微鏡で観察すると，ウラニウムや鉛が電子線に対する障害になるのでそれらが多く結合した領域では暗くなる

図1・6 電子顕微鏡観察用の組織の調製法

から100,000倍までと広く，さらに**焦点深度**が深く，得られる物体の三次元像は素晴らしい印象を与える（図1・

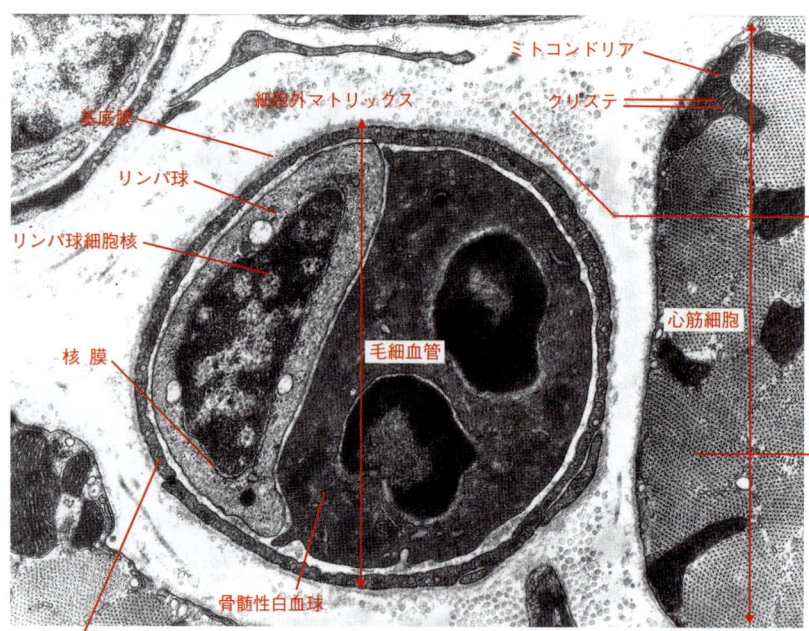

図1・7 心筋細胞の間を走っている毛細血管の透過型電子顕微鏡画像 写真提供：Giorgio Gabella（University College London）．

応用例 1・1 瀘過滅菌

最も小さい細胞でさえ1 μmよりも大きいので，飲料水を直径200 nmの穴の空いたフィルターを通過させることで有害な細菌や他の生物を取除くことができる．フィルターは商業的に用いられているような大きいものから，旅行者が簡単に運ぶことができる小さなものまで，さまざまなサイズがある．飲料水をフィルターで滅菌することは，キャンプなどの旅行で思わぬお土産をもち帰る危険を激減させてくれる！

1. 細胞と組織　　5

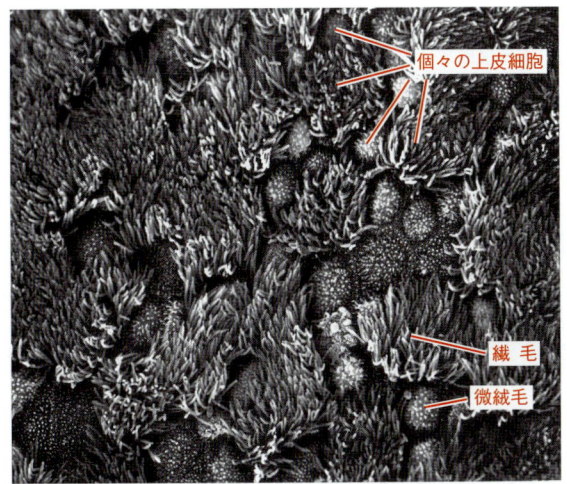

図1・8　気道上皮の走査型電子顕微鏡画像
写真提供：Giorgio Gabella（University College London）．

8)．したがって，走査型電子顕微鏡は細胞表面や組織表面の情報を得るために利用される．現代の装置は約 1 nm の分解能をもつ．

細胞の分類

細胞は，少なくとも見た目には，驚くべき多様性をもっている．ある細胞は単独で存在し，他の細胞は集団で生きている．また，ある細胞は決まった形で決まった場所に存在し，他の細胞はこれらの点で柔軟性をもっている．さらにある細胞は，すばやくあるいはゆっくりと動くのに対して，まったく動かない細胞もある．細胞はその大きさや細胞内構造によって大まかに原核生物と真核生物の 2 通りに分類できる（図1・9）．

原核細胞（ギリシャ語では，"核以前"を意味する）は内部に DNA を格納するための膜で囲まれた核はもっておらず，ほとんどの細胞が直径 1～2 μm 程度の大きさしかない．

原核生物にはさらに真正細菌と古細菌が含まれており，以前は一つのグループとされたが，リボソーム RNA 配列が明らかにされ，進化的に区別されるようになった（図1・10）．

酵母，植物から昆虫やヒトにいたるまでの生物を**真核生物**（ギリシャ語で"核をもつ"の意味）とよぶ．真核生物は直径 5～100 μm と大きく，時には肉眼で見ることができるほど大きく（図1・1），細胞内は**サイトゾル**とよばれる粘性物質で満たされ，その中に細胞小器官とよばれる複雑な構造体が存在する．

DNA は原核細胞と異なり核とよばれる巨大な細胞小器官内に収納されている．細胞小器官の構造と機能の詳

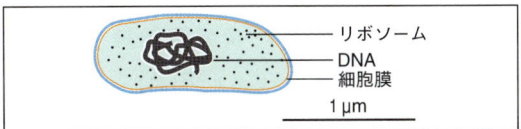
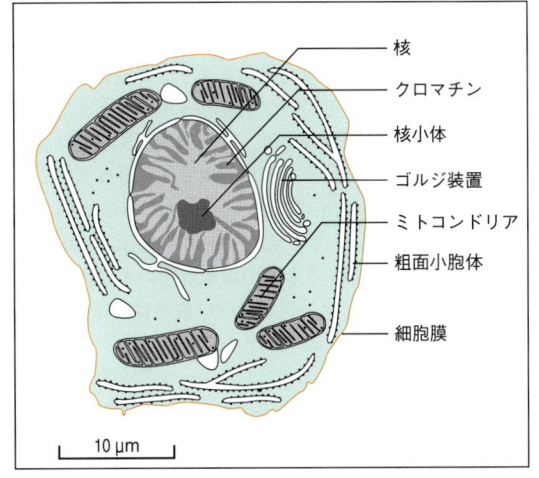

図1・9　原核細胞と真核細胞の構造

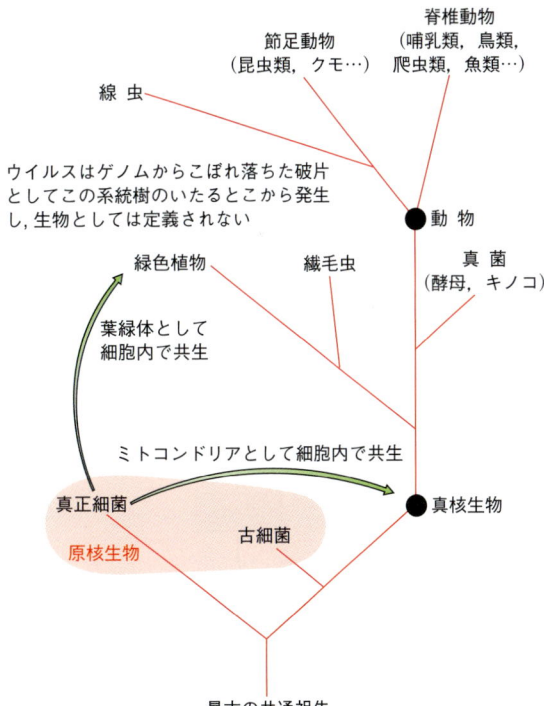

図1・10　生命系統樹　図はさまざまな生物種が共通祖先からどのように発生してきたかを示している．少数派のグループはここでは省略している．ページの上にいくほど高等な生物というわけではなく，共通の祖先から進化し今日に至るまでの現存するすべての生物の進化の道筋を示している．

発展 1・1　蛍光顕微鏡

　蛍光分子は，特定の波長の光を吸収し，それより長い特定の波長の光を発する．蛍光の物でよく知られているのは，銀行の通帳に隠されたサインである．紫外線（UV）（波長約 360 nm）が当たると，蛍光インクで書かれたサインは青色の光（波長約 450 nm）を放つ．また，漂白剤で洗濯した T シャツはナイトクラブで UV ライトに当たると青く光る．蛍光色素 Hoechst 33342 はほぼ同じ波長で励起される．すなわち，UV で励起され，青色の光を発する．しかし，インクや洗浄剤に使われている色素とは異なり，Hoechst 33342 は核内の DNA と結合しているときにのみ蛍光を発する．図 a は Hoechst で染色された試料を観察するときの顕微鏡内の光の通り道を示している．アークランプからの白色光は，UV のみを通す励起フィルターを通り，ダイクロイックミラーとよばれる特殊な鏡に当たる．ダイクロイックミラーは特定の波長より短い光を反射し，長い波長の光を通すようになっている．Hoechst を観察するために，波長 400 nm の光を反射するダイクロイックミラーを用いる．すなわち，このダイクロイックミラーは UV 励起光を反射し，対物レンズを通して試料まで光を送る．試料中で DNA と結合した Hoechst は青い光を放ち，この光は対物レンズに捕えられる．この光は波長が 400 nm 以上であるため，ダイクロイックミラーに反射されずに通過し，青い光だけを通すように設計された吸収フィルターで，その他の散乱光が分離され，青い光だけが目やカメラに届くようになる．図 b は Hoechst で染色したラットの脳の培養細胞を示しており，核だけが観察できる．

　いくつかの細胞内の構造や化学物質は特定の蛍光色素で選択的に染色することができるが，その他の染色には抗体が用いられている．この手法では，マウスやウサギ，ヤギなどの動物にタンパク質や化学物質を接種する．動物の免疫系がその化学物質を抗原として認識し，その化学物質に結合する抗体を産生する．その動物から採取した血液から抗体を精製し，その抗体に蛍光色素を付加することで標識する．図 c と図 d は脳細胞の同じ領域を示しているが，励起フィルター，ダイクロイックミラー，

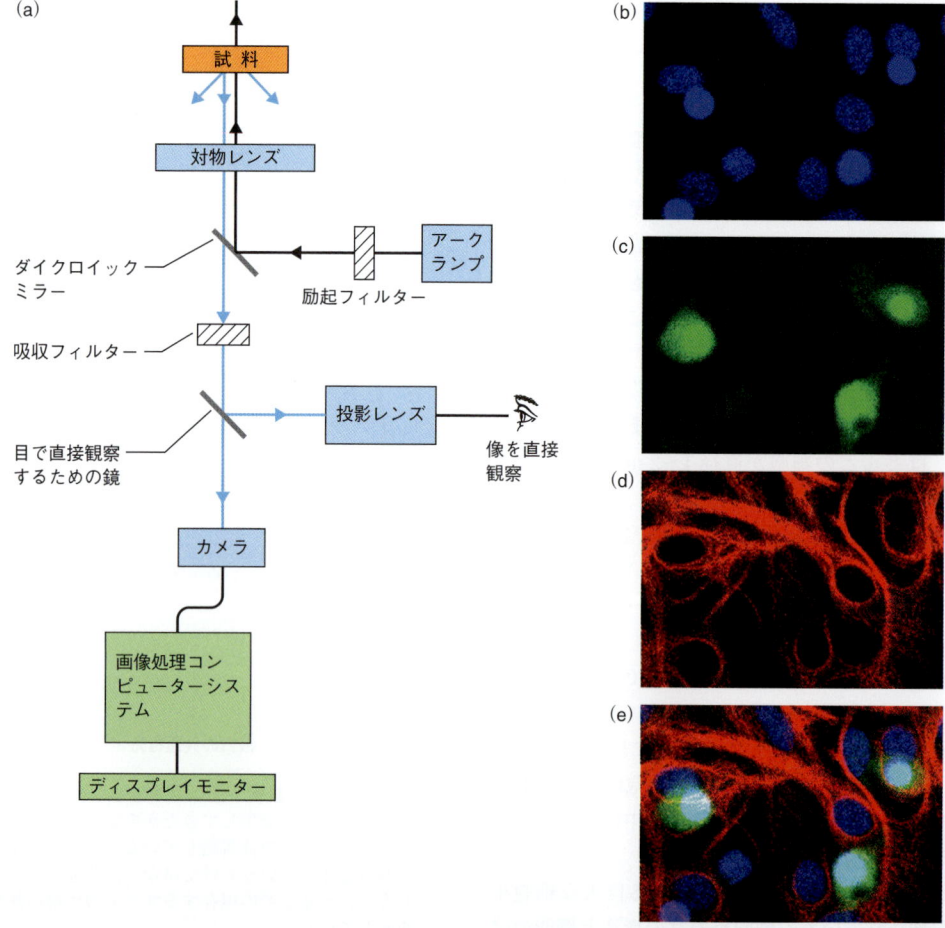

吸収フィルターはそれぞれの物質を分けるために変えてある．図 c では ELAV とよばれる神経細胞でのみ観察されるタンパク質を示し，図 d ではグリア細胞でのみ観察される中間径フィラメント（p.224）を示している．ELAV は青い光に励起されると緑色の光を放つ蛍光色素で標識されている．グリアフィラメントに結合する抗体は緑の光で励起されると赤い光を放つ色素で標識されている．これらの波長の特徴は異なっているので，DNA，ELAV，中間径フィラメントの局在を同じ試料で別々に示すことができる．図 e は図 b～d を重ねた図である．

このような手法は**一次免疫蛍光法**であり，特定の化学物質を認識する色素で標識された抗体を必要とする．このような標識された抗体は，研究者人口の多い化学物質に対するものしかない．そのため，他の化学物質を研究したい場合，科学者たちは**二次免疫蛍光法**を用いている．この方法では，製造会社は動物（たとえばヤギ）に他種の動物（たとえばウサギ）の抗体を接種する．すると，ヤギは"ヤギ抗ウサギ"抗体をつくる．この**二次抗体**を精製し標識する．科学者達がすべきことは，特定の化学物質に結合するウサギの抗体をつくるか買うだけである．

この特定の化学物質に結合する**一次抗体**を修飾する必要はない．一次抗体を目的の試料に結合させ，結合しなかった抗体を取除いた後，一次抗体に特異的に結合する蛍光性二次抗体を試料に結合させる．蛍光顕微鏡にて染色された試料を観察することで，特定の化学物質の局在が明らかになる．特定の化学物質への特異性は標識されていない一次抗体によって決まるので，同じ色素で標識された二次抗体は種が同じであれば他の一次抗体でも使用することができ，さまざまな研究室でさまざまな化学物質を研究する際にも使いまわすことができる．

これらと完全に異なった手法として，遺伝子に蛍光分子をコードさせる方法がある．最初に使われたのはクラゲ *Aequorea victoria* から採られた**緑色蛍光タンパク質（GFP）**であった．このタンパク質を合成するよう誘導された細胞は，蛍光顕微鏡下で生きた状態で観察される．緑色蛍光タンパク質と特定のタンパク質の一部または全体が融合したキメラタンパク質の合成を誘導した細胞を蛍光顕微鏡で観察すると，生きた細胞内において，特定のタンパク質の局在変化を追うことができる（図 19・13，p.239）．GFP の詳細は p.83，113 で述べる．

発展 1・2　顕微鏡の発明への報酬

二人の科学者が顕微鏡の発明によりノーベル賞を受賞したように，生物学の発展には顕微鏡は重要であった．Frits Zernike は 1953 年に位相差顕微鏡の発明でノーベル物理学賞を受賞し，1986 年に Ernst Ruska は透過型電子顕微鏡の発明で同賞を受賞した．Ruska の受賞は発明（1930 年代にベルリンのシーメンス社で発明した）と受賞までの間隔が最も長かった．Anton van Leeuwenhoek はノーベル賞の授与が始まった 1901 年より約 2 世紀前に亡くなっており，受賞はしていない．

表1・1　原核生物と真核生物の違い

	原核生物	真核生物
大きさ	約 1～2 μm	約 5～100 μm
核	なし	核膜により仕切られた核として存在
DNA	一般的に一本の環状分子（クロモソーム）	複数の直鎖状分子（クロモソーム）[†1]
細胞分裂	単純分裂	有糸分裂または減数分裂
細胞内膜	希	複合体（核膜，ゴルジ装置，小胞体 など）
リボソーム	70S [†2]	80S（ミトコンドリアと葉緑体に 70S）
細胞骨格	未発達	微小管，マイクロフィラメント，中間経フィラメント
運動性	回転モーター（細菌鞭毛を駆動）	ダイニン（繊毛と鞭毛を駆動），キネシン，ミオシン
出現時期	35 億年前	15 億年前

†1　ミトコンドリアと葉緑体のもつ小さなクロモソームはしばしば原核細胞クロマチンのような環状構造をとるので除外．
†2　S値（あるいはスベドベリ単位ともいう）は沈降速度で，ある重力化や遠心条件下の物質の移動速度を計測したものである．

細は以降の章で説明する．原核生物細胞と真核生物細胞の違いは表 1・1 にまとめてある．

細胞分裂

原核細胞と真核細胞はその分裂方法において最も明確な差異がみられる．

原核細胞の環状染色体は細胞膜の内側にある複製酵素によって一つの複製開始点から複製される．複製された 2 分子の DNA は細胞膜上に並んで配置され，それぞれ娘細胞へと分配されて複製は完了する．このようにまっ

たく同じ二つの子孫細胞が生じる複製方法は**二分裂**とよばれる．

真核細胞の直鎖状染色体は核内にある複製酵素によって複数の複製開始点から開始される．その後，**核膜の崩壊**と娘染色体の凝集が起こり，**分裂期**にそれぞれの娘細胞へと分かれる．分裂期の詳細は19章で取扱う．分裂期において娘染色体を娘細胞へ分配するために**有糸分裂紡錘体**とよばれる構造体が形成される．また**ゴルジ装置**や小胞体は分解されて娘細胞へと分配される．

● ウイルス

ウイルスは生きた細胞から独立して増殖できないことから生物か無生物かは議論が分かれている．ほとんどすべての生物はウイルスに感染しており，ヒトに感染するウイルスとしてはポリオウイルス，インフルエンザウイルス，ヘルペスウイルス，狂犬病ウイルス，エボラウイルス，天然痘ウイルス，水痘ウイルス，HIV（ヒト免疫不全ウイルス，AIDSの原因ウイルス）などが知られている．

ウイルスはタンパク質でできた**キャプシド**とよばれる殻に遺伝物質が封入された極微小粒子である．いくつかのウイルスにはさらに外側に**エンベロープ**とよばれる外膜をもつものもいる．ウイルスには自己による代謝がなく，ウイルスは自身のゲノムを宿主細胞へともち込まなければ自身のタンパク質の合成やゲノムを複製することができない．ウイルスは自身のゲノムを宿主のゲノムへ導入することがあるが，この特性は分子生物学研究の手法としても利用されている（7章）．

細菌に感染するウイルス（**バクテリオファージ**）は細菌の菌株間で遺伝子を伝達するための手法として用いられている．ヒトウイルスは遺伝子治療に用いられる．アデノウイルスを用いた遺伝子導入法で，レーバー先天性黒内障などの先天的な遺伝病をもつ患者の細胞へヒト遺伝子の機能的なコピーを導入することも可能である（p.258）．

● 真核細胞の起源

原核細胞は真核細胞より単純な構造をしており，より原始的な生物だと考えられている．化石記録によれば最初の真核生物が出現したのが15億年前であり，原核生物はそれよりも前の20億年前であることから，真核生物は原核生物から進化したものだと考えられている．この真核生物の起源を説明する有力な説として**内部共生説**がある．この説は，真核細胞の細胞小器官は自由生活をしていた細菌がより大きな細胞に貪食され，相互利潤関係を構築したことに由来するというものである．たとえば，**ミトコンドリア**は好気性細菌，**葉緑体**はラン藻類として知られる光合成細菌シアノバクテリアにそれぞれ由来すると考えられている．またミトコンドリアと葉緑体から細菌のものに近い**DNA**やリボソームがみつかったことからも，この説は支持されている．真核生物の他の細胞小器官の起源については明らかではない．しかし，原核生物から真核生物が進化したという説明の一部としての内部共生説は，おおむね受け入れられている考えである．

発展 1・3　幹細胞

幹細胞の発見ほど現代医学と社会にインパクトを与えたものはない．幹細胞とは体を構成するすべての細胞の素となる未分化の細胞で，ほぼすべての組織に存在する．幹細胞は自己複製を行いながら長い期間未分化状態を維持し，必要に応じてさまざまな種類の細胞へ分化する．この特性は幹細胞療法に非常に重要で，損傷を受けた組織に分化するようプログラムされた幹細胞を用いて，脊髄損傷や脳卒中を患った患者の治療に利用できる．

幹細胞には成体幹細胞と胚性幹細胞の二種類がある．胚性幹細胞を用いた幹細胞療法は，不妊患者の体外受精の際に残ったヒト胚から調製されたものを使用しており，生命倫理の観点から議論になっている．受精後4, 5日目の胚の細胞はあらゆる細胞へと分化できる分化全能性をもっている．成体幹細胞を使用すればこの倫理的問題は回避できるだろうが，胚性幹細胞ほどの多機能性は期待できない．いずれは患者から幹細胞を単離し，最適なプログラムを施し，損傷した箇所へ移植できるようになるべきである．この場合，自身の細胞を使用するので拒絶反応や合併症の危険を気にする必要もないだろう．

いくつかの点で，幹細胞療法は真に新しいものではない．骨髄移植は40年以上前からさまざまな血液疾患の治療に用いられてきた．白血球の癌である白血病やリンパ腫の治療の際，骨髄中の幹細胞を殺してしまうほどの大量の化学療法を受けた患者に対し，骨髄移植は行われる．移植された幹細胞から分化した細胞は，赤血球として全身に酸素を運び，白血球として感染と対峙し，血小板として血液凝固などを担う．したがって，患者近親者からの骨髄移植は，患者の失われた幹細胞を補い，患者の身体機能を回復するために重要である．

● 生体内での細胞の特殊性の獲得

動物は多種多様な細胞の集合体であり，個々の細胞は**細胞外マトリックス**（図1・7）とよばれる長い線維状タンパク質と**細胞間液**によって支えられている．個体を構成するすべての細胞は核内に同一の遺伝情報をもっているが（白血球は唯一の例外，p.243），それぞれの細胞は共通の機能をもつよう特殊化した細胞の多種多様な集合体（**組織**）を構築している．この特殊化は細胞によってDNA設計図の中で読み出すところが異なり，それにより合成されるタンパク質が異なっているからである．体は上皮組織，結合組織，神経組織，筋組織のおもに四つの組織から構成されている．これらの組織を構成する細胞の例を図1・11に示してある．

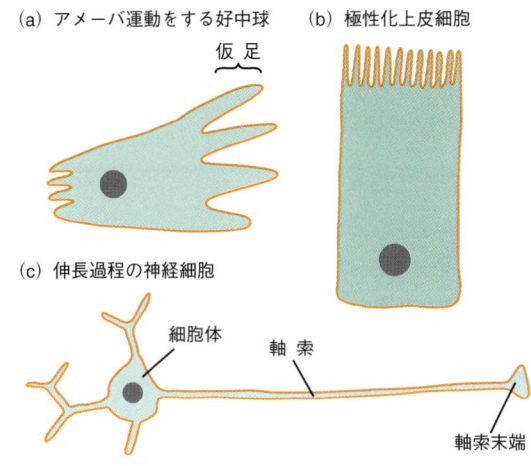

図1・11 動物細胞の多様性

上皮組織は体の表面や肺，腸管などの体内空洞の内側を覆っている細胞のシートである．上皮細胞は円柱型（図1・11b）や扁平型（図1・7の毛細血管上皮細胞など）の形をしており，しばしば細胞は**極性**を示し，それぞれ細胞表面は特異的な構造と機能をもつことがある．腸管において，**管腔**の内側は単層扁平上皮に覆われており，絨毛とよばれる突起構造によって表面積を増すことにより吸収効率を高めている．さらにその表面の上皮細胞には**微絨毛**とよばれるブラシ状の構造をとることによりさらに広大な表面積を獲得している．上皮細胞の基底面は**基底膜**または**基底ラミナ**という特殊化した細胞外マトリックスの薄い平面シート上に乗っている．気管や気管支などの気道上を覆っている上皮細胞の多くは表面に**繊毛**をもっている（図1・8）．繊毛は毛のような構造をしており，微粒子や細菌などの気道中の異物が体内へ入らないように繊毛上部の粘膜層を肺から排出するように常に一定方向に運搬している（18章）．表皮において上皮細胞は**多層構造**を形成している．

結合組織は骨，軟骨，脂肪組織から成り，他の組織と違いほとんどが**無定形**基質と線維から成る細胞外マトリックスから構成されており，含まれている細胞数が少ない（図1・12）．結合組織に最も豊富に含まれている線維状タンパク質は**コラーゲン**で，ヒトでは全タンパク質量のおよそ1/3を占めており，引張る力に対し強い耐性をもつ．他の線維性タンパク質は組織の弾性力に寄与している．無定形基質は大量の水を含んでおり，違う臓器や組織の細胞間での代謝産物，酸素，二酸化炭素の受渡しを促進させる．結合組織でみられる細胞の中でとりわけ**線維芽細胞**と**マクロファージ**は重要な役割を果たしている．線維芽細胞は基質と線維を産生し，マクロファージは外来異物や死細胞などの除去に貢献している．結合組織の機能不全をひき起こす遺伝病は数多く報告されている．マルファン症候群はコラーゲン線維の形成にかかわる遺伝子に先天性遺伝子異常が生じたもので，目や心臓血管系の衰弱や身長や四肢の長さが異常に長くなる症状が出る．

神経組織は上皮組織が高度に特殊化した組織で，さまざまな種類の細胞によって構成されている．主たるもの

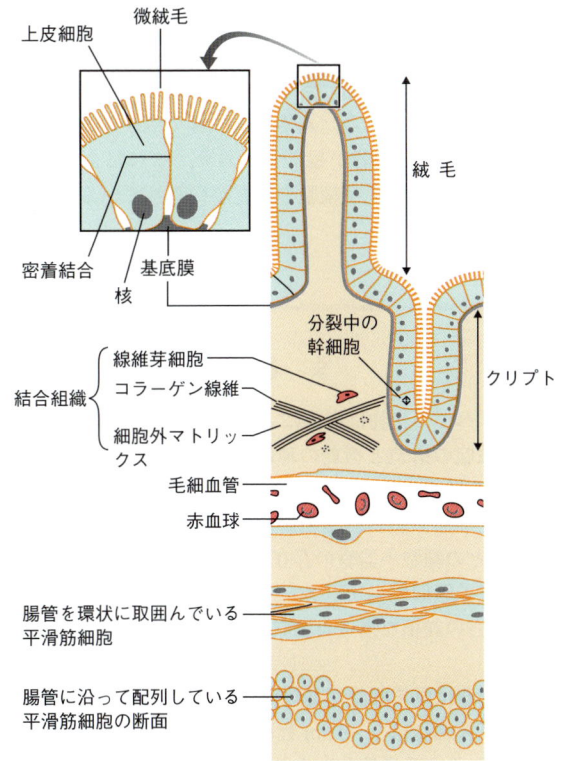

図1・12 腸管壁の組織と構造

はニューロン（図1・11c）とよばれる**神経細胞**で，その機能維持には支持細胞を必要とする．ニューロンは1m以上にもなる軸索とよばれる突起を伸ばし，神経細胞間でネットワークを形成し，体の内外から入力される信号を統合処理し，適切な応答信号を発する（15～17章）．神経組織には他にも神経軸索に巻きついて絶縁体の役割を果たす**グリア細胞**とよばれるものもある．

筋組織は**平滑筋**と**横紋筋**に分けられる．平滑筋は細長い形状をしており，腸管や血管のような管状器官の壁にみられる．一般的に平滑筋はゆっくりと収縮し，長時間その状態を維持できる．横紋筋は**心筋**と**骨格筋**に分けられる．心筋細胞（図1・7）は枝分かれした形をしており心腔の壁を構成している．心筋細胞同士は**ギャップ結合**（p.28）により結合し，隣接する細胞と結合を介して直接イオンをやりとりすることにより電気的シグナルを発生させ，周囲の細胞と協調した収縮を行うことにより心臓をリズミカルに拍動させる．骨格筋は数百から数千の筋線維の束から成っており，それぞれの線維は一つの多核細胞から成っている．これは筋芽細胞が筋線維になる際，細胞同士が融合し，共通の**細胞質**へそれぞれの核を集めることによって起こる特殊な状態である．筋肉の収縮機構は18章で解説する．

● 幹細胞による組織への細胞の補充

細胞は分裂で増える．人体では，驚くべきことに毎秒2500万回の細胞分裂が起こっており，これにより傷の修復，血球細胞や免疫細胞の補充が行われている．複雑な組織においても，細胞の補充は，組織の他のすべての細胞のもととなるごく少数の**幹細胞**によってまかなわれている．腸管の場合，表面上皮組織が形成する一つのクリプトの中におよそ250個の細胞が含まれている（図1・12）．頂上部の成熟細胞が死ぬと，クリプトの基底部付近にいる4～6個の幹細胞が日に2度ほど分裂し，上に押上げるようにして足りなくなった細胞を補充する．腸管においてこの細胞の入替わりのバランスが崩れると良性ポリープを形成することもある．

幹細胞は自身の生存または機能を維持するために必要なニッチとよばれる特殊な環境下に存在する．腸管のように細胞の入替わりが激しくない組織においては，幹細胞ニッチは必要なときにのみ分裂し，そうでないときは静止状態に維持されなければならない．幹細胞もさることながら，ニッチの特性についても依然謎が深い．さしあたりわれわれは細胞集団の中から幹細胞だけを特定するマーカーをほとんどもっておらず，幹細胞を含む部分を特定することしかできない．この問題が解決できれば細胞治療も現実味を帯びてくるだろう．

● 細 胞 壁

細菌や植物細胞の多くは**細胞壁**とよばれる堅い殻に覆われている．自身の細胞質より浸透圧の低い液体にいる細胞にとって，細胞壁は細胞破裂を防ぐためになくてはならないものである．たとえばペニシリンなどの**抗生物質**は細菌の細胞壁の合成を阻害し，細菌を破裂させる．ちなみに動物細胞には細胞壁はない．

ま と め

1. すべての生物は細胞によって構成されている．
2. 細胞の構造と機能の理解は，顕微鏡とそれに付随する技術の発達とともに進んできた．
3. 光学顕微鏡は細胞の多様性や核，ミトコンドリアなどの細胞小器官の存在を明らかにした．
4. 電子顕微鏡はナノメートルスケールで巨大細胞小器官の詳細な構造と細胞の超微細構造を明らかにした．
5. 細胞は原核細胞と真核細胞の二つに分けられる．
6. 原核細胞は1～2 μm 程度の大きさで，細胞内部に目にみえる構造体をもたない．
7. 真核生物は5～100 μm ほどの大きさで，細胞内部にゲノムを収納する巨大な核とさまざまな細胞小器官をもっている．
8. 内部共生説とは真核細胞のミトコンドリアや葉緑体などの細胞小器官は自由生活をしていた原核生物に由来しているという考え方である．
9. 多細胞生物の細胞は組織を形成しており，動物においては上皮組織，結合組織，神経組織，筋肉の4種類の組織から成る．
10. 細胞外マトリックスは細胞のまわりや細胞と細胞の間に存在する．
11. 分化し組織の中で特殊化した細胞は幹細胞という未分化な細胞から発生する．

1. 細胞と組織

参考文献

C. Booth, C. S. Potten, 'Gut instincts: thoughts on intestinal epithelial stem cells', *Journal of Clinical Investigation*, 105, 1493-1499 (2000).

H. Gest, 'The discovery of microorganisms by Robert Hooke and Antoni van Leeuwenhoek, Fellows of the Royal Society', *Notes and Records of the Royal Society of London*, 58, 187-201 (2004).

H. Harris, "The Birth of the Cell", Yale University Press, New Heaven, Connecticut (1999).

● 復習問題

本書では復習問題ですべて同じ書式を用いている．各番号の設問に対し適切な解答を文字番号の一覧から選択せよ．指示がない限り，解答中は本書に立ち返らないこと．解答は巻末に p.291 から記載する．

1・1 細胞生物学における大きさ

A．0.025 nm　　B．0.2 nm　　C．20 nm
D．250 nm　　E．2,000 nm　　F．20,000 nm
G．200,000 nm　　H．5,000,000 nm
I．1,000,000,000 nm　　J．20,000,000,000 nm

上記のリストから下記のそれぞれの記述に該当する適切な大きさを選択せよ．

1. 典型的な細菌の大きさ
2. 典型的な真核細胞の大きさ
3. 人体で最長の細胞の長さ
4. 光学顕微鏡の解像度
5. 走査型顕微鏡の解像度

1・2 細胞の種類

A．細　菌　　　　B．上皮細胞
C．線維芽細胞　　D．マクロファージ
E．グリア細胞　　F．骨格筋細胞
G．幹細胞

上記の細胞種のリストから下記のそれぞれの記述に対応する細胞を選択せよ．

1. コラーゲン産生細胞
2. 神経組織内にみられる細胞
3. 体内で空間を分割するようにシート状になる細胞
4. 異物や死細胞を除去する役割を担う細胞
5. 核膜をもたない細胞
6. 多くの核をもつ大きな細胞
7. 自己複製能をもつ未分化な細胞

1・3 真核細胞の基本的な構成要素

図の A から G に対応する細胞小器官を下記から選択せよ．

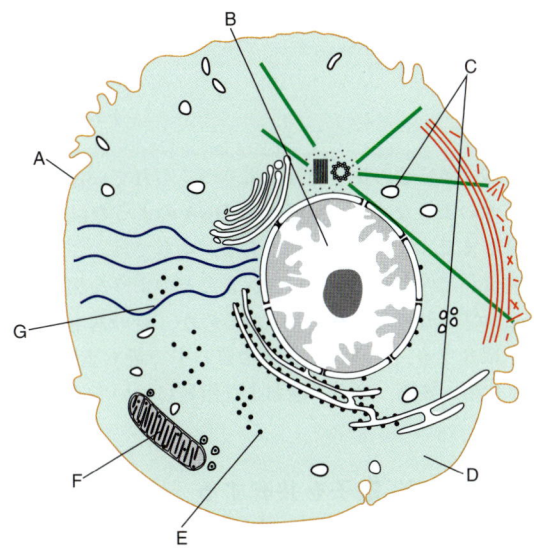

1．細胞質　　2．細胞内膜　　3．ミトコンドリア
4．核　　　　5．細胞膜

● 発展問題

すべての章には，発展問題が設けられている．この問いを考えるにあたり，各章内の本文や図表に立ち返るとよいだろう．解答は，各章の発展問題の後に，逆向きにて記してある．

もし，ヒトのある遺伝病はゴルジ体の先天的な異常を特徴とするという仮説を検証したい場合，どのような顕微鏡を用いて患者の生検を調べたらよいだろうか．

発展問題の解答：答えは透過型電子顕微鏡である．透過型顕微鏡は，細胞内小器官の構造の詳細を調べることができる唯一の顕微鏡だけである．電子顕微鏡は，小胞体やゴルジ体の先天的異常は，遺伝性疾患患者の一部にみられる体を含む細胞膜内のオルガネラの形態異常を模式図にて示されている．

2 水と高分子

組織は多種類の化学物質によりつくられている．それらは水のような小さな分子から DNA のような巨大分子に至るまで，サイズは多様である．本章では，これら化学物質がどのようにつくられ，またどのような相互作用で生命プロセスを生み出しているのか，その基本的な概念を紹介する．さらに，化学物質の中で最も重要な水，炭水化物，核酸，アミノ酸および脂質について述べる．

● 化学結合: 電子を共有する

水は生細胞の中で最も大量に存在する物質である．細胞質は，タンパク質を含んだ水のような細胞質に浮かんだ細胞小器官で構成されている．その状態は細胞の外と大きく異なっていない．われわれは空気中で生きている陸上の動物であるが，ほとんどのわれわれの細胞は水のような細胞外の媒体に潰かっている．そこで，水そのものを考えることから始めることにする．

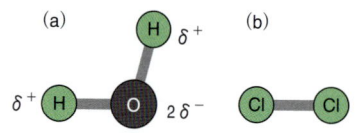

図 2・1　水(**a**)は極性の分子で，塩素分子(**b**)は無極性である．

図 2・1(a)は水分子を示しており，一つの酸素原子と二つの水素原子で構成されてV形の構造をとるように結合している．原子間の実線は，原子が互いに安定な構造を探し求めて電子を共有する際に形成される共有結合を表している．酸素は水素よりも電子親和性が高いので電子は均一に分布しない．酸素は，水素分子よりも多くの電子を引寄せている．水分子は，酸素分子に部分的な負の電荷を，二つの水素分子に部分的な正の電荷をもって分極している．各水素上の電荷を δ^+ と書くことで，単独の水素原子核上の電荷よりも小さいということを示している．酸素原子は小さな負の実効電荷 $2\delta^-$ をもっている．水分子のように，正の領域が一方向に突き出て，負の領域が反対方向に突き出ているような分子は，いわゆる**極性**である．不均等に分布した電荷をもつ二つの原子が結合すると**双極子**を形成しており，よって水は二つの双極子をもっている．

図 2・1(b)は塩素ガスの分子を示している．それは二つの塩素原子より構成されており，おのおの正に帯電した核が負に帯電した電子で囲まれて構成されている．酸素のように，塩素原子は電子を受取る傾向にあるが，電子の取合いは塩素分子の中では均等である．よって，二つの原子は電子を等しく共有し，分子は**無極性**である．

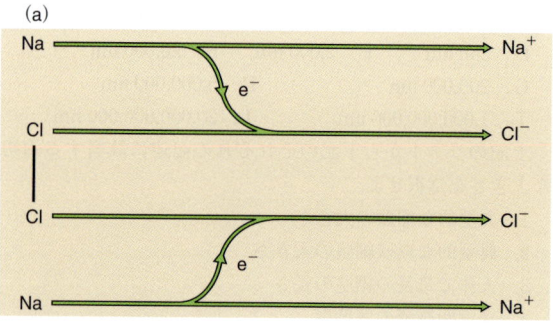

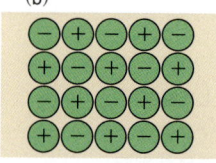

図 2・2　塩化ナトリウム（イオン性の化合物）の形成

図 2・2(a)は塩素分子が金属ナトリウムと反応するときに生じることを示している．塩素の各原子はナトリウム原子から電子を奪い取る．各ナトリウム原子核の中にある正電荷よりも一つ少ない電子をもっていることになるので，1価の正電荷が残る．同様に，各塩素原子は核中の正電荷よりも電子が一つ多いことから，1価の負電荷をもつことになる．電子を得たり失ったりした化学種は，全体的に電荷を帯びるので，イオンになる．塩素とナトリウムの反応では，ナトリウムイオンと塩化物イオンを生じる．ナトリウムイオンのように正電荷のイオンは**カチオン**であり，塩化物イオンのように負電荷のイオンは**アニオン**である．正に帯電したナトリウムイオンと

負に帯電した塩化物イオンはここで互い強く引合う．もし周囲に他の化学物質がなければ，そのイオンはナトリウムと塩素間の距離を極小にするように図2・2(b)に示されるように配置され，それにより得られる隙間なくイオンが並んでいる状態が塩化ナトリウムの結晶である．

水との相互作用：溶液
イオン性の化合物は極性溶媒にのみ溶ける

図2・3(a)にはガソリンの主成分であるオクタンという分子を示している．オクタンは無極性の溶媒の一例である．電子は，炭素と水素の間で均等に分布しており，構成原子は実効電荷を帯びていない．

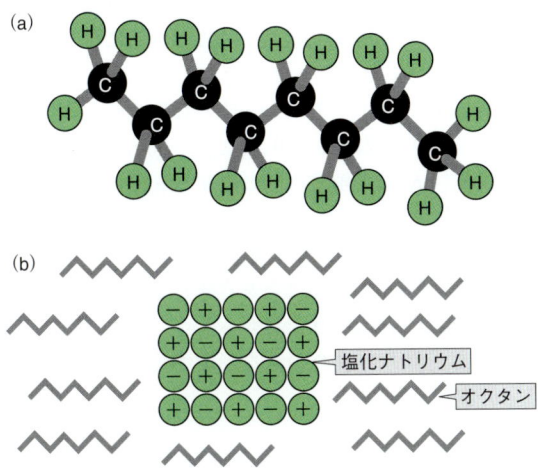

図2・3　(**a**) 無極性の化合物オクタンの構造．(**b**) イオン性の化合物は無極性溶媒には不溶である．

図2・3(b)はオクタン中に漬かっている塩化ナトリウムの小さな結晶を示している．結晶の端では，正電荷のナトリウムイオンは塩化物イオンの負の電荷により結晶の中心に向けて引張られており，負電荷の塩化物イオンはナトリウムイオンの正電荷により結晶の中心に引張られている．ナトリウムイオンと塩化物イオンは結晶から離れない．塩化ナトリウムはオクタンには不溶である．しかしながら，塩化ナトリウムは水には可溶であり，図2・4にはその理由を示している．左上の塩化物イオンは，近くのナトリウムイオンの正電荷により結晶内に引きつけられているが，同時に隣接する水分子の水素原子の正電荷により結晶の外に引張り出される．同様に，左下のナトリウムイオンは近くの塩化物イオンの負電荷により結晶内に引きつけられているが，同時に隣接する水分子の酸素原子の負電荷により結晶から引張り出される．イオンは結晶中に強く保持されず遊離することができる．ひとたびイオンが結晶から離れると，それらは水分子の**水和殻**に取囲まれるようになり，すべては適切な方向に（図2・4b）――酸素はナトリウムのような正電荷の方向に，水素は塩素のような負電荷の方向に――配向する．水あるいは他の何らかの溶媒での溶液中にある化学種は**溶質**とよばれる．おもな組成が水である液体が**水溶液**である．

酸とは水にH$^+$を与える分子である

われわれが運動するときに，筋肉の細胞は酸性になり，痙攣している筋肉の痛みおよび狭心症の心臓の痛みをひき起こす．酸性は生物学のあらゆる分野〔ミトコンドリアを駆動する酸性の勾配（p.146）から海洋中のCO$_2$の蓄積によるサンゴ礁の死滅まで〕において重要である．

酸性の溶液は高濃度の水素イオンを含んでいる．水素原子は特異な構造であり，1電子のみをもち，おもな同位体では核は一つのプロトンから構成される．低圧のガス状態では，裸のプロトンが単独で存在しており，たとえばリニアな加速器中でつくられる．しかしながら，水分子は単独では決して存在せず常に他の分子と結合しており，たとえば，H$_3$O$^+$イオンを生じる．酸性の溶液は，H$_3$O$^+$濃度で100 nmol/L 含んでいる．

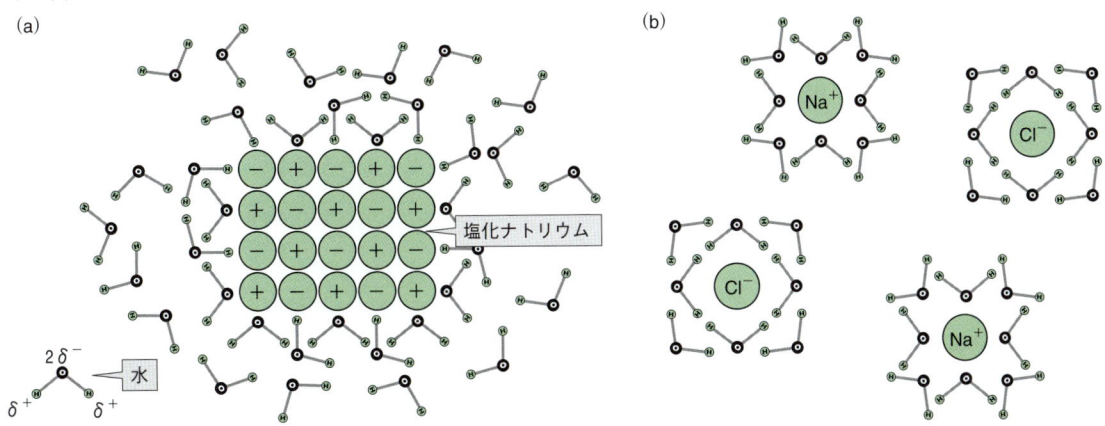

図2・4　イオン性の化合物は水に容易に溶解し，水和されたイオンを形成する．

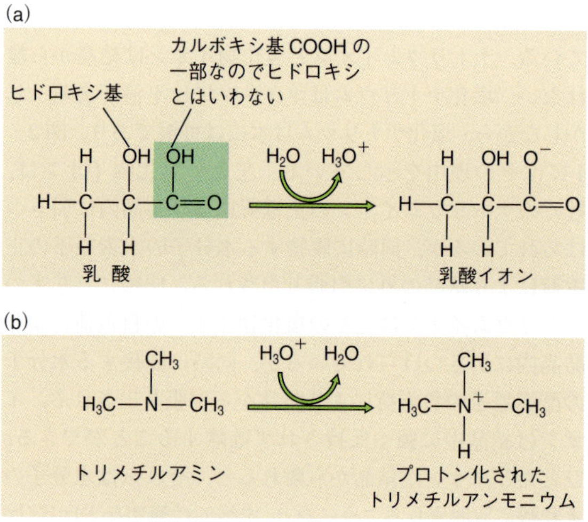

2. 水と高分子

(a) の図: 乳酸の構造
- ヒドロキシ基
- カルボキシ基 COOH の一部なのでヒドロキシとはいわない
- 乳酸 → 乳酸イオン（H₂O → H₃O⁺）

(b) の図: トリメチルアミン → プロトン化されたトリメチルアンモニウム（H₃O⁺ → H₂O）

図2・5 酸と塩基は，水に溶解されたときに，それぞれ H⁺ を手放すか受入れる．

サワークリームは乳酸を含んでいる．純粋な乳酸は図2・5(a)の左に示すような構造をもつ．四角で囲んだ-COOH 基は**カルボキシ基**である．二つの酸素は水素原子から電子を引きつける性質をもち，溶液中では正電荷をもつ水素は水分子に与えられる．電子は負電荷をもった乳酸イオンに残される：

$$CH_3CH(OH)COOH + H_2O \longrightarrow CH_3CH(OH)COO^- + H_3O^+$$

簡略化のために，しばしば水分子を省略してつぎのように書かれている．

$$CH_3CH(OH)COOH \longrightarrow CH_3CH(OH)COO^- + H^+$$

ここで，H_3O^+ を表示するための簡単な記号として H^+ を用いる．溶液中において裸の水素核である H^+ そのものが存在しているという意味ではない．

乳酸の解離に対する平衡定数 K_a はつぎのように規定される．

$$K_a = \frac{[CH_3CH(OH)COO^-]_e [H^+]_e}{[CH_3CH(OH)COOH]_e}$$

ここで，慣例として，角括弧は濃度を意味し，下付き e は平衡での各分子種の濃度を示している．平衡とは，正方向の反応

$$CH_3CH(OH)COOH \longrightarrow CH_3CH(OH)COO^- + H^+$$

および逆反応

$$CH_3CH(OH)COOH \longleftarrow CH_3CH(OH)COO^- + H^+$$

での速度が同じときである．

水中に大量の乳酸を溶かすと酸性の溶液，すなわち高濃度の H⁺（正確には H_3O^+）を含んでいる溶液を生じる．歴史的な経緯から，溶液の酸性度は pH で示され，つぎのように定義される．

$$pH = -\log_{10}[H^+]$$

ここで，$[H^+]$ は 1 L 当たりのモル数として測定される．純水は pH 7 であり，$[H^+] = 100$ nmol/L に相当する．これは，pH として中性といわれている．pH がこれより低い場合にはより多くの H⁺ が存在しており，その溶液は酸性である．細胞質は中性よりわずかにアルカリ側である 7.2 程度の pH である．

溶液の pH は非解離の乳酸に対する乳酸イオンの比で決定される．H⁺ の濃度が高くなり pH が低下すると，平衡は乳酸イオンから非解離の乳酸に移動する．pH 3.9 で乳酸イオンと非解離の乳酸の濃度は同じになる．上の式をみると，このときには $K_a = [H^+]$ となっていることがわかる．そこで，酸性は pH の対数で与えられ，異なる酸の強さの尺度となり，pK_a は $-\log_{10} K_a$ として定義される．pK_a は非解離の酸の濃度と解離した酸の濃度が同じになる pH である．乳酸よりも弱い酸では pK_a は 3.9 よりも大きく，非解離の酸を形成するのに低い水素イオン濃度で十分であることを意味している．乳酸よりも強い酸では pK_a は 3.9 よりも小さく，酸は解離しやすく，H⁺ を受取り非解離の酸を形成するのに，高い H⁺ 濃度が必要となる．

塩基は水から H⁺ を受取る分子である

トリメチルアミンは腐った魚での不快な匂いのもととなる化合物である．トリメチルアミンは図2・5(b)の左に示される構造をもつ．トリメチルアミンが水に溶けたとき，H⁺ を受取り，図の右に示したような正電荷を帯びたトリメチルアンモニウムになる．H⁺ を受取った分子は，"水素原子核" というところを短くした "プロトン" を用いて，**プロトン化された**と表現される．多くのトリメチルアミンを水に溶かすとアルカリ溶液になり，それは低濃度の H⁺ をもっており pH は 7 よりも高くなる．その溶液では新しい H⁺ が水から形成されるので，H⁺ は完全に枯渇することはない．

$$H_2O \longrightarrow OH^- + H^+$$

そこで，トリメチルアミンを水に加え続けて H⁺ を使い果たすと，最後には低濃度の H⁺ と多くの OH⁻ をもつアルカリ溶液となる．

溶液の pH はプロトン化と脱プロトンしたトリメチルアミン間での平衡を決めており，また，前述のように，プロトン化と脱プロトンされた塩基の濃度が同じになる

応用例 2·1　サラダドレッシングは溶媒の混合物である

食用酢は酢酸を水で希釈した溶液である．酢酸は H^+ を水に手放して負に帯電した酢酸イオンになる．最も単純なサラダドレッシングはオリーブ油と食用酢を混ぜ合わせたものである．オリーブ油は疎水的であり水には溶解しない．二つの液体は，個々の小滴の状態であり，撹拌後はすぐに分離する．よく撹拌すると酢酸はイオンになっているので水に残るようになる．もし，塩（Na^+Cl^-）がドレッシングに添加されていれば，油に溶解しないで水には溶解する．一方，唐辛子をサラダドレッシングに加えると活性な化学成分のカプサイシンは無極性であるので油に溶解する．混合物を振り混ぜることですべてを同時に味わうことができる．

医療応用 2·1　糖尿病性アシドーシス

飢餓の間は，脂肪を可溶性の小分子でありケトン体と総称されているアセト酢酸と3-ヒドロキシ酪酸に変換することで，体は脂肪の蓄えを代謝する（p.164）．これらの化合物の pK_a はそれぞれ4と5であり，体液のほぼ中性のpHでは H^+ を水に与えている．

未治療の1型糖尿病では，脂肪の分解が過度に高まり大量のケトン体を生じる．このことは，大量の H^+ を放出し，体が危険なほどに酸性になり，糖尿病性アシドーシスとして知られる状態になる．

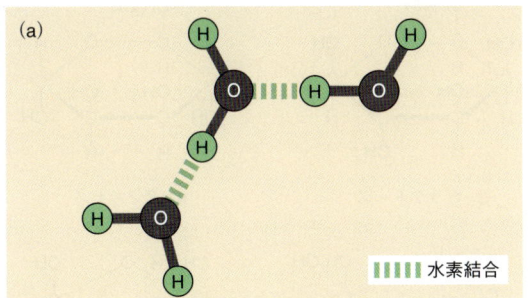

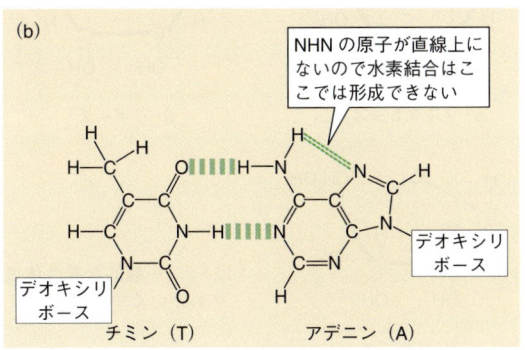

図2·6　水素結合

等電点

タンパク質（p.20）という大きな分子は，pH変化に応じて H^+ を与えたり受取ることのできる酸性や塩基性部位を多くもっている．アルカリ溶液では，酸性部位が H^+ を失い負の電荷を帯びるので全体で負の電荷をもつことになる．pHが低下すると，酸性の部位は H^+ を受取り電荷がなくなり，塩基部位は H^+ を受取り正の電荷を獲得する．そこで，pHが最初の高い値から低下することにより，タンパク質の全電荷は，負が徐々に減少し，正が増加する．タンパク質が全体で電荷をもたないpHを**等電点**という．タンパク質により等電点は異なり，この性質は分析の際にそれらを分離するのに有用である（p.104，"発展9·3"を参照）．細胞内のタンパク質の多くは7.2以下の等電点をもち，通常の細胞内pHではタンパク質は負の実効電荷をもつ．

水素結合は水素原子が共有されたときに形成される

酸素原子がどのようにして水素から電子を引寄せ，極性の結合を形成するのかをみてきた．窒素と硫黄は類似して電子を引寄せる．水素が酸素と結合しているなら，共有結合している窒素あるいは硫黄は二つ目の電子捕捉性の原子に接近する．その二つ目の原子は，電子を少し共有して，いわゆる**水素結合**を形成する（図2·6）．水

pHをpK_aと定義している．トリメチルアミンのpK_aは9.7で，トリメチルアミンの半分が H^+ を手放す前に，H^+ の濃度が $10^{-9.7}$ mol/L，すなわち 0.2 nmol/L の低いレベルまで低下する必要がある．

素が共有結合している原子は，電子を一部失うことから**供与体**とよんでいる．もう一つの電子捕捉性の原子は**受容体**である．強い水素結合を形成するには，供与体と受容体はそれぞれが水素をもつ直線上の決まった距離（典型的には 0.3 nm）に存在しなくてはならない．

液体の水は個々の分子が水素結合（図 2・6）を形成するので非常に安定である．水素結合は DNA を保存し，遺伝子情報を複製するのに重要な役割を果たしている．図 2・6(b) は，DNA の塩基対が，水素原子が窒素と酸素間および窒素と窒素間での水素結合をどのようにして形成しているかを示している．

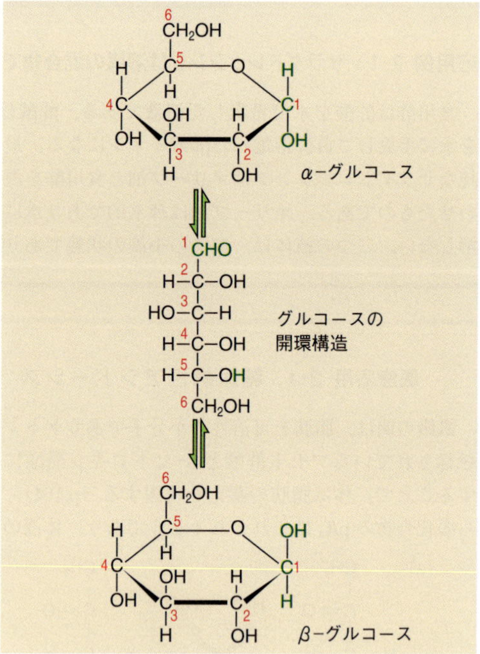

● 生体高分子

非常に大きな分子，もしくは**巨大分子**は，細胞の働きの中心である．大きな生体分子は**高分子**である．それらは，**単量体**（モノマー）とよばれる小さくて単純な分子をつなげることで構築されている．化学的な技術は多くの重要な高分子（ポリエチレンはエチレン単量体の高分子である）をつくることで天然物を模倣してきた．細胞は多くの巨大分子をつくり出しており，本章ではそれらの単量体構成要素とともに高分子を紹介する．

● 炭水化物：あめと鞭

炭水化物（糖とその高分子）は細胞や組織で多くの異なった役割を担っている．

甘味の種類

すべての炭水化物は**単糖**とよばれる単純な糖から形成されている．図 2・7 は単糖のグルコースを示している．上の構造は，環内に炭素を 5 個と酸素原子をもつ．環内の酸素に加えて，グルコースは，各-OH（ヒドロキシ）基に 5 個の酸素をもつ．グルコースは，図 2・7 に示すような三つの**異性体**間で，簡単に変換される．二つの環構造は**立体異性体**であり，同じ結合によりつながった同じ元素で構成されるが，原子の空間的な配置を二つの異なる方法で表示している．その二つの立体異性体は，α と β と名づけられ，溶液中で開環構造を介して絶えず相互変換されている．

図 2・8 は五つの他の単糖を示しており，この本ではもう一度みることになる．グルコースのように，これらの単糖は，開環構造と多くの環構造をとることができる．図 2・8 では，各糖は最もよくとりえる構造で示している．これらの糖では単糖の二つの特徴はグルコースと共通である．それらは酸素原子が炭素の環を完成させるような

図 2・7　単糖であるグルコースは三つの異性体間で容易に変化する．

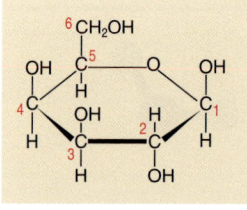
β-ガラクトース

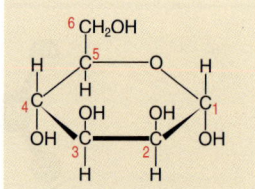
α-マンノース

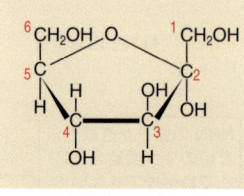
α-フルクトース

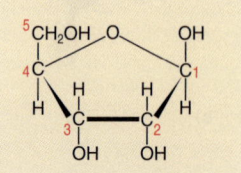
β-リボース

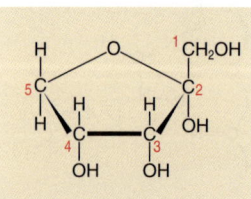
α-リブロース

図 2・8　一般的な異性体で示されたいくつかの単糖

構造をとっており，多くのヒドロキシ基をもっている．単糖の分類名は炭素数に対するギリシャ語に由来しており，グルコース，ガラクトース，マンノースおよびフルクトースはヘキソース（六炭糖）であり，リボースとリ

ブロースはペントース（五炭糖）である．古くよりヘキソースの一般式は $C_n(H_2O)_n$ であり，そこで名前は炭水化物である．図2・7や図2・8に示す単糖はこの規則に当てはまり，四つの単糖は $C_6(H_2O)_6$ であり，二つのペントースは $C_5(H_2O)_5$ である．

糖と有機酸は-OH基を含んでいるが，二重結合の酸素の隣ではない-OH基の性質はカルボキシ基の部分構造の-OH基とは大きく異なっている．一般的にカルボキシ基の-OH基は水や他の受容体に H^+ を与えやすく，一般的な-OH基ではない．酸素と二重結合していない炭素に結合している-OH基にはヒドロキシ基という名称がついている（図2・5a）．

二 糖

単糖は，酸素を介して炭素骨格が結合して水分子が失われた**グリコシド結合**により容易に連結することができる．その結合は連結している炭素により特定される．たとえば，図2・9はラクトースを示しており，乳中で見いだされ，ガラクトースとグルコースが（1→4）グリコシド結合でつながっている．二つの単糖により形成された糖は**二糖**とよばれている．もっと複雑な分子が単純な部品からできている場合には，個々の部品の残基の一部分が名前についている．そこで，ラクトースは一つのガラクトース残基と一つのグルコース残基でできている．

複雑なのはここからである．遊離の単糖では α と β 構造が容易に変化することができるが，グリコシド結合の形成によりその構造は動かなくなる．そこで，溶液中のガラクトースは α と β 構造をとっているが，ラクトースのガラクトース残基は β 構造に固定されており，ラクトースの結合をすべて表記すると β（1→4）である．

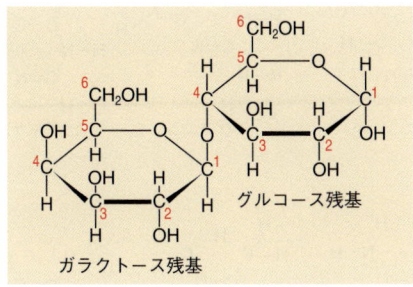

図2・9 二糖体ラクトース

甘いものは力の源

グリコシド結合の形成はほぼ無限に続く．10個程度の単糖の鎖は**オリゴ糖**とよばれている．ギリシャ語でオリゴは"少ない"を意味している．より長い高分子は**多糖**であり，構成要素である単糖とは大きく異なる性質をもつ．図2・10(a)はグリコーゲンの分子の一部を示しており，グルコースのみでつくられている高分子であり，α（1→4）結合をもつ長鎖構造を形成している．グリコーゲン鎖は部分的に分岐しており，この分岐はグルコースの α（1→4）連結鎖が主鎖に α（1→6）結合で連結している．グリコーゲンの塊は筋肉，肝臓，その他の細胞の細胞質に見いだされており，これらのグリコーゲン顆粒は12万個のグルコース残基をもち直径10〜40 nmである．グリコーゲンは，細胞がエネルギーを必要とするときに分解してグルコースを遊離する（14章）．

セルロースは植物の細胞壁を形づくっており，世界中で最も大量に存在する巨大分子である．グリコーゲンと同様に，セルロースはグルコースの高分子であるが，この場合の連結は β（1→4）結合である．これは図2・10bに示している．平面に書くとグリコーゲンと似ている．しかしながら，結合様式には明らかな違いがある．α（1→4）結合で連結したグルコースは柔軟なヘリックス構造に配置されており，一方では β（1→4）結合で連結したグルコースは堅い細胞壁をつくるのに理想的な連結鎖を形成している．動物はグリコーゲン中の α（1→4）結合を分解する酵素（タンパク質触媒）をもっており，ある細菌と菌類だけが β（1→4）結合を分解できる．植物を食べるすべての動物は，セルロースを消化する酵素を供給する腸内細菌に頼っている．

(a) グリコーゲン

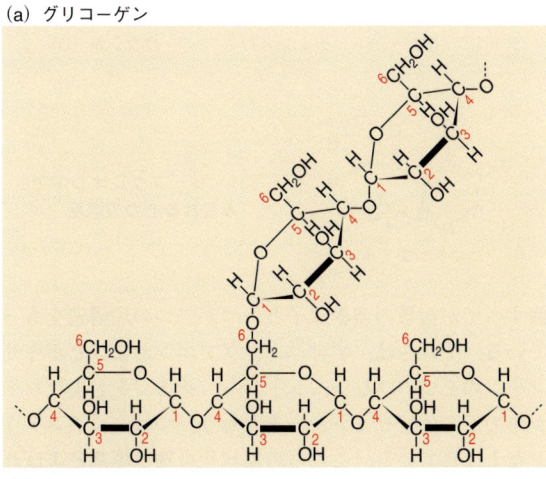

(b) セルロース

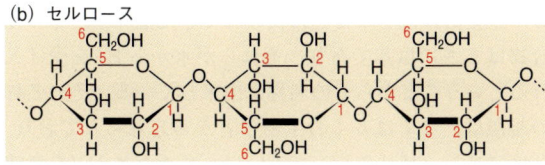

図2・10 多糖のグリコーゲン(a)とセルロース(b)

修飾された糖

多くの化学的に修飾された糖は生命現象の中で重要である．図2・11では三つの例を示している．**デオキシリボース**は2位の炭素の-OH基を失ったリボースである．これはデオキシリボ核酸（DNA）でおもに使われている．***N*-アセチルグルコサミン**はグルコースの2位の炭素の-OH基が$-NHCOCH_3$基と置き換わったものである．これは多くのオリゴ糖や多糖，たとえば昆虫の堅い部分を形成しているキチンに使われている．**マンノース6-リン酸**は**リン酸化**されたマンノースであり，6位の炭素に**リン酸基**が結合している．つぎの節ではさらに多くのリン酸化された糖に出会うことになる．

図2・12(a)は**アデノシン**とよばれる**ヌクレオシド**を示している．それは，**アデニン**とよばれる窒素の豊富な化合物にリボースが結合している．糖の数字1′, 2′などは前にもみられたのと同じ数字の付け方である．′印は“プライム”と発音し，アデノシンの原子ではなく，糖の原子であることを示している．ヌクレオシドという名称は，リン酸化されたヌクレオシドが，核の遺伝子の材料である**核酸**の構成要素であるという事実を反映している．しかしながら，ヌクレオシドは細胞内外の他の場所でも重要な役割を果たしている．七つの異なった化合物はヌクレオシドをつくるのに通常使われている（図2・13）．7個すべてが複数の窒素原子と一つか二つの環構造をもっている．それらは，アデニン，グアニンおよびヒポキサンチンの三つの**プリン**，シトシン，チミジンおよびウラシルの三つの**ピリミジン**，またもう一つはニコチンアミドとよばれている．これらの環状化合物は**塩基**とよばれる．歴史的には本章で先に使われてきた意味で，その化合物はまさに塩基であり，それらが水からH^+を受け入れるということからその名称は由来している．その名称の起源は，今では多くの生物学者から忘れられており，今はプリン，ピリミジンあるいはニコチンアミドを意味する言葉として使われている．一般的に，ヌクレオシド

(a) デオキシリボース

(b) *N*-アセチルグルコサミン

(c) マンノース 6-リン酸

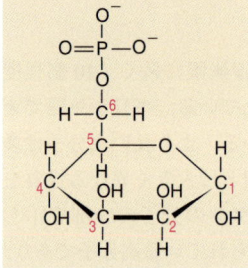

図2・11 デオキシリボース(**a**)，***N*-**アセチルグルコサミン(**b**)およびマンノース**6-**リン酸(**c**)は修飾を受けた糖鎖である．

(a) アデノシン（ヌクレオシド）

(b) アデノシン三リン酸（ヌクレオチド）

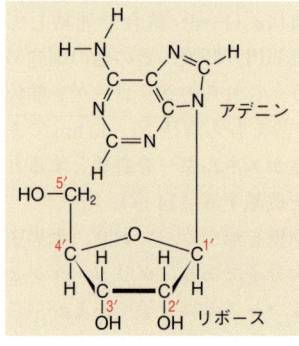

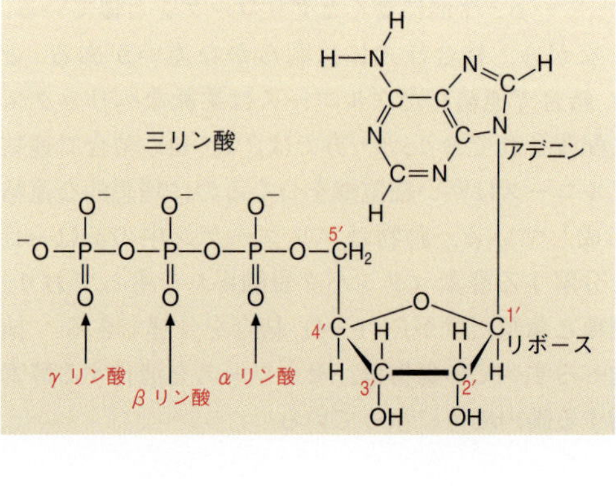

図2・12 ヌクレオシド(**a**)は塩基とリボースで構成され，ヌクレオチド(**b**)はヌクレオシドとリン酸で構成されている．

プリン

ピリミジン

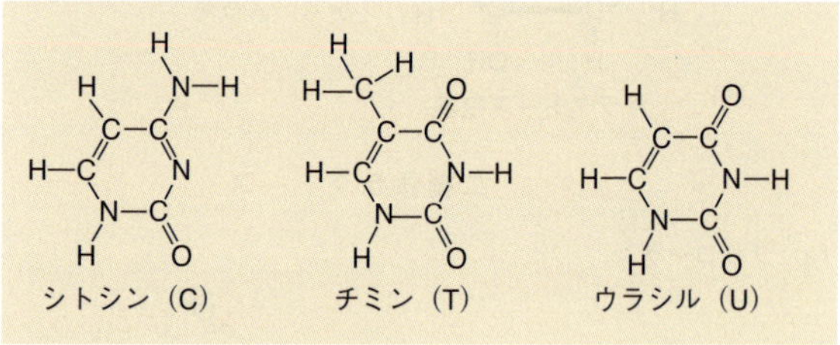

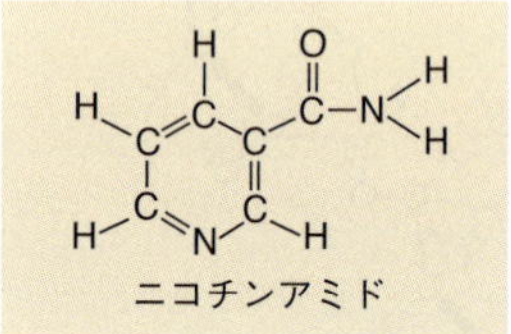

図2・13 ヌクレオシドでみられる七つの塩基

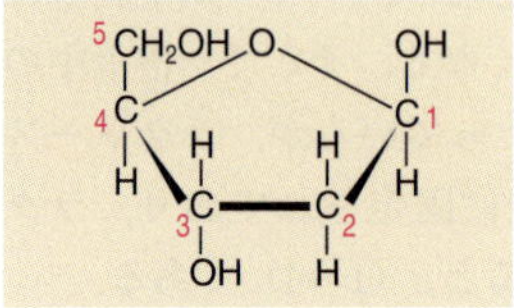

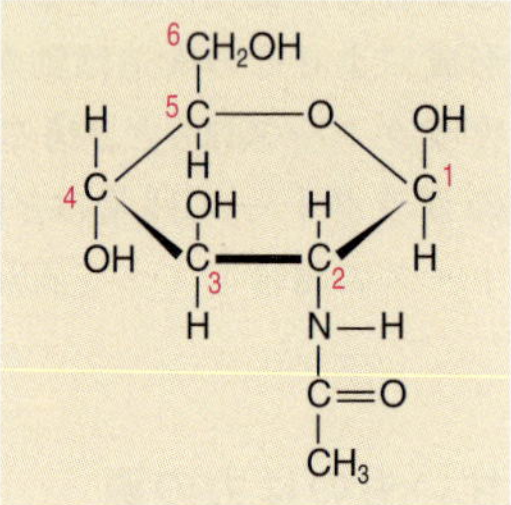

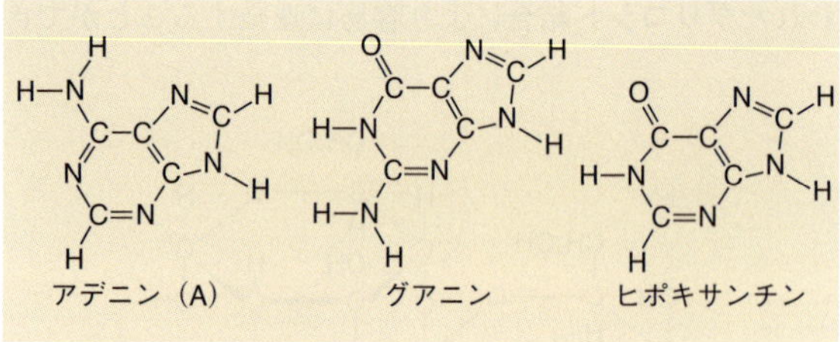

はこれらの塩基の一つがリボースの 1′ 位の炭素に結合して形成される.

リン酸は,細胞全体ではかなり少量しか存在していないが,多くの重要な役割を果たしている.溶液中でのリン酸は,一つの水素原子が結合したリン酸水素イオン HPO_4^{2-} としておもに見いだされる(図 2・14 a).リン酸イオンは無機リン酸を意味している記号 P_i としてしばしば表示されている.しかしながら,リン酸が重要になる場面は,それが**有機物**すなわち炭素を含む分子に結合しているときである.リン酸は水分子の損失を伴ってどんな C–OH 基にも置換することができる(図 2・14 b).反応の平衡は左に大きく偏っているが,細胞はリン酸基を有機分子に結合するための仕組みをもっている.ひとたびリン酸基が付加されると,鎖を形成するためにさらに付加される(図 2・14 c).繰返すが,反応の平衡は左に偏っているが,細胞は他の仕組みを用いてこの結果を達成することができる.

図 2・12(b)はリボースの 5′ 位の炭素に三つの連続したリン酸基をもつアデノシンを示している.この重要な分子は**アデノシン三リン酸(ATP)**であり,これからこの本の中で何度も出会うことになる.この三つのリン酸基はギリシャ文字で α,β および γ で示される.リン酸化されたヌクレオシドは**ヌクレオチド**とよばれる.

数個の OH 基をもつ分子は複雑にリン酸化される.図 2・15 は**イノシトールトリスリン酸(IP$_3$)**を示しており,16 章で再度出会うことになる重要なメッセンジャー分子である.ATP と IP$_3$ は三つのリン酸基をもつが,IP$_3$ では異なった炭素にリン酸基が結合しているのに対して,ATP では連続して並んでことを示すために,アデノシン三リン酸では接頭語トリを用い(日本語名では後の語が翻訳名のときは三とする),イノシトールトリスリン酸には接頭語トリスを用いている.同様にして,連続した二つのリン酸基をもつ化合物は二リン酸とよばれ,異なった二つの炭素上にそれぞれ一つのリン酸基をもつ化合物はビスリン酸である.

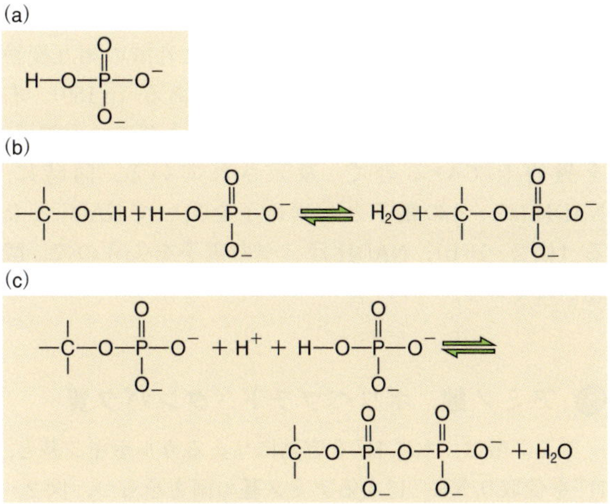

図 2・14 リン酸基はヒドロキシ基や他のリン酸基と結合できる.

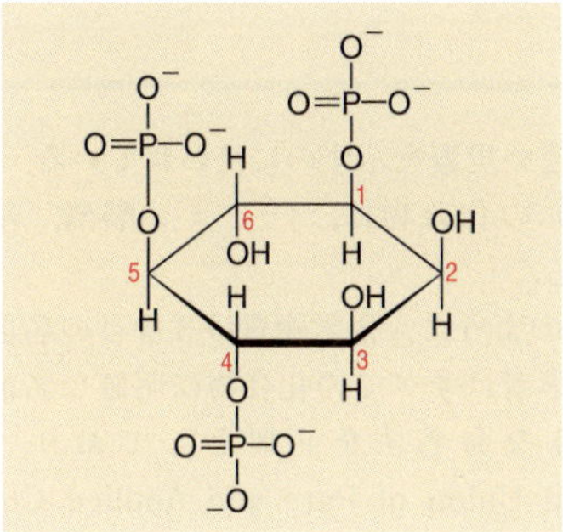

図 2・15 イノシトールトリスリン酸は多価にリン酸化されたポリアルコールである.

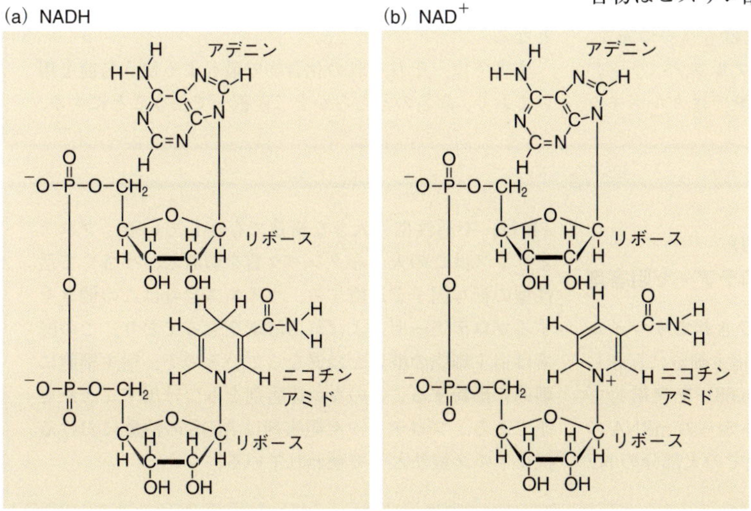

図 2・16 ニコチンアミドアデニンジヌクレオチドは二つのヌクレオチドがリン酸基を介して連結して形成されている.還元された構造 **NADH**(a)は強力な還元剤でありエネルギーの通貨である.酸化された構造 **NAD$^+$** を(b)に示す.

● 酸化と還元とは電子の移動である

図 2・16(a (p.19)) はアデノシンから形成されるもう一つの重要な分子を示している．ここではアデノシンとニコチンアミドヌクレオシドはリン酸基でつながっている．還元された**ニコチンアミドアデニンジヌクレオチド（NADH）は強力な還元剤**である．

分子への水素原子の付加，あるいは酸素原子の脱離は**還元**とよばれる．還元の反対は**酸化**であり，酸素原子の付加あるいは水素原子の脱離である．それらが結合をつくる際には，水素原子は電子の共有をなくし，酸素原子はどのような結合でも電子を共有する．化合物への酸素の付加は電子が除去されることを意味しており，逆の場合も同じである．そこで，最も一般的な酸化の定義は電子を失うことであり，還元は電子を獲得することと定義される（幼稚であるが有用な記憶法は，"L$_{oss}$ E$_{lectrons}$ O$_{xidation}$ ライオンは G$_{ain}$ E$_{lectrons}$ R$_{eduction}$ と言う"）．酸化と還元は同時に起こり，一つの反応物が酸化され，他方は還元される．図 2・17 はピルビン酸と乳酸の相互変換を示しており，代謝の重要な反応である (p.159)．右方向ではピルビン酸は二つの水素（および二つの電子）を獲得しているので，還元されている．同時に，NADH は一つの電子と水素原子を失って NAD$^+$ となる（図 2・16b）．NADH は二つの電子を失うので，酸化されている．

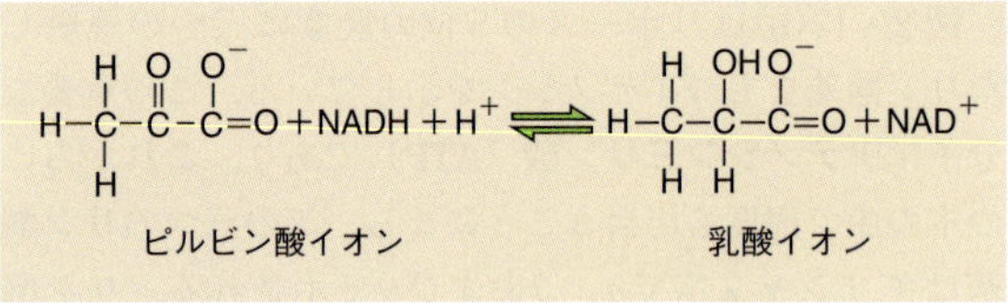

図 2・17 ピルビン酸と乳酸の可逆的な還元

● アミノ酸，ポリペプチド，タンパク質

アミノ酸は，水に H$^+$ を容易に与えるカルボキシ基と，H$^+$ を受取り NH$_3^+$ になる**アミノ基**の両方をもつ．図 2・18(a) は二つのアミノ酸，ロイシンと γ-アミノ酪酸 (GABA) を通常の pH でみられる構造で示している．カルボキシ基は H$^+$ を失いアミノ基は H$^+$ を獲得しており，

発展 2・1　命名法

T. S. Eliot は "猫は三つの名前をもっている．一つは家族が毎日使っている名前である…" と書いている．われわれが日常的に用いている化学物質には，CH$_3$CH$_2$CH$_2$-COOH に対する酪酸のように，昔から使われているわかりやすい名称がある．その名前には構造の手がかりはないが，一度学ぶとその名前は使いやすい．

長年，生物学者は炭素原子がギリシャ文字で示されるような有機酸に対する命名の方法を用いてきた．α 炭素は COOH 基の隣の炭素であり，β 炭素はもう一つ先で，γ 炭素は三つ目である．ギリシャ語のアルファベットの最後の文字 (omega) は，長鎖の脂肪酸ではカルボキシ基から最も遠い炭素を示すのに使われている．そこで，図 2・18 (a) の化合物は，γ-アミノ酪酸，省略して GABA である．

Eliot の猫のように，化学物質は 3 番目の名前をもっている．化学者はすべての化合物に明確な名前がつけられるような命名法を必要としており，そこで International Union of Pure and Applied Chemistry (IUPAC) はそのような方法を作成している．IUPAC では有機酸に対して異なった取決めをしており，炭素は 1, 2, 3 などと数え，1 番目は COOH 基の炭素である．そこで，IUPAC の方法では，GABA は 4-アミノブタン酸となる．

本書では，それぞれの化合物で最もよく使う名前を用いており，命名のどちらかを二者択一で使うことにする．

医療応用 2・2　AIDS 治療薬としてのプロテアーゼ阻害剤

AIDS（後天性免疫不全症候群）をひき起こすウイルス HIV（ヒト免疫不全ウイルス）は，宿主細胞に存在している NFκB とよばれる転写因子 (p.65) を利用している．NFκB はウイルスの DNA ゲノムからの mRNA の産生の引き金となっている．宿主細胞での大部分の NFκB は，不活性型の大きな構造で存在している．プロテオリシスはこの大きなタンパク質を切断し，小さくて活性型の転写因子を遊離する．ウイルス自身はこの働きをするプロテアーゼとよばれる酵素をもっており，この酵素は宿主細胞の酵素とは異なっているので，宿主細胞に劇的に影響することのない阻害剤をみつけ出すことが可能である．プロテアーゼ阻害剤は AIDS の治療における抗ウイルス療法として使われている．

分子は負および正の二つの電荷をもつことになる．

有機酸はカルボキシ基に隣接した炭素をα，そのつぎの炭素をβなどとよぶことで命名している．アミノ基を付与してアミノ酸にする際に，アミノ基が結合する炭素の文字を明記している．そこで，ロイシンは**α-アミノ酸**であり，GABAはγ-アミノ酪酸を意味している．α-アミノ酸はタンパク質の部品である．α-アミノ酸は図2・18(b)のような一般構造式で示され，Rは**側鎖**である．ロイシンは炭素と水素の単純な側鎖をもつ．他のアミノ酸は異なった側鎖をもち，そのために異なった性質をもつ．タンパク質に特徴的な性質を与えているのが側鎖の多様性である (p.107)．

α-アミノ酸は，一つのアミノ酸のカルボキシ基と隣のアミノ酸のアミノ基の間での**ペプチド結合**を介して互いに結合して長鎖を形成する．図2・18(c)はα-アミノ酸のそのような連続鎖の一般的な構造を示している．高分子の分野では，50アミノ酸程度のものまでを**ペプチド**とよんでいる．それ以上は**ポリペプチド**である．特定の形に折りたたまれたものは**タンパク質**である．ペプチドやポリペプチドは，細胞内において伸長している高分子の末端に特定のアミノ酸が結合することで形成される．4章で示すように，各段階で付与される個々のアミノ酸は，核内に保存された細胞のDNAに記録された情報のコピーを含んだ**メッセンジャーRNA**（**mRNA**）とよばれる分子の指示により決定される．これが，"DNA makes RNA makes protein"という分子生物学での**セントラル**

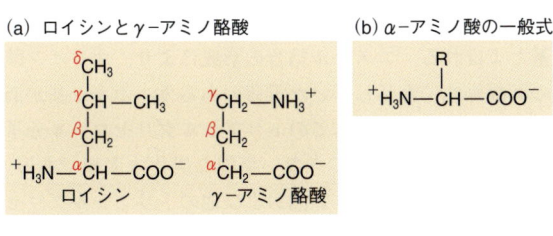

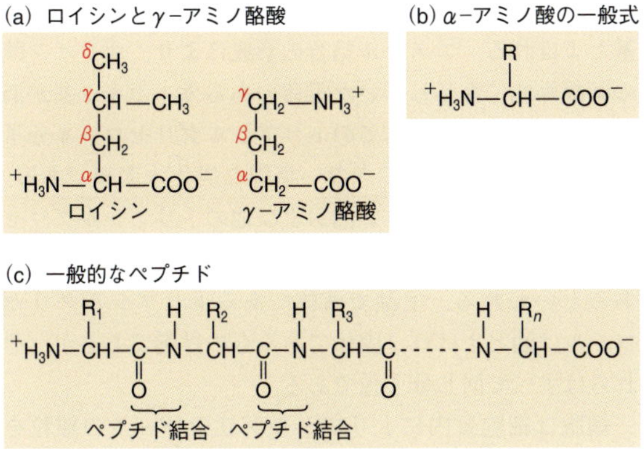

図2・18 アミノ酸とペプチド結合

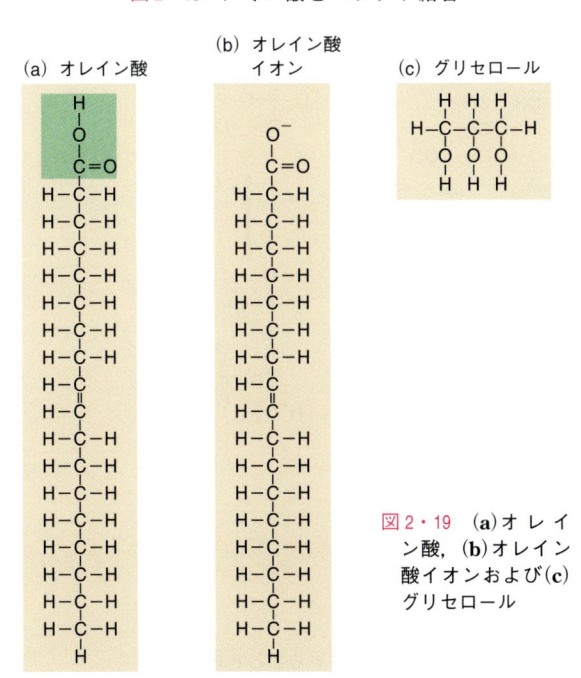

図2・19 (a)オレイン酸，(b)オレイン酸イオンおよび(c)グリセロール

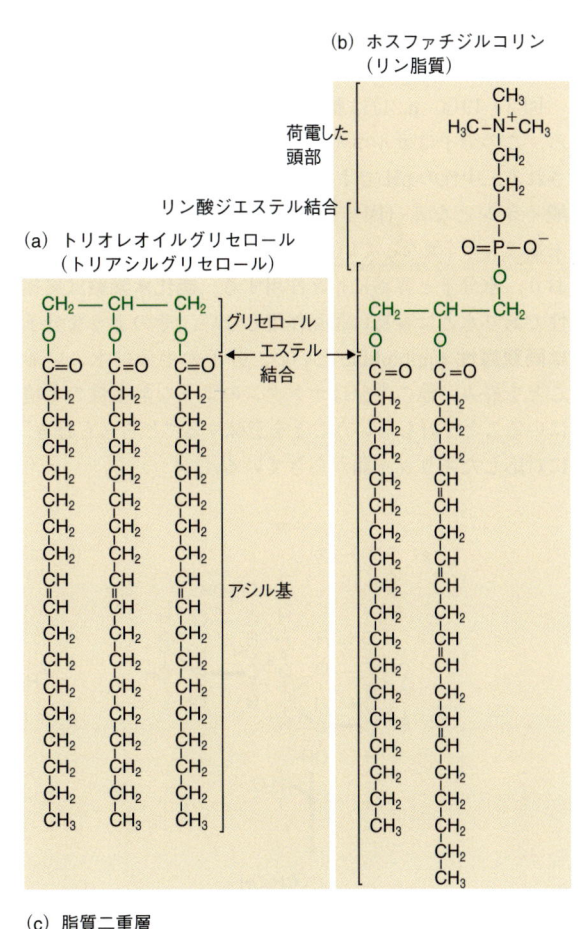

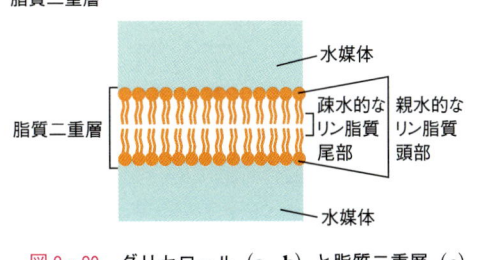

図2・20 グリセロール (a, b) と脂質二重層 (c)

ドグマである.

細胞を形成する成分の大部分はタンパク質であり，生命の一連の作用を担っている物質である．9章以降，本書ではタンパク質とそれからつくり出される構造について述べる．しかしながら，セントラルドグマにより，まずは4〜7章で示すようにDNAとRNAに着目することになる．

🔵 脂　　質

これまでに述べてきた化合物群とは違い，脂質は1種類に分類されるものではない．むしろ，オクタンのような溶媒を用いて細胞から抽出できる水に不溶性の成分である．脂質に含まれるのは，**脂**（トリアシルグリセロール），リン脂質，およびコレステロールのようなステロール類である．

図2・19(a, p.21)は**脂肪酸**のオレイン酸を示している．この分子はカルボキシ基と長い炭化水素鎖から構成される．中性のpHでオレイン酸はH^+を失い，オレイン酸イオンとなる（図2・19b）．オレイン酸イオンの両末端は大きく異なっている．カルボキシ基は負に帯電しており，水分子と容易に相互作用する．**炭化水素鎖**は無極性であり水とは容易に相互作用しない．そのような分子は**両親媒性** amphiphilic といい，分子の半分は水にいることを好み，他の半分はオクタンのような無極性の環境にいることを好むということを意味する"どちらも好き"に対応したギリシャ語からきている．

図2・19(c)は低分子の**グリセロール**を示している．名前が示唆しているように，グリセロールは糖と同様に複数のヒドロキシ基をもち，また糖のように甘みがある．しかしながら，酸素を含む環構造をもたいないので糖ではない．むしろ，ヒドロキシ基をもつ化合物はアルコールとよばれているので，グリセロールはポリアルコールである．

細胞は脂肪酸とグリセロールを組合わせて**アシルグリセロール（グリセリド）**をつくることができる．その結合は脂肪酸のカルボキシ基とグリセロールのヒドロキシ基の間で水分子の成分が脱離することで形成される．カルボキシ基とヒドロキシ基間でのこのような結合は**エステル結合**とよばれている．図2・20は2種類のグリセリドを示している．図2・20(a)は**トリアシルグリセロール（トリグリセリド）**であり，オレイン酸3分子とグリセロール1分子から形成されている．脂肪酸残基は**アシル基**とよばれる．エステル結合の形成により，オレイン酸の両親媒性に寄与していた電荷のあるカルボキシ基が消失する．ほとんどすべてのトリアシルグリセロール分子は水分子と水素結合できない単純な炭化水素鎖である．この理由によりオリーブ油および他のトリアシルグリセロールは水と混ざらない．それゆえ，それらは**疎水性**であるといわれる．室温で液体であるトリアシルグリセロールは**油**とよばれ，固体であるものは**脂**であるが，それらはすべて同じ分子種である．

細胞は細胞質内にトリアシルグリセロールの顆粒を

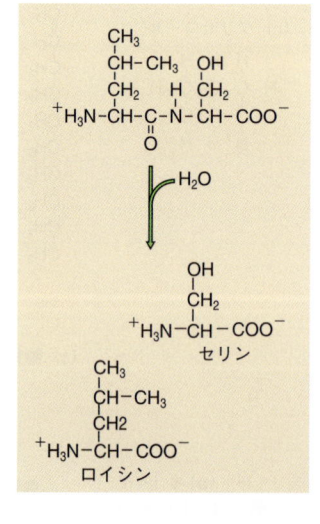

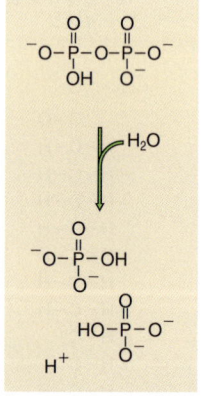

図2・21 加水分解とは水の元素が付加されることであり，共有結合が切断されることである．

**発展 2・2　折れ曲がりがもつもの：
二重結合，膜の流動性と月見草**

　動物の脂肪中の成分としてよくみられる脂肪酸の一つはステアリン酸であり，図中の(a)に示されている．18個の炭素原子が単結合でつながっており，長い直鎖の分子となっている．一方，オレイン酸(b)は9番目と10番目の炭素間で二重結合をもつ．これが，連続鎖に折れ曲がりをもたらしている．折れ曲がりをもつ脂肪酸は規則正しくパッキングされないので結晶化されない．二重結合が増えると融点が低下する．そのようにしてステアリン酸は70℃で融解するが，オレイン酸は13℃であるので室温で液体である．炭素原子間で二重結合をもつ脂肪酸は**不飽和**とよばれている．**多価不飽和脂肪酸**は二つ以上の二重結合，折れ曲がり，またそのために低い融点をもつ．リノール酸(c)は二つの二重結合をもち，−9℃で融解する．リノレン酸(d)は三つの二重結合と−17℃の融点をもつ．

　われわれの細胞内のトリアシルグリセロールと細胞膜のリン脂質でも同様の規則が適用され，アシル鎖の二重結合が多いと融点が低い．動物ではステアリン酸を含むトリアシルグリセロールの大部分は体温では液体であり室温で脂の塊を形成するが，一方トリオレオイルグリセロールは室温で液体である（しかし冷蔵庫で保存すべきではない）．脂質膜は結晶化してはならないが，もしそうなったら，細胞が曲がるたびに膜にはひびが入り細胞の中身が漏れてしまう．不飽和の脂肪酸は膜の流動性を維持するのに重要な役割を果たしている．

　哺乳動物では脂肪酸の9位の炭素に二重結合を導入することはできない．そこで，リノール酸やリノレン酸は飲食物に含まれていなくてはならない．それらは**必須脂肪酸**として知られている．幸運なことに植物の生化学的な能力はそんなに制限されておらず，植物油は不飽和脂肪酸の有用な供給源となる．

　リノレン酸の通常の形は，(d)に示されるように，α-リノレン酸であり9位と10位，12位と13位，15位と16位の炭素間に二重結合をもっている．いくつかの植物の種子の油はリノレン酸の異性体を含んでおり，6位と7位，9位と10位，12位と13位の間に二重結合を有している．これがγ-リノレン酸(d)である．魅力的な黄色い花をつける月見草（*Oenethera perennis*）はトリアシルグリセロールにγ-リノレン酸を有する油を含んだ種子をもっている．6位から7位の間での二重結合はグリセロールに近い折れ曲がりをもたらしている．これにより，膜中に取込まれた際に流動性を高めると考えられる．γ-リノレン酸が，健康に対して誰かが主張しているようなすばらしい効果があるのかどうか，もしあるとしてもどのように作用しているのか誰も明らかにしていない．そのような無知のために，月見草油での大きな金もうけが続けられている．化粧品にも，内服や外用の医薬品にも含まれているγ-リノレン酸は植物にも見いだ

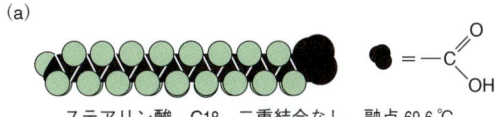

(a) ステアリン酸，C18，二重結合なし，融点 69.6℃

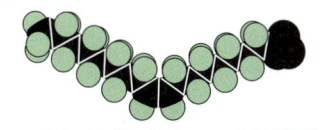

(b) オレイン酸，C18，一つの二重結合，融点 13.4℃

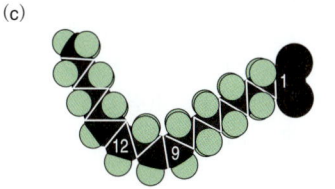

(c) リノール酸，C18，二つの二重結合，融点 −9℃

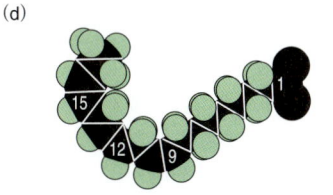

(d) リノレン酸，C18，三つの二重結合，融点 −17℃

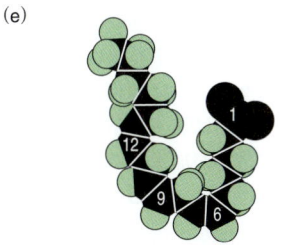

(e) γ-リノレン酸，C18，三つの二重結合

され，ボリジ（*Borago officinalis*）の種子は最も高価な供給源の一つである．いくつかの菌類にも見いだされている．ただし，このことは月見草のようなロマンスに欠けている．

もっている．それらは通常は小さいが，脂肪の貯蔵に特化した脂肪細胞では，その顆粒は合体して単一の大きな粒子となり，細胞質は脂肪顆粒の周辺に追い出される．断食の間にトリアシルグリセロールは遊離の脂肪酸とグリセロールに分解される．その後脂肪酸とグリセロールは組織で使われるために循環経路に入る．

図2・20(b)は，細胞膜を形成している**リン脂質**の一つであるホスファチジルコリンを示している．トリアシルグリセロールのように，リン脂質はグリセロールに結合した脂肪酸をもっているが，3箇所のうち2箇所だけである．三つ目の脂肪酸の位置には，極性であり，しばしば電荷をもった**頭部**がある．その頭部は**リン酸ジエステル結合**とよばれる構造中にあるリン酸を介してグリセロールと連結している．頭部と負電荷のリン酸の組合わせで水と強く相互作用することができ，それを**親水性**とよんでいる．一方，二つのアシル基は，オリーブ油のような疎水的な尾部を形成している．そこで，リン脂質は，（疎水的な尾部のために）水に溶解することもなく，（頭部が水と相互作用できない）オリーブ油のように完全に分離することもない．リン脂質分子は自発的に**脂質二重層**を形成し，分子の各部分はそれぞれが好む環境に配置される（図2・20c）．細胞膜は脂質二重層であり，そこに何らかのタンパク質が組込まれる．

● 加水分解

細胞を構成している高分子の多くは，個々の部品から水分子の元素が除かれることでつくり出される．同様に，高分子は加水分解（水の付加による分解）により個々の部品に分解される．図2・21（p.22）にその例を示している．ラクトースは一つの水分子の付加によりガラクトースとグルコースの単糖に加水分解される．また，ジペプチドが加水分解により個々のアミノ酸に分解されることも示している．ここでも反応は加水分解とよばれるが，タンパク質中のペプチド結合が加水分解され，個々のフラグメントに切断されることは，**プロテオリシス**とよばれている．酵素はこれらの加水分解を腸内で常に触媒しているが，一部の人は加齢とともにラクトースを加水分解する能力を失なっており，そのような人は**ラクトース不耐症**である．三つ目に，**二量化した**（二つの部分で形成された）無機のリン酸イオン，**二リン酸**が加水分解されて普通のリン酸イオンになるのを示している．二リン酸の加水分解は，細胞の内でも外でも体全体に存在している酵素により触媒される．本書の後の方で二リン酸が生じる反応の例を数多く紹介することになるが，二リン酸は生成するとすぐに加水分解されて普通のリン酸イオンになる．図2・22にはリン脂質ホスファチジルコリンの完全な加水分解を示している．五つの分子，コリン，グリセロール，脂肪酸2分子とともにリン酸イオン1分子が生じる．この加水分解は腸内において多段階の反応で生じる．

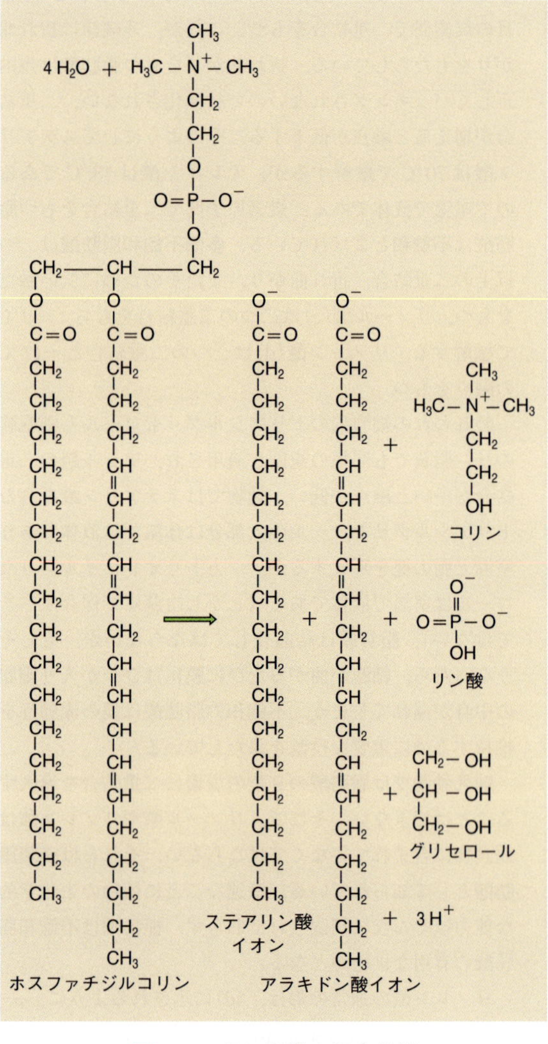

図2・22　リン脂質の加水分解

加水分解反応は，非触媒での速度は通常は非常に遅いが，適当な触媒が存在するときには，水が高濃度で存在しているので，生組織では通常は容易に進行する．一方，構成している部品からの高分子の生成は，しばしば構成部品からの水の元素の解離によるが，通常は細胞によるエネルギーの消費が必要となる．これらの反応がどのようにして行われるのかをこの後の章で示す．

まとめ

1. 二つの原子が相互作用するとき，その二つの間で電子は共有されて共有結合を形成するか，あるいは一方から他方に完全に受渡してイオンを形成する．
2. 水中においては，電子は均等に共有されないが，酸素原子に向かって移動することで，分子は極性になる．
3. イオン性の化合物は極性の溶媒のみに溶解する．
4. 酸とは水に H^+ を提供して H_3O^+ を形成する分子である．酸を水に溶解すると pH 7 以下の溶液を生じる．
5. 塩基とは水から H^+ を受取り OH^- を生じさせる分子である．塩基を水に溶解することで pH 7 以上の溶液を生じる．
6. 純水は 7.0 である中性の pH を有している．
7. 水素結合は，水素原子が電子を捕捉する二つの原子（酸素，窒素あるいは硫黄）との間に位置して，その三つが直線上に並んだときに形成される．
8. 単糖は，中心骨格の炭素が複数の OH 基と結合した化合物である．単糖は，酸素を含んだ 2 種類の環構造と開環構造との間で変換される．
9. 単糖は連結してラクトースのような二糖を形成し，また，グリコーゲンやセルロースのような長鎖を形成する．
10. アデニン，グアニン，ヒポキサンチン，チミン，ウラシルおよびニコチンアミドは窒素の豊富な環構造の分子であり，塩基とよばれる．塩基はリボースやデオキシリボースと結合してヌクレオシドを形成する．ヌクレオシドの 5′ 位の炭素がリン酸化されたヌクレオチドを生じる．
11. アミノ酸は酸性のカルボキシ基と塩基性のアミノ基をもつ化合物である．中性の pH ではこれら官能基はそれぞれ H^+ を失うか受取ることで $-COO^-$ か $-NH_3^+$ になる．
12. ポリペプチドは α-アミノ酸がペプチド結合で連結した高分子である．アミノ酸の配列は細胞の DNA の暗号により決定されている．タンパク質は特定の形に折りたたまれたポリペプチドである．
13. 多くの脂質は疎水性の長鎖脂肪酸がグリセロール骨格に結合して形成される．リン脂質は親水性の頭部をもち，容易に脂質二重層を形成する．
14. 加水分解は水の元素が付加されることで共有結合が分解されることである．

参考文献

D. Voet, J. Voet, "Biochemistry, 4th Ed,", John Wiley & Sons, Hoboken (2011). ［邦訳］田宮信雄，村松正實，八木達彦，吉田 浩，遠藤斗志也訳，"ヴォート生化学（上・下）（第 4 版）"，東京化学同人（2013）．

● 復習問題

2·1 有機化合物の種類

A. アデニン　　B. アデノシン
C. アデノシン三リン酸　　D. ガラクトース
E. 乳　酸　　F. ラクトース
G. ロイシン　　H. オレイン酸
I. リボース　　J. トリメチルアミン

上記の分子のリストから，以下の分類に帰属される分子を選べ．

1. 二　糖　　2. 脂肪酸
3. ヌクレオシド　　4. ヌクレオチド
5. 五単糖

2·2 官能基と結合

構造式(i)と(ii)は二つの小さな有機化合物を示しており，構造式(iii)は高分子の一部を示している．……で示された結合はその部分で高分子が伸長していることを示している．A から I の赤字は特定の官能基と結合を示している．

その文字を使って以下に示した官能基や結合の例に割当てよ.

1. アミノ基
2. カルボキシ基
3. ヒドロキシ基
4. リン酸基
5. エステル結合
6. グリコシド結合
7. 水素結合
8. ペプチド結合
9. リン酸ジエステル結合

2・3 酸と塩基

酢酸（エタン酸）CH_3COOH は単純な有機酸であり，食用酢のおもな成分である．反応 $CH_3COOH \rightleftarrows CH_3COO^- + H^+$ の pK_a は 4.8 である．気体のアンモニアは水に溶解し，溶けた NH_3 は塩基でありプロトンを受取って NH_4^+ になる．反応 $NH_3 + H^+ \rightleftarrows NH_4^+$ の pK_a は 9.2 である．

酢酸アンモニウムの溶液とは，アンモニウムイオンと酢酸イオンをはじめに含んでいる溶液のことである．酸やアルカリ（たとえば，HCl や NaOH）を加えることで pH は変化する．

A. pH=3
B. pH=5
C. pH=7
D. pH=9
E. pH=11
F. 述べられた条件は不可能

上記のリストの中から，以下に述べられた条件が当てはまる pH を選べ．少なくとも条件の一つは不可能であることに注意し，その場合には解答 F を選ぶこと．

1. 酢酸を考えて，プロトン化された構造 CH_3COOH と脱プロトンされた構造 CH_3COO^- の両方が顕著な濃度で存在する．
2. アンモニウムを考えて，プロトン化された構造 NH_4^+ とプロトン化されていない構造 NH_3 の両方が顕著な濃度で存在する．
3. 酢酸とアンモニウムの両方の大部分がプロトン化された構造，おのおの CH_3COOH と NH_4^+ になっている．
4. 酢酸とアンモニウムの両方の大部分がプロトン化されていない構造，おのおの CH_3COO^- と NH_3 になっている．
5. 酢酸とアンモニウムの両方の大部分がイオン化されている構造，おのおの CH_3COO^- と NH_4^+ になっている．
6. 酢酸とアンモニウムの両方の大部分が電荷をもたない構造，おのおの CH_3COOH と NH_3 になっている．

● 発展問題

HCl（塩化水素）を水に加えると，H^+ と Cl^- に完全に解離する．HCl を水に (i) 10^{-4} mol/L, (ii) 10^{-8} mol/L の終濃度で加えたときに生じる溶液の pH はどうなるか?

発展問題の解答 (i) 純水は pH が 7 であり，すなわち H^+ の濃度は 10^{-7} mol/L である．HCl を終濃度 10^{-4} mol/L で加えると，離散する H^+ が 10^{-4} mol/L に解離することになり，最終的に H^+ の濃度は $10^{-7} + 10^{-4}$ mol/L = 1.001×10^{-4} mol/L である．3 桁の有効数字で，pH は 4 である．純水中に含まれる H^+ を無視することもできる，10^{-4} mol/L 中に含まれる H^+ を無視することはできない．HCl を終濃度 10^{-8} mol/L で水中に加えると，最終的な H^+ の濃度は $10^{-7} + 10^{-8}$ mol/L を足すことになり，最終的な H^+ の濃度は $10^{-7} + 10^{-8}$ mol/L = 1.1×10^{-7} mol/L となり，pH 6.96 に相当する．もし pH 8 と答えたならば，唯純に水にふくまれることを忘れたと考えられるから，酸性にした溶液は塩基性になるということになってしまう．

3 生体膜と細胞小器官

細胞で進行するほとんどの反応は，水溶液中で行われる．真核細胞では，非常に広い範囲でこのような化学的反応が絶えず進行しており，**代謝**と総称される（14章）．われわれの家がいろいろな活動に合わせて部屋に仕切られているように，真核細胞もそれぞれに特異的な機能を営むはっきりとした小区画，すなわち**細胞小器官**に分かれている．細胞小器官という言葉は，ややあいまいに使われている．何かきちんとした仕事をしている細胞内の構造体であれば，仕事の大小を問わず，細胞小器官とよぶ研究者もいれば，独自の DNA をもち，遺伝的にある程度独立している構造体に対してのみ細胞小器官とよぶ研究者もいる．この本においては，細胞それ自体がそうであるように，膜によって仕切られた細胞内の構造体のことを細胞小器官とよぶことにする．そこでまず，細胞の膜について基本的な性質を考えることにしよう．

● 細胞の膜構造の基本的性質

生きている細胞にとって，膜は非常に重要で不可欠なものである．これをなくしては，われわれが知っている生命体は存在できない．**細胞膜**は，**形質膜**あるいは**原形質膜**ともよばれ，細胞の境界線を形づくる．細胞膜は，物質の細胞内外の移動を制御しており，細胞間の電気的および化学的なシグナルの伝達を仲介する．他の膜は細胞小器官の境界を規定しており，複雑な化学反応が起こる場を提供している．これらの話題については後の章で述べる．つぎの節では細胞膜の基本的構造について概説する．

生体膜の基本的な構造について，図 3・1 に示す．リン脂質がおおよそ半分の重さを占め，4 nm の厚みの二重層を自発的に形成する．細胞膜を含めた細胞内の全膜系は，タンパク質を含んでいる．それらのうち，膜に強固に結合しており，なかなか膜から取り出すことが難しいものを**膜内在性タンパク質**（例：コネキシン，図 3・3 参照），比較的容易に膜より分離できるものを**膜表在性タンパク質**（例：クラスリンアダプタータンパク質，

p.128）とよぶ．膜タンパク質は膜上を横方向に自由に動くことができる．膜内在性タンパク質はよく**糖鎖修飾**を受けている．すなわち，タンパク質の細胞外を向いている部分に糖鎖が結合している．真核細胞の生体膜は，リン脂質とタンパク質以外に，**コレステロール**を含んでいる．コレステロールは，かさばった分子で脂質二重層にほとんどが埋まっており，片端にあるヒドロキシ基が膜のリン脂質の極性頭部基と結合している．コレステロールは，小さな親水性分子が膜を通過しにくくし，さらに膜の流動性を増す作用をもっている．コレステロールは生命に必須であるが，血中に過剰のコレステロールがあると，アテローム性動脈硬化や心臓病の発症に関連することが強く示唆されている．

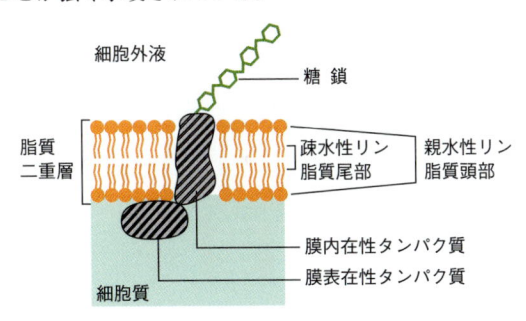

図 3・1 膜は脂質二重層と膜内在性タンパク質および膜表在性タンパク質からできている．

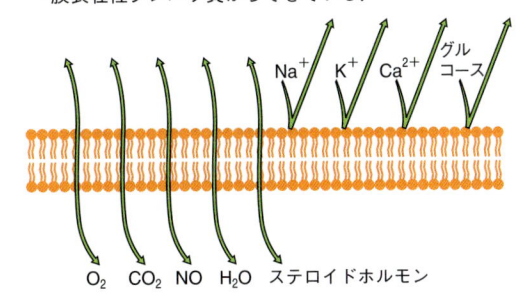

図 3・2 無極性の小さな分子は単純拡散により膜を透過できるが，親水性の溶質は透過できない．

直線状の膜：二重層を通した拡散

酸素分子は極性をもたない．酸素は水に溶けやすいが，

脂質二重層の内側の疎水性部分にも同様に溶ける．したがって，酸素は細胞外から細胞膜の中に，さらに細胞質へ向けて単純拡散により通過できる（図3・2）．生物学において重要な役割を担う他の三つの低分子化合物，すなわち，二酸化炭素，一酸化窒素，そして水自身は，無極性のステロイドホルモン類と同様に，単純拡散によって細胞膜を通過する．これとは対照的に，イオン性の分子は疎水性部分に溶けることができないため（p.13），単純拡散によって膜を通過できない．

細胞間結合

多細胞生物，特に上皮においては，組織内で隣の細胞と結合していることが必要になる．この機能は**細胞間結合**によって行われる．動物細胞では三つの型の結合がある．**密着結合**として知られるものは隣の細胞との間に強固な密封があり，**ギャップ結合**では細胞間同士での連絡が可能となる．三つ目は細胞同士をつなぎとめて組織が引き裂かれることなく伸びることを可能にするもので，**固定結合**とよばれる．

密着結合は細胞外液の流入を制限したい場所にみられ，小腸のような上皮細胞において特によくみられる．隣り合った細胞の細胞膜同士はしっかりと密着され，細胞間には隙間がまったくない（図1・12参照，p.9）．腸の上皮細胞の間に密着結合があることによって，腸の内腔から下部にある血流へと分子が移行するためには，選択的な経路である細胞の中を通らなければならないように保たれている．

ギャップ結合は，動物細胞において細胞と細胞の間で連絡を取ることができるようにする特別な構造である（図3・3）．二つの細胞がギャップ結合を形成していると，イオンや低分子化合物が片側の細胞の細胞質から，もう一方の細胞の細胞質へと細胞の外を通らずに移動することができる．イオンは結合部位を通ることができるため，電位の変化はギャップ結合を通って素早く伝わる．脊椎動物でこれを可能にしている構造は**コネクソン**である．二つの適合性があるコネクソンが出会うと，両者は直径約1.5 nmの管を形成する．この管は，はじめの細胞の細胞膜を突き抜け細胞間の小さな隙間を通って，つぎの細胞の細胞膜に突き抜けている．この管の穴は，小さなイオン（そして，これによって電流も），アミノ酸やヌクレオチドを通すことができるほど大きいが，タンパク質や核酸を通すほど大きくはない．通ることのできる限界の分子量は，約1000である．ギャップ結合は特に心臓において重要である．ギャップ結合があることで，すべての心筋細胞の間で電気的信号を素早く伝えることができ，心筋全体が適切な間隔で拍動することができる．それぞれのコネクソンはコネキシンとよばれる六つのタ

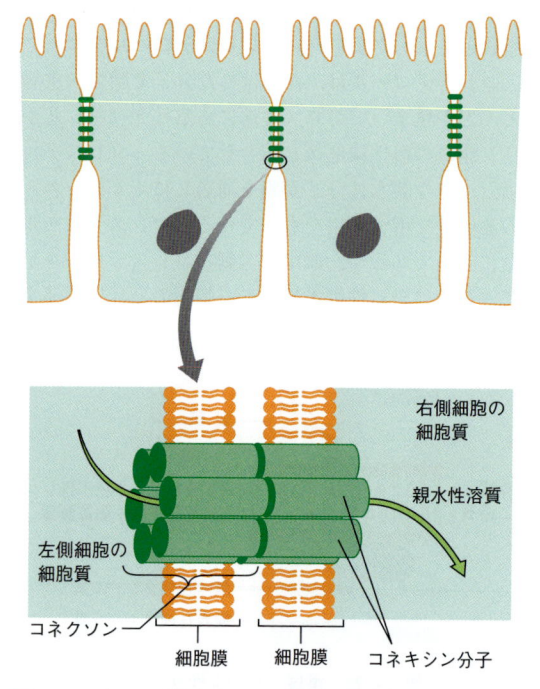

図3・3 ギャップ結合は，ある細胞の細胞質から隣り合う細胞の細胞質へと溶質や電流を通すことができる．

応用例 3・1 肺における素早い拡散

血液は，血漿中の赤血球，白血球，塩化ナトリウムやその他イオン，およびさまざまな有機化合物とタンパク質から成っている．赤血球はとても単純である．赤血球には核がなく，細胞膜の中には酸素を運ぶタンパク質であるヘモグロビンが塩溶液に漬かった状態で細胞質に満たされている．赤血球の細胞質中の塩濃度は，血漿中のものよりもずっと低い．細胞質の塩濃度が低い状態で保たれていることは重要である．もし塩濃度が増加するようなことがあれば，水が入ってくるにつれて赤血球は膨張し，破裂してしまうであろう．赤血球が肺を通過すると，赤血球は酸素をすばやく獲得する．なぜなら，酸素分子は単純拡散によって赤血球膜をすばやく通過することができるからである．しかし赤血球の脂質二重膜はナトリウムイオンなどのイオンを通さないので，体中をまわっても赤血球は血漿中からナトリウムイオンを得ることがない．したがって，赤血球はわれわれの体の一番細い毛細血管を通っても，正しい大きさを保つことができるのである．

ンパク質サブユニットから成っており，それぞれが互いにねじれることで中心にあるチャネルを開閉する**ゲーティング**とよばれる機構を備えている（p.178）．細胞が隣り合う細胞と，この機構によってどの程度細胞質の溶質を共有し合うか制御することができる．

ヒトには，20 以上もの異なったコネキシン遺伝子群が存在する．それぞれの遺伝子群は，細胞の中で発現すれば 12 個の同種コネキシンを用いて機能するギャップ結合チャネルを形づくる能力をもっている．しかしながら，すべてのコネキシン**アイソフォーム**の間で適合性があるわけではない．コネキシン 26 をもった細胞とコネキシン 43 をもった細胞の間では，ギャップ結合をつくることができない（図 3・4）．一方で，コネキシン 26 でつくられたコネクソンは，コネキシン 32 でつくられたコネクソンとの間には働きうるギャップ結合チャネルをつくることができる．また，コネキシン 32 によるコネクソンは，コネキシン 43 とは適合性がある．コネキシンの相互作用からタンパク質の形と結合の重要性が読み取れる．隣り合った細胞同士のコネクソンが近くに接近した際には，細胞表面の三次元構造や化学組成などに依存して，そこで完全なチャネルを形成するか，あるいはただ接触するのみでさらに動き出すかが決まる．われわれは，多くの種類のタンパク質間相互作用を，この本の中で見ていくことになるだろう．タンパク質の化学組成や三次元構造の構築などについては，10 章で説明する．

固定結合は，肌や心臓など機械的ストレスにさらされる組織でみられ，細胞同士を強固に結合する．これについては後ほど説明する（p.226）．

● 二重の膜によって構成される細胞小器官

二つの主要な細胞小器官である核とミトコンドリア（植物においてはさらに葉緑体）は，以下の二つの際立った特徴をもつ．これらは二つの並行した膜に覆われており，ともに遺伝的物質である DNA を含んでいる．

核

核は最も人目をひく細胞小器官である（例：図 1・7, p.4）．核は核酸分子，すなわち DNA によってコードされた細胞のデーターベースともいうべき**ゲノム**をもっている．核は膜間腔によって分けられた 2 枚の膜から成る核膜に覆われている（図 3・5）．核膜の内膜には**核ラミナ**が裏打ちしている．核ラミナは**ラミン**というタンパク質でできた網のような構造であり，核に剛直性をもたせるほか，DNA が結合できる足場を提供している．核と細胞質間でのタンパク質や核酸の二方向性の輸送は，核膜に開いた**核膜孔**とよばれる穴を介して進行する．あまりタンパク質を合成していない細胞の核には，核膜孔はそれほどない．一方で，タンパク質合成を活発に行っている細胞では，事実上核の表面全体で穴が開いている．

核の中の個々の領域は，一般には見分けることができる．そのほとんどは，DNA と**ヒストン**（p.37）のような DNA 結合タンパク質とで構成されるクロマチンによって占められている．ほとんどの細胞では，クロマチンの二つの状態を見分けることができる．中心部分に存在する明るく染色される**ユークロマチン**では，細胞の DNA が RNA に活発に転写されている．一方で，端に

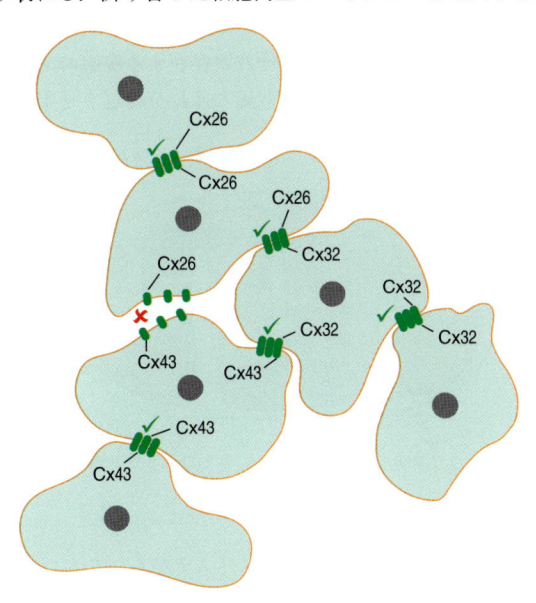

図 3・4　すべてのコネキシンが適合性をもっているわけではない．✓ は機能することができるギャップ結合を，✗ はチャネルを形成できないギャップ結合を示している．

応用例 3・2　ギャップ結合が卵を待機状態にしている

排卵に向けた数日にわたって，卵巣から放出される卵母細胞は，細胞質中に存在する化合物のサイクリック AMP（cAMP）の作用により，発生が待機した状態に保たれている（p.197）．卵母細胞自体は cAMP をつくれないが，それを取囲む沪胞細胞が cAMP を産生し，ギャップ結合を介して卵母細胞に渡している．卵母細胞が放出され卵管を通り抜けることによって，卵母細胞ははじめて卵子へと成熟し，配偶子として精子による受精に備えることができる．

あり暗く染色される**ヘテロクロマチン**は，RNA合成が行われていない不活化したゲノム領域である．ヘテロクロマチン部分のDNAは高密度で凝集しているため，光学顕微鏡や電子顕微鏡で観察すると暗く観察される．

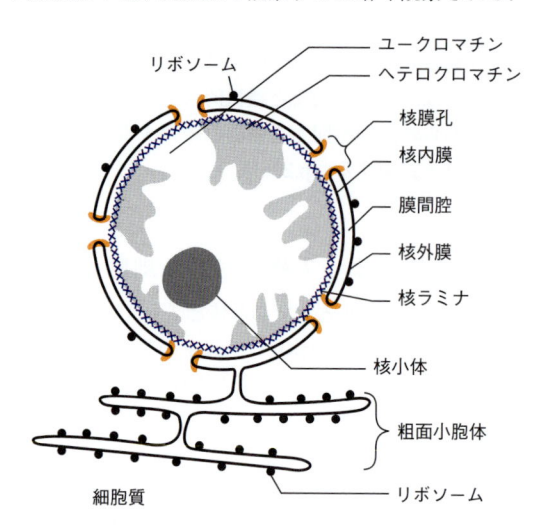

図 3・5　核および核膜と小胞体膜の関係

　DNAと異なり，RNAの局在は核や別の細胞小器官に限定されていないが，タンパク質を合成する機能をもった**リボソーム**とよばれる粒子と結合した状態で細胞質に存在する．リボソームは核の中の**核小体**とよばれる特別な場所でつくられる．核小体はDNA上の特定の部分である**核小体形成体**とよばれる領域につくられる．この場所には，リボソームRNAをコードしている一群の遺伝子が存在する．リボソームは，核膜孔を通って核から外に出ることができる．

　強調しておかなければならないのは，われわれが今までみてきた核の構造は，**間期**，すなわち連続した有糸分裂の間の細胞のものであるということである．細胞が有糸分裂期に入ると（19章），核の構造は大きく変化する．DNAはもっと強く凝縮し，**染色体**とよばれるいくつかの独立した棒状の構造体になる．ヒトにおいて，染色体は46本である．核小体は消失し，核膜は断片化する．有糸分裂が終了すると，このような構造的変化が逆に起こり，核は典型的な間期の状態に戻る．

ミトコンドリア

　真核細胞の遺伝情報のほとんどは核のDNAに存在するが，ミトコンドリアの機能に必要な情報のいくつかは，ミトコンドリア自身に貯蔵されている．ミトコンドリア（図 3・6）は，長くて直線的な核に存在するDNAとは大きく異なり，たくさんの小さな環状DNAをもっている．これはミトコンドリアの起源について内部共生説を支持する大きな証拠である（p.8）．内部共生説では，ミトコンドリア内の小さな環状DNAは，もともと共生した細菌の染色体のなごりと考えられている．ミトコンドリアはリボソームももっており（こちらも，細胞自身の細胞質に存在するリボソームより，細菌のものに似ている），種類は少ないが独自にタンパク質を合成する．しかしながら，ミトコンドリアのタンパク質の大部分は核にある遺伝子でコードされており，細胞質で合成される．ミトコンドリアの最も特徴的な性状は，2枚ある膜の内側が複雑に折りたたまれており，表面積を増やしていることであろう．この**クリステ**とよばれる棚のような突起により，ミトコンドリアは最も判別しやすい細胞小器官の一つである（例: 図1・7, p.4）．ミトコンドリア自身の数と同様に，クリステの数もそれが存在する細胞のエネルギー量に依存する．長時間収縮と伸長を繰返す必要のあ

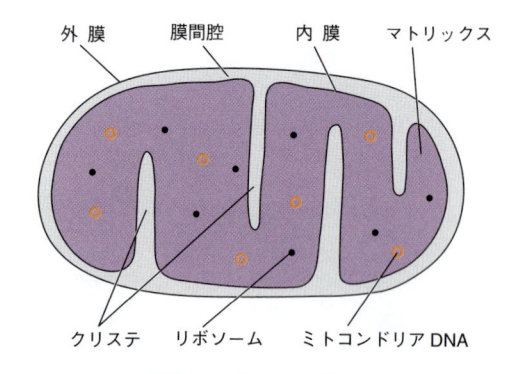

図 3・6　ミトコンドリア

る筋肉細胞では，たくさんのクリステをもつミトコンドリアが多数存在する．一方で，エネルギーをほとんどくらない脂肪細胞では，ミトコンドリアの数は少なくクリステもそれほど発達していない．このことから，ミト

応用例 3・3　細胞質でのDNA破壊

　動物細胞自身のDNAは，ごく少量のミトコンドリアにあるものを除いて，核に存在しなければならない．細胞質に存在するDNAは，侵入したウイルスなどの病原体由来のものである可能性が高い．そこで細胞は，細胞質中に活性化したDNaseをもっており，迅速にDNAを破壊する一方で，RNAには影響を与えずにそのままにする．この細胞の防御メカニズムから逃れるために，多くのウイルスは，DNAよりも不安定な物質であるにもかかわらずRNAを遺伝物質として利用している．

コンドリアの機能について類推することができる．ミトコンドリアは細胞の動力装置である．ミトコンドリアは細胞内での反応や機能を推進するエネルギーの単位の一つであるアデノシン三リン酸（ATP）（p.19）を産生する（13章）．ミトコンドリアは，二重膜構造によって四つの独立したドメインをもっている．それぞれ外膜，内膜，膜間腔，そしてマトリックスである．それぞれの領域が異なった機能を有しており，詳細については13章および14章において述べる．

● 一重の膜によって構成される細胞小器官

真核細胞は，一重の膜によって構成される多くの袋や管をもっている．これらは外見上かなり似ている部分もあるが，それぞれに固有の機能をもった異なった型に分類することができる．

ペルオキシソーム

ミトコンドリアは，別の膜でできた細胞小器官，すなわちペルオキシソームの近傍によくみつけることができる（図1・2, p.2）．ペルオキシソームはヒトの細胞で約500 nmの直径をもち，その内容物は密度が高く，さまざまな代謝機能に関連した異なった種類のタンパク質を含んでいる．それらの中には，最近になってようやくその機能がわかりはじめたものもある．ペルオキシソームの名前の由来は，ミトコンドリアでの反応の副生成物としてできた反応性の高い分子である過酸化水素（hydrogen peroxide, H_2O_2）を，水に変える反応をよく行うためである．

$$2 H_2O_2 \longrightarrow 2 H_2O + O_2$$

この反応はカタラーゼとよばれるタンパク質によって行われる．カタラーゼは，ペルオキシソーム内で時々ははっきりとした結晶となってみられる．カタラーゼは，**酵素**，つまり化学反応の速度を促進させるタンパク質でできた触媒（p.137）である．実はカタラーゼは初期にみつかった酵素の一つである．ペルオキシソームは，ヒトではおもに脂質代謝と関係している．ペルオキシソームの機能を理解することは，X染色体に連鎖した副腎白質ジストロフィーをはじめとしたいくつかの遺伝性のヒト疾患を考えるうえで重要である．これらの疾患では，ペルオキシソームの機能不全によって脂質の代謝が適切にできず，幼少期あるいは青年期に死に至るか，もしくは食事中の脂質を極度に制限される．

小胞体

小胞体は細胞に張り巡らされた膜で覆われた管構造であり，その内腔（内側）はどの部分においても細胞質から一重膜により隔てられている．小胞体の膜は核外膜とつながっている（図3・5）．滑面小胞体と粗面小胞体とよばれる二つの領域は，ほとんどの細胞において見分けることができる（図1・2, p.2）．基本的な違いは，粗面小胞体がリボソームに覆われており，電子顕微鏡で観察すると粗い表面にみえることである．

滑面小胞体の機能は組織によって異なる．卵巣や精巣，副腎などはステロイドホルモンを産生する場である．肝臓は，薬をはじめとした外来化合物を解毒化する場である．おそらく滑面小胞体の最も普遍的な機能は，カルシウムイオンの貯蔵と瞬時の放出である．カルシウムイオンは細胞質から滑面小胞体内腔に向けて組込まれ，その小胞体内腔における濃度は細胞質に比べ100倍以上になっている．細胞に対する多くの刺激は，このカルシウムを再び細胞質に向けて放出し，これによって多くの細胞内反応が起こる（16章）．

粗面小胞体は，最終的に細胞膜に局在する膜内在性タンパク質や細胞外に分泌されるタンパク質（細胞外マトリックスのタンパク質など，p.9）を合成する場である．

ゴルジ装置

ゴルジ装置は，その発見者であり1906年にノーベル賞を受賞したCamillo Golgiの名前から名づけられた．ゴルジ装置は槽とよばれる扁平な袋が層構造を形成して形づくられる．ゴルジ装置は，粗面小胞体でつくられたタンパク質がさらに修飾され，最終目的地である細胞外あるいは細胞内の小器官に向けて出発するための細胞の仕分け場として機能する．このおもな機能を考えると妥

発展 3・1　細胞小器官研究者へのノーベル賞

1906年のCamillo Golgiのノーベル賞に加え，細胞小器官に対する最近の研究もノーベル賞委員会によって認められている．George Palade, Albert Claude, Christian de Duveは，細胞小器官の同定と単離の功績からノーベル生理学・医学賞を1974年に与えられた．またPaladeの元学生であったGunter Blobelは，タンパク質が細胞内のどこに留まるべきかを決定する標的化配列が存在することをみつけた功績で，1999年に同じ賞を受けた（p.120）．

> **医療応用 3・1　リソソーム蓄積症**
>
> 　非常に大きなリソソームで細胞が満たされてしまうという遺伝病が数多くある．これらの疾患の多くは，骨格や結合組織，神経組織の発生の異常を伴う．重篤さはそれぞれの疾患によって異なるが，多くが幼児期に死に至る．これらの疾患の多くは，ある一つのリソソーム酵素が欠けているか，機能しないかで発症する．リソソームは，損傷したり必要がなくなったりした細胞内物質を分解し，その分解酵素は酸性条件下で機能する．もしこれらの分解酵素の一つが機能しないと，この酵素の基質は蓄積してリソソームを満たしてしまう．膨らんだリソソームは最終的に細胞を満たし，傷つける．最もよく理解されたリソソーム蓄積症には，細胞表層の糖鎖修飾されたタンパク質および脂質の複合体を分解する二つの酵素のうちの一方の機能低下で発症するものがある．
>
> 　テイ・サックス病は重篤な精神遅滞と盲目を来し，3歳までに死亡する．この場合は，ガングリオシドとよばれる特定の脂質複合体を分解する酵素が欠失しており，分解されないガングリオシドが蓄積してリソソームを膨張させる．ガングリオシドは神経細胞膜で特に重要なため，神経細胞が特異的に傷つけられる．

当であるが，ゴルジ装置は核のすぐ近くのいわゆる細胞の中心に位置する．ここには**中心体**とよばれる構造が同じように存在しており（図1・2, p.2），中心体は細胞骨格の構成を助けている（18章）．

リソソーム

　リソソームは細胞の構成因子を消化する一群の酵素群を含んでいるため，よく"細胞の胃"と称される．潜在的に有害な酵素をリソソームに留めておくことで細胞質のタンパク質を保護し，一方で酵素には効率よく働く酸性条件を提供することができる．リソソームはほぼ球状で，通常は直径250〜500 nmである．マクロファージのような他の細胞を消化し破壊するような細胞においては，特にその数が多い．またオートファジー（自食作用）とよばれる作用により，他の細胞小器官の代謝回転を担う．消化されるべき細胞小器官はオートファゴソームとよばれる膜でできた袋に飲み込まれ，一つあるいは複数のリソソームと融合することによってオートファゴリソソームを形成する．リソソーム酵素にさらされることで，飲み込まれた細胞小器官は速やかに消化され，その構成因子は再利用される．リソソームについては11章で再度述べる．

> **ま と め**
>
> 1. 膜はリン脂質，タンパク質およびコレステロールでできている．
> 2. 細胞は膜で自身の境界を形づくっており，細胞の機能は膜で仕切られた細胞小器官によって細分化されている．
> 3. 疎水性溶媒によく溶ける溶質は，単純拡散によって生体膜を通り抜けることができる．
> 4. 密着結合は，上皮細胞の間で細胞外の水や水溶性の物質が透過できなくしている．
> 5. ギャップ結合は，一方の細胞の細胞質からもう一方の細胞の細胞質へと溶質や電流を透過することができる．
> 6. 核やミトコンドリアは二重膜で覆われている．核には核膜孔という穴が開いている．また両細胞小器官とも DNA を有している．
> 7. ミトコンドリアは，エネルギーの単位であるアデノシン三リン酸（ATP）を産生する．
> 8. ペルオキシソームは過酸化水素の除去を含むいくつかの反応を行う．
> 9. 小胞体はタンパク質の合成の場である．細胞への刺激により，小胞体に蓄えられているカルシウムイオンが細胞質へと遊離することがよく起こる．
> 10. ゴルジ装置は合成された後のタンパク質の修飾にかかわる．
> 11. リソソームは強力な分解酵素をもっている．

参 考 文 献

M. S. Balda, K. Matter, 'Tight junctions at a glance', *Journal of Cell Science* **121**, 3677–3682 (2008).

M. R. Duchen, 'Mitochondria in health and disease: Perspectives on a new mitochondrial biology', *Molecular Aspects of Medicine*, **25**, 365–451 (2004).

M. Dundr, T. Misteli, 'Functional architecture in the cell

nucleus', *Biochemical Journal*, **356**, 297-310 (2001).

J. G. Gall, J. R. McIntosh, "*Landmark Papers in Cell Biology*", Cold Spring Harbor Laboratory Press, New York (2001).

A. I. Lamond, W. C. Earnshaw, 'Structure and function in the nucleus', *Science*, **280**, 547-553 (1998).

B. Short, F. A. Barr, 'The Golgi apparatus', *Current Biology*, **10**, R583-585 (2000).

I. van der Klei, M. Veenhuis, 'Peroxisomes: Flexible and dynamic organelles', *Current Opinion in Cell Biology*, **14**, 500-505 (2002).

復 習 問 題

3・1 膜

A. 小胞体を囲んでいる膜や膜系
B. ゴルジ装置を囲んでいる膜や膜系
C. リソソームを囲んでいる膜や膜系
D. ミトコンドリアを囲んでいる膜や膜系
E. ペルオキシソームを囲んでいる膜や膜系
F. 細胞膜

上のリストの中から，下の記述に最もよく当てはまる膜を選べ．

1. 内膜，外膜の二重膜から成る
2. 核を覆っている膜と続いている
3. 槽とよばれる扁平な袋を構成する
4. 膜内在性タンパク質としてコネクソンをよくもっている
5. 細胞質よりもかなり高い濃度のカルシウムイオンを含んだ場所を包んでいる．細胞刺激により貯蔵されているカルシウムイオンは細胞質へ放出される．（細胞内には，他にも放出できるカルシウムイオンの貯蔵場所はあるが，これが最大である．）

3・2 真核細胞の細胞小器官

A. 小胞体　　　　B. ゴルジ装置
C. リソソーム　　D. ミトコンドリア
E. 核　　　　　　F. ペルオキシソーム

上の細胞小器官のリストの中から，下の記述に最もよく当てはまる膜を選べ．

1. タンパク質合成の場
2. 多くの強力な消化酵素を含む
3. 小さな環状の染色体をもつ
4. カタラーゼという酵素をもつ
5. クロマチンに富む
6. 槽とよばれる扁平な膜で構成される
7. 細胞のATPの大部分がここで合成される
8. 通常は細胞の中心にみられる

3・3 膜を横切った輸送

A. ある細胞の細胞質から隣り合った細胞の細胞質へ，細胞膜の脂質二重層を横切ることで移動することができる
B. 脂質二重層を横切ることはできないが，ギャップ結合を通してある細胞の細胞質から隣り合う細胞の細胞質へと移動できる
C. 隣り合う細胞へは，細胞膜の脂質二重層を通っても，ギャップ結合を介しても移動することができない

上に細胞質の溶質の動きを制限する方法を3種あげた．下記の分子の説明として最もよくあてはまるものをそれぞれ選べ．

1. 分子量 10,000 の RNA 分子
2. イノシトールトリスリン酸（分子量 649）
3. カリウムイオン（原子量 39）
4. 一酸化窒素（NO）（分子量 30）

発 展 問 題

適合性がないものがあるにもかかわらず，たくさんのコネキシンアイソフォームがゲノムにコードされているのは，一体どのような利点があるためであろうか？

発展問題の解答　発現するコネキシンが多くあれば細胞ごとに明らかな差異を，細胞内を移動して細胞間回路を形成する因子をもつことができる．コネキシン26をもつ細胞とコネキシン43を持つ細胞が異なる因子をもつことを考えてみよう．それぞれの細胞内にキャップを形成して，たとえばあるものがサイクリックAMPを異なることで，それぞれの活動電位の波及を阻害されることがある．しかしながらギャップ結合は選ばれた組織に限られており，原の組織にとっては適合性が広がることはない．たとえば，二つの組織が伝播物質を介して細胞が激しくつながることがある（17章参照）．

4 DNAの構造と遺伝コード

われわれの遺伝子は**デオキシリボ核酸（DNA）**という物質によってできている．この特徴的な分子は一つの細胞をつくり上げるために必要とされるすべての情報を含んでおり，また細胞が分裂する際にはこれらの情報を娘細胞に継承するために重要な役割を果たす．本章ではDNA分子の構造と性質，DNAが折りたたまれて染色体を構築する様式，DNAが保持する情報が遺伝コードを通じて取出される仕組みなどについて述べる．

● DNA の構造

DNAはデオキシリボヌクレオチド（単に**ヌクレオチド**とよばれることが多い）を基本構造単位とする非常に長い重合体である．これらのヌクレオチドは，糖の部分がリボースではなくデオキシリボースであるという点で，2章で述べたものとは異なっている．図4・1はデオキシリボヌクレオチドの一つであるデオキシアデノシン三リン酸の構造を示したものである．リボース (p.16) と違って，デオキシリボースの2′位の炭素原子にはヒドロキシ（OH）基がついていないことに注意されたい．DNAには**アデニン（A）**，**グアニン（G）** という2種類のプリン塩基と，**シトシン（C）**，**チミン（T）** という2種類のピリミジン塩基から成る計4種類の塩基が含まれる（図4・2）．塩基と糖が結合したものはヌクレオシドとよばれ，そのリン酸化体であるヌクレオチドと区別される．DNAは4種類のヌクレオチド，すなわち，2′-デオキシアデノシン5′-三リン酸（dATP），2′-デオキシグアノシン5′-三リン酸（dGTP），2′-デオキシシチジン5′-三リン酸（dCTP），2′-デオキシチミジン5′-三リン酸（dTTP）を材料としてつくられる．

DNA分子はきわめて長大である．大腸菌では，2本のDNA鎖が互いに水素結合を介して会合し，約900万個のヌクレオチドから成る単一の環状染色体分子を構成している．ヒトの場合は各細胞が46個のDNA分子を含み，そのそれぞれが1本の染色体を構成する．われわれは両親からそれぞれ23本ずつの染色体を受継いでいる．

この各染色体セットはわれわれの**ゲノム**の完全な情報を含むコピーであり，約60億個のヌクレオチド（または30億個の**塩基対**，下記参照）から成っている．

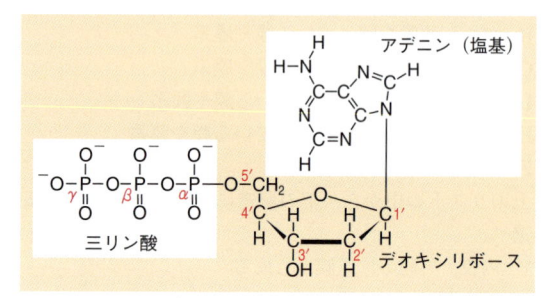

図4・1　2′-デオキシアデノシン5′-三リン酸の構造

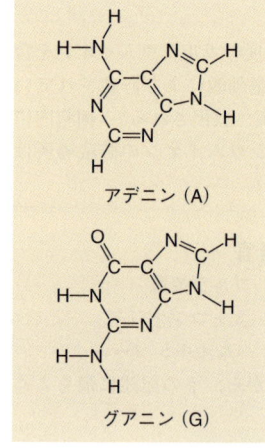

(a) プリン塩基　　(b) ピリミジン塩基

アデニン (A)　　シトシン (C)

グアニン (G)　　チミン (T)

図4・2　DNA中にみられる4種類の塩基

図4・3はDNAの鎖構造を示したものである．ヌクレオチドがDNAポリメラーゼとよばれる酵素によって鎖に付加される際（5章），二つのリン酸基が失われる．残された最後のリン酸（αリン酸とよばれる）は，隣接するデオキシリボース残基の間をつなぐホスホジエステル結合を形成する．この結合は，あるヌクレオチドのデオキシリボース3′-炭素原子上のヒドロキシ基と，つぎのヌクレオチドの5′-炭素原子上のαリン酸基との間で

形成される.このようにして隣接するヌクレオチドは3′-5′ホスホジエステル結合を介して連結されるのである.この結合がDNA分子の糖-リン酸骨格をつくり出している.また,DNA鎖はその両端の構造の違いにより極性をもつ.鎖の最初のヌクレオチドにおいては,デオキシリボースの5′-炭素原子がリン酸化されているものの,それ以外は特にふさがっていない状態である.これをDNA鎖の5′末端とよぶ.もう片方の末端には,3′炭素原子上に遊離のヒドロキシ基をもつデオキシリボースが存在する.これが3′末端である.

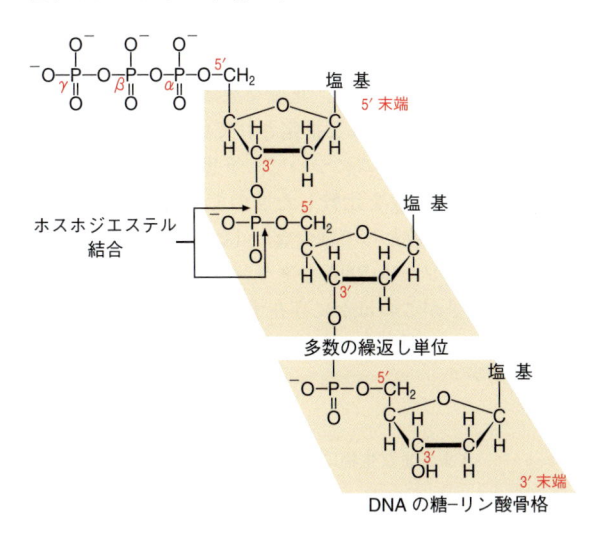

塩基対間の強さの違いは,RNA合成の開始と終結において重要な役割を果たしている(p.56).DNAの2本の鎖は互いに逆向きに配向している,すなわち片方の鎖の3′-ヒドロキシ基末端ともう一方の鎖の5′-リン酸基末端が同じ方向に向いていることから,アンチパラレル(逆平行)とよばれる.糖-リン酸骨格は内側の塩基を完全に覆い隠しているわけではない.DNA分子の表面に沿って,2本の溝が走っている.1本の溝は広くて深く,主溝とよばれるのに対して,もう1本の溝は狭くて浅く,副溝とよばれる(図4・4).タンパク質はこれらの溝を使って塩基に近づくことができるのである(p.114).

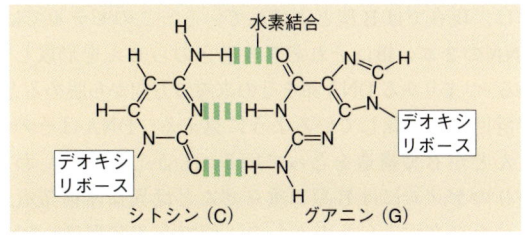

図4・3 ホスホジエステル結合とDNAの糖-リン酸骨格

DNA分子は二重らせんである

1953年,Rosalind FranklinはX線回折技術を用い,DNAがらせん状(より糸状)の重合体であることを示した.さらにJames WatsonとFrancis Crickは三次元モデルを構築し,この分子が二重らせん構造をとっていることを証明した(図4・4).二本の親水性の糖-リン酸骨格が分子の外側にあるのに対し,プリン,ピリミジン塩基は内側に向いている.二重らせんの中心には,ちょうどプリン1個とピリミジン1個が収まるだけの空間が存在する.ワトソン・クリックモデルによれば,プリン塩基グアニン(G)はピリミジン塩基シトシン(C)と三本の水素結合を形成することにより互いにぴたりとはまる.同様に,プリン塩基アデニン(A)はピリミジン塩基チミン(T)と二本の水素結合を介して適合する.このようにしてAは常にTと,Gは常にCとペアをつくるのである.GとCとの間で形成される3本の水素結合は,この塩基対を比較的強いものとしている.AとTとの間には2本の水素結合しか形成されないため,この塩基対はより弱くて壊れやすい.G-CとA-Tという

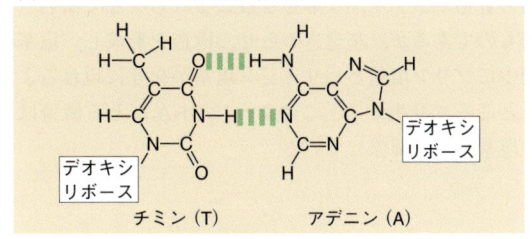

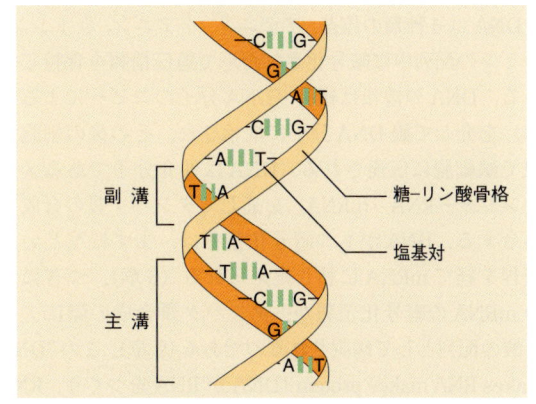

図4・4 DNA二重らせんは水素結合を介して結びついている.

2本のDNA鎖は相補的である

2本のDNA鎖間で塩基対が形成される結果として,片方の鎖の塩基配列がわかればもう一方の鎖の配列も決まる.片方の鎖にGがあれば,それは常に反対側の鎖

> **応用例 4・1　Erwin Chargaff の謎のデータ**
>
> 　1950年代に成された重要な発見の一つとして，Erwin Chargaff はさまざまな生物から単離した DNA 中のプリン塩基とピリミジン塩基の含量を測定し，A と T，G と C の量が常に同じであることを見いだした．このような一致は当時説明が困難であったが，DNA の片方の鎖の A は常に他方の鎖の T と対をつくり，G は常に C と対をつくるという二重らせん構造モデルを James Watson と Francis Crick が構築するうえで助けとなった．

の C とペアをつくっている．同様に A は常に T とペアをつくる．このような 2 本の鎖の関係を **相補的** とよぶ．

DNA 構造には異なる型がある

　最初に Watson と Crick が提唱した DNA の構造モデルは，現在では B 型とよばれている．このモデルでは，DNA の 2 本の鎖はそれぞれ右巻きのらせんを形成している．つまりある DNA 鎖をその末端の方向から眺めると，時計回りに回転しているように見える．DNA はそのほとんどが B 型構造をとっている．しかしながら，われわれのゲノムには B 型二重らせんとは異なる構造もいくつか存在する．そのうちの一つである Z 型は，DNA 鎖の骨格がジグザグな形をとることにちなんで命名されたものであるが，左巻きのらせん構造を形成し，塩基配列中にプリン塩基とピリミジン塩基が交互に現れるようなところで発生する．このように DNA がとる構造はその塩基配列と関係している．

● 遺伝物質としての DNA

　DNA は 4 種類の塩基，アデニン，グアニン，シトシン，チミンの配列中に暗号化された形で遺伝情報を保持している．DNA の情報は **複製**（DNA 分子のコピーによる倍加）を介して娘 DNA 分子に継承され，その後の細胞分裂で娘細胞に伝達される．DNA は仲介分子であるメッセンジャー RNA（mRNA）を通してタンパク質の合成を指令する．DNA がもつ暗号化情報は，まず転写という過程を経て mRNA に移し換えられる（6 章）．つぎにこの mRNA の暗号化情報が，タンパク質合成の際にアミノ酸の配列として翻訳されるのである（9 章）．この "DNA makes RNA makes protein（DNA が RNA をつくり，RNA がタンパク質をつくる）" という概念は，分子生物学のセントラルドグマ（中心教義）として知られる．

　後天性免疫不全症候群（エイズ）の原因であるヒト免疫不全ウイルスなどのレトロウイルス群は，この規則に当てはまらない例外の一つである．その名前から想像されるように，レトロウイルスは通常とは逆の流れでデータを移行する．このウイルスの殻の中には 1 分子の RNA に加えて，**逆転写** とよばれる過程により RNA の鋳型から DNA をつくることができる酵素が含まれているのである．

　ヒトゲノム中にメッセンジャー RNA をコードする遺伝子がいくつ存在するか，正確な数はまだわかっていないが，現状では 20,500 と推定されている．表 4・1 はさまざまな生物のゲノムについて，予想されているメッセンジャー RNA の数を比較したものである．それぞれの生物において，数としては少ない（ヒトの場合 100 程度）ものの，リボソーム RNA やトランスファー RNA をコードする遺伝子がこのほかに存在する．タンパク質合成におけるこれら 3 種類の RNA の役割については 9 章で述べる．

表 4・1　さまざまな生物において推定される遺伝子の総数

生物種	推定される遺伝子数
細菌（大腸菌）	4377
酵母（パン酵母）	5770
キイロショウジョウバエ	13,379
線虫	19,427
植物（シロイヌナズナ）	~28,000
ヒト	~20,500

● DNA 分子の折りたたみと染色体構築

真核生物の染色体とクロマチン構造

　1 個のヒト細胞は 46 本（23 組）の染色体を含むが，おのおのの染色体は 1 本の DNA 分子がさまざまなタンパク質とともに束ね上げられたものである．平均すると，それぞれのヒト染色体は約 1 億 3 千万塩基対から成る DNA を含む．かりに 1 本のヒト染色体 DNA を切れ目なく引延ばすことができたとしたらその長さは約 5 cm になり，したがって 46 本の染色体全体ではほぼ 2 m にも達することになる．この DNA を格納しなければならない核の直径はたかだか 10 μm にすぎないので，大量の DNA をこの小さな空間にうまく収める必要がある．

医療応用 4・1　抗ウイルス薬

ウイルスはそもそも宿主細胞の合成装置を利用するので，宿主細胞に傷害を与えずにウイルスの増殖を阻害する薬剤をみつけるのは困難である．しかしRNAウイルスの場合，まず行うのはウイルスのRNAゲノムからDNAをつくることである．そして多くの場合，ウイルス被膜の内部に含まれる唯一の酵素が，この反応を行う逆転写酵素とよばれるものである．最も広く用いられる抗エイズ薬であるアジドチミジン（AZT，一般名はジドブジン）はこの酵素を阻害する．

発展 4・1　DNA ── ゴルディウスの結び目

若き日のアレクサンダー大王は，縄の結び目が複雑に絡み合った塊（ゴルディウスの結び目とよばれる）を見せられ，この結び目を解いた者はアジアの支配者になると告げられた．アレクサンダーは剣で結び目を断ち切ったとされる．似たような問題は，46本の染色体を含み，全長2mにも達するDNAが互いにもつれ，絡み合った核の中でも起こっている．細胞分裂期においてDNAはどうやってそのもつれを解いているのであろうか？　実は細胞はアレクサンダーの解決法を採用している，つまり縄を断ち切っているのである．DNAのらせんに物理的な力が加わるような場所，たとえば2本の染色体同士が引っかかって動きが取れなくなったところでは**トポイソメラーゼⅡ**とよばれる酵素が一方の染色体の二重らせんを切断し，もう一方の染色体がその切れ目を通過できるようにしている．しかもアレクサンダーよりすごいのは，この酵素は切れたDNAの末端をまた元通りにつないでくれるのである．トポイソメラーゼは核の中で常に働いていて，絡み合ったDNAの塊の中で発生する張力を解消している．

テロリスト組織が炭疽菌の胞子を大量にまき散らすかもしれないという懸念から，いくつかの政府がシプロフロキサシンという抗生物質を大量に備蓄している．この薬剤は原核生物のトポイソメラーゼⅡ（ジャイレースともよばれる）を阻害することで細胞の増殖を抑制する．

この超難問を解決してくれるのが，DNAがタンパク質と結合してできるクロマチンの形成である．図4・5 (p.38) に示すように，DNAの二重らせんは大小さまざまなスケールで折りたたまれている．第一段階として，図4・5の右側に示すように，直径2 nmのDNA二重らせんは**ヒストン**とよばれるタンパク質と結合している．ヒストンはリシンやアルギニンといったアミノ酸 (p.109) を多く含むために正電荷を帯びており，負に帯電したDNAのリン酸基と強固に結合する．4種類のヒストン H2A, H2B, H3, H4 を2分子ずつ含むタンパク質複合体に146塩基対の長さのDNAが巻付くことにより**ヌクレオソーム**が形成される．隣接するヌクレオソームはそれぞれ約50塩基対のリンカーDNAによって隔てられているため，このようにほどかれた状態のクロマチンを電子顕微鏡で観察すると糸を通したビーズ玉のように見える．ヌクレオソームはさらに小さく梱包される．第5のヒストンであるH1はリンカーDNAに結合してヌクレオソーム同士を引寄せることにより，DNAを直径30 nmのクロマチン線維（30 nm ソレノイドとよばれる）として巻上げるのに一役買っている．この線維がいわゆる非ヒストンタンパク質の働きによってループを形成し，さらに**超らせん形成**とよばれる過程を経て高次元のコイル状構造が形成されることでDNAが凝縮されている（図4・5の左側を参照）．

正常な分裂間期の細胞では，約10％のクロマチンが高度に凝縮されているのを光学顕微鏡下で観察することができる (p.29)．このような状態のクロマチンはヘテロクロマチンとよばれ，ゲノム中でRNA合成が起こっていない部分に相当する．一方，転写が起こっているクロマチン領域，すなわちユークロマチンでは，配列情報の読出しができるようにヒストンが全体的，あるいは部分的にほどかれた状態になっており，そのため顕微鏡下でより密度が低いように見える．図4・5の上に示されているように，クロマチンが最も高度に凝縮した状態をとるのは細胞が有糸分裂に向けて準備をしているときである．クロマチンは一段と折りたたまれ，凝縮されて，光学顕微鏡でも観察可能な幅1400 nmの染色体を形成する．細胞が分裂しようとするときにはDNAはすでに複製された状態にあり，その複製されたDNA二重らせんそれぞれに相当する2本の染色分体によって染色体が構成されている．これにより，**親細胞の分裂によって生じる娘細胞は46本の染色体の完全なセットを受取れる**ことになる．細胞分裂期におけるヒト染色体の写真を図4・6 (p.38) に示す．

図4・5 **DNA**はどのように折りたたまれて染色体を形成するか

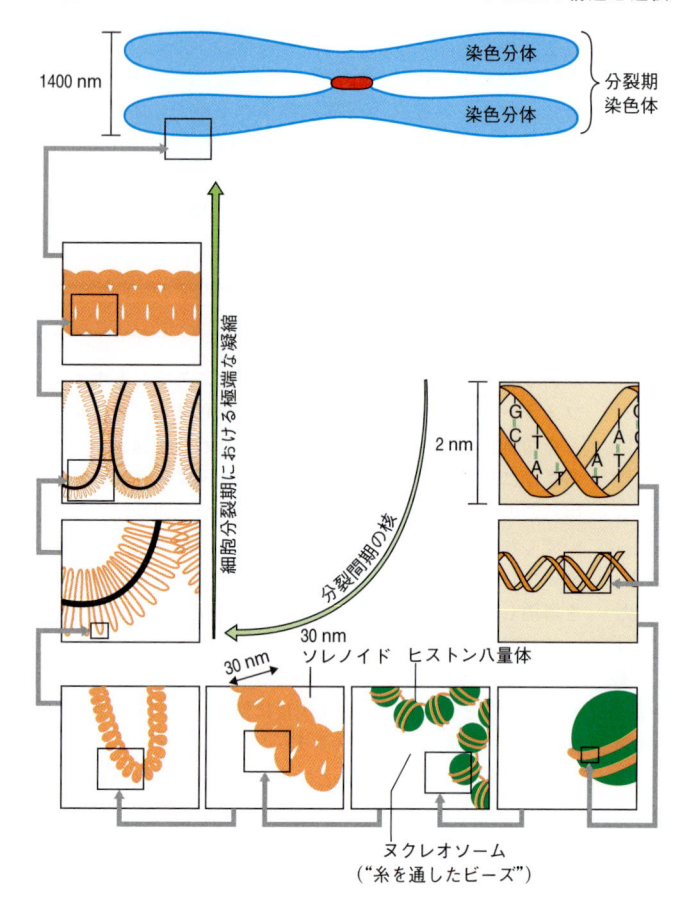

図4・6 **ヒト染色体の展開標本**（分裂中期，p.229）
橙色の印は，その変異がトリメチルアミン尿症（魚臭症候群）をひき起こすことで知られる *FMO3* 遺伝子を示す．矢印で示すように，それぞれ両親から受継いだ2コピーの遺伝子が存在することがわかる．*FMO3* 遺伝子はヒト染色体の中で最も大きい1番染色体の長腕に位置している．

原核生物の染色体

　大腸菌の染色体は，約450万塩基対から成る単一の環状DNA分子である．この直径1 mmのDNAを1 μmの大きさの細胞の中に収める必要があることから，大腸菌のDNAも真核生物と同様，ヒストンに似た塩基性タンパク質とともに何重ものコイル状構造を介して折りたたまれている．しかし，真核細胞でみられるような数珠状の規則的なヌクレオソーム構造は原核生物では観察されない．原核生物は核膜をもたないため，タンパク質と結合して凝縮した染色体は細胞質中に遊離した状態で存在している．この集合体は真核生物の核との機能的な相同性から**核様体**とよばれている．

プラスミド

　プラスミドは細菌やある種の真核生物でみられる小さな環状の染色体である．長さは数千塩基対で，多くの場合，細胞内で強固な超らせん構造を形成している．またプラスミドは，特別な抗生物質に対する耐性を賦与するタンパク質をコードしていることが多い．7章では細菌の細胞に人為的に外来DNA分子を導入するため，どのようにプラスミドが利用されているかが述べられている．

ウイルス

　ウイルス（p.8）は宿主細胞に依存して増殖する．ウイルスが細胞に侵入すると，その細胞がもつ仕組みを利用してウイルスのゲノムがコピーされる．ウイルスのゲノムは，その種類により一本鎖DNAであったり，二本鎖DNAであったり，時としてRNAであることさえある．ウイルスのゲノムはタンパク質の被膜に包まれて保護されている．細菌に感染するウイルスは特にバクテリオファージとよばれる．そのうちの一つであるλファージは，4万5千塩基対から成る一定の大きさのDNAをもつ．対照的にM13とよばれるバクテリオファージは染色体のサイズが変化することがあり，それに応じてタンパク質の被膜も伸縮する．

遺伝コード

タンパク質はアミノ酸を構成単位とする一次元的な重合体である (p.21). DNAの鎖に沿った塩基の並び順が, タンパク質におけるアミノ酸の配列を規定する. タンパク質には20種類のアミノ酸が含まれるのに対して, DNAの塩基は4種類 (A, T, C, G) しかない. それぞれのアミノ酸は, **コドン**とよばれる塩基3個の組合わせにより指定される. DNAには4種類の塩基があるので, この三文字暗号では64通り (4×4×4) の組合わせがあり得ることになる. これら64通りのコドンによって構成される**遺伝コード**(**遺伝暗号**) により, 細胞はあるタンパク質をつくるためにどのような順序でアミノ酸をつなげればよいか知ることができる (図4・7). DNA上のコドンの並び順がタンパク質のアミノ酸配列を規定するという事実はさておき, DNAそれ自体はタンパク質合成にはまったく関与しない. コドンからアミノ酸への配列情報の**翻訳**は, メッセンジャーRNA

```
5' ── ATG GGC TAC CCC TGC CTG ── 3'
3' ── TAC CCG ATG GGG ACG GAC ── 5'
              ↓ 転写
5' ── |AUG|GGC|UAC|CCC|UGC|CUG| ── 3'
              ↓ 翻訳
N末端  Met  Gly  Tyr  Pro  Cys  Leu  C末端
       M    G    Y    P    C    L
```

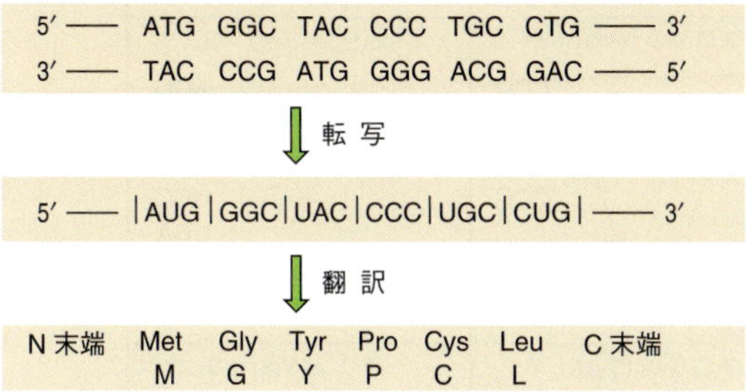

図4・7 分子生物学のセントラルドグマ DNAがRNAをつくり, RNAがタンパク質をつくる.

(mRNA) という第3の分子種を介して行われる. メッセンジャーRNAは, アミノ酸を連結してポリペプチド鎖の合成を導くための鋳型として機能する. メッセンジャーRNAが使用する暗号は, チミン (T) の代わりにウラシル (U) (p.18, 図2・13) が用いられることを除けば, 基本的にDNAと同じである. 遺伝コードを記述する際には通常RNAの書式が用いられ, したがってTではなくUが用いられる.

この暗号は3文字を単位として, コドン1個ずつつぎつぎと読み取られる. 隣り合ったコドンが重なり合うことはなく, それぞれ3塩基1組で一つのアミノ酸を指定する. この発見は, Sydney BrennerとFrancis Crick, および彼らの共同研究者たちが, 大腸菌に感染するT4バクテリオファージにおけるさまざまな突然変異 (DNA塩基配列の変化) の影響を研究することによりもたらされた. つまり, T4ファージDNAの末端でヌクレオチド1個, または2個の付加, もしくは欠失が起こると, アミノ酸配列がまったく異なり, 機能を欠損したポリペプチドが合成された. 一方, 3塩基の付加, または欠失が起こると, 合成されたタンパク質は多くの場合, 正常な機能を保持していたのである. そしてこれらのタンパク質は, アミノ酸が1個余計に付加, もしくは欠失していることを除けば, もとのタンパク質とまったく同じであることがわかった.

個々のアミノ酸を指定する塩基配列の解読は1961年に開始された. これは, 大腸菌を破壊することによって調製される無細胞タンパク質合成系を利用することにより可能となった. 既知の塩基配列をもつ合成RNAポリマーを, 20種類のアミノ酸とともにこの無細胞系に添加するという実験が行われた. すると, ウリジンのみを含むRNA (ポリU) を鋳型に用いた場合には, フェニルアラニンのみを含むポリペプチドが合成された. つまりこのアミノ酸を指定するコドンはUUUに違いないということになる. 同様にポリAを鋳型にするとリシン, ポリCを鋳型にするとプロリンのみを含むポリペプチドが合成されたことから, AAAとCCCはそれぞれリシン, プロリンを指定することがわかった. さらに他のアミノ酸を指定するコドンを決定するため, 塩基A, C, G, Uをさまざまな組合わせで含む合成RNAポリマーが無細胞系に加えられた. CUの繰返しから成る鋳型を用いた場合には, ロイシンとセリンが交互につながったポリ

医療応用 4・2 早期翻訳停止

前の章 (医療応用3・1, p.32) で, 数あるリソソーム酵素の一つがつくられなくなることで, いかに重篤な疾患がひき起こされるかについて述べた. そのような疾患の一つであるハーラー症候群 (またはシャイエ症候群) の多くの症例では, α-L-イズロニダーゼというリソソーム酵素をコードする遺伝子で2種類の変異のうちのいずれかが起こっている. いずれも塩基置換変異で, 一方は通常グルタミンを指定するCAGがUAGに変化したもの, もう一方はトリプトファンを指定するUGGがUAGに変化したものである (つまりこれらはナンセンス変異である, p.42). いずれの場合もタンパク質合成はUAGで停止してしまい, これによって生じる短いポリペプチドは酵素活性をもたない. 一般的な集団におけるこの疾患の発生頻度は比較的まれ (新生児26,000人に1人) であるが, ある集団では新生児400人に1人とかなり高い.

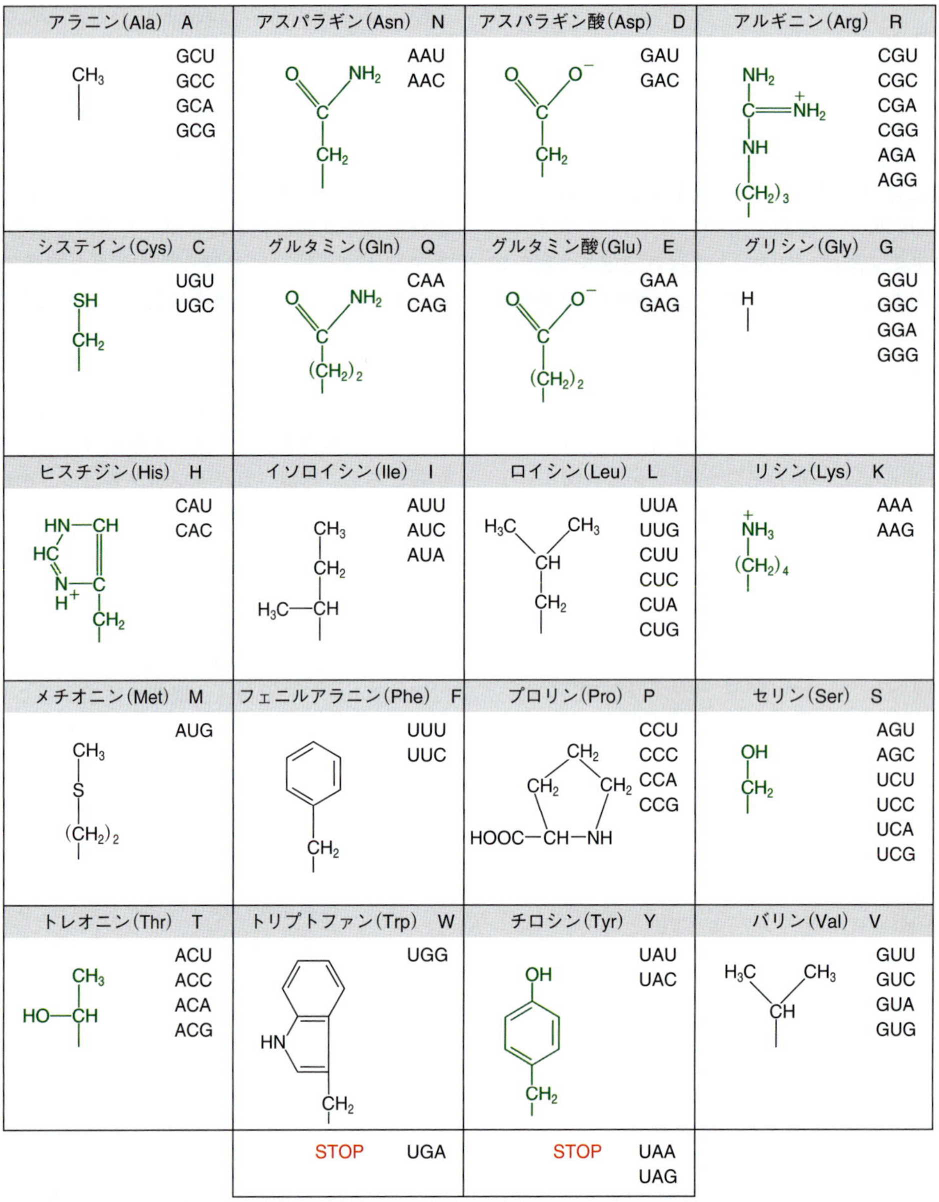

4. DNAの構造と遺伝コード

アラニン(Ala) A CH₃ GCU GCC GCA GCG	アスパラギン(Asn) N AAU AAC	アスパラギン酸(Asp) D GAU GAC	アルギニン(Arg) R CGU CGC CGA CGG AGA AGG
システイン(Cys) C UGU UGC	グルタミン(Gln) Q CAA CAG	グルタミン酸(Glu) E GAA GAG	グリシン(Gly) G GGU GGC GGA GGG
ヒスチジン(His) H CAU CAC	イソロイシン(Ile) I AUU AUC AUA	ロイシン(Leu) L UUA UUG CUU CUC CUA CUG	リシン(Lys) K AAA AAG
メチオニン(Met) M AUG	フェニルアラニン(Phe) F UUU UUC	プロリン(Pro) P CCU CCC CCA CCG	セリン(Ser) S AGU AGC UCU UCC UCA UCG
トレオニン(Thr) T ACU ACC ACA ACG	トリプトファン(Trp) W UGG	チロシン(Tyr) Y UAU UAC	バリン(Val) V GUU GUC GUA GUG
	STOP UGA	STOP UAA UAG	

図4・8 **遺伝コード** アミノ酸側鎖の構造を，それぞれの三文字表記，一文字表記とともにアルファベット順に示す．親水性の側鎖を緑色，疎水性の側鎖を黒色で示す．この違いがもつ意味は10章で述べる．それぞれのアミノ酸の右側には，対応するmRNAコドンを示す．

ペプチドが合成された．このポリペプチド鎖で最初のアミノ酸がロイシンであったことから，ロイシンのコドンがCUC，セリンのコドンがUCUであると決定された．この方法によって多くの遺伝コードが解読された一方，ある種のコドンによって指定されるアミノ酸を決定するには困難が伴った．たとえば，GUUがバリンを指定することを証明するには，特殊な**転移RNA**分子（p.96）を用いる必要があった．こうして遺伝コードは複数の研究チームの協力によって最終的に解読された．そのうちの二つの研究チーム，それぞれのリーダーであるMarshall NirenbergとHar Gobind Khoranaは，遺伝コード解読の功績により1968年のノーベル賞を受賞した．

アミノ酸の略称

時間の節約のため，アミノ酸の名称として三文字表記（たとえば，グリシンはGly，ロイシンはLeu），あるいは一文字表記（たとえば，グリシンはG，ロイシンはL）の略称が通常用いられる．タンパク質に含まれる20種

医療応用 4・3 トリメチルアミン尿症

トリメチルアミン尿症は，腐った魚に似た不快な体臭を特徴とする遺伝病である．ヒトの第1番染色体に座乗する *FMO3* 遺伝子（図4・6）の変異により，機能欠損型のフラビン含有モノオキシゲナーゼ（FMO3）というタンパク質がつくられる．肝臓で発現するこのタンパク質の機能の一つは，トリメチルアミンという化学物質（強烈な悪臭を放つ）をトリメチルアミン *N*-オキシド（無臭）に変換することである．FMO3はトリメチルアミンの窒素原子に酸素を付加することによりこの反応を行う．機能欠損型のFMO3はこの反応を行うことができない．そのため患者は呼気や汗，尿中に大量のトリメチルアミンを排出するのである．腐った魚が発する独特の不快な匂いはこの化学物質によることから，トリメチルアミン尿症は別名 魚臭症候群ともよばれる．

トリメチルアミンは，食物からおもに2通りの経路で生成する．魚は大量のトリメチルアミン *N*-オキシドを含んでいる（p.117）．われわれの腸内にすむ細菌が *N*-オキシドの窒素から酸素を引抜くことによりトリメチルアミンが生じる．しかし，ただ魚を避けているだけではトリメチルアミンを避けることはできない．食物の細胞膜を構成するリン脂質の一種であるホスファチジルコリンは，消化酵素による加水分解を受けてコリンを遊離する（p.21）．腸内細菌がさらにコリンを分解して，トリメチルアミンとアセトアルデヒド（別名エタナール）を生じるのである．

トリメチルアミン尿症は生活に困難を伴う病気である．その体臭のため，多くの患者は周囲からの拒絶や社会的な孤立を経験する．コリンやトリメチルアミン基をもつその他の化学物質の含有量がきわめて低い食物を摂ることは，問題の軽減に役立つ．別々の家系における異常遺伝子の解析から，*FMO3* 遺伝子におけるいくつかの変異がみつかっている．たとえば，ある患者群ではタンパク質の153番目のアミノ酸としてプロリンを指定するCCCがCTC（ロイシン）に変異しており，この違いがタンパク質の働きに決定的な影響を与えることがわかっている．また別の家系はナンセンス変異をもっており，健常人では305番目のアミノ酸にあたるGAA（グルタミン酸）が終止コドンTAAに変異している．その結果，酵素活性をもたない短いタンパク質が生成する．さらに別の家系では1塩基の挿入や欠失により，フレームシフト変異が生じている．トリメチルアミン尿症をひき起こす変異は30種類以上もあるため，異常遺伝子の保因者（正常な遺伝子を1コピーもつため，自身はこの病気を発症しない保因者をさす; p.232）を診断するための汎用的なDNA検査法の開発は不可能である．

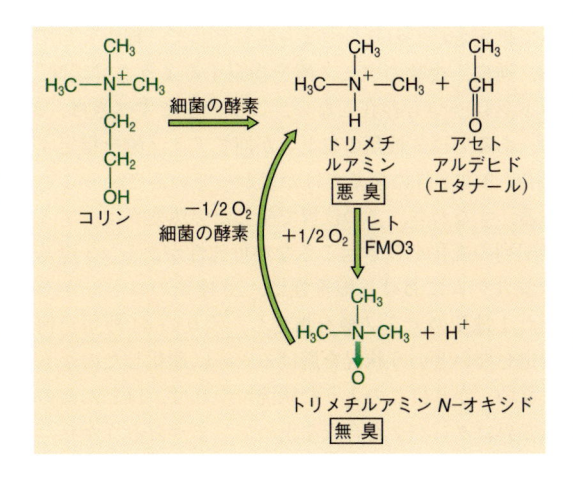

対照的に，鎌状赤血球貧血のような疾患は，すべての患者において同一のミスセンス変異，すなわちヘモグロビンβ鎖におけるGAG（グルタミン酸）からGTG（バリン）への変化によりひき起こされる（p.42）．一つの検査で異常遺伝子の診断がつき，リスクが予見される両親には適切な相談と助言を与えることができる．

類のアミノ酸それぞれについて，その正式名称，三文字表記，一文字表記を図4・8にまとめて示す．

遺伝コードは "縮重" しているが "曖昧" ではない

ここで "縮重" と "曖昧" という語句を用いるにあたり，英語という言語について考えてみたい．英語は，同じ概念を表すためにさまざまな単語を用いることができるという意味で縮重性を示している．たとえば，刑務所，牢屋といった意味を表す単語として，lockup, cell, pen, pound, brig, dungeonなどが考えられよう．一方，英語は曖昧さも兼ね備えており，cellという単語が刑務所を意味するか，生命の基本単位（細胞）を意味するかは文脈によって判断しなければならない．そして遺伝コードは，縮重性を示すという意味では英語に似ているが，決して曖昧ではないという点で英語とは異なっている．

図4・8には遺伝コードを構成する64種類のコドンが，それぞれが指定するアミノ酸側鎖の構造とともに示されている．親水性の側鎖をもつアミノ酸は緑色で，疎水性の側鎖をもつアミノ酸は黒色で示されている．この違いがもつ重要性については10章で議論する．61種類のコドンが何らかのアミノ酸を指定するのに対し，残りの3種類はタンパク質合成の**終止シグナル**として機能する．指定するコドンが1種類しかないアミノ酸は，メチオニンとトリプトファンだけである．他の18種類のアミノ

酸は2種類，3種類，4種類，または6種類のコドンによって指定されており，つまり暗号として"縮重"している．逆に，複数のアミノ酸を指定するような"曖昧"なコドンは一つも存在しない．ここで注意すべきは，2種類，あるいは3種類のコドンが同じアミノ酸を指定する場合，3文字目の塩基だけが変わっているということである．すなわち，この位置で生じた突然変異は，アミノ酸配列の変化をひき起こさない可能性がある．3塩基暗号システムにおける縮重性は，20種類のコドンがそれぞれ1種類のアミノ酸を指定し，残りの44種類が何も指定しないという状況を避けるために進化したのかもしれない．かりにこのような状況になれば，ほとんどの突然変異はタンパク質合成を止めてしまうだろうから．

開始/終止コドンと読み枠

DNAにおけるコドンの並び順とタンパク質のアミノ酸配列は互いに相関している．タンパク質合成の**開始シグナル**はAUGコドンであり，メチオニンの取込みを指定する．遺伝コードは3文字単位で読み取られるので，どのようなmRNAでも可能性として3種類の**読み枠**が

図4・9 読み枠 遺伝コードは3文字1組で読み取られる．

存在することになる．図4・9に示すように，このうち1種類の読み枠だけが正常なタンパク質を合成できる．塩基配列を眺めただけでは，どの読み枠がタンパク質をコードしているのかはわかりにくい．後に示すように(p.97)，リボソームはmRNA上を走査してAUGコドンをみつける．これにより，タンパク質の最初のアミノ酸とそれ以降使用される読み枠が同時に決定されることになる．1塩基の挿入，あるいは欠失を伴う突然変異は正常な読み枠をずらすため，**フレームシフト変異**とよばれる．

3種類のコドンUAA，UAG，UGAは，タンパク質合成の終止シグナルである．アミノ酸を指定するコドンを**終止コドンに変えるような塩基の変化はナンセンス変異**として知られている（図4・10）．たとえば，トリプトファンを指定するUGGがUGAに変化した場合，タンパク質合成を途中で止めるシグナルがメッセンジャーRNAに導入されることになる．これにより通常より短いタンパク質が合成され，このようなタンパク質は多くの場合機能をもたない．

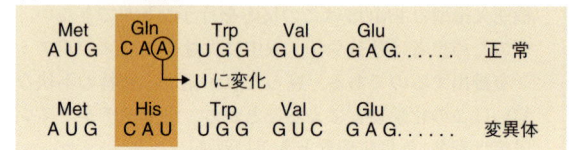

図4・10 塩基配列を変化させる変異

暗号はおおむね普遍的である

図4・8に示されている暗号は，大腸菌からヒトに至るさまざまな生物の核においてタンパク質をコードするために用いられているものである．当初，この暗号は普遍的なものと考えられていた．しかし，いくつかのミトコンドリア遺伝子でUGAが終止コドンではなく，トリプトファンを指定する例が知られている．またある種の単細胞真核生物における核の遺伝コードでは，UAAやUAGが終止コドンではなくグルタミンを指定するコドンとして用いられている．

ミスセンス変異

1塩基の置換により，あるコドンが指定するアミノ酸が別のアミノ酸に変化するような変異を**ミスセンス変異**（図4・10）という．図4・8からわかるように，それぞれのコドンの2番目の塩基はそれが指定するアミノ酸の化学的な性質と非常によく対応している．たとえば，荷電性，親水性の側鎖をもつアミノ酸を指定するコドンは，2番目にプリン塩基であるAかGを含むことが多い．逆に疎水性の側鎖をもつアミノ酸の場合は，この位置がピリミジン塩基であるCかUになっている．このことは2番目の塩基の変異が特に重要であることを意味する．つまりこの位置でピリミジン塩基がプリン塩基によって置き換わると，アミノ酸側鎖の性質が大きく変化することでタンパク質に重大な影響を与える可能性が高い．鎌状赤血球貧血はそのような変異の一例である．すなわち，ヘモグロビンのβグロビン鎖の6番目のアミノ酸であるグルタミン酸を指定するGAGが，変異によってバリン

を指定する GTG（RNA では GUG）に変化している．このような変異は，グルタミン酸（E）とバリン（V）それぞれの一文字表記とアミノ酸の番号（6）を用いて E6V と略記される．このアミノ酸の変化は鎖全体の電荷を変化させるため，患者の赤血球中でヘモグロビンが凝集しやすくなる．赤血球細胞が鎌状の形態をとることで血管が詰まりやすくなり，痛みを伴う痙攣様の症状や重要な器官に対する進行性の傷害がひき起こされる．

まとめ

1. 細胞のデータベースである DNA は，RNA やタンパク質をつくり出すのに必要な遺伝情報を含んでいる．

2. 遺伝情報は 4 種類の塩基の配列として貯蔵されている．これらの塩基はプリン塩基であるアデニン，グアニンと，ピリミジン塩基であるシトシン，チミンから成る．それぞれの塩基は，デオキシリボース糖の 1′ 位の炭素原子に結合している．一方，糖の 5′ 位炭素原子にはリン酸基が結合している．このように塩基，糖，リン酸が結合したものをヌクレオチドとよぶ．

3. DNA ポリメラーゼは，ヌクレオチドのデオキシリボース 3′ 位炭素原子上のヒドロキシ基と，別のヌクレオチドの 5′ リン酸基との間を，ホスホジエステル結合の形成により連結する酵素である．これにより DNA の糖-リン酸骨格がつくり出される．

4. DNA の 2 本の鎖は，グアニンがシトシン，アデニンがチミンとそれぞれ水素結合を形成することにより互いに結びつき，逆平行の二重らせん構造を形成している．このことは，片方の鎖の配列がわかれば，もう一方の配列が必然的に決まることを意味する．2 本の鎖の配列は，互いに相補的である．

5. DNA はヒストンや非ヒストンタンパク質と結合してクロマチンを形成する．DNA はヒストンの周囲に巻付いてヌクレオソーム構造を形成している．これがさらに何段階にも折りたたまれる．この折りたたみにより，DNA は細胞の中に収まる大きさにまで圧縮される．

6. 遺伝コードは，ポリペプチド中のアミノ酸配列を指定する．この暗号は DNA から mRNA に転写されたうえで，タンパク質合成の際に 3 塩基 1 組のコドンとして読み取られる．コドンは全部で 64 種類あり，そのうち 61 種類がアミノ酸を指定し，残りの 3 種類がタンパク質の合成の終結を指示する．

参考文献

A.T. Annunziato, 'DNA packaging: Nucleosomes and chromatin', *Nature Education*, 1(1), www.nature.com/scitable/topicpage/DNA-Packaging-Nucleosomes-and-Chromatin-310 (2008).

M. DiGuilo, 'The origin of the genetic code', *Trends Biochem. Sci.* 22, 49-50 (1997).

C.T. Dolphin, A. Janmohamed, R.L. Smith, E.A. Shephard, I.R. Phillips, 'Missense mutation in flavin-containing monooxygenase 3 gene, FMO3, underlies fish-odour syndrome', *Nature Genetics*, 17, 491-494 (1997).

B. Maddox, "Rosalind Franklin: The Dark Lady of DNA", Harper Collins, New York (2002).

J. Roca, 'The mechanisms of DNA topoisomerases', *Trends Biochem. Sci.*, 20, 156-160 (1995).

J.D. Watson, F.H.C. Crick, 'A structure for deoxyribose nucleic acid', *Nature*, 171, 737 (1953).

復習問題

4・1 変異

A. フレームシフト
B. ミスセンス
C. ナンセンス
D. 上記のいずれでもない

アミノ酸配列 TICIMLHP をコードする mRNA 鎖 5′ ACU AUC UGU AUU AUG UUA CAC CCA 3′ について考える．つぎのそれぞれの誤りについて，上のリストから適切な語句を選びなさい．この問題の解答にあたっては図 4・8（p.40）を参照すること．

1. 6 番目のコドンにおける U から A への変化により，以下の配列が生じた場合

    5′ ACUAUCUGUAUUAUGUAACACCCA 3′

2. 6 番目のコドンにおける U から C への変化により，以下の配列が生じた場合

    5′ ACUAUCUGUAUUAUGCUACACCCA 3′

3. 2 番目のコドンにおける U から G への変化により，以下の配列が生じた場合

    5′ ACUAGCUGUAUUAUGUUACACCCA 3′

4. 3 番目のコドンにおける U の欠失により，以下の配列が生じた場合

    5′ ACUAUCGAUUAUGUUACACCCA 3′

5. 4 番目のコドンにおける A の欠失により，以下の配列が生じた場合

    5′ ACUAUCUGUUUAUGUUACACCCA 3′

4・2 塩基とアミノ酸

A. アデニン　　　　B. アラニン
C. アルギニン　　　D. アスパラギン酸
E. シトシン　　　　F. グルタミン酸
G. グリシン　　　　H. グアニン
I. チミン　　　　　J. ウラシル
K. バリン

上記の化合物の中から，以下の記述，または質問にあてはまるものをそれぞれ選びなさい．

1. 窒素に富む塩基で，DNAの構成成分ではないもの．
2. 正電荷を帯びたアミノ酸で，クロマチン中に大量に含まれ，DNAのホスホジエステル結合の負電荷を中和するもの．
3. あるタンパク質がG5Eと表される変異をもつとする．このタンパク質中で，正常なタンパク質がもつアミノ酸の代わりに存在しているアミノ酸はどれか？
4. 二重鎖DNA中でグアニンと対を形成する塩基．
5. 二重鎖DNA中でチミンと対を形成する塩基．

4・3 DNAに関連した構造

A. 30 nm ソレノイド　　B. コドン
C. ユークロマチン　　　D. 遺伝子
E. ヘテロクロマチン　　F. 核様体
G. ヌクレオソーム

上記の構造の中から，以下の記述にあてはまるものをそれぞれ選びなさい．

1. 核の周縁部でみられるDNAとタンパク質から成る物質で，高度に凝縮しており，染色により濃く染まる．
2. DNAとそれに結合したタンパク質の塊で，細胞質中に遊離の状態で存在する．
3. ヒストンタンパク質の複合体の周囲に，146塩基対の長さのDNAが巻付くことによって形成される構造．
4. RNAに転写されている染色体領域がとっている構造．

● 発 展 問 題

カリフォルニア州メンローパークにあるDNA2.0という会社が，クリスマスのジョークとしてつぎのような人工DNA配列をつくった．

5′ TCTACTGCGCGCTCTAGCGAAAAC
GACGCATCTCCGGCGCGTAAACTG
ATCAACGGCCTGATCGGTCATACG 3′

これのどこが面白いのか？

> 発展問題の解答　彼らがくつたヌクレオチドを翻訳してみよ．
> 歴史の一文字表記で表すと，Viktor Rydberg のクリスマス ソングの一節 (Stars send a sparkling light) になる．詳細は，www.dna20.com/files/PDF/Christmas2005.pdf.

5

情報記憶媒体としてのDNA

　細胞が分裂するたびに遺伝情報が変わることなく子孫細胞に伝わるためには，遺伝物質である DNA が正確に複製されなければならない．DNA 分子は RNA やタンパク質に比べ，長期的に維持されなければならない．DNA の糖−リン酸骨格は，糖のヒドロキシ基が塩基やリン酸との結合にすべて使われており，自由なヒドロキシ基が存在しないため非常に安定な構造である．塩基はDNA の二重らせん構造の内側に隠されているため，化学反応から保護されている．それにもかかわらず，DNA 分子の化学的な変化である**変異**は生じてしまう．そのため，細胞は変異を最小限に抑える機構を進化させなければならなかった．修復機構は細胞生存と子孫細胞への正しい DNA 配列の受渡しを保証するために必要不可欠である．この章では，染色体の複製において新しいDNA 分子がどのようにつくられるのか，そして，細胞は DNA の変異をどのように修正しているかについて述べる．

● DNA 複 製

　複製中に二重らせんの2本の鎖はほどかれる．その後，それぞれの鎖は新しい鎖を合成するための鋳型として働く．この過程によって，親 DNA と同一の分子である二つの娘二重らせん DNA 分子が生成される．合成された新しい鎖の塩基配列は，鋳型鎖に対して相補的である．これはすなわち，親鎖の G, A, C, T に対して，新しい鎖ではそれぞれ C, T, G, A が置かれることを意味する．

DNA複製フォーク

　新しい DNA 鎖の複製は**複製起点**とよばれる特定の配列から始まる．大腸菌の小さな環状染色体には一つの複製起点しか存在しないが，はるかに大きい真核生物の染色体には多数の複製起点が存在する．各複製起点では，親 DNA の二重らせん構造のねじれがほどかれ，**複製フォーク**（図5・1）とよばれる構造を生じる．二重らせん構造がほどかれることで，各親鎖は新しい鎖を合成するための鋳型となる．二重らせん構造および DNA 複製の性質は，機械的な問題をひき起こす．おのおのの鎖が鋳型として働くために，2本の鎖はどのようにほどかれ，どのようにその状態を維持するのだろうか．

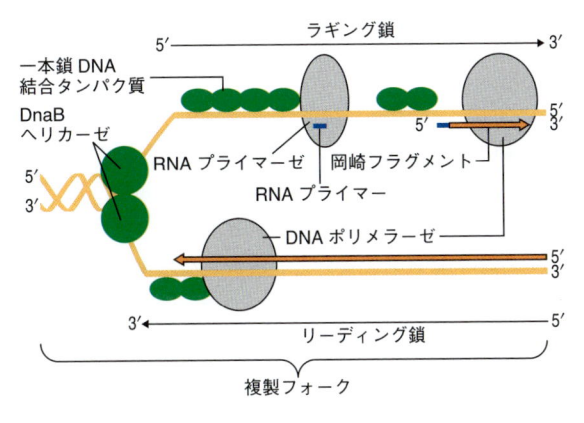

図5・1　DNA 複製　ヘリカーゼと複製フォークは左に向かって進行する．

● 複製の際に DNA の二重らせんは
　　タンパク質によってほどかれる

　複製が進行する前に，DNA の二重らせんはほどかれなければならない．DNA の二重らせんは非常に安定な構造で，試験管内では温度を 90 ℃付近まで上げたときに2本の鎖に分離される．細胞中では，いくつかのタンパク質がともに作用することで，2本の鎖を分離している．複製についての知識の多くは大腸菌を用いた研究によってもたらされた．しかし，同様のシステムは原核生物から真核生物まで，すべての生物中で保存されている．大腸菌において，複製の際に二重らせんを開くために使われるタンパク質は，DnaA, DnaB, DnaC および一本鎖結合タンパク質などである．

DnaA タンパク質

　数分子の DnaA タンパク質は ATP によって活性化され，大腸菌の複製起点（*oriC*）内に4箇所ある9塩基対から

成る配列に結合する．DnaA が DNA に結合すると，結合部位付近で塩基間の水素結合が壊され，二重らせんが開裂する．**開鎖複合体**中の DNA は，二重らせんがさらにほどかれる複製のつぎの段階に備えている．

DnaB および DnaC タンパク質

ヘリカーゼである DnaB は水素結合を壊しながら DNA 鎖に沿って移動し，二重らせんをほどく（図 5・1, p.45）．DnaB はそれぞれの鎖に一つずつ，計 2 分子必要である．一つの DnaB は鋳型となる一本鎖に結合して 5′ から 3′ 方向に移動し，もう一つの DnaB は相補的な一本鎖に結合して 3′ から 5′ 方向に移動する．DnaB による DNA 二重らせんの巻戻しは ATP に依存した過程である．DnaB は DnaC にエスコートされることによって，複製される DNA 鎖に結合する．DnaC は，DNA 鎖まで DnaB を送り届ける機能を果たすが，その後の複製反応には関与しない．

一本鎖 DNA 結合タンパク質

DnaB によってほどかれた二本の DNA 鎖は，ただちに一本鎖 DNA 結合タンパク質に覆われる．これらのタンパク質は 32 ヌクレオチドの隣接したグループに結合する．一本鎖 DNA 結合タンパク質によって覆われた DNA は柔軟性がなく，屈曲やねじれがない．したがって，DNA 合成のための鋳型として非常に優れている．一本鎖結合タンパク質はらせん不安定化タンパク質ともよばれる．

● DNA 複製の生化学

原核生物では，新しい DNA 分子の合成は **DNA ポリメラーゼⅢ**によって触媒される．その基質は，四つのデオキシリボヌクレオチド三リン酸，dATP, dCTP, dGTP および dTTP である．DNA ポリメラーゼⅢは，糖残基の 3′ 位のヒドロキシ基と隣接する糖残基の 5′ 位のリン酸基間のホスホジエステル結合（p.35, 図 4・3）の形成を触媒する（図 5・2a）．新しく合成される DNA の塩基配列は，その親鎖の塩基配列によって決定される．もし鋳型鎖の配列が 3′ CATCGA 5′ なら，娘鎖は 5′ GTAGCT 3′ になる．真核生物では，DNA 複製は DNA ポリメラーゼ α, δ および ε の三つのアイソフォームによって行われるが，そのメカニズムはほとんど同じである．

DNA ポリメラーゼⅢは，遊離の 3′ 位のヒドロキシ基にのみヌクレオチドを付加する．したがって，DNA 合成は 5′ から 3′ の方向へ進行する．鋳型鎖は 3′ から 5′ の方向へ読まれる．二重らせんを構成する 2 本の鎖は逆平

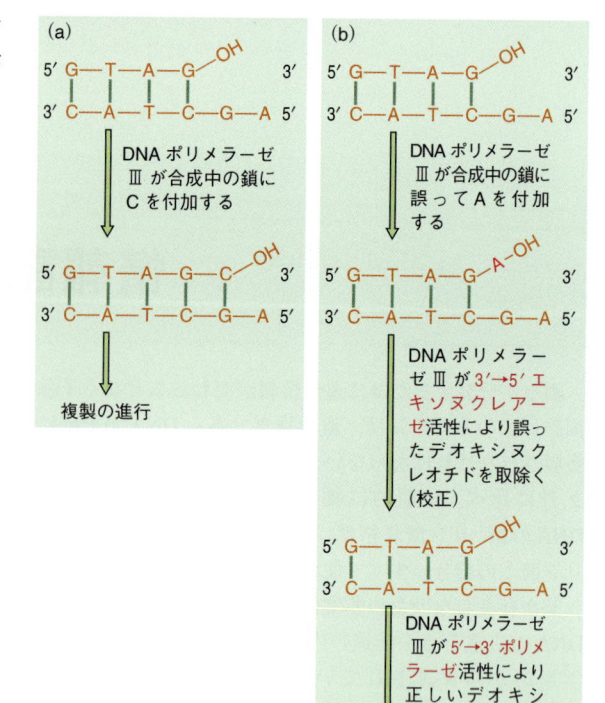

図 5・2　DNA ポリメラーゼⅢは自らの間違いを修正する

行である．それゆえ，新しい鎖は同じ方向に合成できない．なぜなら，一方の鎖のみが遊離の 3′ のヒドロキシ基をもち，もう一方の鎖は遊離の 5′ のリン酸基をもつからである．これまでに，3′ から 5′ の方向に DNA を合成するような，すなわち 5′ のリン酸基にヌクレオチドを付加するような DNA ポリメラーゼは発見されていない．したがって，2 本の娘鎖の合成は異なるはずである．合成される 2 本の鎖のうち，1 本の鎖は**リーディング鎖**とよばれ，連続的に合成される．もう 1 本の鎖は**ラギング鎖**とよばれ，不連続的に合成される．DNA ポリメラーゼⅢはどちらの娘鎖も合成できるが，ラギング鎖は 5′ から 3′ 方向の短い DNA 断片の繰返しで合成される（図 5・1）．この DNA 断片は 1968 年に岡崎令治によって発見され，**岡崎フラグメント**とよばれる．岡崎フラグメントは，合成後まもなく別の DNA ポリメラーゼと **DNA リガーゼ**によって連結される．

DNA 合成には RNA プライマーが必要

DNA ポリメラーゼⅢは，自身では DNA の合成を始めることができない．**プライマーゼ**は DNA 鋳型鎖に相

応用例 5・1　MeselsonとStahlの実験

1958年に，Matthew MeselsonとFranklin Stahlは，二重らせんのそれぞれの鎖が確かに鋳型として働くかどうか確認するため，精巧な実験を設計した．彼らは，通常の窒素より重い同位体である ^{15}N（窒素15）を含む培地を用いて大腸菌を培養した．それにより ^{15}N は新しく合成されたDNA分子に取込まれる．何回かの細胞分裂の後，"重い"DNAのみを含んだ大腸菌を，より軽い，通常の同位体である ^{14}N（窒素14）のみを含む培地に移した．その結果，新しく合成されたDNA分子は ^{15}N を含んでいるオリジナルの親DNA分子より軽くなると考えられる．重いDNAと軽いDNAは密度が異なるため，高速遠心分離によって分離することができる．この実験の結果を図に示す． ^{15}N 培地中で培養した細胞から分離されたDNAは最も高い密度のため，遠心分離によって最も遠くに移動した．また，最も軽いDNAは， ^{14}N 培地中で培養した第2世代の細胞からみつかった．そして， ^{14}N 培地中で1世代のみ培養した大腸菌から分離されたDNAは，これらの二つの中間の密度をもっていた．これらの実験結果は，二重らせんのそれぞれの鎖が，新しい鎖を合成するための鋳型として正確に働く場合に期待されたパターンと一致していた．2本の重い親鎖は複製の際に分けられ，それぞれが新しく合成される軽い鎖の鋳型として働く．軽い新生鎖は重い親鎖と結合し二重らせんを形成する．したがって，生じるDNAは中間の密度になる．2回目のDNA複製で初めて，1回目の複製でつくられた軽い鎖が相補的な軽い鎖を合成するための鋳型として働き， ^{14}N のみを含んだ二重らせんが表れる．このような複製の機構を半保存的複製とよぶ．"半保存的"とは，複製されたDNAは完全に新しいわけではなく，合成された半分の鎖は新しいが，鋳型となったもう半分の鎖は古いという意味である．

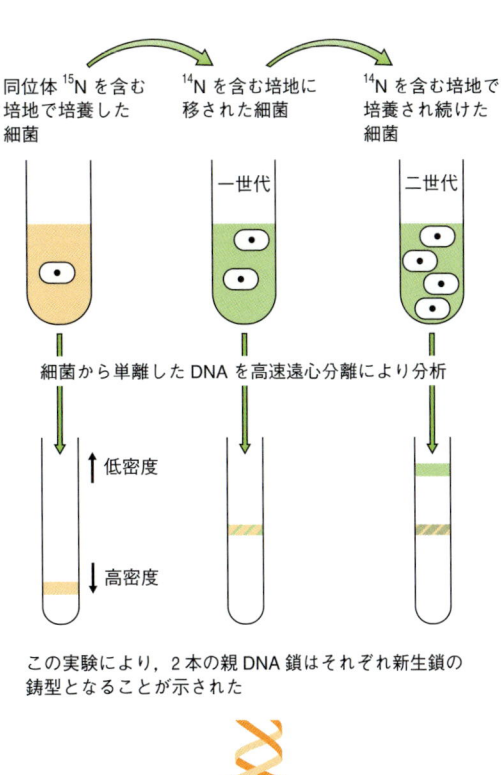

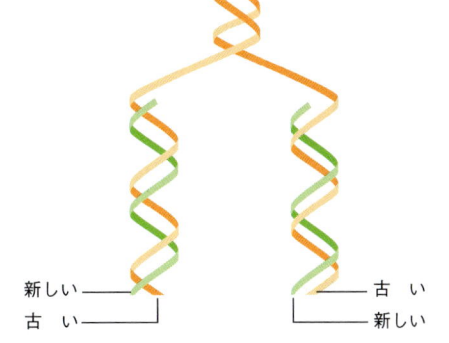

医療応用 5・1　DNAポリメラーゼ阻害と癌治療

DNA複製阻害剤は細胞分裂を妨げる．Cytosar-U, Tarabine PFSおよびDepocyt（日本では一般名シタラビン）として売られたシトシンアラビノシドは，真核生物DNAポリメラーゼ α, δ そして ε の阻害剤である．これらの薬剤は，癌治療に広く使用されている．

補的な短いRNA鎖の合成を触媒する酵素である（図5・1, p.45）．このRNA鎖（プライマー）は新しいDNA鎖の合成を準備するために（あるいは開始するために）必要とされる．DNAポリメラーゼⅢは，RNAプライマーの3′ヒドロキシ基と適切なデオキシリボヌクレオチドの5′リン酸基間のホスホジエステル結合形成を触媒する．RNAプライマーはラギング鎖の鋳型の長さに依存してつくられる．ラギング鎖の合成反応は，つぎのRNAプライマーの5′端までDNAポリメラーゼⅢによって5′から3′方向に伸長される．原核生物では，ラギング鎖合成は1000塩基ごとに行われるが，一方，真核生物では200塩基ごとに行われる．

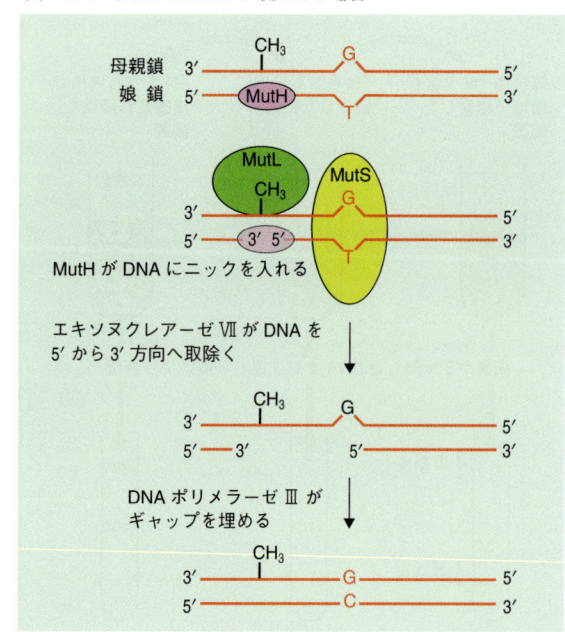

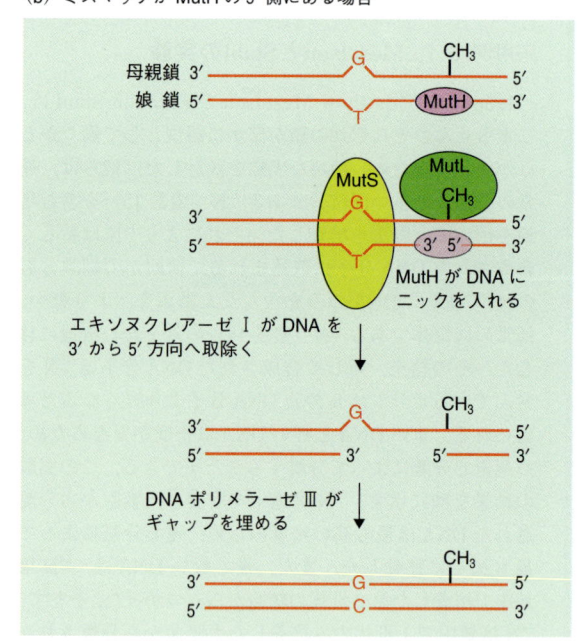

図 5・3　DNA ミスマッチ修復

RNA プライマーは除かれる

　DNA 断片の合成が完了するとすぐに，RNA プライマーはデオキシリボヌクレオチドに置き換えられなければならない．原核生物では，DNA ポリメラーゼ I が 5′→3′ 方向の**エキソヌクレアーゼ**活性によってリボヌクレオチドを取除き，さらに 5′→3′ 方向の合成活性を利用してデオキシリボヌクレオチドを組込む．このようにして，RNA プライマーは DNA と置き換えられる．ラギング鎖の合成は，隣接した DNA 断片の間のホスホジエステル結合を触媒する酵素である DNA リガーゼによって岡崎フラグメントが連結され完了する．

　真核生物では，**リボヌクレアーゼ H** とよばれる酵素が RNA プライマーを除くのではないかと考えられている．この酵素は，DNA 鎖と水素結合を形成している RNA 鎖のホスホジエステル結合を分解する．

DNA ポリメラーゼによる校正機構

　大腸菌のゲノムは約 450 万塩基対から成る．DNA ポリメラーゼ III はおよそ 1 万塩基につき 1 個の割合でエラーをひき起こし，正しくないデオキシリボヌクレオチドを合成中の鎖につなぐ．もしこれらの誤りがチェックされなければ，突然変異の起こる確率は壊滅的なものになるだろう．幸運にも，DNA ポリメラーゼ III にはそれ自身の誤りを修正する校正機構が備わっている．誤った塩基が新しく合成された娘鎖に挿入されると，DNA ポリメラーゼ III は誤った塩基の組合わせによって生じる二重らせん分子の形の変化を認識し，DNA 合成を停止する（図 5・2 b）．そして，DNA ポリメラーゼ III は 3′→5′ エキソヌクレアーゼ活性により誤ったデオキシリボヌクレオチドを取除き，さらにそれを正しいものに置換する．その後，DNA 合成は再び進行する．このように DNA ポリメラーゼ III は，自己校正酵素として機能する．

ミスマッチ修復は校正機構をバックアップする

　DNA ポリメラーゼ III の校正機構は，DNA 複製の正確さを約 100 倍向上させる．しかし，この酵素は新しく合成された DNA 鎖に不正確に挿入されたヌクレオチドを見逃すこともある．細胞は，誤ったヌクレオチドの娘鎖への挿入を検知するバックアップ機構として**ミスマッチ修復**を進化させてきた（図 5・3）．この修復機構は，鋳型鎖（母親鎖）と新しく合成された鎖（娘鎖）との間に形成された二重らせんにおけるミスマッチを見分ける．

　この修復機構については大腸菌で最もよく理解されている．大腸菌には，5′ GATC 3′ 配列の A にメチル基を加える Dam メチル化酵素とよばれる酵素がある．この配列は，DNA 配列中に高頻度に存在し，約 256 塩基対に 1 回の頻度で現れる．DNA のメチル化は，DNA 鎖が複製された後に直ちに起こる．しかし複製の短い期間では，二重らせん構造の DNA 分子は，メチル化された鎖（母親鎖）とメチル化されていない鎖（娘鎖）で構成されるはずである．この DNA 分子はヘミメチル化（半メチル化）とよばれる．誤った組合わせの塩基対が 2 本の鎖の間に

5. 情報記憶媒体としてのDNA

生じた場合，娘鎖はまだメチル化されていないため，細胞は新しく合成されたメチル化されていない鎖が誤っていると認識する．

MutHとよばれるタンパク質は，母親鎖のメチル化されたAの反対側の娘鎖に結合する．その後近くにミスマッチ塩基対がない場合MutHは何もしない．しかし，MutLとMutSとよばれる二つのタンパク質がミスマッチ塩基対を検知した場合，**エンドヌクレアーゼ**であるMutHは活性化され，メチル化されていない娘鎖のホスホジエステル結合を切断し切れ目（ニック）を入れる．このニックが導入された部位より，ミスマッチ塩基対を含むDNA領域が取除かれる．異なる二つのタンパク質がこのミスマッチDNA領域の除去に関係する．MutHがミスマッチ塩基対の5′側にニックを入れた場合，エキソヌクレアーゼⅦがDNAを5′から3′方向に分解する（図5・3a）．一方，MutHがミスマッチ塩基対の3′側にニックを入れた場合は，エキソヌクレアーゼⅠがDNAを3′から5′方向に分解することによってミスマッチ領域のDNAを取除く（図5・3b）．いずれの場合も，その後，娘鎖に生じたギャップはDNAポリメラーゼⅢによって埋められる．

● 複製後のDNA修復

デオキシリボ核酸は，酸素，水，食事によって摂取される化学物質，放射線などさまざまな要因によって損傷を受ける．DNA損傷は塩基配列が変わる原因となりうるため，細胞はDNAデータベースを変えることなく子孫細胞に受継ぎ，生存するために，損傷によって変異したDNAコードを修復しなければならない．

自発的または化学的にひき起こされる塩基損傷

DNA分子が受ける最も一般的な損傷は**脱プリン**である．これは，プリン塩基とデオキシリボース糖の間の結合が自然に加水分解し，アデニンもしくはグアニン塩基が失われるものである（図5・4）．ヒトでは1日に1細胞当たり5000〜10,000回の脱プリンが起こっている．

脱アミノは，脱プリンと比較するとそれほど頻繁ではない現象で，ヒトでは1日に1細胞当たり約100回起こる．アミノ基をシトシンに連結している結合へのH_3O^+の衝突が，シトシンの脱アミノをひき起こし，シトシンをウラシルに変化させる（図5・4）．シトシンはグアニ

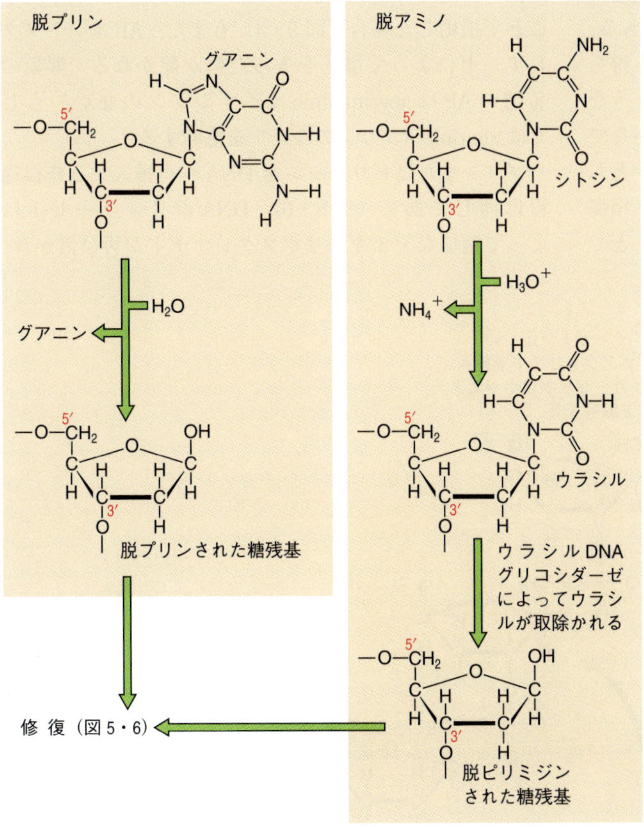

図5・4 自発的な反応がDNAデータベースを破損する

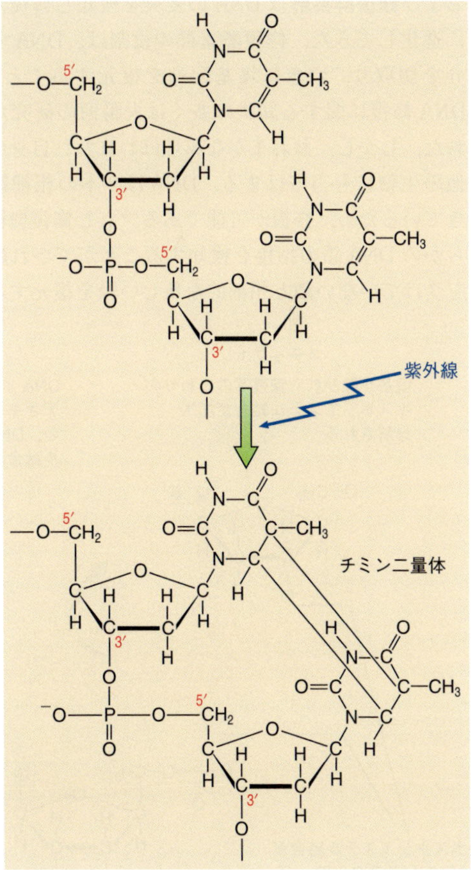

図5・5 DNAにおけるチミン二量体の形成

ンと塩基対を形成するが，ウラシルはアデニンと塩基対を形成する．もしこの変化が修復されなければ，CG塩基対はつぎのDNA複製ではUA塩基対に変異してしまうだろう．

また，紫外線もしくはタバコの煙に含まれるベンゾピレンなどの化学発癌物質はDNAの構造を破壊する．紫外線の吸収は二つの隣接したチミン残基を共有結合にて連結し，チミン二量体を形成する（図5・5, p.49）．もしチミン二量体が修復されなければ，**バルキー型**（大きな付加物などによる）**損傷**の特徴であるDNAらせんのひずみを生じる．生じたひずみは，二重らせんの正常な塩基対形成を阻害して複製の進行を妨げる．紫外線には強力な殺菌作用があり，器具を滅菌するために広く使用されている．細菌がこの処理によって殺される理由のうちの一つは，多数のチミン二量体が形成され複製を阻害するためである．

DNA修復プロセス

もしDNA損傷を修復する方法がなければ，変異が生じる割合は耐えがたいものになるだろう．**DNA切出しおよび修復酵素群**はDNAの変異を検知し修復するために進化してきた．修復酵素群の役割は，DNAの損傷部分を切取り，つぎに塩基配列を復元することである．DNA修復に関する知識の多くは大腸菌の研究から得られた．しかし，おおまかな原理はわれわれ自身のような他の生物にも当てはまる．DNAは2本の相補鎖からできているため，修復が可能である．もし修復機構がどちらかのDNA鎖の損傷を検知することができれば，損傷を受けていない鎖と相補的な新しい鎖を復元することで修復できる．

塩基除去修復およびヌクレオチド除去修復という二つの除去修復機構についてここで述べる．これらの修復機構のおのおのの共通のメカニズムは以下の通りである．(1) 酵素が損傷を受けたDNAを認識する．(2) 損傷部位が取除かれる．(3) DNAポリメラーゼが相補鎖の塩基配列に従って正確なヌクレオチドを挿入する．(4) DNAリガーゼが新しく修復されたDNA断片をもとのDNA鎖に連結する．

塩基除去修復はプリンを失ったDNA（脱プリン），あるいはシトシンが脱アミノされウラシル（U）になったDNAを修復するために必要である．ウラシルはRNAを構成する物質だが，損害を受けていないDNAの一部を形成するものではない．そのため，修復酵素**ウラシルDNAグリコシダーゼ**によって認識され，除去される（図5・4, p.49）．DNAグリコシダーゼは，DNA中の塩基がデオキシリボースに結合していた部分にギャップを残す．糖の上の空いたスペースに単順にシトシン塩基を再び連結できる酵素は存在しない．代わりに，**APエンドヌクレアーゼ**とよばれる酵素がギャップを認識し，両側のホスホジエステル結合を切断することにより，残された糖の部分を取除く（図5・6）．DNAがプリンを失うことで損傷した場合（図5・4）もまた，APエンドヌクレアーゼによって塩基を失った糖が除かれる．酵素の名前のAPはapyrimidinic（ピリミジンのない）もしくはapurinic（プリンのない）を意味する．

プリンまたはピリミジンをDNAへ再挿入する修復過程は同じである（図5・6）．DNAポリメラーゼIによって適切なデオキシリボヌクレオチドが再び置かれ，

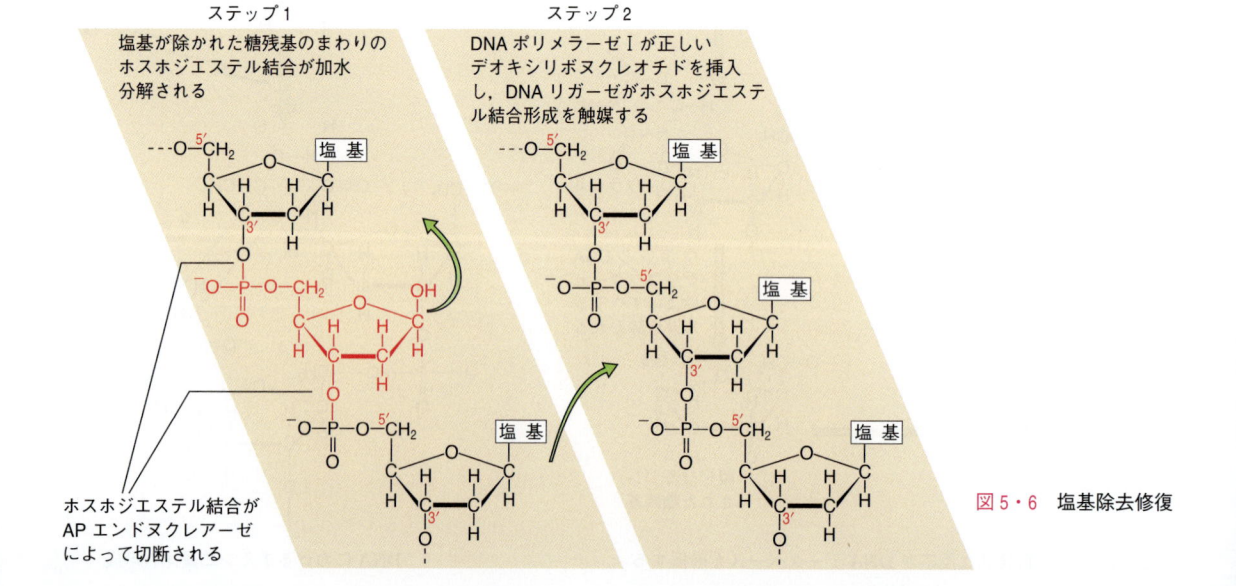

図5・6 塩基除去修復

医療応用 5・2　ブルーム症候群と色素性乾皮症

DNAヘリカーゼは複製中にDNAヘリックスを開くのに不可欠なタンパク質である．ブルーム症候群では，変異によって不完全なヘリカーゼが生じる．その結果，著しい染色体断裂をひき起こす．また，患者は若年のときからさまざまな癌を発症する傾向がある．遺伝病である色素性乾皮症の患者は，除去修復酵素のうちの一つが不足している．そのため紫外線に非常に敏感である．紫外線によって生産されたチミン二量体がゲノムから除去されないので，短時間日光にさらされただけでも皮膚癌を発症する．

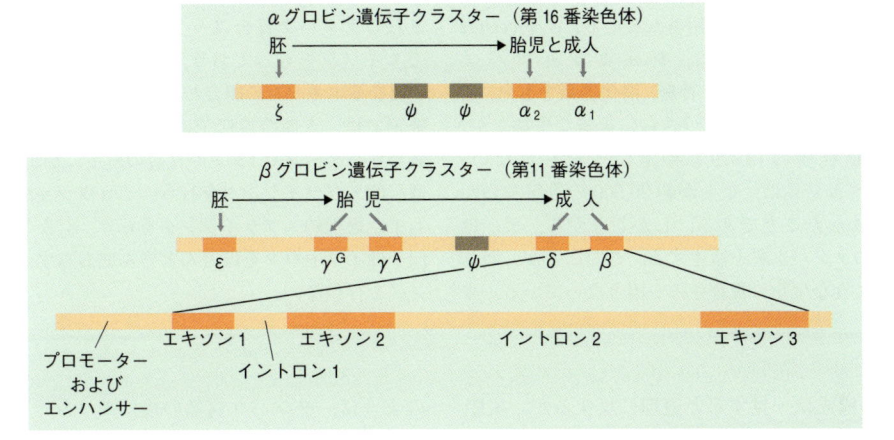

図 5・7　ヒト α および β グロビン遺伝子ファミリークラスター　ψ は偽遺伝子を示す．成人は α，β および δ しか発現しない．また，これらのうち，δ の発現は非常に低い．β グロビン遺伝子のエキソンとイントロンの境界を一番下に示す．

その後DNAリガーゼがホスホジエステル結合形成を触媒しDNA鎖が連結される．

ヌクレオチド除去修復はチミン二量体を修復するために必要とされる．チミン二量体は周囲約30塩基のヌクレオチドを伴ってDNA鎖から除去される．このバルキー型の損傷修復では，損傷を受けた鎖がDNAポリメラーゼⅠとDNAリガーゼによって修復される一方で，露出した無傷のDNAは保護されなければならないため，いくつかのタンパク質が必要となる．

これらすべての防御システムを備えていても，われわれの体をつくり，修復するための細胞分裂はエラーを生じる．その結果，成人の人間は，**体細胞変異**をもった多くの細胞を含んでいる．変異の大部分はその細胞に特異的な働きと無関係か，あるいは単にその能力を低下させる程度である．しかし，一部の変異は癌をひき起こす場合もある（p.237）．

● 真核生物中の遺伝子構造および構成
イントロンとエキソン：　真核生物の遺伝子に付与された複雑さ

タンパク質をコードする遺伝子は単純なものであるべきである．DNAからRNAがつくられ，RNAからタンパク質がつくられる．遺伝子はタンパク質を構成するアミノ酸を3塩基から成る遺伝コードを用いてコードしている．確かに原核生物では，タンパク質をコードする遺伝子は3塩基ごとに読取られる遺伝コードが連続的につながった構造をしている．この単純で理にかなったシステムは真核生物には当てはまらない．ほとんどすべての真核生物の遺伝子は，タンパク質をコードする領域に非翻訳領域がちりばめられており，分断化されている．分断化された遺伝子において，タンパク質をコードする領域は**エキソン**とよばれ，その間に挿入されている配列は**イントロン**とよばれる（intervening sequence の略）．図5・7の下部に，β グロビン遺伝子の構造を示す．この遺伝子は三つのエキソンおよび二つのイントロンを含んでいる．エキソンと比較して，多くの場合イントロンは非常に長い．原核生物の中で起こるように，DNAと相補なメッセンジャーRNA（mRNA）が合成されるが，その後，mRNAが核から細胞質へ輸送される前に，イントロンはスプライシングによって切出される（p.63）．これは，遺伝子は最終的にタンパク質をコードするmRNAよりはるかに長いことを意味する．エキソンという名前は，遺伝情報がmRNAへ転写された際に，核外へ輸送される遺伝子の領域であるということに由来する．

発展 5・1 多細胞生物には遺伝子より さらに多くのタンパク質が存在する

多くの生物のゲノムが解読されるにつれて明らかになった最も驚くべき特徴は，複雑と思われる生物がごくわずかな遺伝子しかもっていないことである．最初に解読された真核生物のゲノムは，出芽酵母 *Saccharomyces cerevisiae* のものだった．この単純な単細胞生物は，パンやビールをつくるために利用されている．*S.cerevisiae* には 5770 の遺伝子がある．ショウジョウバエ *Drosophila melanogaster* は脳，神経，消化器系をもち，さらに自在に飛行する能力をもつさらに複雑な生物だが，酵母の約 2 倍程度の 13,379 しか遺伝子をもたない．さらに驚くべき発見は，ヒトが約 20,500 の遺伝子しかもっていなかったことである．しかしながら，ヒトは 20,500 以上のタンパク質を産生する．このことが，われわれ自身のような生物の複雑さの一因となっている．少ない遺伝子数にもかかわらず，何十万もの異なるタンパク質をどのようにつくり出しているのか．その解決策がヒト遺伝子のエキソンおよびイントロン配列 (p.51) だ．**選択的スプライシング** (p.64) は細胞がエキソンをさまざまな方法でカット＆ペーストすることで同じ遺伝子からさまざまな mRNA を生産することを可能にする．既知の最も極端な例は *SLO* とよばれるヒトの遺伝子である．*SLO* は，一部のカリウムチャネル (p.175) に含まれるタンパク質をコードしている．この遺伝子は 35 のエキソンをもっており，一つの遺伝子から 40,320 種の異なるエキソンの組合わせをつくり出すことができる．推定では，人間の遺伝子のおよそ 50 ％が，組織ごとに異なるパターンで（タンパク質の産生にかかわる領域で）選択的スプライシングを行う．ショウジョウバエ遺伝子もまた選択的スプライシングを行う．しかし，酵母の遺伝子はイントロンをほとんど含んでおらず，スプライシングを行わない．

この遺伝子の構成は一見すると道理に反するが，実際には進化的根拠がある．p.113 にあるように，一つのタンパク質はいくつかの**ドメイン**から成り，それぞれのドメインは異なる働きをする．エキソン間の境界は，通常ドメインの境界に相当する．進化の過程で，エキソンの並べ替えによって新しい遺伝子がつくり出されてきた（**エキソンシャッフリング**）．そのような新しい遺伝子は，ある遺伝子のエキソンと他の遺伝子のエキソンをもつため，これまでにないドメインの配置をもつ新たなタンパク質をつくり出す．そして，それらのドメインは並び替えられた後も，それぞれの働きをする．

真核生物 DNA のおもな分類

われわれは，まだ完全には核ゲノムの構造を理解していない．ヒトゲノムのうち，わずか約 1.5 ％がタンパク質をつくるエキソン配列をコードし，約 23.5 ％はイントロンや tRNA，リボソーム RNA (rRNA) をコードしている．ほとんどのタンパク質をコードする遺伝子は，ゲノム中に一つだけ存在し，単一コピー遺伝子とよばれる．

進化の過程で，多くの遺伝子の重複が起こってきた．つぎの世代にわたる変異は，最初は同一だった遺伝子配列をつぎつぎと分岐させ，遺伝子ファミリーとして知られるグループを生み出した．遺伝子ファミリーの構成因子は，ギャップ結合をつくるコネキシンファミリー (p.28) のように関連した機能を有する場合が多い．これらの遺伝子は，関連タンパク質や**アイソフォーム**を生み出す．そして多くの場合，ヘモグロビンα や，ヘモグロビンβ のように，タンパク質名の後にギリシャ文字を置くことにより識別される．同じファミリーの異なる構成因子は，同様の特化した機能を有していても，発生などにおいて異なる段階で働く場合もある．図 5・7 に図示されている α および β グロビン遺伝子ファミリーはその一例である．α グロビン遺伝子群はヒトの第 16 番染色体上にある．一方，β グロビン遺伝子群は第 11 番染色体上にある．ヘモグロビンは二つの α グロビンおよび二つの β グロビンから成る (p.117)．これらの遺伝子群にコードされているタンパク質は，胚から胎児，そして成人まで，特定の発生段階で産生される．異なるグロビンタンパク質は，妊娠期間の段階ごとで異なる酸素要求に対処するため産生される（医療応用 12・1，p.134）．遺伝子の重複およびそれらの後の分岐は，進化における遺伝子レパートリーの拡張，新しいタンパク質分子の産生，およびより専門化された遺伝子機能の創出をもたらす．

DNA の配列がそれらの遺伝子ファミリーの他のメンバーに非常に類似しているものの，mRNA を生産しないものがある．これらは**偽遺伝子**として知られている．α グロビン遺伝子群には二つの偽遺伝子が存在する（図 5・7 中の ψ）．偽遺伝子は，もとは遺伝子であったが，変異の蓄積によってもはや RNA へ転写することができなくなったものかもしれない．また，mRNA 分子が，一部のウイルスでみつかった逆転写酵素とよばれる酵素によって DNA に逆転写され，その後にゲノム中に挿入されることにより発生した偽遺伝子もある．そのような偽遺伝子は，イントロンのうちのいくつかあるいはすべて

発展 5・2　ゲノムプロジェクト

1996年に発表された，単細胞生物である酵母 *Saccharomyces cerevisiae* ゲノムを構築する5770の遺伝子配列の解読は，生物学のマイルストーンだった．真核生物の完全な遺伝子配列情報を得たのみではなく，膨大な量の遺伝データを得て精選するための技術が確立された．わずか959の体細胞および19,427の遺伝子をもつ小さな線虫 *Caenorhabditis elegans* のような単純な多細胞生物のゲノムや，13,379遺伝子の遺伝子をもつキイロショウジョウバエ *Drosophila melanogaster* のゲノムがその後すぐに公表された．つづいて，マウスやヒト（どちらも約20,000の遺伝子）のような，より複雑な生物のゲノムも続けて公表された．ヒトから最も遠い哺乳類であるカモノハシを含め，今や系統樹のすべての枝のゲノム情報を研究に利用することができる．

精巧なデータベースはさまざまなゲノムプロジェクトからの塩基配列情報を格納し分析するために作成された．コンピュータープログラムは，エキソン配列のデータを分析し，あるゲノムの配列と他のゲノムの配列を比較する．このように，関連タンパク質（類似したアミノ酸領域を共有するタンパク質）をコードする配列は識別することができる．インターネットによって容易に利用できる重要なプログラムとして，ある塩基配列をヌクレオチドデータベースに登録された他の配列と比較するBLASTNや，あるアミノ酸配列をタンパク質配列データベースとにおいて比較するBLASTPなどがある．

つぎのゴールはすべての遺伝子の機能を決定することである．これは困難な課題だが，比較ゲノム科学の手法によってより簡単になる．ヒトに最も近い親戚であるチンパンジーのゲノムは，ヒトのゲノムと98％以上同一である．言語のような複雑なヒトに特徴的な機能は，異なる2％の遺伝子によるものか，それとも共通の遺伝子が異なる使われ方をしているためだろうか．ヒトの親友であるイヌのゲノムは，基本的な生物学の疑問に答える助けになるかもしれない．イヌは固有な同種の特徴によって選別されてきたため，それぞれの品種は遺伝的多様性をほとんど示さない．これは，ヒトとイヌの両種で発症する骨癌や皮膚癌のような病気の原因をみつけ出すうえでの鍵かもしれない．雌ウシのゲノムはイヌのように直接有用ではないかもしれないが，家畜による温室効果ガスの生産を縮小するのに不可欠かもしれない．

2003年に完了したヒトゲノム計画は，13年に及ぶ国際的な生物学の取組みであり，その当時，人類を月へと運んだアポロ計画と並ぶ評された．より多くのゲノムが解読されるとともに，技術はより迅速に，そしてさらに重要なことには，より安価になった．2年か3年以内に，誰でも数百ドルでわれわれのゲノムを解読することができるようになるだろう．この情報をわれわれがどう利用するのかは不明であるが，最終的には，臨床医は個々の患者の遺伝子情報に合わせてテイラーメイドの治療法を選択できるようになるだろう．

が組込みの前にスプライシングによって切出されているので容易に識別できる．なかには完全なmRNA (p.62) に特徴的なポリ(A)配列が末端に付加したものもある．これらはプロセス型偽遺伝子とよばれる．

RNAをコードするDNAは，時として染色体に沿って連続して繰返されることがある．そのような遺伝子は**タンデムに反復**しており，リボソームRNA（1細胞当たり約250コピー），トランスファーRNA（1細胞当たり50コピー）およびヒストンタンパク質（1細胞当たり20〜50コピー）をコードする遺伝子などが含まれる．これらの遺伝子産物は大量に必要とされる．

われわれのゲノムには，機能がわかっていない領域がまだ約75％も残されている．このような**遺伝子外のDNA**の多くは，ゲノム中で何度も繰返される**反復DNA**配列から構成されている．100万回以上繰返される配列もあり，それらは**サテライトDNA**とよばれる．反復単位は通常数100塩基対で，多くのコピーがタンデムに反復して並んでいる．ほとんどのサテライトDNAは**セントロメア**とよばれる領域でみつかっている．セントロメアは，細胞分裂（p.228）の際の染色体移動に関与する領域である．一説では，サテライトDNAがセントロメアの機能的な構造形成に機能しているのではないかと考えられている．

また，われわれのゲノムはタンデム反復が25塩基対ほどの**ミニサテライトDNA**を含んでいる．ミニサテライトDNAの反復領域は20,000塩基対にも及ぶこともあり，染色体の端の**テロメア**とよばれる領域の近くで頻繁にみつかる．**マイクロサテライトDNA**はさらに小さく，繰返し単位が約4塩基対もしくはそれ以下である．これらの反復配列の機能も不明である．しかし，マイクロサテライトは，それらの数が個人によって異なるので，DNA鑑定（p.79）に非常に役立つことが証明されている．他の遺伝子外配列として，われわれのゲノム中にはLINE (long interspersed nuclear element) およびSINE (short interspersed nuclear element) として知られている配列がある．哺乳類ゲノム中には約50,000コピーのLINEが存在し，それらはヒトゲノムの約17％を占める．

遺伝子命名法

ゲノムプロジェクトにおいて生じた大きな問題の一つは，遺伝子，およびそれらがコードするタンパク質をどのように命名するかというものである．これは容易ではなく，この問題に対処するために多くの委員会が設立された．一般に，遺伝子はそれぞれ大文字のイタリック体で書かれ，略語で示される．たとえば，ヒトのフラビン含有モノオキシゲナーゼ遺伝子は *FMO* と表記される．*FMO* 遺伝子は複数個存在するため，特定の遺伝子を識別するために数を割当てる．たとえば，変異によりトリメチルアミン尿症（p.41，医療応用4・3）を発症する遺伝子は，*FMO3* とよばれる．*FMO3* 遺伝子によってコードされたタンパク質は，FMO3 のように通常の大文字で表記される．同様に，シトクロム P450 遺伝子（p.140，発展12・4）は短縮され *CYP* と表記される．*CYP3A4*（p.63，医療応用6・1）は *CYP3* ファミリーに属する遺伝子である．このファミリーにはメンバーがいくつか存在する．したがって，われわれが *CYP3* 遺伝子ファミリーのどのメンバーを参照しているか正確に指定するために，遺伝子名に追加情報を含めなければならない．タンパク質名は CYP3A4 と表記される．

まとめ

1. 複製の際に，それぞれの親 DNA 鎖は新しい娘鎖を合成するための鋳型として働く．新しく合成された鎖の塩基配列は鋳型鎖に相補的である．
2. 複製は複製起点とよばれる特定の配列から開始する．DNA の2本の鎖はほどかれ複製フォークを形成する．ヘリカーゼ酵素によって二重らせんがほどかれる．そして，一本鎖結合タンパク質によって複製の間ほどかれた状態が保たれる．原核生物では，DNA ポリメラーゼIIIは，5′→3′方向にリーディング鎖を連続的に合成する．ラギング鎖は，5′→3′方向に不連続的につくられる．これらは，DNA リガーゼによって連結される．DNA ポリメラーゼは自己校正機能をもつ酵素である．誤った塩基があると 5′→3′エキソヌクレアーゼ活性を使用してミスマッチを取除き，正しい塩基に置き換える．
3. DNA 修復酵素は変異を修復することができる．シトシンの脱アミノ反応に起因する DNA 中のウラシルは，ウラシル DNA グリコシダーゼによって除去される．脱ピリミジンされた糖は，AP エンドヌクレアーゼによって DNA の糖-リン酸骨格から取除かれる．つぎに DNA ポリメラーゼが正しいヌクレオチドを挿入する．ホスホジエステル結合は DNA リガーゼによって修復される．
4. 真核生物では，タンパク質をコードする遺伝子の多くはエキソンとイントロンへ分割されている．エキソンのみがタンパク質情報をコードしている．ヒトゲノムには機能が明白でない DNA 領域が大量に含まれている．このような機能未知の DNA の多くは反復 DNA であり，その配列は何度も繰返されている．
5. タンパク質をコードする遺伝子には，遺伝子ファミリーとよばれる類似した構造をもつグループが存在する．このような遺伝子ファミリーはともに近傍に存在するか，あるいはゲノム中に散在している．遺伝子ファミリーの中には活性を失ったものもあり，それらは偽遺伝子とよばれる．

参考文献

S. Brenner, G. Elgar, R. Sandford, A. Macrae, B. Venkatesh, S. Aparicio, 'Characterization of the pufferfish (Fugu) genome as a compact model vertebrate genome', *Nature*, 366, 265-268 (1993).

E. C. Friedberg, 'How nucleotide excision repair protects against cancer', *Nature Rev. Cancer* 1, 22-33 (2001).

M. Radman, R. Wagner, 'The high fidelity of DNA duplication', *Sci. Am.*, 259(2), 40-46 (1988).

O. D. Scharer, J. Jiricny, 'Recent progress in the biology, chemistry and structural biology of DNA glycosylases', *Bioessays*, 23, 270-281 (2001).

復習問題

5・1 鋳型 DNA 上の合成

A. 5′ TACGACTTCGC 3′
B. 5′ UACGACUUGCG 3′
C. 5′ ATGCTGAAGCG 3′
D. 3′ GCGAAGTCGTA 5′
E. 3′ UACGACUUGCG 5′
F. 5′ CGCUUCAGCAU 3′
G. 5′ CGCTTCAGCAT 3′

上記の合成物のリストから，以下の記述に合うものをそれぞれ一つ選択せよ．

1. 転写によって 3′ GCGAAGTCGTA 5′ から生じる配列

2. 複製によって 3′ GCGAAGTCGTA 5′ から生じる配列
3. 転写によって 5′ ATGCTGAAGCG 3′ から生じる配列
4. 複製によって 5′ ATGCTGAAGCG 3′ から生じる配列

5・2 DNA 複 製

A. 塩基間の水素結合を壊す
B. 隣り合った岡崎フラグメントをつなぎ合わせる
C. DNA 鎖に相補な RNA 断片の形成
D. DNA 鎖の加水分解および除去
E. リーディング鎖およびラギング鎖へのデオキシリボヌクレオチドの取込み
F. リーディング鎖ではなく,ラギング鎖へのデオキシリボヌクレオチドの組込み
G. 真核生物において,DNA 鎖に相補な RNA 断片を取除く

上記のリストに関する反応を触媒する酵素を下記から一つ選択せよ.

1. DNA リガーゼ　　2. DNA ポリメラーゼ I
3. DNA ポリメラーゼ III　　4. エキソヌクレアーゼ I
5. エキソヌクレアーゼ VII　　6. ヘリカーゼ
7. プライマーゼ　　8. リボヌクレアーゼ H

5・3 真核生物の染色体における領域

A. エキソン
B. 遺伝子ファミリー
C. イントロン
D. long interspersed nuclear element
E. 偽遺伝子
F. サテライト DNA
G. タンデムに反復した DNA

真核生物の染色体の DNA 領域に関する上記のリストから,下記に該当する領域をそれぞれ選択せよ.

1. 3 塩基ごとに読み取られ,ポリペプチド鎖中の連続したアミノ酸をコードする DNA 領域.
2. 機能する遺伝子に似ている配列の DNA だが,もはや機能するタンパク質をコードしない DNA 領域.
3. RNA へ転写されるが,アミノ酸をコードせず,核から出る前に RNA から取除かれる遺伝子内の領域.
4. 同一かほぼ同一な一連の遺伝子,それらすべてから RNA 産物が転写され,タンパク質をコードした遺伝子の場合は同一かほぼ同一なタンパク質が産生される.
5. 構造的な機能が推測されており,セントロメア領域の染色体の大部分を構成する DNA の種類.
6. 100 万回以上繰返される遺伝子外の DNA 塩基配列.

◉ 発 展 問 題

細菌 *Bacillus subtilis* がバクテリオファージ PBS2 に感染すると,ウラシル DNA グリコシダーゼは機能を失う.細菌染色体の一部の構造,

$$5′ \text{ TGAA } 3′$$
$$3′ \text{ ACTT } 5′$$

について,脱アミノ反応によりシトシンがウラシルに変わると仮定する.ウラシル DNA グリコシダーゼ不活化しており,塩基除去修復によってエラーを修復することができない細菌は,ミスマッチ修復酵素を使用してエラーを修復することができるか答えよ.エラーが修正されない場合,以下の場合に DNA 配列に何が起こると予想されるか答えよ.
(i) 細菌が DNA 複製を行い二つの子孫細胞を生み出すとき.
(ii) それらの細胞が DNA を複製し,四つの第 2 世代の子孫を生み出すとき.

発展問題の解答　シトシンはウラシルに脱アミノ化されやすいが,塩基の他方の DNA 鎖がメチル化されているため,修復する際に鋳型に働く鎖がどちらであるかをミスマッチ修復系はわかるので,塩基除去修復系が不活性化されていても,ほぼ確かに DNA 中のミスマッチ修復は存在する.
しかしながら,この酵素系が存在しなかったり,PBS2 のような感染で機能しない細菌細胞においては,それぞれの鎖が複製する際に鋳型に働くため,
上側の鎖 5′ TAAA 3′ は
3′ AUTT 5′,5′ TAAA 3′ という配列を産生となり,下側の鎖 3′ ACTT 5′ は,それぞれの鎖が鋳型として働く<,そのため 3′ ACTT 5′ 配列を産生し,新しい鎖を産生することもなく,下側の鎖 3′ AUTT 5′ という配列をもう一方産生する.子孫細胞に感染されるこの細菌では,バクテリオファージに感染したものの 1/4 は変異を無視し ている.

6 転写と遺伝子発現

転写（または RNA 合成）とは，DNA のもつ遺伝情報が RNA に伝達するプロセス（反応）のことである．合成される RNA はリボソーム RNA（**rRNA**），**転移 RNA**（**tRNA**），および**メッセンジャーRNA**（**mRNA**）であり，すべてタンパク質合成に重要な役割を果たしている．mRNA をコードする遺伝子はタンパク質をコードする遺伝子であるが，その遺伝情報が mRNA に伝達されるとき，"遺伝子が**発現**する"という．この章では，どのように RNA が合成されるのか？ そしてどのような因子がどの程度の mRNA を合成するのか？ という二つの重要な疑問に答えていきたい．

● RNA の 構 造

リボ核酸は，単量体のヌクレオチドから構成されるポリマー（多量体）である．RNA は DNA と類似した化学構造を有しているが，二つの大きな違いをもっている．一つ目の違いは，RNA の糖鎖がデオキシリボースの代わりにリボースであることである（図 6・1）．二つ目は，RNA はプリン塩基であるアデニンとグアニン，および

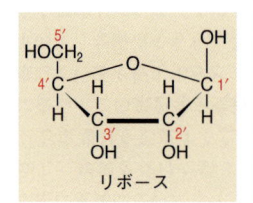

図 6・1 **RNA** は，デオキシリボースとチミンの代わりに，リボースとウラシルを含んでいる．

ピリミジン塩基であるシトシンを含んでいるが，4 番目の塩基が異なっており，ピリミジンのチミンがウラシルになっている．そのため，RNA の構成要素は，4 種類のリボヌクレオシド三リン酸であるアデノシン 5′–三リン酸，グアノシン 5′–三リン酸，シチジン 5′–三リン酸とウリジン 5′–三リン酸である．これらの四つのヌクレオチドは，相互にホスホジエステル結合している（図 6・2）．DNA と同様に，この RNA 鎖は方向性をもっている．

RNA 鎖の第一番目のヌクレオチドは，リボースの 5′ 側の炭素はリン酸化されており，ここが RNA 鎖の 5′ 末端である．反対側の 3′ 側の炭素はヒドロキシ基が遊離されているリボースであり，これが 3′ 末端である．DNA のように，3′ 側の遊離のヒドロキシ基と，リボースの 5′ 側の炭素の α 位のリン酸基でホスホジエステル結合している．RNA 分子はほとんどの場合単一鎖であるが，分子内の相補的な結合によって二重鎖になっている場合もある（図 6・5 b 参照）．

● RNA ポリメラーゼ

どのような遺伝子でも，片方の DNA 鎖が転写の鋳型として作用する．RNA のヌクレオチド配列は，DNA の鋳型配列に依存し，その鋳型中の T, A, G と C は，それぞれ RNA の A, U, C と G と特異的に相補する．DNA は酵素である **RNA ポリメラーゼ**によって RNA に転写されるが，このポリメラーゼは遺伝子の転写開始部分を認識し，DNA 鋳型中の配列に従って選択されたヌクレオチド間のホスホジエステル結合の形成を触媒する．

● 遺伝子の表記法

図 6・3 は，遺伝子に隣接する，または遺伝子内のヌクレオチドの位置を記載するのに利用される表記法を示している．鋳型中の転写が始まるヌクレオチドは ＋1 と書く．転写は**下流**へと進行するため，転写される DNA のヌクレオチドは連続番号として，また，下流の配列は慣例的に転写開始点の右側へと記載される．また，この部位の左側に位置するヌクレオチドが上流側であり，－（マイナス）数字を用いて表記される．

● 細菌の RNA 合成

大腸菌のすべての遺伝子は，同じ RNA ポリメラーゼによって転写される．このポリメラーゼは，五つのサブ

形成).DNAの二重らせんの分離には,−10ボックスのAT配列を手助けしており,アデニンとチミン同士は二つの水素結合で結ばれているため,比較的容易に二重らせんが分離可能である.二重らせんに沿ってRNAポリメラーゼが進行し,RNA鎖を合成するにつれて,DNAは一本鎖になったり再会合したりしており,このような状態を**転写バブル**という(図6・4b).RNA鎖は5′から3′方向に進展し,鋳型鎖は3′から5′へと読まれていく.

RNA鎖が10塩基程度に伸長したとき,σ因子はRNAポリメラーゼから遊離し,転写にはそれ以上関与しない.一方,RNAポリメラーゼのβサブユニットは,DNAの鋳型に沿って移動し,リボヌクレオチドに結合し,それら同士を触媒反応によってホスホジエステル結合させる.その間,β′サブユニットはRNAポリメラーゼがDNA上に位置するために,また,二つのαサブユニットはRNAポリメラーゼがプロモーター上に会合するために補助している.

RNAポリメラーゼは,遺伝子の末端に到達したことを認識する必要がある.そのために,RNAポリメラーゼがDNAの転写を終結するよう,大腸菌は遺伝子末端に**ターミネーター**とよばれる特的な配列をもっている.

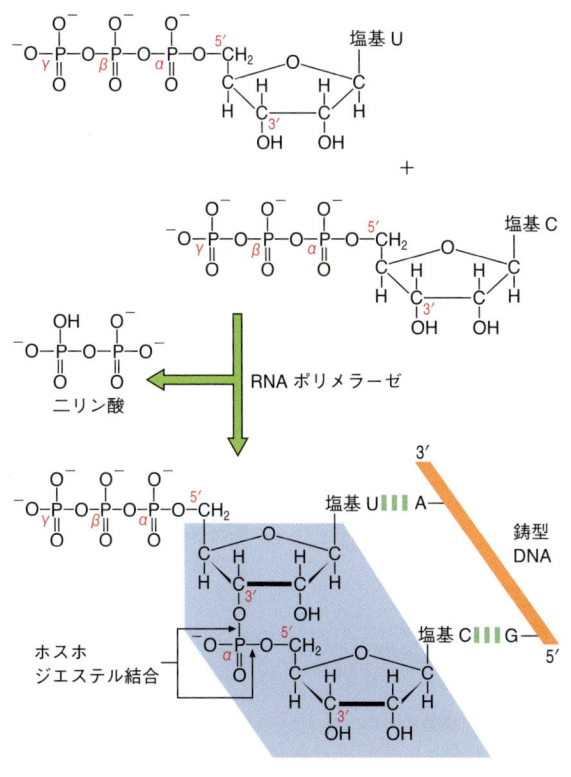

図6・2 **RNA鎖の合成**

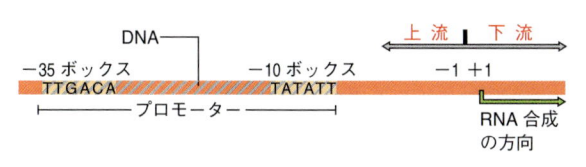

図6・3 **DNA配列の番号づけ**

ユニットから構成されていて,二つのα,β,β′とσと命名されている.それぞれのサブユニットは転写反応において役割を担っており,σ因子は転写される遺伝子のすぐ上流に存在する**プロモーター**上の特異的配列を認識する(図6・3).大腸菌のプロモーターは,二つの重要な領域を含んでいるが,一つは−10付近に存在するTATATT配列であり,−10ボックス,またはPribnowボックスとよばれる.二つ目は,−35付近に存在するTTGACAであり,−35ボックスとよばれている.

σ因子がプロモーターに結合すると(図6・4a),転写されるDNA上にRNAポリメラーゼの他のサブユニットである二つのα,β,β′因子を連れてくることで,この複合体はプロモーターを閉じている(**閉鎖型プロモーター複合体**形成).一方,転写が開始するためにDNAの二重らせんが分離するが,片方のDNA鎖がRNA分子を生成するための鋳型として機能し,プロモーターが開いた状態になる(**開放型プロモーター複合体**

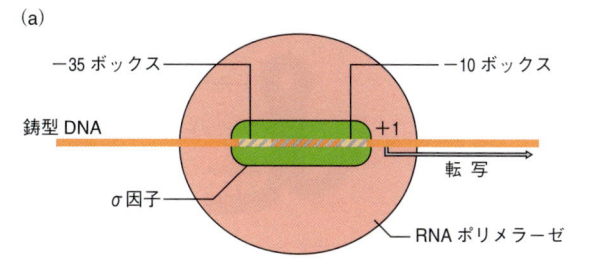

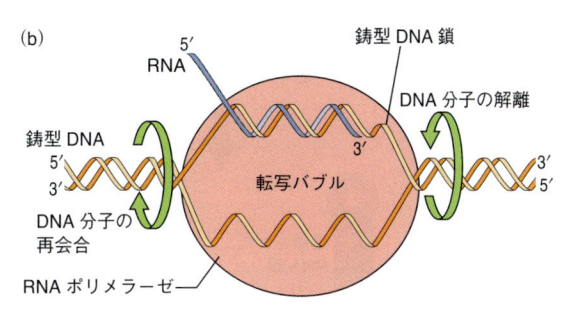

図6・4 (a) **RNAポリメラーゼはプロモーターに結合し,閉鎖型プロモーター複合体を形成する.(b) 開放型プロモーター複合体: DNAヘリックスが解けて,RNAポリメラーゼがRNA分子を合成する.**

ターミネーター配列は,4 bp程度で離れて存在するGとCの塩基に富んだ二つの領域から構成され,この配列には連続したAが続く.図6・5には,転写が停止する仕組みを示す.まず,GC配列に富んだ領域が転写されると,最初と二つ目のGC領域が平行的に対をつくり,

そのRNA配列中でヘアピン構造を形成する．このような構造がRNA分子内で生じることで，鋳型DNA鎖がRNA分子にそれ以上結合しないようになり，二重らせんを再形成するために転写バブルは縮小する．もう一つの結合であるDNAの鋳型中のアデニンとRNA鎖中のウラシルには，1対に二つの水素結合しかなく，そのため，転写バブルを維持するには弱すぎると考えられる．そこで，RNA分子は遊離して，転写が終結し，二重らせんが再構成される．このような転写終結は，Rho非依存的であることが知られている．

大腸菌のある遺伝子は，異なる終結部位をもっている．それは，DNAからRNAを遊離するRhoとよばれるタンパク質によって認識される．このような場合，Rho依存的なプロセスによってその転写は終結する．

そして有用な栄養素を効率的に利用するために，細菌は素早く環境の変化に適応しなくてはならない．このため細菌は，特定の化合物を分解し，または合成するのに必要なタンパク質の産生を制御することで対応している．

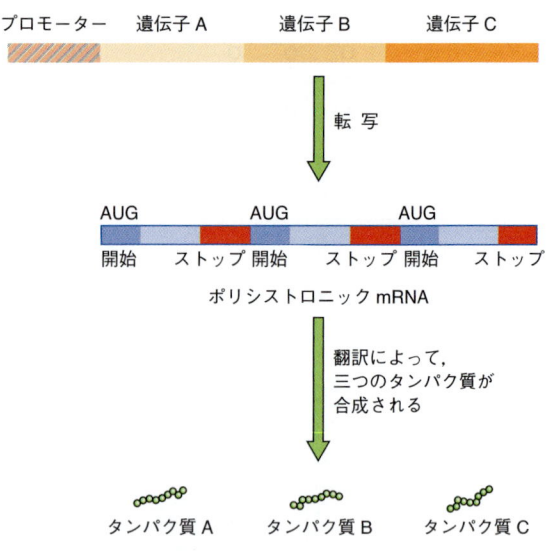

図6・6 細菌オペロンはポリシストロニックmRNAに転写される．

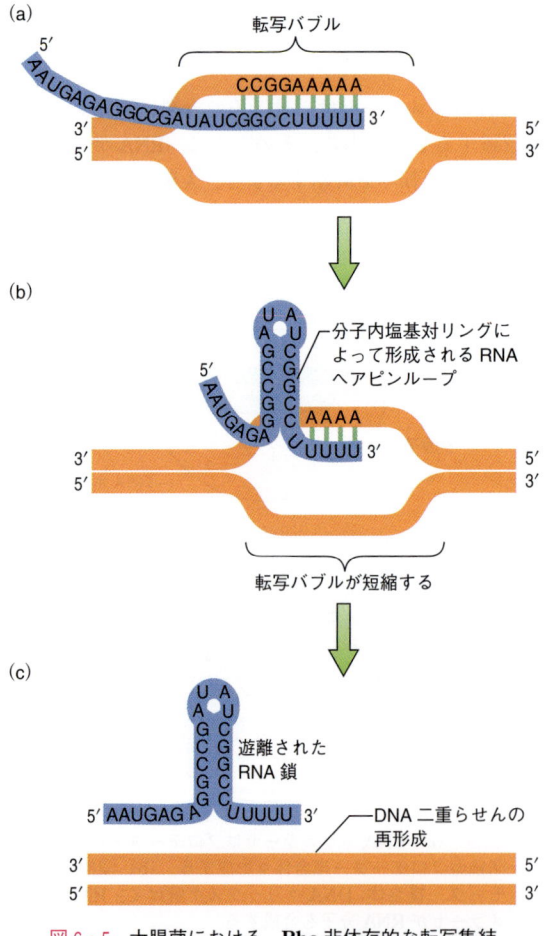

図6・5 大腸菌における，Rho非依存的な転写終結

● 細菌の遺伝子発現コントロール

多くの大腸菌のタンパク質は，細胞内に常に一定量存在している．一方，栄養素の有無によって，タンパク質の量が調節されている場合もある．増殖し，分裂して，

細菌における遺伝子発現は，おもに転写レベルで調節されているが，細菌の細胞には核膜がないためにRNA合成とタンパク合成が別々ではなく，同時に行われている．これが，真核生物の遺伝子発現制御のような高度な調節機構が，細菌に欠けている理由の一つである．

細菌のプロモーターは，通常，ある機能に一緒に作用するタンパク質をコードする遺伝子クラスターの転写を調節している．このような関連遺伝子を調節するメカニズムを**オペロン**とよび，それらの遺伝子は単一mRNAとして転写され，**ポリシストロニックmRNA**といわれている．図6・6に示すように，このmRNAの翻訳では，タンパク質合成制御のための複数の翻訳開始コドンや翻訳終止コドンが存在するため，必要なタンパク質を産生することができる．それぞれの翻訳開始コドンや翻訳終止コドン（p.42）は，個々のタンパク質に翻訳するためのRNA領域を特定している．オペロン内の遺伝子の構成は，個々の化合物を代謝するのに必要なすべてのタンパク質を同時に合成し，細菌が環境の変化に迅速に応答するように備わっている．

どの程度RNAを合成するのかの制御に関与する三つのおもな要素は，(1) 遺伝子の両側または遺伝子内に存在する塩基配列，(2) それらの配列に結合するタンパク質，および (3) 環境である．ヒトの腸は，個々の栄養素の急激な変化に迅速に応答する何百万という大腸菌細

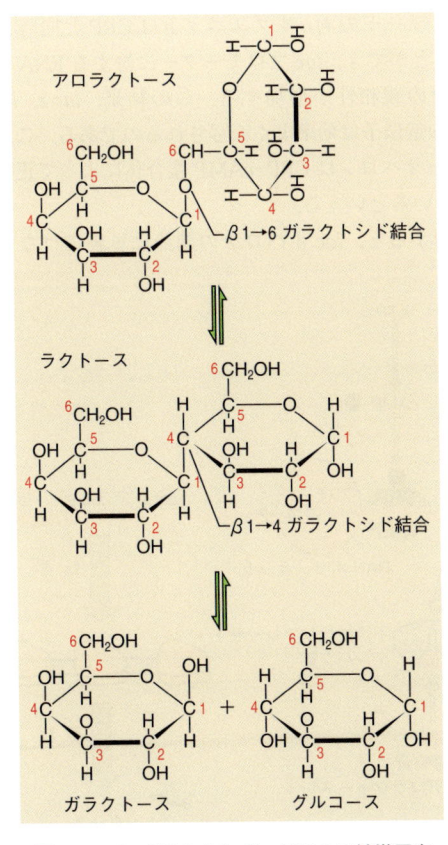

図6・7 β-ガラクトシダーゼによる触媒反応

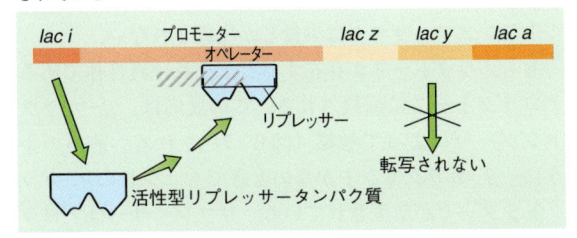

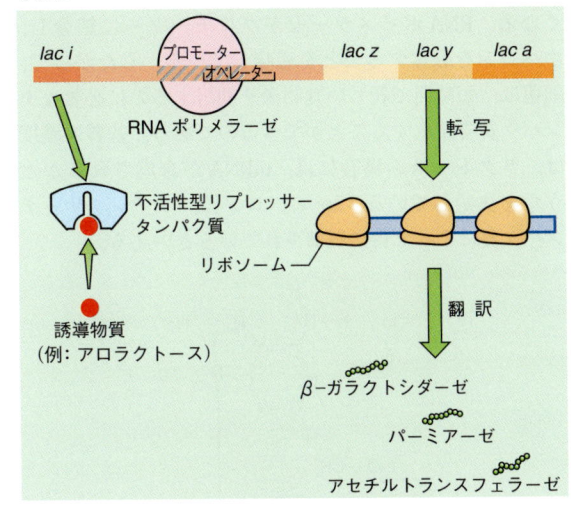

図6・8 lac オペロンの転写には誘導物質が必要である.

胞が含まれている.たとえば,ほとんどの食べ物には二糖類であるラクトースは含まれないが,牛乳には大量に含まれている.われわれがコップ1杯の牛乳を飲む間に,腸内の大腸菌は,ラクトースをグルコースとガラクトースに分解するβ-ガラクトシダーゼの産生を開始する(図6・7).一般的に,β-ガラクトシダーゼの基質はβ-ガラクトシド結合を含むラクトースのような分子であり,そのためβ-ガラクトシドとよばれている.

誘導性オペロンとしての lac

β-ガラクトシダーゼは,図6・8に示すように,ラクトース(lac)オペロンを構成する遺伝子の一つにコードされている.このオペロンは,三つの遺伝子である lac z, lac y と lac a を含んでいるが,β-ガラクトシダーゼは lac z にコードされている.前述のように,遺伝子名は常に斜体で記載されるが,タンパク質名は常に標準文字で記載される.lac y は,ラクトースの細胞移入を補助する輸送体(p.178)であるβ-ガラクトシドパーミアーゼをコードしている.lac a はアセチルトランスフェラーゼをコードしており,ラクトースに構造が類似しているが,細胞にとって有益でない分子を取除く役割を担っていると考えられている.

ラクトースのようなβ-ガラクトシド化合物が存在しない場合,大腸菌にとってβ-ガラクトシダーゼやβ-ガラクトシドパーミアーゼを産生する必要がなく,細胞はそれらのタンパク質を数分子もつにすぎない.このように,β-ガラクトシドが存在するときにRNAへの転写率が大きく増加するため,lac オペロンは誘導性であるといわれている.では,どのように lac z, lac y と lac a の遺伝子発現のスイッチがON/OFFされるのであろうか? それは,リプレッサー(抑制性のタンパク質: lac i 遺伝子の産物)がオペレーターとして知られている lac オペロン内にある配列に結合するからである.オペレーターはプロモーターに近接しているため,リプレッサーが結合すると,RNAポリメラーゼがプロモーターに結合できなくなってしまう.β-ガラクトシドがない場合,lac オペロンは図6・8aに示すような状態になっており,リプレッサーがオペレーターに結合しRNAポリメラーゼが結合できずに,転写が起こらない.ほんの少しの間だけオペレーターにリプレッサーが存在しないときにはRNAポリメラーゼが結合してmRNAを合成する.この

ように, β-ガラクトシドがないときは, β-ガラクトシダーゼ, β-ガラクトシドパーミアーゼ, およびアセチルトランスフェラーゼは少量しか生成されない.

もし, ラクトースが存在すると, それは異性体であるアロラクトースに転換される. この反応は, β-ガラクトシダーゼによって触媒(図6・7)される. 前述のように, β-ガラクトシドがないときでも, 少量のβ-ガラクトシダーゼが産生されている. リプレッサーはアロラクトースとの結合部位をもち, この化合物と結合すると構造が変化し(図6・8b), オペレーターに結合できなくなる. RNAポリメラーゼがプロモーターに結合し, オペロンを転写することを意味している. したがって, 細菌は, 短時間で新しい食物源を利用するのに必要なタンパク質を産生することができるのである. 基質の濃度は, ラクトースの場合には, mRNAが合成されるかどうかを決定している. lacオペロンは, リプレッサータンパク質によって負に制御されているといえる.

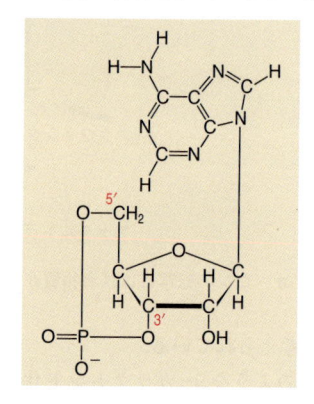

図6・9 サクリックアデノシン-リン酸 サイクリックAMP (cAMP) ともよばれる.

lacオペロンの転写は, リプレッサーだけでなく, **サイクリックAMP受容体タンパク質 (CAP)** というタンパク質によっても調節されている. もし, グルコースとラクトースが存在したとき, グルコース利用のためのすべてのタンパク質があらかじめ細胞内に用意されているため, RNAやタンパク質の新規合成を必要とせず, 炭素源としてグルコースを利用することがより効率的である. したがって, グルコースがないときにだけ, 大腸菌は高率にlacオペロンを転写すればよいことになる. また, このメカニズムは, 細胞なメッセンジャー分子である**サイクリックアデノシン-リン酸 (サイクリックAMP, cAMP)** を介して調節されている (図6・9). cAMPはCRPと結合し, この複合体はlacオペロンのプロモーターの上流配列に結合して (図6・10), そこで際立った効果を発揮する. すなわち, CRP複合体が結合した近傍では, DNAが90度に曲げられるのである. RNAポリメラーゼの両αサブユニットはCRPと同時に結合することができ, lacプロモーターに対するRNAポリメラーゼの親和性が増加する. この結果, lac z, lac yとlac aの遺伝子は効率よく転写されるのである. このように, lacオペロンはCRP-cAMP複合体によって**正に調節**されているといえる.

要約すると, lacオペロンの調節は単純ではない. そ

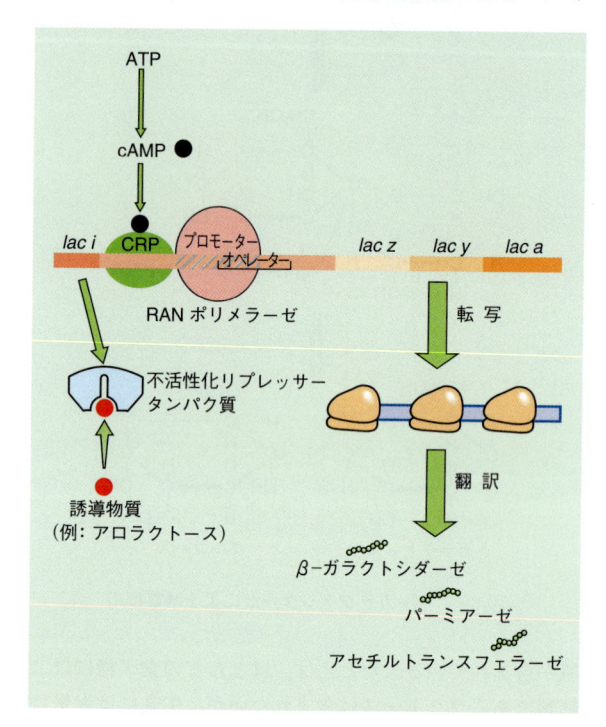

図6・10 lacオペロンの効率的な転写のために, **cAMP**とβ-ガラクトシド結合をもつ糖が存在しなければならない.

IPTG (イソプロピルチオ-β-D-ガラクトシド)

図6・11 **IPTG**はlacリプレッサータンパク質に結合するが, 代謝されない.

れが転写されるには, リプレッサーがオペレーターに結合しないこと, そしてCRP-cAMP複合体とRNAポリメラーゼがそれぞれのDNA結合部位に結合していることなど, いくつかの条件が整う必要がある. それらの必要条件は, グルコースが存在せず, ラクトースのようなβ-ガラクトシドが存在するときにのみ満たされている.

イソプロピルチオ-β-D-ガラクトシド (IPTG, 図6・

応用例 6・1　クオラムセンシング：暗闇で発光するイカ

細菌である *Vibrio fischeri* は海水で生存しているが，夜行性のイカである *Euprymna scolopes* の発光している組織に高濃度に見いだされており，そこでルシフェラーゼとよばれる発光を触媒する酵素を合成している．この現象を生物発光という．海水で生存しているとき，*V. fischeri* はほとんどルシフェラーゼを合成せず，実際，単一種類の細菌によって励起される光は可視できないほど微弱であり，そもそも発光する意味がないのかも知れない．しかし，*V. fischeri* は，その密度が高くなったとき，イカの発光組織の中にいるときのように大量のルシフェラーゼをつくり始める．クオラムという言葉は，"合法的に取引業務を行える十分に組織された集合体"と Webster's Dictionary に定義されている．つまり，クオラムセンシングは，*V. fischeri* の特徴を表すのに最適な言葉である．それでは，どのように作用するのか？

ルシフェラーゼは，細菌オペロンの一種である *lux* オペロンの *lux a* と *lux b* の遺伝子産物である．*lux* オペロンプロモーターのある領域に Lux R という転写因子が結合し，無電荷の低分子である N-アシルホモセリンラクトン〔N-アシル HSL．*V. fischeri* の自己誘導物質（autoinducer）として VAI ともよばれる〕と結合したときに活性化される．N-アシル HSL は，*lux* オペロンの一部である *lux i* 遺伝子にコードされている N-アシル HSL 合成酵素（または VAI 合成酵素）によって順次合成される．単独で生育している *V. fischeri* では，*lux* オペロンの転写は低い状態である．少量の N-アシル HSL が合成されているが，Lux R に結合することなく，すぐに細胞から海水にもれている．細菌がイカの発光組織で高濃度になったとき，N-アシル HSL は Lux R に結合して，*lux* オペロンの転写を上昇させる．この仕組みが，より多くのルシフェラーゼをつくり出すとともに，N-アシル HSL 合成酵素も産生させるので，N-アシル HSL の濃度も上昇して，さらに *lux* オペロンの転写が活性化される．このように，N-アシル HSL 合成酵素とルシフェラーゼ，およびルシフェラーゼの基質を産生する酵素の遺伝子が高頻度に転写されることになる．N-アシル HSL による *lux* オペロンの**自己誘導**は，正のフィードバックの形態である（p.171）．ハワイのサンゴ礁を夜間に滑るように泳ぎながら，影を落とさないように，イカは月明かりの強さに応じてルシフェラーゼを反応させて発光するため，餌はその存在にほとんど気づくことはない．

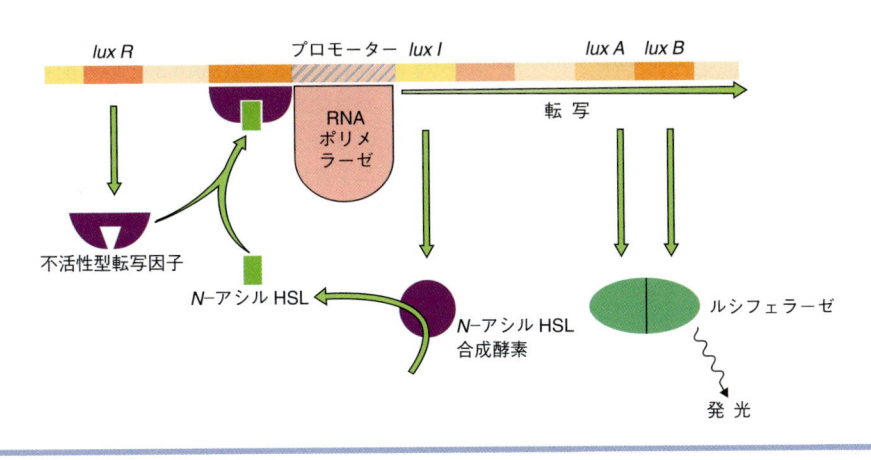

---

11) のような物質はリプレッサーに結合するが，代謝されないため，このような**非分解性の誘導物質**は DNA 研究やバイオテクノロジーの分野に大変有用である．7 章では，このような研究面や *lac* オペロンの産業的応用について取扱う．

抑制性オペロンとしての *trp*

アミノ酸を合成するタンパク質をコードするオペロンは，*lac* オペロンとは異なった仕組みで制御されている．これらのオペロンは，そのアミノ酸が存在しないときにだけ転写され，すでに十分量のアミノ酸が存在するときには転写のスイッチは切られている．このように，細胞は遊離アミノ酸の量を入念に調節している．その中でも，トリプトファン（*trp*）オペロンはトリプトファンを合成する酵素をコードする五つの構造遺伝子から構成されている（図 6・12）．これは，**抑制性オペロン**である．細胞は，十分にトリプトファンがあるときには，*trp* オペロン mRNA の転写を妨げてトリプトファンの合成量を調節している．*lac* オペロンと同様に，*trp* オペロンは調節タンパク質によってコントロールされている．*trp r* 遺伝子は，**アポリプレッサー**とよばれる不活性型のリプレッサータンパク質をコードしており，トリプトファン

が結合することでリプレッサーへと活性化される．この活性型リプレッサー複合体は，trp オペロンのオペレーター配列に結合し，trp プロモーター配列に RNA ポリメラーゼが結合することを妨げている．したがって，細胞のトリプトファン濃度が高ければ，活性型リプレッサー複合体が形成され，trp オペロンの転写は抑制される．しかしながら，トリプトファンの細胞内濃度が低下すると，活性型リプレッサーは形成されず，RNA ポリメラーゼはプロモーターに結合して trp オペロンの転写が進行し，トリプトファン合成に必要な酵素が産生される．これは，**負のフィードバック**の例の一つである（p.171）．

他の多くのタンパク質も，特異的な調節タンパク質が特異的な低分子と結合するような類似のメカニズムによって制御されている．

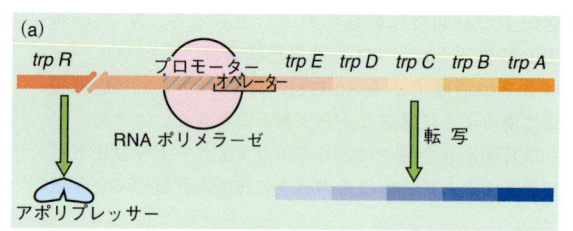

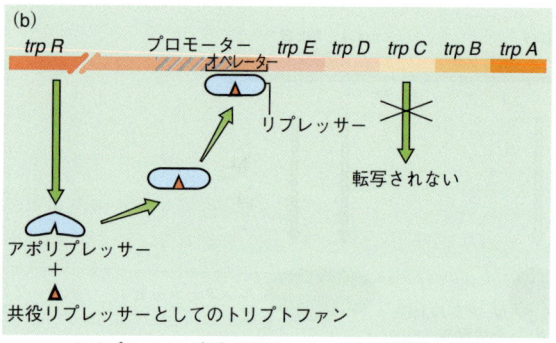

図 6・12 *trp* オペロンの転写は，アミノ酸であるトリプトファンの濃度によってコントロールされている．

真核生物の RNA 合成

真核生物は，三つのタイプの RNA ポリメラーゼをもっている．**RNA ポリメラーゼ I** は，ほとんどのリボソーム RNA をコードする遺伝子を転写する．すべてのメッセンジャー RNA は，**RNA ポリメラーゼ II** を利用して合成される．転移 RNA 遺伝子は，**RNA ポリメラーゼ III** によって転写される．3 種類の RNA ポリメラーゼによって触媒される化学反応は，ヌクレオチド間のホスホジエステル結合を形成し，真核生物でも原核生物でも同じである．

真核生物のメッセンジャー RNA のプロセシング

新規に合成された真核生物の mRNA は，核から移動する前に，いくつかの修飾を受けている（図 6・13）．その最初は，"キャッピング"である．転写のごく初期段階で，5′ 末端の三リン酸基に，5′-5′-ホスホジエステル結合を介してグアノシンが付加される．このグアノシンは続いてメチル化され，7-メチルグアノシンが付加されてキャッピングされる（**7-メチルグアノシンキャップ**）．ほとんどすべての真核生物の mRNA の 3′ 末端には，アデニン残基の長鎖が**ポリ (A) テール**として付加される．5′ AAUAAA 3′ という配列は，ポリ (A) テールが付加される 20 塩基くらい手前のところに，真核生物のほとんどの mRNA に見いだされ，おそらく長鎖アデニン付加反応の酵素 ポリ (A) ポリメラーゼが結合して，この反応を開始する目印になっているようである．ポリ (A) テールの長さはさまざまであるが，おおよそ 250 塩基程度である．DNA とは異なり，RNA は不安定な分子であり，真核生物の mRNA の 5′ 末端のキャッピングと 3′ 末端のポリ (A) テール付加は，ヌクレアーゼによる分解から mRNA を保護することによって，mRNA 分子の寿命を延ばしている．

多くの真核生物のタンパク質をコードしている遺伝子

発展 6・1　RNA 分子は遺伝子発現を抑制する

マイクロ RNA（miRNA）とよばれる RNA 分子の一群は，ある遺伝子の発現を消失（スイッチオフ）させる．miRNA そのものはゲノムにコードされていて，より長い RNA として転写されるが，ヌクレアーゼによって切断されて，通常 21 から 23 ヌクレオチドの長さの短い分子を産生する．miRNA は他の RNA に相補的に結合することで，遺伝子発現を消失させる．また，miRNA が結合した RNA はタンパク質に翻訳されない．たとえば，転写因子の p53 がどのように細胞分裂を抑制するかについては後述するが，その一つには，ヒト miRNA 34a を発現することによって，有糸分裂に進行するのに必要な二つの酵素（CDK4 と Cdc25）の翻訳を阻害してしまう（p.234）．

miRNA の産生は，細胞の正常な機能である．しかし，miRNA が非常に上昇したとき，重要な遺伝子の機能が消失するため，病気になるかもしれない．

は，エキソンとイントロンの配列に分割されている．エキソンとイントロンはmRNAに転写され，その後イントロンは除去されて，mRNAがタンパク質合成に利用される前に，**RNAスプライシング**によって分割されていたエキソンは接合される．イントロンは核内で除去される．スプライシングは複雑であり，いまだ完全には理解されていない．しかしながら，いくつかのルールはみつかっている．たとえば，mRNAのスプライシングでは，

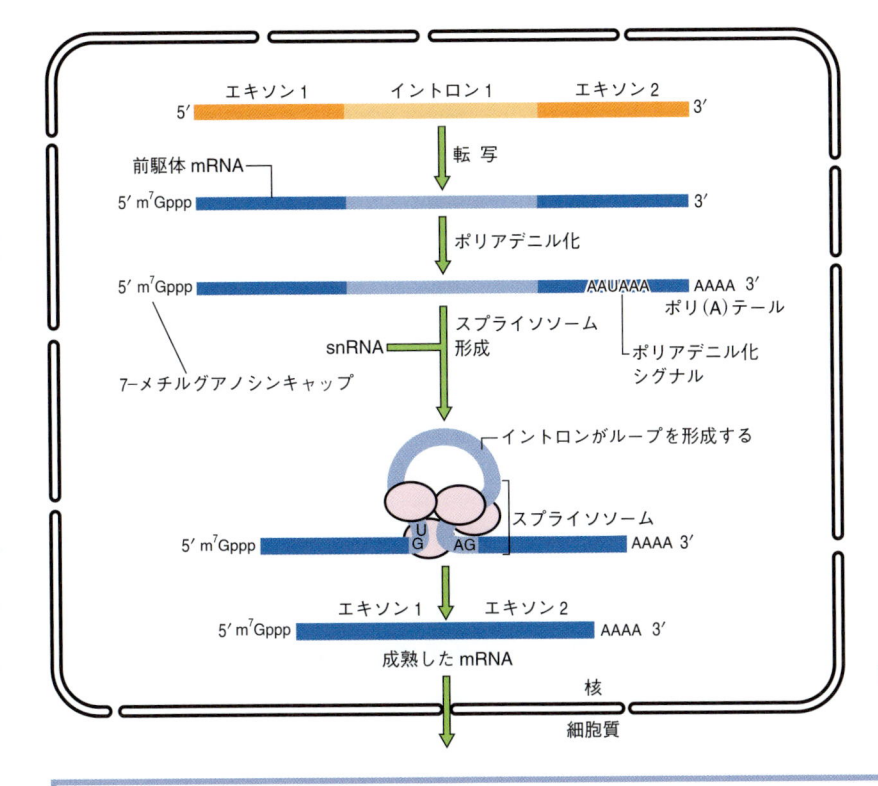

図6・13 真核生物のmRNAの成熟過程

医療応用 6・1 セント・ジョーンズ・ワート，グレープフルーツと自然の解毒

植物性の産物や，われわれにとって異物となる化学物質を摂取したとき，われわれの体はシトクロムP450 (CYP) という一群のタンパク質の量を増加させて応答する．この優れた応答は，おもに肝臓でみられる内因性の解毒系である．異物である化学物質は，適切な*CYP*遺伝子を活性化するシグナルとなり，転写が起こり，より多くのCYPタンパク質が生成される．CYPタンパク質は，尿や排泄物を介して効率的に，かつ迅速に体内から取除くためにこの化学物質を代謝する．

セント・ジョーンズ・ワートは，ハーブ由来の治療薬の一種であり，抗うつ剤の一つとして利用されている．有効成分の一つであるヒペルフォリンは，CYP3A4というある特定のシトクロムP450をコードする遺伝子の転写を上昇させる．*CYP3A4*遺伝子の転写は，ヒペルフォリンが核に通過し，プレグナンX受容体 (PXR) に結合して，活性化される．受容体とヒペルフォリン複合体は別の受容体であるRXRと二量体を形成して，その二量体が*CYP3A4*遺伝子のエンハンサー配列に結合し，転写開始複合体前駆体と相互作用することで，RNAポリメラーゼⅡが CYP3A4 mRNAの転写を開始させる．追加されたCYP3A4は，毒素と異物化合物を体内から迅速に取除く手助けとなる．

しかしながら，CYP3A4によって分解される化合物のうち，半分近くが現在処方されている医薬品である．医薬品が体内から除かれる率を高めることによって，セント・ジョーンズ・ワートは標準に利用される濃度を低下させている．たとえば，CYP3A4は，出産をコントロールするピルであるプロゲステロンの類似化合物を分解するため，セント・ジョーンズ・ワートを利用すると，ピルを飲んでいても妊娠してしまうかもしれない．

対照的に，グレープフルーツジュースのいくつかの成分は，CYP3A4タンパク質の酵素活性を阻害するため，結果として，CYP3A4が分解すべき医薬品が危険なほどの有害となる濃度に上昇することとなってしまう．このような理由のため，たくさんの薬を服用している患者はグレープフルーツを食べないよう指導されている．

医療応用 6・2　腎臓のアルドステロン

われわれは，p.186 で，腎臓が ENaC というチャネルを使って，尿中に排泄されてしまうナトリウムをどのように再吸収するかを勉強する．体内のナトリウムが低いとき，副腎はステロイドホルモンであるアルドステロンを合成する．腎臓の細胞でこのホルモンはグルココルチコイド受容体に結合する．そして，この受容体タンパク質は二量体を形成し，*ENaC α* 遺伝子のエンハンサー領域にあるホルモン応答エレメントに結合する．その結果，より多くの ENaC タンパク質が合成され，より多くのナトリウムが再吸収されることになる．

医療応用 6・3　グルココルチコイドホルモンは転写を抑制する：関節リウマチ

グルココルチコイドによる治療は，消耗性疾患である関節リウマチに苦しむ患者の痛みを和らげることが示されている．コラーゲンを分解する酵素であるコラゲナーゼは，これらの患者の関節で生成され，細胞外マトリックスを壊し，慢性炎症をひき起こす．コラゲナーゼ遺伝子の転写は，AP1 結合部位となるエンハンサー配列によってコントロールされている．この転写が起こるためには，活性型グルココルチコイド受容体のように，二量体になった転写因子 AP1 がエンハンサーを占有する必要がある．グルココルチコイドホルモンは，巧妙な仕組みによってコラーゲン遺伝子の転写を阻害している．グルココルチコイドホルモンは細胞内に入ってくると，図 6・16 に示したように，グルココルチコイドホルモン受容体に結合する．このホルモン-受容体複合体は核に移動し，二量体化して AP1 を形成するタンパク質に結合して，コラゲナーゼ遺伝子が活性化できないようにしている．AP1 サブユニットの蓄積を減らすことによって，グルココルチコイド受容体-ホルモン複合体はコラゲナーゼ遺伝子の転写を妨げている．

エキソンに続く 2 塩基は常に GU であり，イントロンの終わり（つぎのエキソンの手前）の 2 塩基は AG である．また，いくつかの**核内低分子 RNA（small nuclear RNA，snRNA）**がスプライシングに関係しており，それらの snRNA は多数のタンパク質と複合体をつくり，**スプライソソーム**という構造体を形成する．snRNA の一つには，イントロン配列の両側の配列に相補的な塩基対を形成することによって，この snRNA のイントロンへの結合が二つのエキソンを接合させ，そこではイントロンがループをつくると考えられている（図 6・13）．スプライソソームのタンパク質はイントロンを除去し，エキソン同士を接合させる役割をもつ．スプライシングは核内で mRNA を生成するための最終ステップであり，成熟した mRNA はタンパク合成のために細胞質へと輸送される．

イントロンの除去と同様に，スプライシングは選択的エキソンを除去することがある（**選択的スプライシング**）．この仕組みは，異なるタイミングや違った細胞で，同じ遺伝子から異なったタンパク質を生成させることができる．選択的スプライシングは，ヒトゲノムに存在する 20,500 個程度の遺伝子から，何十万ものタンパク質にすることができるとても強力な仕組みである（発展 5・1，p.52）．たとえば，分子モーターであるダイニンをコードする遺伝子の選択的スプライシングは，異なる型の"積荷"（p.222）を輸送するモーターを生成する．

● 真核生物の遺伝子発現コントロール

ほとんどの真核生物は多様な細胞をもつ多細胞生物であり，別の細胞系列がそれぞれに発達して異なっていくために，遺伝子発現が調節されなければならない．脳細胞と肝臓細胞で細胞内の DNA は同一であるが，異なるタンパク質をもつため，両細胞は大きく異なっている．発生と分化において，違うセットの遺伝子群の発現がスイッチオンになったりオフになったりする．たとえば，グロビン遺伝子はすべての細胞に存在しているが，ヘモグロビンは発生過程の赤血球にしか発現していない．遺伝子工学的技術（7 章）は，真核生物の遺伝子を単離して導入することを可能にしてきた．これらの技術によって，真核細胞遺伝子の転写を制御することや，受精卵が多細胞で多組織性の成体になっていくような特に複雑なプロセスに理解をもたらすものである．

細菌の場合と異なり，真核細胞は核膜によって核と細胞質に区分けされている．転写と翻訳は，そのために時空間的に分かれている．このことは，真核細胞の遺伝子の発現は，細胞の 2 箇所以上で制御されていることを意味している．真核生物の遺伝子発現は基本的には核内で転写を調節することで制御されているが，多くの場合，発現は細胞質での翻訳レベルや，転写産物である mRNA がプロセスされる過程を変化させることによっても制御されている．

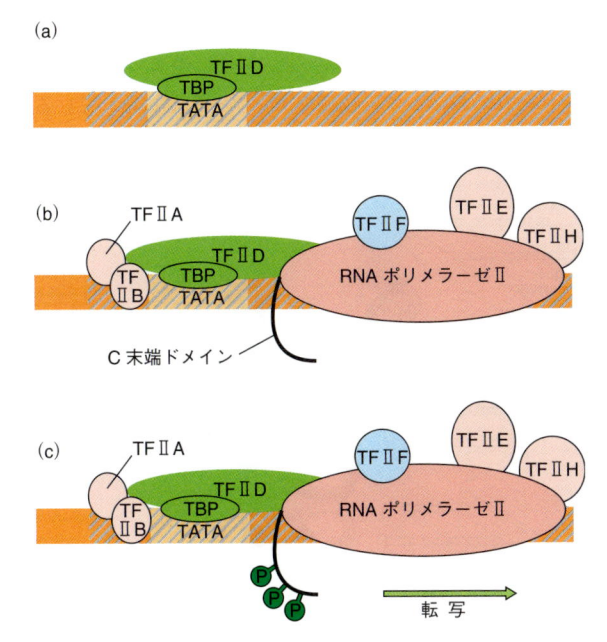

6. 転写と遺伝子発現

図6・14 真核生物において，**RNA ポリメラーゼⅡ**は**TFⅡ**の付属タンパク質によってプロモーターにガイドされる．(a) TATA 結合タンパク質（TBP）は TATA ボックスに結合する．(b) 完全な転写開始複合体前駆体．(c) リン酸化された RNA ポリメラーゼは活性化されている．

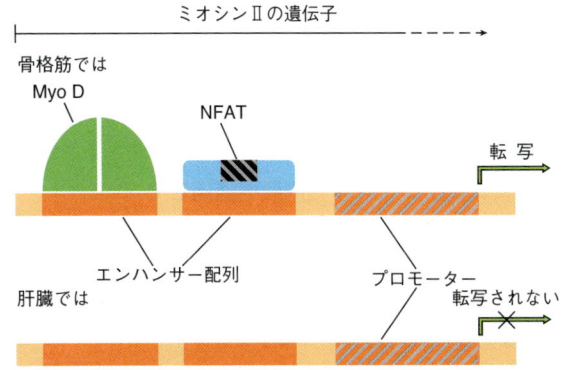

図6・15 組織特異的な転写 ミオシンⅡa 遺伝子は，肝臓の細胞では転写因子である MyoD と NFAT がないために転写されない．

RNA ポリメラーゼのプロモーター上への結合は，細菌のそれよりは，真核生物の方がはるかに複雑である（図6・14）．本節は，mRNA をコードする遺伝子が RNA ポリメラーゼによってどのように転写されるかを述べる．細菌の RNA ポリメラーゼとは対照的に，RNA ポリメラーゼⅡはプロモーター配列を認識できない．その代わりに，**転写因子**として知られているタンパク質がプロモーターに結合し，転写されるべき遺伝子の開始部分へと RNA ポリメラーゼⅡをガイドすることができる．

mRNA をコードしている真核細胞のほとんどの遺伝子のプロモーター配列は，転写開始点から 25 bp 程度の上流に AT に富んだ配列を含んでいる．この配列は **TATA ボックス**とよばれ，転写因子ⅡD（TFⅡD）というタンパク質が結合する．そのサブユニットの一つが TATA 結合タンパク質（TBP）である（図6・14a）．その他の因子（TFⅡA, TFⅡB, TFⅡE, TFⅡF と TFⅡH）は，TFⅡD とプロモーター領域に結合する（図6・14b）．TFⅡF は，転写されるべき遺伝子の発現開始部位に RNA ポリメラーゼⅡを導くタンパク質であり，TATA ボックス，TFⅡD，他の転写因子と RNA ポリメラーゼから構成される複合体は，転写開始複合体前駆体として知られている．それらのタンパク質の接頭語である TFⅡは，RNA ポリメラーゼⅡがプロモーター配列に結合するのを補助しているので，そのように名づけられている．

多くの遺伝子プロモーターは TATA ボックスを含んでいるが，含んでいないものも存在している．そのような TATA がない遺伝子は，ハウスキーピング（恒常的機能性）遺伝子という，いずれの細胞にも必要なタンパク質を通常はコードしている．それらの遺伝子のプロモーターは GC ボックスという配列，5′ GGGGCGGGGC 3′ を含んでいる．Sp1 タンパク質は GC ボックスに結合し，TATA ボックスタンパク質が結合するのに必要な TATA ボックスがないにもかかわらず，TATA ボックスタンパク質を DNA 上によび込むことができる．そして，TATA ボックスタンパク質は転写を進行させるために，残りの転写開始複合体前駆体をよび込む．

いずれの場合にも，RNA ポリメラーゼⅡの C 末端配列がリン酸化されたときに，転写が開始される．この領域は，側鎖にヒドロキシ基をもつアミノ酸であるセリンとトレオニンに富んでいる．これらのヒドロキシ基がリン酸化されるとき（p.110, 135），RNA ポリメラーゼは開始複合体から脱離して DNA から mRNA への転写を進行させる（図6・14c）．

転写開始複合体前駆体の形成は，少量の RNA を合成するのに十分なときがあるが，遺伝子に隣接した配列に他のタンパク質が結合することが，より多くの mRNA を合成する転写の率を非常に上昇させることがある．これらのタンパク質は転写因子でもあるが，それらが結合する DNA 配列は**エンハンサー**であり，転写を増加するのでそのようによばれている．エンハンサー配列はしばしばプロモーターの上流に存在するが，下流にも見いだされる．エンハンサー配列とそれらに結合するタンパク質は，特定の遺伝子が転写されるべきかどうかを決定するのに重要な役割を担っている．いくつかの転写因子がある遺伝子に結合し，正確な発生の時期に，または正し

い組織に転写されることを確保する．図6・15 (p.65) は，ある遺伝子が，肝臓ではなく，骨格筋でどのように発現するかを，エンハンサー配列に結合するタンパク質の有無によって示している．

グルココルチコイドは細胞膜を通過して転写を活性化する

　グルココルチコイドは，副腎の皮質で合成されるステロイドホルモンであり，炭水化物やタンパク質の代謝に重要ないくつかの遺伝子の転写を活性化させる．ステロイドホルモンは無電荷で比較的無極性なため，細胞膜を通過して単純拡散によって細胞質に移入することができる．そこで，**ステロイドホルモン受容体**というステロイドホルモンへの作用部位を有する転写因子と結合する（図6・16）．グルココルチコイドがない場合，阻害性タンパク質として知られる2分子のHsp90と会合しているため，その受容体は細胞質にとどまり不活性である．しかし，グルココルチコイドが細胞に入りその受容体に結合したとき，Hsp90タンパク質は解離する．その受容体が核に移るための標的化配列（p.120）が露出して，グルココルチコイド受容体-ホルモン複合体は核内に移行することが可能となる．これら複合体の二量体分子は，TATAボックスの上流に存在する**ホルモン応答配列（HRE）**である15 bpから構成される配列に結合する．HREはエンハンサー配列であり，グルココルチコイド受容体-ホルモン複合体はTATAボックスに結合する転写開始複合体前駆体と相互作用し，RNAポリメラーゼがHREを含む遺伝子を転写する効率を上げている．

　図6・17は，なぜグルココルチコイド受容体が二量体としてDNAに結合するのかを示している．HREはパリンドローム（回文）配列であり，5′から3′の方向に読んだときに，両方のDNA鎖の配列が同じである．HREのそれぞれの鎖は，コア認識モチーフとして知られている6 bpから構成される5′ AGACA 3′であり，一つの受容体分子が結合する．HREは二つの認識モチーフを含んでいるため，二量体のグルココルチコイド受容体が結合する．二つの6 bp配列は，Nとして表記されている3 bp

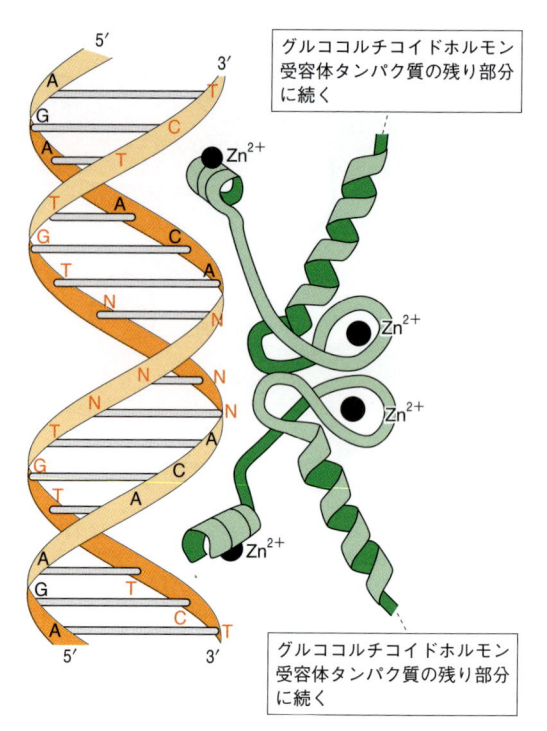

図6・17 二量体化したグルココルチコイドホルモン受容体はパリンドローム配列をもつHREに結合する．

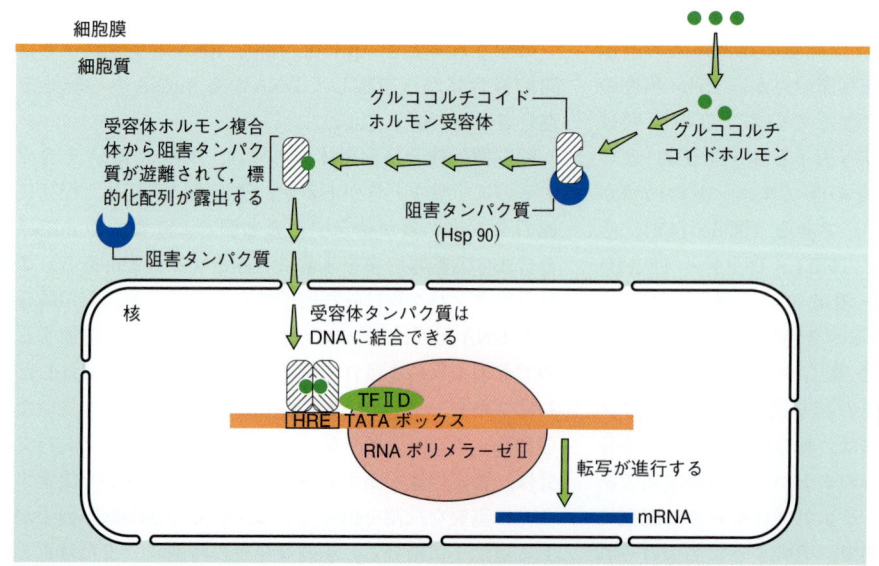

図6・16 グルココルチコイドホルモン受容体はホルモンの存在下で遺伝子の転写を上昇させる．

のヌクレオチドによって分割されているが，受容体のホモ二量体が二重らせんにぴったりとフィットするのに必要なスペースである．グルココルチコイド受容体は，この3bpの配列には影響を受けない．

ある細胞から放出され，他の細胞の性質を変える化学分子を，通常**トランスミッター**とよんでいる．グルココルチコイドは，遺伝子発現を変化させるトランスミッターの一例である．多細胞生物の細胞は，多数の細胞外の化学物質に応答して，遺伝子の転写をONにしたりOFFにしたりする．ステロイドホルモンとは異なり，このようなほとんどのトランスミッターは細胞内に移入することなく，細胞膜から核に向かってそのシグナルを順次に伝達する**細胞内メッセンジャー系**を活性化しなければならない（16章）．

ま と め

1. DNAは，酵素であるRNAポリメラーゼによってRNAに転写される．RNAには，リボソームRNA（rRNA），転移RNA（tRNA）とメッセンジャーRNA（mRNA）の3種類がある．ウラシル，アデニン，シトシンとグアニンが，RNAを構成する4種類の塩基である．
2. 細菌では，RNAポリメラーゼが転写開始点のすぐ上流のプロモーター配列に結合する．ポリメラーゼは鋳型DNA上を移動していき，RNA分子を合成する．RNA合成は，その酵素が終結配列を読んだ時点で終了する．
3. 同じ代謝経路に関係するタンパク質をコードする細菌の遺伝子は，オペロン上でクラスターを構成していることが多い．あるオペロンは，たとえば*lac*オペロンのように，その経路の基質が存在すると誘導される．また，*trp*オペロンのような他のオペロンでは，その経路の産物が抑制する．
4. 真核生物のmRNAは，5′末端に7-メチルグアノシンのキャップが付加される修飾を受ける．ポリ(A)テールは，それらの3′末端に付加される．イントロン配列はスプライシングによって除かれ，エキソンは接合される．完全に成熟したmRNAは，細胞質への移動とタンパク質合成が可能になっている．
5. 真核生物では，RNAポリメラーゼのⅠ，ⅡとⅢの3種類が存在する．RNAポリメラーゼⅡは，プロモーターに結合するために，TATA結合タンパク質と他の転写因子の補助を必要とする．このようなタンパク質は，転写開始複合体前駆体とよばれ，少数のRNA分子を合成するのに必要である．しかし，ホルモンなどのシグナルに応答して，多くのRNAを合成するために，他のタンパク質がエンハンサーのような配列に結合している．これらのタンパク質は転写開始複合体前駆体と相互作用し，RNA合成の効率を上げている．

参 考 文 献

G. Lloyd, P. Landini, S. Busby, 'Activation and repression of transcription initiation in bacteria', *Essays Biochem.*, **37**, 17-31 (2001).

G. C. Roberts, C. W. Smith, 'Alternative splicing: Combinatorial output from the genome, *Curr. Opin. Chem. Biol.*, **6**, 375-383 (2000).

R. Tjian, 'Molecular machines that control genes', *Sci. Am.*, **272**, 38-45 (1995).

● 復 習 問 題

6・1 塩基配列に潜むコード
A. 直角に曲がるDNAの二重らせん
B. 真核生物mRNAの7-メチルグアノシンキャップ形成
C. 真核生物mRNAのポリアデニル化
D. 真核生物mRNAのイントロンの除去
E. 真核生物の転写開始
F. 原核生物の転写開始
G. 真核生物の転写終結
H. 原核生物の転写終結

上記の生物機能から，下記の塩基配列が引き金となる，または関連する機能をみつけなさい．

1. TATAボックスというアデニンとチミンに富む連続したDNAの配列
2. 連続したアデニンの後に続くグアニンとシトシンに富むDNAの配列
3. GCボックスというGGGGCGGGGCのDNA配列
4. −10またはPribnowボックスというTATATT配列
5. GU…AGというRNAモチーフ（…は長鎖の配列）
6. AAUAAAというRNA配列

6・2 転写の調節
A. 可溶性低分子がないときにのみDNA上の調節部位に結合するタンパク質．このタンパク質のDNA部位への結合は，関連遺伝子の転写を増加させる．可溶性の低分子がある場合，このタンパク質は調節領域に結合できなく

なるような構造に変化するため，転写促進効果は失われる（可溶性低分子がない場合には，転写が増加する）．
B. 可溶性低分子がないときにのみ DNA 上の調節部位に結合するタンパク質．このタンパク質の DNA 部位への結合は，関連遺伝子の転写を減少させる．可溶性の低分子がある場合，このタンパク質は調節領域に結合できなくなるような構造に変化するため，転写抑制効果は失われる（可溶性低分子がない場合には，転写が阻害されている）．
C. 可溶性低分子が存在するときにのみ DNA 上の調節部位に結合するタンパク質．このタンパク質の DNA 部位への結合は，関連遺伝子の転写を増加させる．可溶性の低分子がない場合，このタンパク質は調節領域に結合できなくなるような構造に変化するため，転写促進効果は失われる（可溶性低分子が存在する場合には，転写が増加する）．
D. 可溶性低分子が存在するときにのみ DNA 上の調節部位に結合するタンパク質．このタンパク質の DNA 部位への結合は，関連遺伝子の転写を減少させる．可溶性の低分子がない場合，このタンパク質は調節領域に結合できなくなるような構造に変化するため，転写抑制効果は失われる（可溶性低分子が存在する場合には，転写が阻害される）．

上述のリストの中から，下記の調節タンパク質に関係するものを選びなさい．
1. cAMP 受容体タンパク質
2. グルココルチコイドホルモン受容体
3. *lac* リプレッサータンパク質
4. *trp* アポリプレッサータンパク質

6・3　真核生物における転写後のイベント
A. キャッピング：RNA 鎖の末端にメチル化グアノシンが付加
B. ヌクレアーゼによる消化
C. 核からの移動
D. ポリアデニル化
E. RNA スプライシング

上述のリストの中から，下記の記載に該当するものを選びなさい．

1. RNA 分子の 3′ 末端の化学修飾
2. RNA 分子の 5′ 末端の化学修飾
3. 同じ mRNA 転写産物から，二つまたはそれ以上の異なるアミノ酸配列をもつポリペプチド鎖が合成可能になる反応
4. タンパク質への翻訳に先立ち，RNA 分子の長さを，時には劇的に減少させる反応

● 発 展 問 題

一次転写産物である mRNA の選択的なスプライシングは，二つとも翻訳されるような，時に 2 種類の異なる成熟した mRNA を生成させるが，これら翻訳されたタンパク質は同じものであるか？

発展問題の解答　エキソンは，タンパク質に翻訳される mRNA を産生するためにプライミングされるシグナル配列をもつ mRNA の一部である．エキソンは，タンパク質をコードする領域（protein-coding exon）をもっているが，非コード配列（たとえば，成熟した mRNA の 5′ 3′ 末端における非翻訳領域（3′UTR）をもつこともある．プライマーゼによって，最終的な非翻訳 RNA が産生されることもあり，ある種類の mRNA 遺伝子は二つの異なる mRNA をもつこともある．この変異は，しばしば細胞特異的であり，一つの種類の細胞が mRNA を産生することもあり，ある酵素 5′ 非翻訳配列は，mRNA の翻訳効率を制御することもあるかもしれない．組織の 5′ 末端配列はタンパク質のコーディング配列を含むこともあり，その翻訳されたタンパク質は，それぞれが異なるアイソフォームを示すかもしれない．また，3′UTR は，mRNA と細胞内膜系（p.221）によって移動される細胞部位に移動することもあり，他のタイプは隔離された場所でタンパク質を選択するが，同じタンパク質が産生された場所に移動することもあり，同じタンパク質が異なった部位に合成された可能性を示すものである．

7 組換えDNAとゲノム工学

デオキシリボ核酸は，細胞のデータベースである．その塩基配列にはRNAとタンパク質をコードするのに必要とされるすべての情報が存在する．現在では，多くの生物学的あるいは化学的な方法によってDNAを分離し，その塩基配列を解読することが可能である．ひとたびDNAを手に入れ，その配列がわかってしまえば多くのことができるようになる．われわれは疾病の原因となる遺伝子の変異を確認したり，細菌を用いてヒトワクチンを作製したり，あるいはまた遺伝子に塩基配列に変異を導入してコードしているタンパク質を改変することもできる．ヒトゲノムすべての塩基配列（発展5・2，p.53），そして，たとえば疾病の原因となる細菌などの多くの他の生物のゲノムの知識は，医学と生物学に革新をもたらすものである．将来ゲノム工学のお陰で産業，さらには生活様式までもがますます強い影響を受けることになるだろう．本章では，DNAクローニングの中核となる組換えDNA技術における重要な方法論について述べる．

● DNAクローニング

DNAクローニングは，細胞の中にある情報を理解するための非常に強力な手段である．なぜなら，このDNAクローニング技術によって染色体のような高分子DNAを小分子に分解し，それらを分離精製することができるからである．クローニングとは選択されたDNA分子のコピーをたくさんつくり，特定のDNA塩基配列を後でまたコピーするために保存しておくことである．ただ1分子のDNAを用いることは非常に困難である．研究者は，クローニングを行ってたくさんの同一DNA配列のコピーをしなければそれを分析できない．

どのようなDNA分子でも似たような化学的性質をもっているので，異なった配列のDNAを精製するためには，タンパク質を精製する場合に普通うまくいくような古典的な生化学技法を行うだけでは，まず不可能である．しかしながら，DNAクローニングの技術をもってすれば別々のDNAをそれぞれ別々に分離できる．**クローン**とはもとの1個の細胞由来で，突然変異がなければすべてが遺伝的に同一の細胞集団のことである．もしかりに外来の遺伝子，または遺伝子断片が導入されれば，その細胞は増えて分裂を繰返し，多くの外来遺伝子のコピーができる．この場合，その増えた外来遺伝子が"クローニングされた"といわれる．また，どんな生物由来のDNA断片でもクローニングすることができる．遺伝子をクローニングする基本的な方法は，たとえばヒトの遺伝子が対象の場合，まずヒト細胞から遺伝子を抽出してこのDNAを細菌に導入することである．ヒトのいろいろな遺伝子の断片を含んだ細菌のクローンができれば，これらはそれぞれ複製増殖する．つぎに，目的の遺伝子を含むクローンをみつけ出し，別々に育てればよい．以上のように，DNA分子を分離する場合には，物理的あるいは化学的技術ではなく生物学的な方法を用いればよい．

● クローンの作製

さて，ヒトのDNAをクローニングするにはどのようにすればよいだろうか？ヒトゲノムには30億塩基対ものDNAが存在しており，接合子（19章）やリンパ球（20章）を除けば，いずれの細胞であってもDNA含量は同じである．しかしながら，それぞれの細胞では，ほんの一部の遺伝子しか発現していない．また，細胞の種類によって発現される遺伝子の種類も異なっており，それゆえ細胞ごとに含まれるmRNAも異なっている．さらに，修飾されて成熟したmRNAにはイントロン（p.62）がなく，もとのDNA配列に比べるとずっと短くなっている．以上を考えると，まずmRNAを用いてDNAの配列解析を始めるのが容易である．すると，最初のクローニング操作は対象の細胞からmRNAを単離することである．つぎにこのmRNAを，特殊なウイルス（レトロウイルス）から発見された**逆転写酵素**を用いてDNAに変換コピーする．この新規に合成されたDNAは，鋳型のmRNAに相補的であるため**相補的DNA**または**cDNA**とよば

応用例 7・1　クローニングベクター pBluescript

　pBluescript というプラスミドは，自然界に存在するプラスミドをもとにいくつかの特徴を加えられたものである．pBluescript には複製起点とプラスミドを取込んだ菌を選別するためのアンピシリン耐性遺伝子が含まれている．プラスミドを簡単に使いこなすには，まずマルチクローニング部位（MCS）の制限酵素部位で切断することである．この MCS は，β-ガラクトシダーゼ（p.58）をコードする *lac z* 遺伝子の中に位置している．β-ガラクトシダーゼは，X-gal という酵素基質を変換して青色の物質をつくる．したがって，外来 DNA の組込まれていない pBluescript をもつ菌は増殖して青色のコロニーとなる．一方，*lac z* 遺伝子の中にある MCS に外来 DNA が挿入された遺伝子組換えプラスミドをもつ菌は，普通の白色のコロニーになる．つまり，この場合には *lac z* 遺伝子の機能が失われて β-ガラクトシダーゼが産生されない．以上は遺伝子組換えプラスミドをもった菌のコロニーを選別する検出法で，色別（カラーセレクション）法とよばれている．

　pBluescript のもう一つの特徴は，MCS 付近にバクテリオファージ T3 および T7 のプロモーター配列があるということである．これらのプロモーター配列によって MCS の中にクローニングされた cDNA から mRNA を転写させることができる．これら二つのプロモーターのうちどちらかと，それに適した RNA ポリメラーゼ（T3 または T7）を用いて，試験管内で mRNA またはアンチセンス mRNA を合成することができる．でき上がった mRNA はいろいろな技術に応用可能である．たとえば，このようにしてつくられたアンチセンス mRNA は *in situ* ハイブリダイゼーション（p.79）に用いられて，特定の mRNA を産生している細胞の検出をすることができる．

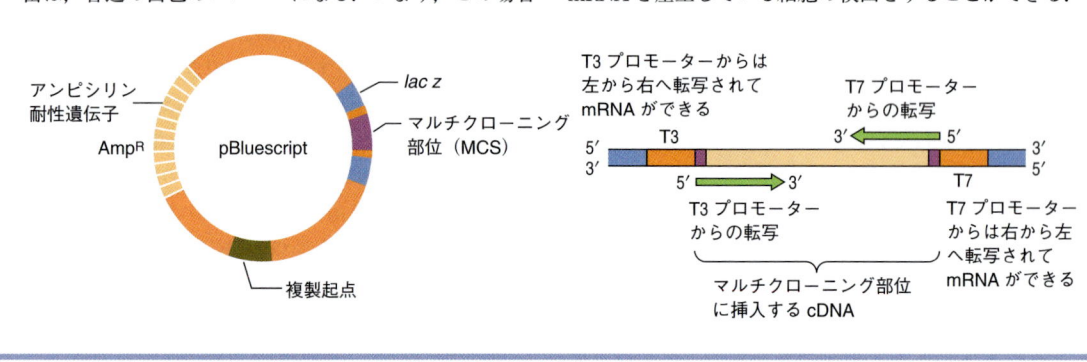

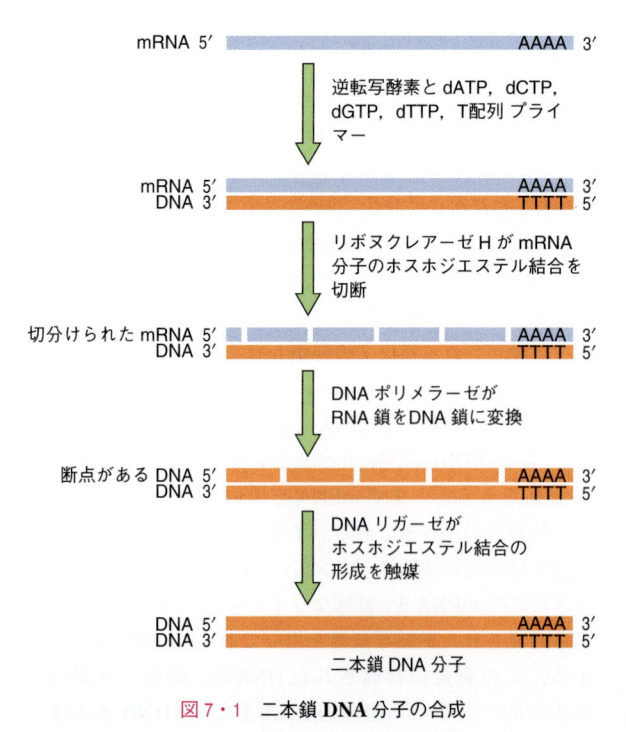

れる．cDNA サンプルというと，mRNA から合成されたものであるから，多くの異なった遺伝子のタンパク質コード領域が含まれている．

　図 7・1 には，mRNA をもとに cDNA がどのようにして合成されるかが示されている．ほとんどの真核細胞 mRNA にはその 3′ 末端部分にポリ（A）テール（p.62）が付加されている．そこで，鋳型 mRNA をもとに逆転写酵素を用いて DNA を合成するためには短い T 配列プライマーから始めればよい．生成する二本鎖分子は，一方が DNA 鎖でもう一方が RNA 鎖の混成物（ハイブリッド）である．RNA 鎖はリボヌクレアーゼ H という RNA 分解酵素で処理すれば除去できる．この酵素は DNA-RNA ハイブリッド鎖の RNA 鎖におけるホスホジエステル結合を切断して RNA を小さく切分ける．つぎに，DNA ポリメラーゼ（p.45）を加えると，その切断部分から移動しながらリボ核酸をデオキシリボ核酸に変換していく．最後に DNA リガーゼを加えてホスホジエステル結合を再生すればよい．以上のように，RNA 鎖を DNA 鎖に置き換えることによって二本鎖 DNA が生成

されるのである．もし出発物質として肝細胞から抽出した mRNA を用いたとすると，肝細胞に存在する mRNA 分子すべてに相当する cDNA の集合ができ上がる．このようにしてできた DNA 分子を細菌へ導入する．

外来DNA分子の細菌への導入

i) クローニングベクター　外来 DNA が保持されて増えていることを確かめるためには，それらの DNA が細菌細胞内で複製して子孫細菌に継代できるような機能をもつベクターに挿入する必要がある．クローニングに用いられるベクターは自然界に存在する細菌由来のプラスミドやバクテリオファージなどである．プラスミド (p.38) は，細菌中に存在する小さな環状 DNA 分子のことである．それぞれには複製起点 (p.45) が存在しており，細菌の染色体とは独立に複製してそのコピーをたくさん生成できる．プラスミドには，しばしば宿主細菌に抗生物質耐性をもたらす遺伝子が存在する場合もある．このようなプラスミドをもつ細菌は，抗生物質耐性があるので，抗生物質を使いさえすれば非耐性細菌と見分けられる．つまり，抗生物質をかければ耐性遺伝子をもっているものは生存するが，それをもっていないものは死滅する．図 7・2 は典型的プラスミドクローニングベクターの基本構成，すなわち抗生物質耐性遺伝子，外来

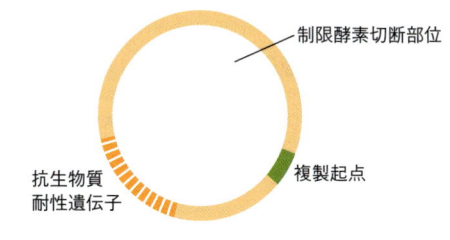

図 7・2　プラスミドクローニングベクター

DNA を挿入するための制限酵素切断部位（図 7・3 および図 7・4），そして細菌内でそれ自身のコピーをつくるための複製開始点を示している．

バクテリオファージは，細菌に感染して宿主細胞の構成物質を自分の複製に用いるウイルスである．多くウイルスは遺伝子として DNA の代わりに RNA を用いているが，バクテリオファージのゲノムはプラスミドと同じく環状 DNA である．もしもヒト DNA がバクテリオファージに組込まれれば，このバクテリオファージはそれを細菌の中にもち込んで増幅するだろう．

ii) 外来 DNA のクローニングベクターへの結合
制限酵素は，外来遺伝子をクローニングベクターに挿入するために用いられる酵素である．それぞれの制限酵素は，通常 4〜6 bp の特定の DNA 塩基配列を認識，結合し，二重らせんを形成する二本鎖を切断する．多くの制限酵素は細菌から得られたものである．一般的によく用いられるものの名称と認識配列を図 7・3 に示した．制限酵素の名称は，慣習的に斜体で表記される．というのは，もともとそれらのタンパク質は細菌のラテン語名称に由来するからである．

菌種/菌株	酵素名称	認識配列と切断様式
Bacillus amyloliquefaciens H	*Bam* H1	5′ GGATCC 3′ 3′ CCTAGG 5′
Escherichia coli Ry13	*Eco* R1	5′ GAATTC 3′ 3′ CTTAAG 5′
Providencia stuartii 164	*Pst* 1	5′ CTGCAG 3′ 3′ GACGTC 5′
Serratia marcescens SB	*Sma* H1	5′ CCCGGG 3′ 3′ GGGCCC 5′
Rhodopseudomonas sphaeroides	*Rsa* 1	5′ GTAC 3′ 3′ CATG 5′

図 7・3　一般的に用いられる制限酵素の認識部位

Bam H1, *Eco* R1 あるいは *Pst* I などいくつかの酵素は，相互にかみ合う形式で切断する．このようにしてできた DNA 分子は**付着末端**といわれるが，これは同じ酵素処理した他の DNA が末端同士で相補鎖を形成できるからである．*Sma* H1 などのようなもう一つのタイプの酵素は DNA 鎖に**平滑末端**をもたらす（図 7・4）．このようにして生成した切断箇所には，他の平滑末端 DNA 分子と結合できる．

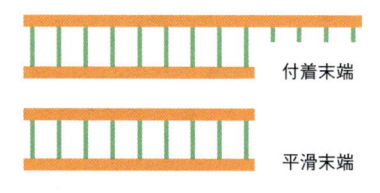

図 7・4　制限酵素によって生成する
二本鎖 DNA の 2 通りの切断様式

図 7・5 に，ヒト DNA をプラスミドの *Bam* H1 部位に挿入する方法を簡単に示す．まず，*Bam* H1 認識配列をもっている短い合成 DNA 鎖（**オリゴヌクレオチド**）

をヒトDNA断片の両末端に付加し，これとプラスミドをそれぞれ BamH1 処理する．切断末端は互いに相補し合い，水素結合によって再結合（アニール）することになる．つぎにDNAリガーゼを用いてベクターとヒトDNA間にホスホジエステル結合を形成させる．このようにしてでき上がった分子が**遺伝子組換えプラスミド**である．もしも出発物質として肝臓のmRNAを用いたとすると，肝臓の細胞内で転写される遺伝子に相当するcDNAをもったプラスミドの集合が得られる．

iii）**遺伝子組換えプラスミドの細菌への導入**　図7・6に，遺伝子組換えプラスミドを例として大腸菌のような細菌に導入する方法を示す．最初に細菌を濃度の高い塩化カルシウムで処理して細胞壁の物質透過性を高めておく．DNAはこのような処理のなされた**コンピテント**細胞には取込まれやすくなる．以上のようにしてDNAを取込んだ細胞が，**形質転換**された細胞である．形質転換の効率は非常に低く，実際にはほんの数パーセントの細胞が遺伝子組換え分子を取込むにすぎない．ということは，単一の細菌に二つのプラスミドが取込まれる確率は非常に低いはずである．そして形質転換された細胞は，クローニングベクター中の抗生物質耐性遺伝子のお陰で抗生物質存在下でも生育できるので，外来DNA分子を取込んだ細菌だけを選択できる．この薬物耐性選択後に得られる細菌コロニー集団が**クローンライブラリー**である．単一コロニー由来のすべての細胞には，もともと一つのmRNAに由来する同一の遺伝子組換え分子が含まれるが，同じクローンライブラリーから得られた別のコロニーだとそれとは別の挿入DNAをもったプラスミドが含まれる．つまり別々の細菌コロニーを単離すれば，別々の外来DNAクローンが得られる．以上の例では，このようなクローンを作製するために用いた出発物質DNAはいろいろなDNA分子の（図書館のような）集

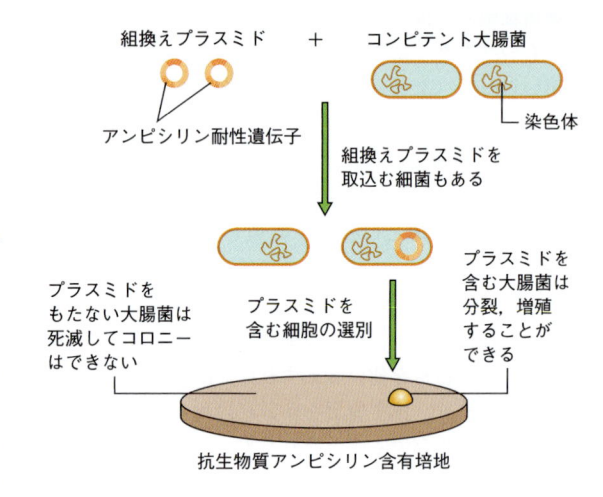

図7・6　組換えプラスミドの細菌への導入

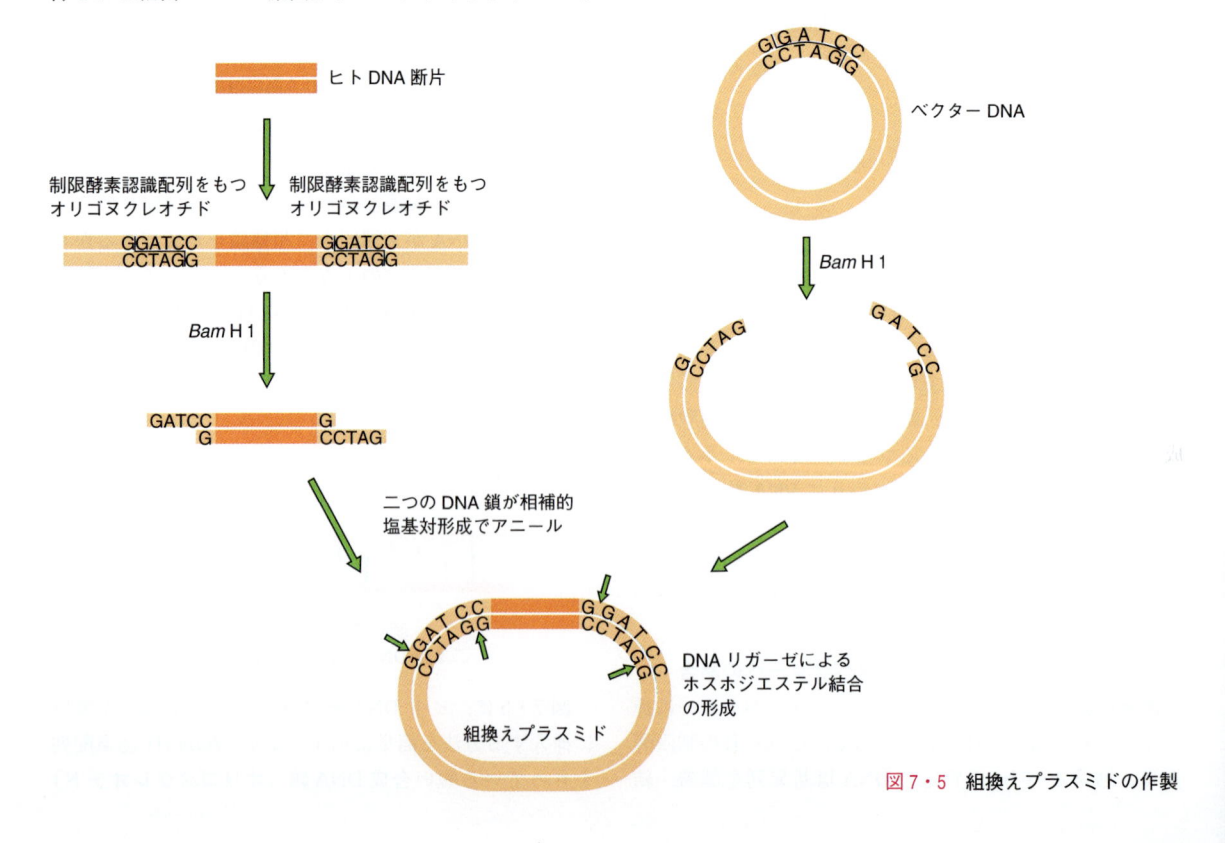

図7・5　組換えプラスミドの作製

まりなので，でき上がったクローンの集団は**cDNAライブラリー**とよばれる．

cDNAクローンの選択について

構築されたcDNAライブラリーには，何千，何万もの異なったクローンが含まれている．さて，つぎのステップは目的のcDNAを含むクローンを選別することである．これを行うためにはいくつもの巧妙な方法がある．以下にライブラリーからcDNAを選別する二つの方法について述べる．まず一つ目は単純にプラスミドベクターに組込まれた外来DNAを検出する方法で，二つ目は外来DNAにコードされたタンパク質を検出する方法である．通常この特定のクローンを選別する操作は"ライブラリースクリーニング"とよばれている．

ⅰ）スクリーニング用cDNAライブラリーの準備

寒天培地に細菌のコロニーをまき，このコロニーをナイロン膜に写しとったレプリカを作製する．つぎに，この膜を界面活性剤で処理して膜にくっついた細菌を溶解させる（図7・7）．クローンをDNAの塩基配列の違いによって選別する場合には，このナイロン膜を水酸化ナトリウムで処理しておく．この操作は，膜に吸着した二本鎖DNA中のすべての水素結合を解離させて，DNAを一本鎖にするために必要である．以上の操作で得られる膜は，寒天培地上のコロニーに含まれるDNAの正確なレプリカである．もしもクローンを外来DNAにコードされるタンパク質を検出することによってライブラリーから選別したいならば，コロニーをもう一度別のナイロン膜に写しとればよい．今度は，その膜がそれぞれの細菌コロニーから合成されたタンパク質の正確なコピーとなる．

ⅱ）cDNAクローンを選別するオリゴヌクレオチドプローブ

もしクローニングしたいcDNAのコードするタンパク質のアミノ酸配列が少しでもわかっていたら，*in vitro*で（細胞内でなく人工的に）そのアミノ酸配列に相当するcDNAの相補鎖の配列を合成すればよい．最初にすべきこととは，遺伝コード（p.40）を用いて，まずそのタンパク質の内部の短いアミノ酸配列をコードするすべての可能なDNA配列を予想することである．この方法を図7・8に示す．遺伝コードの縮重のためにMet Gln Lys Phe Asnというアミノ酸配列をコードするDNA塩基配列は16通りも可能である．ならば16通りのオリゴヌクレオチドを合成しよう．その16通りのうちの一つの配列がライブラリーから選び出したいcDNAに相補的である．そこで，まずこれらのオリゴヌクレオチドの5′末端をポリヌクレオチドキナーゼ（PNK）と

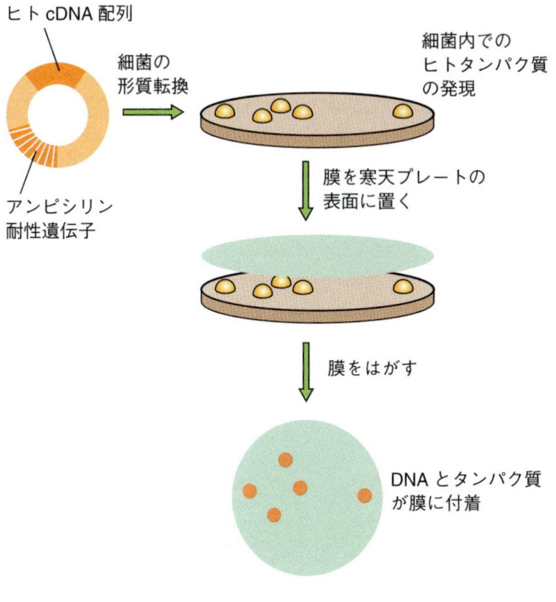

図7・7 コロニーからDNAとタンパク質の場所を膜に写しとる方法

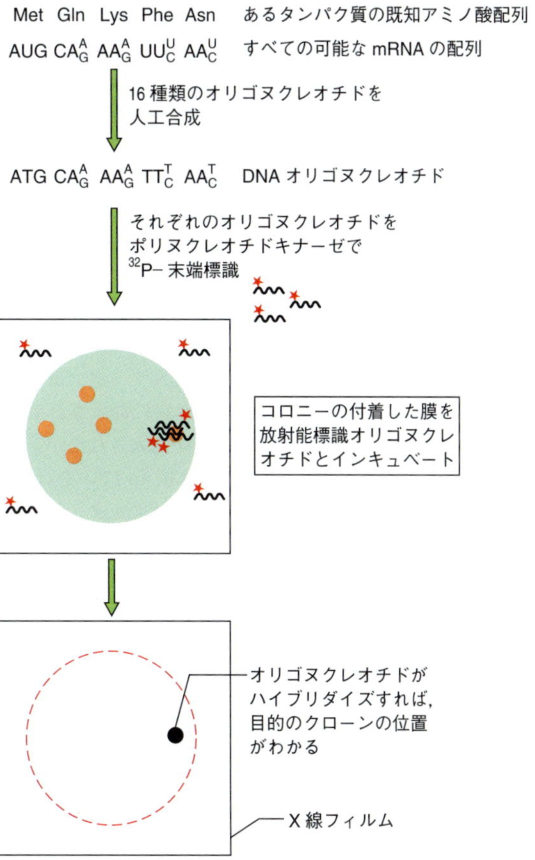

図7・8 cDNAクローン選別における放射能標識オリゴヌクレオチドプローブの利用

いう酵素を使って［γ-^{32}P］ATP（γ位のリン酸基のPが放射性同位元素^{32}PとなっているATP）を基質として，^{32}Pで標識する．ポリヌクレオチドキナーゼはそれぞれのオリゴヌクレオチドの5′リン酸基を除去してヒドロキシ基を残し，この部分に［γ-^{32}P］ATPを転移させる（リン酸基の交換反応）．

つぎに，ライブラリーDNAが写しとられたナイロン膜を放射性標識オリゴヌクレオチドを含む溶液中でインキュベートする．この段階が**ハイブリダイゼーション**であり，これは二つの相補的ヌクレオチド鎖が水素結合を形成することによって，混成二本鎖を形成することである．この場合，選別したいクローンの配列に相補的なオリゴヌクレオチドが，ナイロン膜上の一本鎖DNAと水素結合を形成する．あとはハイブリダイゼーションが完了してから，膜に非特異的に吸着した過剰のオリゴヌクレオチドを洗浄し，遮光カセットに膜を固定してその上にX線フィルムを置いて蓋を閉じるだけである．オリゴヌクレオチドの放射能によってX線フィルムの銀粒子が黒く変化する．これが**オートラジオグラフィー**である．ポジティブクローンは黒い点となって現れる．この現像後のX線フィルムをもとの細菌プレート培地に重ね合わせれば，目的の外来DNAを含む細菌のコロニーをみつけ出すことができる．

iii）**cDNAクローンを選別する抗体プローブ**　この方法は，クローニングしたいDNAがコードするタンパク質を発現する細菌をみつけ出すために，特定の抗体を用いるというものである．これを行うためには，外来DNAを細菌内で発現させなければならない．つまり

応用例7・2　受容体タンパク質をコードするcDNAのクローニング

グルタミン酸は，脳内で最も重要な伝達物質の一つである．神経細胞表面のイオンチャネル型のグルタミン酸受容体は，グルタミン酸が結合するとナトリウムイオンが細胞内に流入することがわかっている（p.207）．実は，これをコードする遺伝子は，何年間もうまくクローニングできなかったが，受容体機能探索に基づく非常に巧妙なクローニング法によって初めて成功した．まず，脳細胞から抽出されたmRNAを鋳型としてcDNAを作製し，そのcDNAをプラスミドの発現ベクターに組込んだ．つぎに，これらのcDNAを細菌に導入し，脳のmRNAすべてに相当するcDNAライブラリーが完成した．このライブラリーの何千というcDNAクローンをいくつかのグループに分割し，それぞれの一部をカエルの卵（アフリカツメガエル卵母細胞）に注入すると，cDNAはRNAに転写され，RNAはタンパク質に翻訳される．どの卵母細胞にグルタミン酸受容体が注入されたかを調べるためにwhole-cellパッチクランプ法（p.176）を行った．グルタミン酸を卵母細胞にかけると，グルタミン酸受容体cDNAの注入されたグループだけがそれに応答してナトリウムイオンが流入するので，形質膜にグルタミン酸受容体が存在することがわかった．

この応答を示したcDNAのグループをさらに分割し，同様方法でグルタミン酸受容体活性を指標に再スクリーニングする，ということを数回繰返した．何回もグループ分割を行い，このスクリーニングを繰返していくとどんどんcDNAが薄まっていく．ついには分割されたグループにはたった一つのcDNAが含まれるだけになる．このようにしてグルタミン酸受容体のcDNAが得られたのである．他の多くの受容体についてもまた，上記と同様の方法，すなわち受容体の機能分析法によってそれらをコードするcDNAが発見されたのである．

1. 脳のmRNAを使ってcDNAを合成

    ↓

2. cDNAクローン

    ↓ いくつかのグループに分割

3. グループ1　グループ2　グループ3　グループ4

    ↓

4. 抽出したcDNAを卵母細胞に注入

    ↓

5. Na$^+$　　　　　　　　　　　　　　　グルタミン酸をかける
   グルタミン酸受容体　　　　　受容体活性なし

    ↓

グルタミン酸に応答してNa$^+$流入のあった卵母細胞に注入されたcDNAを含むグループ1には，グルタミン酸受容体をコードするものが含まれている

    ↓

グループ1をさらに細かく分割したグループをつくり，ステップ4と5を繰返す．最後には単一のcDNAを用いて受容体応答が得られる

DNAの情報をまず mRNA にコピーし，これをタンパク質にするのである．効率の高い発現をさせるためには，プラスミドベクターには細菌のプロモーター配列が必要で，これが外来 DNA の転写をコントロールする．このようなクローニングベクターが**発現ベクター**として知られている．*lac* オペロンのプロモーターはこの目的で一

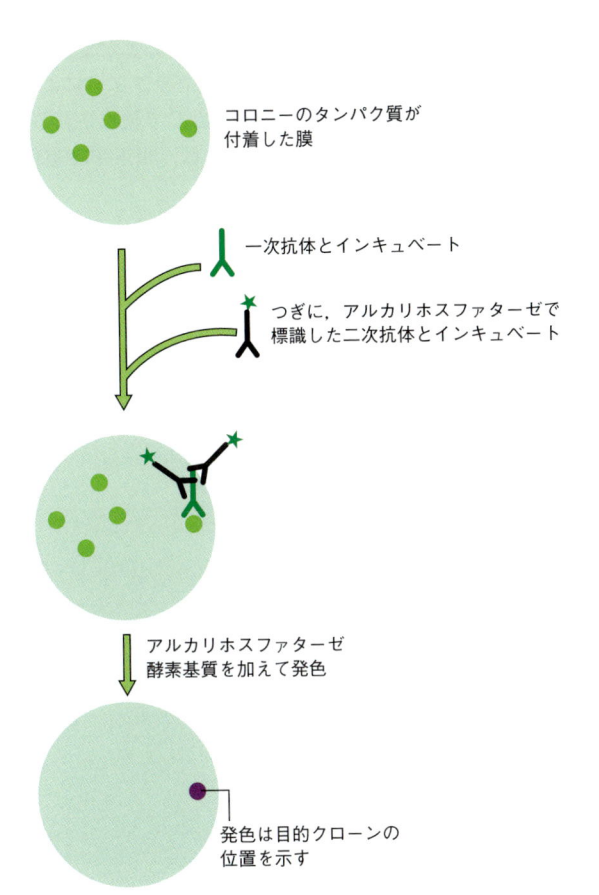

図7・9　cDNA クローン選別における抗体の利用

般的によく用いられている．クローンライブラリーを，イソプロピル 1-チオ-β-D-ガラクトシド（IPTG）という *lac* オペロン誘導物質を含む寒天培地プレートで培養すれば，いろいろな mRNA がいろいろなタンパク質に変換される．図7・9は，酵素（通常アルカリホスファターゼなど）で標識した抗体を使って，ポジティブクローンを着色して検出する方法である．ナイロン膜上の着色された点を手掛かりにして，もとの寒天培地プレート上の目的の細菌クローンが得られる．

ゲノム DNA のクローニング

cDNA クローンの単離の方法については以上のとおりである．cDNA クローンには後で述べるように重要な用途がいくつもある．しかしながら，cDNA というのは mRNA のコピーに相当するものであるから，もしも遺伝子の構造とその機能を探究したいならばゲノム DNA クローンをつくらなければならない．ゲノム遺伝子には，エキソンとイントロンがあり，さらにその 5′ および 3′ 末端には制御領域が存在するため cDNA よりもずっと長い領域が含まれる．したがって，ゲノム遺伝子をクローニングするためのベクターは長い DNA 領域を保持できなければならない．cDNA クローニングに用いられるプラスミドは，この用途には適していない．そこで，ゲノム遺伝子クローニング用ベクターとしては表7・1に示されているものの中から選べばよい．バクテリオ

表7・1　ゲノム DNA クローニングベクター

ゲノム DNA クローニングベクター	収納可能 DNA サイズ〔kb〕
バクテリオファージ	9〜23
コスミド	30〜44
PAC（P1 人工染色体）	130〜150
BAC（細菌人工染色体）	300 まで
YAC（酵母人工染色体）	200〜600

ファージ P1 に由来する PAC を用いれば，150,000 bp の DNA を保持できる．また，BAC とよばれるベクターでは 300,000 bp まで保持できる．これら PAC および BAC はヒトゲノムプロジェクトだけでなく，たとえばマウス（p.53）など他の生物のゲノム塩基配列の解読などにも大きく貢献した．YAC を用いれば 200,000〜600,000 bp もの外来遺伝子を保持することができる．クローニングする DNA のサイズに応じてゲノム遺伝子クローニング用ベクターを選べばよく，以上の PAC，BAC あるいは YAC ベクターは1個のクローンの中に一連の遺伝子配列をまとめたい場合に必要となる．これらはたとえば PAC や BAC の場合は細菌内で，YAC の場合には酵母で，外来遺伝子を複製してミニクロモソーム（ミニ染色体）を産生するのに必要な配列を含んでいる．すなわち YAC ベクターには，酵母内で宿主染色体が複製するとき，それと一緒に複製できるようにする配列がある．つまり，YAC ベクターには酵母のセントロメア（p.229），テロメア（染色体末端）と酵母の複製起点が存在する．また，YAC ベクターには，正しく YAC 染色体ができて形質転換した細胞だけが生存可能となる選択マーカー遺伝子も含まれている．

ゲノム遺伝子クローニングに用いる大分子量 DNA を得るためには，染色体 DNA を非常にごく短時間だけ制限酵素処理すればよい．すべての制限酵素部位を切断するのではなく，その一部分だけを切断して大きな DNA

分子を調製する（部分分解とよばれる）．ゲノム DNA 断片は，cDNA をクローニングベクターに組込むのと同じ要領でゲノムクローニングベクターに組込めばよい．図 7・10 には，ヒト DNA を λ バクテリオファージゲノムに導入する例が示されている．この特殊なベクターには 23,000 bp までの外来 DNA をそのゲノムに収納することが可能である．このファージを細菌に感染させてできたものは**ゲノム DNA ライブラリー**とよばれる．

目的のゲノム DNA 配列を選び出すためには，まず細菌培養プレート上にそのライブラリーをまき，組換えバクテリオファージのコピーを大量につくらせる．1 個の λ ファージは 1 個の大腸菌に感染して宿主細胞中でどんどん複製する．感染した細菌は死滅して溶菌するが，このときバクテリオファージはまき散らされて周囲の細菌に感染する．これらも溶菌して死滅し，同様のプロセスが繰返されると，溶菌して死んだ細胞のところだけ透明な**プラーク**が観察される．それぞれのプラークには，多数の組換えバクテリオファージのコピーが含まれており，ナイロン膜に写しとることができる（図 7・10）．このナイロン膜を，目的のゲノム配列に相補的な配列を含む放射能標識 cDNA の入った溶液中でインキュベートすれば，目的の DNA クローンを選び出すことができる．つまりこのクローンは，オートラジオグラフィーによってナイロン膜上の放射能の強い部分として検出される．このように cDNA プローブを用いれば，相当する遺伝子のゲノム配列を容易に単離できる．

放射能標識 cDNA プローブはランダムプライミングとよばれる方法で合成できる．まず cDNA クローンを

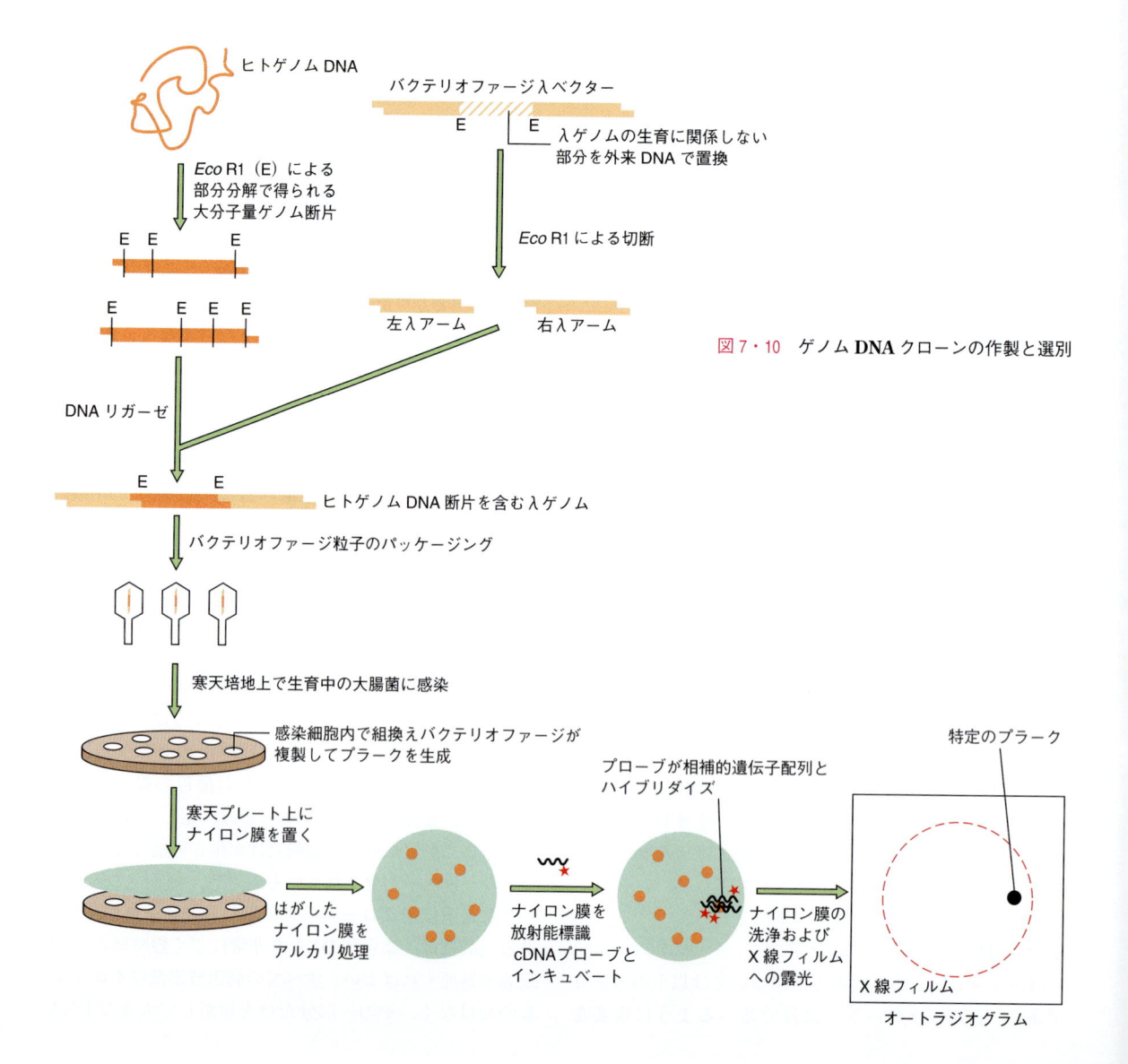

図 7・10　ゲノム DNA クローンの作製と選別

熱処理で一本鎖にして，それぞれを新しくできる DNA 鎖の鋳型とする．つぎに，この変性した cDNA に，ランダムな 6 塩基配列のオリゴヌクレオチド混合物であるランダムヘキサマーと DNA ポリメラーゼと 4 種のデオキシリボ核酸すなわち dATP, dTTP, dCTP そして dGTP を加える．ランダムヘキサマーはその相補的な配列と水素結合（アニーリング）してそこから新しく DNA 鎖の合成が開始されることになる．たとえば，[α-^{32}P]dATP がこの反応液中に含まれていれば，新生 DNA 鎖は ^{32}P で放射能標識される．

● DNA クローンの利用

つぎに紹介する技術は大量の同一 DNA を必要とし，それゆえ，遺伝子をクローン化してそれを導入した細菌を大量に増やすことができる場合にのみ行うことができる．

DNA 塩基配列決定

DNA 分子の塩基配列を決める技術は分子生物学に大きく貢献してきた技術の一つである．DNA は 4 種類のデオキシヌクレオチド dATP, dGTP, dCTP と dTTP の重合体によってできている．この重合体は，ヌクレオチドの糖残基であるデオキシリボース上の 3′-ヒドロキシ基と別のヌクレオチドの糖残基上のリン酸基との間でホスホジエステル結合を DNA ポリメラーゼが触媒することで形成される（図 7・11）．しかしながら，人工的なジ

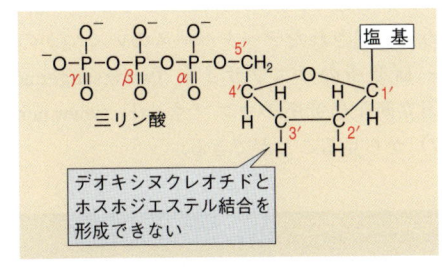

図 7・11 ジデオキシヌクレオチドの構造

デオキシヌクレオチドである ddATP, ddGTP, ddCTP と ddTTP はデオキシリボース上の 3′-ヒドロキシ基をもたないので，これらが伸長した DNA 鎖に取込まれると，そこで DNA 鎖の合成が止まる．これが Frederick Sanger により開発されたジデオキシ法の原理である．彼はこの功績により，1980 年にノーベル賞を受賞した．

この原理を図 7・12 に示す．クローン化した配列未知の DNA 断片を，配列がわかっている短いオリゴヌクレオチドにつなぐ．この DNA は一本鎖 DNA であるため，新しい DNA 鎖合成の鋳型となる．DNA 合成にはプラ

イマーが必要である（p.46）．この場合，プライマーは鋳型 DNA に結合できる相補配列のオリゴヌクレオチドを用いる．4 種類の別々の反応液を準備する．おのおのの反応液は，鋳型 DNA，標識プライマー（放射性物質標識が使われてきた），DNA ポリメラーゼおよび 4 種類のデオキシヌクレオチドを含む．これらの反応液に低濃度のジデオキシヌクレオチド ddATP, ddGTP, ddCTP および ddTTP を別々に加える．伸長している DNA 鎖にジデオキシヌクレオチド分子が取込まれると，DNA 合成が停止する．

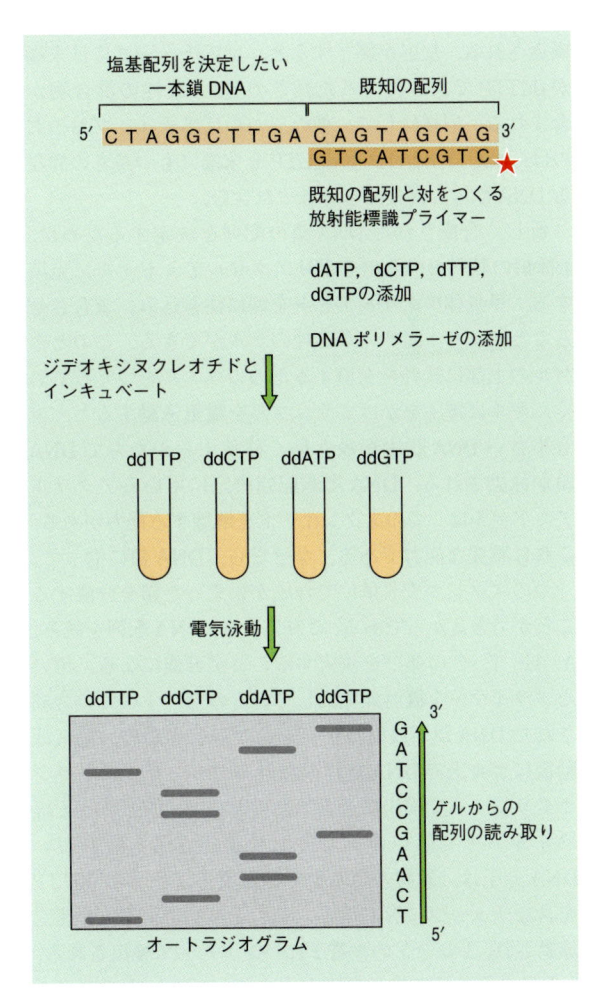

図 7・12 ジデオキシ法による DNA 塩基配列決定

ddTTP を含む反応チューブで起こったことを以下に説明する．DNA ポリメラーゼが鋳型 DNA 上で最初に読み取る塩基は A である．反応チューブには ddTTP より大過剰量の dTTP が含まれているため，DNA ポリメラーゼはたいていのプライマー分子に dTTP を付加する．しかしながら DNA ポリメラーゼは基質としてどちらのヌクレオチドも使うことができるので，ごく少量の

プライマー分子にはdTTPの代わりにddTTPが付加される．この場合，つぎの鋳型上の塩基はGであるが，ddTTPの糖には3′-ヒドロキシ基がないため，DNAポリメラーゼはdCTPを付加することができない．そのためDNA合成が停止する．しかしながら，大半のDNA鎖はdTTPが付加され，DNAポリメラーゼは伸長鎖反応を進める．つぎの6個の塩基に対する反応は問題なく進む．しかしながら，鋳型上の8番目に別のAがあるので，再びごく少量の伸長鎖にdTTPの代わりにddTTPが取込まれる．同様に，この場合も伸長反応が停止する．このプロセスが鋳型上にAが現れるたびに毎回繰返される．反応が終了すると，反応チューブには末端がddTTPである異なった長さのDNA断片の混合物が含まれる．同様にして，他の三つの反応チューブおのおのは，ddCTP，ddATPやddGTPを末端にもつ長さの異なるDNA断片の混合物をそれぞれ含む．

新しく合成されたDNA鎖の配列を決定するために，4種類の試料おのおのをポリアクリルアミドゲルに充填する．単量体アクリルアミドを型に注ぎ込み，重合させることにより，固くて多孔性のゲルができる．このときゲルの上部に試料を充填するためのウエルをつくっておく．ゲルに電圧をかけてサンプルを**電気泳動**すると，最も小さいDNA断片が最も早く移動するかたちでDNA鎖が泳動される．DNA塩基配列決定に用いるアクリルアミドゲルは一つのヌクレオチドを解像する能力がある．これは重要な能力である．なぜなら，DNA鎖に沿って，一つのヌクレオチド単位で合成が止まった鎖を分離することができるからである．これにより，DNA配列を読み，A，G，T，Cの並びを決定することが可能になる．用いたプライマーを放射能標識しているので，すべての合成されたDNA鎖が放射性タグをもつ．そのため，電気泳動後にゲル上でDNA断片の泳動パターンをオートラジオグラフィーで検出できる．おのおののDNA鎖はX線フィルム上で黒いバンドとして検出する．最も短いDNA分子は，最初の塩基Tで伸長反応が止まるddTTPを含むチューブに存在する．このDNA分子は最も速く泳動され，Tレーンの一番下にバンドとして検出される．2番目の塩基Cで伸長反応が止まり，ヌクレオチド一つ分長いDNA分子はddCTPを含むチューブ内で生成する．この分子もCレーンの底の方にバンドとして検出される．このバンドはゲルの底から少し上に読取れるので，未知のDNA鎖の塩基配列がわかる．この場合，T，Cなどとなる．伸長鎖はその鋳型に対して相補的であるため，鋳型DNA鎖の配列を推論することが可能である．

ヒトゲノムプロジェクトではDNA塩基配列決定の自動化が要求された．放射性物質の代わりに蛍光色素で標識したジデオキシヌクレオチドを使っている．4種類のジデオキシヌクレオチドddATP，ddGTP，ddCTP，ddTTPのおのおのを異なった蛍光色素で標識している．そのため，4種類のジデオキシヌクレオチドによる反応を一つの反応チューブで行い，ポリアクリルアミドゲルの同じウエルに充填することができる．反応生成物はゲルの底からしたたり落ちるので，4種類のジデオキシヌクレオチドに対応するおのおの4種類の色の蛍光強度を測定し，この情報をデータ解析するコンピューターに転送する．図7・13に蛍光色素標識したジデオキシヌクレオチドを用いたDNA塩基配列解析の例を示す．個々のピークが伸長停止DNA生成物を示し，このピークの並びを読取ることでDNA配列を決定する．この例では，黄色がG，緑色がA，赤色がT，青色がCを示す．ヒトゲノムの全体の塩基配列を決定するために，DNAを制限酵素で部分的に切断（p.71）して，約150,000 bpの大きな断片を生じ，それらの断片をPACのようなベクターにクローン化した（表7・1）．この目的は互いにオーバーラップするDNAクローンのライブラリーをつくり出すためであった．上述した方法によって，個々のクローンを塩基配列決定して，塩基配列を比較した．クローンがオーバーラップしているので，配列を比較することで，隣り合うクローンに関して，おのおののクローンの位置を並べることができた．これには高性能のコンピュータープログラムの開発とヒトゲノムを構成する30億塩基対を順序立てて整理するための巨大な情報データベースの創出とが要求された．そして，現在動いているヒトゲノムプロジェクトと他のゲノムプロジェクトからの情報を取扱うために構築されたデータベースのいくつかの例を，サンガー研究所のウエブサイト（www.sanger.ac.uk/）と米国国立衛生研究所のウエブサイト（www.ncbi.nlm.nih.gov/）から見ることができる．

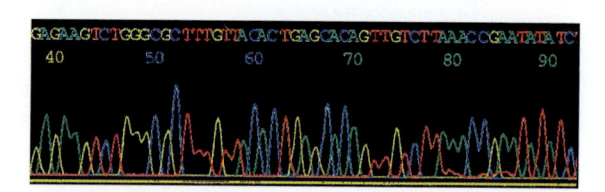

図7・13　自動化DNAシークエンサーによる典型的な読み取り結果

サザンブロット法

1975年，Ed Southernが特定の遺伝子を検出することができる，今ではサザンブロット法として知られる巧妙な技術を開発した（図7・14）．ゲノムDNAを単離し，1種類もしくは複数種類の制限酵素で消化する．その生

じた断片をアガロースゲル電気泳動により断片のサイズに従って分離する．そのゲルをアルカリ溶液に浸し，DNA二本鎖間の水素結合を破壊し，ナイロン膜に転写する．これにより，アガロースゲル内におけるDNA断片の泳動パターンの忠実なレプリカを作成する．このナイロン膜を放射能標識したクローン化DNA断片とインキュベートする．ナイロン膜と反応する前に，その遺伝子プローブをナイロン膜上の相補鎖と塩基対を形成（ハイブリダイズ）できるように熱処理して一本鎖にする．遺伝子プローブは放射能標識しているので，プローブがハイブリダイズした配列をオートラジオグラフィーにより検出できる．

DNA断片のパターンを変える変異（たとえば，制限酵素の認識部位を変えることや，遺伝子の大きい区間を欠失することによる）はサザンブロット法により容易に検出できる．それゆえ，この技術は個人が遺伝的な欠失をもつか否かを決定するのに役に立つ．白血球からの少量のDNAや，胎児であれば胎児が浮いている羊水もしくは妊娠初期の胎児を囲んでいる絨毛から少量の組織を採取することで得た少量のDNAを試料にする．

鑑識では，犯罪現場に残された血液や精液の試料からDNAフィンガープリントを調べるためにサザンブロット法を用いる．DNAフィンガープリント法は個人特異的なサザンブロット法である．試験に用いる遺伝子プローブにはヒトゲノム内で頻繁に繰返す配列であるマイクロサテライト配列を用いる (p.53)．すべての人がそれらの繰返し配列を異なった数だけもっている．そして，それらは染色体上で互いに近接して存在しているので，**VNTR（縦列反復配列多型）**とよばれている．ゲノムDNAを制限酵素で消化してサザンブロット法により解析すると，そのゲノムVNTRのDNAパターンが生じる．一卵性双生児でもない限り，2個人が同じDNAフィンガープリントプロファイルを示すことは皆無に近い．もし，8種類の制限酵素を使えば，一卵性双生児ではない2人の人間のDNAフィンガープリントプロファイルが同じパターンである可能性は$1/10^{30}$であると見積もられている．

サザンブロット法の特別タイプとして，ズーブロットといわれる方法が，異なった動物種間での類似している遺伝子を明らかにするのに使われてきた．進化上保存されてきたそのような遺伝子は，重要なタンパク質をコードしているようである．ゲノムDNAライブラリーから作製したプローブを，多種類の異なった動物種からのゲノムDNAにプローブとして使う．数多くの動物種からのDNAにハイブリダイズするプローブは，保存された遺伝子のすべてもしくは部分を意味する．

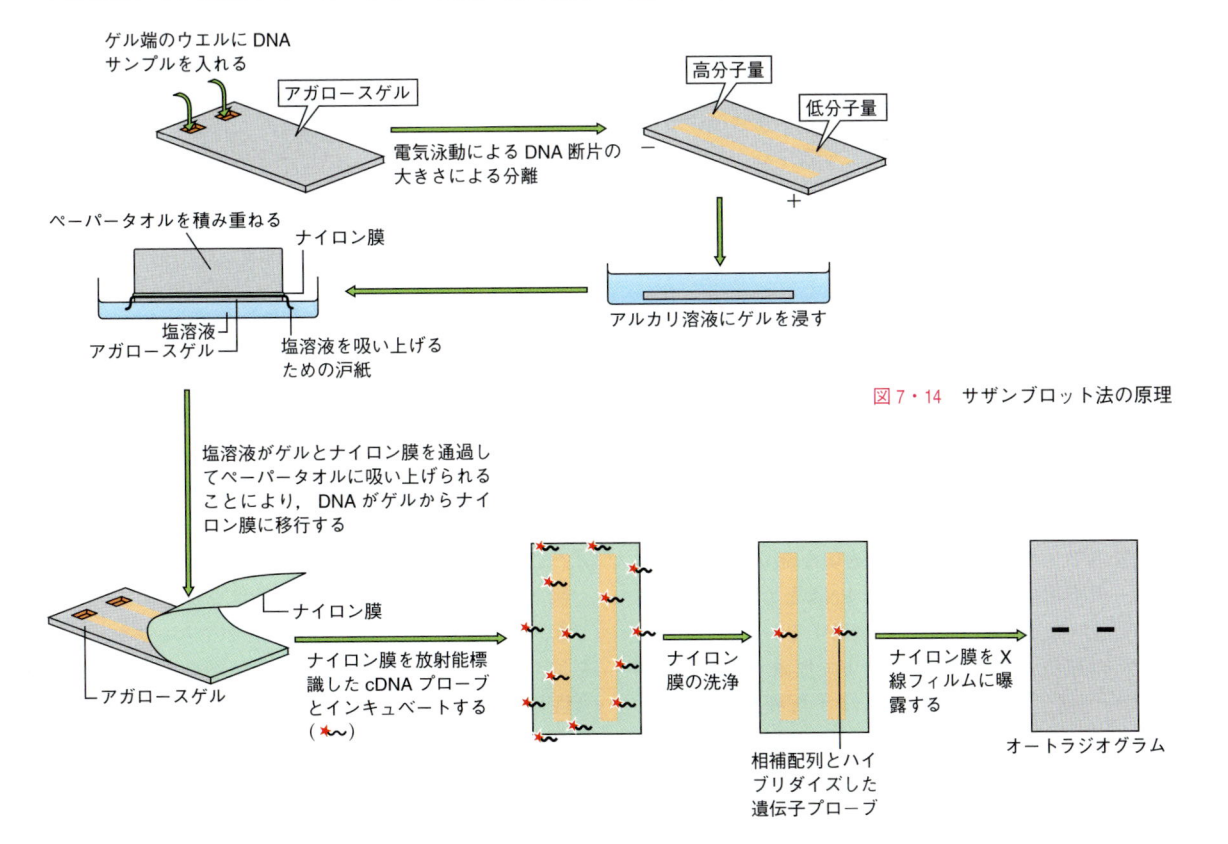

図7・14 サザンブロット法の原理

医療応用 7・1　マイクロアレイと癌治療方針

マイクロアレイや遺伝子チップは，クローン化したDNAを付着させた小さなガラス基板である．マイクロアレイの原理は，特定の細胞からmRNAを単離し，チップ上のDNAにハイブリダイズさせることである．mRNAは蛍光色素で標識しているので，チップ上でmRNAがハイブリダイズしたDNAが検出できる．余分なmRNAを除き，蛍光領域を特別なスキャナーと顕微鏡を使って可視化する．特定のマイクロアレイに対して観察されたハイブリダイゼーションパターンを解析するためにコンピューターアルゴリズムが開発されてきた．マイクロアレイをつくるのに使われるDNAの数と型は何を知りたいかにより異なる．

ヒトゲノムプロジェクトの結果，病気にかかわる遺伝子セットを同定することができるようになった．血液の癌である白血病は，単純な型の病気ではない．マイクロアレイは異なった白血病患者で発現しているmRNAのパターンをつくることによって，より正確に白血病の異なった型を分類するのに役立っている．つぎのような有望な研究がある．急性リンパ芽球性白血病と急性骨髄性白血病の患者から採取した血球mRNAを比較することに6817種類のcDNAを含むマイクロアレイが使われた．個々の患者からのmRNAをマイクロアレイにふりかけて，相補的な配列をハイブリダイズさせた．急性リンパ芽球性白血病と急性骨髄性白血病をより詳細に分類できる50種類のcDNA/mRNAハイブリッドがみつかった．さらに，そのパターンから急性リンパ芽球性白血病の分類をT細胞もしくはB細胞のクラスに分類することができた（20章）．急性リンパ芽球性白血病の二つのクラスへのこの分類は，患者に対する最適な治療を決定するにあたり，重要な区別である．さらに多くの白血病患者の検体がマイクロアレイで調べられているので，より少ないcDNAで，かつよりよい予後の評価ができる，より小さいチップを開発することが可能になる．

患者の癌組織をマイクロアレイで解析することによって，乳癌患者の予後を予測することができることが最近の研究で示されてきた．いくつかの遺伝子がこの予測に重要である．特定の遺伝子発現パターンを示す患者は，5年以内に再発する可能性が高かった．しかしながら，もし遺伝子発現パターンが別の特定のパターンであれば，この癌はほぼ再発しそうにない．この後者のパターンの患者にとっては，化学療法や放射線治療をするメリットがないことも示されている．このように，マイクロアレイ解析は乳癌患者に予後情報を提供するばかりではなく，この遺伝子パターンを示す患者にとっては，不快な治療が不必要であることを示唆する．

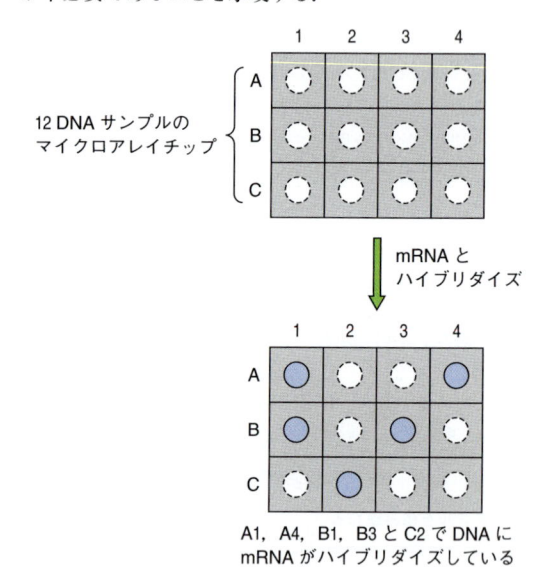

12 DNAサンプルのマイクロアレイチップ

↓ mRNAとハイブリダイズ

A1, A4, B1, B3とC2でDNAにmRNAがハイブリダイズしている

in situ ハイブリダイゼーション

in situ ハイブリダイゼーション技術を使うことにより，細胞が発現している特定のmRNAを同定することが可能となる．このためにはアンチセンスRNA分子を合成することが必要である．このアンチセンスRNA分子は，調べたいmRNAに対して相補的配列のRNA分子である．試験管内で，クローンcDNAの適切な部分をRNAポリメラーゼを用いてアンチセンスRNAとして転写する．このとき，抗体を使い発色して検出することができるようにそのRNAを修飾ヌクレオチドで標識する．RNAポリメラーゼが結合できるプロモーター配列を含む発現ベクターに，まず，cDNAをクローニングしなければならない．薄い組織切片を作成してスライドガラスに貼付け，アンチセンスRNAとインキュベートする．アンチセンスRNAは細胞内で相補的mRNAにハイブリダイズする．未反応の余分なアンチセンスRNAをスライドガラス上から洗い流し，ハイブリダイズしたプローブのみを残す．発色反応を行い，目的のmRNAを発現している細胞を明視野顕微鏡で同定することができる（p.2）．

ノーザンブロット法

図7・15（a）に，mRNAの大きさを決定することができ，その発現パターンを知ることができるブロット法を示す．RNA分子内の二本鎖を除くために，RNAを熱変性し，変性アガロースゲルで電気泳動する．つぎにそのRNAをナイロン膜に転写する（DNAの転写について図7・14に記述した）．そのナイロン膜を，放射能標識した一本鎖cDNAプローブやアンチセンスRNAプロー

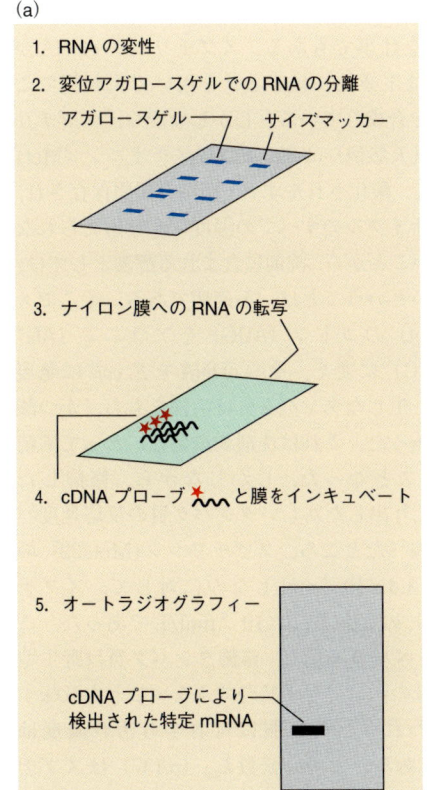

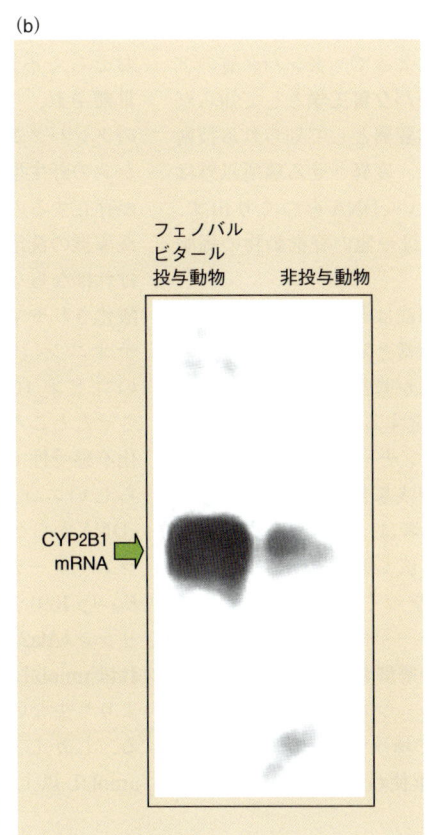

図7・15 ノーザンブロット法の原理（a）とフェノバルビタール投与動物の肝臓で増加した **CYP2B1 mRNA** のノーザンブロットによる検出（b）

表7・2 さまざまなブロット法

	検査したいもの	プローブ	掲載ページ
サザンブロット法	DNA	DNA	p.78
ノーザンブロット法	RNA	cDNA または RNA	p.80
ウェスタンブロット法	タンパク質	抗体	p.98

ブとインキュベートする．ハイブリダイゼーションに続いて，過剰プローブを洗い流し，ナイロン膜を X 線フィルムに曝露する．mRNAには放射能標識したプローブがハイブリダイズしているので，オートラジオグラフィーで可視化される．サザンブロット法との類似性から，この方法は**ノーザンブロット法**と名づけられている（表7・2）．図7・15（b）にCYP2B1として知られるシトクロム P450（p.63, 140）mRNAのノーザンブロット法の結果を示す．このタンパク質の遺伝子はバルビツレートフェノバルビタールによって肝臓で活性化され，大量の CYP2B1 mRNA がつくられる．

細菌での哺乳類タンパク質の発現

cDNAベースの発現システムを用いた大規模なタンパク質発現は広く医療や工業に応用されている．ポリペプチド性医薬品，ワクチン，抗体を作製するためにますます使われている．このようなタンパク質生成物は組換えプラスミドから生成されるため，**組換え体**とよばれている．細菌で哺乳類由来タンパク質を合成するためには，そのcDNAを発現ベクターにクローン化しなければならない（p.73）．インスリンは細菌に導入されたプラスミドから発現された最初のヒト由来タンパク質である．今では糖尿病治療のためにブタやウシからの組換えインスリンに置き換えられている．組換え DNA 技術の他の生成物には増殖因子や血液の凝固障害である血友病の治療に用いられた第Ⅷ因子が含まれる．第Ⅷ因子は以前，ヒトの提供血液から単離していた．しかしながら，ヒト免疫不全ウイルス（HIV）のようなウイルス感染の危険性があるため，組換え第Ⅷ因子が血友病の治療によく用いられている．理論的にはcDNAから，どんなヒトパンパク質でも発現することが可能である．

タンパク質工学

cDNA の配列を変えることによって，タンパク質のアミノ酸配列を変える技術は**タンパク質工学**として知られている．これは**部位特異的突然変異**として知られる技術を使うことによって達成される．変異させる箇所以外は本来の配列のままである新しい cDNA をつくり出す．この DNA を使って，細菌，酵母や他の脊椎動物の細胞株でタンパク質を合成する．

タンパク質工学の第一の利用法はタンパク質そのものの研究のためである．酵素の正常と変異体の触媒特性の比較により，どのアミノ酸残基が基質と補因子の結合部位に対して重要であるかを同定するのに役立つ（12 章参照）．この技術はまた，イオンチャネルの選択性にかかわる特定の荷電したアミノ酸残基を同定するのにも使われてきた（12 章）．今や科学者は，タンパク質工学を科学研究ばかりではなく，より広く医療や工業的な目的のために，新しいタンパク質をつくり出す道具として使っている．

ズブチリシンはタンパク質分解酵素であり，バイオ洗剤に使われている酵素のうちの一つである．この酵素の自然界での原料はブタの糞便で増殖する細菌の *Bacillus subtilis* である．洗剤工業で毎年使われる 6000 トンのズブチリシンをこの原料から抽出することは困難であり，おそらく不快な仕事でもある．ズブチリシン cDNA が単離され，今は工業的には *E. coli* を用いて大規模でこのタンパク質を合成している．しかしながら，ズブチリシンの野生型（天然型）は 222 番目にメチオニン（Met）が存在するので，酸化されやすい．棚に長期間保存され，洗濯機の洗濯サイクルのすべての温度に十分耐えられなければならないことから，洗剤に含まれる酵素としては，酸化されやすいということは，不適切である．そこでメチオニン（Met）のコドン（AUG）をアラニン（Ala）のコドン（GCG）に変え，その cDNA を *E. coli* に発現させたところ，生じたタンパク質は活性をもち，かつ酸化不感受性であった．これは洗剤製造会社にとって素晴らしいニュースとなった．しかしながら，修飾した cDNA からつくり出した新しいタンパク質の反応速度パラメーターを調べたところ，ズブチリシン(Met222) の K_M (p.139) は 1.4×10^{-4} mol/L なのに対して，ズブチリシン(Ala222) の K_M は 7.3×10^{-4} mol/L であった．これは µmol/L レベルの汚れで，修飾タンパク質は野生型よりも少ない量の汚れにしか結合できないことを意味する．しかし，われわれの衣服に付着する汚れ濃度は µmol/L 以上である．代謝回転数 k_{cat} (p.137) はズブチ

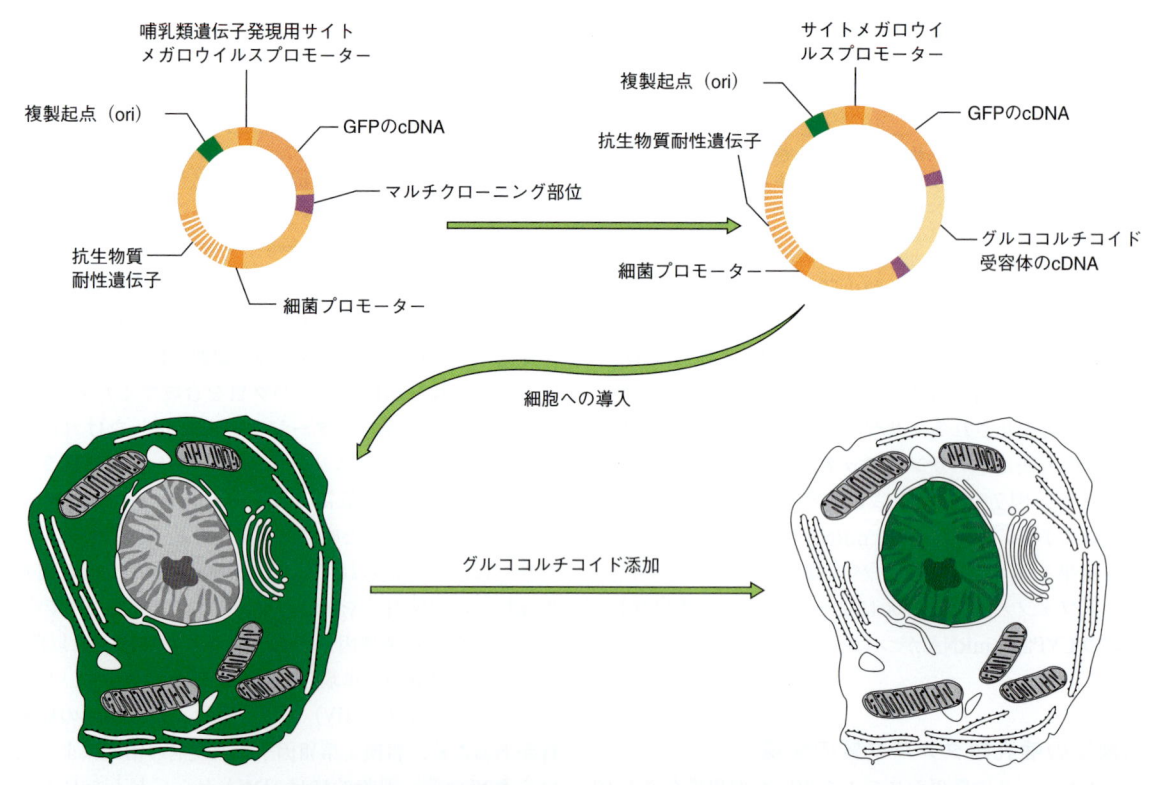

図 7・16　緑色蛍光タンパク質（**GFP**）とグルココルチコイド受容体のキメラタンパク質は，生細胞の中でキメラタンパク質の存在位置を示す．

リシン（Met222）が $50\,s^{-1}$ であり，ズブチリシン（Ala222）は $40\,s^{-1}$ であった．つまり，変異酵素は少しだけ反応が遅いが，それほどでもない．メチオニンをアラニンに変えることで，十分に機能し，長い保管の間や洗濯している間も安定である新しい酵素が生み出されたことになる．

緑色蛍光タンパク質（GFP）は自然界では特定のクラゲにみつかる．タンパク質工学は，今や異なった色のタンパク質のパレットをつくり出した．しかしながら，生物学者に対するこれらタンパク質の大きな利益は，蛍光タンパク質を合体させる**キメラタンパク質**（おのおのが異なったタンパク質に由来する二つの部分から構成されるタンパク質）が蛍光を発する性質をもつことである．これは，われわれの興味あるタンパク質を生きた細胞の中で，蛍光顕微鏡を使って観察することができることを意味する（発展1・1, p.6）．キメラタンパク質の蛍光部分は，タンパク質が細胞内で存在する場所や，このタンパク質の位置がシグナルに応答して変化するかどうかを正確に教えてくれる．

グルココルチコイド受容体が核に移動することをひき起こすのに必要なグルココルチコイド濃度を決定するのに，どのようにこの方法が使われるかを図7・16に示す．便利に工夫された多くのプラスミド同様に，ポリリンカーとよばれる，いくつかの制限酵素認識部位を含むマルチクローニング部位（MCS）を含むプラスミドを用いる．適当な制限酵素でプラスミドを切断し（すでにGFPをコードする配列を含む），グルココルチコイド受容体 cDNAを挿入する．プラスミドはまた，それを**導入**（もしくはトランスフェクション）した哺乳類細胞内でDNAからmRNAを発現するウイルス由来のプロモーター配列を含む．プラスミドは細菌で増やして，哺乳類細胞にトランスフェクトする．GFPとグルココルチコイド受容体から成るキメラタンパク質はmRNAから細胞内で合成される．グルココルチコイドタンパク質の非存在下では，GFPは細胞質に存在する．十分な量のグルココルチコイドが加わると，キメラタンパク質に結合し，キメラタンパク質は急速に核に移行する．

ポリメラーゼ連鎖反応

ポリメラーゼ連鎖反応（PCR）は組換えDNA技術に革命をもたらした手法である．PCRは単一細胞のようなわずかな試料からDNAを増幅できる．たとえば，エジプトのミイラから分離された最古の組織片や凍結マンモスそしてマツヤニに封じ込まれた古代の昆虫などであ

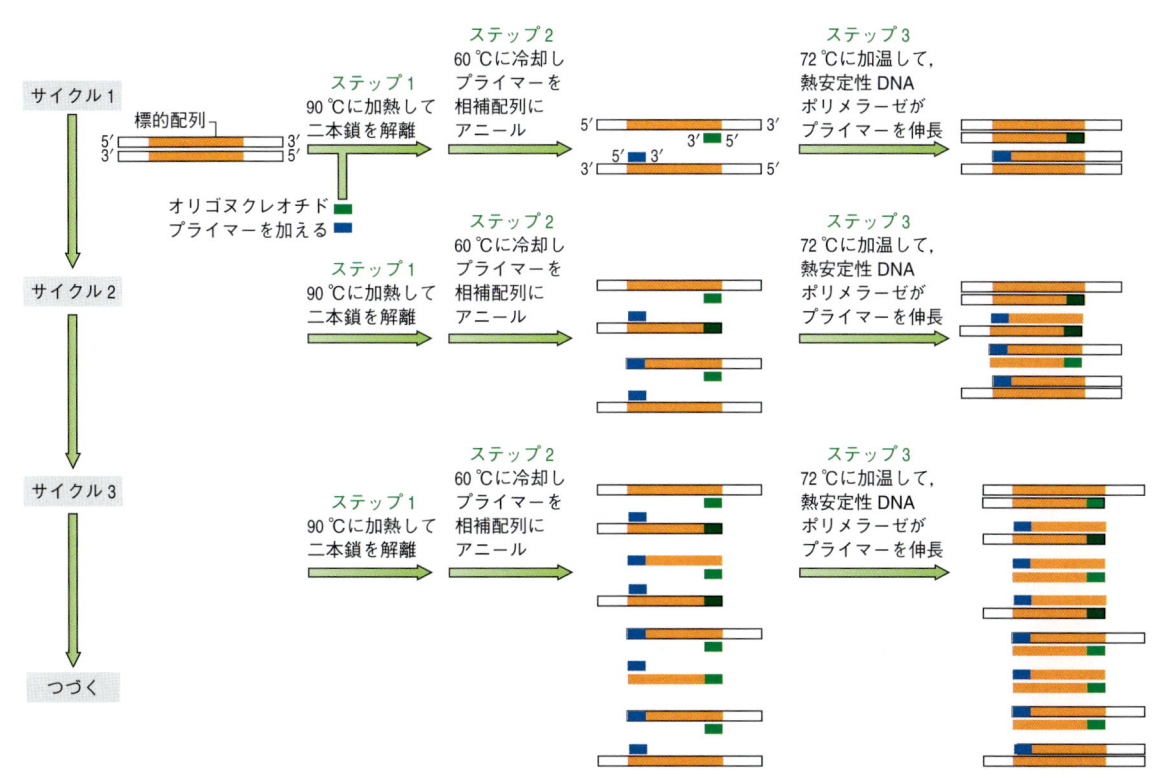

図7・17 ポリメラーゼ連鎖反応（PCR）を利用したDNA配列の増幅

> **発展 7・1　遺伝子改変（GM）植物——これは世界の食糧需要に応えられるのか？**
>
> 　GM穀物の有用性と環境に与えるダメージについての議論は長い間続くだろう．これらの問題点はおもに，GM植物自身が殺虫成分を産生したり除草剤への耐性をもつことにある．しかし遺伝子工学技術を使用して作出される高栄養価穀物のことについてはあまり議論されていない．コメは多くの国で主食であるが，多くの必須栄養素が不足している．世界保健機関（WHO）の試算では，25万人から50万人もの子供達が毎年ビタミンA欠乏で失明し，発展途上の国々で何百万人もの子供たちがビタミンAが十分に摂取できないために免疫系の低下に苦しんでいる．このような深刻な栄養欠乏を克服するために，スイスの科学者グループがビタミンA前駆体（β-カロテン）を産生する内胚乳（食用部分の一部）をもったコメを遺伝子工学で作製した．β-カロテンは体内でビタミンAに変換される．コメは緑色組織でβ-カロテンを合成するが，この化合物を産生するのに必要ないくつかの遺伝子が内胚乳ではスイッチオフになっている．スイスの科学者は内胚乳でスイッチオフになっている二つの遺伝子をコメゲノムに挿入した．この遺伝子改変された植物は金色の内胚乳をつくる．これは，β-カロテンを産生しているためである．そのため，このコメをゴールデンライスとよんでいる．コメが黄色になればなるほど，β-カロテンを多く産生していることになる．
>
> 　ゴールデンライスの開発者は彼らの技術を発展途上の国々へ寄与し，ニューヨークにあるロックフェラー財団がバングラディッシュ，インド，インドネシア，フィリピンでの使用を認可する手続きを行い基金化した．理想的には，β-カロテンの1日の必要量がコメ100〜200 gで摂取できるようになればよい．この量はコメを主食とする国々で1日に摂取するコメの量に相当する．

る．口腔内を綿棒で一かきするだけでほおの細胞由来のDNAを十分に採ることができ，特定の劣性遺伝病の保持者を検出することができる．また，PCRは，胎児由来細胞あるいは犯罪現場で発見されたほんのわずかな組織片からDNAを増幅することができる．PCRを有用なツールたらしめたのが熱安定性DNAポリメラーゼである．この酵素はほとんどの酵素が変性するような非常に高温の条件下（p.117）で機能することができる．この熱安定性DNAポリメラーゼは深海にある海底火山のような非常に高温の環境下で生育する原核生物から単離された．

　図7・17に示すとおり，PCRは熱安定性DNAポリメラーゼおよびプライマーとよばれる二つの短いオリゴヌクレオチドDNAを使う．各プライマーは増幅したい二本鎖DNAの片側の，ごく短い配列に対する相補鎖である．二本鎖DNAは90℃で加熱することで2本の一本鎖に分かれる（ステップ1）．反応液を60℃まで冷却し，プライマーを相補する配列にアニールさせる（ステップ2）．72℃でプライマーを起点にして熱安定性DNAポリメラーゼが鋳型鎖を複製する（ステップ3）．以上の三つのステップはPCRの一つのサイクルとなり，もとの鋳型を2倍に増幅する．鋳型の変性，プライマーのアニーリング，そしてDNA合成の反応を，チューブ内で自動的に温度制御できる機械で何度も繰返し，もとの標的配列を何千コピーもつくり出す．

病気の原因遺伝子を同定する

　近年まで，特定の遺伝病の原因遺伝子を同定するにはまず初めに特定家族の遺伝形質のパターンを調べ，病変した組織の知見を加味していた．しかしこの方法では，正常なタンパク質が同定されていない場合，病気の原因遺伝子を同定することは非常に困難である．最初の手掛かりとして機能欠損した遺伝子に伴って遺伝され，同一染色体上の近傍にコードされる他の遺伝子を同定することが頻繁にある（**連鎖**という，p.233）．以前は，**染色体ウォーキング**が病因遺伝子の同定によく使われていた．これはゲノムクローンライブラリーから一部ずつ重なったクローンを単離するといった，時間がかかり退屈な作業である．まず初めに一つのクローンを単離することに始まり，そのクローンは染色体に沿ってつぎのクローンを探索するためのプローブとして用いられる．2番目のクローンは3番目のクローンを探索するために用いられ，さらに4番目のクローン探索へとつぎつぎに用いられる．各連続したクローンは注目する遺伝子の全部あるいは一部を含むか（たとえば，病気との関連がすでに知られている組織で遺伝子発現の有無を明らかにするノーザンブロット法）について調べられる．一度，候補遺伝子が同定されると，健常者と患者の注目する遺伝子配列を解析して比較する．その結果，疾患遺伝子であるならば患者の遺伝子配列が健常者とは異なるはずである．全ヒトゲノム情報の公開により，一部ずつ重なったクローン群を得るための染色体ウォーキング実験は不要となったが，特定の遺伝病の原因遺伝子を同定することは現在でも時間を要する作業である．

逆遺伝学

機能既知の遺伝子をもとに特定の遺伝子を同定する作業は今日においても時間を要する作業であるため、科学者は真逆の方法論をとることがますます増えている．すなわち、配列は知られているが機能未知な遺伝子に注目し、その機能を推論していく手法である．われわれは多くの種族の完全なゲノム情報を利用できるので、コンピューターの前に座り、たとえば機能既知遺伝子と配列が似通っているという理由で、目的遺伝子を同定する．注目する遺伝子に変異を導入して細胞や組織に再度導入し、細胞や組織が機能的に変化したかどうかを試験する．このアプローチを**逆遺伝学**という．

トランスジェニックおよびノックアウトマウス

トランスジェニック動物は外来遺伝子を受精卵の核に導入して作製される（図7・18a）．その受精卵を仮母となる動物に移植し、出生した動物が外来遺伝子をもっているかどうか確認する．もしもっていたならば、トランスジェニック動物が作製されたことになる．世界初のトランスジェニックマウスは金属イオンを含む餌を与えるとメタロチオネイン遺伝子を活性化するエンハンサー配列を同定するために利用された．メタロチオネイン遺伝子の5′近傍配列をラットの増殖ホルモン遺伝子と融合させた（図7・18b）．導入遺伝子とよばれるこの遺伝子構築物を受精卵に注入した．マウスが数週齢になったときに、亜鉛イオンを含む水を与える．メタロチオネインのエンハンサー配列が亜鉛イオンにより刺激を受け増殖ホルモンの産生を増加させた結果、導入遺伝子をもつマウスは同腹子の二倍の大きさに成長した．

ヒト因子VIIIを含む母乳を出すヒツジのように、トランスジェニック動物農場がつくられてきている．これは細菌にヒトタンパク質を産生させていた方法の代替となる．

遺伝的に改変されたマウスはタンパク質の機能を解明するためにますます利用されている．これはタンパク質の機能を失わせる（ノックアウトする）ように遺伝子配列を修飾することによってなされる．この場合、**ノックアウトマウス**が作製される．外来遺伝子の一部を標的遺伝子に挿入するか、マウスゲノムから標的遺伝子を削除することにより行われる．これによりタンパク質機能が除かれる．図7・19では、遺伝子機能をノックアウトするために**挿入変異導入**とよばれる方法について記述している．最初のステップで、標的遺伝子をノックアウトしたゲノムをもつクローンを単離する．薬剤耐性遺伝子 *neo*（抗生物質ネオマイシン類似体であるG418に対する耐性のため）のようなマーカー遺伝子をゲノムクローン（一般的に標的遺伝子の2番目のエキソン）に挿入す

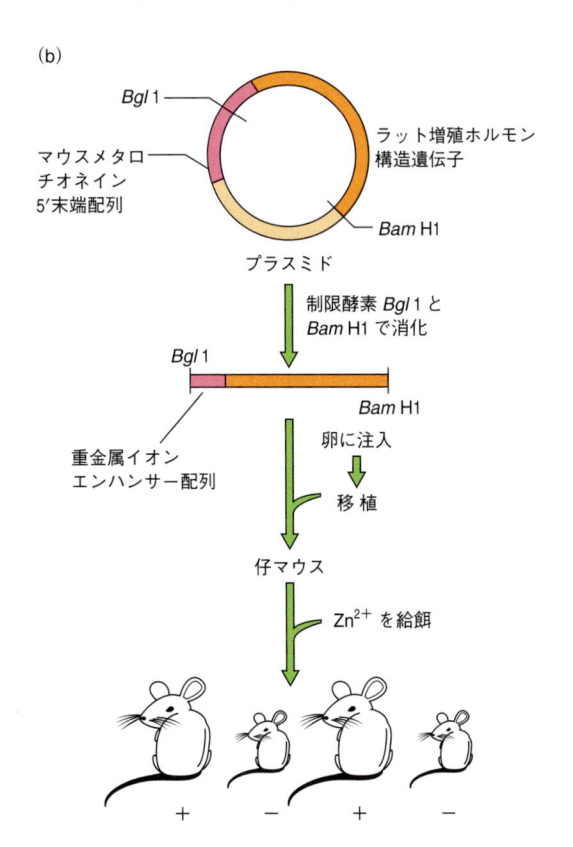

図7・18 トランスジェニックマウス　(a) 外来遺伝子をもったトランスジェニックマウス．(b) メタロチオネイン遺伝子は重金属イオンエンハンサー配列をもつ．(+) マウスは導入遺伝子をもつ一方、(−) は導入遺伝子をもたない同腹子を示す．

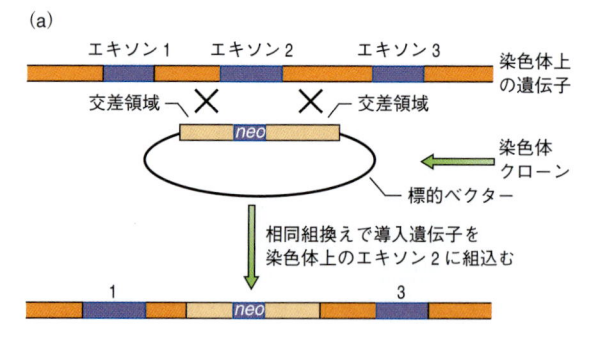

図7・19 ノックアウトマウス (a) 標的ベクターの領域は胚性幹細胞のゲノムに相同組換えによって結合され，その部分の遺伝子機能が失われる（ノックアウト）．(b) 遺伝学的改変胚性幹細胞は胚盤胞に注入され，仮母に移植される．

る．このことは遺伝子がコードする正常な機能的タンパク質を発現できないことを意味する．この改変したDNA部位を胚性幹細胞（ES）に導入する．これらはマウス胚盤胞——特に初期の胚の内部細胞塊に由来する細胞である．ES細胞の起源であるマウスの系統は茶色である．胚性幹細胞内の相同組換え (p.233) により，正常な遺伝子がプラスミドとよばれる改変されたDNA部位と置き換わる．この低頻度で起こる組換えにより，G418中で生存可能だが，抗生物質耐性遺伝子を含まない胚性幹細胞は死滅する．遺伝的に改変した胚性幹細胞を黒毛マウスの卵割腔に注入し，仮母に胚盤胞を移植する．ノックアウトマウスはキメラとなり，毛色が混色となる．それは，遺伝的に改変した胚性幹細胞の由来する細胞が茶色であるのに対して，胚盤胞由来の細胞は黒毛マウス由来だからである．キメラマウスを黒毛マウスと交配させていくと，機能不全な遺伝子をホモでもつ純粋な血統の黒毛マウスを作製できる．そこで，遺伝子ノックアウトの効果を解析できる．

DNA検査をする倫理的問題

組換えDNA技術の応用は面白く非常に目的にかなっている．しかし，個体の塩基配列を検査できることは重要な倫理的問題を生む．あなたは，自分が早死にする遺伝子を受継いでいることを知りたいと思うだろうか？このことをすっきり受け止めて，充実した人生を歩むことを決意する人もいるかもしれない．しかし，ほとんどの人はそのような運命を知りたいとは思わないだろう．しかし，もしも生命保険をかけるために有無を言わせずDNA検査を受けさせられたならば，どうだろう？英国の保険会社では現在ハンチントン病の検査結果を求めることができる．これは40代で脳の変性病になることが運命的に決まっている．保険会社の視点からみれば，DNA検査することは平均余命に従ってより高い保険料を課したり，最悪の場合，保険の適応範囲外とすることを意味するかもしれない．この問題に関しては，多くの議論が残されている．

まとめ

1. DNA配列はmRNAからDNAをコピーする逆転写酵素を使って，mRNA:DNAハイブリッドの二本鎖分子を形成してクローン化できる．mRNA鎖はリボヌクレアーゼHとDNAポリメラーゼという二つの酵素によって二本鎖DNAへと置き換えられる．新しい二本鎖DNA分子は相補的DNA（cDNA）とよばれる．

2. 制限酵素はDNAを特殊な配列で切断する．同じ酵素で切断されたDNA分子は互いに接続することができる．cDNAをクローン化するために，プラスミドやバクテリオファージとよばれるクローニングベクターにつなぐ．ゲノムDNAクローンは染色体DNA断片をクローニングベクターにつないでつくられる．外来DNA断片をクローニングベクターへ挿入することで，組換え体DNA分子がつくられる．

3. 組換え体DNA分子は形質転換により細菌に導入される．これにより，異なるDNA分子を含む細菌のコレクション（ライブラリー）がつくられる．抗体や核酸標識したものを使って，そのライブラリーから目的のDNA分子を選別できる．
4. DNAクローンは医学，犯罪科学そして工業的利用に重要である．以下のような例がある．
    ・クローン化したDNA断片の塩基配列の決定
    ・クローンと相補するRNAを標識した特異的細胞を検出するための *in situ* ハイブリダイゼーション
    ・個人のDNAパターンを解析するためのサザンブロットと遺伝的フィンガープリンティング
    ・新しいタンパク質を産生するためのDNA配列改変
    ・生細胞を顕微鏡下で観察するための蛍光キメラタンパク質の作製

参考文献

International Human Genome Sequencing Consortium, 'Finishing the euchromatic sequence of the human genome', *Nature*, 431, 931-945 (2004).

K. B. Mullis, 'The unusual origin of the polymerase chain reaction', *Scientific American*, 262, 56-65 (1990).

J. D. Watson, A. A. Caudy, R. M. Myers, J. A. Witkowski, "Recombinant DNA: Genes and Genomes —— a Short Course", 3rd edition, W. H. Freeman (2007).

● 復習問題

7・1 哺乳類発現プラスミド

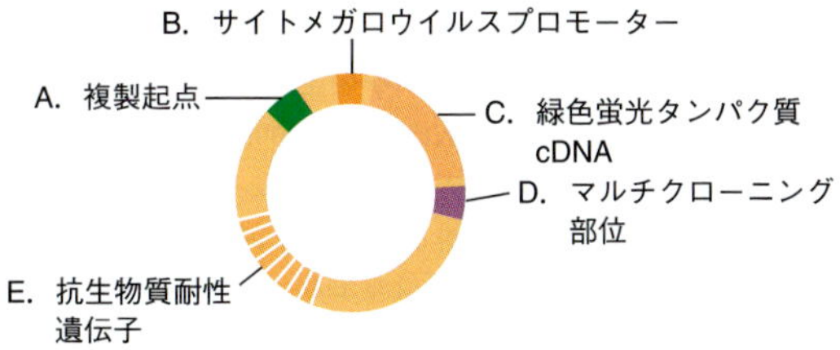

A. 複製起点
B. サイトメガロウイルスプロモーター
C. 緑色蛍光タンパク質 cDNA
D. マルチクローニング部位
E. 抗生物質耐性遺伝子

図19・13（p.239）は緑色蛍光タンパク質とシトクロム *c* のキメラタンパク質を含むヒト細胞の蛍光顕微鏡像である．これらの細胞を作製する実験のステップを以下に示す．各ステップで実行される上記のプラスミドにある配列を確認せよ．

1. シトクロム *c* をコードするDNAをプラスミドに挿入する．プラスミドにおいてどの配列に実施することが可能か？
2. 組換え体プラスミドをたくさん得るために，コンピテント大腸菌内で，この大腸菌をプラスミドを保有する大腸菌のみが生育する培地で培養する．宿主大腸菌が生存可能となるプラスミド上の配列はどれか？
3. 形質転換した細菌は繰返し分裂し，単一の形質転換体細胞に由来するコロニーを形成する．宿主大腸菌DNAと並行してプラスミドがコピーされるのに必要な配列は何か？
4. コロニーの中には，シトクロム *c* 挿入断片をもたない組換えが起こっていないプラスミドをいくつか含んでいる．しかし，組換え体プラスミドは分子量が（もとのプラスミドよりも）大きいことから識別することができる．組換え体プラスミドをもつクローンをさらに増殖させて溶解させ，大量の組換えプラスミドを精製する．精製プラスミドはヒト細胞のトランスフェクションに使われ，その細胞は緑色蛍光タンパク質：シトクロム *c* キメラタンパク質を合成する．細菌内では発現しないがHeLa細胞でこのキメラタンパク質が発現することを可能にする配列はどれか？

7・2 特定の作業に必要なオリゴヌクレオチドを選択する

最初の二つの問題は本ページ下に示すDNA配列について述べる．

A. 5′ TTTTTTTTTTTTTTT 3′
B. 5′ TGCCTACTGCAGCGTCTGCA 3′
C. 5′ TACGGATCCCTTTGCAGGATGAATTC 3′
D. 5′ TTCTGCAGACGCTGCAGTAG 3′
E. 5′ GAATTCTACGGATCCCTTTGCAGGAT 3′
F. 5′ GTGCATCTGACTCCTGTGGAGAAGTCT 3′
G. 5′ GACTGCCATCGTAAGCTGAC 3′

上記A〜GのDNA配列の中で，下記の記述に最も当てはまるものを一つ選択せよ．

1. ポリメラーゼ連鎖反応について：本ページ下に示す二本鎖DNA分子を増幅するために 5′ TACGGATCC

5′ TACGGATCCCTTTGCAGGATCCAG——TTCTGCAGACGCTGCAGTAGGCA 3′
3′ ATGCCTAGGGAAACGTCCTAGGTC——AAGACGTCTGCGACGTCATCCGT 5′

上記の配列は，二本鎖DNAの末端配列のみが示されていることに留意せよ．

CTTTGCAGGAT 3′ というオリゴヌクレオチドとともに使うべきオリゴヌクレオチドを示せ．
2. ポリメラーゼ連鎖反応を利用して，本ページ下に示す二本鎖DNA分子を使い，DNA産物を得たい．それはプラスミドの *Eco* R1 認識部位にクローン化する．PCR反応混合物に 5′ TACGGATCCCTTTGCAGGAT 3′ の部位に使うべきオリゴヌクレオチドを示せ．
3. cDNAライブラリーを合成するために組織に存在するmRNAのほとんどからDNA合成を開始するのに使うことができるオリゴヌクレオチド．
4. 鎌状赤血球貧血の患者を同定するサザンブロット法において使うべきオリゴヌクレオチド．この病気は β グロビン遺伝子の 5′ GTGCATCTGACTCCTG**A**GGAGAAGTCT 3′ 配列の中のAが 5′ GTGCATCTGACTCCTG**T**GGAGAAGTCT 3′ 配列の中のTに変異していることによりひき起こされることに留意する．
5. 5′ GUCAGCUUACGAUGGCAGUC 3′ 配列を含むmRNAを検出するためのノーザンブロット法のために使うことができるオリゴヌクレオチド．

7・3 cDNAクローンの利用

A. DNA分子の片側鎖で短い領域の相補鎖，および，もう一方の片側鎖の4000塩基対離れた短い領域の相補鎖から成る1組のオリゴヌクレオチド．
B. DNA分子の片側鎖で短い領域の相補鎖，および，同じ片側鎖で4000塩基対離れた短い領域の相補鎖から成る1組のオリゴヌクレオチド．
C. 目的分子に含まれる既知配列の相補鎖となる放射性同位元素で標識されたオリゴヌクレオチド．
D. 3′末端が既知であるがほとんど未知のDNA配列である塩基と相補するオリゴヌクレオチド．
E. 5′末端が既知であるがほとんど未知のDNA配列である塩基と相補するオリゴヌクレオチド．

上記のオリゴヌクレオチドリストから，以下に記述するおのおのの技術に適切なものを選択せよ．
1. ポリメラーゼ連鎖反応を使って，既知あるいは一部既知のDNA配列を増幅する．
2. ジデオキシチェーンターミネーション法により，自動的にDNA配列解析する．
3. サザンブロット法により特定のDNA配列を検出する，たとえば二つのヒト試料からDNAを識別する．
4. 目的遺伝子が特定の組織で転写されている程度をノーザンブロット法で調べる．

🔵 発 展 問 題

ここにプラスミド混合液がある．ほとんどはpBluescriptプラスミド（p.70）である．少しだけクローン化したcDNA，たとえばグルココルチコイド受容体cDNAの入ったpBluescriptプラスミドがある．混合したプラスミドからグルココルチコイド受容体cDNAを含むプラスミドを分離するにはどうすればよいか？

発展問題の解答　Y細胞を形質転換して，アンピシリン，IPTG（*lac* オペロンの誘導物質），X-gal を含む寒天平板上にY細胞を置く．グルココルチコイド受容体cDNAを含むpBluescriptプラスミドを用いて形質転換した細胞は，白色に呈色する．プラスミドは，pBluescriptにDNAを挿入すると *lac* z 配列が破壊されるからである．このY細胞はβ-ガラクトシダーゼを発現することができず，X-gal を青色の反応物質に変換することができない．しかしながら，pBluescriptプラスミドのみを含むY細胞は *lac* z 遺伝子配列が残留しているから，青色に呈色する．これらをペトリ皿から採取して，再度培養することができれば，日々の実験に使用されるDNA を増幅してプラスミドを得ることができ，かなり純化されているcDNA をもつことができる．

8 ゲノムの全体像

● 遺伝子とゲノム

　遺伝子もゲノムも研究の進展によって言葉の意味が変化し，現在でもそれは続いていて，分野や使われる場面によって意味が異なることがあり，初学者が戸惑う場面もある．遺伝子やゲノムという概念を理解するために，若干の歴史と復習を含めて整理しておくことは，特に初学者に必要かつ有益であろう．

遺伝子とは

　ⅰ）**遺伝子が DNA とわかるまで**　　Gregor Johann Mendel は19世紀後半にエンドウマメの実験から，親から子へ伝わる形質を支配する何者かが存在することを認識した．概念としての遺伝子の成立である．画期的なことは，"子は両親に少しずつ似る"というアナログ的に理解されてきた性質について，遺伝因子がデジタル的に支配している（黄色マメと緑色マメの子孫は，黄緑色ではなく黄色か緑色のどちらかである）ことの認識であった．19世紀末には顕微鏡観察から，遺伝子は**染色体**にのって遺伝することが推定され，1910年代に Thomas Hunt Morgan がショウジョウバエで染色体上の**遺伝子地図**をつくった．1940年代初頭に George Wells Beadle がアカパンカビで遺伝性化学的解析から**一遺伝子一酵素説**を提唱したが，物質レベルでの遺伝子の本体は不明で，1944年の Oswald Theodore Avery による形質転換の実験にもかかわらず，本体は DNA ではなくタンパク質であろうとの見方が有力であった．その後，1952年の Alfred Day Hershey と Martha Chase によるトレーサー実験などを経て，"遺伝子の本体は DNA である"と確信されるようになり，1953年に James Dewey Watson と Francis Harry Compton Crick が DNA の構造模型を発表した．原核生物，真核生物を通じて，遺伝子の本体は二本鎖 DNA であって例外がない．ただ，ウイルスの中には二本鎖 DNA だけでなく，一本鎖 DNA や，一本鎖や二本鎖の RNA を遺伝子とするものもある．

　ⅱ）**原核生物と真核生物の遺伝子の定義**　　大腸菌の分子生物学の進歩によってセントラルドグマが成立し，遺伝子とは"タンパク質のコード領域"，具体的には"ATG で始まって終止コドン（の前）まで"であると理解されるようになった．大腸菌の**ポリシストロニック mRNA** には複数の遺伝子の情報がのっている（図6・6, p.58）．ヒトでは DNA の約1.3％がコード領域である．真核生物でスプライシングという現象が発見されたとき，一つの遺伝子（コード領域）がイントロンによって分断されていると理解されたが，1990年代以降は，イントロン，エキソンだけでなく，5′ と 3′ 非翻訳領域を含めて"真核生物の遺伝子は転写される mRNA 前駆体全体の鋳型 DNA 領域"とするのが普通である．ヒトではゲノムの約25％である．これを原核生物のモノシストロニック mRNA にも適用して転写領域＝遺伝子とすることもあるが，ポリシストロニック mRNA についてはコード領域＝遺伝子とするなどの不統一が避けられない．

　ⅲ）**遺伝子の意味の拡大**　　DNA 全体を機能的に重要な部分とそうでない部分に分けて考える場合，転写領域だけでなくプロモーターやオペレーターなどの転写調節領域も，当該遺伝子の機能にかかわる重要な機能領域である（6章）．このため，当該遺伝子にかかわる転写調節領域を含めて遺伝子として扱う場合もあり，それなりに意味あることである．ヒトでは DNA 全体の25％程度が転写調節領域との推定がある．ただ真核生物の場合，転写調節領域はしばしば非常に大きく，転写領域の上流だけでなく内部や下流にも存在し，関係する領域を正確に把握しきれないだけでなく，クロマチン凝集状態のような構造変化や，核内でのクロマチン分布状況によっても転写調節を受けていることがわかってきて，調節にかかわる領域は相当に大きいと考えられ，全体を把握することは難しい．

　ⅳ）**一遺伝子一タンパク質ではない場合の遺伝子名**
　基本的には一つの遺伝子は1種類のタンパク質を規定する．ただ，複数の転写開始点から複数種の mRNA 前駆体の転写，選択的スプライシングによる1種類の mRNA 前駆体から複数種の mRNA の生成，合成された

タンパク質の切断による複数種の機能タンパク質の生成など，1遺伝子から複数種の機能タンパク質がつくられる場合には，遺伝子名とタンパク質名とが1対1に対応しない．これらが，同一個体内でも異なる種類の細胞間で異なる場合や，発生過程で変化する場合もある．時に混乱をまねくが，命名法の一般ルールはない．

v）古くからの非コードRNA遺伝子と新しい非コードRNA遺伝子 rRNA，tRNA，snRNAなど，タンパク質をコードしないRNA（非コードRNA: ncRNA, non-coding RNA）が100種類程度知られていた．これらのRNAはrRNA遺伝子あるいはtRNA遺伝子から転写される．遺伝子の大部分はタンパク質をコードするものであり，ncRNAの遺伝子は少数の例外的なものと長い間考えられてきた．後述するように，1990年代後半以降きわめて多種類のncRNAが発見され，ncRNAの遺伝子はタンパク質をコードする遺伝子に匹敵，あるいはそれを上まわる可能性さえあり，従来の常識が覆されつつある．

ゲノムとは

i）ゲノムの定義 ゲノム（genome）という言葉は，遺伝子（gene）と全体を表す接尾語（-ome）による造語として，遺伝子の全体という意味であるが，現在ではDNAの全部という意味で使われることが多い．古典的には"ゲノムは，ある生物をその生物たらしめるのに必要な遺伝情報"とされ，遺伝子の本体がDNAであることがわかってからは"ゲノムは，ある生物をその生物たらしめるのに必要なDNA"とされる．"必要な遺伝情報""必要なDNA"という表現は誤解をまねきやすいが，塩基配列が遺伝子であるか，機能をもつか，生物たらしめるに必要であるかを問わず，塩基配列全体のことをゲノムという．真核生物の配偶子や原核生物は，1セットのゲノムをもつ**一倍体細胞**であるが，真核生物の体細胞は2セットのゲノムをもつ**二倍体細胞**が多い．二倍体の体細胞が減数分裂して一倍体の**配偶子**（**生殖細胞**）をつくり，二つの配偶子が**接合**（**受精**）して二倍体の**接合子**（**受精卵**）をつくる（19章）．ただ，ヒト（性染色体をもつ生物）のゲノムは"ヒトをヒトたらしめるDNAのセット"との定義に忠実に従えば，"ヒトゲノムとは22本の染色体DNA＋X染色体DNA＋Y染色体DNA"と定義される．この意味では，卵子では性染色体としてX染色体のみを，精子ではXまたはYをもつので，1セットに

発展 8·1　エピジェネティックな遺伝子発現調節

　基本的には，生物の形質を規定する遺伝情報はDNAの塩基配列である．異なる生物は異なる塩基配列をもち，塩基配列の変化は突然変異として形質を変化させる．しかし多細胞真核生物の場合，同一個体の細胞はすべて同じゲノム情報をもっているにもかかわらず，分化した細胞は異なる形質の細胞として機能しており，分裂増殖してもその形質を維持（子孫細胞への形質の遺伝）し，他の分化細胞に変換することはない．肝細胞や表皮細胞として分化した細胞は，それぞれ別の遺伝子をもった細胞のようにふるまう．ここでは，遺伝子の塩基配列（genetic）という情報を変えることなく，後から加わった（epi-)情報を加味した，エピジェネティック（epigenetic）な遺伝情報が，形質を規定している．

　受精卵から発生のきわめて初期は，すべての種類の遺伝子が発現可能で，すべての細胞に分化できる全能性幹細胞（totipotent stem cell）の性質をもっているが，やがて多くの遺伝子に不可逆的な発現抑制が起こるとともに特定の遺伝子の発現が起こり，多能性幹細胞（pluripotent stem cell）を経て，やがて特定の範囲の種類にしか分化できない幹細胞になる．さらにこれが進んで，ごく限られた範囲の種類，あるいは1種類の細胞にしかなれなくなる．最終的には，肝細胞は肝細胞を生み，表皮細胞は表皮細胞を生む．最終分化細胞では，特徴的な分化機能をつかさどる遺伝子が強く発現している．

　エピジェネティックな遺伝子発現の調節では，DNAのシトシン塩基のメチル化，ヒストンの特定のアミノ酸残基へのメチル化やアセチル化，リン酸化その他の修飾がまず起こり，これが転写調節にかかわるタンパク質複合体やクロマチン構造を変換するタンパク質複合体をよび込んで，当該遺伝子の転写活性を可逆的あるいは不可逆的に変化させる．2000年代に入って研究の進んでいる小型および大型のncRNAも，この過程に働いている．DNAやヒストンの基本的な修飾状態は子孫細胞に伝達（遺伝）して，子孫細胞の形質変化を維持するので，ヒストンによる遺伝コード（ヒストンコード）ともいわれる．

　成人の分化した細胞を初期化してiPS細胞（induced pluripotent stem cell）をつくるのも，iPS細胞から組織や臓器を構築するのも，エピジェネティックな変化のプロセスである．個体発生では，内在的なプログラムに従ってエピジェネティックな遺伝子発現変化が進行するが，ローヤルゼリーによる女王蜂の誕生のように，外界からの影響を受けて変化する場合もある．ヒトを含む哺乳類でも，発生過程や成長過程での外部からの刺激によって，エピジェネティックな遺伝子発現が変化する可能性が示唆されている．

は性染色体1本分が不足する．女性では，生殖細胞にも体細胞にもY染色体がないので，1セットとしては不足である．ただ通常はここまでの厳密さを求めず，概略"体細胞は2セット，生殖細胞は1セットのゲノムをもつ"として扱う．

ii) **染色体ゲノムと染色体外ゲノム** 染色体は，本来，真核細胞の有糸分裂期に現れるクロマチンが凝縮した特有の構造体（ヒトでは46本）をさす（図4・5, 4・6, p.38）．分裂期以外では染色体を形成せず，クロマチンは核内に分散して存在する．クロマチンに含まれるDNAを，染色体DNAあるいは染色体ゲノム，核ゲノムという．原核生物は一般に1本のDNAをもち，構造的には真核細胞のようなクロマチンも染色体も形成しないが，真核生物との類似で，染色体DNAあるいは染色体ゲノムと称する．これに対して，原核生物のプラスミドDNAや，真核生物のミトコンドリアや葉緑体のDNAは，染色体外DNAあるいは染色体外ゲノムという．ヒトゲノムあるいは大腸菌ゲノムというとき，染色体外ゲノムを含めないことが多い．

iii) **染色体という呼称の問題** 二倍体であるヒト体細胞は，染色体ゲノムとして46本のDNA（ゲノム2セット）をもつ．細胞分裂の前には複製によって92本のDNA（ゲノム4セット）になり，細胞分裂期には，これが46本の染色体に組込まれる．ここでは，1本のDNAから成るクロマチンが1本の染色分体に凝縮し，2本の染色分体（複製後の姉妹DNAをもつ）が対合して1本の染色体を形成する．したがって，真核生物の染色体（分裂期）は2本のDNAを含むが，原核生物の染色体はDNA1本である．近年では，原核生物に転用した染色体という呼称をさらに分裂間期の真核細胞に再転用して，真核生物の核内クロマチンのことも染色体とよぶようになってきている．細胞分裂中期にみられる染色体と同じ呼称でも，実態（形態）としては異なるものであることを理解しておかないと混乱をまねく．分裂期に形成される染色体の構造が，分裂間期の核内に存在しているとの誤った図さえみられることもあるので，注意を要する．

iv) **遺伝情報とゲノム情報** 遺伝情報あるいはゲノム情報という言葉が，さまざまな場面でさまざまな内容で使われる．限定的には，遺伝子の暗号（コード）あるいは遺伝子の塩基配列の意味で使われ，広義には，遺伝子発現調節領域など遺伝子にかかわる広い領域を含めて，さらに広義には，機能的な意義の有無にかかわらずDNA全領域の塩基配列を遺伝情報，ゲノム情報という．いずれにせよ，生物の形質を規定する基本的な遺伝情報は，DNAの塩基配列である．しかし真核生物の場合，形質を規定するのはDNAの塩基配列情報だけでなく，DNA塩基の修飾，ヒストンの修飾状態，多くの転写調節にかかわるタンパク質複合体やクロマチン構造を変換するタンパク質複合体，2000年代に入っての研究の著しい小型および大型のncRNAなどが，全体として協調しつつ遺伝子発現を調節して形質を規定し，しかも，細胞が分裂増殖してもその状態が子孫細胞に伝わる（遺伝する）ことで，子孫細胞の形質が決定・維持されることがわかってきた．DNAの塩基配列に加えて，このようなエピジェネティックな遺伝子発現調節（p.90, 発展8・1）による細胞形質の決定機構が存在するわけで，これが真核生物において個体の発生や細胞分化を担う中心的な機構である．これらにかかわる"DNA, RNA, タンパク質をあわせた状態が遺伝情報である"とする考えが生まれている．

ゲノム解析の現状

1990年代に開始されたヒトDNAの全塩基配列を決定するヒトゲノム計画は，2003年に一部の反復配列を除いて99％が解読されて，完了宣言が出された．ヒト全ゲノム情報の解明は，網羅的解析による生命現象の理解の基盤となる画期的なものであった．2009年時点で，塩基配列が完全に解読された生物は1000種を超え，ほ

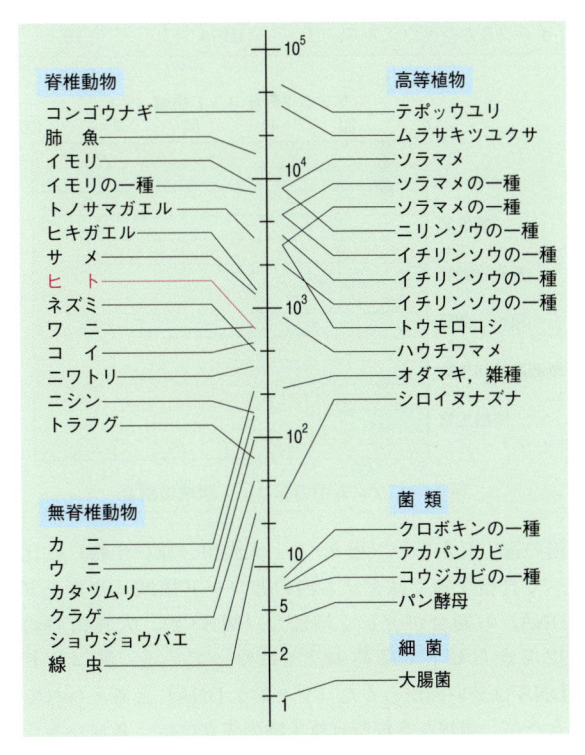

図8・1 **ゲノム量の比較** 大腸菌を1とした相対値．

ぼ決定が1200以上，解読中が約1200とされる．全塩基配列の決定により，進化における系統の解析に画期的な進歩をもたらし，遺伝情報の発現について新たな機構の存在が明らかになり，遺伝子情報に基づくヒトの疾患の理解と医療への応用が急展開するなど，パラダイムシフトをもたらす重要な契機となった．

生物間におけるゲノムの違い

生物間のゲノム量（一倍体当たりのDNA量）には大きな幅がある．概略的には，高等動植物ほど多い傾向はあり，ヒトは大腸菌の約700倍であるが，ヒトが一番ではない（図8・1, p.91）．これに対して，遺伝子の数は真核生物間でほとんど差がなく，ヒトと大腸菌でも約6

表8・1 タンパク質をコードする遺伝子数

	ゲノムサイズ〔Mb〕	遺伝子数
ヒ　ト	2,851	22,287
マウス	2,625	25,865
線　虫	103	19,893
ショウジョウバエ	180	13,676
シロイヌナズナ	125	25,498
細胞性粘菌	34	12,500
パン酵母	13	5,538
大腸菌	4.6	4,289
マイコプラズマ	0.6	467
インフルエンザウイルス	0.014	10

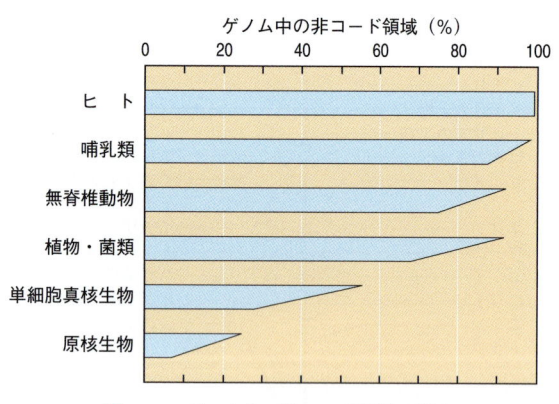

図8・2 ゲノム中の非コード領域の割合

倍の違いしかない（表8・1）．大腸菌（原核生物）に比べて真核生物ではゲノム内の非コード領域（非コードDNA）の割合が著しく増加し（図8・2），大腸菌の約12％からヒトでは約98.7％になっている．**非コードDNA**は長い間がらくた（ジャンクDNA）と考えられてきたが，複雑な多細胞真核生物の成立には，多様な進化をもたらす機構や，体の複雑な構造や機能を形成し維持するための複雑な遺伝子発現調節機構がゲノム中に存在するはずで，膨大な非コード領域はその候補であった．

遺伝子にかかわる領域の非コードDNAの役割

ヒトの場合，コード領域は1.3％くらいであっても，転写される領域（真核生物における遺伝子）は約25％もあり，正確な見積りではないが転写調節領域の約25％をあわせると，ゲノムの約半分は遺伝子にかかわる領域である（図8・3）．転写領域の大部分を占める非コード領域であるイントロンは，進化の過程ではエキソンシャッフリング（p.92）によって新しい遺伝子をつくり出し，現在も選択的スプライシング（p.52, 64）によって10万種類以上ものアミノ酸配列の異なるタンパク質をつくり出す重要な役割を果たしている．発現調節領域は，転写促進・抑制タンパク質複合体の結合による直接の転写調節だけでなく，ヌクレオソーム構造やクロマチン構造の変化をもひき起こすことで，可逆的だけでなく不可逆的な発現変化をも起こし，複雑な発生過程を進行させ，多様に分化した細胞を機能させることで個体を維持する．後述するように，近年きわめて多種類のncRNAが発見されている．これを含めるとゲノムの70％以上が転写されるとの算定もあり，反復配列を含めたゲノムの全領域から転写されており，これらのncRNAの転写領域も遺伝子として扱われるべきものである．

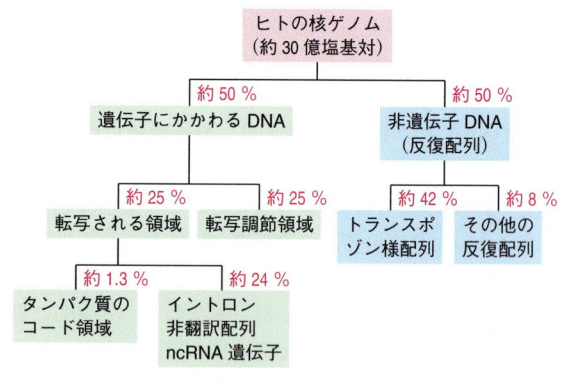

図8・3 ヒトゲノムにおける配列の組成　図の左半分は機能的な特徴による分類，右半分は構造的な特徴による分類で，実際には相互に重なりがある．数値は概略的なものである．

反復配列

反復配列は，数個から数千に及ぶ特定の塩基配列が互いに接して（縦列型）あるいは分散して（分散型）ゲノム内で繰返している配列で，ヒトでは約50％が反復配列である．rRNA, tRNA, ヒストンなどの遺伝子や，テロメア，セントロメアなどは，機能的役割が明確な反復

配列である．このほか，DNA 複製開始にかかわる塩基配列，分裂期の染色体形成にかかわる配列，各骨格との結合にかかわる配列なども繰返し分布している．圧倒的に量の多いトランスポゾン様配列はゲノム中に分散して存在しており，数キロ塩基に及ぶ長い単位の反復（LINE）と，数百塩基の短い単位の反復（SINE）がある（p.53）短い反復の 1 種である Alu 配列（およそ 280 塩基）はヒトに特有で約 100 万回も反復しており，遺伝子の内部にも存在する．トランスポゾンは飛び回る遺伝子ともいわれ，自己増幅してゲノム中のあちこちにランダムに挿入される性質をもち，哺乳類や霊長類でも進化の特定の時期に急激に反復を増大して，種の多様化に役割を果たした可能性があるが，現在の時点では飛び回る性質をほとんど失い，機能的な役割は不明である．

● ゲノムからポストゲノム――オミクス研究

ゲノム（genome）の網羅的研究（-omics = -ome + -ics）を**ゲノミクス**（genomics）というが，ゲノムの全塩基配列解読はその画期的な端緒であった．生命現象の理解には，ゲノミクスの展開としての塩基配列の機能や役割だけでなく，発現した RNA やタンパク質の機能や役割などを幅広く理解していかなければならない．現在ではゲノミクスのみならず，オミクスと総称される網羅的解析を特徴とする研究分野が，**ポストゲノム**（ゲノムの次の世代）研究の流れの一つになっている．ゲノム DNA からの転写産物（transcript）の全体像としてのトランスクリプトームを解析する**トランスクリプトミクス**，タンパク質（protein）の全体像としてプロテオームを解析する**プロテオミクス**，代謝産物（metabolite）の全体像としてのメタボロームを解析する**メタボロミクス**など，活発な研究が進んでいる．プロテオミクスの対象となる，修飾されたタンパク質の種類は，ヒトでは 100 万種を超える．タンパク質同士の結合や相互作用（interaction）の全体像を知ろうとするインタラクトミクスもある．クロマチン（DNA）全領域にわたる転写活性状態の網羅的把握や，エピジェネティック調節に関するヒストンの修飾状況の全体像把握などについても，オミクス的な解析が進んでいる．動物の種間での違い，発生過程での変化，組織や臓器での特徴など基礎レベルの研究だけでなく，疾患における変化などを解析することによって病気の理解や治療に結びつける研究も盛んである．iPS 細胞の成功は，幹細胞で特異的に発現している遺伝子のトランスクリプトミクスが基本になっている．オミクスでは，分析技術の画期的な進歩と併せて，データを効率よく網羅的に収集しコンピューターによって解析するバイオインフォマティクスの進歩が並行している．

一塩基多型（SNP: single nucleotide polymorphism）解析

ゲノミクス展開の一つの成果として，**一塩基多型解析**があげられる．塩基配列決定技術が進歩し，個人のゲノム配列が容易に決められるようになって，ヒト同士の塩基配列の違いがわかるようになった．任意のヒトの間では，1 塩基の違う箇所がゲノム（30 億塩基）の中の 300 塩基当たりに 1 箇所（0.3 %）くらいある．これを一塩基多型という．これを利用した DNA 鑑定による個人識別は，犯罪捜査や裁判に応用されている．また，高血圧，糖尿病，肥満その他の成人病になりやすい体質が，複数の遺伝子における特定の一塩基多型と関係する可能性についての研究が進んでいる．その結果を利用して，患者に対する生活習慣の指導によって発症を抑えたり，適切な治療法を策定することを目指した，個人に適したオーダーメイド医療への応用が進んでいる．薬物の治療効果や副作用の出方についても，個人の遺伝子多型が影響することがわかってきて，事前の一塩基多型診断によって，最有効薬剤の選択や重篤な副作用回避などのオーダーメイド医療が行われている．一塩基多型だけでなく，原因のわかっていない難病の原因遺伝子や，長寿にかかわる遺伝子を探る研究も急速に進んでいる．

非コード RNA の重要性と役割

全ゲノムの塩基配列解読から，転写を開始するプロモーターが予期以上に多く分布していることが明らかになり，トランスクリプトミクスの一つの成果として，マウスやヒトでは，全ゲノム領域の少なくとも 70 % は mRNA 型の RNA として転写されており，タンパク質のコードを含まない非コード RNA（ncRNA: non-coding RNA）として膨大に存在することがわかってきた．いずれも転写と翻訳の段階で，遺伝子の発現をエピジェネティックに調節する重要な機能を果たしていると考えられる．これらの ncRNA が転写される領域も遺伝子とよぶなら，タンパク質の遺伝子以上の数の ncRNA の遺伝子が存在する．なお，mRNA 型ではない ncRNA の存在については解析が不十分である．便宜的に，200 塩基以下で機能する小型 ncRNA と，それ以上のサイズの大型 ncRNA とに大別する．

　ⅰ）**小型 ncRNA**　　小型 ncRNA は何種類ものグループがあることが報告されており，遺伝子の転写抑制やタンパク質合成の抑制に働く．代表的な**マイクロ RNA**（miRNA: microRNA）は，ヒトでは 1000 種類以上が知られており，遺伝子の 30 % 以上がこの調節を受けると

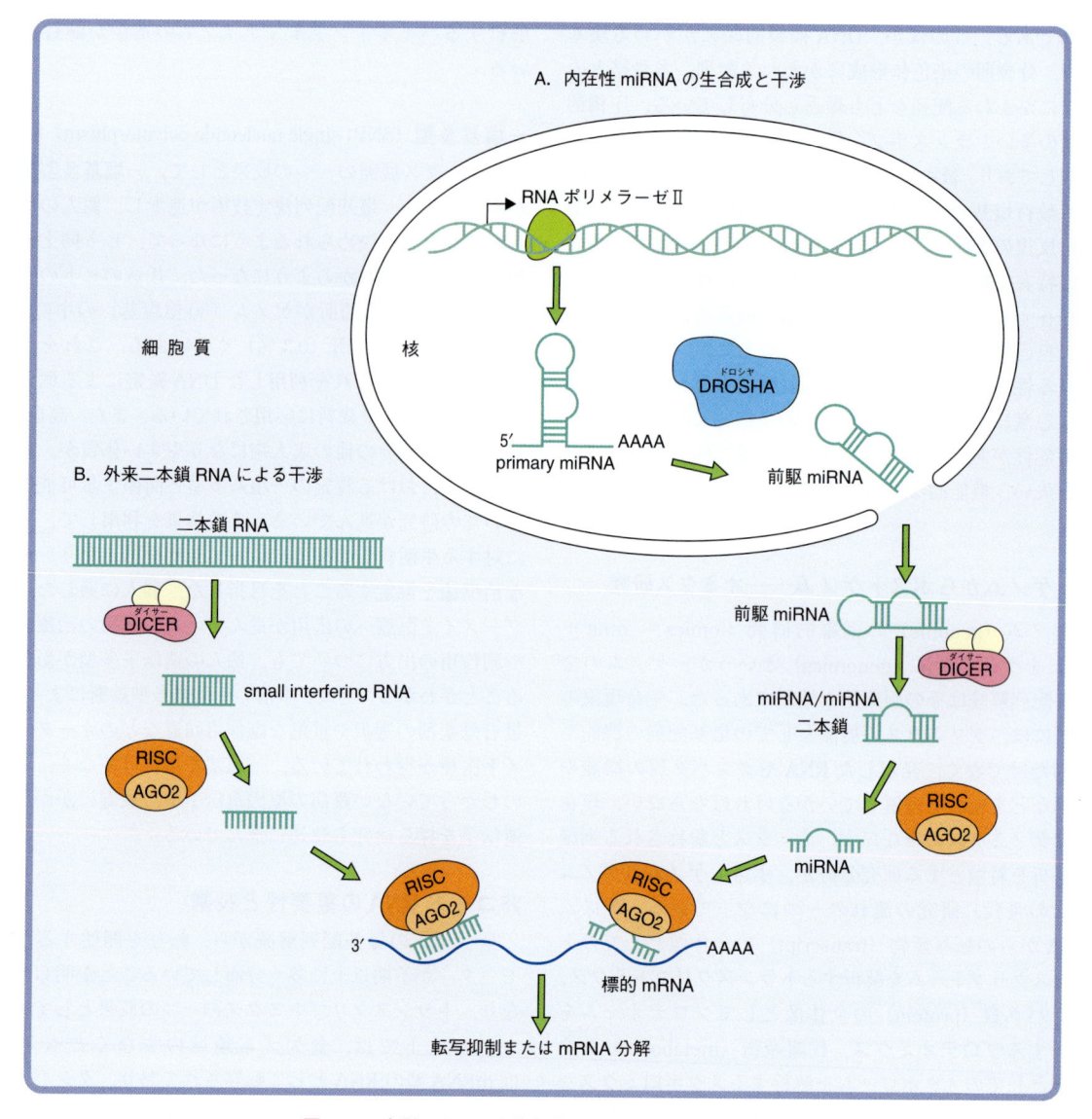

図8・4 小型 ncRNA の生合成　miRNA: マイクロ RNA

考えられている．大型の RNA（primary miRNA: pri-miRNA）として転写された後に，通常の mRNA と同様のプロセシングを受け，核内で切断されて前駆体 miRNA（pre-miRNA）となって核外へ輸送される．さらに切断されて 21〜23 塩基から成る小型二本鎖 RNA になり，そのうちの 1 本（miRNA）が RISC タンパク質複合体と結合する（図 8・4 右側，A）．この miRNA が，相補性をもつ特定の mRNA と結合して，翻訳を阻止したり mRNA を分解したりすることで当該遺伝子の発現を抑制する．pre-mRNA とともにアンチセンス RNA が合成されて二本鎖が合成される場合，あるいは外来の二本鎖 RNA が入ってきた場合，同様のプロセスを経て **siRNA**（small interfering RNA）になり（図 8・4 左側，B），翻訳抑制と転写抑制に働く．これらの miRNA あるいは siRNA が，個体発生や細胞分化のプロセスでエピジェネティックな遺伝子発現調節に働いていることがつぎつぎに明らかになっているだけでなく，成人の体内でも重要な働きをしており，これらの異常によってさまざまな疾患が生じる例がみつかってきている．miRNA が細胞からエキソソームとして分泌されて体内を運ばれ，他の細胞に到達して働く現象もわかってきた．RNA によるこれらの遺伝子発現抑制現象を **RNAi**（RNA interference）とよぶ．人工的に二本鎖 RNA を細胞に導入して（あるいは細胞内で合成させ），特定の遺伝子の発現を抑制する方法は，遺伝子の破壊（ノックアウト，7 章参照，p.85）と同様の効果をもつ．遺伝子を破壊せ

ずに機能を抑制させるので，**遺伝子ノックダウン**とよび，遺伝子の働きを調べるための有効な方法として利用されている．もう一つのグループとして **piRNA**（Piwi-interacting RNA）は 5 万種類以上もあるといわれ，ゲノムのトランスポゾン領域から転写される．miRNA と同様に，大型の RNA から類似のプロセスで小型（26〜34 塩基）の RNA になり，Piwi ファミリーのタンパク質と結合して働く．生殖細胞の形成期や受精卵からの発生初期の段階で発現しており，遺伝子発現の抑制状態が一時的に全解除されるとき，トランスポゾンが不必要に転写されることを防ぐことが役割の一つと考えられる．

　ⅱ）**大型 ncRNA**（lncRNA: long non-coding RNA）
大型 ncRNA には，遺伝子と遺伝子の間の領域から読まれるもの，遺伝子の反対の鎖（アンチセンス鎖）を読まれるもの，遺伝子のイントロンを読まれるものなどさまざまな種類がある．ヒトの場合，遺伝子間の領域から読まれるものだけでも 3300 種以上ある．通常の遺伝子領域からもアンチセンス鎖の ncRNA が読まれるが，ncRNA のアンチセンス鎖も多く生産される．ほとんどは 2000 年代以降に発見されたもので，個々の機能解析は今後の課題であり，エピジェネティック発現にかかわるタンパク質複合体との結合を通じて，個々の遺伝子の発現調節にかかわると想定される．それ以外に，クロマチンの凝集・不活性化，ゲノムインプリンティング，核内でのクロマチンパッキングなど，核内の大域的調節にかかわる可能性が示唆されている．X 染色体の *Xist* 遺伝子から転写される RNA は，X 染色体の不活性化にかかわる lncRNA の古典的な例であることがわかった．なお，lncRNA は数キロ塩基の長いものであるが，非コード RNA として分類する根拠は，構造的に 100 アミノ酸以上のコード領域をもたない（300 塩基以上のコード領域をもたない）からで，それ以下のペプチドをコードする可能性は残されている．特に，脳のように非常に多くの種類の ncRNA がつくられているところでは，生理機能をもつ活性ペプチド産生の有無に特に関心がもたれている．

9 タンパク質の生産

遺伝コード (p.39) はタンパク質分子のアミノ酸配列を指令している．タンパク質の合成は非常に複雑であり，3種のRNAを必要としている．メッセンジャーRNA (mRNA) は暗号を含んでおり，タンパク質合成の鋳型として働く．転移RNA (tRNA) はアミノ酸をmRNAに運ぶアダプター分子である．リボソームRNA (rRNA) はリボソームの構成成分であり，リボソームにはタンパク質合成に必要なすべての分子が集まる．いくつかの酵素もタンパク質分子の合成を助けている．この章では，おもにmRNAのヌクレオチド配列がどのようにしてタンパク質のアミノ酸配列に翻訳されるかを述べる．

図9・1にタンパク質合成（翻訳ともよばれる）の基本的なメカニズムを示す．第一段階では，アミノ酸がtRNA分子に結合する．第二段階では，タンパク質合成を開始するためにリボソームがmRNA鎖上で組立てられる．第三段階では，リボソームがmRNAに沿って移動する．tRNAがmRNAの各コドンに結合してコドンにより指定されるアミノ酸が伸長中のポリペプチド鎖に付加される．最後の第四段階では，リボソームが終止コドンに出会ってタンパク質合成が終了する．

● アミノ酸のtRNAへの付加

アミノ酸は鋳型mRNA上で伸長しているポリペプチド鎖に直接取込まれるわけではない．一つのアミノ酸は一つのtRNA分子によってmRNA鎖に運ばれる．tRNAは約70〜100ヌクレオチドから成る小分子で，特定の箇所の塩基間で水素結合を形成して正確な三次元構造に折りたたまれる．この結果，四つの二本鎖領域が生まれ，二次元で描くとtRNAは特徴的なクローバー葉構造になる（図9・2）．

各tRNA分子はその3′末端にアミノ酸結合部位を，分子内部にmRNAのコドン配列に相補的な3連続の塩基である**アンチコドン**をもつ．コドンとアンチコドン間の水素結合によりtRNAはmRNA分子に結合する．たとえば，メチオニンのコドンは 5′ AUG 3′ でありアンチコドン 3′ UAC 5′ と塩基対を形成する．

転移RNA，アンチコドン，ゆらぎ

61種のコドンが20種のアミノ酸に対応しているが，tRNAについては61種を下まわる．つまり細胞は節約

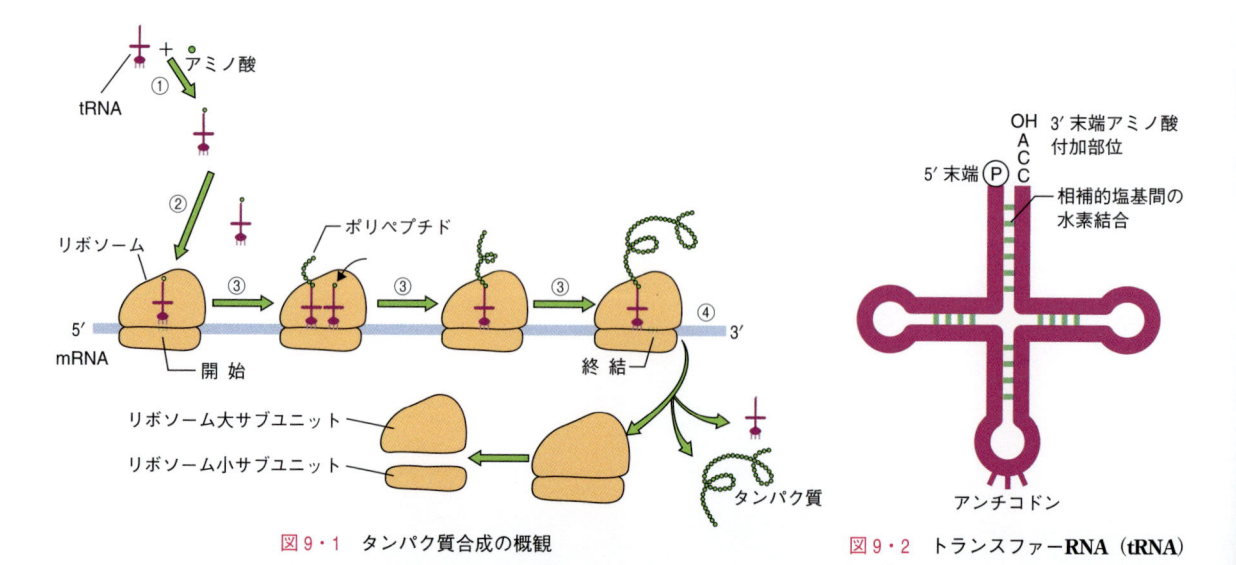

図9・1 タンパク質合成の概観

図9・2 トランスファーRNA (tRNA)

している．多くのアミノ酸のコドンは3番目の塩基のみが異なっている．p.40の図4・8に示すように，あるアミノ酸に対応するトリプレットが二つだけのときには，3番目の塩基はUまたはC，あるいはAまたはGとなる．たとえば，アスパラギン酸のコドンはGAUまたはGACであり，グルタミン酸のコドンはCAAまたはCAGである．ゆらぎ仮説によるとコドンの最初の二つの塩基とアンチコドンとの塩基対はGに対してはC，Aに対してはUという標準的規則に従うが，3番目の塩基対はこの規則にしばられず，ゆらぐことができる．もしコドンの第3番目がピリミジンであるウラシル（U）であるとすると，Uはアンチコドンの5′の位置でプリンであるAまたはGのいずれとも対合できる．したがって，一つのtRNA分子が二つのコドンに使われる．いくつかのtRNAのアンチコドンには変則的なヌクレオシドであるイノシン（I）が含まれる．イノシンの塩基はプリンの1種ヒポキサンチンであるが（図2・13, p.18），これはコドンの3番目の位置のU，CまたはAのいずれとも対合できる．たとえば，イソロイシンのtRNAのアンチコドンUAIはAUU, AUCまたはAUAのいずれとも塩基対を形成できる．

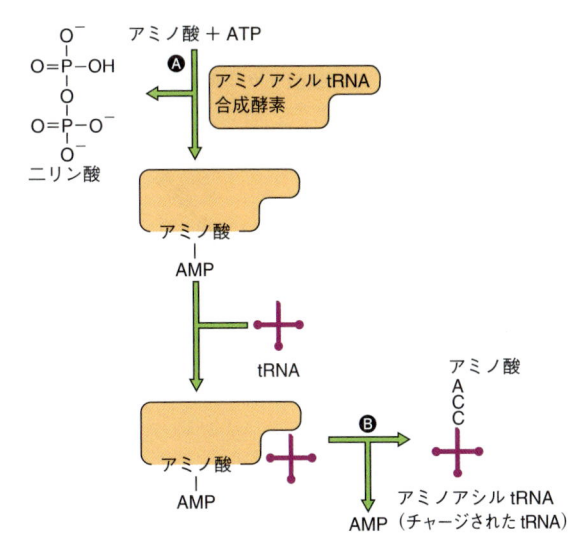

図9・3 対応する**tRNA**へのアミノ酸の付加

図9・3はあるアミノ酸が対応するtRNA分子へ付加される過程を示している．この過程は二つの反応から成り，いずれも**アミノアシルtRNA合成酵素**により触媒される．第一の反応では（図9・3A），アミノ酸は酵素に結合したままカルボキシ基を通してアデノシン一リン酸（AMP）に結合する．すべてのtRNA分子の3′末端のヌクレオチド配列はCCAである．第二の反応では（図9・3B），アミノアシルtRNA合成酵素によりアミノ酸がAMPからtRNAへと転移する．ここではアミノ酸のカルボキシ基とtRNA末端のアデノシン（A）のリボースの2′または3′-ヒドロキシ基との間にエステル結合が形成され，**アミノアシルtRNA**ができる．エステル結合のエネルギーが二つのアミノ酸間のペプチド結合の形成に使われることから，この反応はしばしばアミノ酸の活性化といわれる．アミノ酸が結合したtRNAは**チャージされたtRNA**といわれる．アミノアシルtRNA合成酵素は少なくとも20種あり，各酵素は一つのアミノ酸とそれに特異的なtRNAに作用する．

● リボソーム

リボソームは細胞におけるタンパク質合成の工場である．リボソームは大小二つのサブユニットから構成されており，それぞれのサブユニットはrRNAと多数のタンパク質からできている．リボソームのサブユニットとrRNAは**S値**というパラメーターで表される．S値または**スベドベリ単位**は沈降速度で，ある分子が重力場でどのくらい速く動くかを表している．たとえば，大サブユニットはより早く沈降し大きなS値をもつ．原核生物やミトコンドリアあるいは葉緑体のリボソームは完全に集合すると70Sで，50Sの大サブユニットと30Sの小サブユニットから成る（図9・4a）．S値はリボソームおよびそのサブユニットの分子量ではなく沈降速度を表しているので，70Sは50Sと30Sの和より小さくなる．真核生物のリボソームは完全に集合すると80Sで，60Sの大サブユニットと40Sの小サブユニットから成る（図9・4b）．二つのアミノ酸間のペプチド結合の形成（p.21）はリボソーム上で起こる．リボソームにはmRNAおよび二つのチャージされたtRNAの結合部位がある．リボソームに入ってくるアミノアシルtRNAは**アミノアシル部位（A部位）**に，伸長しているポリペプチド鎖が結合したtRNAは**ペプチジル部位（P部位）**に結合する．リボソームには第三番目のtRNA結合部位である**エクジット部位（E部位）**があり，tRNAはリボソームから解離する前ここに結合する．

● 細菌のタンパク質合成
リボソーム結合部位

タンパク質合成が起こるためには，最初にリボソームがmRNAに結合する必要がある．AUGはタンパク質合成の開始コドンだけでなくタンパク質中のすべてのメチオニンのコドンとしても使われる．リボソームはどのようにしてタンパク質合成開始のための正しいAUGを認

発展 9・1 タンパク質を一次元で分離する方法

SDS-PAGEとして知られる技術は特定の組織，細胞，あるいは細胞小器官のタンパク質の分布を解析する目的で広く利用されている．この方法はまた単離したタンパク質の純度を調べるためにも非常に有用である．SDSは硫酸ドデシルナトリウムを，PAGEはポリアクリルアミドゲル電気泳動を表わす．

この方法では解析対象のタンパク質を変性させて，電場中で大きさにしたがって分離する．このために最初に2-メルカプトエタノールをタンパク質試料に加え，タンパク質内およびタンパク質間のすべての**ジスルフィド結合**（p.109）を切断する．つぎに陰イオン変性剤であるSDSを加えタンパク質試料を加熱する．SDSは負の電荷で各タンパク質鎖と相互作用するため，試料中の各ポリペプチド鎖は負の電荷で覆われることになる．これらの試料をポリアクリルアミドゲル電気泳動（p.78）にかけると，小さいタンパク質ほどより速く陽極または**アノード**へ移動するのでSDSと結合したタンパク質を大きさにより分離できる．

電気泳動終了後，ゲルをクーマシーブリリアントブルー溶液に浸しタンパク質を染色する．各タンパク質のバンドは青色に染まるので視覚的に検出できる．しかし，タンパク質の量が非常に少ない場合には，銀染色などのより感度の高い検出法が必要となる．分子量が既知のタンパク質もまた電気泳動で分離できる．これらの標準タンパク質と比較することにより未知のタンパク質の分子量を決めることができる．

多数のタンパク質混合物試料内の特定のタンパク質を追跡したい場合には，SDS-PAGEとウェスタンブロット法とよばれる方法を組合わせる．ウェスタンブロット法という命名はノーザンブロット法の場合と同じくDNAを解析する方法サザンブロット法を開発したEd Southern博士の名前に因んだものである（表7・2, p.81）．

タンパク質の混合物をSDS-PAGEで分離した後，ナイロン膜をポリアクリルアミドゲルの上においてタンパク質を膜に吸着させると，タンパク質のスポットのパターンがナイロン膜上に保存される．ナイロン膜を目的のタンパク質に特異的な抗体と反応させる．一次抗体といわれるこの抗体はナイロン膜上の標的タンパク質に選択的に結合する．その後，一次抗体に結合する二次抗体を加える．このとき膜上の目的とするタンパク質を検出するために二次抗体には酵素を付加しておく．図の例では酵素として西洋ワサビのペルオキシダーゼが使われている．基質を加えると酵素により色のついた生成物ができるので，目的のタンパク質が着色されたバンドとしてナイロン膜上に現われる．特異性は非標識の一次抗体で決まるので，酵素が付加した二次抗体はさまざまなタンパク質のウェスタンブロット法に際して，いつでもどこでも使用できる．

図の(a)は肝臓の小胞体から調製したタンパク質試料をクーマシーブリリアントブルーで染めたパターンである．左のレーンはフェノバルビタールで処理した動物から得た試料，中央のレーンはコントロールとして未処理の動物からの試料である．黒いバンドはタンパク質の存在を示している．フェノバルビタール処理試料では分子量約5,2000のバンドがより濃い以外は，タンパク質のバンドパターンは二つの試料でほとんど同じである．このことから薬剤処理でこの分子量に対応するタンパク質の量が増えたことがわかる．抗CYP2B1抗体を使ったウェスタンブロット法（図b）から，誘導されたタンパク質がCYP2B1として知られるシトクロムP450タンパク質であることがわかる．*CYP2B1*遺伝子がフェノバルビタールにより活性化され（p.63），より多くのCYP2B1タンパク質ができて薬物を速やかに代謝，除去できるようになる．

われわれはすでに*CYP2B1*遺伝子の転写がフェノバルビタール処理で増加することをノーザンブロット法により観察した（図7・15, p.81）．ここで示すウェスタンブロットは期待どおりにCYP2B1タンパク質の量が同じく増加していることを示している．

硫酸ドデシルナトリウム（SDS）はヘアシャンプーの主要な成分であり，一般に硫酸ラウリルナトリウムという別名でよばれる．

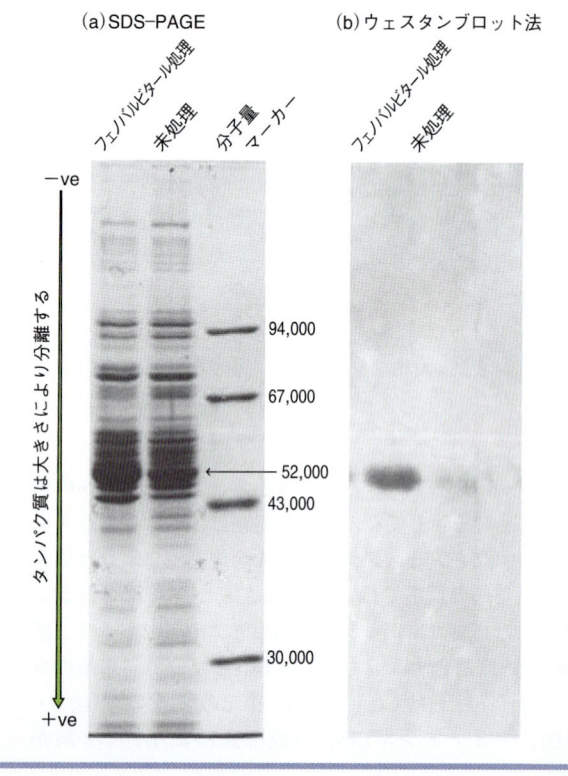

(a) SDS-PAGE   (b) ウェスタンブロット法

応用例 9・1　刺激物質としてのホルミルメチオニン

白血球はホルミルメチオニンで始まるポリペプチドにより強く誘因される．アメーバ型と考えられている白血球（図1・5, p.3）はペプチドのある方向へ動き始める．白血球はホルミルメチオニンで始まるペプチドの存在によって細菌の感染を感知してそれと戦う．宿主のタンパク質はホルミルメチオニンを含まないのに対し，原核生物のタンパク質合成はこの修飾アミノ酸で始まることがこの識別機構を可能にしている．

マウスでは鼻の特定の領域にある匂いに敏感な神経細胞がホルミルメチオニンで始まるペプチドに強く応答する．まだ証明はされていないが，このことによりマウスは細菌の存在を嗅覚で感知して腐った食物を避けていると考えられている．

(a) 70S 原核生物リボソーム

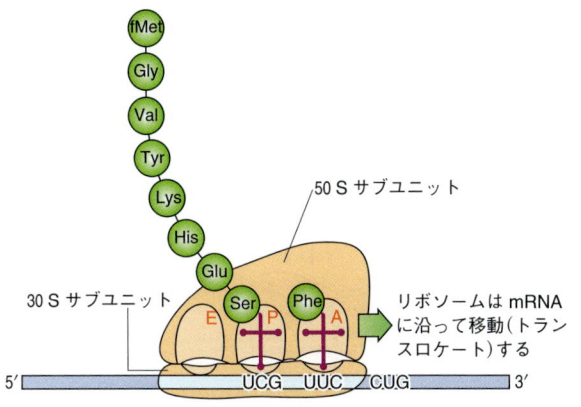

(b) 80S 真核生物リボソーム

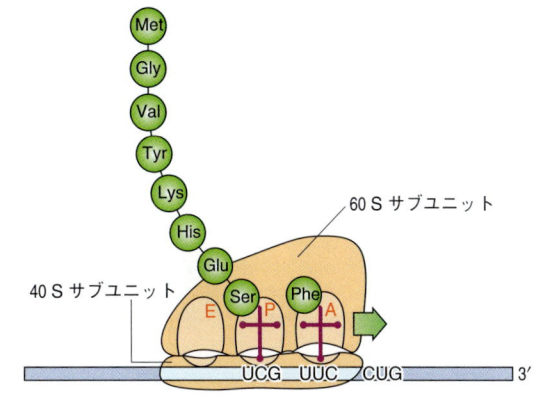

図9・4　原核生物（a）と真核生物（b）のリボソーム

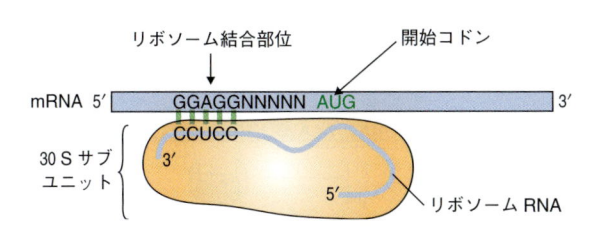

図9・5　原核生物 30S サブユニットの mRNA への最初の結合　N は"いずれかのヌクレオチド"を示す．

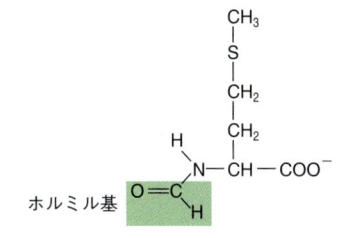

図9・6　ホルミルメチオニン

識しているのであろうか？細菌のすべての mRNA の 5′ 端付近には**非翻訳配列**（またはリーダー配列）とよばれる一連のヌクレオチドがある．これらのヌクレオチドはタンパク質をコードしていないが，リボソームが mRNA の正しい場所に結合するために必要である．通常，mRNA の AUG 開始コドンの 8〜13 ヌクレオチド上流には 5′ GGAGG 3′ あるいはこれに類似したヌクレオチド配列が存在する（図9・5）．この配列は，30S リボソームサブユニット中の rRNA 分子の 3′ 末端の配列 3′ CCUCC 5′ に相補的である．これらの mRNA と rRNA の配列が相補的塩基対により相互作用することで，30S リボソームサブユニットはタンパク質合成開始にふさわしい場所に配置される．mRNA 上のこの配列がリボソーム結合部位であり，発見した2名の科学者に因んで**シャイン・ダルガルノ配列**ともいわれる．

遺伝コードは3個の塩基から成るトリプレットで読まれるので，三つの可能な読み枠がある（p.42）．細胞が実際に使う読み枠はリボソーム結合部位の下流でリボソームが最初に遭遇する AUG で規定される．

ポリペプチド鎖の始まり

細菌の新しいポリペプチドに取込まれる最初のアミノ酸は修飾されたメチオニンであるホルミルメチオニン（fMet）である（図9・6）．メチオニンはまず特別な tRNA 分子である tRNA^{fMet} に結合し，その後ホルミル基がメチオニンのアミノ基に付加される．tRNA^{fMet} のアンチコドンは 5′ CAU 3′ でこれに相補的なコドン，すなわち普遍的な開始コドンである AUG と対合する．

70S 開始複合体

タンパク質合成の開始ではリボソームサブユニット, 鋳型 mRNA および tRNA^{fMet} により複合体が形成される. **開始因子** (**IF**) とよばれる三つのタンパク質 (IF1, IF2 および IF3) とヌクレオチドであるグアノシン三リン酸 (GTP) が 70S 開始複合体の形成を助ける. 最初に, IF1 と IF2 が 30S に結合する (図 9・7a). IF1 はリボソームの A 部位の一部となる付近に結合する. IF2 は GTP を GDP と無機リン酸 (P$_i$) に分解する酵素である. IF3 は 50S サブユニットの 30S サブユニットへの結合を防いでいる. この結果, tRNA^{fMet} が mRNA と 30S サブユニットに結合して 30S 開始複合体が形成される (図 9・7b). ついで, IF3 の解離とともに 50S サブユニットが 30S サブユニットに結合する (図 9・7c). 最後に, IF1 と IF2 が解離し, IF2 に結合している GTP は加水分解されて γ リン酸を失ってグアノシン二リン酸になる. リボソームは完全な形となり (図 9・7d), tRNA^{fMet} がリボソームの P 部位を占める. こうして 70S 開始複合体が完成, タンパク質合成が始まる. 開始複合体の中でリボソームは mRNA 上を 5′ から 3′ 方向 (mRNA に刻まれている情報が読まれる方向) に移動できるように配置される.

細菌におけるタンパク質鎖の伸長

タンパク質の合成はアミノアシル tRNA がリボソームの A 部位に結合することで始まる (図 9・7a). どのアミノアシル tRNA が A 部位に結合するかは mRNA 上のコドンにより規定される. たとえば, 第二のコドンが

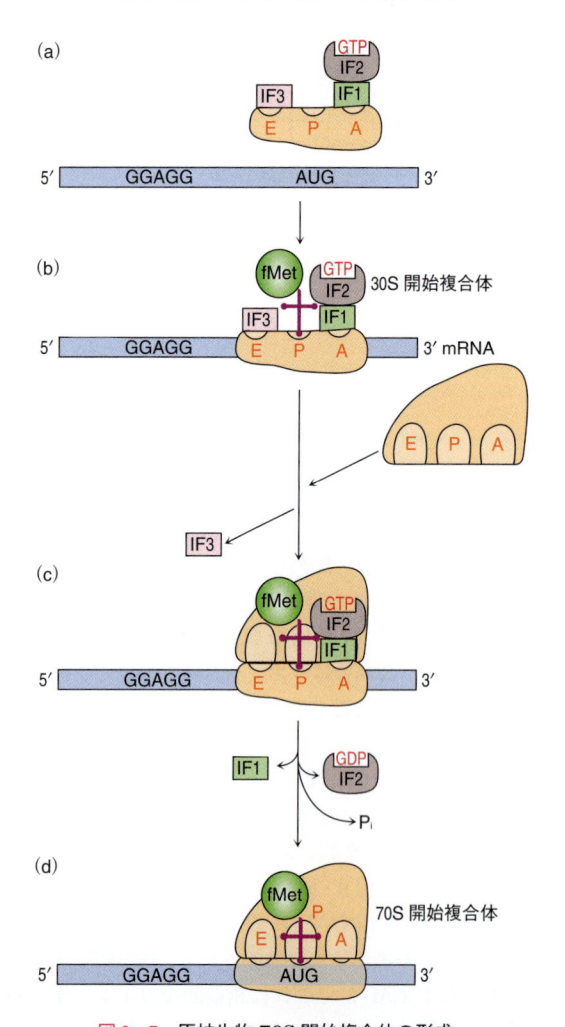

図 9・7 原核生物 **70S 開始複合体**の形成

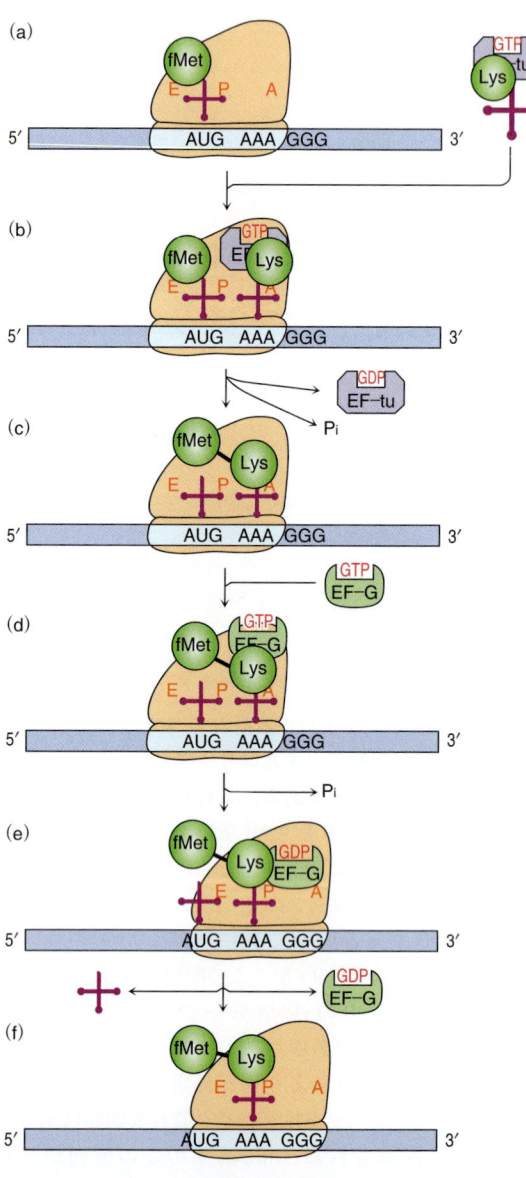

図 9・8 タンパク質鎖の伸長

5′ AAA 3′ のときアンチコドンとして 5′ UUU 3′ をもつ tRNA^{Lys} が A 部位に結合する．もちろん，P 部位には開始複合体の形成過程ですでに tRNA^{fMet} が結合している．

ポリペプチド鎖の伸長には**伸長因子**（**EF**）とよばれるタンパク質が必要である．アミノアシル tRNA 自体は A 部位に結合できない．アミノアシル tRNA はまず EF-Tu およびグアノシン三リン酸（GTP）と複合体を形成する（図 9・8a）．その結果，アミノアシル tRNA は A 部位に結合できるようになる（図 9・8b）．EF-Tu の存在は重要で，アミノアシル tRNA が正確に A 部位に結合できるように導いている．しかし，二つのアミノ酸間でペプチド結合が形成されるためには EF-Tu はリボソームから解離する必要がある．この解離は GTP が GDP と無機リン酸（P$_i$）に加水分解するときに起こる．こうして A 部位と P 部位の双方にアミノアシル tRNA が結合すると酵素**ペプチジルトランスフェラーゼ**が二つのアミノ酸（この例では fMet と Lys）間のペプチド結合の形成を触媒する（図 9・8c）．この結果，ジペプチドは A 部位にある tRNA に結合した状態になる．

ポリペプチド鎖が伸長するためには mRNA 上でのリボソームの移動が必要である．**トランスロケーション**といわれるこの過程は，GTP と結合したタンパク質 EF-G が A 部位に入ることで始まる（図 9・8d）．GTP 分子が GDP と無機リン酸（P$_i$）に加水分解すると，リボソームの移動が起こる（図 9・8e）．この結果，P 部位を占めていたアミノ酸が外れた tRNA は E 部位に移動し（図 9・8e），そこからリボソームを離れる（図 9・8f）．また，ペプチド鎖と結合した tRNA は P 部位に移動する．リボソームの移動により EF-G が A 部位から解離し（図 9・8f），空いた A 部位はつぎのアミノアシル tRNA の結合部位となる．ペプチド結合の形成とそれに続くトランスロケーションは，リボソームが終止信号に到達してタンパク質合成が終了するまで繰返される．タンパク質は**アミノ末端**または **N 末端**（p.107）から合成される．したがって最初のアミノ酸にはアミノ基（ホルミル化されている）が存在する．一方，ポリペプチド鎖の最後のアミノ酸はカルボキシ基をもっており，**カルボキシ末端**または **C 末端**（p.107）とよばれる．

ポリリボソーム

一分子の mRNA から複数のポリペプチド鎖が合成される．一分子のリボソームが mRNA に沿ってトランスロケーションを始めると，開始コドン AUG はフリーになり別のリボソームがそこに結合して，第二番目の 70S 開始複合体が形成される．第二のリボソームが移動すると第三番目のリボソームが開始コドンに結合する．この過程は mRNA がリボソームで覆われるまで繰返される．mRNA 上のリボソーム間の距離はおよそ 80 ヌクレオチドである．この結果できる構造体は**ポリリボソーム**または**ポリソーム**といわれ（図 9・9），電子顕微鏡で観察できる．この機構により一分子の mRNA から多くのタンパク質分子がつくられることになる．

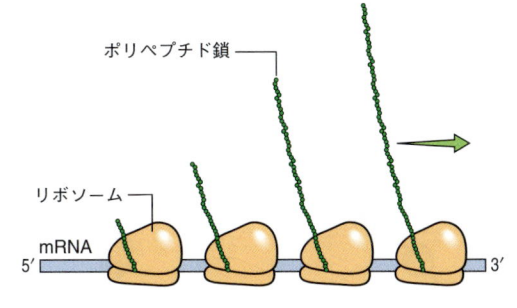

図 9・9　ポリリボソーム

タンパク質合成の終結

三つのコドン，UAG，UAA および UGA に対応する tRNA 分子は存在しない．これらは終止コドンといわれる．終止コドンは A 部位で tRNA ではなく**終結因子**（**RF**）とよばれるタンパク質と結合する（図 9・10）．終結因子が A 部位に結合すると，合成されたポリペプチド鎖はリボソームから解離する．RF1 は UAA および UAG で，RF2 は UAA および UGA でポリペプチド鎖の解離をひき起こす．RF タンパク質は tRNA の構造に似ている．RF1 と RF2 はヌクレオチドではなくアミノ酸からつくられているにもかかわらず，tRNA に非常に似た三次元構造をとる．終結因子が A 部位に結合すると（図 9・10a），ペプチジルトランスフェラーゼは伸長しているポリペプチド鎖にアミノ酸を付加できず，代わって tRNA とポリペプチド鎖間の結合の加水分解が進む．し

発展 9・2　ペプチジルトランスフェラーゼはリボザイムである

二つのアミノ酸間のペプチド結合の形成を触媒するペプチジルトランスフェラーゼは，タンパク質分子ではない．大腸菌ではペプチド結合の形成を担う酵素はリボソームの大サブユニット内の rRNA 分子であり，したがって**リボザイム**とよばれている．すべてのタンパク質を除去してもリボソームの大サブユニットがペプチジルトランスフェラーゼ活性を保持しているという発見は，科学者にとって大きな驚きであった．

たがって，タンパク質のカルボキシ（COOH）末端には tRNA が存在せず（図 9・10 b），タンパク質は解離する．終結因子そのものもリボソームから解離する必要があり，第三番目の終結因子 RF3 が RF1 のリボソームからの解離を助けている．

(a) ポリペプチド鎖
終結因子 1
終結因子 3
ペプチドと tRNA 間の結合の加水分解

(b) 遊離のポリペプチド鎖

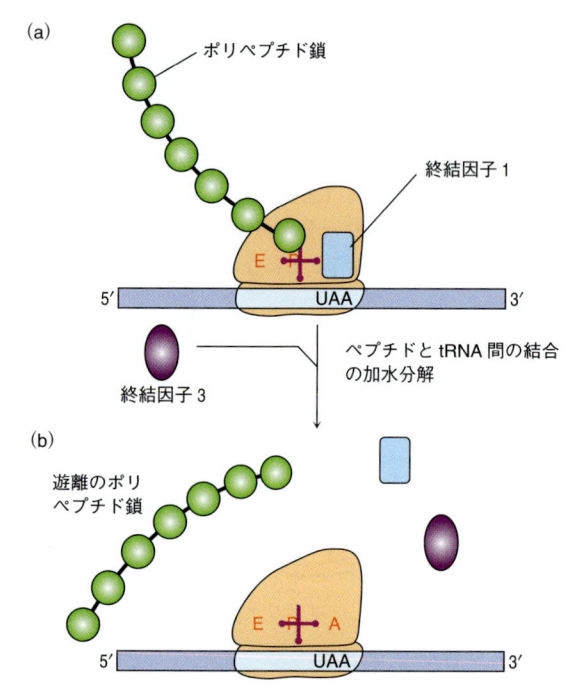

図 9・10 タンパク質合成の終結

リボソームはリサイクルされる

タンパク質合成の最後にポリペプチド鎖と終結因子がリボソームから解離するが，この段階ではリボソームにはなお mRNA が結合しており P 部位には tRNA がある．細菌細胞は**リボソーム再生因子（RRF）**といわれるタンパク質をもっている．RRF は終結因子 RF1 および RF2 と同じように tRNA に類似しており，空の A 部位に結合できる（図 9・11）．RRF タンパク質はリボソームのトランスロケーションに使われたタンパク質 EF-G をよび込む．先に述べたように，EF-G は tRNA が P 部位から離れるのを補助する．リボソームの二つのサブユニットが解離するためには，開始因子 IF3 が 30S サブユニットに結合することが必要である．そして 30S 開始複合体が形成されタンパク質合成の新たなラウンドが始まる．

● 真核生物のタンパク質合成は少し複雑である

ポリペプチド鎖の伸長とタンパク質合成の終結については，真核生物と細菌でそれほど大きな違いはない．真核生物の伸長因子と終結因子の名前は細菌と異なるが，同等のタンパク質がほとんど同じ働きをしている．しかし，真核生物のタンパク質合成の開始はより複雑である．真核生物のタンパク質はホルミルメチオニンではなくメチオニンで始まる．特別の転移 RNA である $tRNA_i^{Met}$ が

医療応用 9・1　終止信号の読み飛ばし

われわれはすでに二つのナンセンス変異が多くのハーラー症候群，シャイエ症候群の原因であることを述べてきた（医療応用 4・2，p.39）．面白いことに，ゲンタマイシンなど，もともと原核生物の翻訳を阻害することが知られているいくつかの抗生物質が，真核生物のリボソームの終止コドンの読み飛ばしを誘起してそこにアミノ酸を導入することが明らかになった．さらに好都合なことに UAG で導入されるアミノ酸はグルタミン（通常は CAA または CAG でコードされている）であり，このことは最も一般的な変異の一つをもつ患者の細胞では，抗生物質処理により完全に正常なタンパク質ができることを意味している．今日までハーラー症候群患者，シャイエ症候群患者に対するこれらの薬物による臨床試験はなされていないが，科学的にはこの治療は大いに期待できる．

応用例 9・2　ジフテリア菌はタンパク質合成を阻害する

ある種の細菌は宿主のタンパク質合成を阻害することで病気をひき起こす．ジフテリアはかつては広範囲に蔓延した致死的な病気でコリネバクテリウム・ジフセリエ（*Corynebacterium diphtheriae*）の感染により起こる．この菌は真核生物の伸長因子 2（細菌の伸長因子 G に対応する）を不活性化する酵素（ジフテリア毒）を産生する．ジフテリア毒は NAD^+（図 2・16，p.19）のリボースとニコチンアミド間の結合を切断して，遊離のニコチンアミドの解離と ADP-リボースの伸長因子 2 への付加をもたらす．この反応は ADP リボシル化とよばれている．ADP リボシル化されたタンパク質は不活性となり，鋳型 mRNA 上でのリボソームの動きを助けることができない．したがって感染したヒトの細胞ではタンパク質合成が止まってしまう．宿主が自らのタンパク質を生産するために利用していたすべてのアミノ酸は細菌が利用することになる．

9. タンパク質の生産

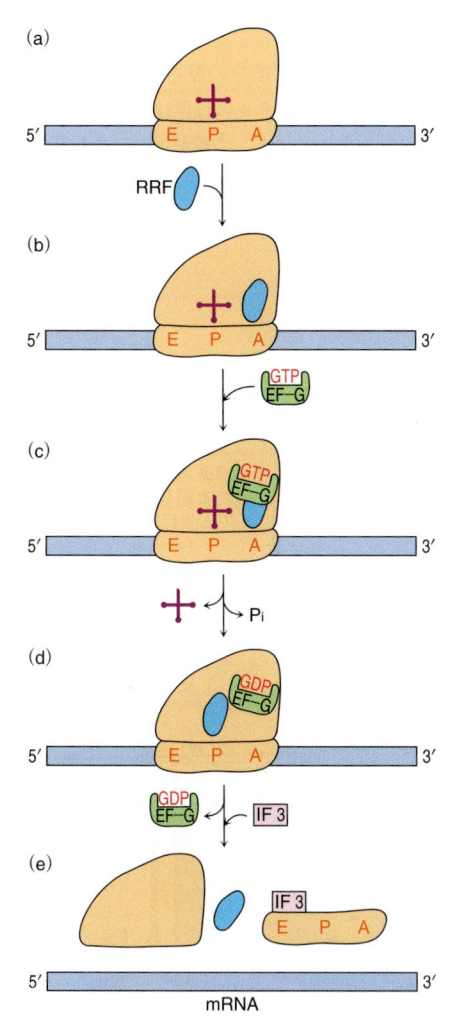

図 9・11 リボソームの再生

図 9・12 ピューロマイシンはリボソームの A 部位に結合する

AUG 開始コドンからのタンパク質合成の開始に使われる. メチオニンはしばしばタンパク質が合成された後で除去される. 真核生物の mRNA には細菌におけるリボソーム結合のためのシャイン・ダルガルノ配列はない. mRNA の 5′ 末端にはリボソームの集合にとって鍵となる特徴である 7-メチルグアノシンキャップがある (p.62). 開始 tRNA$_i^{Met}$ は**真核生物開始因子（eIF）**とよばれるいくつかのタンパク質とともに，リボソーム小サブユニット（40S サブユニット）の P 部位に直接結合する. eIF タンパク質の一つはキャップに直接結合して mRNA の 5′ 末端に小サブユニットを導く. ついで小サブユニットは AUG 開始コドンを求めて mRNA 上を移動する. このときサブユニットの移動の力となる ATP に結合する他の eIF タンパク質が働く. eIF の一つはヘリカーゼで，分子内の水素結合で生じた mRNA の高次構造をほどいてリボソームが mRNA 上を滑らかに移動できるようにしている. 真核生物のすべての mRNA は AUG 開始コドン付近に 5′ CCACC 3′ に類似した配列をもっている. 発見者の名前に因んでコザック配列とよばれるこの配列により，リボソームは AUG 開始コドンに到達したことを認識する. AUG 開始コドンの認識にはさらに少なくとも 9 種の eIF タンパク質が必要である. 60S リボソーム大サブユニットが結合してこれらのタンパク質はサブユニットの移動の力となる ATP に結合して 80S 開始複合体が形成されるとタンパク質合成が始まる.

抗生物質とタンパク質合成

多くの抗生物質はタンパク質合成を阻害することで作用する. この性質は医学や研究分野で広範囲に利用されている. 抗生物質の多くは真核生物には影響せずに細菌のタンパク質合成のみを阻害する. したがってこれらの抗生物質は，感染した細菌は死滅させるが宿主のタンパク質合成には影響しないため，感染症の治療に非常に有用となる. 例としてペプチジル転移反応を阻害するクロラムフェニコールやリボソームの A 部位へのアミノアシル tRNA の結合を阻害するテトラサイクリンがあげられる. これらの抗生物質はどちらもポリペプチド鎖の伸長を阻害する. 他方, ストレプトマイシンはリボソームの P 部位への tRNA^{fMet} の結合を阻止することで, 70S 開

発展 9・3 プロテオミクス

プロテオミクスは細胞の全タンパク質**プロテオーム**を対象とした研究である．細胞がつくっているタンパク質によりその細胞が特定の機能を果たすことが可能となる．たとえば，肝臓と腎臓の細胞には多くの共通のタンパク質がある一方，それぞれの細胞を特徴づける特異的な一群のタンパク質も存在する．同様に，ある細胞で発現しているタンパク質の種類と量は代謝状況に応じて変動する．プロテオミクスのゴールは種々の細胞でつくられているすべてのタンパク質を同定し，特定の病気が細胞のタンパク質のプロファイルをどのように変えるかを明らかにすることである．

細胞のタンパク質の混合物を個々の成分に分離するために，二次元ポリアクリルアミドゲル電気泳動が使われる．この方法によりタンパク質のスポットのパターンが得られる．これらのパターンを記録して異なる細胞のプロテオームとの比較に使う．細胞の分化に伴うスポットの変化や病気によるスポットの変化は容易に同定できる．タンパク質をゲルから切出し，タンパク質分解酵素で小さなペプチド断片に分解する．質量分析装置によりペプチド断片質量のフィンガープリントを決定することでそのタンパク質の同定ができる．

ヒトゲノムの塩基配列が明らかになった現在，多くの科学者の夢はヒトプロテオームのあらゆる変動を決めることである．ゲノムプロジェクトではDNAの四つの塩基の配列を決めるために単一の自動化した方法が使われ，データは比較的短期間に得られた．対照的に，タンパク質の同定は大変労力のかかる仕事であり作業をスピードアップするための工夫に多くの努力が費やされている．プロテオミクス研究センターの目標は解析効率を1時間当たり40〜100ペプチドサンプルから1日当たり100万サンプルに増やすことである．

(a) 一次元の分離

タンパク質の混合物は電荷により分離する

pH 4.0

タンパク質の泳動はそのタンパク質の等電点と同じpHに達したときに止まる

pH 10.0

(b) 二次元の分離

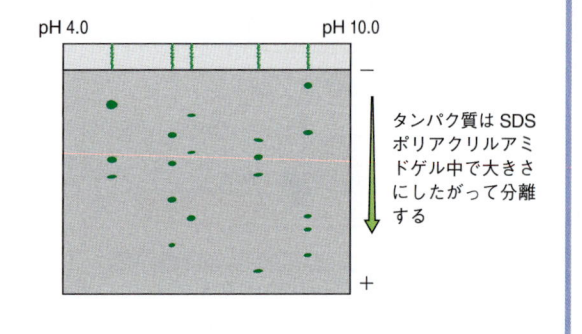

pH 4.0   pH 10.0

タンパク質はSDSポリアクリルアミドゲル中で大きさにしたがって分離する

始複合体の形成を妨害する．

ピューロマイシンは細菌と真核生物の双方で，未完成のポリペプチド鎖のリボソームからの解離をひき起こす．この抗生物質はタンパク質合成の研究に広く利用されてきた．ピューロマイシンはその構造がアミノアシルtRNAに似ているのでリボソームのA部位に結合する（図9・12）．しかしピューロマイシンはmRNAには結合しない．ペプチジルトランスフェラーゼが基質としてピューロマイシンを使って伸長しているポリペプチド鎖との間にペプチド結合が形成され，その後トランスロケーションが起こるとポリペプチド鎖はmRNAに結合できないためにリボソームから解離する．

タンパク質の分解

タンパク質の寿命はタンパク質の種類により大きく変動する．たとえば，髪の**ケラチン**（p.225）の寿命は髪が抜けるか切断されるまで数カ月続くのに対し，ATPをつくるATP合成酵素（p.153）のαサブユニットの半減期は2時間である．細胞質のタンパク質は通常細胞の中のシュレッダーともいえる**プロテアソーム**により寿命を終える．プロテアソームは樽型のタンパク質分解装置で，古くなったあるいは傷ついたタンパク質を短いペプチドに切断する．これらのペプチドはさらに細胞質のペプチド分解酵素によりアミノ酸にまで分解されタンパク質合成に再び利用される．

まとめ

1. アミノ酸はtRNAの3′末端に付加されてアミノアシルtRNAとなってタンパク質合成に利用される.
2. mRNAの遺伝コードはリボソームでアミノ酸の配列に翻訳される. 大小二つのサブユニットから成るリボソームには, 二つのアミノアシルtRNA結合部位であるA部位とP部位に加えて, tRNAが離れるE部位がある.
3. タンパク質合成の開始では小サブユニットがmRNAに結合する. 特別のtRNA (原核生物ではtRNA^{fMet}, 真核生物ではtRNA$_i^{Met}$) が開始コドンに結合し, ついで大サブユニットが結合して開始複合体が形成される.
4. タンパク質合成は第二のアミノアシルtRNAがA部位に結合することで始まる. 使用されるアミノ酸はmRNA上のコドンにより決まる. tRNAのアンチコドンがコドンと水素結合することでリボソームにアミノ酸が適切に配置される.
5. ペプチジルトランスフェラーゼによってA部位とP部位のアミノ酸の間にペプチド結合が形成される. 新たにできたペプチドはP部位を占め, つぎのアミノ酸がA部位に入ってくる. この伸長過程には伸長因子といわれる多くのタンパク質が必要であり, この過程が続くことでペプチドは伸長する.
6. 終止コドンに到達すると, 終結因子として知られているタンパク質の助けでポリペプチド鎖は解離する.
7. 一分子のmRNAには複数のリボソームが結合できる. こうしてポリリボソームが形成され, 同じmRNAから多くのタンパク質分子が同時につくられる.
8. 多くの抗生物質はタンパク質合成の特定の経路を阻害することで病原細菌と戦う.

参考文献

J. G. Arnez, D. Moras, 'Structural and functional considerations of the aminoacylation reaction', *Trends Biochem. Sci.*, 22, 211-216 (1997).

P. B. Moore, T. A. Steitz, 'The involvement of RNA in ribosome function', *Nature*, 418, 229-235 (2002).

L. Ribas de Pouplana, P. Schimmel, 'Aminoacyl-tRNA synthetases: Potential markers of genetic code development', *Trends Biochem. Sci.*, 26, 591-596 (2001).

K. Shaw, 'The role of ribosomes in protein synthesis', *Nature Education*, 1 (1) (2008). www.nature.com/scitable/topicpage/The-Role-of-Ribosomes-in-Protein-Synthesis-1021.

復習問題

復習のために翻訳途中のリボソームの基本構造を右に示す.

9・1 翻訳開始

A. A部位　　　　　　　B. E部位
C. P部位　　　　　　　D. 5′ AUG 3′
E. 5′ CCACC 3′　　　　F. 5′ CCUCC 3′
G. 5′ CUG 3′　　　　　H. 5′ GGAGG 3′
I. 5′ UGCUUC 3′　　　J. ホルミルメチオニン
K. メチオニン　　　　　L. ポリ(A)テール
M. 7-メチルグアノシンキャップ

上記の塩基配列および他の項目のリストから, 以下に述べる翻訳開始の各段階にふさわしいものを一つ選択せよ.

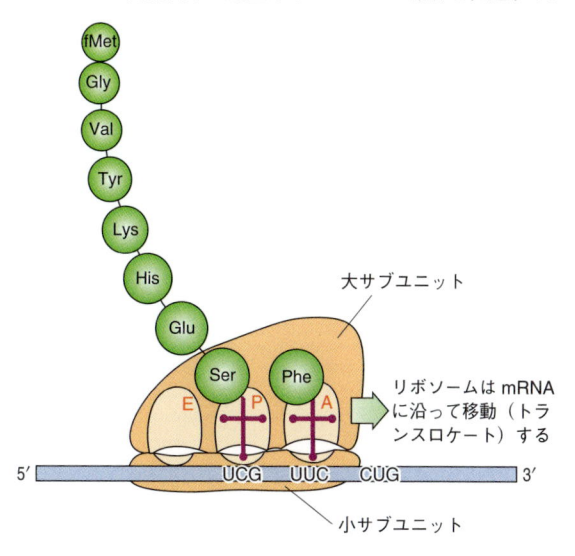

1. 原核生物の翻訳開始の初期段階で, リボソーム小サブユニットはしばしばシャイン・ダルガルノ配列といわれるmRNAの5′末端のこの配列に, 相補的塩基対により結合する.
2. 対照的に真核生物の翻訳開始の初期段階で, リボソーム小サブユニットはmRNA分子の5′末端でこの残基と結合する.
3. ついで真核生物の小サブユニットはコザック配列として知られるこの配列に遭遇するまでmRNA上を動く.
4. その後に続く段階は原核生物と真核生物で類似している. すなわち, 小サブユニットはmRNAを数塩基ほど移動して翻訳開始コドンであるこの配列をみつける.
5. ついで開始因子が完全なリボソームの集合を促進する.

原核生物ではホルミルメチオニンが，真核生物ではメチオニンが結合した最初の tRNA が，リボソームの三つの tRNA 結合部位のうちの一つに結合する．その部位はどれかを述べよ．

9・2 翻訳の伸長と終結
A．A 部位　　　　　　B．E 部位
C．P 部位　　　　　　D．EF-G
E．EF-Tu　　　　　　F．IF-3
G．IF-Tu　　　　　　H．ピューロマイシン
I．終結因子 1 または 2
J．原核生物の tRNA^{fMet}，真核生物の tRNA$_i^{Met}$

上記のタンパク質，化合物および成分のリストから以下に述べられている翻訳の伸長と終結の各段階にふさわしいものを一つ選択せよ．

1. リボソームの mRNA に沿った 3 塩基のトランスロケーションにより，リボソームのこの部位は空になり mRNA 上の対応するコドンに相補的なアンチコドンをもつチャージされた tRNA が結合できるようになる．
2. ペプチジルトランスフェラーゼは新たなアミノ酸とすでに存在するポリペプチド鎖の間のペプチド結合の形成を触媒する．この直後，ポリペプチド鎖はリボソームの三つの tRNA 結合部位のうちのこの部位にある tRNA を介して mRNA に結合している．
3. つぎの段階はリボソームの mRNA に沿った 3 塩基の物理的な移動，トランスロケーションである．このためのエネルギーはリボソーム A 部位にいる酵素が GTP を加水分解することにより得られる．
4. トランスロケーションの結果，ペプチド結合形成によりアミノ酸を失った tRNA はリボソームのこの部位に移動して解離する．
5. トランスロケーションによりリボソーム A 部位の位置に終止コドンである UGA，UAA または UAG がくると，A 部位はチャージされた tRNA ではなくこの分子に占められるようになる．
6. 最後に EF-G による GTP の加水分解によって生まれるエネルギーによって，リボソームは二つのサブユニットに解離する．解離した小サブユニットにはすでに一つの開始因子が結合しており，他の開始因子と最初のアミノ酸が付加した tRNA が結合して新たなポリペプチドの合成が可能となる．ここで，小サブユニットにあらかじめ結合している開始因子はどれか．

9・3 ゆらぎ
p.40 の図 4・8 を参考にして以下の質問に答えよ．
A．5′ AAG 3′　　　　B．5′ CAU 3′
C．5′ GAA 3′　　　　D．5′ GUU 3′
E．5′ IAU 3′　　　　F．5′ UAI 3′
G．5′ UUG 3′　　　　H．5′ UAC 3′

上記の塩基配列のリストから下記のアミノ酸に対応する tRNA のアンチコドンとして可能な配列を選べ．
1. メチオニン
2. アスパラギン
3. フェニルアラニン
4. イソロイシン

● 発 展 問 題

精製した大腸菌の RNA ポリメラーゼ (p.56) の SDS-PAGE ゲル上でのバンドパターンを予測せよ．

発展問題の解答　SDS-PAGE は種類のサブユニットが質量数によってバンドに分離する．大腸菌の RNA ポリメラーゼは β，β′ がほぼ等しい質量で一つの β の位置に，α の二つのサブユニットは同一の位置に，σ の一つが最小のバンドとして合計四つのバンドができるが，α は各サブユニットが一回ずつ出現するので一本のバンドとして上に一緒に泳動して 1 本のバンドとなる．

10

タンパク質の構造

おおよそ細胞に関係することでタンパク質にかかわらないものはない．われわれ生物はすべて多少つくりは違っていても，水と脂肪とタンパク質とからできている．細胞にあるDNAは生物の体の設計情報をもっているが，DNA自身の重さはほとんど無視できるのである．DNAは形や反応性の変化に乏しく，化学的にはあまり面白い分子ではない．DNAは単純で，たった4種類の単量体からでき上がっている重合体であり，転写で読まれる単なる記憶媒体として働く物質にすぎないからである．一方，DNAに書き込まれた設計情報によりつくられるタンパク質は，多様な特徴と機能をもち，DNAとは比べものにならないほど複雑な世界を構成している（発展9・3, p.104参照）．絹，髪の毛，目の水晶体，（妊娠テストキットにあるような）免疫検査剤，カテージチーズなどはほぼタンパク質と水でできている．しかし，成分のタンパク質が異なるので，これらの物質の性質は大きく違う．タンパク質は，生きている細胞の大部分の機能をつかさどっており，DNAの合成も当然タンパク質が行っている．タンパク質がないと生物は成長も生育もできないのである．

タンパク質の機能は，たいてい結合により別の分子（リガンド）を認識することで発揮される．**結合部位**は，**リガンド**と複数の相互作用をすることができる立体構造をもつので，認識できるのである．つまり，タンパク質はそれぞれ特異的な立体構造をもたなければならない．タンパク質の機能は膨大な数になるが，それぞれ固有のタンパク質立体構造をもつのである．進化は，異なった形と化学的性質をもつ20種類のアミノ酸という絵の具を構成要素として使い，一つとして同じでない絵を描いたのである．タンパク質の多様で膨大な種類の構造は，こうして生まれたのである．

● タンパク質の名前

タンパク質も名前をもたなければ話にならない．タンパク質を命名する会議は生物学の各分野ごとにある．DNAポリメラーゼのような名前は，酵素が触媒する反応に由来し，-aseという接尾語を付けることは，すでに述べた．ヘモグロビンやコネキシンのように，細胞内での役割や形に由来する名前をもつものも多い．しかし現在では，新タンパク質が発見されるペースが速いので，適切な名前を付けることが間に合わず，単純にタンパク質のサイズで，p38 (p.240), p53 (p.236) のように，約38,000や約53,000の分子量をもつことに由来する命名が行われている．この命名法は当然混乱の原因となるので，右肩に遺伝子名を書くことがある．たとえば，p16^{INK4a} は，分子量約16,000で *INK4a* 遺伝子の産物である，という具合である．

● アミノ酸のポリマー

翻訳ではαアミノ酸の線状ポリマーが合成される．約50アミノ酸より短いものは**ペプチド**とよばれ，それより長いものは**ポリペプチド**である．だからタンパク質はポリペプチドであり，数nmの大きさをもつ．ただし髪の毛の構造タンパク質のケラチンのように，はるかに大きなものもある．タンパク質の分子量は，5000から数十万とさまざまである．

構成要素としてのアミノ酸

図10・1(a)に，タンパク質の構成要素としての**α−アミノ酸**の一般的構造を示す．Rは側鎖で，各アミノ酸の特徴の起源である．翻訳では，ペプチジルトランスフェラーゼが，アミノ酸のアミノ基とつぎのアミノ酸のカルボキシ基とをペプチド結合させるので (p.100)，形成されるポリペプチドの構造は図10・1 (b) のようになる．ペプチド結合の骨格が赤色で示してあり，左端には，N末端（アミノ末端）とよばれる未結合のアミノ基，右端にはC末端（カルボキシ末端）を配置するのがならわしである（実際の原核生物の新生翻訳産物は，N末端はホルミル化されている．p.99）．

あるポリペプチドの性質は，含まれているアミノ酸側

鎖の性質，大きさ，電荷，反応性などによって決まり，特に重要な性質は，水との相性である．水によくなじむ側鎖は親水性側鎖とよび，なじまない側鎖は疎水性側鎖とよぶ．各アミノ酸を表記するには，三文字表記と一文字表記があり（図10・2），この本の他の部分ではこの表記を用いる．ただし，つぎの節では，アミノ酸の名称とこの表記を並記して，慣れてもらうようにする．

親水性アミノ酸側鎖のうち四つは，酸性残基とその誘導体である．アスパラギン酸（Asp, D）とグルタミン酸

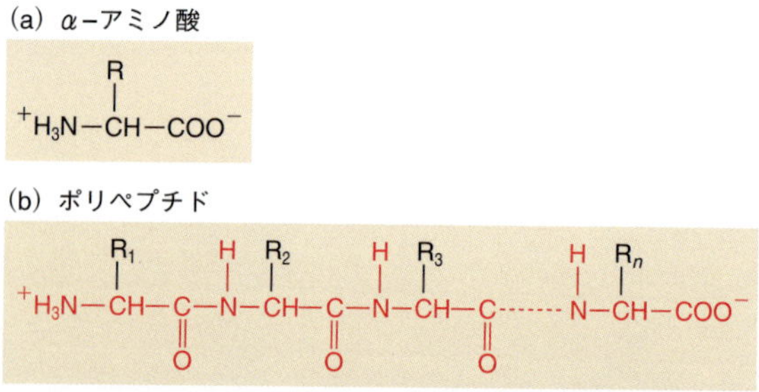

(a) α-アミノ酸

$^+H_3N-CH-COO^-$ （側鎖R）

(b) ポリペプチド

図10・1 α-アミノ酸 (**a**) とペプチド結合 (**b**)

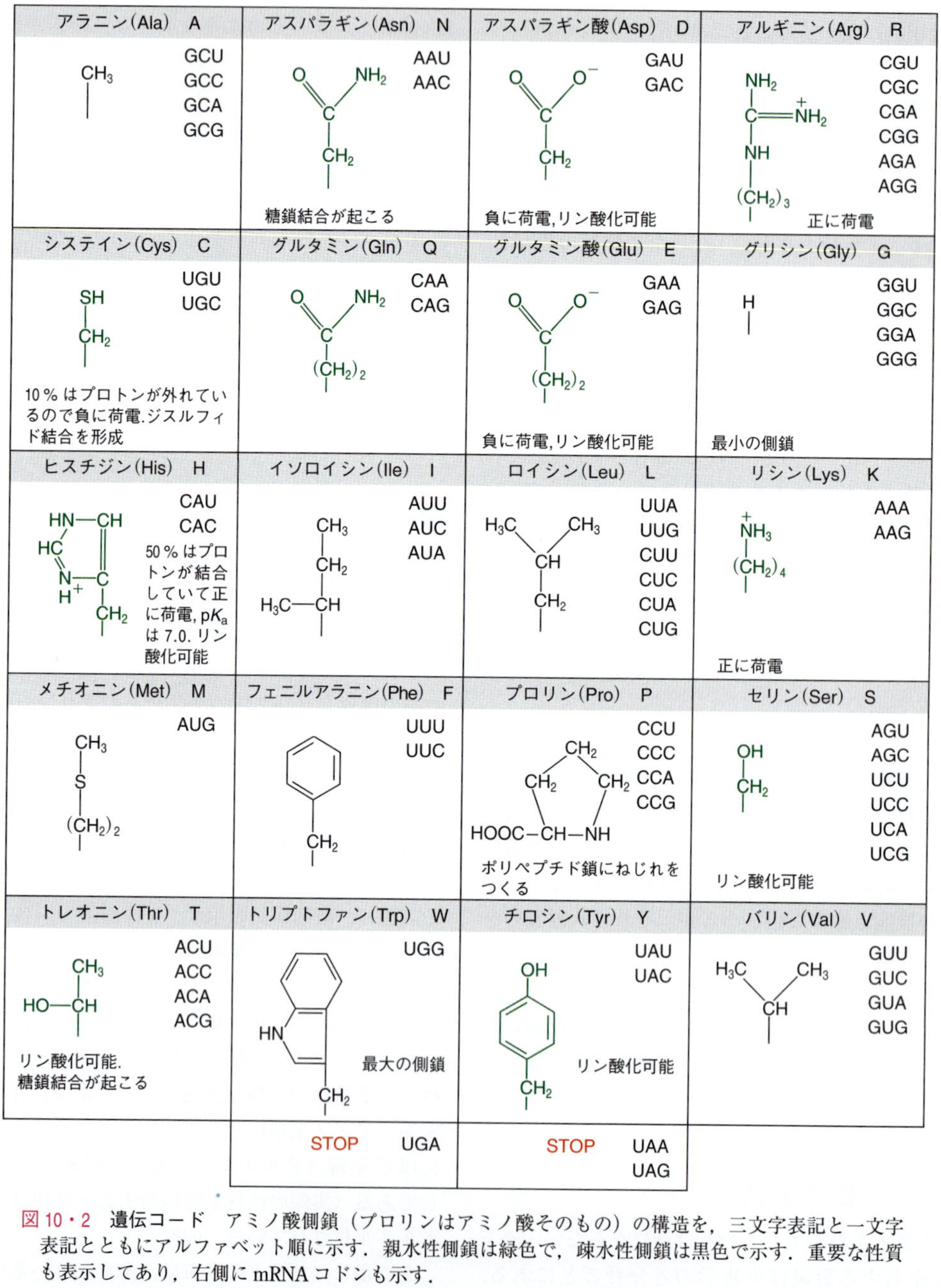

アミノ酸	コドン	アミノ酸	コドン	アミノ酸	コドン	アミノ酸	コドン
アラニン(Ala) A	GCU GCC GCA GCG	アスパラギン(Asn) N 糖鎖結合が起こる	AAU AAC	アスパラギン酸(Asp) D 負に荷電, リン酸化可能	GAU GAC	アルギニン(Arg) R 正に荷電	CGU CGC CGA CGG AGA AGG
システイン(Cys) C 10%はプロトンが外れているので負に荷電. ジスルフィド結合を形成	UGU UGC	グルタミン(Gln) Q	CAA CAG	グルタミン酸(Glu) E 負に荷電, リン酸化可能	GAA GAG	グリシン(Gly) G 最小の側鎖	GGU GGC GGA GGG
ヒスチジン(His) H 50%はプロトンが結合していて正に荷電, pK_aは7.0. リン酸化可能	CAU CAC	イソロイシン(Ile) I	AUU AUC AUA	ロイシン(Leu) L	UUA UUG CUU CUC CUA CUG	リシン(Lys) K 正に荷電	AAA AAG
メチオニン(Met) M	AUG	フェニルアラニン(Phe) F	UUU UUC	プロリン(Pro) P ポリペプチド鎖にねじれをつくる	CCU CCC CCA CCG	セリン(Ser) S リン酸化可能	AGU AGC UCU UCC UCA UCG
トレオニン(Thr) T リン酸化可能. 糖鎖結合が起こる	ACU ACC ACA ACG	トリプトファン(Trp) W 最大の側鎖 STOP	UGG UGA	チロシン(Tyr) Y リン酸化可能 STOP	UAU UAC UAA UAG	バリン(Val) V	GUU GUC GUA GUG

図10・2 遺伝コード　アミノ酸側鎖（プロリンはアミノ酸そのもの）の構造を，三文字表記と一文字表記とともにアルファベット順に示す．親水性側鎖は緑色で，疎水性側鎖は黒色で示す．重要な性質も表示してあり，右側にmRNAコドンも示す．

(Glu, E) がそれで，酸性のカルボキシ基をもつ．細胞質の pH では，この側鎖は負電荷をもち，強く水と相互作用する（日本語では酸の名前でよぶが，通常電荷をもつ状態にあるので，英語では aspartate や glutamate というようにイオン名でよび，aspartic acid や glutamic acid のように酸の名前ではよばないことに注意する）．これらのアミノ酸を含むポリペプチドは水によく溶ける．アスパラギン（Asn, N）とグルタミン（Gln, Q）は，これらの酸のアミドであるが，電荷はもたない．

リシン（Lys, K）とアルギニン（Arg, R）は塩基性の側鎖をもつ．細胞質の pH では，この側鎖も荷電しており，強く水と相互作用する．

(a) ヒスチジン

(b) システイン

図 10・3 ヒスチジンとシステインは生理的な条件内の pK 値をもつ．

図 10・3 に示したヒスチジン（His, H）は，7 という pK_a 値（p.14）をもち，弱い塩基性をもつので，中性付近では，半数のヒスチジン側鎖は正電荷をもつ．荷電型と非荷電型が共存していることは，酵素による触媒反応で重要な役割をもつことがある．ヒスチジンを含むポリペプチドも水によく溶ける．

図 10・3 に示すシステイン（Cys, C）は，pK_a 値 8 のチオール基（-SH）をもち，弱酸性である．中性では，大部分（約 90 %）は -SH の形であるが，残り 10 % が電荷をもち，含まれるポリペプチドを可溶性にする．システインのチオール基は反応性に富み，酵素の活性部位で重要な役割を果たすことがある．また，このチオール基は，酸化環境で**ジスルフィド結合**（または**ジスルフィド架橋**）を形成することができ，細胞外で機能するタンパク質は，この結合で構造を強化していることが多い（図 10・4）．ポリペプチドのペプチド結合を完全に加水分解すると，ジスルフィド結合した 2 分子のシステインはシスチンとよばれ，システインと誤りやすいので注意する．

(a) 二つのシステイン間のジスルフィド結合

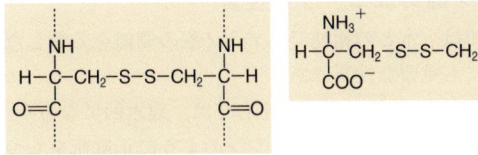

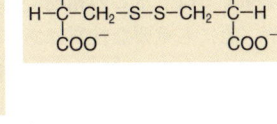

(b) 2 分子アミノ酸のシスチン

図 10・4 隣接するシステインが酸化されるとジスルフィド結合ができる．このようなポリペプチドが分解されるとシスチンが生成する．

セリン（Ser, T），トレオニン（Thr, T），チロシン（Tyr, Y）の三つのアミノ酸は親水的で，水素結合をつくりやすいヒドロキシ基（-OH）をもつ．このアミノ酸をも

発 展 10・1 ハイドロパシープロット
  ——血小板由来増殖因子受容体の場合

構造生物学最大の問題の一つは，一次構造から三次構造を予測することである．遺伝子が同定されれば，一次構造 DNA 塩基配列から明らかになるからである．進歩はあるとはいえ，これは基本的に未解決な問題である．しかし，構造の似たタンパク質を探すことはできるようになりつつある．疎水的なアミノ酸が集まる領域を探すことは簡単で，もし 21〜22 残基数の大きさならば，膜貫通領域の可能性が高い．各アミノ酸の疎水性を，たとえばアスパラギン酸やグルタミン酸のようなイオン化するアミノ酸には大きな負の値を割振り，フェニルアラニンやロイシンには大きな正の値を割振るように決定する．そしてアミノ鎖に従って，一定の長さごとに局所平均をとる．図は血小板由来増殖因子（PDGF）受容体のハイドロパシープロットである．このタンパク質は，大きな正の値からプロットは始まっているがここは小胞体膜に誘導するシグナル配列（p.120）である．中央の短い 1 箇所を除くとあとは 0 付近なので，このタンパク質は，膜を 1 回貫通している，と予想できる．図 10・6 が，PDGF 受容体の詳しい構造図である．

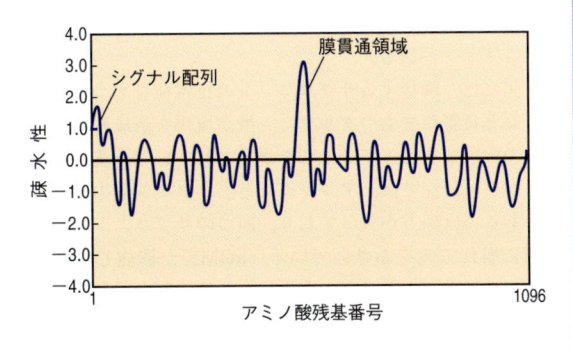

つポリペプチドも親水的である.

グリシン（Gly, G）の側鎖は水素原子一つで，環境によらず中性的な残基である.

五つのアミノ酸 アラニン（Ala, A），バリン（Val, V），ロイシン（Leu, L），イソロイシン（Ile, I），フェニルアラニン（Phe, F）は，疎水的な炭化水素の側鎖をもち，水とはなじみが悪く疎水的である．これらのみを含むポリペプチドは，水には溶けず，オリーブ油に溶ける．

トリプトファン（Trp, W）は最大のアミノ酸で，二重の芳香環により疎水的である．メチオニン（Met, M）も疎水的で，側鎖の中間にある硫黄原子は，水とは相互作用できず，疎水的である．最後のプロリン（Pro, P）は，正確には**イミノ酸**だが，生物学では通常アミノ酸に含まれる．疎水的な側鎖は窒素原子に結合しているのでペプチドにつながっていることになる．そしてプロリンを含むポリペプチド鎖は折れ曲がることになる．

各アミノ酸のユニークな性質

今までは，水との相性で各アミノ酸の側鎖を分類したが，他にも重要な性質はある．

ⅰ）**電荷**　側鎖が電荷をもてば，親水的になるが，荷電には他にも影響する．リシンのように正電荷をもつアミノ酸残基は，グルタミン酸のように負電荷をもつ残基を引寄せる．どちらもタンパク質の内部に埋もれていて，水と相互作用していなければ，二者を引離すのは困難である．このような，タンパク質内部の静電的結合を**塩橋**という．負電荷をもつ残基は，溶液中の正電荷をもつイオンを引付けるので，タンパク質表面に負電荷をもつ残基があるポケットがあり，適当なサイズならば，Na^+やCa^{2+}のようなカチオンの結合部位となる．

ⅱ）**翻訳後修飾**　ポリペプチドは合成されてから化学修飾を受けることがある．典型例はグリコシル化（糖鎖付加）で，糖鎖がアルギニンとトレオニンに付加されるのである（p.126）．個別のタンパク質に固有の翻訳後修飾の例は，プロリンとリシンがヒドロキシ化され，ヒドロキシプロリンとヒドロキシリシンとなる，コラーゲンの場合である（p.9）．ヒドロキシ基は，水と水素結合

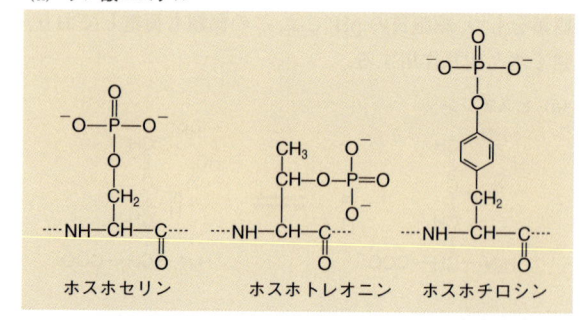

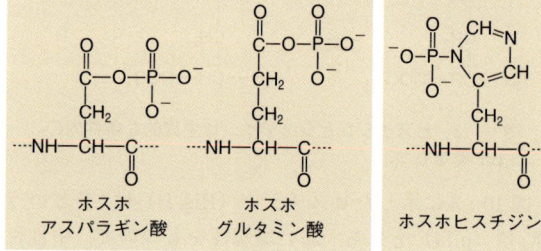

図10・5　6種のアミノ酸側鎖は，リン酸化されることがある．

応用例 10・1　塩橋は ROMK のチャネルを開いている

ROMKは，ナトリウムが尿と一緒に排出されないように回収する腎臓の機能に重要なカリウムチャネルである（医療応用15・3，p.186）．チャネル一つは四つの同じサブユニットでできており，それらの中央の穴をカリウムイオンが通る．

図には，隣接するサブユニットの正電荷をもつアルギニンと負電荷をもつグルタミン酸が塩橋を形成して，中央の穴構造を保っていることが示されている．まれにあるバターズ症では，アルギニンとグルタミン酸のどちらかあるいは両方が欠けており，四つのサブユニットが内側に崩れて穴をふさいでいる．ROMKが機能しなくなると，尿からナトリウムが失われ，補填剤を服用しなければならなくなるのである．

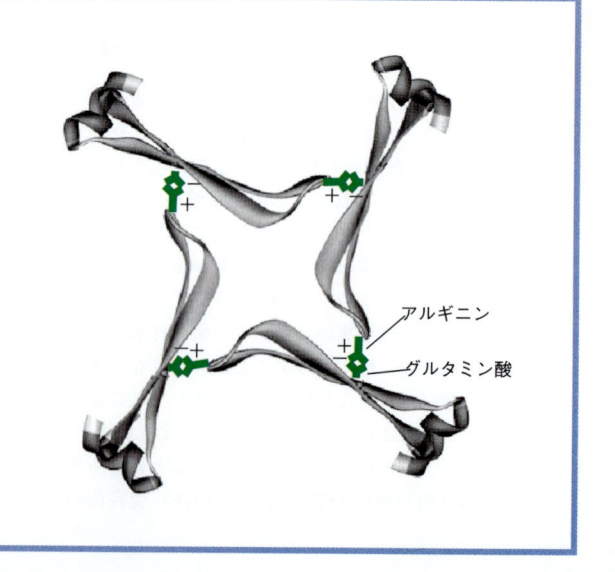

するので，この修飾は細胞外マトリックスが水和したゲルになる一因である．

翻訳後修飾は，一過的なものもある．重要な修飾に**リン酸化**（リン酸基の付加）がある．すでに紹介した糖の場合（p.18）のように，セリン，トレオニン，チロシン，アスパラギン酸，グルタミン酸，ヒスチジンの六つのアミノ酸側鎖がリン酸化可能である（図10・5）．リン酸はATPから移され，**キナーゼ**という酵素が触媒することが多い．リン酸基は二つの負電荷をもち，タンパク質の電気的性質を大きく変えることができる．**ホスファターゼ**は，リン酸基を除く酵素であるので，リン酸化はたいてい可逆的であり，タンパク質の活性をON/OFFするのによく用いられる．NFAT（p.124）は脱リン酸型が活性があり，真核生物RNAポリメラーゼⅡ（p.167）はリン酸化で活性化される．本書で触れるキナーゼは，**セリン-トレオニンキナーゼとチロシンキナーゼ**である．

● 天然に存在する20種以外のアミノ酸

オルニチンとシトルリンは人体に有害なアンモニウムイオンを，尿素回路内で除くために必須のα-アミノ酸である（p.167）．タンパク質に含まれないアミノ酸はいくらでもある．しかし，進化の初期にポリペプチド合成に使用されるものは紹介した20種に制限された．生体を形成する物質は，ほとんどがこの20種のアミノ酸から構成されるポリペプチドか，この20種のアミノ酸から構成されるタンパク質酵素によって合成される．自然は，もともと存在した絵の具を増やすことなく，進化を描き続けているのである．

● タンパク質の三次元構造

タンパク質とは，それぞれ特有の三次元構造をもつポリペプチドである．一般に，疎水性アミノ酸は内部に詰込まれ，親水性アミノ酸は表面に出て水と接するようになる．アミノ酸の側鎖は内部では，隙間がないようにきっちり詰込まれる．細胞の中でもそれぞれ特有の三次元構造をとって機能している．タンパク質の形は，それぞれのアミノ酸の位置と配向により決めることができ，逆に位置と配向からどのタンパク質かを決めることができる．

タンパク質の構造を決めている力の一つ一つは，それほど強い力ではなく，アミノ酸側，主鎖，タンパク質内部に含まれるアミノ酸以外の物質同士に働く力である．三次元に折りたたまれているので，ポリペプチドを線上に引伸ばしたときには遠く離れているアミノ酸同士でも，隣り合って力を及ぼすこともある．一つ一つは弱い力でもタンパク質分子全体では，局所的な構造だけなら常温の熱運動で壊れてしまうものであっても，他の部分の構造も壊さなければならない全体の構造となっているので壊れないのである．

これらの力には，水素結合，静電的相互作用，ファンデルワールス力，疎水結合，またタンパク質によってはジスルフィド結合がある．

水素結合

すでにp.15でみたように，水素結合は，タンパク質の高次構造に重要なものである．

静電的相互作用

タンパク質内部の疎水性領域に，正電荷をもつアミノ酸と負電荷をもつアミノ酸が埋もれていると，水中にあるときよりも強い力で引合う．このような結合を**塩橋**という．

ヒドロキシ基（-OH）やアミノ基といった極性基は，水の構造（p.12）で述べたように，一部分が＋的で反対側が－的になっているという両極性で，互いに引合う．また部分的な電荷をもつものは，反対に荷電しているものと引合うのである．

ファンデルワールス力

ファンデルワールス力は近距離の原子間で働く力である．電子が，隣接する原子の原子核の影響を受ける量子論的な力で，普通は弱い引力だが，原子核が接近しすぎると大きな斥力となり，原子間距離を一定に保とうとする力である．原子の半径はこの斥力が決定しており，分子の形や大きさを決める重要な力で，側鎖がきっちり詰まっているとか，水と大きな接触をしているという表面を決定しているものでもある．

医療応用 10・1　Rasに疎水的グループを付ける理由

Rasは16章で説明されるように調節に重要なタンパク質で，リボソームでつくられる可溶性のタンパク質である．翻訳後修飾として，長い疎水的グループが付加される．細胞膜内で起こる，細胞の分裂と生存にかかわる反応の成分でもある．抗癌剤Zarnestra（Tipifarnibともよばれる）は，この疎水的グループの付加を行う酵素の阻害剤である．

疎水結合

水となじまない分子（疎水性分子）は，まわりの水に，水でできた"かご"をつくらせる．このような構造は熱力学的に不安定なので，水中の疎水的分子同士は，水中の油滴のように互いに密集して，できるだけかごをつくらないようにする．これは**疎水的効果**とよばれる．親水基と疎水基をもつポリペプチドは，疎水基が水中に露出しないような構造をとる．脂質膜内に潜込むか（図10・6），疎水基が中央部に集まった球状構造をとる．

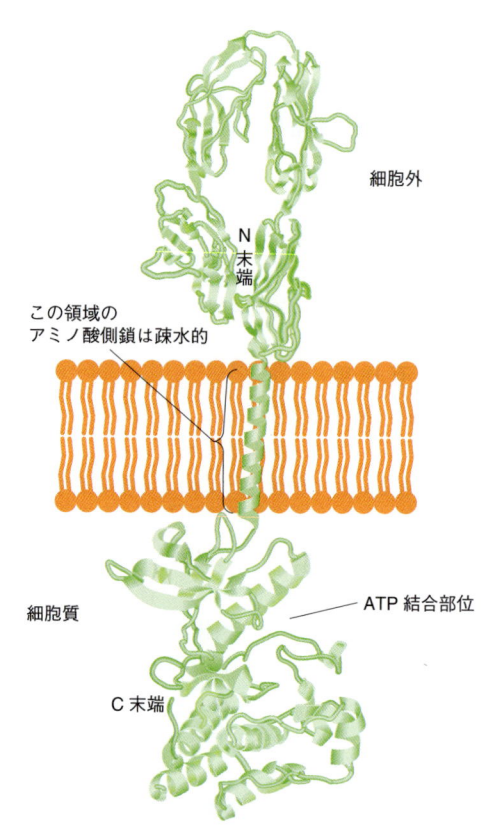

図10・6 血小板由来増殖因子受容体

ジスルフィド結合

細胞外タンパク質は，しばしば特定の位置のシステイン残基のS同士が共有結合することがある．結合は強いので，構造は固定され安定となる．多くのタンパク質には存在しないが，ジスルフィド結合をもつと，精製も容易になり，研究しやすくなる．こういう訳で，初期によく研究されたキモトリプシン，RNase A，細菌細胞壁を分解するリゾチームなどは，ジスルフィド結合をもつ．

● 構造の次数

タンパク質の構造について一次構造とか四次構造とよくいわれる．しかし，一次，四次という言葉から直感できるものではないので注意が必要である．

一次構造

タンパク質の**一次構造**とは，そのタンパク質のアミノ酸配列のことである．たとえば，リゾチームは，細菌細胞壁を分解する酵素で，涙の中に分泌され，卵白内にもある．その一次構造は，

(NH₂)KVFGRCELAAAMKRHGLDNYRGYSLGNWVCAAKFESNFNTQATNRNTDGSTDYGILQINSRWWCDNGRTPGSRNLCNIPCSALLSSDITASVNCAKKIVSDGDGMNAWVAWRNRCKGTDVQAWIRGCRL(COOH)

である．番号は常にタンパク合成がリボソームで開始される順番に，アミノ末端から付けられる．リゾチームは4組のシステイン間で四つのジスルフィド結合をもつ．ニワトリ卵白のリゾチームの129のアミノ酸残基は図10・7（a）にジスルフィド結合も含めて示されている．リゾチームは1965年に，初めて三次元構造が明らかにされたタンパク質である．図10・7（b）にはその構造をH全原子について示してある．この図では，でこぼこの表面以外何も見えないが，側鎖を除いてペプチド結合の骨格だけ表示すると，規則的に繰返されている部分があることがわかる（図10・7c）．

二次構造

ペプチド骨格には，2種の規則的構造が共通して存在し，**αヘリックス**と**βシート**とよばれる．図10・7（d）には，リゾチーム内のこの構造を示してあり，βシートは矢印の組で表されている．この繰返し構造を**二次構造**という．

αヘリックスはらせんであり，3.6残基で1回転する．このため，ペプチド構造内のN原子は，4残基先のO原子と水素結合をつくる（図10・8a,b）．らせん内の全ペプチド結合は，上記の水素結合が可能で（図10・8c），側鎖はらせんの棒から外側を向いている（図10・8d）．プロリンはポリペプチド鎖にねじれをつくり，水素結合する水素原子がないので，αヘリックスには含まれない．

βシートは伸びたポリペプチド鎖が並列して縦糸となっており，ポリペプチド鎖の間を水素結合が横糸のようになって平面を形成する．側鎖はこの平面の表と裏に交互に突き出している（図10・9）．実際のβシートは完全な平面ではないので，ひだ付きシートとよばれることがある．βシートには，N末端からC末端への方向が平行な平行βシート（図10・9a）と，隣接する鎖が逆平行になる逆平行βシート（図10・9b）とがある．βシー

トのポリペプチド鎖はαヘリックスのように折りたたまれてはおらず，めいっぱい伸長している．したがって，αヘリックス同様プロリンはほとんどない．

髪の毛の中の**ケラチン**，絹の中のフィブロインでは，ポリペプチド鎖の全体が1種類の二次構造から構成される．このような線維状タンパク質は，比較的単純な繰返し構造をもち，他の分子が特異的に結合するような特徴的な結合部位をもたない．しかし多くのタンパク質は二次構造ももたない部分をもち，それぞれ固有の折りたたまれ方や詰込まれ方を，二次構造の部分とともにもつ．

三次構造：ドメインとモチーフ

タンパク質の三次元構造はさまざまであり，リガンドを結合したり酵素の場合に基質を結合する表面は，とがっていたり，割れ目や溝があったりする．この三次元構造全体を**三次構造**とよぶ．三次構造もすでに述べた相互作用で維持されている．すでにαヘリックスとβシートで述べたように，水素結合はアミノ酸側鎖同士を結合したり，物理的に近接するペプチド骨格部分を固定する．

三次構造はタンパク質それぞれに固有であるが，広く存在する共通の部分構造があり**モチーフ**とよばれる．たとえば，機能の異なるタンパク質でβシートがパイプ状に丸まったβバレルである．緑色蛍光タンパク質（GFP, p.82）がその例である（図10・10）．また，三次構造が明確に分割できることがあり，**カルモジュリン**がその例である（図10・11）．1本のポリペプチド鎖は，緑色とピンク色で色分けしてある二つの**ドメイン**部分に分割できる．二つの部分はよく似ており，進化的には遺伝子重複が起こったと思われる．ドメインの正確な定義は困難で，見た目で決まるといっても過言ではないが，強いて定義すると，"単一ポリペプチド鎖内で独自に折りたたまれる部分"となる．

大腸菌の cAMP 受容体タンパク質（CRP）は，DNA の特定の塩基配列に結合することにより，RNA ポリメラーゼがプロモーターに結合して，*lac* オペロンの転写を開始するのを助ける．ただし，cAMP が DNA 結合に

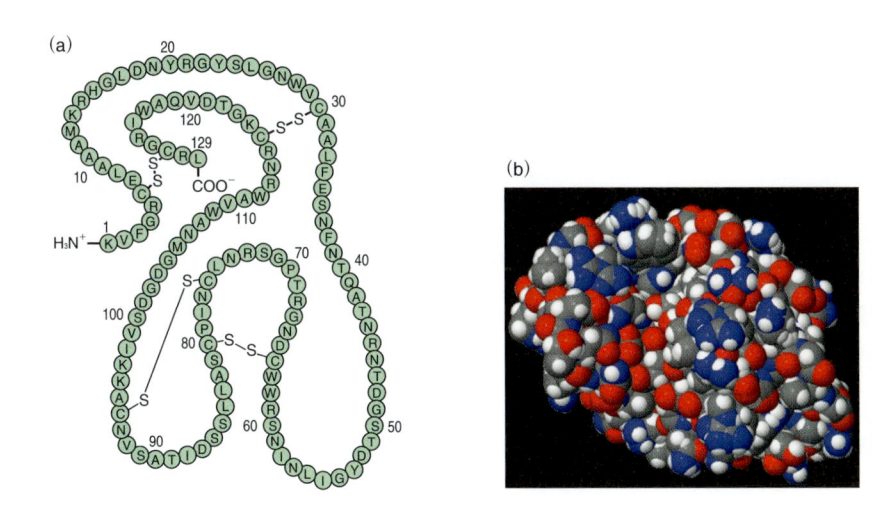

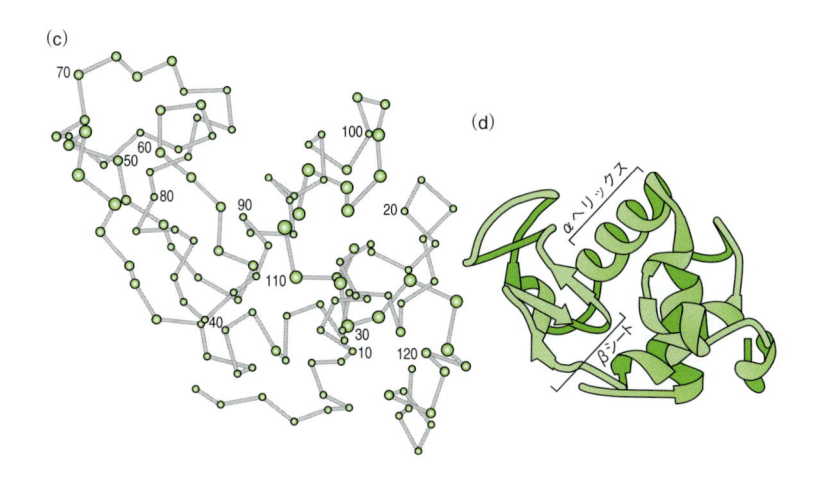

図 10・7 リゾチーム (a) 一次構造マップ．(b) 原子の大きさを反映したモデル．C 原子は灰色，O 原子は赤色，N 原子は青色，H 原子は白で表示．S 原子は表面には出ていないので見えない．(c) 骨格での表示．(d) 二次構造を反映したモデル．(b) は Wang *et al.*, *Acta Crystallogr. Sect. D* **63**, p. 1254 (2007)．構造バイオインフォマティクス共同体（RCSB）のデータベース（www.rcsb.org）から見られる．

(a) αヘリックス内での水素結合の一次構造での位置

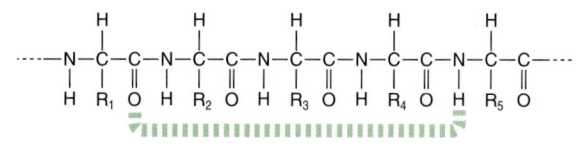

(b) αヘリックス内での水素結合の三次構造での位置

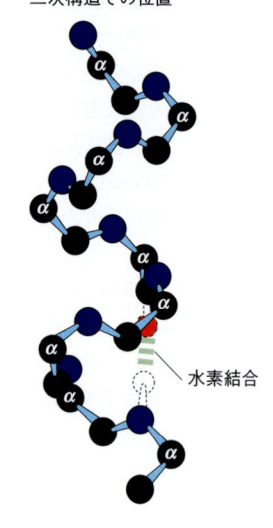

水素結合

(c) αヘリックス内の水素結合をすべて表示

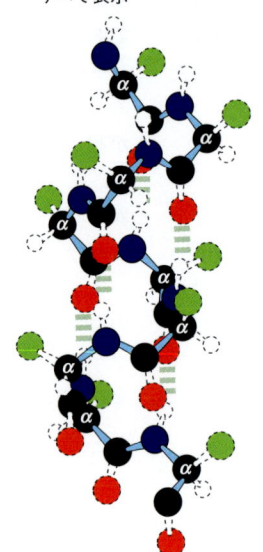

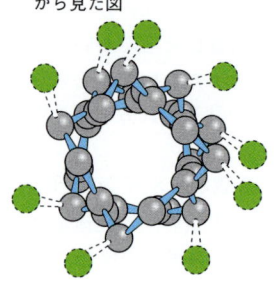

(d) αヘリックスをヘリックス軸上から見た図

図 10・8　αヘリックス　(b) と (c) では骨格の炭素原子は黒色でα炭素原子はαと表示．ペプチド結合中の窒素原子は濃青色でそれに結合している水素原子は白色，酸素原子は赤色で，アミノ酸側鎖は黄緑色で表示．(d) では骨格の原子はすべて灰色で側鎖は黄緑色で表示．

(a) 平行βシート

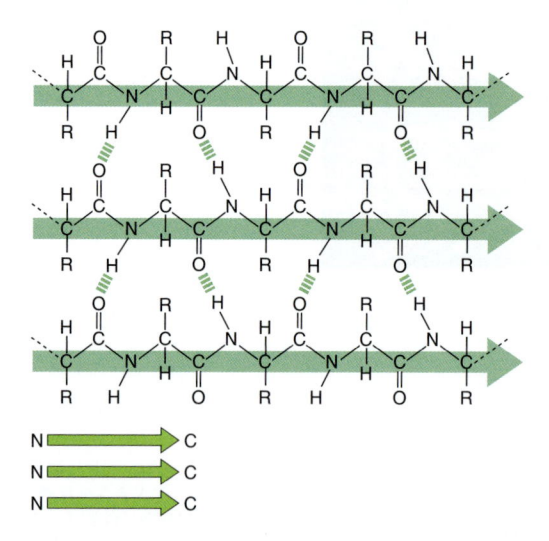

(b) 逆平行βシート

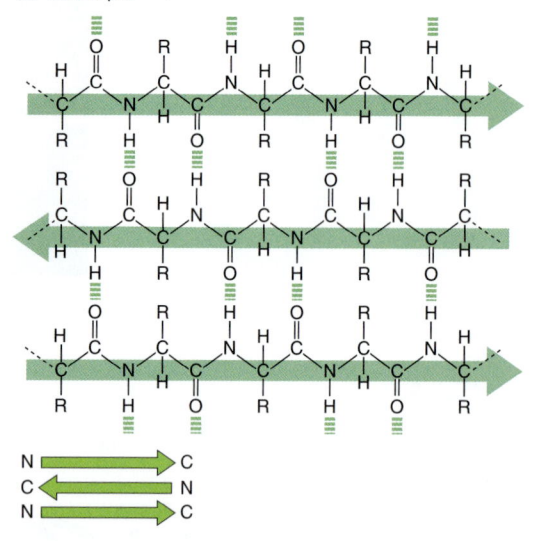

図 10・9　βシート

必用である．CRP は cAMP 結合ドメインと**ヘリックス・ターン・ヘリックスモチーフ**をもつ DNA 結合ドメインをもつ (図 10・12)．2 本のヘリックスのうち 1 本は，DNA 塩基の露出している端と結合する．

DNA と結合するタンパク質は**ジンクフィンガー**とい うドメインをもつことがある．グルココルチコイド受容体 (p.66) には二つある (図 10・13 a)．各フィンガーは四つのシステインが Zn^{2+} イオンを結合してできていて，二つのαヘリックスも各フィンガーに含まれる (図 10・13 b)．ヘリックスの一つは認識ヘリックスとよばれ，

発展 10・2　光学異性とアミノ酸

　光学異性とは，自身の鏡像と自身とを重ね合わせることはできない性質である．人体全体は光学異性ではなく鏡像は180°回転させ，つまり鏡に映して，さらに少し移動させれば自身と重ね合わせることができる．しかし，右手は光学異性体で，その鏡像は右手ではなく左手である．分子には，炭素原子に四つの異なるグループが結合することができるので，光学異性になるものがある．アミノ酸ではグリシン以外のα炭素は光学異性となり，このような炭素原子は非対称で不斉炭素とよばれる．分子内に二つ以上の不斉炭素をもつことも可能である．不斉炭素が一つの場合は二つの光学異性体がありえて，偏光に対してふるまいが異なる．化学では別のよび名があるが，アミノ酸の場合LとDで区別される．タンパク質や代謝で出てくるのは，ほとんどすべてL-アミノ酸である．しかし，D-アミノ酸も自然界に使われており，D-アラニンは細菌の細胞壁に，バリノマイシンやグラミシジンAという抗生物質にもD-アミノ酸は使われており，これらの合成はタンパク質の合成とは異なっている．糖類も細胞で使われるものはD体が多い．

　らせんも光学異性の原因となる．自然界に存在するαヘリックスは，普通のねじと同様右巻きらせんである．L-アミノ酸でできた右巻きαヘリックスの鏡像は，D-アミノ酸でできた左巻きαヘリックスである．現実に存在することからわかるように，L-アミノ酸では右巻きαヘリックスがうまく組めるがD-アミノ酸では左巻きαヘリックスの方がうまく組める．

L-アラニン　　D-アラニン　　　　右巻きらせん　左巻きらせん

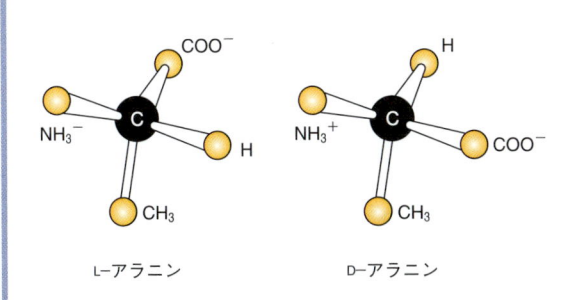

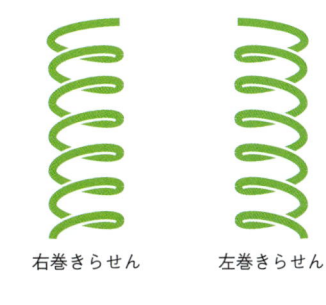

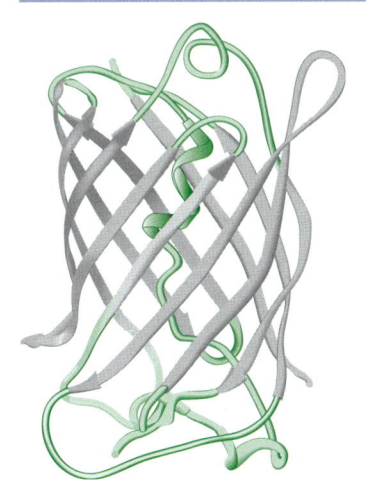

図10・10　緑色蛍光タンパク質分子はβバレル（灰色）と内部のαヘリックスから構成される．

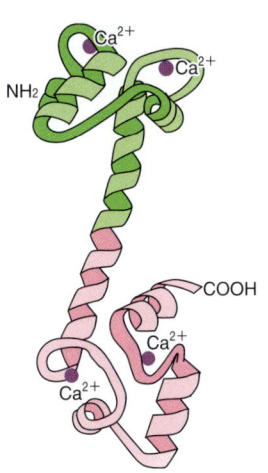

図10・11　カルモジュリンは二つの相似ドメインから構成される．

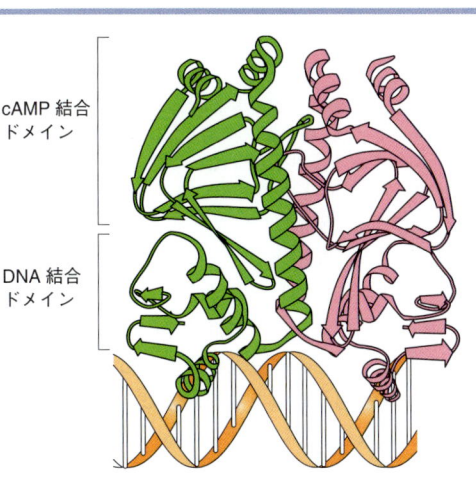

図10・12　cAMP受容体タンパク質（CRP）は二量体である．　CRPの活性型は二つのαヘリックス・ターン・ヘリックス型DNA結合タンパク質から成る．片方をピンク色でもう片方を緑色で示す．

DNAの主溝内で塩基と接触している．もう一つのヘリックスは，それと直交するようになっていて，受容体のホモ二量体がDNA結合で安定化されるようにしている．このフィンガードメインは他のタンパク質では他のタンパク質との結合にも用いられ，AP1サブユニット（p.64）の例のように転写調節を行う．

ドメインは遺伝子の中ではおのおののエキソンに対応しており，進化の過程で，在来のタンパク質のドメインが混ざったり組合わさったりしてできることが想像されている．カルシウム依存転写因子NFAT（p.124）は，転写因子NFκBか類縁タンパク質のDNA結合ドメインが切取られて，カルシウム活性化ホスファターゼであるカ

116　　　　　　　　　　　　　　　　　　　　10. タンパク質の構造

> **医療応用 10・2　狂牛病: タンパク質が巻戻らなくなる**
>
> 　何年か前まで，生物学には勇み足があった．それは，感染症はウイルスや微生物のように核酸をもつもので起こる，というものである．今では，一群の脳感染症は，タンパク質だけで起こることが明らかになっている．これらは海綿状脳症: ウシ海綿状脳症（狂牛病），ヒツジのスクレイピー，ヒトのクロイツフェルト・ヤコブ病とクール病である．ヒトではまれであるが，最近，畜産で増加している．
> 　感染物質はプリオンとよばれるタンパク質で，染色体にある遺伝子にコードされている．健康体では発現していて無害な PrP^C（細胞型プリオン関連タンパク質）で
> あり，C 末端側は球状タンパク質で，N 末端側は特定の構造をとらない．しかし，同じタンパク質が，N 末端部分で β シートに富む構造をとることがあり，PrP^{SC}（スクレイピー型プリオン関連タンパク質）とよばれる．病変は，PrP^{SC} の小さな集合体が PrP^C を異常な β シートに富む構造変化させて起こる．これが続くと，PrP^{SC} の塊が神経細胞を傷つけるのである．この病気は，感染した動物の肉を再利用した餌を通して広まり，70 年代に餌の作製法が変わってから始まった．この問題が広く認識されるまでに，感染動物が食用肉として使われたために，新型クロイツフェルト・ヤコブ病をひき起こした．英国では 2000 年に 28 名の死者を出したのをピークに，食肉と家畜の餌を厳しく管理することにより，漸減してきている．

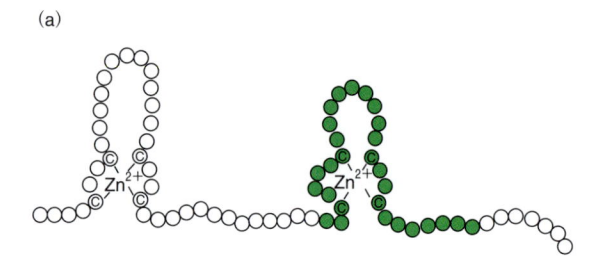

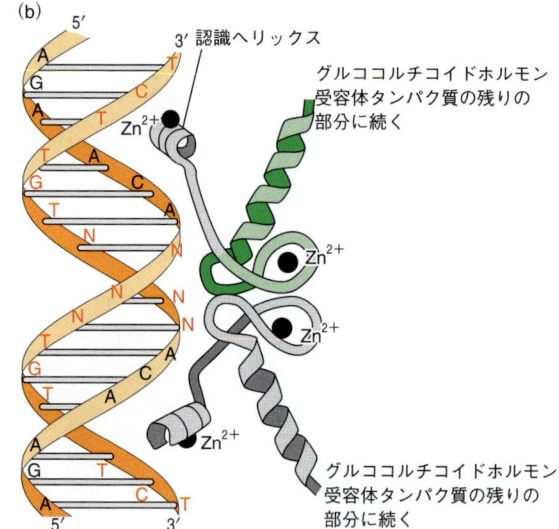

図 10・13　グルココルチコイド受容体の二つのジンクフィンガーモチーフ．(a) 各アミノ酸残基は○で，四つのシステイン残基は C で表示されており，おのおの Zn^{2+} イオンを結合している．(b) DNA に結合しているグルココルチコイド受容体の図．(a) で緑色のジンクフィンガーモチーフは (b) でも緑色で表示する．

ルシニューリンに移動したと考えられている．
　膜に埋込まれたタンパク質は独特の構造をもち，ポリペプチド鎖は，膜を 1 回以上貫いている．貫通している部分では，疎水的な側鎖をもつ部分は，脂質二重層の疎水的な領域に入るようになっている．最も広くみられる構造は 22 アミノ酸の α ヘリックスで，血小板由来増殖因子（PDGF, p.199）の例を図 10・6 に示す．膜を貫通している α ヘリックスの疎水性側鎖をもつ部分は，確かに膜内の疎水的部分に入っている．このタンパク質は膜に強く結合しており，もし膜外に出されると疎水性部分が水に露出されるようになっている．

四次構造

　多くのタンパク質は，二つ以上の分子が，共有結合以外の，すでに述べた三次構造を安定化するのと同じ結合により強固に結合されている．コネクソン (p.28) は六
つのコネキシン単量体から形成されている．CRP は二量体化してはじめて活性をもつ（図 10・12）．赤血球内で酸素輸送を担っているヘモグロビンは，四つのポリペプチド，二つの α 鎖と二つの β 鎖からできている（図 10・14）．どの場合でも，タンパク質のサブユニットの三次元立体配置を**四次構造**とよぶ．

● 補欠分子族

　20 種のアミノ酸からできる構造の数は膨大だが，それで必要な機能をすべて発揮できるわけではないので，酸化還元における電子の移動と酸素の結合の例のように，必要な性質をもつ化学物質をタンパク質は結合することがある．ヘモグロビンは鉄を含むヘムグループをもつ（図 10・15）．ただし，酸素が結合しても Fe^{2+} が Fe^{3+} に酸化されることは通常ないのだが，それは重大なことでは

発展 10・3 腐った魚で狂ったマウスを治す

細胞質よりも薄い水溶液に入れると細胞は膨らみ，細胞質よりも濃い水溶液に入れると縮む．この現象は浸透とよばれ，溶液の水を吸い出す能力を浸透圧とよぶ．魚にはサケやウナギのように，海水から真水へ移動したり，河口付近に生息したりして，塩分濃度の異なる環境で生活するものがある．これらの魚の細胞は，浸透圧を環境に合わせるために，合成の容易な低分子を細胞質に分泌する．一例は尿素であるが，尿素はカオトロピックで，タンパク質の構造を壊す．

低分子トリメチルアミン N-オキシドは，反対にタンパク質の構造形成を促進する効果をもつ．劇的な例がある．これを PrP^{SC}（医療応用 10・2）と一緒にマウスの脳に注射すると，細胞にもともとある PrP^C を保護して，異常構造をとらせない効果があった．尿素を合成する魚は，含フラビンモノオキシゲナーゼの発現を促進してトリメチルアミン N-オキシドの濃度を増加させる．尿素のタンパク質の構造を壊す効果は，構造をとらせる傾向を有するトリメチルアミン N-オキシドにより補償され，タンパク質の構造は維持される．魚が死んで腐敗すると，トリメチルアミン N-オキシドはトリメチルアミンに変化し，これが魚の腐敗臭となる（医療応用 4・3, p.41）．

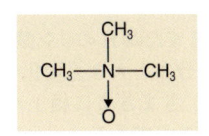

トリチルアミン N-オキシド

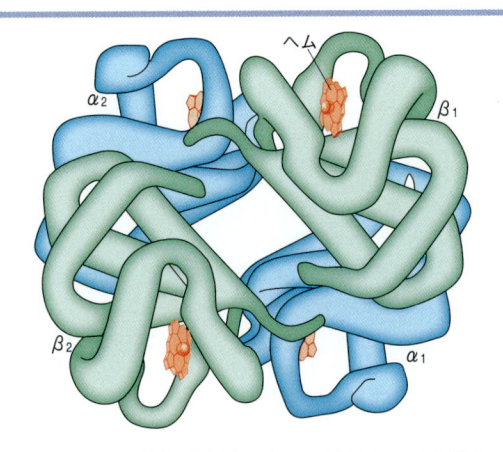

図 10・14　ヘム補欠分子族をもつ四量体タンパク質のヘモグロビン

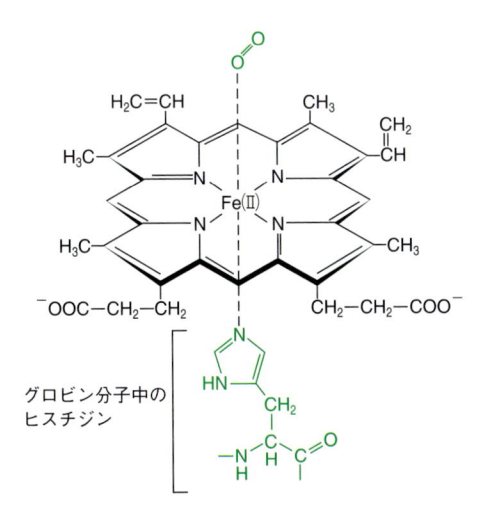

図 10・15　含鉄補欠分子族のヘムを，酸素添加型のヘモグロビン中の形で示す．酸素分子を上に示す．

ない．タンパク質の機能に必要で，強固に結合している非タンパク質物質を，**補欠分子族**とよぶ．

タンパク質には，強固に金属イオンを結合しているものがある．グルココルチコイド受容体のジンクフィンガーやヘモグロビン内の鉄についてはすでに紹介した．他にモリブデン，マンガン，銅が結合している．

● 一次構造により二次以上の構造は決まっている

一定の環境の範囲内ではタンパク質の構造は安定しているが，範囲外ではタンパク質の三次構造を保っている力のバランスが崩れ，タンパク質は変性する．つまり，構造が崩れて活性を失う．変性は，高温，pH 変化，界面活性剤などにより起こる．高濃度（>8 mol/L）の尿素は，長年タンパク質の変性に利用されてきた．高温やpH 変化と異なり，尿素はタンパク質を沈殿させない．尿素溶液中では，タンパク質の高次構造はすべて破壊され，ポリペプチド鎖はつぎからつぎに変化するランダムな構造をとっていることが，物理化学的手法により明らかにされている．このような尿素にあるような性質を**カオトロピック**という．透析や希釈で尿素を除くと，タンパク質は巻戻され，三次構造と機能を回復する．この事実は，二次以上の構造はすべて一次構造が決定していることを示す．100 残基程度の小さなタンパク質でも，可能なすべての構造を経験するには 10^{50} 年という時間が必要なので，秒単位で起こる実際の巻戻りの過程はランダムに起こっているのではない．多分，二次構造が最初にできて，それを単位として巻戻るのであろう．生体内では，巻戻りは**シャペロン**（p.122）によって促進されている．

まとめ

1. ポリペプチドとは，アミノ酸がペプチド結合で線状につながったものである．20種のアミノ酸はそれぞれの遺伝コードがあり，側鎖が疎水的なもの，電荷をもつもの，電荷はもたないが親水的なものがある．
2. 側鎖は，親水性，電荷の正負有無，ジスルフィド結合の可能性，翻訳後の化学修飾など，それぞれ独自の性質をもつ．
3. S, T, Y, D, E または H のリン酸化は，可逆的にタンパク質の荷電分布を大きく変化させる．
4. タンパク質は，さまざまに組上がった三次元構造をもつポリペプチドである．
5. タンパク質は，一～四次構造の切り口で分析でき，一次構造とはアミノ酸配列のことである．
6. タンパク質の中には，規則性のある繰返し構造（二次構造）をもつ．この構造はペプチド結合のカルボニル基の O と −NH との水素結合で形成される．
7. 二次構造には，軸に平行な水素結合でできたらせん構造のαヘリックスと，ポリペプチド鎖が伸長して，伸長軸と直角の水素結合により形成されるβシートがある．βシートは，N末端からC末端の方向が並行している場合と逆並行の場合とがある．
8. タンパク分子の最も組上がった構造は三次構造で，側鎖の相互作用で維持されている．
9. タンパク質にはサブユニットをもつものがあり，サブユニットの組上がり方を四次構造という．

参考文献

C. Branden, J. Tooze, "Introduction to Protein Structure", 2nd edition, New York: Garland (1999).

T. Creighton, "Proteins, Structures and Molecular Properties", 2nd edition, New York: W. H. Freeman (1992).

A. Fersht, "Structure and Mechanism in Protein Science", New York: W. H. Freeman (1999).

H. McGee, "On Food and Cooking", London: Unwin (2004).

M. Perutz, "Protein Structure: New Approaches to Disease and Therapy", New York: W. H. Freeman (1992).

C. Tanford, J. Reynolds, "Nature's Robots —— A History of Proteins", Oxford: Oxford University Press (2001).

D. Voet, J. D. Voet, "Biochemistry", 4th edition, Hoboken: Wiley (2011)，[邦訳] 田宮信雄，村松正實，八木達彦，吉田浩，遠藤斗志也訳，"ヴォート生化学（上・下）（第4版）"，東京化学同人 (2013)．

● 復習問題

10・1 アミノ酸

A アラニン C システイン E グルタミン酸
G グリシン M メチオニン N アスパラギン
P プロリン R アルギニン V バリン
W トリプトファン

上記のアミノ酸の中から下記の1～5に最もよく合致するものを選べ．

1. リン酸化されることがある．
2. 強い酸性残基をもつ．
3. 強い塩基性残基をもつ．
4. 正確にはアミノ酸ではなくイミノ酸であり，ポリペプチド鎖の形の自由度を最も強く制限する．
5. 二つがジスルフィド結合する．

10・2 タンパク質に用いられる用語

A．αヘリックス B．βシート C．変性
D．ジスルフィド結合 E．ドメイン F．疎水的効果
G．リン酸化 H．翻訳後修飾 I．一次構造
J．塩橋 K．サブユニット L．ファンデルワールス力

上記のリストから1～5で説明されているものを選べ．

1. 二つのシステイン残基の側鎖間の共有結合
2. ペプチド結合のアミドとカルボキシ基間の水素結合をもち，水素結合の方向とらせん軸が平行になるらせん構造をもつ二次構造
3. 単一ペプチド内で別々に巻戻る領域
4. タンパク質の活性の喪失を伴う構造の消滅
5. 疎水性分子が水と接触しないように集まる傾向

10・3 特異的結合の相手

A．DNAの特異的部位 B．β-ガラクトシド類の糖
C．カルシウムイオン D．コネキシン43
E．グルコース F．NFAT G．バリウム

タンパク質の機能は他分子と特異的に結合することにより発揮される．上記のリストから下記の1～4に特異的に結合するものを選べ．

1. カルモジュリン
2. cAMP受容体タンパク質（CRP）
3. コネキシン43
4. グルココルチコイド受容体

● 発展問題

疎水的な溶質は水には溶けないと述べた．ではどうして，疎水性側鎖をもつアミノ酸は細胞質に溶けて対応するtRNAと反応することができるのか？

発展問題の解答: ペプチド結合をまだしていない遊離のアミノ酸はアミノ基とカルボキシ基が共に存在しており，正負の電荷をもつので，他のイオンと同様に水溶性である．アミノ基を除去すると，電荷はなくなり，側鎖の性質により疎水性になるのである．

11

細胞内タンパク質輸送

　真核生物の細胞には細胞小器官（p.27）がある．細胞小器官に区画化することで，異なる細胞内プロセスを空間的，時間的に分離できるので，生体分子の合成と分解を別々に行い，細胞外に分泌する物質を細胞内に取込んだ物質と区別して梱包することが可能になる．このためには，各細胞小器官はそれぞれ固有のタンパク質のセットをもたねばならない．タンパク質はすべてリボソームで合成されるので，タンパク質を正しい目的地に配送するシステムが必要となる．本章では，新たに合成されたタンパク質が正確かつ能動的に正しい細胞内区画に**輸送**される方法を見ていく．

● 細胞内タンパク質輸送の3様式

　新しく合成されたタンパク質は，細胞内でそれらが働くべき適切な場所に配送されねばならない．これを実現する仕組みと装置は，酵母からヒトまですべての真核生物で高度に保存されている．細胞がこの仕事を行うには三つの方法がある（図11・1）．第一のやり方では，タンパク質は合成されつつ最終的な形に折れたたまれ，そのフォールディング状態を保ったまま，水溶液区画を通って目的地に移動する．核へのタンパク質輸送がこのやり方で行われる．タンパク質はサイトゾルのリボソームで合成され，核膜孔を**ゲート輸送**とよばれる機構で通って核質に向かう．第二のやり方は**膜透過**で，ほどけたポリペプチド鎖がひものように一つまたは複数の膜を通り抜けて目的地に行き着く．ペルオキシソーム内やミトコンドリア内（植物では葉緑体内）のタンパク質はサイトゾルのリボソームで合成され，完全または部分的に折りたたまれてから目的地の膜に組込まれたり，膜透過する．ミトコンドリアへの輸送の場合は，タンパク質は高次構造がほどけて（アンフォールドして）から輸送装置の孔をひものように通抜ける．ペルオキシソームの場合はまだ不明なことが多い．粗面小胞体では，タンパク質は合成されながら内部に向かってひものように膜透過する．その後小胞体内にとどまるタンパク質もあれば，さらにその先の細胞小器官に運ばれるものもある．最後に第三のやり方は，**小胞**とよばれる小さな閉じた膜の袋に新たに合成されたタンパク質を詰込んで，小胞体からゴルジ体へ，そしてその他の細胞小器官間で**小胞輸送**というプロセスで輸送するものである．

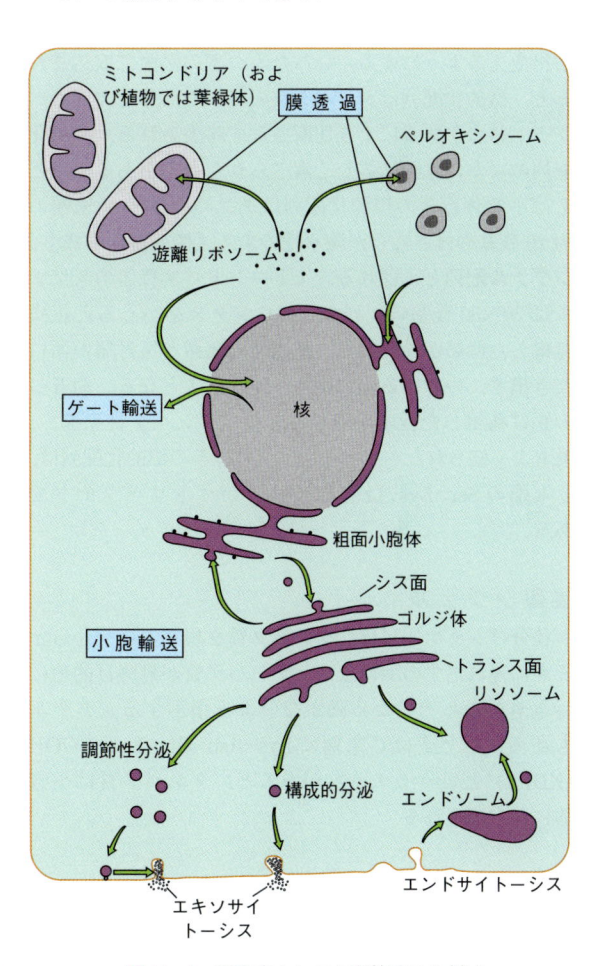

図11・1　細胞内タンパク質輸送の3様式

　タンパク質の最終目的地は，タンパク質自身の一部が**仕分け（ソーティング）シグナル**として働くことで決まる．リボソーム上で合成されるタンパク質はただのポリ

ペプチドのひもでしかない．したがって，最初の仕分け先は，**標的化（ターゲティング）配列**とよばれる特定のアミノ酸配列が決める．粗面小胞体上のリボソームで合成されるタンパク質では，糖やリン酸基のような仕分けシグナルが酵素によってさらに付加されることもある．一般に仕分けは，タンパク質中の特定の仕分けシグナルが受容体タンパク質に結合し，今度は受容体タンパク質が目的区画の膜上の膜透過装置に結合することによって行われる．ヘモグロビンのように仕分けシグナルをもたないタンパク質は，サイトゾル中のリボソームで合成されてサイトゾルにとどまる．

標的化配列

標的化配列（局在化配列ともいう）は通常3～80アミノ酸残基から成り，特異的な受容体に認識される．受容体はタンパク質を正しい場所に導き，適切な膜透過装置と出会えるようにする．いったんつぎの区画に取込まれると，標的化配列はタンパク質の残りの部分との間のペプチド結合が酵素により切断されて除去される．標的化配列のなかには特に詳しく調べられたものがある．たとえば小胞体行きの標的化配列はタンパク質のN末端の約20残基のほとんどが疎水性のアミノ酸残基から成り，**シグナル配列**とよばれる．ミトコンドリア行きのシグナルは20～80残基の配列で，ヘリックスをつくると正に荷電した側鎖が片側の面，疎水性の側鎖が反対側の面に突き出す，いわゆる両親媒性ヘリックスとなる．約五つの正に荷電した残基が連なると核にタンパク質を導く．最もよく知られたペルオキシソーム行きの標的化配列は，C末端のSer-Lys-Leu-COOHというトリペプチドである．

残留シグナル

仕分けシグナルには，タンパク質を現在の場所からどこかに連れ出すのではなく，タンパク質が最終目的地に行き着いたらそこから動かないよう指示するシグナルもある．たとえばC末端にLys-Asp-Glu-Leu-COOH（KDEL）というモチーフがあると，タンパク質は小胞体にとどめられる．

● 核 輸 送

原核生物と異なり，真核生物ではRNA転写とタンパク質合成は空間的にも時間的にも分離される．核と細胞質間の物質輸送は細胞の基本機能に必須であり，厳密に制御されねばならない．RNAとリボソームのサブユニットは核内で組立てられてから細胞質に移動し，タンパク質合成に使われる．一方でヒストンや転写因子などのタンパク質は核内に入って，そこで働く．核と細胞質の間の物質の交通を担うのが核膜孔である．核膜孔は多数のタンパク質からつくられている（こうした構造体を多タンパク質複合体とよぶ）．核膜孔複合体を介した輸送にはシグナルがかかわり，エネルギーと輸送タンパク質が必要となる．

核膜孔複合体

核膜孔複合体は核膜の二重の膜に埋込まれた分子量1億2500万もの巨大構造である（図11・2）．電子顕微鏡観察とモデル計算によって解明された核膜孔複合体の基本構造は，すべての真核細胞で非常によく似ている．しかしこの構造についても，それがどうやって働くかについても，まだ不明の部分が多い．30種以上のヌクレオポリンとよばれる因子が八つの同一サブユニットをつくり，それらが円形に配置されている．ヌクレオポリンには別のタンパク質が結合している．核膜孔複合体を横から見ると八つの同一サブユニットから成る三つのリングが重なった構造である．真ん中のリングのサブユニットには膜貫通部分があって，複合体を核膜につなぎとめており，特定構造をとらないポリペプチド鎖が内側に突き出て孔を充填している．小分子はこれらのもつれ合ったポリペプチドの隙間を自由拡散ですり抜けられるが，大きな分子は引っかかってしまうので，輸送の仕組みが必要となる．

核膜孔を介するゲート輸送

一般に核膜孔を介した輸送には，専用のシグナルを使う．核移行シグナルをもつタンパク質は核内に移行し，核外輸送シグナルをもつタンパク質は核外に出ていく．可動性の輸送タンパク質は通常，核内移行か核外輸送のいずれかを担い，標的化シグナルを認識し，つづいて核膜孔と相互作用する．核膜孔内のもつれ合ったポリペプチドには，多くのグリシン-フェニルアラニン繰返し配列（GFリピート）がある．輸送タンパク質はこのGFリピートに結合し，それらを順に跳び移ることで孔を通抜け，タンパク質を運ぶ．しかし巨大分子が核膜孔を通過する正確な仕組みはまだ十分にわかっていない．リボソームのサブユニットのような巨大な集合体が移動するためには，核膜孔は広がるか形を変えるかしなければならない．通常核には2000～4000の核膜孔があり，それらが毎秒500個の高分子を双方向に同時輸送できる．細胞分裂に際して核が解体するときは，これらの複合体構造は消失し，その後核が再集合するときには再形成される．

GTPaseの**Ran**の核輸送における役割がわかり，どの

ように核内移行と核外輸送の方向性が決まるかの理解が進んだ．Ran による GTP 加水分解は輸送のエネルギーを提供する．このプロセスについて見ていく．

GTPase と GDP/GTP 反応サイクル

GTPase のタンパク質ファミリーは，複雑な細胞内プロセスの制御にかかわるものが多い（図 11・3，p.122）．すべてヌクレオチド GTP を加水分解するが，かかわるプロセスも働く様式もさまざまである．すでに，タンパク質生成にかかわる 3 種の GTPase である IF2，EF-tu，EF-G について述べた（p.100, 101）．GTPase はいったん GTP を GDP と無機リン酸に加水分解すると不活性型となり，GDP を追い出して GTP と結合すれば活性型になる．タンパク質をスイッチと見立てて，GTP が結合すると"オン"に，GDP が結合すると"オフ"になるという言い方をすることが多い．GDP 結合型と GTP 結合型の変換サイクルはエフェクタータンパク質によって調節される．**GTPase 活性化タンパク質（GAP）**は GTPase の GTP 加水分解速度，すなわち不活性化型への変換速度を上昇させ，**グアニンヌクレオチド交換因子（GEF）**は GDP と GTP の交換，すなわち活性化型への変換を促進する．

核輸送における GTPase

核膜孔を介した輸送では，Ran に働く GEF が核内にあっておそらくクロマチンと結合しているが，Ran の GAP は核膜孔のサイトゾル側に結合している（図 11・4，p.122）．したがって核内の Ran はおもに GTP 結合型

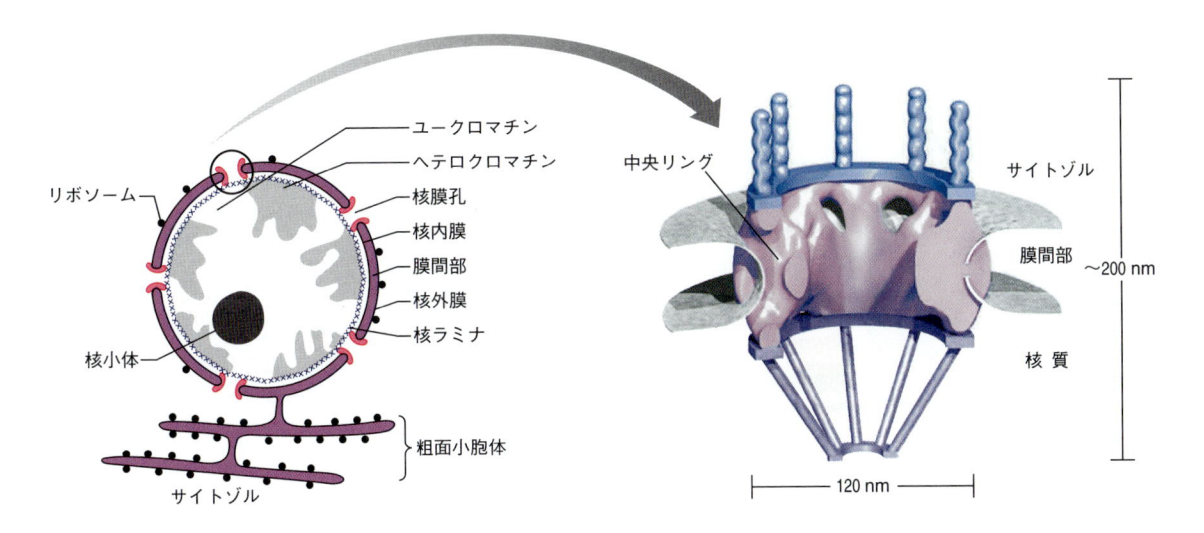

図 11・2 核 膜 孔

応用例 11・1　小胞体内でのカルシウムイオンの保持

滑面小胞体の機能の一つは，細胞刺激に応答してサイトゾルに放出するためのカルシウムイオンを保持することである．カルレティキュリン〔calcium-binding protein of the endoplasmic reticulum（小胞体のカルシウム結合タンパク質）の略〕がカルシウムイオンの保持に働く．一次構造は以下のとおり．

(NH₂)MLLSVPLLLGLLGLAVAEPAVYFKEQFLDGD
GWTSRWIESKHKSDFGKFVLSSGKFYGDEEKDKG
LQTSQDARFYALSASFEPFSNKGQTLVVQFTVKHE
QNIDCGGGYVKLFPNSLDQTDMHGDSEYNIMFG
PDICGPGTKKVHVIFNYKGKNVLINKDIRCKDDEF
THLYTLIVRPDNTYEVKIDNSQVESGSLEDDWDFL
PPKKIKDPDASKPEDWDERAKIDDPTDSKPEDW
DKPEHIPDPDAKKPEDWDEEMDGEWEPPVIQNP
EYKGEWKPRQIDNPDYKGTWIHPEIDNPEYSPDP
SIYAYDNFGVLGLDLWQVKSGTIFDNFLITNDEAY
AEEFGNETWGVTKAAEKQMKDKQDEEQRLKEE
EEDKKRKEEEEAEDKEDDEDKDEDEEDEEDKEE
DEEDVPGQAKDEL(COOH)

最初の 17 アミノ酸残基は 14 個の疎水性残基を含み（黒字），これがタンパク質の小胞体移行を促すシグナル配列として働く．最後の KDEL の 4 残基はタンパク質を小胞体内にとどめる．これら二つの仕分けシグナルにはさまれた部分がタンパク質の機能部分となる．

(Ran：GTP), サイトゾルの Ran はおもに GDP 結合型 (Ran：GDP) である.

図 11・5 (p.123) に, Ran によるタンパク質の核内移行の調節を示す. 核内輸送タンパク質はタンパク質中の核内移行配列に結合する. 輸送タンパク質は核膜のサイトゾル側では積み荷を結合しているが, いったん核内に

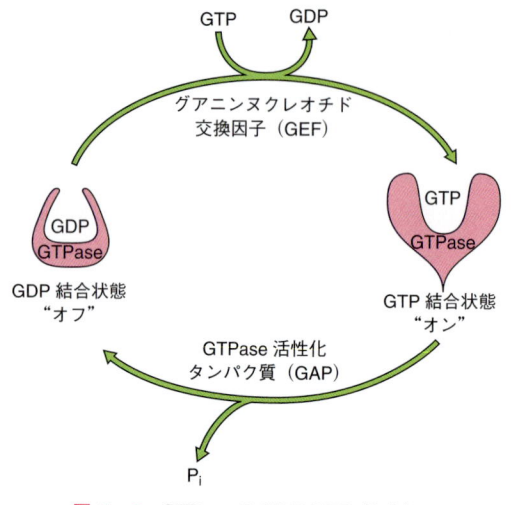

図 11・3 **GTPase の GDP/GTP サイクル**

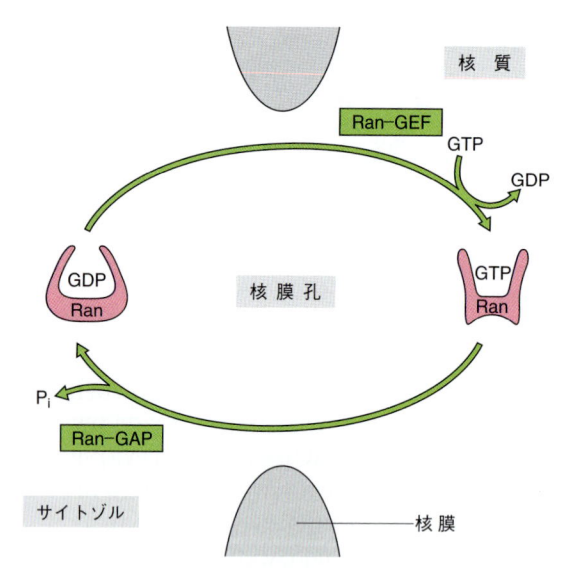

図 11・4 **Ran-GEF** は核質に, **Ran-GAP** はサイトゾルに局在

入ると活性化 GTP 型 Ran が結合して積み荷タンパク質を下ろす. 輸送タンパク質は核内にとどまっている間はRan：GTP が結合しているので, 積み荷タンパク質に再結合できない. しかしサイトゾル側に移行すると, Ran-GAP が Ran の GTP の GDP への加水分解を促進し, Ran：GDP が輸送タンパク質から解離, 再び積み荷タンパク質を結合できるようになる.

タンパク質の核外輸送でも同様の機構が働く (図 11・6, p.123). 核外輸送タンパク質は Ran：GTP に結合したときだけ, タンパク質の核外輸送配列に結合できる. したがって輸送タンパク質は核内では積み荷タンパク質に結合している. しかしいったんサイトゾル側に移行すると, Ran-GAP の働きで Ran の GTP が GDP に加水分解され, Ran：GDP と積み荷が輸送タンパク質から解離する. 輸送タンパク質は積み荷タンパク質には再結合できないが, Ran：GTP がいる核内に戻ると再び積み荷タンパク質に結合できるようになる.

Ran はタンパク質の核内移行と核外輸送の両方を駆動できるが, いずれの場合も輸送タンパク質に結合するのは活性化 GTP 結合型の方である. GDP 結合型は不活性で輸送タンパク質には結合できない.

核移行シグナルを出したり隠したりすることで, 核とサイトゾルを行き来するタンパク質もある. たとえばグルココルチコイド受容体 (p.66) は, グルココルチコイドに結合したときだけ核移行シグナルを露出する.

● タンパク質の膜透過

ミトコンドリアへのタンパク質移行

ミトコンドリアには自身の DNA があり, 自身のリボソームで少数のタンパク質をつくる. しかしミトコンドリアタンパク質の大部分は核の遺伝子にコードされ, サイトゾルのリボソームで合成された後にミトコンドリアに移行する. たとえばミトコンドリアのマトリックスに移行するタンパク質は N 末端に標的化配列をもち, 外膜上の受容体タンパク質に認識される. 受容体は**トランスロケーター**(膜透過装置) と相互作用し, トランスロケーターはタンパク質の高次構造をほどいて外膜と内膜を同時に透過させる. 膜透過後, 標的化配列は切断除去されて, タンパク質は巻戻る.

シャペロンとタンパク質のフォールディング

タンパク質は正しく宛名が書込まれていても, 高次構造の形成が早すぎると細胞小器官内に入れない場合がある. たとえばミトコンドリアのマトリックスに移行するためには, タンパク質は外膜と内膜のチャネルを通過しなくてはならないが, チャネルはほどけたポリペプチド鎖がやっと通れるだけの大きさしかない. 細胞内には**シャペロン**とよばれるタンパク質があり, その名のとおり若いタンパク質の面倒をみるのが役目である. シャペロンは ATP の加水分解のエネルギーを使って, 新規合成されたミトコンドリアマトリックス行きのタンパク質を, 高次構造がほどけた状態に保つ. チャネルを通過してマトリックスに到達すると, すぐにマトリックス移行配

列は切断され，タンパク質は正しい立体構造にフォールディングする．小さいタンパク質は他の助けなしにフォールディングできる．大きなタンパク質の場合は，ミトコンドリアのマトリックスのシャペロニンとよばれるシャペロンがフォールディングに適した表面を提供し，フォールディングを助ける．シャペロンは自分自身の形は大きく変えずに，他のタンパク質のフォールディングを助ける．（訳注：ミトコンドリアタンパク質がサイトゾルで，ある程度フォールディングしてしまっても，前節の"ミトコンドリアへのタンパク質移行"にあるように，ミトコンドリアのトランスロケーター自身がミトコンドリアマトリックスのシャペロンを使ってミトコンドリアタンパク質をアンフォールドして膜透過させることができる）．

異常な高温など，細胞が感じるストレスのなかにはタンパク質の変性をひき起こすものがある（p.117）．こうした場合，細胞は**熱ショックタンパク質**とよばれる一群のタンパク質を大量につくって応答する．熱ショックタンパク質はフォールディングを誤ったタンパク質の，変性によって露出した疎水性領域に結合して，タンパク質の巻戻りを助ける．熱ショックタンパク質は自身は変化せずに，変性タンパク質が巻戻れるような足場を提供する．熱ショックタンパク質はすべての真核細胞のさまざまな区画，そして細菌にも存在する．

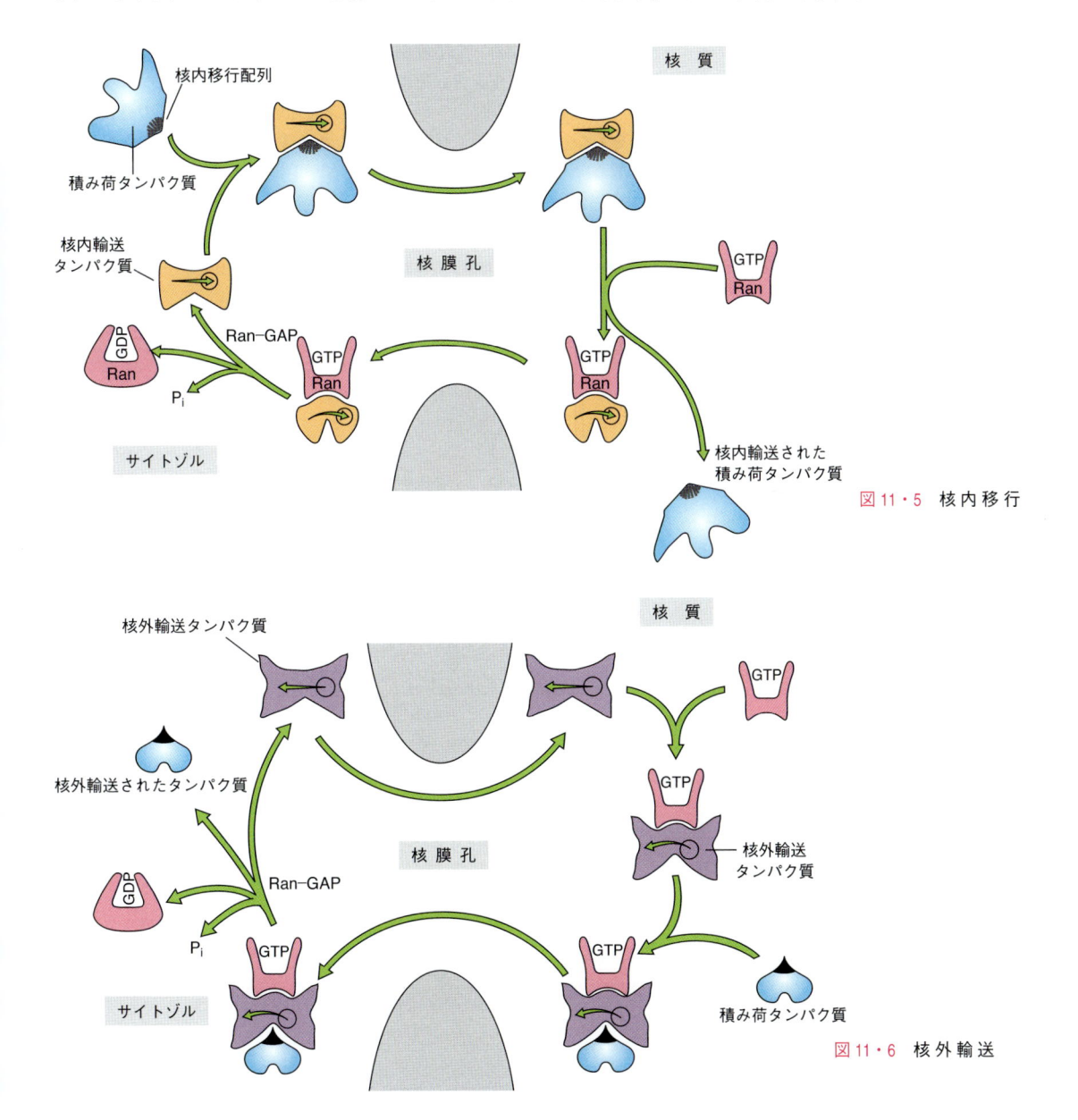

図11・5 核内移行

図11・6 核外輸送

ペルオキシソームへのタンパク質移行

1枚の膜に囲まれた多くの細胞小器官のタンパク質は，粗面小胞体で合成されてから小胞によって輸送される（図11・1）．ただしペルオキシソーム（p.31）は例外である．ペルオキシソームのタンパク質はサイトゾルの遊離リボソームで合成され，ペルオキシソームに移行する．ペルオキシソーム標的化配列はサイトゾルのペルオキシソーム輸送受容体に結合し，受容体と積み荷タンパク質の複

医療応用 11・1　カルシニューリンの阻害
　　　　　　　　　　　——免疫抑制剤の働き方

シクロスポリンAという薬剤は臓器移植の拒絶反応をひき起こす免疫応答を抑えるので，現代医療には欠かせない．この薬剤は，免疫系の細胞タイプの一つであるT細胞の活性化の重要段階を阻害することで働く．T細胞はインターロイキン2というタンパク質を合成，放出することで，免疫系の他の細胞にシグナルを伝達する．インターロイキン2の転写はNFAT（p.249）という転写因子により活性化される．

NFATは，本来は核に誘導する仕分けシグナルをもつが，不活性化された細胞ではこのシグナルがリン酸基で隠されているためNFATは細胞質にとどまり，インターロイキン2は合成されない．しかし主要組織適合性複合体タンパク質が外来性のペプチドをT細胞に提示すると，サイトゾルのカルシウムイオン濃度が上昇する（16章に述べるようにカルシウムイオンの増加は細胞の刺激に対する一般的な応答）．カルシウムは，NFATをはじめとする多くの基質のリン酸基を外す**カルシニューリン**というホスファターゼを活性化する．リン酸基が外れたNFATは核に移行し，インターロイキン2の転写を活性化する．分泌放出されたインターロイキン2は，異物への攻撃を行う免疫系の他の細胞を活性化する．シクロスポリンはカルシニューリンを阻害することでこの過程を阻害する．すなわち，たとえT細胞の細胞質のカルシウム濃度が上昇しても，NFATはリン酸化されたままで核には移行しなくなる．

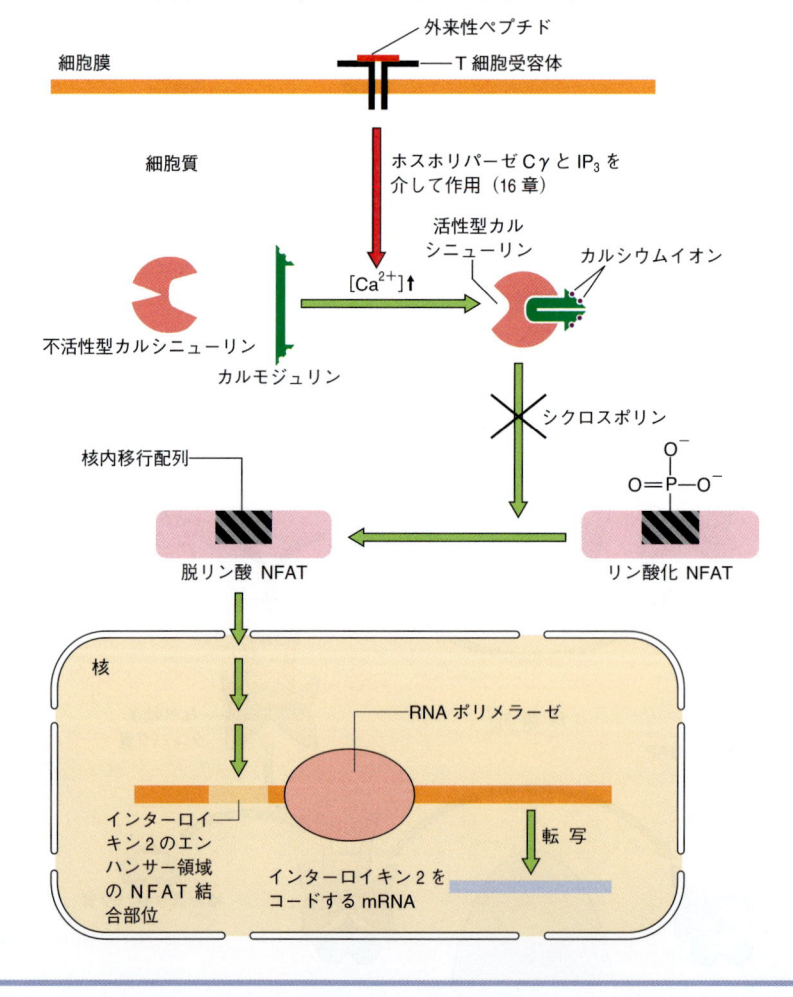

粗面小胞体上でのタンパク質合成

小胞体内へ移行するタンパク質は，アミノ末端に約20残基のおもに疎水性のシグナル配列をもつ．タンパク質合成はサイトゾルの遊離リボソーム上で始まる．リボソームから出てくるポリペプチド鎖が20残基くらいになると，小RNA分子と複数のタンパク質から成る**シグナル認識粒子**が小胞体行きのシグナル配列を認識する（図11・7）．この粒子がシグナル配列に結合すると，タンパク質合成が停止する．リボソームとシグナル認識粒子の複合体は小胞体上のシグナル認識粒子受容体（ドッキングタンパク質ともよばれる）に結合し，ポリペプチド鎖はトランスロケーターに導かれる．この時点でシグナル認識粒子と受容体は不要となり，遊離する．タンパク質合成が再開し，ポリペプチド鎖は延長されつつ，トランスロケーターの親水性ポリペプチド鎖用チャネルを通って膜を通過する．ポリペプチド鎖が小胞体内腔に到達するとシグナル配列はシグナルペプチダーゼという酵素によって切断されるが，切断されずにシグナル配列がそのまま残るタンパク質もある．

血小板由来増殖因子受容体は膜内在性タンパク質で，22残基の疎水性アミノ酸配列が細胞膜を貫通する（図10・6, p.112）．小胞体行きシグナル配列からポリペプチド鎖が合成され，小胞体膜を通過して内腔に到達する．内腔側に移行した部分は受容体の細胞外ドメインとなる．つぎに疎水性残基から成る膜貫通配列が合成されると，そのままトランスロケーターのチャネルに入るが，疎水性アミノ酸残基は水分子となじまないのでチャネルの出口から出ていかない．したがってこの配列のつぎに合成されるポリペプチド鎖部分はサイトゾル側にループをつくることになる．タンパク質合成が終了すると，この部分はサイトゾルドメインとなる．

タンパク質が複数の疎水性膜貫通配列をもっていると，

合体がペルオキシソーム膜に結合，膜を通過してペルオキシソーム内に入る．そこで積み荷は下ろされて，輸送受容体はサイトゾルへと戻される．

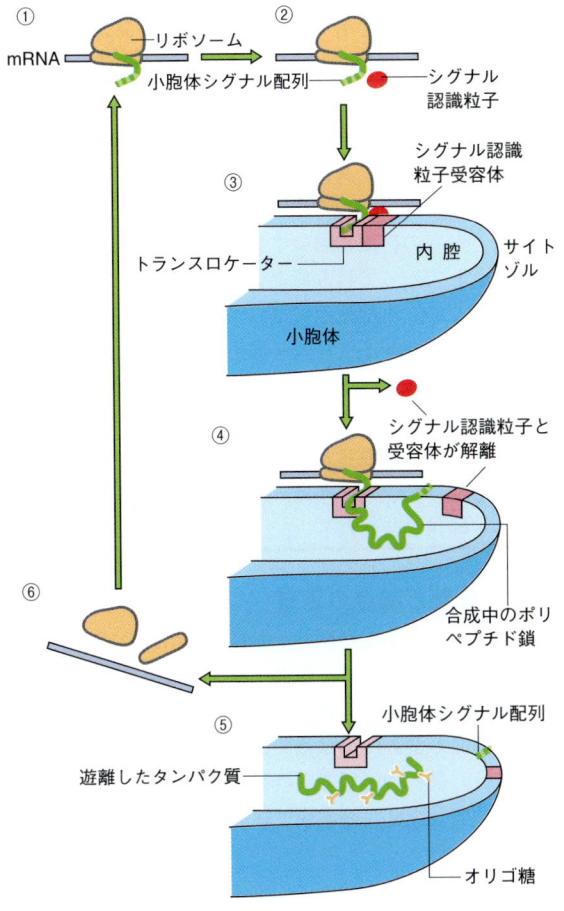

図11・7 合成中のタンパク質の小胞体膜透過

医療応用 11・2 タンパク質輸送の誤りで腎結石ができるわけ

1型原発性高シュウ酸尿症は珍しい遺伝病でシュウ酸カルシウムが腎臓内に"石"として蓄積する．健常者は代謝産物のグリオキシル酸をアラニングリオキシル酸アミノトランスフェラーゼ（AGT, p.140）という酵素によって，有用なアミノ酸グリシンに変換する．AGTは肝細胞のペルオキシソームに局在する．グリオキシル酸はグリシンに変換されないと，シュウ酸に酸化されて腎臓から排出されるが，そこではシュウ酸カルシウムの固形物として沈殿しやすい．1型原発性高シュウ酸尿症患者の2/3は機能できないAGT変異型をもつ．残りの1/3の患者のAGTは一アミノ酸置換変異体（G170R）だが，この変異体は少なくとも試験管内では酵素として十分に機能する．ところがこのアミノ酸置換があるとミトコンドリアの輸送系はAGTをミトコンドリアタンパク質と認識してミトコンドリア内に取込んでしまい，その結果AGTがペルオキシソームに輸送されなくなってしまう．臨床医が，こうした1型原発性高シュウ酸尿症患者にAGTの誤った輸送を説明するのは簡単ではない，すなわち彼らの腎臓結石の治療には肝臓移植が必要なのである！

2番目の疎水性配列はシグナル配列と同様に膜透過を再び促し，結局タンパク質は膜を複数回貫通することになる．

小胞体とゴルジ体における糖鎖付加

小胞体で合成されるほとんどのポリペプチド鎖は，内腔に到達するとすぐに糖残基が付加される．N型糖鎖付加の場合は，2残基のN-アセチルグルコサミン（図2・11, p.18），9残基のマンノース，そして3残基のグルコースが事前につくられてから，オリゴ糖トランスフェラーゼという酵素によってアスパラギン残基の側鎖に付加される．つぎにグルコース3残基が除かれると，これが小胞体からゴルジ体に出て行くための目印となる．

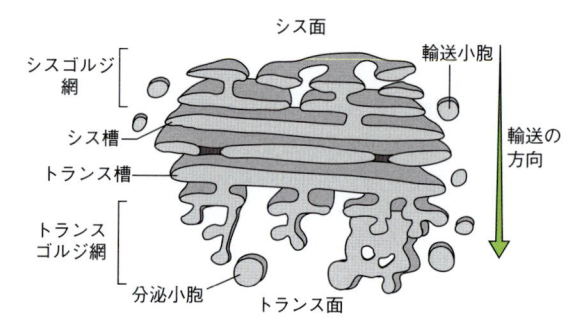

図11・8 ゴルジ体

ゴルジ体（図11・8）は**槽（シスターナ）**とよばれる平らな膜の袋が層版上に積み重なった構造である．各槽の中央部分は平たく，内腔の厚みも隣の槽との間隔もほぼ均一に保たれている．各槽の周辺部分は厚くなって孔が空いている場合が多い．ゴルジ体の特に**シス面**側の周囲には小さな球状小胞が分布する．これらの小胞は輸送小胞とよばれ，小胞体からゴルジ層板へ，あるいはゴルジ体層板間でシス側から中央部へ，中央部からトランス側へとタンパク質を運ぶものがある．タンパク質がゴルジ体を通過すると，付加されたオリゴ糖は修飾され，さらにオリゴ糖が付加される．糖鎖付加は目的地に到達した後で重要な機能をもつだけでなく，**トランスゴルジ網**での仕分け先を決めるという重要な役割もある．

● 細胞内区画間の小胞輸送

一枚膜に囲まれた真核細胞の細胞小器官の大部分は互いに小胞輸送，すなわち小胞が一つの区画から出芽して移動し，つぎの区画に融合することで物質を引渡す（図11・9）．したがって積み荷タンパク質はサイトゾルに出ることはない．小胞輸送には二つの方向がありうる（図11・1）．エキソサイトーシス経路では小胞体からゴルジ体を通って細胞膜へと輸送される．エンドサイトーシス経路では細胞膜からリソソームへと輸送される．後者は細胞外の高分子を取込んで加工することができる．小胞が長距離を移動するときは，細胞骨格を高速道路のように使って輸送が行われる（p.221）．

小胞の分離と融合の原理

図11・9に，小胞が細胞小器官から出芽してつぎの膜と融合することで，可溶性タンパク質と膜タンパク質をつぎの区画に輸送する様子を示す．小胞とそれを取込む区画の膜面の位置関係は常に保たれる．膜内在性タンパク質では，最初の区画で内腔側だった部分はつぎの区画でも内腔側となり，細胞膜では細胞外側となる．

小胞の形成

小胞は，小胞体やゴルジ体の内腔で積荷を捕まえ，サ

応用例 11・2　自転車走者と糖鎖付加

エリスロポエチンは腎臓で生産されるタンパク質ホルモンで，骨髄での赤血球産生を促進する．このホルモンは，慢性腎臓病や癌治療の副作用が原因の貧血の治療に有用である．以前は精製が難しかったが，組換えDNA技術（7章）の発展により医療への応用が可能となった．細菌にヒトのエリスロポエチンcDNAを導入すると，発現はするが，受容体への結合に必要なオリゴ糖付加が起こらない．しかし幸い，ヒト遺伝子用の哺乳類発現系が開発され，糖鎖付加した活性型組換えエリスロポエチンの産生が可能となった．組換えエリスロポエチンは現在では広く医療に使われている．

エリスロポエチンは血液の酸素運搬能力を高めるので，まもなく自転車競技のような耐久力のいるスポーツの競技者たちがエリスロポエチンの別の利用法に気づいた（エリスロポエチン服用のリスクがまったくないわけではない）．組換えエリスロポエチンはヒト内在性のタンパク質とアミノ酸配列がまったく同じなので，市販のエリスロポエチンの服用の証明はきわめて難しい．しかし市販にエリスロポエチンの産生に使われる哺乳類細胞はヒト由来ではないので，機能に影響がないものの付加される糖鎖が厳密には異なる．したがって現在，ヒトのエリスロポエチンとヒト以外の細胞でつくられたエリスロポエチンを区別する試験法の開発が進んでいる．

発展 11・1　輸送の観察

細胞は，緑色蛍光タンパク質（GFP，p.82）と適切な仕分けシグナルから成るキメラタンパク質も，自身の遺伝子にコードされたタンパク質と同様に取扱う．したがってこうしたキメラタンパク質のDNAを導入した生きた細胞内で，タンパク質輸送を蛍光顕微鏡で観察することができる．

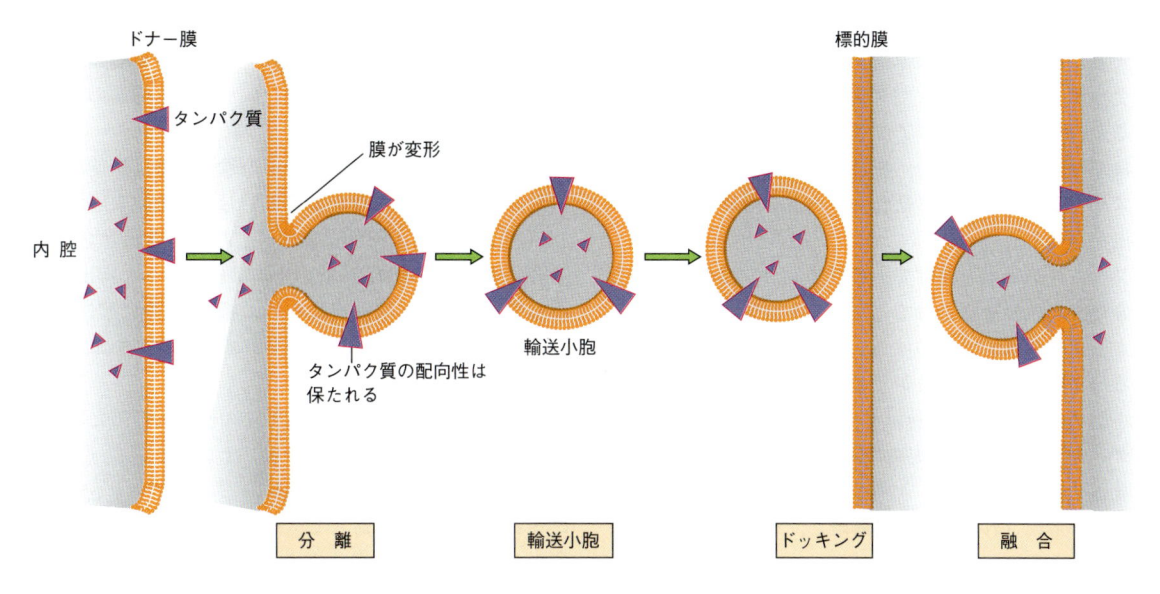

図 11・9　小胞の分離と融合

イトゾルのタンパク質の助けで脂質膜が変形して出芽し，**分離**とよばれるプロセスでちぎれることで，形成される．膜を変形させて曲面にするには，サイトゾルのタンパク質が小胞形成領域に順番に集合してコート（被覆）をつくる必要がある（図11・10）．こうした機能を担うコートには，**コートマー**と**クラスリン**の二つのタイプがある．小胞は標的膜に融合する前にコートを脱ぐ（脱コート）．

コートマー被覆小胞

小胞輸送のデフォルト経路ではコートマーによる被覆小胞を使う．小胞体とゴルジ体間，ゴルジ層板間の輸送，そしてトランスゴルジからの構成的分泌小胞の出芽でこの機構が働く．コートマーのコートは7種類のタンパク質が集合した複合体から成る．現在のモデルでは，ゴルジ体でのコートマーのコート形成は，出芽するドナー膜のグアニンヌクレオチド交換因子（GEF）がGTPaseであるArf〔ADP-ribosylation factor（ADPリボシル化因子）の略〕のGDPをGTPに交換，その結果Arfが活性型コンホメーションになり，N末端のαヘリックスが露出してドナー膜の表面に潜込むことで始まる（図11・10 a）．こうしてArfが膜に係留されるが，同時に膜のサイトゾル側面の面積が増大するため，膜は外側に曲がっ

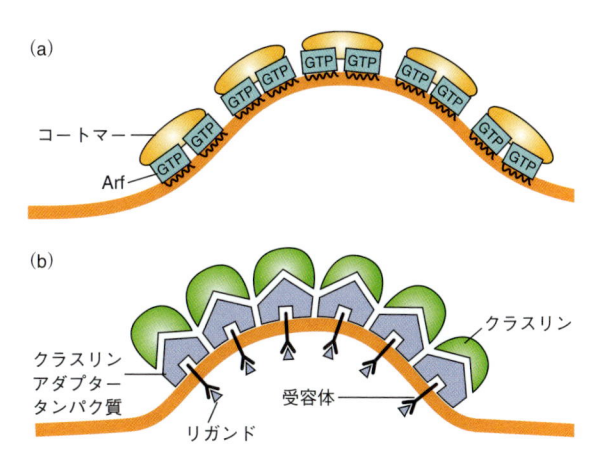

図 11・10　コートマー (a) とクラスリン (b) による膜の出芽

て出芽する．膜結合型Arfはコートマー集合とコートマーによる被覆小胞形成の起点となる．コートは小胞が標的膜にドッキングするときに初めて脱げる．標的膜上でArf-GAP複合体ができるとArfはGTPを加水分解し，それに伴うコンホメーション変化によりArfの疎水性N末端部分が引込んでサイトゾル型に変換，脱コートが起こる．

クラスリン被覆小胞

クラスリン被覆小胞は選別輸送を行う．たとえばトランスゴルジでマンノース6-リン酸をもつタンパク質がリソソーム行きの小胞に詰込まれるときに使われる．クラスリン被覆小胞は細胞膜のタンパク質や脂質をエンドソームに運ぶほか，選別輸送が必要な他の場所でも働く．

図11・10（b）に，クラスリンがどのように小胞を形成するかを示す．まず積み荷タンパク質がドナー膜の積荷受容体（膜内在性タンパク質）に結合することから始まる．つぎに**クラスリンアダプタータンパク質**が積み荷を積んだ受容体に結合し，複合体を形成する．最後にクラスリンがこの複合体に結合，コートを形成し膜を曲げて出芽させる．

クラスリンは膜を曲げて出芽させるが，膜を小胞として分離放出させることはできない．小胞分離について一番よく調べられているのはエンドサイトーシスの過程である．ここでは**ダイナミン**とよばれるGTPaseが出芽する小胞の根元に環状に巻付く．GTPが加水分解されるとダイナミンの形が変わって小胞を膜から機械的に切断遊離させる．コートマーと異なり，クラスリンのコートは小胞が形成されるとすぐに解離し，小胞が標的膜に融合できるようにする．

トランスゴルジ網とタンパク質分泌

ゴルジ体はトランス面側では管（チューブ）やシートから成る複雑なトランスゴルジ網をつくる（図11・8）．トランスゴルジ網で最終的なプロセシング（修飾）を受けるタンパク質もあるが，ほとんどのタンパク質はここに到達するまでに機能に必要な修飾や目的地を指定する修飾をすべて受けている．むしろトランスゴルジ網はタンパク質を適切な小胞に仕分けて三つの主要経路，すなわち**構成的分泌**，**調節性分泌**，リソソーム輸送のいずれかに送り出す場所といえる．

構成的分泌または調節性分泌の輸送小胞は機能的には異なるものの，どちらもよく似ており，細胞表層に向かう（図11・1）．小胞膜は細胞膜と接触すると融合する．融合により膜が壊れ，小胞の中身は細胞外へと排出され，小胞膜は細胞膜に取込まれる．小胞が細胞膜に配送され，膜が融合して中身が外に放出されるプロセスを**エキソサイトーシス**とよぶ．

エキソサイトーシスによる分泌の構成的経路と調節性経路の違いは，前者がいつでも"オン"である（分泌タンパク質を詰込んだ小胞は継続的にエキソサイトーシスにまわされる）のに対して，後者の調節性経路では，分泌される小胞は，通常はサイトゾルのカルシウムイオン

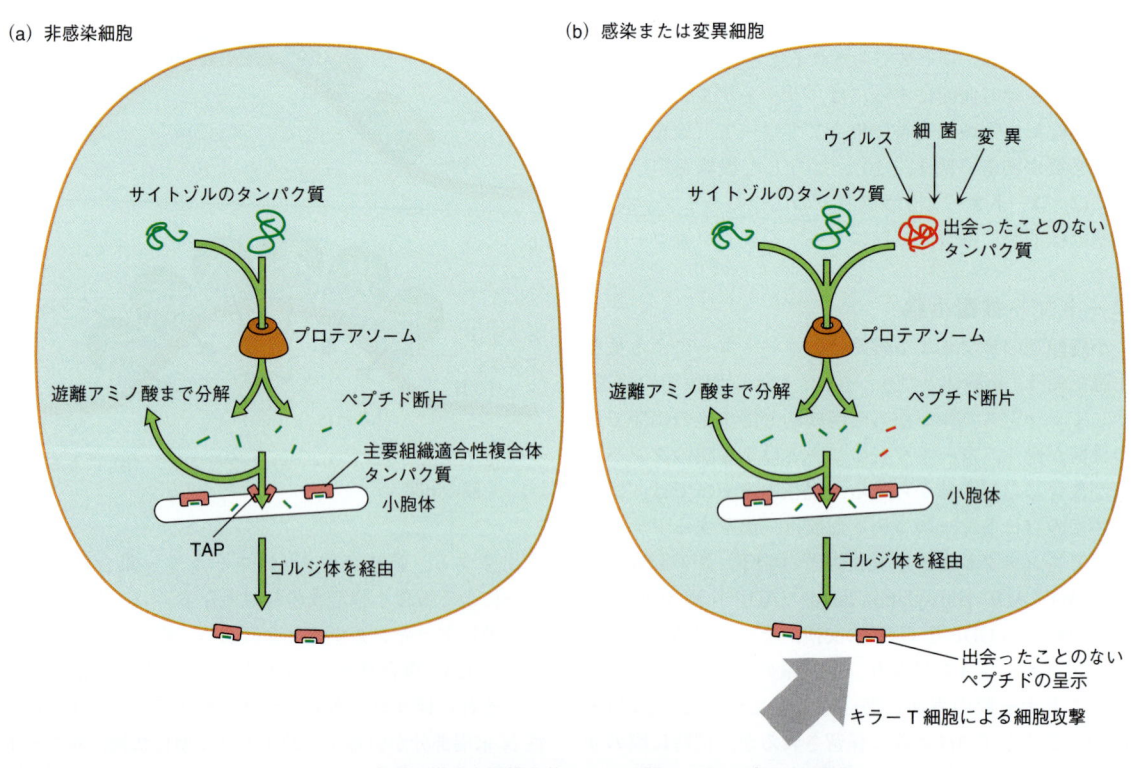

図11・11　主要組織適合性複合体タンパク質によるペプチドの呈示

の上昇（エキソサイトーシスを急激に開始させる）のような特定のシグナルが来るまで細胞質にとどめ置かれ，休止している．分泌が終わると小胞の膜タンパク質は細胞膜から**エンドサイトーシス**によって回収され，**エンドソーム**に向かう（図11・1）．エンドソームからの小胞はリソームに向かったり，ゴルジ体に戻ったり，調節性経路の小胞としてプールされたりする．成長が止まって大きさが一定の細胞内では，エキソサイトーシスで細胞膜に付け足された膜面積は数分以内にエンドサイトーシスによる細胞膜からの同面積の回収で相殺される．

注意すべきは，エキソサイトーシスでは小胞膜は細胞膜に組込まれるので，小胞の膜内在性タンパク質と脂質は細胞膜に移動することである．基本的にはこれが，粗面小胞体でつくられた膜内在性タンパク質が細胞膜に移行するほぼ唯一の機構である．

主要組織適合性複合体（MHC）タンパク質は，この経路で最終目的地の細胞膜に移行する一群の膜内在性タンパク質である．このタンパク質は脊椎動物だけにあり，短いペプチドを巡回する白血球細胞に提示するのが役目である．図11・11 (a) にそのやり方を示す．サイトゾルのタンパク質は常に一部が選別されてプロテアソーム（p.104）によってペプチド断片に分解されている．これらの断片は小胞体膜上の TAP〔Transporter associated with Antigen Processing（抗原プロセシングにかかわる輸送タンパク質）の略〕とよばれる輸送タンパク質に捕捉され，内腔に移行，MHC タンパク質のポケットに結合する．MHC タンパク質とペプチドの複合体はここで加工されてからゴルジ体を通って，細胞膜に移行する．

キラーT細胞とよばれるクラスの免疫系細胞は，体内を巡回して出会ったことのないペプチドを提示している細胞があればそれを殺す（図11・11 b）．こうしてウイルスや細菌に感染した細胞，体細胞変異を起こした細胞がみつけ出されて，殺される．これらのプロセスについては 20 章でさらに詳しくみる．

リソームへのタンパク質輸送

トランスゴルジ網における仕分けで最も理解が進んでいるのがリソームへの移行である（図11・12）．リソーム行きタンパク質は粗面小胞体で合成され，そこで合成されるすべてのタンパク質と同様，マンノースを含むオリゴ糖が付加される．KDEL のような小胞体残留シグナルをもたないので，ゴルジ体に輸送される．リソーム行きタンパク質は，ここでマンノース残基の一部がリン酸化されてマンノース 6-リン酸となる（図2・11,

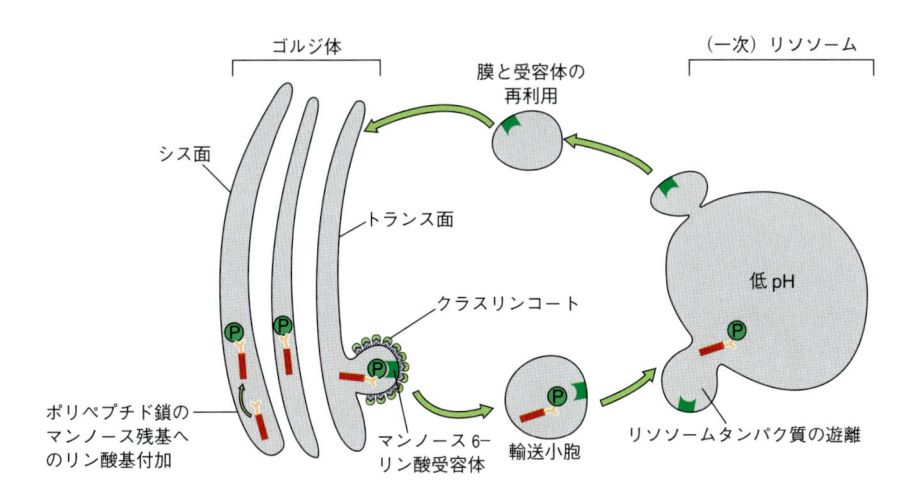

図11・12 リソームへのタンパク質輸送

医療応用 11・3　リソーム標的化シグナルの欠陥

重篤なリソーム蓄積症（p.32）の一つに，リソームから1種類の酵素ではなく加水分解酵素全部が欠失してしまうものがある．この病気では光学顕微鏡で簡単に細胞中の大きな空胞が見えるので，"I細胞病"とよばれる．この空胞の正体は，分解できなかった物質で肥大した巨大リソームである．さらに興味深いことに，リソームからなくなった酵素が血漿などの細胞外に見いだされる．これはリソームへのタンパク質輸送がうまくいっていないからで，原因はゴルジ体でマンノースを含むオリゴ糖を付加する酵素の欠失または機能欠損による．すなわちリソームに行くべき全タンパク質が，本来の経路の代わりにデフォルトの分泌経路によってエキソサイトーシスされてしまうのである．

p.18). タンパク質がトランスゴルジ網に到達すると，マンノース6-リン酸特異的な受容体がこの仕分けシグナルを認識してタンパク質を小胞に詰込み，小胞はリソソームに輸送されて融合する．リソソーム内は低pH (pH 5)なのでリソソームタンパク質は受容体から解離し，リン酸基はホスファターゼにより除去される．受容体を含む小胞がリソソームから出芽分離し，マンノース6-リン酸受容体はトランスゴルジ網に戻される．

リソソームの機能は不要となった物質を分解することである．そのために，不活性型の一次リソソームが分解すべき物質を詰込んだ小胞と融合する．こうして二次リソソームを生じる．一次リソソームに融合する小胞は，細胞外から物質を取込んだものであったり，老朽化したり不要となった細胞小器官から膜を集めてつくったものであったりする．後者は自食作用胞とよばれることもある．物質によっては消化できずに細胞が生きている限りずっとリソソーム内にとどまり続けるものもある．こうしたリソソーム中の残骸は，残余小体とよばれる．

融合

膜融合は小胞膜がその成分を標的膜に組込み，積み荷を細胞小器官内，あるいは分泌の場合は細胞外に放出するプロセスである（図11・13）．膜融合はいくつかのステップに分けることができる．まず小胞と標的膜が相互に認識し合う．つづいて双方の膜のタンパク質が互いに安定な複合体をつくって二つの膜を接近させ，小胞を標的膜に結合（ドッキング）させる．最後に膜を強制的に融合させるが，小胞と標的膜を変形させて融合させるためには，脂質の疎水性尾部を水から遠ざけ親水性頭部を水中に置くような低エネルギーの集合構造を少なくとも一時的には壊さなければならず，大きなエネルギーの供給が必要となる．

さまざまなタイプの小胞は正しい標的膜とだけドッキング，融合しなければならない．そうしないと異なる細胞小器官の構成タンパク質が互いに，あるいは細胞膜と混ざり合ってしまう．膜融合の分子プロセスについてはやっとわかり始めたところで，**SNARE**とよばれるタンパク質と**Rab**ファミリーのGTPaseが協力して融合を実現することがわかってきている．小胞上のSNARE (v-SNARE)と標的膜のSNARE (t-SNARE)は相互作用して安定な複合体をつくり，小胞を標的膜に接近した状態に保つ．v-SNAREがすべてのt-SNAREと相互作用できるのではないので，SNAREが第一段階の特異的認識を担うといえる．哺乳類の細胞では50種を超えるRabファミリーのタンパク質がSNAREに対して異なる役割をもっている．おのおのが働く場所は決まっていて，そこで特定の小胞輸送に関する仕事を調節することで，小胞の標的膜への融合を制御するのであろう．たとえばマンノース6-リン酸受容体のリソソームからトランスゴルジ網への回収では（図11・12），Rab9が必要となる．RabによるGTPの加水分解が膜融合のエネルギーを供給すると考えられている．

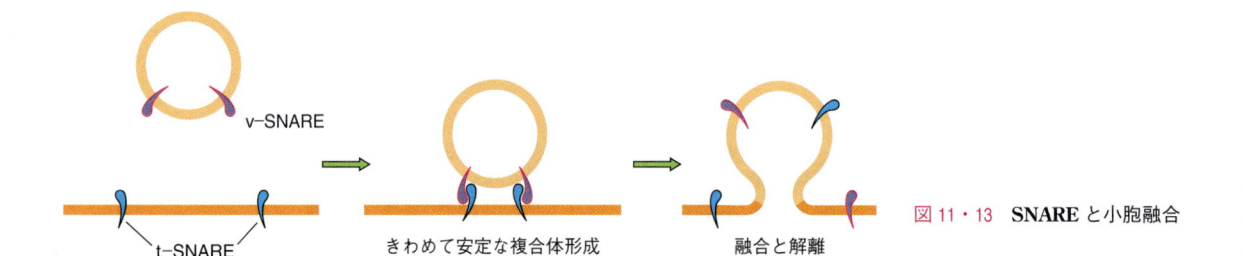

図11・13 **SNAREと小胞融合**

t-SNARE　きわめて安定な複合体形成　融合と解離

応用例 11・3　SNARE，食中毒，しわ取り

ボツリヌス症は嫌気性細菌 *Clostridium botulinum* が放出する毒素による食中毒で，幸いにもめったに起こらない．ボツリヌス毒素は，神経細胞の調節性エキソサイトーシスに必要なSNAREタンパク質を特異的に破壊する酵素群から成る．これらのSNAREタンパク質がないとエキソサイトーシスが起こらないので，神経細胞は筋細胞収縮の指令を出せなくなる．その結果麻痺が起こるが，特に呼吸を行う筋肉の麻痺は致命的で，ボツリヌス毒素患者の死因は呼吸不全による．

一方で，筋肉に麻痺を起こさせるために，低濃度のボツリヌス毒素（別名ボトックス）を近傍に注射することができる．たとえば"化学的シワとり"では，ボツリヌス毒素を使って顔の筋肉を緩めると，"若く"悪く言えば"ゾンビのように"みえる効果が出る．

まとめ

1. タンパク質の細胞内輸送の基本機構は酵母細胞からヒトの神経細胞まですべてよく似ている．
2. タンパク質の最終目的地は特異的受容体に認識される仕分けシグナルで決まる．ポリペプチド鎖自身に標的化配列が含まれるが，糖鎖付加やリン酸化によってさらに仕分けシグナルが付け加えられることもある．
3. 仕分けシグナルの中には新しい場所へのタンパク質の移行を促すものもあり，また小胞体のKDEL残留シグナルのようにタンパク質を現在の場所にとどめる働きをするものもある．
4. 核タンパク質は遊離リボソームで合成され，Ranによるゲート輸送で核膜孔を通って核内に運ばれる．核外輸送シグナルをもつタンパク質はやはりRanの助けにより，逆方向に輸送される．
5. ペルオキシソームのタンパク質，ミトコンドリアや葉緑体のタンパク質の大部分にあたる自身の遺伝子にコードされていないタンパク質は，遊離リボソームで合成され標的細胞小器官の膜を通って輸送される．
6. 小胞体行きシグナル配列をもつタンパク質は粗面小胞体上で合成される．ポリペプチド鎖は延長されながら膜を透過する．シグナル配列はその後切断される．
7. 粗面小胞体で合成されるタンパク質のデフォルト経路はゴルジ体を通って細胞から分泌される構成的経路である．
8. 脊椎動物ではサイトゾルのタンパク質由来のペプチド断片は主要組織適合性複合体タンパク質によって細胞表面で提示され，巡回中のT細胞によって調べられる．
9. 小胞体，つづいてゴルジ体で行われる糖鎖付加には二つの役割がある．タンパク質が最終的に機能する形をつくることと，リソソーム行きシグナルとして働くマンノース6-リン酸のような仕分けシグナルを付加することである．
10. 一枚の膜で囲まれたペルオキシソーム以外の大部分の細胞小器官間を小胞が行き来する．小胞はコートマーファミリーのタンパク質またはクラスリンとダイナミンによって，ドナー膜から出芽分離する．
11. 小胞膜と標的膜のSNAREタンパク質が強く会合することで，小胞が標的膜に接近させられる．つづく融合にはRabファミリーのGTPaseが必要である．

参考文献

B. Alberts, A. Johnson, J. Lewis, M. Raff, K, Roberts, P. Walter, "Molecular Biology of the Cell", 5th edition, Garland Science, New York (2008).

G. C. Karp, "Cell and Molecular Biology: Concepts and Experiments", 5th edition, John Wily & Sons, New York (2008).

復習問題

11・1 細胞内タンパク質輸送の3様式
A．ゲート輸送
B．サイトゾルにとどまる（輸送の必要なし）
C．膜透過
D．小胞輸送

以下のタンパク質は合成後，上記のどの様式の輸送が行われるか．
1. βグロビン
2. カタラーゼ（ペルオキシソーム内部で必要）
3. グルココルチコイドホルモン受容体
4. NEAT（T細胞活性化核内因子）
5. 血小板由来増殖因子受容体
6. ピルビン酸デヒドロゲナーゼ（ミトコンドリアマトリックスで必要）

11・2 輸送過程
A．エンドサイトーシス　　B．エキソサイトーシス
C．核膜孔を介する輸送　　D．ゴルジ槽間の輸送
E．ミトコンドリアへの輸送
F．ペルオキシソームへの輸送
G．小胞体への輸送

以下のタンパク質がかかわる輸送過程を上記の輸送過程のリストから選べ．
1. Arf
2. ダイナミン
3. Rab
4. Ran
5. シグナル認識粒子
6. TAP（抗原プロセシングにかかわる輸送タンパク質）

11・3 GTPase
A．ADP
B．ATP
C．コートマー

D. GDP
E. GMP
F. GTP
G. GTPase活性化タンパク質，GAP
H. グアニンヌクレオチド交換因子，GEF
I. 核内輸送タンパク質

以下にGTPaseがかかわる反応サイクルについて述べる．各ステップにかかわる分子を上記のリストから選べ．

1. GTPaseはヌクレオチド結合部位をもつ．GTPaseが不活性型のときのポケット内のヌクレオチドを同定せよ（たとえば，Arfでは膜に結合できない状態）．
2. GTPaseは結合ポケット内のヌクレオチドが高濃度でサイトゾルに存在するヌクレオチドに交換すると活性化される．このスイッチを触媒するパートナータンパク質の一般名を記せ．
3. GTPaseは結合ポケット内のヌクレオチドが加水分解されるとオフになる．加水分解の産物を記せ．
4. 結合ポケット内のヌクレオチドの加水分解はパートナータンパク質によって促進される．加水分解を促進するパートナータンパク質の一般名を記せ．

発展問題

核内移行配列をもったタンパク質は核内に蓄積する，すなわち低濃度の場所から高濃度の場所へと移行する．13章でみるように，濃度勾配に逆らって溶質を輸送するためには細胞はエネルギーを必要とする．しかし積み荷タンパク質に結合した核移行タンパク質の核膜孔を介した輸送には，孔の内部のグリシン-フェニルアラニン繰返し配列への結合と解離の繰返しは伴うが，ATPなどの物質の化学変換は伴わない．核輸送を駆動するエネルギーはどこから来るか？

発展問題の解答 核膜孔にはバインド候補のタンパク質を多く経由するが，エネルギーを要としない．しかし膜孔タンパク質ほどきつくGTP1分子が加水分解され，エネルギーを放出するかが律速段階になるため，このプロセスそのものがエネルギーを必要とする．13章で見るように，GTP加水分解で得られるエネルギー量はこのエネルギーを種々の膜内の移動に充てる．このATP加水分解で得られるエネルギーに匹敵する．

12

タンパク質はどう働くのか

　タンパク質の三次元構造が他の分子との結合部位をつくる．ある分子が他の分子と可逆的に結合することがタンパク質の生物学的な意義の中心である．コネキシンは他の細胞のコネキシンに結合し（p.28），転写因子はDNAに結合する．タンパク質の中で特に酵素は他の分子に結合し触媒作用により化学反応をひき起こす．

● タンパク質は他の分子にどのように結合するのか

　タンパク質は他のタンパク質やDNA，RNA，多糖，脂質，数多くの低分子，無機イオン，さらには溶解している酸素や窒素や一酸化窒素（NO）などの気体に結合する．**結合部位**はある特定のリガンドに特異的であるが，特性の程度は大きく変わる．通常結合は可逆的なので遊離のリガンドと，結合したリガンドの平衡状態にある．

　通常タンパク質の表面にあるくぼみ，あるいはポケットが結合部位である．リガンドと特異的に相互作用ができるようにアミノ酸の側鎖が適切に配置している．タンパク質の高次構造を安定化させるすべての力はリガンドとの相互作用にも使われる．水素結合，静電的相互作用，疎水的効果やファンデルワールス力のすべてが役割を担っている．まれには共有結合も形成され，いくつかの酵素では化学反応機構の一部として遷移的に基質と共有結合をつくる．

● タンパク質の動的な構造

　タンパク質の構造は固定で不動であると思うかもしれない．実際のタンパク質は常に最安定エネルギー状態の近くで構造が少し曲ったり変化している．その状態を表す言葉は"呼吸"である．多くのタンパク質はほとんどの場合二つのエネルギー状態にある．ちょうど寝ている人がねじれたり回転しながらも，夜は仰向けか横向きで過ごすのに似ている．一例は**グルコース輸送体**で（図12・1），膜を貫通するチューブ状のタンパク質である．二つの配置の一つが安定で，チューブの細胞質側が開いている配置と細胞外液へ開いている配置である．この二つの状態を切替えることでグルコース輸送体はグルコースを細胞の内外へ運ぶ．

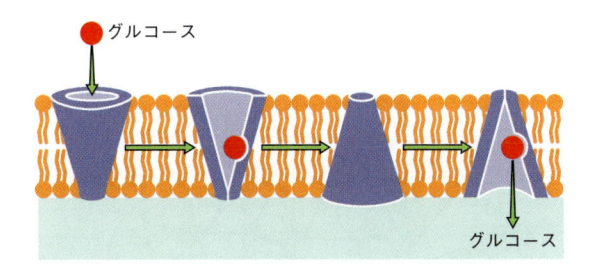

図12・1　グルコース輸送体は二つの状態を行き来する．

アロステリック効果

　グルコース輸送体は，リガンドのグルコース分子と二つの低エネルギー状態のどちらのコンホメーションでも結合できる．逆に *lac* リプレッサー（p.59）は，リガンドである *lac* オペロンのオペレータに一つのコンホメーションでしか結合できない．リプレッサー自身はこのコンホメーションを優先的にとっていてDNAに結合しているので転写は阻害されている．*lac* リプレッサーがアロラクトース（ラクトースが豊富だというシグナル）に結合すると，DNAに結合できない不活性なもう一つの構造に固定される．転写はもはや抑制されない．転写を早く進行させるためにはさらにcAMP-CRP複合体が必要である．このようにリガンドがタンパク質のある場所に結合して，別のリガンドがタンパク質の別の部位への結合が影響されることを**アロステリック**とよび，通常四次構造（複数のサブユニット）をもっているタンパク質の性質である．

　ヘモグロビン（図10・14，p.117）はアロステリック効果が重要な役割を果たしている．四つのサブユニットのおのおののヘム置換基は酸素1分子と結合する．一つのサブユニットそれ自身がどのような性質かは，酸素を細胞質に運ぶタンパク質のミオグロビンをみればよい（図

医療応用 12·1 胎児への酸素

母親の血液から胎児の血液に運搬される酸素が胎児には必要である．グラフに示すように胎児赤血球では酸素親和性が高い少し異なるヘモグロビンが進化した．成人ヘモグロビンは2個のαサブユニットと2個のβサブユニットの四量体である．胎児ヘモグロビンは似ているがβサブユニットの代わりにγサブユニットである（p.51）．出生直前にγ鎖の遺伝子の転写がオフになりβ鎖の転写がオンになる．徐々に新生児の血球は胎児ヘモグロビンから成人ヘモグロビンに置き換わる．

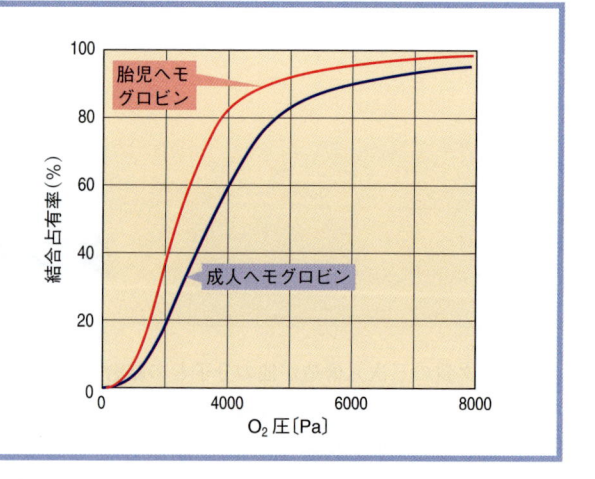

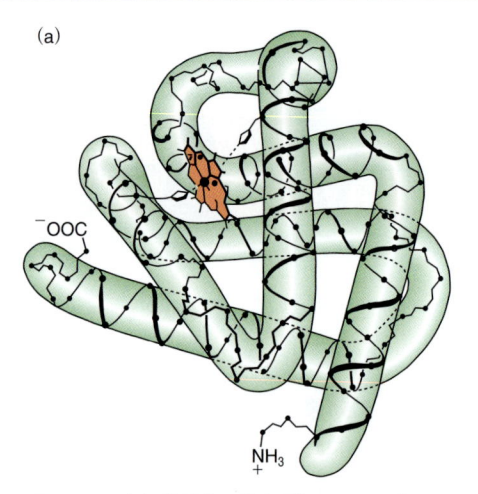

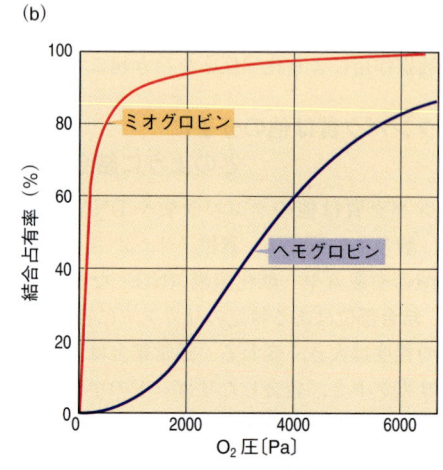

図 12·2 （**a**）単量体の酸素運搬タンパク質のミオグロビン．（**b**）酸素圧の増加によるミオグロビンの酸素結合（赤色）とヘモグロビンの酸素結合（紫色）．

12·2 a）．ミオグロビンは一つのポリペプチド鎖から成り一つのヘムをもっている．図 12·2（b）の赤い線はミオグロビンの酸素結合曲線である．酸素圧が0から始まって，最初は酸素濃度が少し増加するとミオグロビンへ急激に結合し，つぎに酸素が増加すると結合が少なくなり，最終的にミオグロビンは酸素で飽和する．この形の曲線を双曲線とよぶ．図 12·2（b）の紫色の線はヘモグロビンの酸素結合曲線を示している．酸素圧が0から始まって酸素濃度が少し増加しても，酸素はヘモグロビンへなかなか結合しない．つぎに酸素が増加するとより結合が増えるというように勾配は急になり，また水平近くになりヘモグロビンが酸素で飽和する．この挙動は協調的とよばれ曲線はS字状である．この挙動を説明するのはヘモグロビンのサブユニットは二つの状態の一つしかとれなくて，そのうちの一つが酸素に高い親和性がある．4個のサブユニットが協調して四つとも同じ一つの構造をとる．酸素濃度が低いときはほとんどのヘモ

グロビンはそのサブユニットが低親和性の構造である．酸素が増えるとヘモグロビンに酸素が少し結合し，ほとんどのヘモグロビンは低親和性の構造で，ほんの少しが高親和性構造である．酸素が結合すると多くのヘモグロビンが高親和性構造に変わる．低親和性構造と高親和性構造は平衡にある．ついにすべてのヘモグロビンは高親和性構造に変わる．このようにして図 12·2（b）の曲線になる．酸素と協調的に結合するのでヘモグロビンは肺では酸素と十分に結合し，酸素濃度が低い組織の毛細血管で酸素を解離する有効な輸送装置である．ミオグロビンは呼吸器官の酸素濃度では結合した酸素をほとんど解離しない．

いくつかの酵素は一つの基質の結合により他の基質が結合しやすくなるようなアロステリック効果により協調性を示す．協調性の程度が酵素を活性化あるいは不活性化する分子（エフェクター）の結合によって変わる．

タンパク質の優先構造を変化させる化学変化

基質の結合や特別な基との共有結合での化学的な環境の変化によってタンパク質のコンホメーションが変化する．タンパク質の静電的な相互作用が変化するとタンパク質の相対的なエネルギーは変わる．ヒスチジン残基がある場合はpHが変化するだけでよい（図12・3）．溶液中でpHが7より高いとタンパク質中のほとんどのヒスチジンは荷電していない（p.109）．pHが7より低いとほとんどのヒスチジンは正電荷をもつ．近くに2個のヒスチジンをもつタンパク質のコンホメーションはアルカリ側では安定だが，酸性側では両方が正電荷をもち，反発し不安定になる．

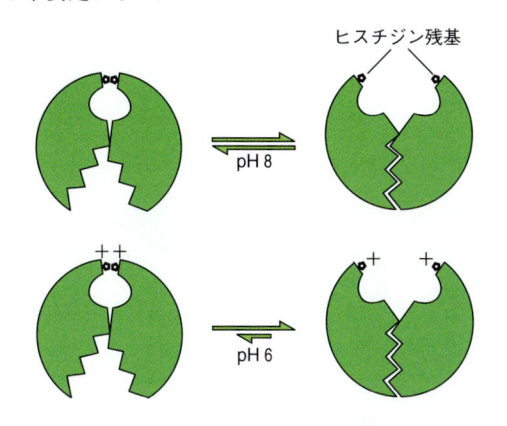

図12・3 pH変化によりヒスチジンの電荷が変わり，タンパク質中の力のバランスが変化する．pH6では右側の構造が優先する．

タンパク質のコンホメーションを変化させるもう一つの方法は**プロテインキナーゼ**（タンパク質リン酸化酵素）とよばれる酵素で負電荷のリン酸基を付加することである．セリン，トレオニン，チロシン，アスパラギン酸，グルタミン酸，ヒスチジンがリン酸化される．カルシウムATPase（図12・4, p.136）は膜タンパク質で細胞質側か細胞外へ開くことができるチューブを形成している．静止状態ではチューブは細胞質側が開いていてATPは細胞質ドメイン中の裂け目に非共有結合で保持されている．ATPのγリン酸が近くのアスパラギン酸に転移すると，リン酸化アスパラギン酸と残りのADP間で反発し，タンパク質の最も安定なエネルギー状態は細胞外が開いた状態である．この機構によりカルシウムイオンを細胞質から細胞外へ運ぶ．カルシウムATPaseに関してはp.181でもっと詳しく述べる．

リン酸化によるタンパク質の動きは小さくてnmかそれ以下である．動きを繰返して，このシステムを増大するとμmやあるいはm程度の動きになる．鞭毛のビート（p.220）や足でけることなどは両方ともリン酸化によるタンパク質の構造変化である．

● 酵素はタンパク質触媒である

生命は化学反応の複雑なネットワークである．酵素は強力でかつ高い特異性をもつ触媒である．角砂糖1個を考えると，可燃性ではあるがすぐには燃えない．化学触媒が燃焼を加速でき，熱，少しの光，二酸化炭素，水を生じる．飲込まれて消化されたスクロースは，少なくとも22種類の酵素により分解されて二酸化炭素と水になる．そして体内の反応のためのエネルギーを生じる．

基質（S）という言葉は酵素（E）に結合するリガンドに使用され，生成物（P）に変換される．触媒は反応速度を早めるが平衡を変えるわけではない．反応速度は反応物と生成物の間の**活性化エネルギー**の障壁を下げることで加速される．図12・5（p.136）にこのことが示してある．左の図は反応の進行に伴う系の全エネルギーを示し，水平軸は反応の進行を示す．左側には反応物が，右側には生成物があり中間に反応が起こるための遷移状態がある．遷移状態は反応物よりエネルギーが高いので，

発 展 12・1　酵素のアッセイでは何を測定するのか

酵素アッセイ（p.137）では時間とともに生成物を測定する．実際は一連の試験管中で同じ反応を開始し，反応開始後別々の時間で試験管内の反応を止め，生成物の量を測定する．

しかし，基質あるいは生成物が反応中でも測定可能な性質だと，一つの試験管でアッセイが行える．多くの酵素のアッセイでは基質が生成物に変化するときの光の吸収の変化を使用する．たとえば乳酸デヒドロゲナーゼはピルビン酸が乳酸になるのを触媒する（p.20）．反応は340 nmの光の吸収を追跡することで可能である．NADHはこの波長の光を吸収するがNAD^+は吸収しない．他の光学的な性質も使用される．MichaelisとMentenは二糖のスクロースがグルコースとフルクトースに分解する酵素を最初研究した．グルコースとフルクトースの混合物はスクロースとは異なるように偏光した光を回転するので，反応の追跡に使用された．便利な光学的な性質がないときは，その他の性質も使用される．たとえば多糖のグリコーゲン（p.17）が消化酵素によって加水分解されるときには，粘度の低下を測定する．

反応物が活性化エネルギーに相当する熱運動などの余分なエネルギーを得たときに初めて反応が生じる．右の図は同じ反応を触媒存在下で示してある．反応物と生成物のエネルギーが変化していなくても，触媒の存在で遷移状態のエネルギーが下がることによって活性化エネルギーが下がる．溶液中で活性化エネルギーの下がった分

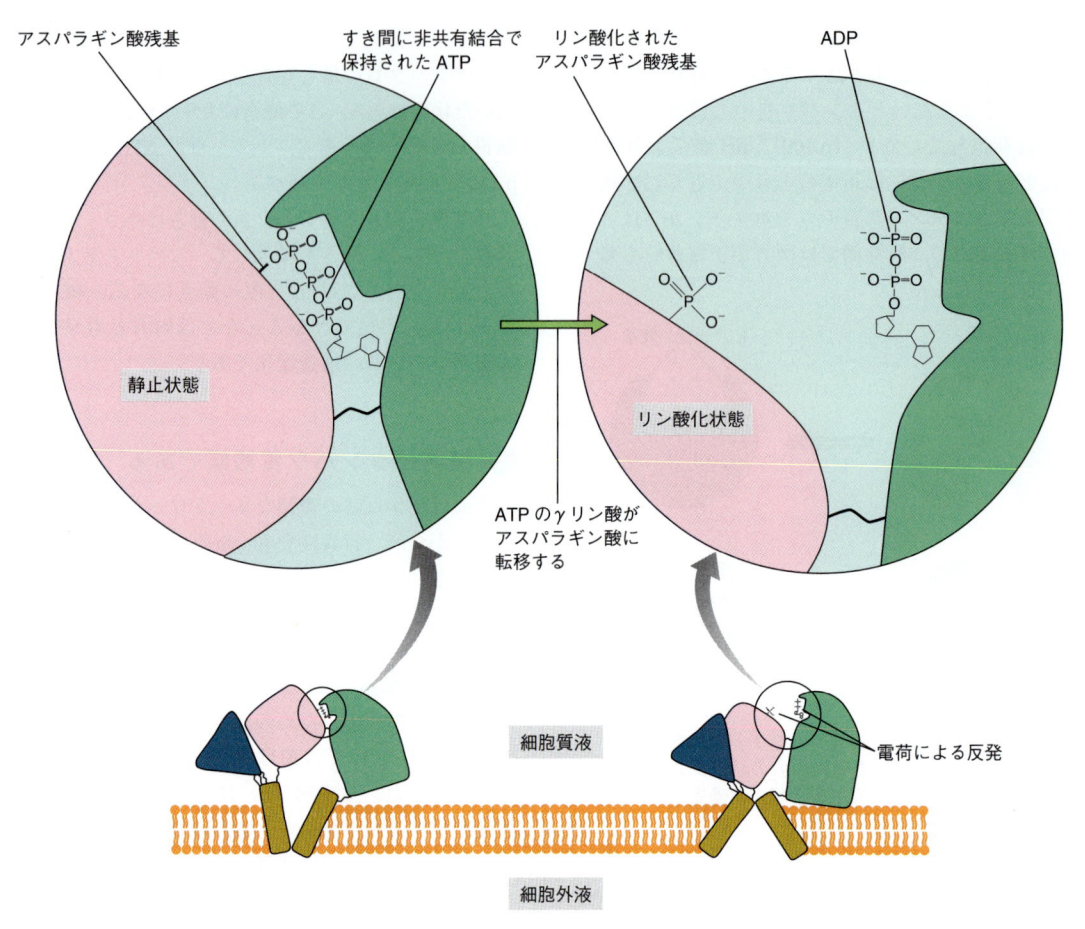

図 12・4　リン酸化により電荷分布が変化し，カルシウム ATPase 内の力のバランスが変化し，形が変わる．

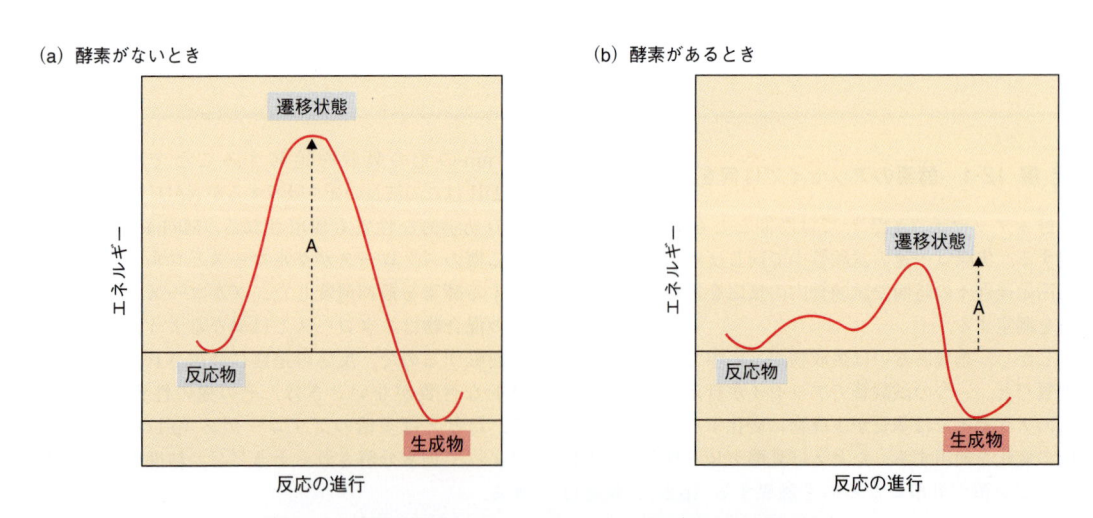

図 12・5　触媒は反応中の A のエネルギーを下げることで起こる．

医療応用 12・2　血液中の酵素濃度の測定

反応の初速度は酵素濃度の線形関数なので，酵素が触媒する速度を測定することで酵素の濃度がわかる．臨床医は血液中に存在する酵素の量を測定するのにこれを使用する．細胞内に通常みられる酵素が微量でも血液中に現れると，細胞が損傷を受けその内容物がもれたことを意味する．特定の組織に特徴的な酵素が，血液中に存在すると臨床医はどの組織が冒されているかを告げる．消化酵素トリプシンは膵臓細胞の中で不活性型のトリプシノーゲンとして貯蔵されている．消化管内腔へいったん分泌されるとトリプシノーゲンは活性化される．トリプシノーゲンは血液中で活性化型に変化し活性を測定することで検出できる．胎児の血液中にトリプシノーゲンが存在すると膵臓の細胞が死にかけているシグナルであり，早期の囊胞性線維症のマーカーである (p.255).

子が増えれば増えるほど，反応は起こりやすく，触媒は反応を加速することになる．おのおのの酵素はある特定の活性化エネルギーを下げるように進化してきた．明らかに特異的な基質との結合が触媒作用には重要である．活性部位には反応を進行させるために正確に配置されたアミノ酸側鎖がある．Daniel Koshland は酵素の活性部位の形は基質にフィットしているのではなく，むしろ反応物と生成物の中間分子にフィットしていると提案した．遷移状態を安定化してエネルギーを下げることによって反応の活性化エネルギーを下げるのである．酵素は基質に結合するときに触媒を促進するために形を変えると彼は提案した．これは誘導適合とよばれ多くの酵素でみられる．

基本的に酵素による反応は以下のように記述できる．

$$E + S \rightleftarrows ES \rightleftarrows EP \rightleftarrows E + P$$

ここで ES と EP はそれぞれ酵素が基質と生成物に結合した状態である．基質に結合すると酵素-基質複合体 ES ができ，タンパク質の触媒反応により基質を生成物に変換し結合したままの複合体 EP を生じ，生成物は酵素から解離する．結合はたいていの場合特異的である．β-ガラクトシダーゼ (p.59) という酵素はほどよく特異的で，ラクトースを分解するだけはなく β-ガラクトースにグリコシド結合をしたすべての二糖類を分解する．対照的に各アミノアシル tRNA 合成酵素 (p.97) は基質に高度に特異的で，特異的な1種のアミノ酸とたった1種の tRNA に作用する．一般的に酵素の特異性は活性部位の形と基質と相互作用する特定のアミノ酸側鎖によって決まる．化学技術者が別々の材料からできた触媒を使うように，細胞内では RNA でできたリボザイムとよばれる触媒もある (発展9・2, p.101). しかし，タンパク質だけがさまざまな形をもってあらゆる種類で細胞内の膨大な種類の反応に対する触媒となりうる．

酵素の**触媒速度定数** k_{cat}（あるいは**代謝回転数**）は多くの酵素の桁外れの触媒作用を教えてくれ，何分子の基質が単位時間当たり酵素分子当たり，生成物に変化するのか（単位時間に酵素1 mol 当たり何 mol の基質が変換するのか）で定義される．多くの酵素は k_{cat} の値が毎秒 1000～10000 である．k_{cat} の逆数が1回の触媒作用に要する時間なので，k_{cat} が $10000\,\mathrm{s}^{-1}$ だとしたら，基質分子が0.1ミリ秒（ms）ごとに1個変換する．いくつかの酵素はもっと早い速度である．ペルオキシソーム中のカタラーゼは k_{cat} は $4\times 10^{-7}\,\mathrm{s}^{-1}$ で，たった25 ns で過酸化水素を酸素と水に分解する．

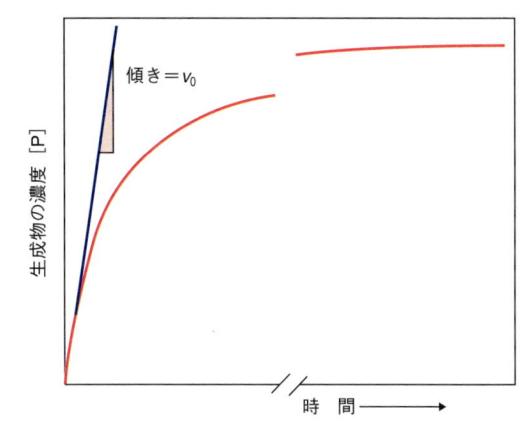

図12・6　化学反応の初速度 v_0 の定義

酵素反応の初速度

酵素の性質を研究する基本的な実験は，時間による生成物の測定である（図12・6）．これはよく酵素アッセイとよばれる．生成物は反応のごく初期に急速に出現する．反応が進むと，生成物の生成速度は遅くなりついに系が平衡になって0になる．すべての反応は基本的には可逆的で，観測される反応の全体としての速度は，生成物の生成速度と生成物が逆反応によってまたもとに戻る速度の差である．多くの酵素反応で平衡は生成物の方に偏っている．

酵素反応を単純化するために，反応の開始だけを考える．そこでは生成物は存在しないので，逆反応を無視できる．時間0の反応速度（初速度 v_0）は時間による生成物の濃度のグラフをプロットし時間0の傾きを測ること

発展 12・2　迅速反応法

　酵素の測定は通常酵素の濃度が低い条件で行われる．酵素の濃度が高ければ初速度が速すぎて測定できない．初速度は酵素-基質複合体が形成された後で測定される．酵素-基質複合体の実際の形成，あるいはさらに一般的にいってタンパク質-リガンド複合体の形成を観測できれば非常に興味深い．これらの反応は速くて，ミリ秒 (ms) あるいはそれ以下の時間で起こる．

　Hamilton Hartridge と Francis Roughton が発明した手法が上側の図に示してあり，ヘモグロビンが酸素に結合する速度を測定した．一つのピストンがヘモグロビンを含んでいる注射器と酸素溶液を含んでいる注射器の二つを押す．溶液は混合し管の中を流れる．そこで管のより右側で観測すると，より長い時間で酸素がヘモグロビンに結合する．酸素とヘモグロビンの結合は光学的な変化で測定できる．同じ色の変化により動脈の血液は明るい赤色で静脈の血液は暗い紫色になる．単純に光検出器を左から右に管に沿って動かすことで，反応後のいろいろな時間での酸素-ヘモグロビン複合体の濃度を測定できる．しかし，すべての時間で測定するためには，ヘモグロビン溶液は管の右端で排出されるので，大量のタンパク質が利用できるときにのみこの手法は使用できる．

　下側の図はもっと無駄の少ないストップフロー法を示している．ここでは二つの溶液は混合され観測チャンバーから注射器に流れる．ストップ注射器のプランジャーがストップ板に当たり流れが止まる．観測チャンバー内での溶液の時間経過を，ストップ注射器がストップ板に当たるときに開始した高速記録計で観測する．ストップフローにより混合後約 0.1 ms まで観測できる．たとえばカルモジュリン (p.113) がカルシウムに結合する速度は，一つの注射器にカルモジュリンを入れ，他の一つにカルシウム溶液を入れて測定できる．カルモジュリンの一つのチロシン (Tyr138) の蛍光がカルシウムに結合すると強くなるので反応が追跡できる．

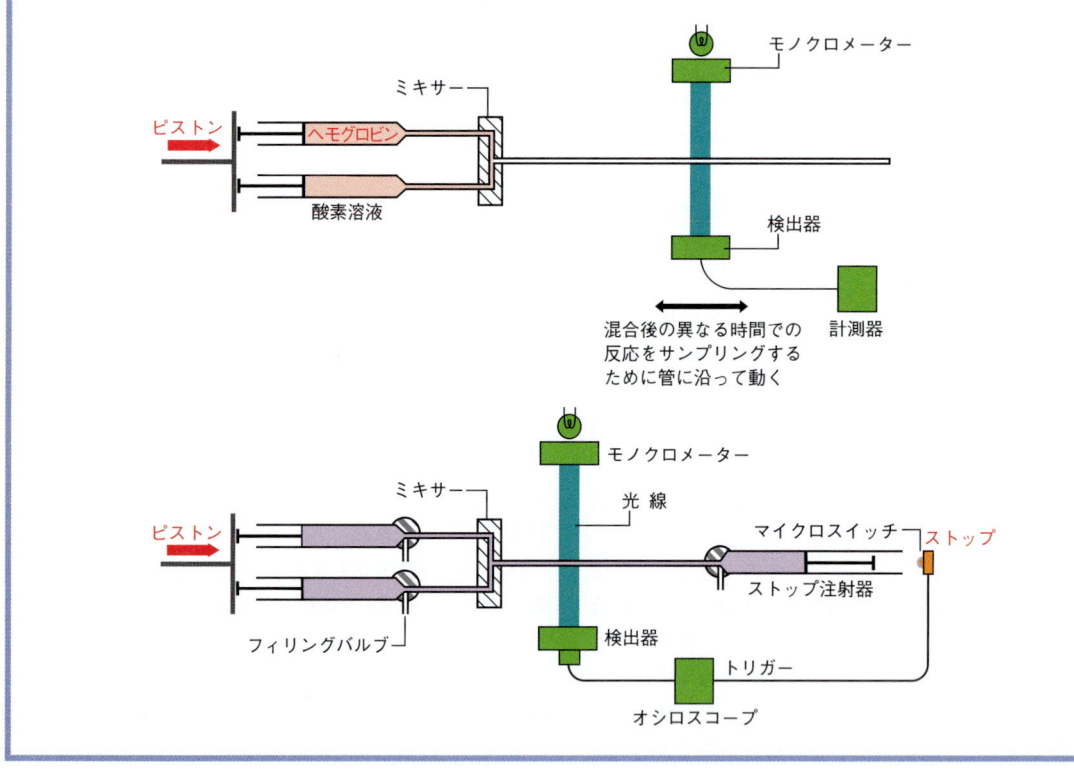

によって得られる（図 12・6）．実際に傾きは全反応の最初の 5％で測る．**初速度 v_0** は生成物の濃度が増加する速度で表すのが便利で 1 秒間 1 L 当たりの mol で表示する．

　酵素のアッセイは温度や pH や他の因子が活性を変えるので，条件を制御する必要がある．非常に効率的な触媒では酵素の濃度は基質の濃度より常に非常に少ない条件でアッセイしなくてはいけない．そうでないと反応は秒近くになる．

　酵素はいろいろな理由で研究されている．酵素が優れた触媒活性と特異性をどのように果たしているのかを知ることは，基本的な興味でもあり，また工業的な工程で

ますます使用され，特別な仕事のための酵素をデザインするなど多くの応用がある（p.82）．酵素の濃度や性質を測定することにより細胞や組織の中での工程を研究できる．ある酵素を研究するためにはまず k_{cat} を測ることによってその活性を決定し，どのくらい強く基質に結合できるかの基質親和性を知ることである．基質親和性はミカエリス定数 K_M で示される．ここでこれらの定数の求め方を示そう．

初速度における基質濃度の効果

酵素の初速度が，（通常酵素の濃度より非常に濃い）基質の濃度によってどのように変化するのかをみるために一連の実験を考えてみよう．図12・7の小さなグラフはおのおのその中の一つの実験を示している．最初基質の濃度が増加すると速度も増加する．しかし基質濃度が増加していくと速度の増加分はどんどん小さくなる．すでにみてきたようにこの曲線を双曲線とよぶ．初速度はそれ以上にはなれない最大値に近づく．このような基質濃度依存性は**飽和速度**を示すという．

これはどのように説明できるだろうか？反応は（初速度を問題にしているので逆反応は無視でき）以下のように単純化できる．

$$E + S \rightleftharpoons ES \longrightarrow E + P$$

酵素と基質は溶液中で衝突し，基質は酵素の活性部位に結合しES複合体を形成する．ES複合体中で化学反応が起こり，その後生成物が解離する．基質濃度が高くなればなるほどES複合体が増え生成物の解離速度も増える．基質濃度が非常に高いときはすべての酵素は実質ES複合体であり，反応速度はES → E + Pのステップで決まる．よって，基質濃度が増加すると反応速度は一定になり，V_m や V_{max} とよばれる**最大速度**になる．ここでは V_m を基質濃度が無限大に近づいたときの初速度の限界と定義する．V_m は触媒速度定数 k_{cat} と全酵素量の積になり，$V_m = k_{cat} [E_{total}]$ である．V_m がわかると，V_m の半分の初速度のときの基質濃度を**ミカエリス定数** K_M として定義する．

基質濃度 [S] に対して v_0 をプロットするとつぎの式で示す双曲線になる．

$$v_0 = \frac{V_m [S]}{K_M + [S]}$$

Maud Menten と Leonor Michaelis が1913年に酵素反応の一般則を発見したのでこの式を**ミカエリス・メンテンの式**とよぶ．ミカエリス定数 K_M は数値的に V_m の半分と等しい初速度を与えるときの基質濃度である．別の言い方をすると，酵素が基質で飽和したときに反応速度は V_m であり $(1/2) V_m$ の初速度を与える基質濃度では，酵素の半分が基質で飽和されている．K_M が小さいことは酵素がその基質に高い親和性をもつことを意味する．

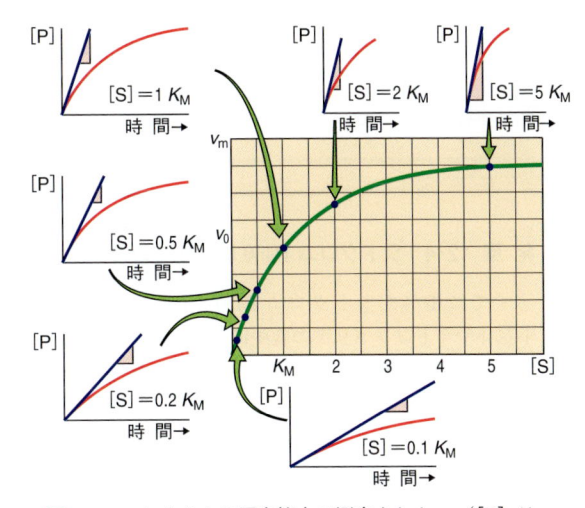

図12・7 たくさんの反応管中で測定された v_0（[E] は一定で常に [S] より小さい条件）は基質濃度の関数で双曲線である．

酵素濃度の影響

酵素の濃度が増えると，初速度も比例して増加する．

応用例 12・1　早ければよいのではない

この章で酵素は細胞で必要な反応を遂行するための道具であることを強調してきた．この種の酵素では反応は早ければ早いほどよい．多くの場合最適化された酵素は，たくさんの生成物が必要なときにだけ最大の速さで働くように，制御されているはずである．

他の酵素では遅いことに価値がある．16章で三量体Gタンパク質について記述する．すでに話してきたGTPase（EF-TU, Ran, Rab）のように，これらはGTPに結合したときに活性型で，GTPがGDPに加水分解すると不活性型に変わる．活性型の間，標的のプロセスを活性化する．それゆえ，これらの酵素にとって反応が遅いことがタイマースイッチとして働ける．これらはGDPが除かれGTPが結合して活性化される．そしてGTPが加水分解されるまで活性のままである．表12・1（p.141）に示してある典型的な三量体Gタンパク質の k_{cat} は毎秒 0.02 で，タイマーとして 50 s（$0.02 s^{-1}$ の逆数）に設定されている．

発展 12・3　V_m と K_M の決定

酵素反応の初速度 v_0 は，（一定の酵素濃度のとき）ミカエリス・メンテンの式で V_m, K_M と基質濃度 [S] に依存する．

$$v_0 = \frac{V_m [S]}{K_M + [S]}$$

よって V_m と K_M を決定する情報は図 12・7 に示すようなデータに含まれている．どのようにして得られるかは簡単ではないが，[S] が増加すると曲線はゆっくりと V_m に向かう．よって V_m を目で推察するのは不十分な値を与える．今や生データをミカエリス・メンテン式（双曲線の式）にフィットさせ定数を計算する多くのコンピュータープログラムが利用できる．それ以前は生物学者はミカエリス・メンテンの式を数学的に変換し直線の関係を使用した．最もよく知られているのは発明者からラインウィーバー・バークプロットとよばれている．それは単純に式を逆数にして，

$$\frac{1}{v_0} = \frac{K_M + [S]}{V_m [S]} = \frac{K_M}{V_m [S]} + \frac{[S]}{V_m [S]}$$

書き換えると，

$$\frac{1}{v_0} = \frac{K_M}{V_m} \times \frac{1}{[S]} + \frac{1}{V_m}$$

この式は直線式（$y = mx + c$）でここで y は $1/v_0$ で x は $1/[S]$ である．単純に $1/v_0$ を y 軸に $1/[s]$ をプロットすると直線が得られ，y 軸の切片が $1/V_m$ で x 軸の切片が $-1/K_M$ で傾きが K_M/V_m である．

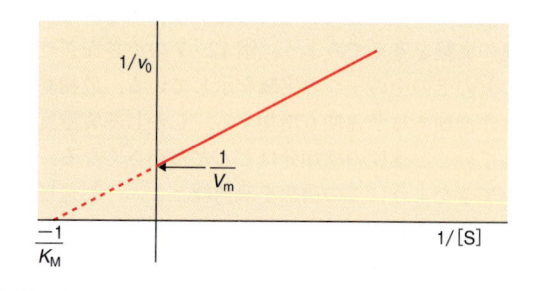

発展 12・4　シトクロム P450 には多くの役割がある

すでに述べたシトクロム P450（p.63, 80, 98）は，小胞体やミトコンドリアの膜中にみられる．ヒトでは少なくとも 50 種類のシトクロム P450 がある．これらのいくつかのタンパク質はコレステロールを体内で使用されるさまざまなステロイドホルモンに変換する．他のシトクロム P450 反応特異性が低く，われわれが日常さらされる数千種類もの外来化合物を解毒する役割がある．しかし，すべての P450 は一つの性質を共有している．それらすべて分子状酸素分子から得られる酸素原子 1 個を基質に挿入する．ひきつづき再変換によりしばしば最終生成物として酸素原子はヒドロキシ基になる．これにより疎水的な分子をもっと親水的な分子に変換する．ヒドロキシ化の後で他の分子がヒドロキシ基に結合してもっと親水的なり，それゆえ外来化学物質は尿や糞便に速やかに排出される．残念ながら非常にまれな例として分子に酸素原子を付加することで分子の反応性が増加し，シトクロム P450 によって無毒化される代わりに，DNA を損傷する非常に危険な化学物質に変わる場合もある．DNA 損傷によって変異や DNA 鎖切断が起こると，癌になる．たとえば，たばこの煙や乗り物の排出ガスにみられる多環芳香族炭化水素は，いくつかのシトクロム P450 の作用によって化学発癌物質に変わる．

酵素の濃度が 2 倍になると初速度も 2 倍になる．よって酵素が触媒する反応速度を測定することで，どのくらい酵素が存在するかがわかる．

特異性定数

ミカエリス定数 K_M は酵素の基質への親和性を示し，k_{cat} は酵素の触媒力を示す．その比 k_{cat}/K_M は**特異性定数**を示し，酵素の能力の目安である．特異性定数が高いと，反応は早くて（k_{cat} が大きくて）高濃度の基質を必要としない（K_M が小さい）．酵素の特異性が比較的小さいと多くの異なった基質に働くし，特異性定数が最大の基質は酵素の優先基質である．

反応は基質と酵素が実際にぶつかる速度よりは早くなれない．いくつかの酵素では衝突速度が全速度の律速で，そのような酵素は拡散律速であるとよばれ，生物学的なデザインとしては完璧であると考えられる．拡散律速値は k_{cat}/K_M で $10^8 \sim 10^{10}$ L mol^{-1} s^{-1} である．表 12・1 に数多くの酵素の k_{cat}, K_M と k_{cat}/K_M を表す．

補因子と補欠分子族

酵素が 20 種類のアミノ酸以外を用いて反応する必要があるときは，反応の補助に他の分子を採用する．アミノトランスフェラーゼがよい例である．これらの酵素は

12. タンパク質はどう働くのか

表 12・1 酵素の k_{cat}/K_M の値

酵 素	k_{cat} 〔s^{-1}〕	K_M 〔$mol\ L^{-1}$〕	k_{cat}/K_M 〔$L\ mol^{-1}\ s^{-1}$〕
三量体 G タンパク質（p.194）	0.02	6×10^{-7}	3.3×10^4
リゾチーム（p.112）	0.5	6×10^{-6}	8.3×10^3
アミノアシル tRNA 合成酵素（p.97）	7.6	9×10^{-4}	8.4×10^3
膵臓リボヌクレアーゼ	7.9×10^2	7.9×10^{-3}	1×10^5
カタラーゼ（p.31）	4×10^7	1.1	4×10^7

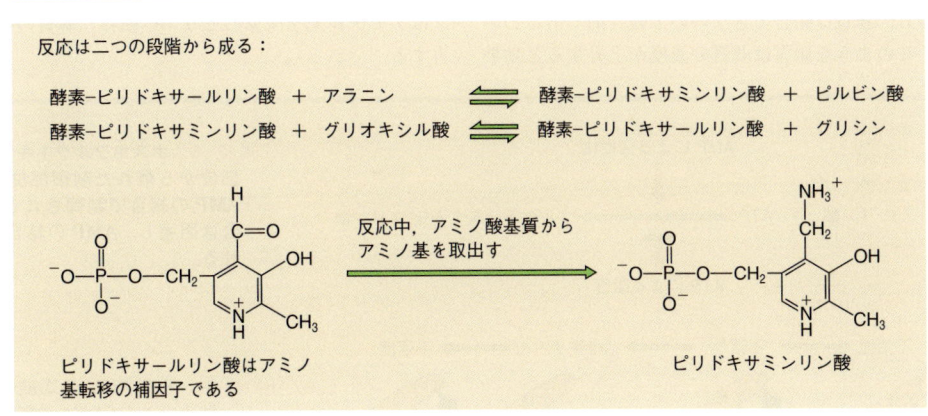

図 12・8 アミノトランスフェラーゼは反応に関与するが変化しない補因子を使う．

アミノ酸代謝の中心であり（p.164），アミノ酸のアミノ基を解離してオキソ酸に変換する酵素である（図 12・8）．ピリドキサールリン酸（ビタミン B_6 から誘導される）がタンパク質に結合し供与体のアミノ酸がアミノ基をピリドキサールリン酸に渡してオキソ酸になる．基質のオキソ酸が結合してピリドキサールリン酸からアミノ基を受取ってアミノ酸に変換する．ピリドキサールリン酸は最初とまったく同じで，つぎの反応のためにタンパク質に結合したままである．これらの補助化合物は**補因子**とよばれる．ピリドキサールリン酸のように酵素に強固に結合していないとき補因子とよぶが，タンパク質に強固に結合し補助する分子の名前をすでに知っている．**補欠分子族**（p.116）である．補因子と補欠分子族は部分的に重なり，使用も変わる．

ヘモグロビンやミオグロビンの補欠分子族はヘムであり（図 10・15, p.117），酸素に結合する．ヘムは多能な分子で赤色や茶色をした電子伝達タンパク質にあり，ラテン語の細胞と色の意味から，**シトクロム**とよばれている．還元型シトクロムは Fe^{2+} で酸化型シトクロムは Fe^{3+} である．ミトコンドリアの内膜にあるシトクロムは電子伝達系で重要な役割を果たしている（p.149）．

● 酵素は制御できる

この章では単独の酵素の触媒反応を述べてきた．実際酵素は他のタンパク質同様 10 章で述べたように複合状態，複数の結合部位，四次構造，リン酸化のような複合的な挙動を示す．たとえばいくつかの重要な酵素は四次構造をもっていて，活性部位間で協調性を示す．そのような酵素はミカエリス・メンテンの式に従わないで，その代わり基質濃度に対する初期速度の曲線はヘモグロビンへの酸素結合曲線と同様にS字型を示す（図 12・2）．

アロステリック酵素のよい例が代謝エネルギー源として糖を利用するときにみられる．**解糖**とよばれる系では

医療応用 12・3　薬と酵素

薬の多くは特異的な酵素を阻害することによって作用する．たとえばペニシリンは細菌の細胞壁をつくる酵素の一つを阻害する．標的の酵素は糖とペプチド鎖を連結する．酵素が不活性だと細菌は通常の培地の浸透圧で破裂する．

酵素阻害剤は一般に二つに分類される．一つは酵素の必須な化学基と共有結合をするもので，もう一つは可逆的に結合するものである．

不可逆的な阻害剤の効果は酵素活性を単純に壊すことである．新しい酵素分子の合成で阻害から免れる．阻害剤と反応しない酵素は通常の k_{cat} と K_M を示す．

可逆的な阻害剤は阻害剤が解離し体外に排出されるので，より短時間の効果である．阻害剤は活性部位に可逆的に結合し，基質は結合できないので競合的であるといわれる．このような阻害は基質の濃度が上昇すると効果がなくなる．基質の濃度は酵素を飽和するほど十分に濃いので V_{max} は変化しない．しかし酵素が半分飽和しているときは，さらに高濃度の基質が必要なので K_M は増加する（このことを考えてみよ）．他のタイプの可逆的阻害剤は，酵素のほかの部位に結合して V_{max} あるいは K_M あるいはその両方が変わる．

プロスタグランジン類（リン脂質中にみられる，p.22）はアラキドン酸から誘導される膵臓の伝達物質（p.208）である．プロスタグランジンは炎症を刺激したり，膜の中のイオン輸送を制御したり，神経伝達を変化させるなど多様な効果をもっていて，これらの多くは痛みに関連する．プロスタグランジンの合成はアラキドン酸の酸化と環状化によるプロスタグランジン H_2 へという二つの反応である．この膜結合型酵素は不可逆的にアスピリン（アセチルサリチル酸）で阻害される．アスピリンはアセチル基を酵素のセリンへ転移し基質の接触を阻害する．

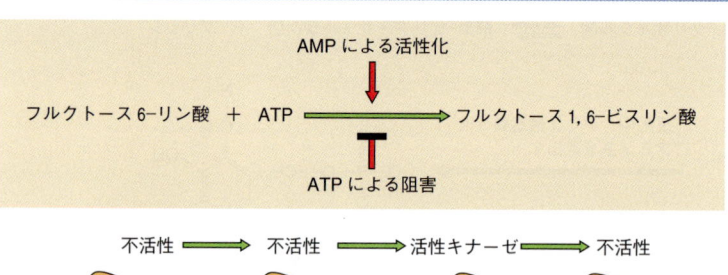

図12・9　ホスホフルクトキナーゼは活性部位から離れた制御部位への ATP や AMP の結合で制御される．ATP の結合は阻害し，AMP の結合は活性化させる．

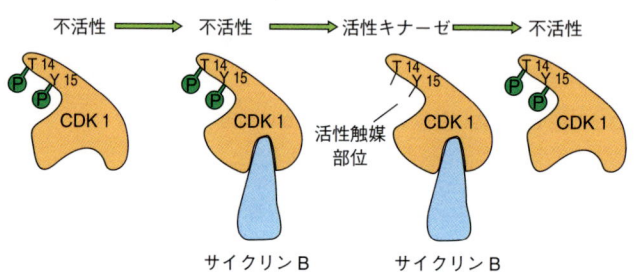

図12・10　サイクリン B の結合とリン酸化による CDK1 の制御

（p.159），グルコースやフルクトースを2分子の ATP を生産してピルビン酸に変換する．ピルビン酸はミトコンドリアに運ばれもっと多くの ATP を生産する．

まずはフルクトース一リン酸に2番目のリン酸基を付加するときで，ATP のγリン酸基がフルクトース 6-リン酸の1位の炭素原子に転移する．このステップの前では糖はグリコーゲンに変換されるか他に代謝されうる．このステップの後では糖はピルビン酸に必ず分解されることになる．このステップは**ホスホフルクトキナーゼ**という酵素で触媒される（図12・9）．ATP はこの酵素のアロステリックな阻害剤として働き，ATP の生産がそれ以上必要のない濃度が高いときは酵素はゆっくりと働く．ATP が消費されると AMP が増加する．ATP に競合して AMP は制御部位に結合し，酵素は活性な高親和性のコンホメーションに変わる．よって ATP の濃度が減少し AMP が増加するとこの経路はますます活性化され全速になる．この種の制御系はしばしばみられ，系の生産物が系の開始の酵素をアロステリックに阻害するためにフィードバックする．これは負のフィードバックである（p.171）．

リガンドの結合に制御されるのは代謝に関連する酵素だけではない．**CDK1** は有糸分裂を開始する酵素で（p.234），アロステリックに制御されている．それ自身溶液中ではほとんどの時間を不活性なコンホメーションでいる．活性なコンホメーションに変えるためには，サイクリン B とよばれるタンパク質リガンドに結合する必要がある（図12・10）．このアロステリックな制御に加えて，CDK はリン酸化で制御される．大部分の時間，

活性部位は活性ドメイン中のトレオニン 14（T14）とチロシン 15（Y15）の二つのリン酸化によって阻害されている。活性な酵素になるために CDK1 はサイクリン B が結合している間にこの二つのリン酸をなくす必要がある。この複雑な制御は CDK1 がチェックポイントとして機能できることを意味している。T14 と Y15 からリン酸基が解離し，しかもサイクリン B が十分な濃度が存在すると，そのときに有糸分裂を進行しても問題ない。

CDK1 はリン酸化により不活性になる酵素の一例である。他の酵素はリン酸化により活性化される。たとえば RNA ポリメラーゼⅡ（p.65）やグリコーゲンホスホリラーゼ（p.172）である。

ま と め

1. ほとんどのタンパク質は他の分子に可逆的に，しかし特異的に結合することで機能を発揮する。他の分子が結合することによって形が変わり，タンパク質の動きと機能を左右する。特にアロステリック効果ではある部位にリガンドが結合して形が変わり，別の部位の親和性を変える。
2. 酵素は高度に特異的な生物学的触媒である。触媒速度定数 k_{cat} あるいは代謝回転数は，単位時間で酵素分子当たり基質分子が生成物に変わる最大数である。
3. 多くの酵素の初速度（生成物がないときのスタートでの速度）は基質の濃度に双曲線的に依存する。基質の濃度が高いときは，酵素は基質で飽和されるので初速度は律速値 V_m に近づく。V_m の半分の初速度を与える基質濃度はミカエリス定数 K_M である。これは酵素の基質への親和性を示す。
4. 初速度は基質濃度に依存してミカエリス・メンテンの式に従う。

$$v_0 = \frac{V_m[S]}{K_M + [S]}$$

5. 初速度は基質濃度に直接比例する。
6. いくつかの酵素では，タンパク質中の 20 種類のアミノ酸側鎖以外の異なる性質が反応に必要なときは，補因子を使用する。
7. 細胞内の酵素活性はリン酸化やアロステリック効果など，さまざまな手法で変調される。

参 考 文 献

A. Cornish-Bowden, "Fundamentals of Enzyme Kinetics", 3rd edition, Portland Press, London (2004).

A. Fersht, "Structure and Mechanism in Protein Science", W. H. Freeman, New York (1999).

D. Voet, J. D. Voet, "Biochemistry", 4th edition, John Wiley & Sons, Hoboken (2011), ［邦訳］田宮信雄，村松正實，八木達彦，吉田 浩，遠藤斗志也訳，"ヴォート生化学（上・下）（第 4 版）"，東京化学同人（2013）.

● 復 習 問 題

12・1 タンパク質の好ましい形の変化

この質問は以下の図に示すような開放型と閉鎖型という二つの形をとりうる仮説のタンパク質に関連する。

```
        T···S···E············H···K···T
              開放型

                ·····E···S····T
        閉鎖型 ：
                ·····H···K····T
```

閉鎖型ではグルタミン酸，セリン，トレオニンがおのおのヒスチジン，リシンと 2 番目のトレオニンに近づいている。

A．開放型へ変わる
B．閉鎖型へ変わる
C．二つの配置間の平衡に影響しない変化

下に示すような摂動に対して，おのおの上に記した妥当な変化を選びなさい。

1. pH が 7.5 から 6.5 に低下
2. セリンのリン酸化
3. 両方のトレオニンのリン酸化

12・2 酵素動力学

A．酵素反応の平衡定数
B．最大速度（V_m）の半分の初速度を与える基質濃度
C．酵素が基質に完全に飽和したときの最大初速度
D．酵素反応で初速度と基質濃度との関係を示すミカエリス・メンテンの式
E．単位時間に酵素分子当たり生産される生成物の mol 数
F．酵素が半分飽和したときの酵素反応速度
G．酵素反応開始のときの生成物の生産速度
H．一つの触媒反応にかかる時間

上記に示されている定義に合う用語を下記のリストから

みつけなさい．
1. k_{cat}（触媒速度定数）　2. K_M（ミカエリス定数）
3. v_0（初速度）　4. V_m（最大速度）

12・3　酵　素

A. v_0 を基質濃度に対してプロットしたときの双曲線は…

B. v_0 を基質濃度に対してプロットしたときのS字曲線は…

C. K_M が $5×10^{-3}$ mol L^{-1} の基質は酵素に結合するのが…

D. K_M が $5×10^{-5}$ mol L^{-1} の基質は酵素に結合するのが…

E. （他の条件を一定にして）酵素量を2倍にすると…

F. 触媒速度定数は…

G. 酵素が二つの基質に働くとき，最もよい基質は…

以下に示されているおのおのの文言を，上記に示されている文言と結びつけると正しい表現になるものがある．上記から開始して下記で終わる適切な文章を選べ．

1. V_{max} と酵素全体の濃度がわかっていると決定できる．
2. 最大特異性定数（k_{cat} と K_M の比）を与える．
3. V_m が2倍になる．
4. 酵素は基質と協調的に結合し，アロステリック効果を示す．
5. K_M が $5×10^{-4}$ mol L^{-1} の基質より弱い．

● 発 展 問 題

どうして酵素はpHや温度に敏感なのか？

発展問題の解答　酵素は立体構造を維持するように電荷をもったアミノ酸（アスパラギン，グルタミン酸，リシン，アルギニンなど）の側鎖をもつ．もし側鎖の電荷がpHの変化によって変化したら，pHが変わると酵素の活性部位を含めた構造が変化して電荷が必要な箇所に存在しにくくなる．また，基質はpHによってはほとんど水素結合を形成しなくなる．pHを変えると酵素の三次構造がしだいに破壊される．構造が複雑になればなるほど，酵素はpHにより敏感になる．温度が上昇すると反応速度は上昇する．温度が上昇するとすべての反応速度は上昇する．しかし，温度がなお上昇すると，反応速度は低くなり，最終的にタンパク質の相互作用により酵素は変性する．連結鎖分子と温度で変化するように進化した．

13 細胞のエネルギー代謝

生命のないところでは，複雑なものは簡単なものにうつろってゆく．時間とともに，温度や濃度の勾配は失われ，反応は平衡に達して停止し，ただただ均一な世界が広がるようになる．しかし，生命は，平衡の世界に落ち込むことはないようにみえる．細胞はそれ自体複雑であるうえに，分裂して，新しい細胞をさらに生み出す．受精卵は分化して体全体をつくり出す．しかし，生命といえども**熱力学の法則**からは逃れられないはずである．では無生物との違いは何かというと，生命は外界から物質とエネルギーを取込んで，それを，成長や増殖や修復に使っている点である．

平衡に達した反応は，もう力学的な仕事はできない．死は，細胞や個体の中のすべての反応が平衡に達した状態である，と定義することもできる．生物の体の中では，代謝の過程で生じる中間体が，平衡よりもずれている濃度で安定に存在しているようにみえる．これは，**定常状態**とよばれる．こんなことができるのも，生物が外から物質やエネルギーをやりとりする開いた系だからである．

この事情は，経済にたとえることができよう．われわれはお金を支払って家をつくりそれを補修し，食料や必要なものを手に入れる．こういうことは，何もしないで放っておいてもひとりでに実現することではない．同様に，細胞は外から取込んだエネルギーを使って製造された四つの形態の**エネルギー通貨**のどれかを使って，放っておいたら進行するはずのない仕事を遂行している．

● 細胞のエネルギー通貨

ある過程が進行する（ただし実際にどれほどの速度で進行するかは別問題），ということを科学的に表現すれば，その過程の**ギブズの自由エネルギー**ΔG（Δは，差を表すギリシャ文字の大文字）が負であるということである．たとえばグルコース6-リン酸を加水分解してグルコースと無機リン酸を生じる反応を考える．

グルコース6-リン酸 + H_2O ⟶ グルコース + HPO_4^{2-}
$$\Delta G = -19 \text{ kJ mol}^{-1}$$

この反応のΔGは負であるから矢印の方向に進むことができて，1 mol のグルコース6-リン酸の加水分解に伴って 19 kJ のエネルギーが放出される．もう一つ ATP の加水分解の例をあげると，末端のリン酸基を失うことで 30 kJ mol^{-1} のエネルギーが放出される．

アデノシン三リン酸 + H_2O ⟶
アデノシン二リン酸 + HPO_4^{2-}
$$\Delta G = -30 \text{ kJ mol}^{-1}$$

上記の二つの反応の逆反応は，もちろん進行しない．グルコースとリン酸を混ぜても，グルコース6-リン酸はできない．

グルコース + HPO_4^{2-} ⟶
グルコース6-リン酸 + H_2O
$$\Delta G = +19 \text{ kJ mol}^{-1}$$

この反応のΔGは正であるから反応は進行しない，といえるのである．しかし，ΔGが正で進行しないはずの反応を進行させるやり方がある．ΔGが負の別の反応と組合わせる（共役させる）のである．組合わせた反応のΔGを負にすることができれば，進行できなかった反応も進行させることができる．たとえば，細胞の中でグルコースをリン酸化するには，酵素**ヘキソキナーゼ**で触媒されるつぎの反応が使われる．

グルコース + ATP ⟶
グルコース6-リン酸 + ADP + H^+
$$\Delta G = -11 \text{ kJ mol}^{-1}$$

この反応において，ATP（アデノシン三リン酸）の分解で生じたエネルギーは，進まない反応を進めるために使われる．ATP は細胞において広く使われているエネルギーの通貨である．人間の社会で他人にお金を支払って仕事をやってもらうように，細胞では ATP を使って仕事をやってもらうのである．ただし，ATP は蓄えができない，という点でお金と同じではない．細胞の中では常に，ATP は ADP に分解され，ADP はまた ATP に再合成されている．したがって ATP は代謝エネルギーの貯蔵をするのではなく，その受渡しをするのである．ま

るで忙しいトラックのようで，エネルギーを荷台に積んで必要とするところまで運んで降ろし，空になって帰ってきてまたエネルギーを積んで出掛けるのである．トラックの台数は少ないが，運ぶ荷物は多い．ヒトは平均して1日に50 kgのATPを消費して，再合成している．その仕組みをこの章で述べる．細胞は，いろいろな形態のエネルギー通貨を使っているが，つぎの四つが重要である．すなわち，NADH，ATP，ミトコンドリア内膜の膜内外の水素イオン勾配，細胞形質膜の膜内外のナトリウムイオン勾配である．これから一つずつみていく．

還元されたニコチンアミドアデニンジヌクレオチド (NADH)

NADH（図13・1）は強力な還元剤であり（p.19），四つのエネルギー通貨のうちで最も多くのエネルギーをもつ．NADHは，二つの水素原子を他の分子に付加することができる（NADH+H$^+$+X → NAD$^+$+H$_2$X）．NADHが還元剤として働いて，ピルビン酸やアセト酢酸を還元する反応などは後で述べることにして，ここでは，エネルギー通貨として二つのHを酸素に渡してしまう反応を述べよう．この反応は，206 kJという大きなエネルギーを放出する．

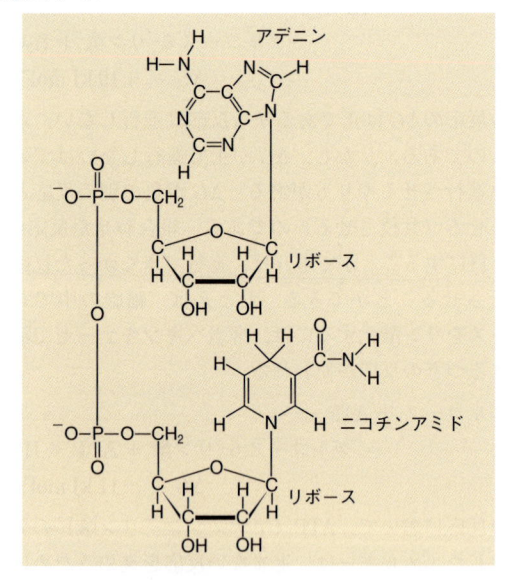

図13・1 還元型ニコチンアミドアデニンジヌクレオチド (NADH) は，強力な還元剤であり，エネルギー通貨である．

ヌクレオシド三リン酸 (ATPおよびGTP, CTP, TTP, UTP)

四つのエネルギー通貨のうち2番目にエネルギーの大きいのは，ATP（図13・2）である．これまでの章で，ATPの加水分解で駆動される多くの化学反応を述べてきた．1 molのATPの加水分解で30 kJのエネルギーが放出される．ATPのγ位のリン酸は，次式のように容易に他のヌクレオチドに移される．

$$ATP + GDP \rightleftarrows ADP + GTP$$

エネルギー通貨としての役割に限れば，GTP, CTP, TTP, UTPはATPと同じとみなすことができる．もう一つ，エネルギーを移す可逆的な反応がある．

$$2 ADP \rightleftarrows AMP + ATP$$

この反応では，1分子のADPのβ位のリン酸がもう1分子のADPに転移するので，結果としてATPとAMPが1分子ずつできる．反応は細胞内でほぼ平衡であり，細胞のATPを供給する反応の一つとして重要である．

NADHとATPは，非常に多くの反応に使われるので，

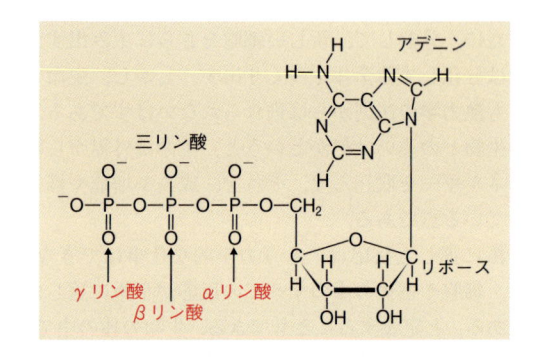

図13・2 ATPはエネルギー通貨である．

補酵素（coenzyme）とよばれることがある．補酵素とは，多くの酵素で2番目の基質となる化合物のことである．補酵素という言葉は，補因子（cofactor）と混同されやすい．補因子とは，酵素に緩やかに結合している化合物で，反応に途中参加するものの最終的にはまた初めの状態に戻る化合物である．補酵素はこれと異なる．補酵素は正真正銘の酵素の基質であり，酵素反応によって別の化合物（たとえばADPやNAD$^+$）になる．

ミトコンドリア膜の水素イオン勾配

内部共生説によると，ミトコンドリアは真核細胞の中にすみ込んだ細菌に由来する（p.8）．細菌の細胞質のpHは，外よりも約0.6アルカリ側に偏っている．つまり，外側のH$^+$濃度は内側よりも4倍程度高い．もし，細菌の膜がH$^+$を自由に透過させるとすると，濃度勾配に従って外側から内側にH$^+$がなだれ込むはずである．さらに，膜内外に電位差が生じていて，内側は外側よりも140 mVほど負になっている．膜内外の電位差は，いつも内側の電位から外側の電位を引いた値で表すことになっているので，この場合は−140 mVとなる．内側がマイナ

医療応用 13・1　NAD⁺, ペラグラ, 慢性疲労症候群

身体の中のNAD⁺は少量ずつ，毎日失われていく．その分，新しくNAD⁺がナイアシンというビタミンから，あるいは，必須アミノ酸であるトリプトファンから合成される．もし，ナイアシンあるいはトリプトファンを十分に摂取できないと，ペラグラという病気になる．ペラグラでは，エネルギーをたくさん使う脳などの臓器に欠陥が出始める．20世紀前半の米国で約10万人がペラグラで亡くなった．これは，米国公衆衛生局のJoseph Goldbergerが食事によってペラグラは防げるし，また治すこともできることを発見するまで続いた．現在では，小麦粉にはすべてナイアシンが添加されていて，西欧社会からはペラグラは一掃された．

慢性疲労症候群は身体のエネルギー不足から生じるのだから，NAD⁺を補充した食事をとれば患者は元気になる，と考える人もいる．これには科学的な根拠がないが，それでも多くの慢性疲労症候群の患者はNAD⁺を購入して飲んでいる．

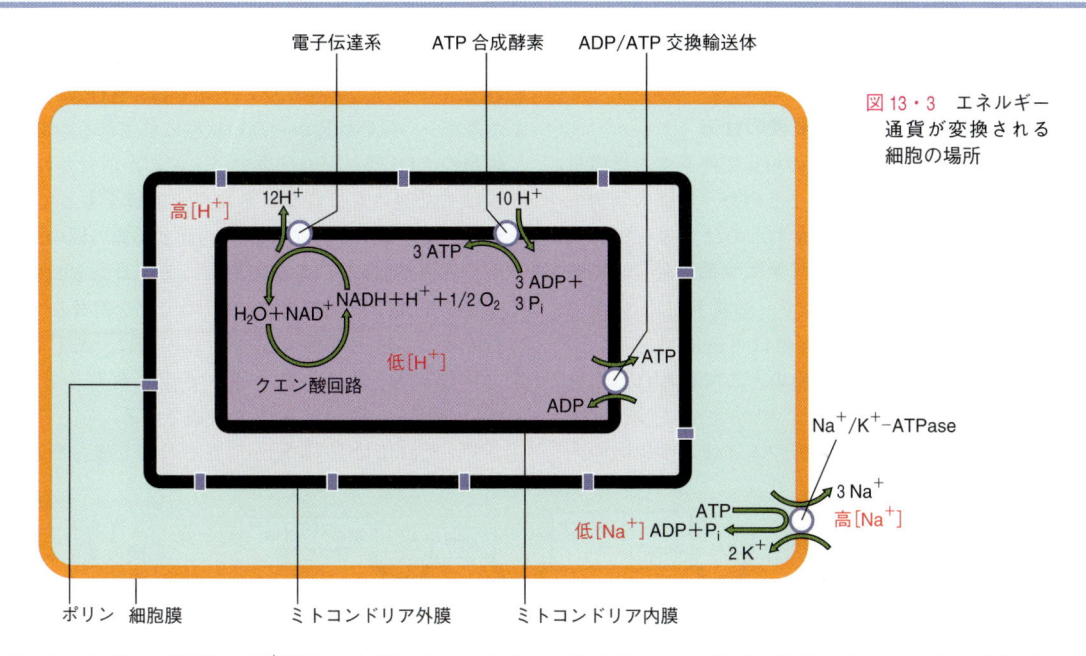

図 13・3　エネルギー通貨が変換される細胞の場所

スだから，外側の正電荷のH⁺は常に内側にひきつけられることとなる．濃度差と電位差を合算したものを，**電気化学的勾配**という．細菌の膜の近辺のH⁺の電気化学的勾配は，細菌の内側に向かって下り坂である．もし，H⁺が細菌の内側に流れ込むことができれば，そのとき，1 molの流入H⁺当たり17 kJのエネルギーが放出される．

図 13・3は，真核細胞の中にあるミトコンドリアの模式図である．この図はミトコンドリアの形の正確な図（図3・6, p.30）ではなく，ミトコンドリアの形態と機能を強調したものである．中央にあるのは二つの膜をもったミトコンドリアであり，その内側の空間は，**ミトコンドリアのマトリックス**とよばれる．マトリックスは**ミトコンドリア内膜**によって囲まれて，さらにその外側は**ミトコンドリア外膜**で囲まれている．内膜と外膜の間の狭い空間は，**膜間腔**とよばれる．さらに外側の部分は細胞質であり，細胞質は細胞膜で囲まれている．ミトコンドリア外膜にある膜タンパク質でポリンとよばれるものは，分子量10,000以下の分子やイオンを何でも通す穴あるいはチャネルである．だから，ミトコンドリアの膜間腔のイオン組成は細胞質と同じである．しかし，内膜はイオンを透過させないので，内膜を挟んだ膜間腔とマトリックスの間には大きなH⁺の電気化学的勾配が形成される．膜間腔からマトリックスにH⁺が1 mol流れ込めば，細菌の場合と同じく，17 kJのエネルギーが放出される．

細胞膜のナトリウムイオン勾配

細菌と違って真核細胞では，細胞膜を挟んだH⁺の電気化学的勾配は形成されない．かわりに，ナトリウムイオンの電気化学的勾配が形成される．すなわち，ナトリウムイオンの濃度は細胞膜の外（細胞の外）では高く，内側（細胞質）では低い．具体的には，ナトリウムイオン濃度は，細胞の外では約150 mmol L⁻¹，細胞内では約10 mmol L⁻¹である．これに膜電位差が加わる．細胞質は，70～90 mVほど外側と比べて負になっている．す

なわち，膜電位差は$-70 \sim -90$ mV である．したがって，内側に向かってナトリウムイオンの大きな電気化学的勾配が形成されているわけで，1 mol のナトリウムイオンが流入すれば約 15 kJ のエネルギーが放出される．

● エネルギー通貨は互いに交換できる

ある会社が米国で原料を仕入れて製品とし，それを日本の会社に売って円で支払いを受取ったとすると，その会社は円をドルに換えて原料代金を支払いをすることになる．同じように，細胞は一つのエネルギー通貨が乏しくなったら，別の十分にあるエネルギー通貨を乏しくなったエネルギー通貨に変換する．

四つのエネルギー通貨の相互変換の仕方

細胞は四つのエネルギー通貨の相互変換をする機構を備えている．それを図 13・4 にまとめた．普通の動物細胞で，最も多くの NADH を合成するのは，ミトコンドリアにおける燃料分子の酸化（クエン酸回路，p.158）である．そして，細胞はエネルギー通貨 NADH を他の三つの通貨に変換する．相互変換は可逆的である．図 13・3 で，それぞれの変換が細胞のどこで行われるかを示した．

真核細胞で，あるときにナトリウムイオンが細胞の内側にどっと流れ込んできたらつぎに細胞はどうするか，考えてみる．これは，神経細胞が活動電位とよばれる電気的な信号を伝達する際に起こる現象である．すると，細胞内外のナトリウムの勾配はいくぶんか，小さくなるだろう．しかし，細胞は ATP という形のエネルギーをまだたくさんもっている．そこで，ATP のエネルギーを使ってナトリウムイオンの勾配を回復すればよい．これを実行するのは，Na^+/K^+-ATPase である．この酵素は細胞膜に存在し，1 分子の ATP を ADP と無機リン酸に加水分解することによって，3 個のナトリウムイオンを細胞の外側に運び出し，2 個のカリウムイオンを内側に運び込む．ATP のエネルギーは，ナトリウムイオンを，濃度勾配に逆らって細胞の内から外にくみ出すことに使われる．つまり，ナトリウムイオンは，ATP によって，エネルギーの低い状態から高い状態に移されるのである．

細胞の ATP は上記の仕事でいくぶんか消費されたが，細胞はまだ他にも豊富なエネルギー通貨をもっている．それは，ミトコンドリア内膜の内側と外側の間の，外側が高く内側が低い H^+ 勾配である．ミトコンドリア内膜に存在する ATP 合成酵素が，H^+ の勾配を消費して ATP を合成する．H^+ が内膜の外側から内側に，ATP 合成酵素の内部の H^+ の通り道を通って流れ落ちるときに，ADP と無機リン酸から ATP が合成される．

さて，それでは H^+ 勾配が消費されてしまったらど

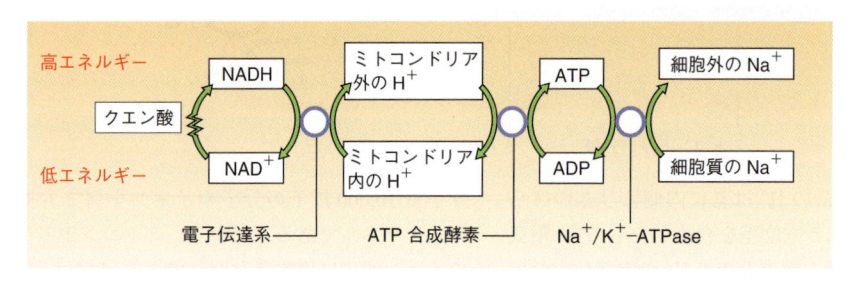

図 13・4 動物細胞のエネルギー通貨の間のエネルギーの流れ

医療応用 13・2　ミトコンドリアと神経変性疾患

原核細胞の共生に起源をもつ真核細胞のミトコンドリアは，長い進化の間にその遺伝子のほとんどを核に奪われた．核の方が DNA の収納，修復，転写制御などが，ミトコンドリアよりも上手なのである．残ったミトコンドリアのゲノムは 16.5 kb ほどの小ささである．これは，λファージのゲノムと比べてもその 1/3 にすぎない．そのわずかなゲノムに，電子伝達鎖の複合体Ⅳの三つのサブユニットなど，ミトコンドリアの構成成分の多くの遺伝子が含まれている．

成熟した神経細胞は分裂しない．しかし，神経細胞は体の中で最もエネルギーを消費する細胞に属するから，いつでも新たにミトコンドリアをつくる必要がある．それにはミトコンドリア DNA の複製が必要であり，それを繰返すうちに変異が蓄積する．老化に伴って，複合体Ⅳなどの重要な成分を合成できないミトコンドリアが細胞の中に蓄積していくことが明らかになりつつある．こういうミトコンドリアはもう ATP を合成できない．残った健全なミトコンドリアが頑張るにせよ，エネルギーがたくさん必要なときには間に合わなくなり，情報処理（思考）などに遅滞と支障が出始める．そして最後にアポトーシス（p.238）で細胞は死ぬ．こういったことがパーキンソン病やアルツハイマー病で起こっていると考える研究者もいる．

なるか．細胞はさらに別のエネルギー通貨 NADH を豊富に用意している．ミトコンドリア内膜の電子伝達系が，NADH のエネルギーを H^+ 勾配のエネルギーに変える．NADH は分子状の酸素（O_2）を還元して水を生成する．そのときに出るエネルギーで H^+ を内膜の外側にくみ出して，H^+ 勾配をつくり出す．電子伝達系は NADH の酸化のエネルギーで，H^+ を高いエネルギー状態に移すのである．

今まで3通りのエネルギー通貨の変換について述べてきたが，そのいずれも**輸送体**とよばれる膜に存在しているタンパク質が変換を実行している．輸送体とは，イオンや水に溶ける分子を膜の片側から反対側に輸送するタンパク質のことである．Na^+/K^+-ATPase はナトリウムイオンとカリウムイオンを輸送し，ATP 合成酵素と電子伝達鎖は H^+ を輸送する．この3種の輸送体は，生命にとって必須の重要なものであり，進化的にも大変古い起源をもつ．細胞には他にも多くの種類の輸送体がありそのうちのいくつかは後でまたふれることになる．

電子伝達系

われわれが息をしているのは，電子伝達系に酸素を送り届けるためである．電子伝達系は，NADH を酸素で酸化する．

$$NADH + H^+ + 1/2\, O_2 \rightleftharpoons NAD^+ + H_2O$$

この反応で，1 mol の NADH 当たり 206 kJ のエネルギーが放出される．このエネルギーは，およそ 12 個の H^+ を，ミトコンドリア内側のマトリックス（H^+ 勾配の低い側，ここにいる H^+ のエネルギーは低い）から，ミトコンドリアの外側の細胞質（H^+ 勾配の高い側，ここにいる H^+ のエネルギーは高い）に，くみ上げることに使われる．図 13・5 にこれを示す．図の中で，真ん中の円は，NADH が酸化されて NAD^+ になるときに放出されるエネルギーが，H^+ をマトリックスからくみ出すためのエネルギーに使われる，という共役関係を示す．NADH を酸素で酸化して水を生じるだけなら，放出されたエネルギーは熱となって失われる．細胞では，電子伝達系による NADH の酸化は必ず H^+ の輸送を伴う．こうして NADH の酸化のエネルギーは H^+ 勾配のエネルギーに変換される．

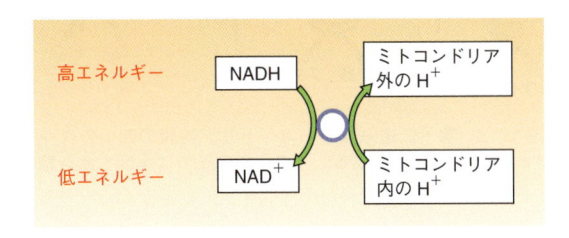

図 13・5 通貨の変換　電子伝達系は NADH を H^+ 勾配に変える．

電子伝達系は六つの成分からできている（図 13・6）．そのうち四つは，複合体 I，II，III，IV とよばれる．いずれも多数のサブユニットから成る大きなタンパク質複合体である．どの複合体もシトクロムをサブユニットとして含んでいる．シトクロムとは，ヘム鉄を補欠分子としてもつタンパク質の総称で，ヘム鉄は他から電子を受入れて Fe^{3+} から Fe^{2+} に還元され，電子を他に渡して Fe^{2+} から Fe^{3+} に酸化される．他の二つの成分というのは，複合

発展 13・1　褐色脂肪

トリアシルグリセロールは脂肪細胞という特殊な細胞に蓄えられる．脂肪細胞では，大きな脂肪滴のまわりを，核とミトコンドリアを含む細胞質が薄く取巻いている．脂肪組織の色は白く，身体の要求に応じて脂肪酸の放出や蓄積をする．これがわれわれの皮下脂肪や腎臓に蓄積される，いわゆる体脂肪である．

もう一つの脂肪細胞が，赤ちゃんにみられる．これは，褐色脂肪細胞といい，トリアシルグリセロールを蓄えているだけでなく，ミトコンドリアもたくさん含んでいる．ミトコンドリアのシトクロムの色がこの細胞を褐色に見せるのである．褐色脂肪細胞は熱を発生する細胞である．サーモゲニンという H^+ に特異的なチャネルタンパク質がミトコンドリア内膜に存在していて，電子伝達系で外にくみ出された H^+ はすぐにまたミトコンドリアマトリックスに戻ってきてしまう．H^+ 勾配は形成されず，ATP は合成されない．サーモゲニンのせいで，電子伝達と ATP 合成が脱共役しているのである．したがって，電子伝達系は，ATP 合成酵素にかかわりなく最大のスピードで脂肪酸の分解（β 酸化，p.163）から生じる NADH を酸化することができる．H^+ 勾配がないので H^+ の輸送にはエネルギーは不要であり，酸化で発生するエネルギーはすべて熱となる．こうして褐色脂肪細胞は赤ちゃんの体温を保つのに貢献する．

冬眠する動物は大きな褐色脂肪細胞組織をもつ．また，植物でも似たような脱共役機構で熱を発生するものがある．オランダカイウ（カラー・リリー）のあるものは，腐ったものにたかるハエによって受粉をしてもらう．花の基部にある細胞の脱共役したミトコンドリアが熱を発生し温度が上昇し，腐臭をもつ分子が揮発拡散してハエを引きつける．

体の間を動きまわって電子の運搬をする補酵素Qとシトクロム c である．電子伝達系はどの生物でもよく似ている．真核生物では電子伝達系はミトコンドリア内膜に存在し，原核生物では細胞膜に存在する．電子伝達は長年にわたって深く研究されており，複雑な仕組みがわかってきているが，いくつかの点はまだ不明のままである．

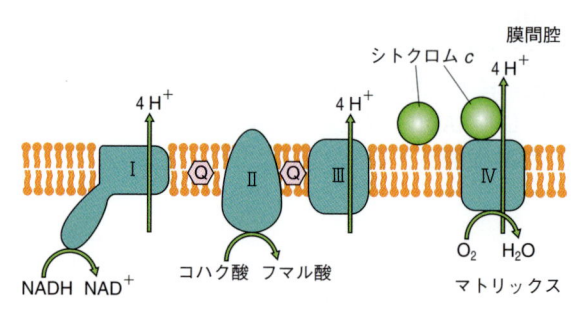

複合体Iは，NADH 1分子の酸化で四つの水素イオンをマトリックスから膜間腔（ミトコンドリア内膜と外膜の間の溶液空間，低分子やイオン組成については細胞質と同じ）に輸送する．その一方向的な水素イオン輸送のメカニズムは，まだよくわかっていない．

複合体II（コハク酸-Q オキシドレダクターゼ，コハク酸デヒドロゲナーゼともよばれる）は，四つの複合体

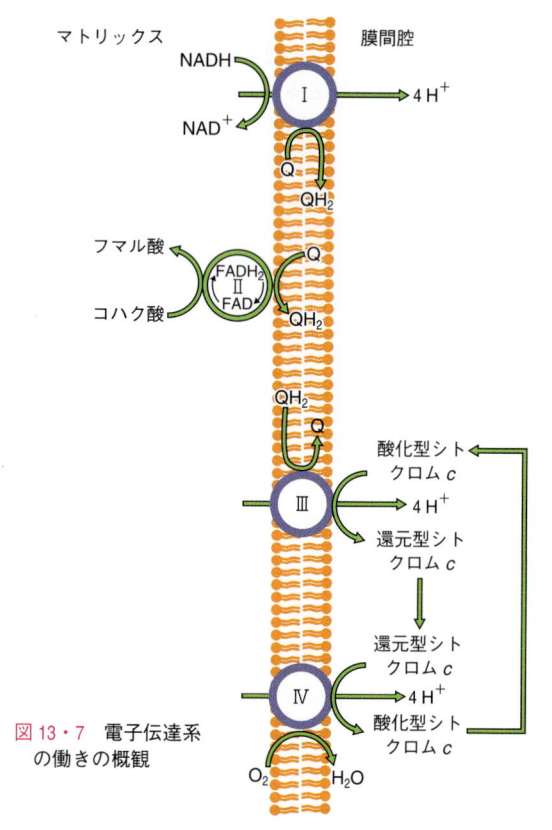

図 13・6　電子伝達系はミトコンドリア内膜の四つのタンパク質複合体から成る．そのうちの三つは水素イオン輸送体である．

図 13・7 は，四つの複合体の反応を示している．まず，**複合体I**（NADH デヒドロゲナーゼ，NADH-Q オキシドレダクターゼともよばれる）が電子を NADH から受入れ，これを補酵素 Q に引渡す．

$$\text{NADH} + \text{Q} + 5\text{H}^+_{\text{マトリックス}} \longrightarrow \text{NAD}^+ + \text{QH}_2 + 4\text{H}^+_{\text{膜間腔}}$$

補酵素 Q は，キノンとよばれる化合物の一種であり，水素イオンも電子も運ぶことができる（図 13・8）．キノンは概してかなり疎水的であるが，補酵素 Q は長い炭化水素の尻尾があるためにさらに疎水的で膜の中で動きまわれる．

図 13・7　電子伝達系の働きの概観

応用例 13・1　エネルギー変換を阻害する化合物

電子伝達系，ATP 合成酵素，Na^+/K^+-ATPase は，細胞のエネルギー通貨の市場を動かしているキープレイヤーである．したがって，その阻害剤は毒となる．ロテノンは複合体Iの阻害剤であり，殺鼠剤としてよく使われる．シアンは複合体IVを阻害する．キツネノテブクロに含まれるジギタリスは Na^+/K^+-ATPase を阻害する．

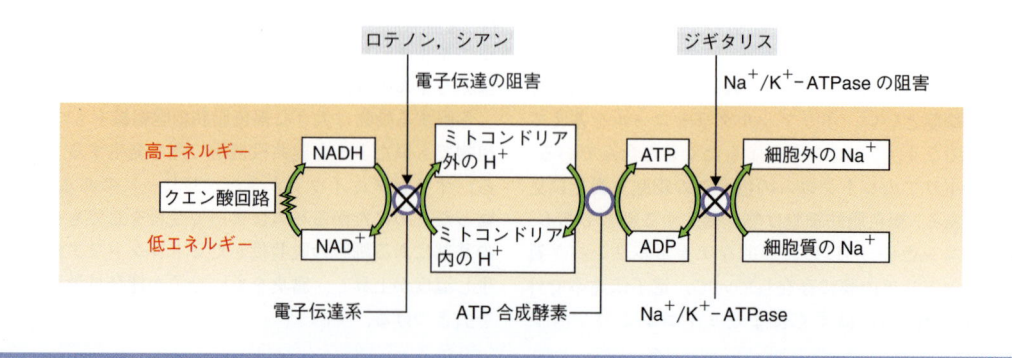

のうちで唯一，水素イオンの輸送をしない複合体である．また，14章（p.158）で述べるように，複合体Ⅱはクエン酸回路の中の一つの酵素であり，コハク酸をフマル酸に酸化して，酵素に結合している補酵素 FAD を FADH$_2$ に還元する．複合体Ⅱは，FADH$_2$ から補酵素 Q に電子を渡す．複合体Ⅱは，水素イオンを輸送しないので，コハク酸の酸化から得られる ATP の量は，NADH から得られる ATP 量よりも少ない．

図 13・8　補酵素 Q は二つの水素原子を運ぶ．

複合体Ⅲ（Q-シトクロム c オキシドレダクターゼ，シトクロムレダクターゼともよばれる）は，電子を還元型補酵素 Q（QH$_2$）から受取り，もう一つの電子の運び屋であるシトクロム c に渡す．シトクロム c は，膜間腔に存在し，内膜の外側表面にゆるく結合している小さな水溶性のタンパク質である．小さいといっても分子量は 12,270 あるので，外膜のチャネルタンパク質であるポリンの穴の中を通ることはできず，膜間腔にとどまる．補酵素 Q と違って，シトクロム c は一度に一つの電子を運ぶ．したがって，複合体Ⅲは，それまでの 2 電子移動から 1 電子移動に切替えることになる．複合体Ⅲは，1 分子の補酵素 Q 当たり 4 個の水素イオンをマトリックスから膜間腔に輸送する．

シトクロム c は，電子を**複合体Ⅳ**（シトクロム c オキシダーゼ）に運ぶ．複合体Ⅳは，分子状酸素（O$_2$）を還元して水を生じ，このときに 4 個の水素イオンをマトリックスから膜間腔に輸送する．複合体Ⅳは，2 種のヘムと 2 種の銅イオンを含んでいる．O$_2$ がミオグロビンやヘモグロビンのヘムと結合するように，O$_2$ は複合体Ⅳのヘムの Fe^{2+} に結合する．

$$4 \text{シトクロム } c \text{（還元型）} + 8\,\text{H}^+_{\text{マトリックス}} + \text{O}_2 \longrightarrow$$
$$4 \text{シトクロム } c \text{（酸化型）} + 2\,\text{H}_2\text{O} + 4\,\text{H}^+_{\text{膜間腔}}$$

ATP 合成酵素

H$^+$ 勾配に蓄えられたエネルギーは，ADP と無機リン酸から ATP を合成するのに使われる．この仕事をする

応用例 13・2　細菌の泳ぎの燃料

大腸菌やチフス菌などの細菌は，水中を泳ぐことができる．泳ぐといっても，われわれが泳ぐのと，細菌のように小さいものが泳ぐのとでは，まったく違う．われわれがプールに飛び込めば，慣性の力でそのまま水中をしばらく進むだろう．これは，われわれの体重が水の（粘性）抵抗をはるかに上まわるからである．ところが細菌のサイズになると，相対的に水の粘性抵抗は非常に大きくなる．ヒトがねっとりした糖蜜液の中で泳ぐようなものである．それにもかかわらず，細菌は鞭毛とよばれる長い尻尾を使って，1 秒間に 0.1 mm のスピードで泳ぐことができる．鞭毛は，直径 20〜40 nm，長さは最大で 10 μm のらせんの線維で，フラジェリンという 1 種類のタンパク質からできている．細菌は鞭毛をその細胞基部でぐるぐる回転させる．するとらせん線維全体が回転し，スクリューで進む船のように，細菌の菌体が前に進むのである．

細菌の細胞表層には，硬い細胞壁と柔らかい細胞膜がある．鞭毛の基部はいくつかのリングと中心軸から成っていて，細胞壁に固定され，細胞膜を貫通している．ATP 合成酵素のように，基部の細胞膜部分を外側から内側に H$^+$ が通過するときに中心軸が回転する．H$^+$ 勾配を下る H$^+$ の流れのエネルギーは，鞭毛の回転運動のエネルギーに変換され，鞭毛は毎秒 100 回転も回転する．

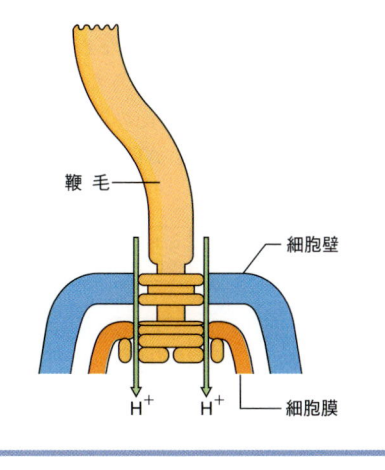

のは，ATP 合成酵素という驚くべきナノマシンであるが，その機構の基本はシンプルである．これを図 13・9 に示す．真ん中の円は，ATP 合成（酵素反応）と H^+ 輸送（輸送体）の共役を示している．**ATP 合成酵素**は，その構造から F_1F_o-ATPase ともよばれる．膜から外に大きく飛び出ている F_1 と，膜に結合したサブユニットから成る F_o に，簡単にかつ可逆的に分かれるからである．また，かつては，複合体Ⅴ，あるいはミトコンドリア ATPase とよばれていた．後者は，逆反応である（ATP 合成のときとは逆向きの H^+ 輸送を伴う）ATP 加水分解活性に注目した名前である．

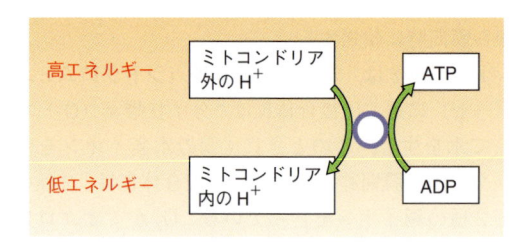

図 13・9 通貨の変換 ATP 合成酵素は H^+ 勾配と ATP を相互変換する．

ATP 合成酵素は，ミトコンドリアの電子伝達系でつくられた H^+ 勾配の大口の消費者である．もし ATP 合成の基質である ADP がなくなれば，ATP 合成酵素は停止して H^+ 勾配を消費するものはいなくなる．すると，電子伝達系も限界以上の H^+ 勾配に逆って H^+ 輸送をすることができなくなり，停止してしまう．ATP 合成酵素を阻害するオリゴマイシンなどの抗生物質を与えた場合も同じこと，つまり電子伝達の停止が起こる．

もし，水素イオンが ATP 合成酵素以外のルートで膜を自由に透過できたら，ATP 合成と電子伝達の共役は失われる．2,4-ジニトロフェノールなどの弱酸によって，まさにそれが起こる．ジニトロフェノールは，水素イオンを結合しても結合しなくても膜を自由に通過できる．これは，実際には膜が H^+ 透過性になることを意味し，H^+ 勾配はもはや維持できない．こうなると，電子伝達系は ATP 合成酵素による H^+ 勾配の消費にかかわりなく活発に働き続ける．しかし，ATP 合成酵素は ATP を合成できない．ジニトロフェノールのように膜を H^+ 透過性にする化合物を**脱共役剤**（あるいは除共役剤）という．

Na^+/K^+-ATPase

Na^+/K^+-ATPase は真核細胞の細胞膜にある単一のタンパク質で，ATP 加水分解（酵素活性）とイオン輸送（輸送活性）が共役している．ATP 加水分解で放出されるエネルギーは，勾配に逆ってナトリウムイオンを細胞内から細胞外にくみ出すのに使われる．同時に，Na^+/K^+-ATPase はカリウムイオンを逆向きに運ぶ，つまり細胞外から細胞内に取込む．1 分子の ATP の加水分解で，3 個の Na^+ を外へ，2 個の K^+ を内に輸送する．図 13・10 は，Na^+/K^+-ATPase によるエネルギー通貨の変換を示す．

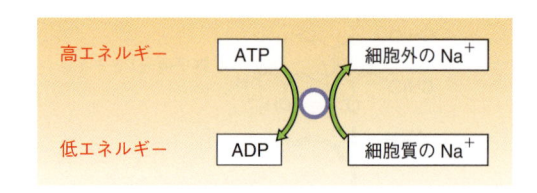

図 13・10 通貨の交換 Na^+/K^+-ATPase は，ATP を Na^+ 勾配に変換する．

ADP/ATP 交 換 体

ATP 合成酵素はミトコンドリアの内部で ATP を合成する．細胞質で ATP を使うためには ATP をミトコンドリアの外へ運び出す必要がある．この役目は，ミトコンドリア内膜にある **ADP/ATP 交換体**という輸送体が果たしている．この輸送体は，化学反応を触媒する酵素活性はなく，ただ，ADP を膜の片側から反対側へ，ATP を反対側からこちら側へ輸送する交換輸送を行う．ほとんどの場合，この輸送体は図 13・3 に示す方向に輸送する．Na^+/K^+-ATPase などの ATP を使う輸送体，あるいは細胞質で進行する多くの合成反応は ATP を使い，その結果 ADP が生じる．ADP は ADP/ATP 交換体によってミトコンドリアに入り，そこでまた ATP 合成酵素によって ATP に再合成される．合成された ATP は，

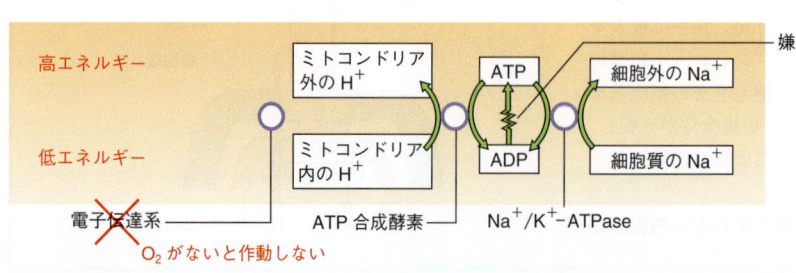

図 13・11 嫌気条件下におけるエネルギー通貨間のエネルギーの流れ

発展 13・2　ATP 合成酵素： 回転モーターによる ATP 合成

ミトコンドリアにおける ATP 合成は，ATP 合成酵素によって行われる．ATP 合成酵素は，膜間腔からマトリックスに流れ込む H^+ によって駆動されるナノスケールの回転モーターである．ATP 合成酵素は，膜の中に埋込まれている F_o と，膜の外に飛び出している F_1 でできている．両者は，中心の回転軸と，F_1 の固定子と F_o の固定子をつなぐ分子の外側の固定子架橋で連結されている．

F_1 は，α サブユニットと β サブユニットが交互に並んで [$(\alpha\beta)_3$]，六角形の形状をしている．ATP 合成・分解の活性中心は，β サブユニットにある．γ サブユニットは細長い分子で六角形の中心部分を貫いており，もう一方の端で F_o の c サブユニットのリングと結合している．ε サブユニットは γ サブユニットに寄り添い，δ サブユニットは二量体の b サブユニットとともに固定子架橋を形成している．F_o は，8～14 個（生物種によって異なる）の c サブユニットがリングになっており，リングの外側に a サブユニットと二量体の b サブユニットが接触している（図 a）．ここで述べているのは細菌および葉緑体の ATP 合成酵素の構造であり，ミトコンドリアの ATP 合成酵素の場合には，F_o にさらに多くの小さなサブユニットが含まれている．

すでに述べたように (p.135)，酵素に結合した ATP の分解は酵素の構造変化をひき起こし，構造変化は運動をひき起こす．逆に，運動は構造変化をひき起こし，構造変化は ATP の合成をひき起こす．c サブユニットのリングは，回転することによって H^+ を通過させる．1 回転でリングの中の c サブユニットの数だけ H^+ が通過する．H^+ 勾配があると，H^+ は勾配を下る方向に通過し，リングを一方向に回転させる．リングには γ サブユニットが結合しているので，リングが回転すれば γ サブユニットも一緒に回転する．固定子架橋のお陰で，F_1 の固定子 [$(\alpha\beta)_3$] が γ サブユニットに引きずられて回転することは起こらない．γ サブユニットは 3 回対称ではないので，三つの β サブユニットとそれぞれ違った相互作用をすることになり，実際に ATP 合成酵素の中の三つの β サブユニットは 3 種の異なった構造（図 b, O, T, L）をとっている．そこで一つの β サブユニットに注目すると，γ サブユニットの回転に伴って 3 種の構造を遷移する（T→O→L→T→）ことになる．T 構造の β サブユニットでは，ADP と P_i から ATP が合成される．しかし ATP は T 構造に強く結合しているので酵素から離れない．γ サブユニットが 120 度回転すると，β サブユニットの構造は O となり，ATP は酵素から離れる．さらに 120 度回転すると，構造は L となり，ADP と P_i が結合できる．三つの β サブユニットが同じことを位相を 120 度ずらして行うので，γ サブユニットの 1 回転で 3 個の ATP が合成される．

1997 年のノーベル化学賞は，この回転メカニズムの解明の貢献した Paul Boyer と John Walker に授与された．

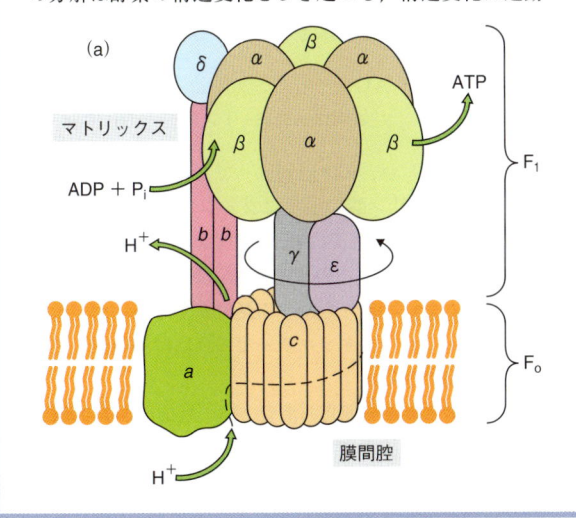

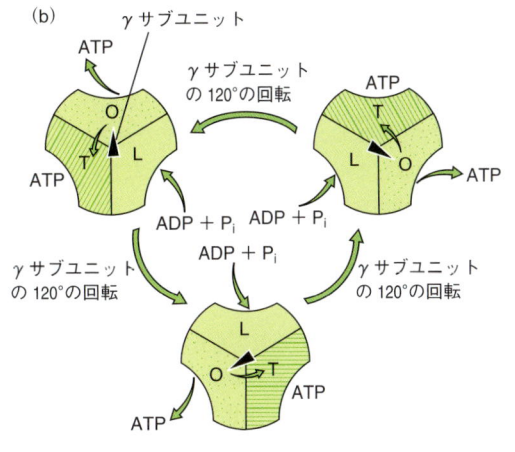

また ADP/ATP 交換体によってミトコンドリアの外に運ばれる．

輸送体は輸送方向を変えられる

普通の動物細胞の場合，クエン酸回路 (p.158) がエネルギーのおもな供給元である．クエン酸回路によって，NAD^+ が NADH に還元され，同時に少量の GTP ができる．NADH というエネルギー通貨は常に四つの通貨の最上流に位置している（他の通貨は消費される）ので，エネルギー変換の方向性は普通図 13・3 に示したようになる．しかし，すべての輸送体は可逆的だということは記憶しておく必要がある．

発展 13・3　自由エネルギーの概念：
あることが起こるか，起こらないか？

われわれは経験から，熱を出す化学反応（たとえば有機物の燃焼）もあれば，熱を吸う化学反応（反応を起こすためには熱を与える）もあることを知っている．エネルギーが物質あるいは化学反応に及ぼす影響は，**熱力学**によって理解される．19世紀後半から20世紀初期にわたる多くの研究で熱力学が確立した．ごく単純にいえば，ある過程というものは熱と**エントロピー**の変化をもたらす，ということである．熱はわれわれになじみが深く，分子のランダムな運動だということはよく理解されている．しかし，エントロピーとは何だろうか．エントロピーは，系の乱雑さの程度のことであり，いつでも増大する性質がある．氷の融解は起こりやすい，それは水の分子がきちんと並んだ結晶となった氷が融解して水になると水の分子が乱雑に動きまわることができるようになるからである．

物理的な過程は，熱を吸収あるいは放出すると同時にエントロピーは増大あるいは減少する．あることが起こるのか，起こらないのか，それを知りたかったら，熱とエントロピーとその両方の出入りを知る必要がある．自由エネルギーの概念は，米国の物理化学者 J. Willard Gibbs によって1878年に定式化され，現在では，ギブズの自由エネルギーとよばれている．ある過程の前後の自由エネルギー変化（ΔG）は下記の式で与えられる．

$$\Delta G = \Delta H - T\Delta S$$

ΔH は熱の出入りであり（エンタルピーという），T は絶対温度，ΔS はエントロピーの変化である．もし ΔG が負であれば，その過程は進行する．ただし，実際の進行速度は，適当な触媒がない限り，非常に遅いかもしれない．もし ΔG が負でなければ，その過程は進行しない．

科学反応では，G，H，S の絶対値を測ることはできず，その変化だけが測定できる．そこで，**標準状態**というものを定義して，いろいろな反応を比較する．標準状態のもとでの化学反応の自由エネルギー変化を，標準自由エネルギー変化 $\Delta G°$ という．生化学では，pH 7 を標準状態と考えて，このときの標準自由エネルギー変化 $\Delta G°'$ を使う．

自由エネルギー変化は，平衡定数と関係づけられる．下記の反応が平衡に達しているとする．

$$A + B \rightleftharpoons C + D$$
$$K_{eq} = ([C][D])/([A][B])$$

そして，

$$\Delta G = \Delta G°' + RT \ln ([C][D])/([A][B])$$

ここで，R は気体定数である．平衡のときは $\Delta G = 0$ であるから，

$$\Delta G°' = -RT \ln K_{eq}'$$

となる．K_{eq}' は，標準状態の平衡定数である．

細胞の中は，もちろん，標準状態ではない．しかし実際の濃度がわかれば，$\Delta G°'$ から ΔG を計算できる．本書では，いくつかの化合物のヒト細胞内濃度を下記のように仮定し，温度は温度37℃として，ΔG を計算することとしよう．

[ATP] = 6 mmol L^{-1}　　　[ADP] = 0.6 mmol L^{-1}
[AMP] = 0.2 mmol L^{-1}　　[P$_i$] = 4.5 mmol L^{-1}
グルコース = 250 μmol L^{-1}
グルコース 6-リン酸 = 10 mmol L^{-1}
[NAD$^+$]/[NADH] = 4（ミトコンドリアマトリックス中）
[O$_2$] = 21 μmol L^{-1}

たとえば，自由エネルギー変化が負の反応と正の反応を共役させる例として，ヘキソキナーゼをみてみよう．

グルコース + ATP ⟶
　　　　　グルコース 6-リン酸 + ADP + H$^+$

この反応の $\Delta G°'$ は，-36 kJ mol^{-1} である．細胞の中では，グルコース 6-リン酸の濃度はグルコースよりもはるかに高く，また ATP 濃度は ADP 濃度よりも高い．前記の濃度を仮定すれば，この反応の ΔG は，-11 kJ mol^{-1} となる．ΔG は $\Delta G°'$ よりもだいぶ絶対値が小さいが，それでも負であるからヘキソキナーゼの反応は細胞内で進行することができる．

四つのエネルギー通貨の消費方向の反応の ΔG の値は，好気的な動物細胞中では負であり，したがって図13・3に示したように反応が進む．もしも，どれかの反応が反対方向に進行しているなら，その反応の ΔG の値は正となっているはずである．

ワインの樽の酵母の細胞や，陸上走者の脚の筋肉の細胞は，嫌気的である．つまり，酸素が不足している．そうすると，細胞は NADH をつくるが，電子伝達系は酸素がないので NADH を酸化することができず，H$^+$ 勾配を形成できない．こういう状況でATPを合成して細胞にエネルギーを供給するのは，

発展 13・4 光合成

生命を支える自由エネルギーの源の大部分は太陽光である．光合成細菌と植物は太陽光のエネルギーを使ってATPとNADPHを合成する装置を長い進化の過程でつくり上げてきた．ATPとNADPHをつくり出す光化学反応（明反応ともいう）は，水を酸化してO_2を生み出す．植物は，ATPとNADPHを使って空気中のCO_2を固定して，糖をつくり出す．地球の生命は，ほとんど太陽光のエネルギーで生きているといってもいいだろう．

CO_2の固定は，リブロース 1,5-ビスリン酸カルボキシラーゼ／オキシゲナーゼ（ルビスコと略称される）によって触媒される．ルビスコは，おそらく地球で最も多量にあるタンパク質だろう．ペントースであるリブロース 1,5-ビスリン酸にCO_2が付加され，解裂してトリオースである 3-ホスホグリセリン酸の 2 分子を生じる．それからATPによってリン酸化され，NADPHによって還元されて（p.162）グリセルアルデヒド 3-リン酸およびジヒドロキシアセトンリン酸を生じる．両者はアルドラーゼに触媒されて合体して，フルクトース 6-リン酸を生じる．そして，ペントースリン酸回路（p.162）と似た経路でリブロース 1,5-ビスリン酸が再生する．このCO_2固定反応は，**カルビン回路**とよばれる（暗反応ともよばれる）．実に，1 年に 100 億トンのCO_2がカルビン回路で固定されている．

CO_2固定は，地球化学的な炭素循環からみると空気中の**炭素の固定**にほかならない．これに必要なATPとNADPHは太陽光のエネルギーでつくられる．光が当たって光子を吸収した分子の電子は高いエネルギーレベルにジャンプする（励起される）．ほとんどの場合，励起された電子はすぐにもとの基底状態に戻り，その際にエネルギーは熱として放出される．光合成では，励起された電子はその近くにうまく配置された他の色素にすぐに捕獲される．

植物は葉緑体で光合成の明反応と暗反応を行う．ミトコンドリアと同様に，葉緑体も共生にその起源をもつ（p.8）．葉緑体は，外膜と内膜で囲まれ内部にDNAをもつ．外膜は透過性であるが，内膜は非透過性である．ミトコンドリアでは内膜は内側にひだのように張出してクリステを形成して電子伝達系やATP合成酵素のために表面積を増やしている．葉緑体はこれをさらに進めて，内側のスペースをもつ閉じたディスク状の膜をもっている．これは**チラコイド**とよばれ，内側のスペースはチラコイド内腔とよばれる．明反応を行う色素タンパク質複合体はチラコイド膜に埋込まれている．明反応の結果，水素イオンがチラコイド内腔に輸送される．チラコイド膜にはATP合成酵素があり，内腔からその外への水素イオンの流れでATPを合成する．ATP合成酵素はミトコンドリアのものとよく似ている（p.153）．

クロロフィルaは光を吸収する主要な色素であるが，他のクロロフィルやカロテノイドが吸収する光の波長範囲を拡張している．クロロフィルは，一重結合と二重結合が交互に繰返してリングをつくっていて，リングの中央にはマグネシウムがある．これは可視光領域の光を吸収するのにうってつけである．光化学複合体には光化学系ⅡとⅠがあり，電子は光化学系Ⅱから光化学系Ⅰに流れる．どちらもスペシャルペアとよばれる 1 対のクロロフィルがあり，ここで光子のエネルギーで電子が励起される．励起された電子はすぐにその近くの"アンテナ"クロロフィルに捕獲され，つぎにキノンに渡される．それから電子は，光化学系Ⅱの場合は一連の電子伝達系（ミトコンドリアのそれに似ている）に渡され，光化学系Ⅰの場合は最終的に$NADP^+$をNADPHに還元するのに使われる．スペシャルペアの電子の抜けた正孔は，光化学系Ⅱの場合は水から奪った電子（このときH^+とO_2が生じる），光化学系Ⅰの場合は電子伝達系から流れてきた電子で埋められる．光化学系Ⅰの電子は光化学系Ⅱとそれにひき続く電子伝達系で水素イオンが輸送される．

嫌気条件でも働く解糖系（p.161）である．図 13・11（p152）は，細胞がどのようにしてエネルギー通貨の量を維持しているかを示す．ミトコンドリアのH^+勾配の大きさが減少すると，ATP合成酵素が図 13・3 に示したのと逆向きに働き，ATPを消費してH^+を外側にくみ出してH^+勾配を回復しようとする．ADP/ATP交換体も反対方向に働き，ADPを外にATPを内側に輸送する．ADPは細胞質の解糖系でATPに再合成され，その一部はまたミトコンドリア内に運ばれる．

健全な細胞では，四つのエネルギー通貨のうちどれ一つも払底することはない．エネルギーがどの通貨からどの通貨に流れるかは，細胞の主要なエネルギー源が何かに依存する．

まとめ

1. ギブズの自由エネルギー変化（ΔG）が正の値である反応も，ΔG が負で絶対値がそれ以上に大きな反応と組合わせると進行できる．第二の反応が第一の反応を駆動する．
2. 上記のような場合，NADH，ATP，ミトコンドリア内膜を隔てた水素イオン勾配，細胞膜を隔てたナトリウムイオン勾配，という四つのエネルギー通貨のどれかを使って駆動されることが多い．
3. ミトコンドリア内膜の電子伝達系は，NADH のエネルギーを水素イオン勾配のエネルギーに変換する．
4. ミトコンドリア内膜の ATP 合成酵素は，水素イオン勾配のエネルギーを ATP のエネルギーに変換する．
5. 細胞膜の Na^+/K^+-ATPase は，ATP のエネルギーをナトリウムイオン勾配のエネルギーに変換する．
6. すべての輸送体は，両方向の輸送が可能である．
7. 健康な細胞では，四つのエネルギー通貨のどれ一つでも枯渇することはない．四つの通貨の間の変換は，そのときの細胞の主要なエネルギー源が何かによる．

参考文献

D. Voet, J. D. Voet, "Biochemistry", 4th edition, John Wiley & Sons, Hoboken (2011), [邦訳] 田宮信雄，村松正實，八木達彦，吉田 浩，遠藤斗志也訳, "ヴォート生化学（上・下）（第4版）", 東京化学同人 (2013).

復習問題

13・1 細胞のエネルギー変換の場所

A. ミトコンドリアのマトリックス
B. ミトコンドリアの内膜
C. ミトコンドリアの膜間腔
D. ミトコンドリアの外膜
E. 細胞質　　F. 細胞膜　　G. 細胞外の空間

上記のリストから，下記のタンパク質，過程あるいは条件が見いだされる場所を選びなさい．

1. ADP/ATP 交換体
2. ATP 合成酵素
3. 補酵素 Q
4. シトクロム c
5. $[Na^+] > 100\ mmol\ L^{-1}$
6. ポリン
7. Na^+/K^+-ATPase
8. 電子伝達系

13・2 電子伝達系と ATP 合成酵素

A. 複合体 I　　B. 複合体 II　　C. 複合体 III
D. 複合体 IV　　E. ATP 合成酵素

上記のリストから，下記の説明に合致するものを選べ．ただし，酸素の供給の十分なヒトの細胞で考えること．

1. 輸送体ではない
2. 補酵素 Q を酸化する
3. NADH を酸化する
4. コハク酸を酸化する
5. 還元型シトクロム c を酸化する
6. 分子状酸素を還元して水を生じる
7. H^+ の電気化学的勾配が脱共役剤で失われると逆反応を始める

13・3 エネルギー通貨

A. ATP　　　　　　　　　B. GTP
C. NADH　　　　　　　　D. H^+ の電気化学的勾配
E. Na^+ の電気化学的勾配　F. UTP

上記のエネルギー通貨の中で，下記の記述に合致するものを選びなさい．

1. ピリミジン塩基を含む
2. 細胞膜の膜タンパク質の作用によって生じる
3. 嫌気的条件では形成されない
4. 好気的な条件ではこれが一番エネルギーに富む
5. 2,4-ジニトロフェノールのような脱共役剤の作用で直接失われる

発展問題

図 13・2 で，ATP 合成酵素は 10 H^+ 当たり 3 ATP を合成すると述べた．しかし，この比は，生物種によって違う．発展 13・2 (p.153) を参照して，ATP 合成酵素のサブユニット組成の違いからこのことを考察してみよ．

発展問題の解答

ヒトのアデニンヌクレオチド輸送体と ATP 合成酵素は ATP 合成酵素の中央の回転軸となっている γ サブユニットが 1 回転する間にサブユニット c が 10 個ある場合は，10 H^+ で 3 ATP ができるし，14 個の場合は 14 H^+ で 3 ATP ができることになる．ただし，ヒト以外はいくつかモニターされていないので，実際の H^+：ATP 比は想像とはいくらか違うかもしれないが，ATP 合成酵素がサブユニットの数から推定した同じような比をもっている．

14

代 謝

　13章ではエネルギー媒体であるNADHとATPについて述べた．14章では，NADHとATPレベルが枯渇した際に，これらのエネルギー媒体を再び産生する化学的な経路について述べる．その後，いくつかの重要な他の化学的経路についても考察する．それらの経路のいくつかはすべての細胞で機能するものであり，他の経路はある種の生き物あるいは肝臓のような特殊化した生化学センターにおいてのみみられるものである．図14・1は細胞内での主要な代謝経路の概要を示している．

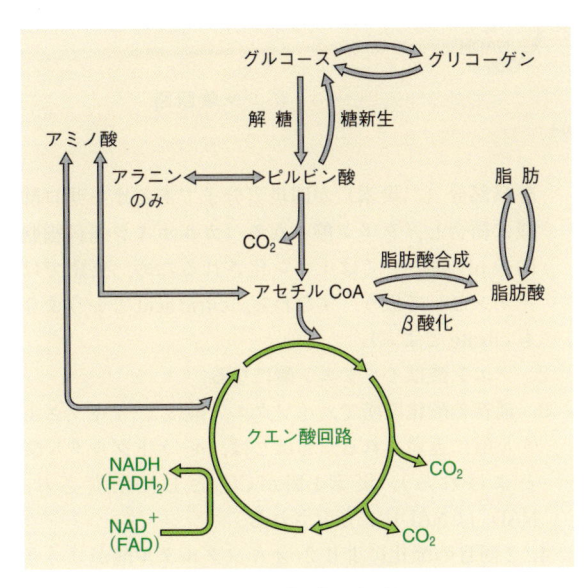

図14・1 代謝の概観

　生細胞内で生じるすべての反応過程は，結局，外界から取込んだエネルギーによって動かされている．緑色植物やある種の細菌は日光から直接的にエネルギーを摂取する．他の生き物は日光を使って合成した化合物を摂取し，それらを分解することによってエネルギーを放出する．このプロセスは**異化**とよばれている．これらの摂取した化合物を分解する最も一般的な方法は酸化であり，つまり一定の制御下に，これらの化合物を燃焼することである．エネルギー媒体に組込まれたエネルギーは，**同化**とよばれる，構築，修復および維持過程において使われる．細胞内で進行しているすべての反応を総称して**代謝**とよぶ．すべての代謝反応は，下記のような，いくつかの普遍的な特徴をもつ．

- 代謝反応は酵素によって触媒される．
- 代謝反応は普遍的なものであり，すべての生き物における主要な代謝経路はきわめて類似している．
- 代謝反応は比較的少ない種類の化学反応によって行われる．
- 代謝反応は，多くの場合，主要な調節酵素を変化させることによって制御される．
- 代謝反応は細胞内で区分化される．真核生物では，異なる区分の代謝反応はそれぞれ異なった細胞小器官において行われる．動物や植物においては，その区分はさらに厳密に行われているため，ある場合には，異なる代謝反応はそれぞれ異なる臓器において行われる．原核生物もまた，代謝反応においては同種の区分化をもち，いくつかの過程は細胞膜の内側面領域で行われる．
- 代謝反応には多くの場合，補酵素が必要である．補酵素とは，多くの異なる反応において2番目の基質となる分子である．
- 特定の分子を分解する経路は，それらを合成する際に使用される経路とは異なる．それゆえ，合成経路と分解経路を別々に制御することができるわけである．

　多くの反応において共通の第二基質として働く分子を補酵素という．補酵素はNADHやATPのようなエネルギー媒体，あるいは補酵素Aのような化学基の担体であり，酢酸やコハク酸などの有機酸を輸送する．ATPは，リン酸基を移動させることによって，他の反応を動かすために利用される．この反応の生成物であるADPは再リン酸化され，ATPに戻る．この再リン酸化に要するエネルギーはNADHから供給され，NADHはみずからの電子を電子伝達系に受渡すことにより，その酸化型であるNAD^+に変換される．細胞内でのATPとADPの総量は比較的一定しているが，ATPの割合は変動

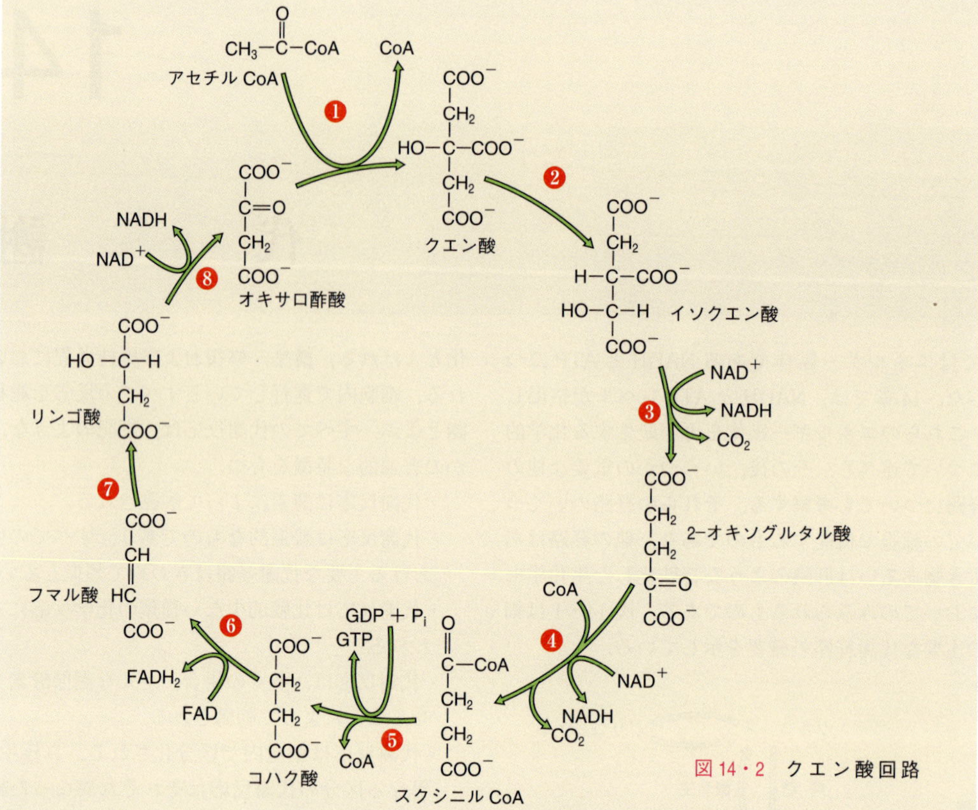

図14・2 クエン酸回路

する．同様に，NADHとNAD$^+$の総量も一定であるが，NADHの割合は変動する．

クエン酸回路：代謝の中心的な変換の場

われわれが食事から摂取している栄養はおもに脂質，タンパク質，炭水化物である．代謝の中心はミトコンドリアのマトリックス内で行われる一連の反応である．**クエン酸回路**は**クレブス回路**（発見者である Hans Krebs から命名），もしくは**トリカルボン酸 (TCA) 回路**として知られている．摂取した食物は，二炭素単位の酢酸 (CH_3COO^-) に変換される．この酢酸イオンは遊離状態にはなく，補酵素Aという補酵素によって輸送される．補酵素Aが結合したアセチル基（以下アセチル CoA）はクエン酸回路に取込まれ，そこで完全に酸化されて，二酸化炭素と水になる．この過程でエネルギー媒体である NADH が産生される．クエン酸回路は炭水化物，脂質およびアミノ酸代謝において中心的な場所である．

最初にクエン酸回路について述べ，つぎにクエン酸回路と相互に関連する他の回路について考えたい．クエン酸回路における反応系を図14・2に示す．

1. アセチル CoA の分子がクエン酸回路に入り，その酢酸部分（二炭素）が四炭素分子であるオキサロ酢酸に結合し，クエン酸となる（カルボキシ基は細胞内の pH 環境下ではイオン化されるため，英語ではイオンとして扱う．すなわち，citric acid というよりも citrate とよぶ）．

2. クエン酸はイソクエン酸になる．

3. 最初の酸化段階で，イソクエン酸は 2-オキソグルタル酸に返還される（しばしば，α-ケトグルタル酸とよばれる）．炭素1個が CO_2 として消費され，NAD$^+$ は NADH に還元される．

4. 2回目の酸化により 2-オキソグルタル酸がコハク酸になる．2個目の炭素が CO_2 として離れ，NAD$^+$ は再び NADH に還元される．この過程における生成物は CoA に結合する．この反応はオキソグルタル酸デヒドロキナーゼによって触媒される．

5. コハク酸エステルと CoA 間の結合はここで解かれ，その際に放出されたエネルギーは GDP から GTP へのリン酸化に利用される．γ リン酸基はヌクレオチド間で交換可能であるため，GTP は ADP から ATP を再合成する際に利用される．

6. コハク酸は酸化されてフマル酸になる．この反応における酸化剤は，NAD$^+$ ではなく，フラビンアデ

ニンジヌクレオチド (FAD) であり，結果的に FADH$_2$ が産生される．FAD の還元型である FADH$_2$ は，NADH のようには多量のエネルギー輸送を行わないが，NADH と同様に，ミトコンドリアのマトリックスから電子化学的勾配によって H$^+$ を引抜くために利用される．この反応にかかわる酵素はコハク酸デヒドロゲナーゼであり，この酵素は，事実，電子伝達系の一部を構成している．

7. フマル酸の二重結合部分に水 (H$_2$O) が付加し，リンゴ酸が産生される．
8. リンゴ酸は，リンゴ酸デヒドロゲナーゼによって触媒される反応によって，オキサロ酢酸へと酸化される．この際，1 個の NAD$^+$ が NADH に還元される．出発物質であるオキサロ酢酸が再合成されたことにより，新たに酢酸基を受取り，クエン酸回路を新たに回すことができる体制が整う．

クエン回路における反応は以下のようにまとめることができる．
$$\text{CH}_3\text{CO-CoA} + (3\,\text{NAD}^+ + \text{FAD}) + \text{GDP} + \text{P}_i + 3\,\text{H}_2\text{O}$$
$$\longrightarrow \text{CoA-H} + (3\,\text{NADH} + \text{FADH}_2) + \text{GTP} + 2\,\text{CO}_2 + 3\,\text{H}^+$$
ここでの P$_i$ は無機リン酸イオンのことである．

● グルコースからピルビン酸へ：解糖系

グルコースは多くの組織にとって重要なエネルギー源となり，**解糖系**はグルコースを利用するための主要な代謝経路である．解糖系という言葉は単にグルコースの分解を意味している．解糖系は嫌気的条件下で進行しうる古典的な代謝経路であり，実際，大気中に多くの酸素が存在するようになる前に発生したものと考えられている．解糖系はほとんどの細胞に存在し，細胞質において進行する（図 14・3）．

- グルコースの 6 番目の炭素がリン酸化され，グルコース 6-リン酸となる．前述のとおり (p.145)，この反応はヘキソキナーゼによって触媒されるものであり，ATP 由来のエネルギーによって動かされる．
- グルコース 6-リン酸は異性化されて，フルクトース 6-リン酸になる．
- フルクトース 6-リン酸はリン酸化されて，フルクトース 1,6-ビスリン酸となる．この反応は，再び ATP を利用し，ホスホフルクトキナーゼの触媒下に進行する．この反応は糖を分解し，もっぱらエネルギー供給のために使われ，他の目的には使用されない．ホスホフルクトキナーゼはアロステリック酵素であり，ATP により抑制される (p.141)．
- フルクトース 1,6-ビスリン酸はアルドラーゼの作用を受け二つに開裂し，分かれたそれぞれが 1 個のリン酸をもつ．これらの二つの生成物はそれぞれ，ジヒドロキシアセトンリン酸とグリセルアルデヒド 3-リン酸である．
- トリオースリン酸イソメラーゼはジヒドロキシアセトンリン酸とグリセルアルデヒド 3-リン酸を相互変換する．これによって，最初にあったグルコースが二つに分かれても，両者とも利用することができるわけである．

1 mol のグルコース 6-リン酸は 2 mol のグリセルアルデヒド 3-リン酸に変換される．つぎのそれぞれの反応が解糖経路に入ったグルコースの各分子に対して 2 回ずつ起こる．

- グリセルアルデヒド 3-リン酸は，1,3-ビスホスホグリセリン酸を得るために一つの無機リン酸イオンを付加する反応において酸化される．この場合の酸化剤は NAD$^+$ であり，その結果，1 個の NADH が生成される．その際の酵素はグリセルアルデヒド 3-リン酸デヒドロゲナーゼである．
- 1,3-ビスホスホグリセリン酸のリン酸基の一つが ADP に転移する．これは基質レベルのリン酸化とよばれる過程である．ATP は，ATP 合成酵素の関与がまったくない条件下に，一つの酵素によって ADP から産生される．そして 3-ホスホグリセリン酸が残る．
- 2-ホスホグリセリン酸へ再配置された後，水が取除かれ，ホスホエノールピルビン酸が生じる．
- 別の基質レベルのリン酸化として，ホスホエノールピルビン酸のリン酸基を ADP へ転送して，ピルビン酸が生じる．

全体として，解糖系において 2 mol の ATP を使用し，4 mol の ATP を生成する．すなわち，1 個のグルコースから正味 2 個の ATP が生じる．

図 14・4 は細胞におけるピルビン酸のさまざまな活用方法を示している．脂肪酸の合成やクエン酸回路で酸化されるために使用される場合，ピルビン酸はミトコンドリアのマトリックスに運ばれる．ここで，複雑な酵素であるピルビン酸デヒドロゲナーゼによってピルビン酸の酸化と脱炭酸が行われる（図 14・4 a）．NAD$^+$ は酸化剤として使用され，NADH を産生する．補酵素 A も追加される．それゆえ，生成物はアセチル CoA となり，クエン酸回路に入るか，あるいは脂肪酸やいくつかの他の分子に変換される．

クエン酸回路はオキサロ酢酸の供給量によって制限される．ある種の物質の生合成経路が，それらの出発材料として，クエン酸経路の一つあるいは他の成分を使用す

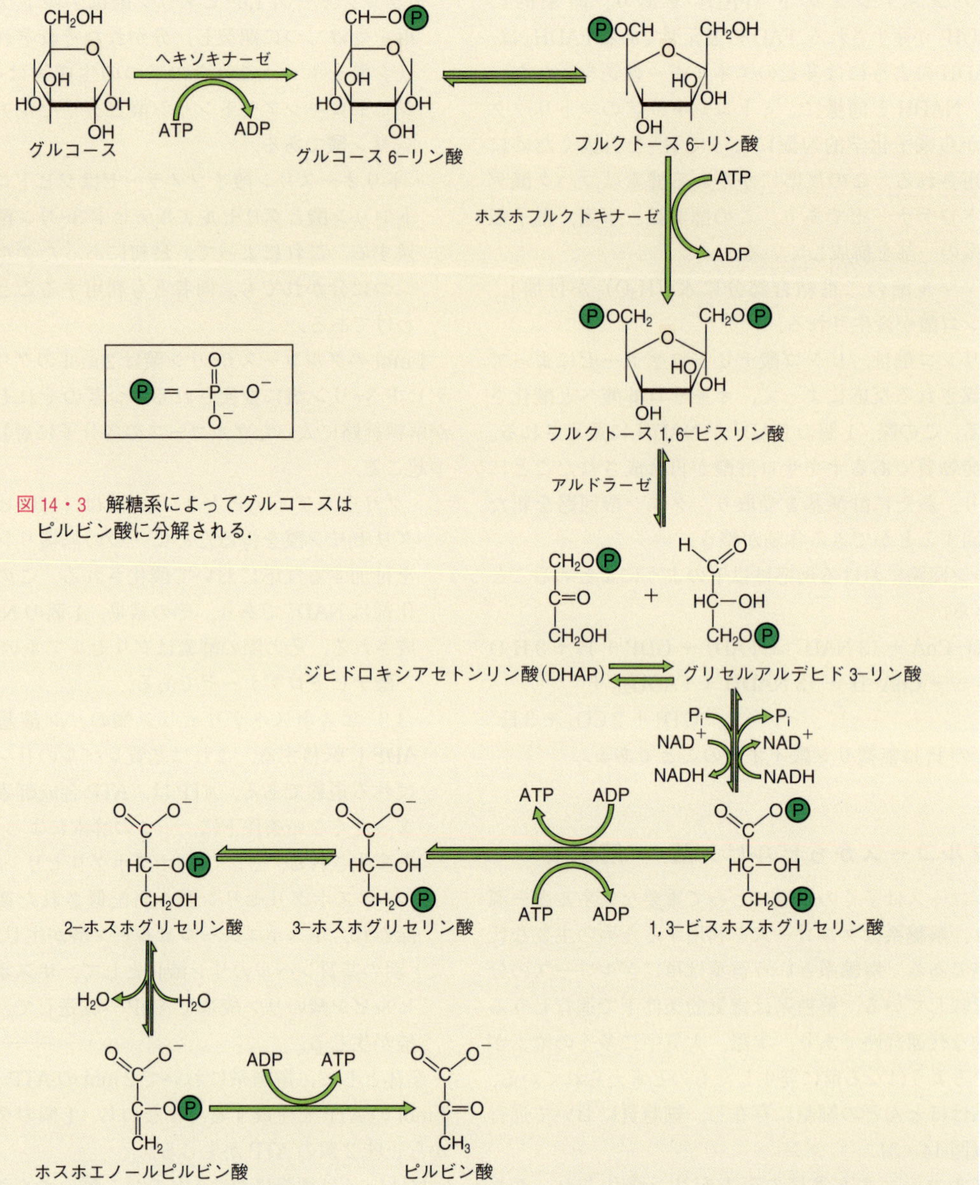

図 14・3 解糖系によってグルコースはピルビン酸に分解される．

医療応用 14・1 睡眠病

医療応用 13・1 (p.147) では，慢性疲労症候群について述べた．西洋の国々で特徴的な疾患であり，原因不明という問題点がある．それとは対照的に，*Trypanosoma brucei* という寄生虫によってひき起こされる睡眠病はアフリカでみられる重篤な病気である．トリパノソーマは複雑な一生をもった単細胞真核生物であり，生存期間の一部はヒトの血流中で過ごす．彼らは血中において大量のグルコースを消費する．小さな寄生虫はそれぞれ，毎時間，自身の体重量のグルコースを消費する．寄生虫がグルコースを際限なく要求する理由は二つある．一つ目の理由としては，トリパノソーマがミトコンドリアでのATP産生に依存せず，嫌気的解糖によってATPを産生するためである．したがって彼らは，ミトコンドリアが常に機能している場合に産生する 30 個の ATP ではなく，1 グルコース当たり 2 個の ATP しかつくれない．二つ目の理由としては，彼らはグリコーゲンや脂肪を蓄積しておらず，グルコースの持続的な供給は宿主の血液中に完全に依存している．寄生虫が大量のグルコースを消費するため，宿主が使う余地はほとんどなく，宿主は目を開けておくことさえできないほど極端な無気力になる．

る際，オキサロ酢酸が不足する場合がある．このような事態が発生した場合，新しいオキサロ酢酸がピルビン酸からつくられる（図14・4b）．また，ピルビン酸はアミノ基転移反応によって，アミノ酸であるアラニンに変換される（図14・4cおよび図12・8，p.141）．

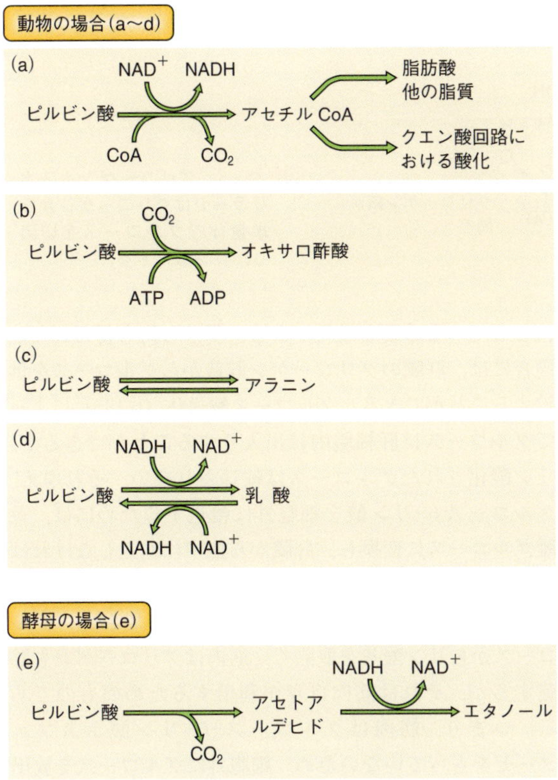

酸素を使わない解糖系

短距離走者の脚の筋肉には，ミトコンドリアに迅速に十分量の酸素を与えるだけの酸素は供給されない．それゆえ，筋細胞は酸素を必要としない方法でATPをつくらなければならない．これまでみてきたように，解糖系自体は1個のグルコースから2個のATPを産生する．酸素が再度利用できるような場合に，細胞はピルビン酸を蓄積し，それを使用することができるのだろうか？答えは"いいえ（できない）"である．なぜならば，解糖系はピルビン酸に至るまでに1個のNAD$^+$をNADHに変換するからである．この反応がそこで起こるすべてであるならば，細胞は速やかにすべてのNAD$^+$をNADHに変換し，そして細胞がNADHをNAD$^+$に酸化して戻すだけの酸素をミトコンドリアに供給できない場合には，解糖系は止まってしまうだろう．この問題を解決するために，細胞はピルビン酸を乳酸に還元し（図14・4d），そうすることによって解糖系を持続させるために必要なNAD$^+$を再生する．この反応（その逆反応も同様に）は乳酸デヒドロゲナーゼによって触媒される．酸素が欠乏した筋細胞における乳酸の蓄積は痙攣痛をひき起こす原因と考えられている．筋肉の使用を止めると，血液は筋肉に多くの酸素を供給することができ，乳酸産生の必要性は減少する．乳酸は血液によって肝臓に運搬され，そこで，再びピルビン酸に酸化される．赤血球にはミトコンドリアがないため，必要なエネルギーは完全に解糖系

図14・4 ピルビン酸は多くの方法で使用することができる．

応用例 14・1　嫌気性生物の長所と短所

酵母菌がエタノールと一緒に二酸化炭素を生成することによってNAD$^+$を再生するという事実は，有史以前から製パン，醸造およびワイン生産に利用されてきた．他の微生物はヒトの筋肉と同様に，嫌気的条件下で乳酸を産生する．それゆえ，これらの微生物は食品産業でよく使用されている．ヨーグルトや多くのチーズ，塩漬け発酵キャベツ，ディル・ピクルスはすべて嫌気的解糖によって産生される乳酸に依存している．短所としては，細菌の中に無酸素条件下でのみ機能を発揮し，食品を腐敗させるものがいることである．このような偏性嫌気性菌には致死的なボツリヌス菌も含まれる（応用例11・3，p.130）．

医療応用 14・2　遺伝的筋痙攣

われわれはみな，時折の並外れた仕事の結果として筋痙攣を経験する．しかしながら，激しい運動をした後に重篤な痙攣を日常的に経験する人もいる．そういった人々は，グリコーゲンホスホリラーゼの筋肉アイソフォームを遺伝的に欠損した，マッカードル病を患っている．彼らの筋肉は貯蔵されたグリコーゲンを利用できないため，運動中に筋細胞内でATPを使い果たすことになる．グリコーゲン顆粒が異常に大きくなるために，おそらく筋肉にわずかな損傷が生じるが，その状態は重篤な消耗よりもさらに不自由なものである．肝細胞はグリコーゲンホスホリラーゼの異なるアイソフォームを発現しており，マッカードル病の患者でも肝細胞は影響を受けない．

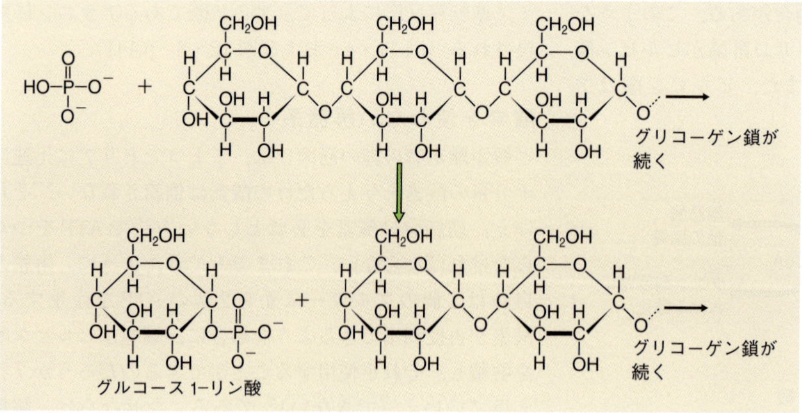

図14・5 グリコーゲンホスホリラーゼはグリコーゲンから単量体のグルコースを切出し,リン酸化する.

に依存している.

ある種の微生物,特に酵母菌などは,異なる方法でNAD$^+$を再生する.ピルビン酸はまず脱炭酸され,アセトアルデヒド(エタナールともよばれる)にされた後,アルコールデヒドロゲナーゼによりエタノールに還元される.アルコールデヒドロゲナーゼはNADHを利用し,NAD$^+$を再生する.この際,1 molの二酸化炭素も産生される(図14・4e).

グリコーゲンは解糖系にグルコースを供給することができる

多糖であるグリコーゲンは,特に肝臓や筋細胞では,グルコースの貯蔵物として使用される.2章において,グリコシド結合の原子団で封じられている結合の切断端を水分子がいかなる方法により加水分解するのかをみてきたが,それは,水素原子が分解した結合の片側に付加され,ヒドロキシ基がもう一方に加えられるというものであった(p.17).特に**グリコーゲンホスホリラーゼ**という酵素はグリコーゲンにおける$α$(1→4)グリコシド結合を切断するが,無機リン酸塩から原子団の切断端を封じる.それゆえ,水素原子は切断された結合の片側に付加され,リン酸基は遊離グルコース単量体に付加される(図14・5).結果として生じたグルコース1-リン酸は,すぐに解糖系でグルコース6-リン酸に変換される.この方法により,単純に加水分解(腸で起こるような)するよりもエネルギー効率のよいグリコーゲン分解が可能となる.なぜなら,遊離グルコースからグルコース6-リン酸を生成する際に必要なATPが節約されるからである.一回りするごとにグリコーゲン鎖に側枝を付ける$α$(1→6)結合は,他の酵素によって切断される.

肝臓がもっている多くの重要な役割の一つに,血中グルコース濃度レベルの維持がある.グルコースは循環しているエネルギー源の中で最も重要であり,赤血球や脳にとって一番重要な燃料である.腸から何も得られない場合には,肝臓のグリコーゲン貯蔵からグルコースを供給することができる.グルコース輸送体(p.135)によってグルコースは肝細胞内に出入りすることができるが,リン酸化されたグルコースは輸送されない.それゆえ,グルコース6-リン酸を細胞外に輸送するためには,遊離グルコースに変換し,肝臓から血中に輸送しなければならない.それを行うために,肝臓はグルコース-6-リン酸ホスファターゼという酵素をもっており,グルコースからリン酸基を取除く.筋肉はグリコーゲンも貯蔵するが,それは筋肉自身が利用するためのものである.つまり,筋肉はグルコース-6-リン酸ホスファターゼをもっていないため,細胞外にグルコースを放出することができない.

グルコースは酸化されてペントースになる

細胞は,ヌクレオチドを生成するためにペントースであるリボースを必要とする.リボースはグルコースから**ペントースリン酸回路**とよばれる酸化回路で合成される.ペントースリン酸回路とよばれるのは,その中間体がリン酸化ペントースだからである(図14・6).この回路も還元されたニコチンアミドアデニンジヌクレオチドリン酸(NADPH)を形成することにより,生合成反応に還元力を与えている.NADPHはNADHと非常に類似しているが,リン酸が付加されている.NADPHにより,異なる酵素が結合した際に細胞内で異なる役割を果たすことができる.グルコース6-リン酸は2回酸化を受け,ペントースリン酸,二酸化炭素,および2 molのNADPHを産生する.解糖系と同様に,これらの反応は細胞質で起こる.ペントースリン酸回路は解糖系と相互に作用し,解糖系の付加的な機能を果たすことができる.大量のリボースは必要ではないが,生合成のために大量のNADPHを必要とする細胞において,ペントースは

医療応用 14・3　赤血球とグルコース-6-リン酸 デヒドロゲナーゼ欠乏症

ヘモグロビンは非常に効果的に O_2 を結合酸素として保持するが，しばしば，スーパーオキシドアニオンを放出したり，血中亜硝酸塩を一酸化窒素に還元し，Fe^{3+} に酸化されたヘム鉄が生じる．このようなことが起こった場合，Fe^{3+} が Fe^{2+} に還元されない限り，ヘムはもはや酸素と結合することができない．われわれの体を構成する大部分の細胞は，ミトコンドリアのクエン酸回路の酵素により生成される NADH に由来する大きな還元力をもっている．しかし，哺乳類の赤血球の生存にはリスクがある．哺乳類の赤血球は大部分の体細胞よりも酸化ストレス環境下にあるにもかかわらず，ミトコンドリアが不足している．Fe^{3+} を Fe^{2+} に還元するのに必要な還元力の唯一の源はペントースリン酸回路であり，それについては p.162 で述べる．

健康そうにみえる男性でも，pamaquine のようなある種の抗マラリア薬を服用した際，重篤で，時には致命的な溶血性貧血を起こすことがある．このような薬剤性貧血に苦しむ患者では，ペントースリン酸回路の酵素であるグルコース-6-リン酸デヒドロゲナーゼが遺伝的に亜型であり，その活性は通常型のものより低いことがわかっている．

グルコース-6-リン酸デヒドロゲナーゼを遺伝的に欠損した人も，ほとんどの場合，必要な十分量の NADPH を産生するための十分な活性をもっている．活性酸素種レベルの上昇をもたらすものは何であれ，赤血球の限られた NADPH 産生能力を使い切ってしまう．このような事態は膜タンパク質の損傷やジスルフィド結合によるヘモグロビン分子の架橋形成をひき起こし，赤血球は変形する．結果として，赤血球が減少し，時には悲惨なレベルにまで低下する．このような溶血性貧血をもたらす抗マラリア薬は活性酸素種の産生を誘起するようであり，それゆえ遺伝的に酵素が欠損した人においては貧血をひき起こす．グルコース-6-リン酸デヒドロゲナーゼの欠損は人において最も一般的な酵素欠損であり，4 億人に影響を及ぼしている．この欠損は X 染色体に原因があるため，男性にのみ影響を及ぼし，地中海沿岸とアフリカの地域出身の人で最も頻度が高い．

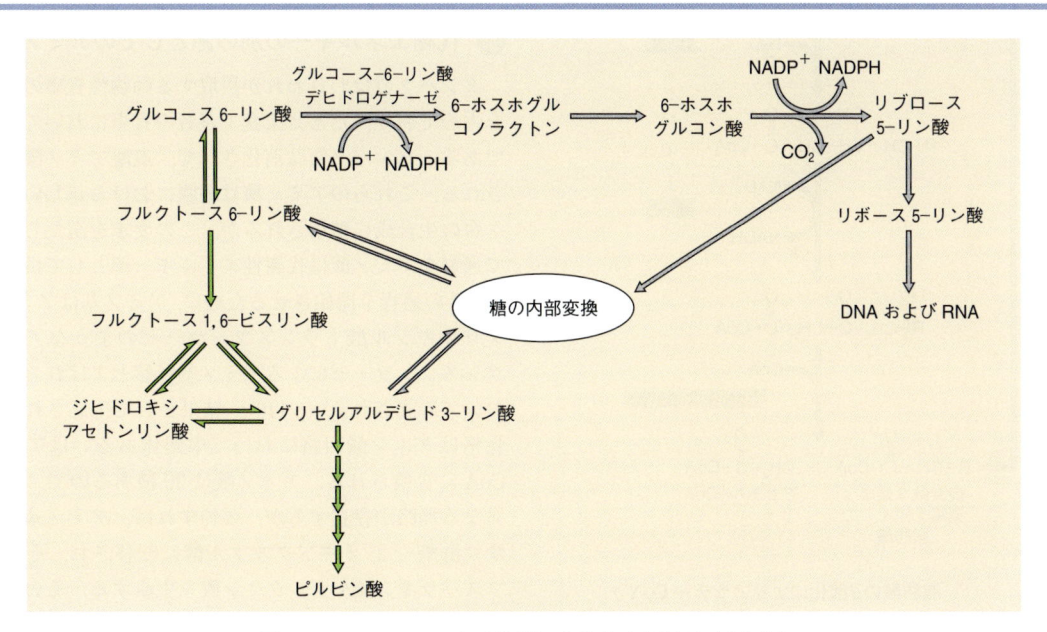

図 14・6　ペントースリン酸回路（灰色）と解糖系（黄緑色）

解糖中間体に組込まれることにより再利用される．6 回ペントースリン酸経路を回すと，グルコースは完全に 6 mol の二酸化炭素に変換され，生合成のための 12 mol の NADPH が生成する．ペントースリン酸回路はグルコースを分解し，二酸化炭素と強い還元剤である NADPH を生じるが，この回路はエネルギー産生には使用されない．ただし，NADH が電子伝達系の原動力として使用されるミトコンドリアにおいてのみ，NADPH などの還元剤は他のエネルギー媒体に変換される．

● 脂肪酸から遊離するアセチル CoA: β 酸化

脂肪酸が脂肪滴に含まれるトリアシルグリセロールの加水分解，あるいは食物に含まれるトリアシルグリセ

ロールやリン脂質の加水分解から産生されるかにかかわらず (p.22), 細胞はその脂肪酸を分解し, 遊離されたエネルギーを利用することができる. 脂肪酸は分解される前に補酵素A (CoA) と結合し, ATPをAMPへ転換することにより進む反応においてアシルCoAを供給する. β酸化とよばれるミトコンドリアのマトリックス上の連鎖反応により (図14・7), 脂肪酸アシルCoAは酸化される (この反応は, β炭素上での酸化であるために, **β酸化**とよばれる). 連鎖が1周するにつき, 脂肪鎖から二つの炭素が切離され, アセチルCoAが放出される. また, そのアセチルCoA 1個につき, NADHおよびFADH$_2$が1個ずつ産生される. アセチルCoAはクエン酸回路において酸化されるか, あるいは他の分子に変換される.

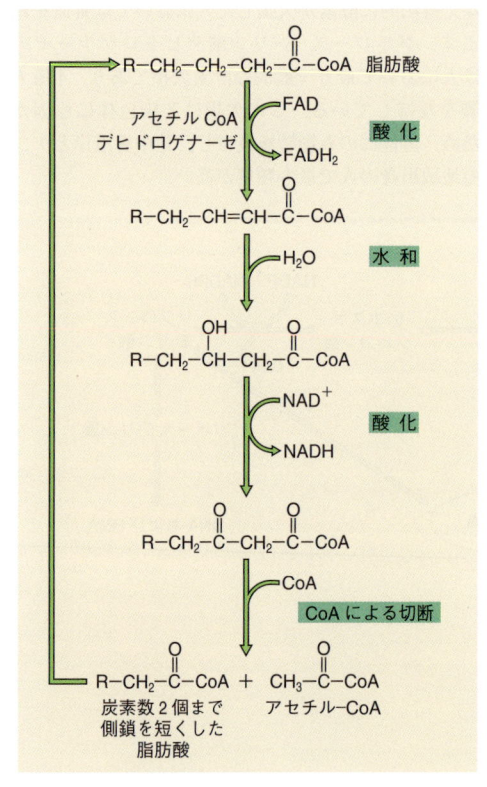

図14・7 脂肪酸のβ酸化によりアセチルCoAが産生される.

絶食中, 脂肪細胞は体の他の部位にエネルギー源を供給する. ここで, トリアシルグリセロールは長鎖脂肪酸であるため水に溶けないという問題がある. 脂肪細胞はそれら脂肪貯蔵を分解して遊離脂肪酸を放出し, これらは血中のアルブミンに結合する. 筋肉や肝臓などの組織は**アルブミン**と結合した脂肪酸を取込み, それらを酸化してアセチルCoAを産生する. アセチルCoAは肝臓以外のほとんどの組織でクエン酸回路において使用され, その多くが**ケトン体**とよばれる可溶性のエネルギー源となって血中を循環する (図14・8. ケトンという言葉の意味は, 他の二つの炭素との単結合や酸素との二重結合をもつ炭素原子含有化学物質を意味する). 基本的なケトン体はアセト酢酸であり, 肝臓でアセチルCoAから合成される. アセト酢酸はその後3-ヒドロキシ酪酸に還元される. これら二つの分子は哺乳類において重要な循環エネルギー源である. たとえば, 心筋のエネルギー源としてはグルコースよりもケトン体の方がよい. ケトン体は日々の代謝において正常下に認められる一部となっているが, それらは飢餓状態においてますます重要になる.

図14・8 アセチルCoAからのケトン体の産生

代謝エネルギーの別の源としてのアミノ酸

タンパク質はわれわれが摂取する動物性食事の大部分を占めており, たとえ菜食主義者の食事においても同様である. タンパク質は消化されて, 遊離アミノ酸に分解される. これらのアミノ酸は細胞における新しいタンパク質の生合成に使用されるが, この要求を満たしたうえで過剰なアミノ酸は代謝性エネルギー源として供給される. この過程を開始させるために, アミノ基はアラニン-グリオキシル酸トランスフェラーゼのようなアミノトランスフェラーゼによるアミノ基転移とよばれる過程において除去される (p.140). 結果として生成される炭素骨格はクエン酸回路において中間体あるいはアセチルCoAに変換される. アミノ酸は20種あるので, 多くの異なる経路が存在するが, 要約すれば, アミノ基がオキサロ酢酸や2-オキソグルタル酸に転移され, それぞれアスパラギン酸やグルタミン酸を生成する. その後, グルタミン酸やアスパラギン酸のアミノ基は尿素に変換され, 排泄される.

興味深いことに, 食事における三つの主要なエネルギー源である炭水化物, 脂肪, タンパク質の中で, タンパク質のみがわれわれの体においてエネルギー貯蔵として利用されていない. われわれは必要に応じて特異的なタンパク質を産生するが, 決してアミノ酸を貯蔵する一手段として行っているのではない. もちろん, 多量のタンパク質を摂取すれば, 体重も増える. いったん, アミ

> **医療応用 14・4　アシル CoA デヒドロゲナーゼの欠乏と乳幼児突然死症候群**
>
> 脂肪酸のβ酸化における最初の段階は，アシル CoA デヒドロゲナーゼによって行われる．この酵素には，異なる長さの脂肪アシル鎖それぞれに優先的に働く異なったタイプが存在する．比較的よくみられる遺伝子異常は，活性型中鎖アシル CoA デヒドロゲナーゼの欠損である．このような疾患を遺伝的に受継いだ乳幼児は，絶食後に倦怠感，嘔吐，そして時々昏睡を示すような嗜眠症候群を生じる．このような状態の乳幼児の血中グルコースは非常に低下している．食事後に血中グルコースが低下した場合，肝臓において脂肪酸の酸化によって生じるアセチル CoA からのケトン体の合成が増大すべきであるが，この疾患をもつ乳幼児ではβ酸化が阻害されるので，この反応を進めることができない．この欠損は，乳幼児突然死症候群の症例の約 10 ％に関与している．糖新生が遅くなり，筋肉がグルコースを使い果たしてしまう（酵素が欠損しているため，筋肉もまた脂肪酸の酸化を行うことができない）．しかし，この酵素の欠損がみつかったときの処置は簡単である．頻繁に授乳することにより，空腹にしないことである．

> **応用例 14・2　危険なアキーフルーツ**
>
> ヒポグリシン A とよばれるまれなアミノ酸がアキーフルーツに含まれている．アキーフルーツは西アフリカ原産で，西インド諸島で広く栽培されており，ジャマイカの国を代表するフルーツである．もし熟していないこのフルーツを食べた場合，ジャマイカ嘔吐病をひき起こす．他の症状として昏睡や痙攣がみられ，しばしば死に至る．患者の血中グルコース濃度がきわめて低くなることから，ヒポグリシン（低グルコースの意）とよばれている．
>
> これらすべての症状は，ヒポグリシン A がアシル CoA デヒドロゲナーゼを強力に阻害する（図 14・7）という事実に起因している．脂肪のβ酸化ができないので，体脂肪に蓄えられている大きなエネルギーを細胞が使えないわけである．細胞が血中からとって使用できる唯一のエネルギー源はグルコースであり，それは急激に消費されてしまう．
>
> アキーフルーツが成熟すると，毒素はフルーツの果肉部，すなわち仮種皮から種へ移行する．成熟すれば，仮種皮は安全に食べることができ，種はより多くのアキーの木を生み出すために残される．

ノ酸が炭素骨格あるいはアセチル CoA に変換されてしまうと，これらはグルコースやグリコーゲン，あるいは脂肪を産生するために使用される．

● グルコースの合成: 糖新生

グルコースは非常に重要であるため，他の分子からグルコースを合成する経路も存在している．**糖新生**があるために，動物は飢餓状態下においても血糖値を維持することができる．糖新生においても解糖系の酵素のいくつかは使用するが，異なる酵素を使用することにより，100 ％可逆的ではない段階を副経路としている．図 14・9 において解糖経路を緑色で示している．全経路を逆に進めさせる新しい反応は灰色で示している．

段階 1: ピルビン酸はカルボキシ化されてオキサロ酢酸になる（この反応はクエン酸回路におけるオキサロ酢酸の量を増やす役割も果たしている）．オキサロ酢酸は細胞質からミトコンドリアに移動し，そこでホスホエノールピルビン酸と二酸化炭素に変換される．リン酸基は GTP から供給され，その結果，GTP は GDP に変換される．

ホスホエノールピルビン酸からフルクトースビスリン酸までのすべての反応は可逆的である．しかし，ホスホフルクトキナーゼによって触媒される反応は可逆的であり，この反応はつぎに記載する反応によって回避される．

段階 2: フルクトースビスリン酸のリン酸エステル結合の一つはホスファターゼによって加水分解される．

フルクトース 6-リン酸とグルコース 6-リン酸は容易に可逆的に相互変換される．最終的な遊離グルコースの生成はつぎの反応によって成し遂げられる．

段階 3: 他のリン酸エステル結合はグルコース-6-リン酸ホスファターゼにより加水分解される．

糖新生はエネルギー消費の大きい過程である．2 個のピルビン酸から 1 個のグルコースへの変換に ATP 4 個，GTP 2 個，および 2 個の NADH を使用する．

適量の異なる化合物が糖新生経路に送り込まれる．グルタミン酸は 2-オキソグルタル酸に変換され（p.140），クエン酸回路に送り込まれ，オキサロ酢酸となって糖新生に利用される．乳酸とアラニンはピルビン酸，そしてオキサロ酢酸に変換される．加水分解により脂質から遊離されるグリセロールはリン酸化され，その後，酸化されてリン酸ジヒドロキシアセトンを生成する．し

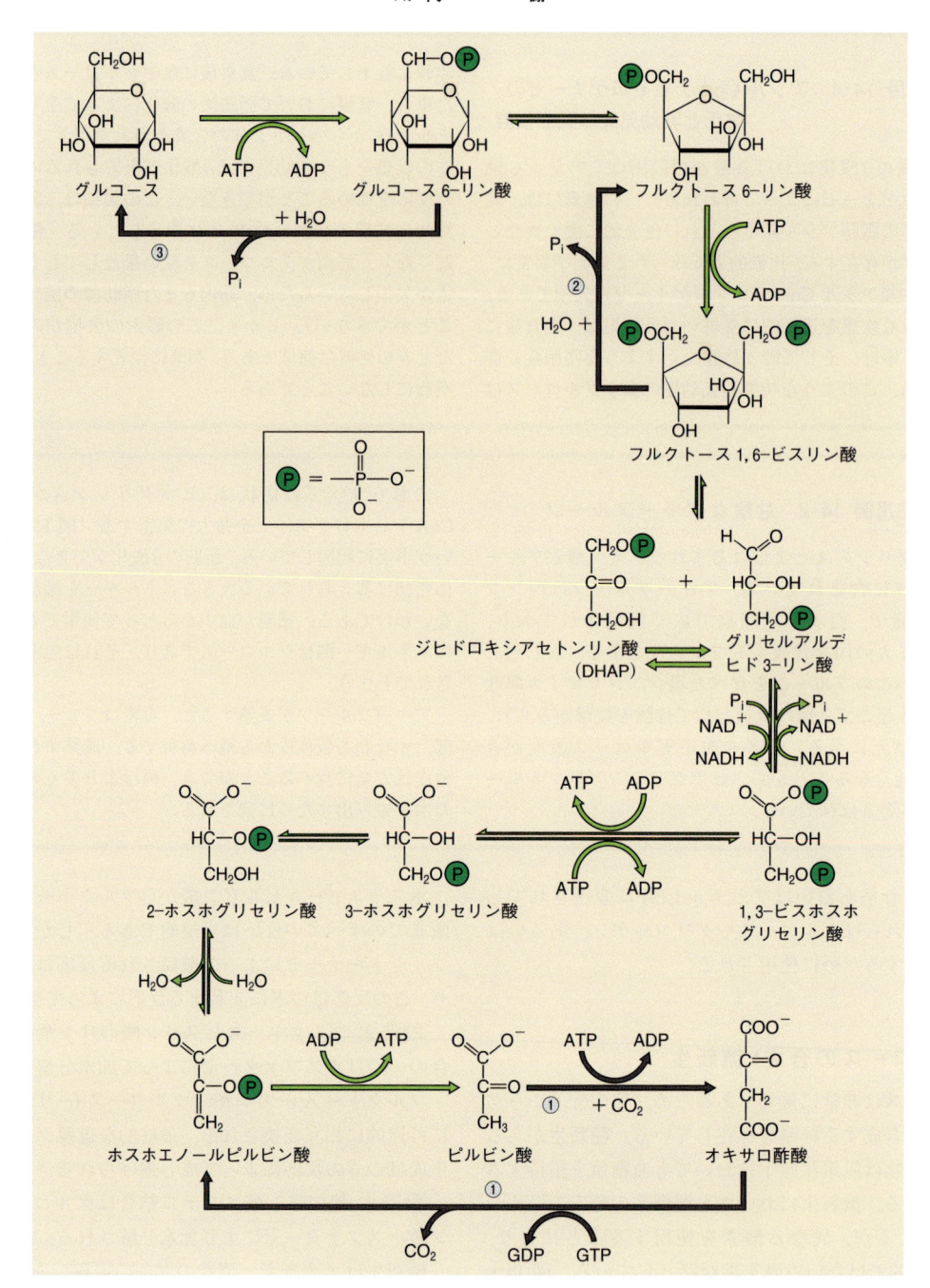

図14・9 糖新生によりピルビン酸からグルコースが産生される.

かし，動物は脂質からグルコースを産生することはできない．

グリコーゲンの合成

グルコースはグリコーゲン重合体として貯蔵される．グルコースの重合化は独立した反応であり，正のギブズの自由エネルギーをもち，自発的には起こらない．それゆえ，グリコーゲンの合成はヌクレオシド三リン酸であるATPやUTPの加水分解によってひき起こされる．もし，リン酸化されたグルコースがない場合には，ヘキソキナーゼによってATPからグリコーゲンが合成される（p.145）．グルコース1-リン酸はUTPと反応してUDPグルコースとなる（図14・10）．グリコーゲン合成酵

発展 14・1 尿素回路——最初に発見された代謝サイクル

タンパク質合成には必要のない食事性アミノ酸は，アスパラギン酸やグルタミン酸をそれぞれ合成するために，オキサロ酢酸や 2-オキソグルタル酸に転移するアミノ基をもっている．その後，これらのおのおののアミノ酸に存在するアミノ基は肝臓で尿素を合成するために使用され，尿素は尿中に排泄される．この第一段階は，遊離アンモニウムイオンとしてアミノ基を放出することである．

その後，このアンモニウムイオンおよびアスパラギン酸のアミノ基は，主として肝臓において作動している尿素回路で尿素を合成するために用いられる．まず，アンモニウムイオンがカルバモイルリン酸に変換される．つぎに，カルバモイルリン酸は α-アミノ酸であるオルニチンと結合し，シトルリンを産生する．つづいて，シトルリンはアスパラギン酸と結合し，2 番目の窒素が尿素回路に移され，アルギニノコハク酸が産生される．アルギニノコハク酸はすぐに開裂し，フマル酸とアルギニンを産生する．アルギニンから尿素が除去され，オルニチンが再生成される．生成したオルニチンはすぐにつぎの回路に入って行く．その後，尿素は尿中に排泄され，尿素 1 分子につき 2 個の窒素原子が取除かれる．

回路全体としては 2 個の ATP を ADP に，1 個の ATP を AMP に変換する．4 個目の ATP が，

$$ATP + AMP \rightleftharpoons 2\,ADP$$

という反応において AMP を ADP に変換するのに必要なので，総合して 4 個の ATP を ADP に変換することとエネルギー的に等価となる．フマル酸はクエン酸回路に入り，リンゴ酸に変換される．このリンゴ酸は酸化されてオキサロ酢酸となり，また別の窒素を取入れるために，(とりわけ) アミノ基転移反応によってオキサロ酢酸が

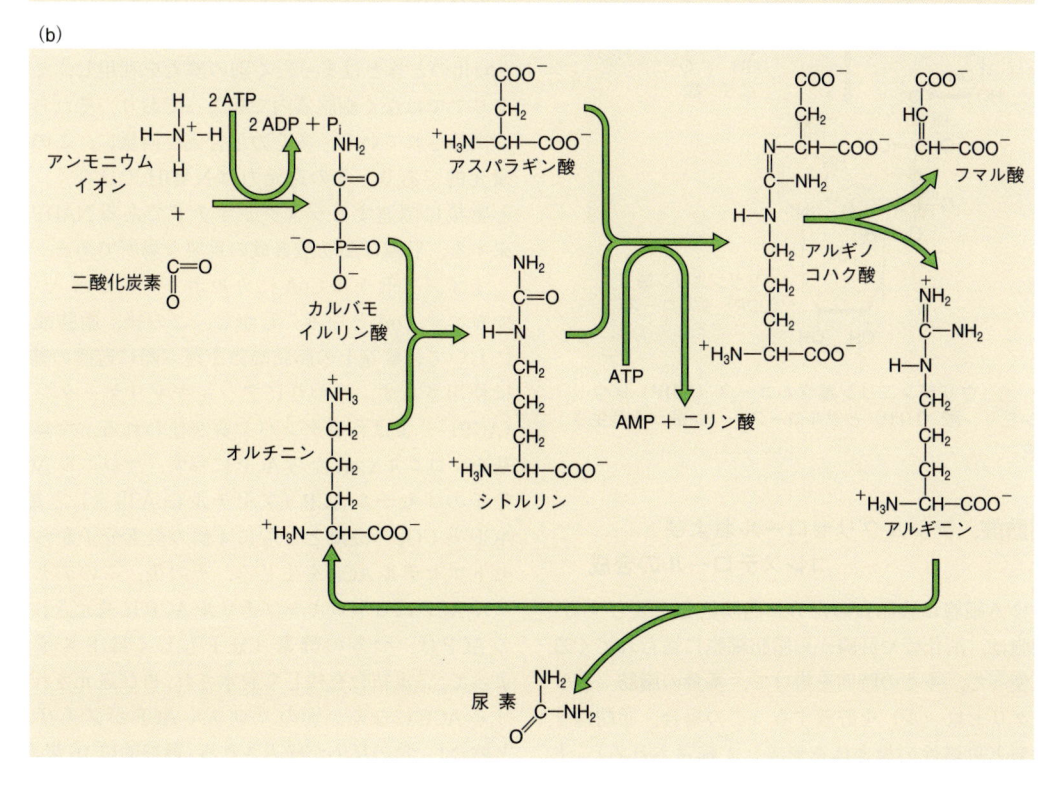

アスパラギン酸に戻る．

オルニチンは尿素回路において，クエン酸回路におけるオキサロ酢酸と同様の役割を果たしている．オルニチンは入ってくる分子を受入れ，一連の相互変換を経て再合成され，その回路が再び回り始めるのを可能にしている．オルニチンの利用度はその回路の律速段階となる．アルギニンはタンパク質性のアミノ酸であり，オルニチンの原料として日常の食事に存在している．逆もまた同様に，尿素回路もアルギニンを産生することができるので，アルギニンは，一般的に，成人にとって必須アミノ酸ではないと考えられる．しかしながら，尿素サイクルに多くの損失や妨害がなかったとしても，成長にかかわる正味のタンパク質合成には，尿素回路から供給されるものより多くのアルギニンが必要なので，アルギニンは成長途上にある子供の食事においては必須である．

尿素回路は肝臓でのみ働いているので，肝不全は血中アンモニウムイオンの蓄積をもたらす．この事態は神経細胞にとって毒であり，まず精神錯乱を起こし，最終的に昏睡，死に至る．

素は UDP からグルコースを合成途上のグリコーゲン鎖に移す（図 14・11）．別の酵素がグリコーゲン鎖に間隔をおいて α(1→6) 結合を導入する．

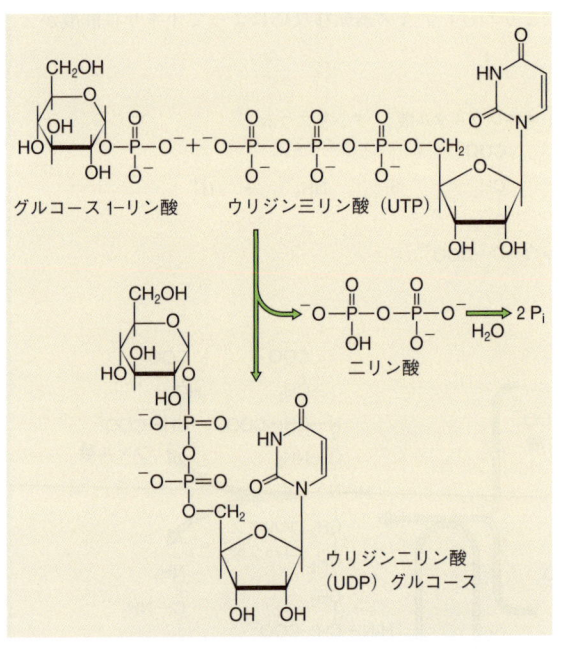

図 14・10 ウリジン二リン酸グルコース（UDP）はウリジン三リン酸（UTP）とグルコース一リン酸から産生される．

● 脂肪酸，アシルグリセロールおよびコレステロールの合成

あらゆる細胞は膜脂質のために脂肪酸を必要とする．脂肪細胞は，消化管や肝臓から脂肪細胞に送られてくる脂肪を使って，多くの時間を掛けて，多量の**脂肪**（トリアシルグリセロール）を貯蔵する（この場合，脂肪はタンパク質と可溶性の複合体を形成して輸送される）．トリアシルグリセロールは遊離脂肪酸とグリセロールから合成される．

脂肪酸はグルコースやアミノ酸から合成することができる．脂肪酸合成の基本的な機構は複数の酵素複合体（細菌内）あるいは複数の反応領域をもったタンパク質（真核生物内）であり，これらの機構によってアセチル CoA の 2 個の炭素から成る部分を使って脂肪酸の合成を開始する．合成途上の脂肪鎖は遊離されることはない．そのような脂肪酸鎖は酵素から酵素，またはドメインからドメインに順番に回っていき，炭素数が 16 個の長さになるまで，1 周するごとに 2 個の炭素が付加される．炭素数が 16 個に達するとパルミチン酸として遊離される．この反応は β 酸化と似ているが（図 14・12），その過程は β 酸化の逆反応ではない（p.164）．これらの反応は，β 酸化のときとはまったく別の酵素を利用し，ミトコンドリアではなく細胞質内で起こっており，それらは個々に調節されている．多くの生合成と同様に，この過程は還元的であり，その還元力は NADH ではなく，NADH と密接に関連するジヌクレオチドである NADPH に由来する．肝臓は脂肪酸合成の重要な場所である．

まず，アセチル CoA にカルボキシ基が導入されて，マロニル CoA となる．しかし，この後，脂肪酸の合成において合成途上の脂肪酸鎖を運ぶ際に遊離の補酵素 A は使用されず，代わりにアシルキャリヤータンパク質（ACP）とよばれるタンパク質が使われる．マロニル残基をマロニル CoA から ACP に移す．マロニル ACP は 1 分子のアセチル ACP（アセチル CoA 由来）と縮合し，ACP と CO₂ の遊離とともに 4 個の炭素分子から成るアセトアセチル ACP を生じる．その後，このアセトアセチル ACP はヒドロキシブチリル ACP に還元される．この ACP は，つぎの酵素（分子もしくはドメイン）によって，二重結合を残して脱水され，再び還元されてブチリル ACP になる．別のマロニル ACP がブチリル ACP と縮合し，この反応が繰返される．最終的に 16 炭素鎖（パルミチン酸）が合成される．この時点では，パルミチン

図 14・11 グリコーゲンは UDP グルコースの単量体から合成される.

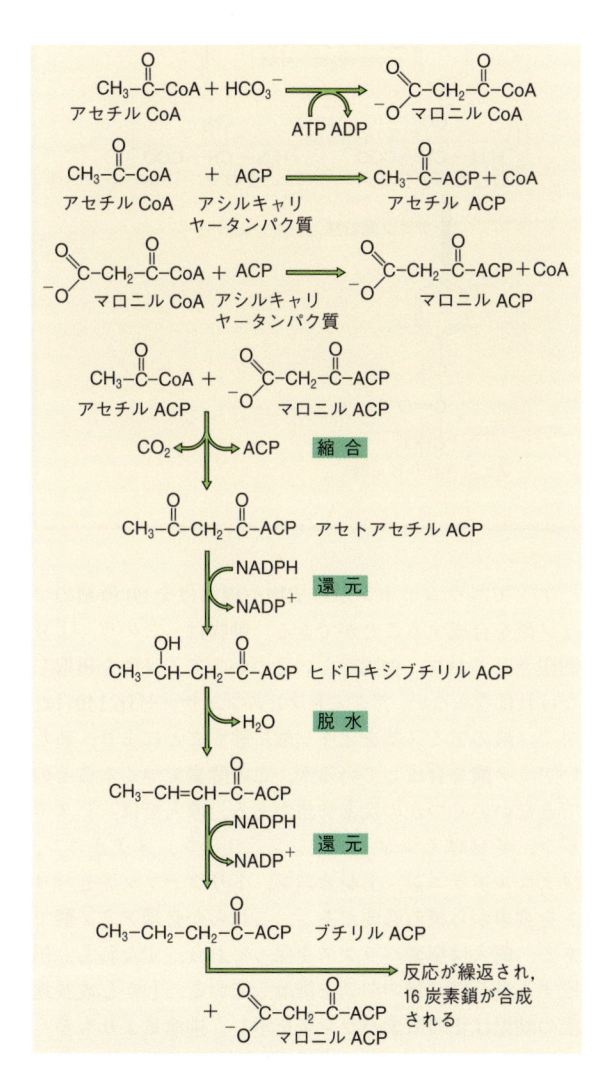

図 14・12 脂肪酸の合成 ACP: アシルキャリヤータンパク質の略.

酸が ACP から加水分解によって切離される．全体として，パルミチン酸の合成には 14 分子の NADPH，1 分子のアセチル CoA と 7 分子のマロニル CoA が使用されたことになる．その後，パルミチン酸は，炭素鎖の延長や二重結合の導入の際に働く，小胞体の酵素によって利用される．しかし，哺乳類は細胞膜の合成に必要なさまざまな脂肪酸をすべて合成することはできないため，食物から必須脂肪酸を摂取しなければならない (p.22).

脂肪酸の主たる用途は，アシルグリセロール，脂肪球に貯蔵するためのトリアシルグリセロール，および細胞膜のリン脂質を合成することである．その過程には，グリセロールリン酸が使用されるが，このリン脂質は，普段，ジヒドロキシアセトンリン酸の還元によって産生される．脂肪酸はグリセロールリン酸と反応し，リン酸基と置き換わり，リン酸基を無機リンとして放出する．

コレステロールは，アセチル CoA とアセト酢酸を結合させてヒドロキシメチルグルタリル CoA を生成する反応を始点とした経路を利用して肝臓で合成される．コレステロールは，その後，還元されて，メバロン酸とよばれる化合物になる．この還元反応はコレステロール生合成における最初の律速段階である．この過程で働いている酵素は細胞制御の手段であり，またスタチンとよばれるコレステロール降下薬の作用点となっている．

アミノ酸の合成

窒素はタンパク質，核酸，および細胞において重要である多くの他の分子の構成成分である．窒素ガスは豊富に存在し，大気中の 80 % を占めるが，不活性である．窒素ガスの三重結合を切断したり，窒素ガスをアンモニアに還元することは化学的に非常に困難である．窒素ガ

医療応用 14・5　フェニルケトン尿症

食事中のすべてのフェニルアラニンは，タンパク質の合成に必要とされないため，フェニルアラニンヒドロキシラーゼによってチロシンに変換される．もし，この酵素が突然変異によって欠損したり，あるいは不完全である場合には，深刻な問題となる．アミノ酸代謝における不履行な経路は NH_3^+ 基をアスパラギン酸あるいはグルタミン酸に転移し（本ページの本文），以後，尿素回路において処理される（p.167）．しかし，フェニルアラニンがみずからの NH_3^+ を脱離した際に生成されるフェニルピルビン酸とよばれるフェニルケトンは，もはや代謝されない．それゆえ，フェニルアラニンとフェニルピルビン酸の両者は体内に蓄積する．新生児の約2万人に1人がこの酵素を欠損しており，これらの患者ではフェニルピルビン酸が尿中に出てくるため，**フェニルケトン尿症**とよばれている．

この疾患は壊滅的なものであり，治療を施さなければ，生後数週間で深刻な神経障害を患うことになる．そこで，米国やその他のほとんどの先進国では，新生児は生後1週間以内にフェニルケトン尿症の検査がなされる．これは，医者によって行われている最大の遺伝検査プログラムである．この試験は比較的簡単であり，しばしばヒールプリック試験，あるいはこの試験法を開発した科学者の名前に因んで，より正しくガスリー試験とよばれている．新生児のかかとから採取した血液を小さな沪紙ディスクに乗せて乾燥させる．フェニルアラニンを成長させるために必要な細菌を含んだ寒天培地の上にディスクを配置することにより，数百もの新生児のディスクを同時に試験することができる．もし細菌が成長すれば，新生児はフェニルケトン尿症の危険性があり，新生児が本当にフェニルケトン尿症を患っているかを確かめるために，2～3日後に再度血液を採取して再試験する．ガスリー試験は簡単で，経費効率が高く，この疾患の原因となっている突然変異にかかわらず，フェニルケトン尿症を試験することができる．

もし生後1週目で検出できれば，患者の予後はよい．病気を患っている幼児には，タンパク質合成に必要な量のフェニルアラニンを含んだ食事が厳密に与えられる．この治療は成長するまで続けられるが，非常に効果があり，患者は順調に成長する．

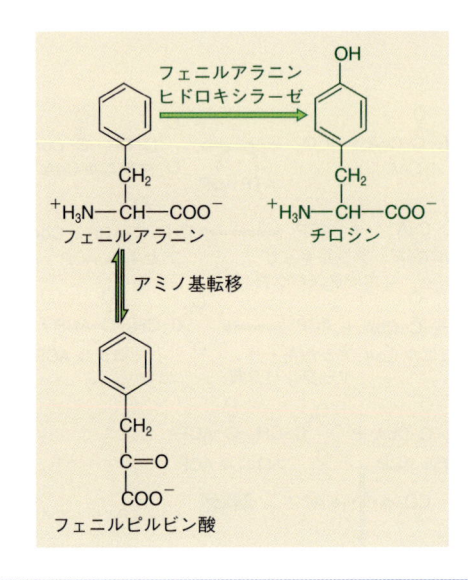

スを生体分子に組込んで利用するためにはアンモニアにする必要がある．化学肥料は約300気圧と500℃という条件下で窒素を固定するハーバープロセスを利用してつくられる．太陽光によって自然に固定化される窒素もあるが，大半はニトロゲナーゼという複合酵素をもつさまざまな種類の原核生物によって固定される．窒素を固定化する生物の一部は自由に生きているが，他は植物と共生形態をとっている．マメ科植物の根粒がよい例であり，窒素固定共生生物にとって特別な環境を提供している．

ニトロゲナーゼは還元酵素と鉄-モリブデンタンパク質という二つのタンパク質による複合体で構成されている．窒素ガスは鉄-モリブデン補因子と結合することにより，還元されてアンモニアになる．水中でアンモニアはアンモニウムイオン（NH_4^+）という型をとり，アミノ酸であるグルタミンに組込まれ，その後，窒素はグルタミンを介して他のアミノ酸や他の分子に組込まれる．

アンモニウムイオンから植物や細菌は全20種類のアミノ酸を合成することができる．動物は，この点，より制限されており，食物からいくつかのアミノ酸を摂取しなければならない．アミノトランスフェラーゼ(p.140)は，アミノ酸のアミノ基をオキソ酸に移すことにより，新しいアミノ酸を合成しているが，この酵素でつくることのできないいくつかの炭素骨格がある．成人では，ヒスチジン，イソロイシン，ロイシン，リシン，メチオニン，フェニルアラニン，トレオニン，トリプトファンとバリンを食事から摂る必要がある．これらが**必須アミノ酸**である．成人は窒素バランスを保っており，すなわち，摂取する量と同じ量の窒素を排泄している．しかし成長途上の幼児は正の窒素バランスを示し，排泄量よりも多くの窒素を摂取している．成長するためには明らかにより多くのアミノ酸を必要としており，この場合，ヒトのアルギニン合成能では成長を支えるのに不十分であるため，

発展 14・2　しっかり食べると，太ってくる

脂質やリン脂質がそこからつくられる，いわば"積み木"のようなグリセロールリン酸は，ほとんどの細胞において，ジヒドロキシアセトンリン酸の還元によって得られる．ジヒドロキシアセトンリン酸は解糖経路で産生される．このことは，大量の糖分や炭水化物を摂取したときなど，グルコースが豊富である場合，脂肪細胞は脂肪のみをつくることを意味している．これと対照的に，肝細胞はグリセロールキナーゼという酵素をもっており，グリセロールをリン酸化することにより直接，グリセロールリン酸を産生する．したがって，いくらかの脂質やリン脂質は絶食中でも産生されるわけである．

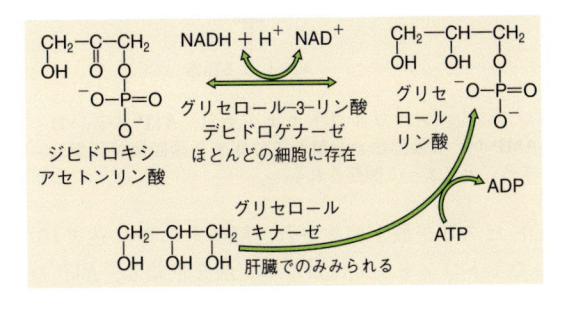

アルギニンは食事からも摂取しなければならない．

核酸塩基のような他の分子は，アミノ酸を開始物質として合成される．

エネルギー産生の調節

フィードバックとフィードフォワード

体内の利用可能なエネルギー媒体が低下した際，いかにして他のエネルギー媒体からの変換によって補うかについて学んできた．しかしながら，これでは一定のエネルギーを確保するためには十分ではない．それゆえ，細胞は必要に応じて細胞エネルギーの供給を加速したり，減速できるような多くの機序を備えている．このような機序には，**フィードフォワード**と**フィードバック**の二つのタイプがある．お金にたとえることでこの用語を説明するとしよう．銀行の窓口係を思い浮かべてほしい．日中，人々は小切手を預金するが，使うために現金もひき出す．時間が経つと，現金が入っている引き出しの紙幣や硬貨は少なくなる．窓口係は銀行の監督者にそのことを伝え，彼は地下金庫室を開き，さらなる現金を取出し，窓口係の引き出しに充塡する．これは**負のフィードバック**の例である．一般的に負のフィードバックは，ある要因の変化が起こった際にその変化を覆そうとする機序が活性化されるような場合を意味するものといわれている．われわれはすでに，トリプトファンの生合成の制御において，同類の負のフィードバックをみた (p.61)．細菌細胞においてトリプトファン濃度が低下した際，細胞により多くのトリプトファンをつくらせるような機序が活性化される．**正のフィードバック**は生物学においても銀行取引においてもまれである．正のフィードバックは，ある要因の変化が起こった際にその変化を加速させる機序が活性化されるよう場合を意味するものといわれている．銀行取引において正のフィードバックが起こるのは，銀行がまさに事業に失敗しそうだという噂が広まり始めるときである．銀行の積立金が減れば減るほど，預金者は手遅れになる前に現金を大急ぎでひき出す．正のフィードバックの生化学的な例はまれである．発光細菌における菌体数感知 (応用例 6・1，p.61) や活動電位 (p.184) が，本書に記載されている正のフィードバックの二つの例である．

フィードフォワードとは何か？ 銀行では，12：30〜14：00 の間に多くの現金がひき出されるので，特にランチタイムは忙しくなる．この時間は誰しも仕事に追いまわされる．銀行の監督者は現金が不足しているという窓口係の合図を待つことなく，正午になると地下金庫を開け，十分な現金を用意し，忙しいランチタイムの間も窓口係を見守っている．監督者は，実際に預金のひき出しが起こる前に窓口のひき出しを現金でいっぱいにし，これから起こる預金のひき出しに備えるわけである．これがフィードフォワードである．この章でわかることになるが，フィードフォワードは生体調節系でも起こっている．

解糖における負のフィードバック調節

ホスホフルクトキナーゼは，グルコースやグリコーゲンからの経路が合流した後の解糖系における最初の不可逆的段階を触媒する．この酵素はATPによってアロステリック的に制御されている (図 14・13)．ATP 濃度が高くなると，ATP はホスホフルクトキナーゼの調節部位に結合し，酵素を不活性な構造 (フルクトースリン酸に低親和性の状態) にする．ATP 濃度が低下すると，AMP の量が増加する (ADP は ATP と AMP に変換されるからである；p.146)．AMP は ATP と競合するので，多くのホスホフルクトキナーゼ分子が調節部位に AMP をもつようになり，その結果，この酵素は活性型に切替わり，フルクトースリン酸に高親和性となる．フルクトー

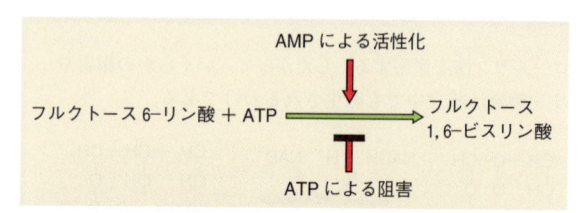

図 14・13 ホスホフルクトキナーゼは，**ATP** あるいは **AMP** が，活性部位から離れて位置する調節部位に結合することによって調整される．

ス 1,6-ビスリン酸が産生され，解糖系に送り込まれ，ついでミトコンドリアにピルビン酸を供給し，ATP の産生を促す．この過程は負のフィードバックに調節されている．なぜなら，ATP の濃度変化は，ホスホフルクトキナーゼに対するアロステリックな作用を介して，ATP 濃度の変化をもとどおりにするように働くからである．

筋細胞におけるフィードフォワード調節

脳から脚の筋肉に脚が動き始めるように指令が出されると，筋細胞の小胞体からカルシウムイオンが細胞質に遊離される．カルシウムは細胞内伝達物質として働いており，この点に関しては，16 章において，より詳しく解説する．カルシウムの増大はいくつもの過程を活性化する．カルシウムは，機械的な仕事をするために ATP を加水分解して遊離されるエネルギーを使って，筋細胞を収縮させる（p.223）．同時に，他のカルシウムイオンはチャネルを通ってミトコンドリアのマトリックスに移行し，ミトコンドリア内膜の大きな陰性電位によって引寄せられる．いったんミトコンドリアに達すると，そこでカルシウムはつぎの三つの重要な酵素を活性化する．ピルビン酸デヒドロゲナーゼ，オキソグルタル酸デヒドロゲナーゼおよびマロン酸デヒドロゲナーゼである（p.158，159）．ミトコンドリアでクエン酸回路が活性化する前に ATP 濃度が低下し始めるが，細胞はそのような状態になるのを待たない．これがフィードフォワード調節である．一方，細胞質では，カルシウムイオンはカルモジュリンタンパク質（p.113）と結合し，**グリコーゲンホスホリラーゼキナーゼ**を活性化する（図 14・14）．グリコーゲンホスホリラーゼキナーゼはグリコーゲンホスホリラーゼを選択的にリン酸化する．グリコーゲンホスホリラーゼは（セリン残基を）リン酸化することによって活性化され，グリコーゲンを分解しグルコース 1-リン酸を遊離し，この生成物が解糖系に入り込む．グリコーゲンの分解が活性化される前にグルコース濃度は低下するが，細胞はそのような状態になるのを待たない．これがフィードフォワード調節である．

実際，筋肉は，収縮するように脳から指令が出る前に，グリコーゲンを分解し始める．今から走らなければない

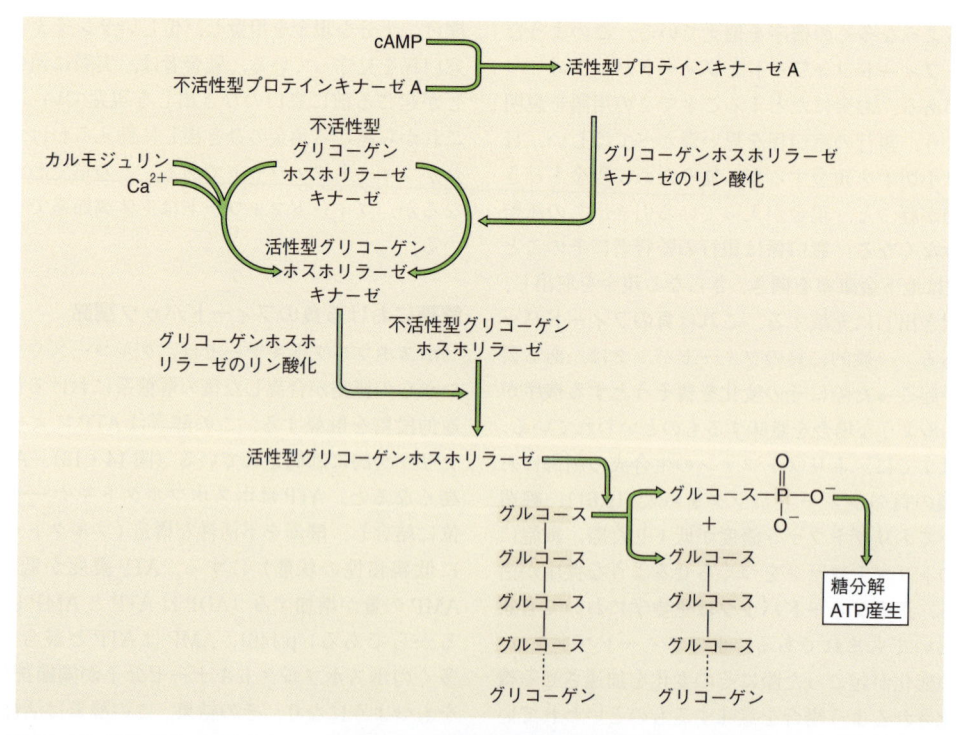

図 14・14 カルシウムやサイクリック **AMP** は，両者ともに筋肉や肝臓においてグリコーゲンの分解を促す．

という危険な状態を脳が察知すると，腎臓の上部にある副腎から**アドレナリン**というホルモンが放出される．アドレナリンは**βアドレナリン受容体**とよばれる骨格筋の膜内在性タンパク質に結合し，筋細胞の細胞質において細胞内伝達物質であるサイクリック AMP（cAMP）の産生をひき起こす．この点に関しては，16章で詳しく解説する．cAMPは，**cAMP 依存性プロテインキナーゼ**である，セリン-トレオニンキナーゼを活性化する．この酵素は省略して**プロテインキナーゼ A** とよばれている（図 14・14）．プロテインキナーゼ A はタンパク質のセリンやトレオニン残基をリン酸化する．グリコーゲンホスホリラーゼをリン酸化する酵素であるグリコーゲンホスホリラーゼキナーゼは，それ自身，プロテインキナーゼ A によってリン酸化されるため，たとえ細胞内カルシウム濃度が低い場合でも活性型として機能する．

このように，たとえ走らなければならないことを確信する前から，筋肉はグリコーゲンを分解し，どうしても走ることになれば必要となるグルコースを産生している．

ま と め

1. 代謝は，細胞内で行われているすべての反応に対する集合的な表現である．これらの反応は異化（化学物質の分解によりエネルギーを供給する反応）や同化（単体分子から分子複合体を合成する反応）に分けられる．異化は酸化であり，同化は還元である．
2. クエン酸回路は細胞の代謝の中心である．この回路では，炭化水素，脂質またはアミノ酸由来の2個の炭素単位を酸化することができ，代謝におけるさまざまな分子の中心的な変換の場として機能している．
3. 解糖系はグルコースをピルビン酸に変換する．ピルビン酸が乳酸まで還元される場合，この還元過程は解糖系に必要な NAD^+ を再生するため，解糖系は嫌気的条件下でも進行することができる．
4. グリコーゲンは解糖系におけるグルコースの備蓄として働くことができる．
5. グルコース 6-リン酸は，NADPH と核酸の生合成に必要なペントースに変換できる．
6. 脂質（トリアシルグリセロール）は濃縮されたエネルギー源である．それらの脂肪酸成分はβ酸化によって2個の炭素単位に酸化される．
7. アミノ基は，過剰な食事性のアミノ酸がエネルギー源として使われる前に，取除かれる．この過程は，アミノ基を転移することによりアスパラギン酸あるいはグルタミン酸に変換し，その後，尿酸にして排泄することにより行われる．
8. 糖新生は，炭水化物でない前駆体からグルコースを合成することが可能な過程である．しかし，哺乳類は脂肪酸からグルコースを合成することはできない．
9. 分子の生合成経路は異化経路とは異なる経路である．よい例は，脂肪酸の合成と分解（β酸化）およびグリコーゲンの合成と分解である．
10. 代謝反応はフィードフォワード機構とフィードバック機構によって制御されており，重要な酵素のアロステリックな制御と共有結合の修飾によってなされている．

参 考 文 献

D. A. Bender, "An Introduction to Nutrition and Metabolism", 4th edition, CRC Press, London (2007).

B. B. Buchanan, W. Gruissem, R. L. Jones, "Biochemistry and Molecular Biology of Plants", American Society of Plant Physiologists, Rockville, Maryland (2000).

T. M. Devlin, "Textbook of Biochemistry with Clinical Correlations", 7th edition, John Wiley & Sons, Hoboken (2010).

D. Voet, J. D. Voet, "Biochemistry", 4th edition, John Wiley & Sons, Hoboken (2010), [邦訳] 田宮信雄, 村松正實, 八木達彦, 吉田 浩, 遠藤斗志也訳, "ヴォート生化学（上・下）（第4版）", 東京化学同人 (2013).

● 復 習 問 題

14・1 反応と経路
A. アセト酢酸
B. アセチル CoA
C. フルクトース 1,6-ビスリン酸
D. グルコース 1-リン酸

E. グルコース 6-リン酸
F. NADH
G. NADPH
H. オキサロ酢酸
I. ステアリン酸

上記のリストから，以下に列挙した反応，経路および酵素の産物の一つを選べ．
1. 脂肪酸合成
2. グルコース-6-リン酸デヒドロゲナーゼ
3. 糖新生
4. 乳酸デヒドロゲナーゼ
5. ホスホフルクトキナーゼ

14・2　経路と酵素

A. 同化代謝　　　　　B. β酸化
C. 脂肪酸合成　　　　D. 糖新生
E. グリコーゲン合成　F. 解　糖
G. ピルビン酸デヒドロゲナーゼ
H. クエン酸回路
I. ペントースリン酸回路

下記のリストにある記述に適合する単語を上記のリストから選べ．
1. 脂肪酸からアセチル CoA への変換
2. ピルビン酸からアセチル CoA に変換する
3. 赤血球が ATP をつくるためにもつ唯一の方法
4. ペントースの源と NADPH 合成の源
5. UDP グルコースの使用

14・3　代　謝

A. 塩基性アミノ酸とは…
B. 必須アミノ酸とは…
C. フィードフォワード調節が筋収縮のためにグルコース 6-リン酸を供与する方法について…
D. 酸素があまり利用できない場合にピルビン酸を乳酸に変換することが必要になる．なぜなら…
E. ケトン体とは…
F. ピルビン酸カルボキシラーゼがつくるものは…
G. クエン酸回路の酵素は…
H. 脂肪酸の β 酸化と脂肪酸の合成の主たる相違は…

I. 絶食している場合に血中グルコースレベルを維持する方法…

下記のリストにある成句のそれぞれに対して，上記のリストにある成句を合体することにより，一つの正しい文章ができ上がる．下記にあげた文章の最後の部分に対して適切な文章の始まりの部分を上記のリストから選べ．

1. …生物（有機体）が産生することができず，食事中に存在していなければならないアミノ酸である．
2. …イオン化することができる側鎖をもったアミノ酸である．
3. …主としてミトコンドリアのマトリックス中に存在しているが，一つはミトコンドリア膜の内側にある．
4. …オキサロ酢酸．この反応はクエン酸回路をオキサロ酢酸でいっぱいにするために使われるものであり，糖新生における重要なものである．
5. …その反応は，解糖系（グリセルアルデヒド 3-リン酸から 1,3-ビスホスホグリセリン酸に酸化する際）において使い尽くされる NAD^+ を再合成する．

● 発 展 問 題

動物は脂肪からグルコースをつくることができないということを述べた．なぜか？脂肪酸の β 酸化はアセチル CoA を産生し，アセチル CoA は，中間体の一つがオキサロ酢酸であるクエン酸回路に組込まれる．では，なぜ，動物は脂肪からグルコース産生できないのか？オキサロ酢酸をクエン酸回路から糖新生に回すことはとても簡単に思える．

発展問題の解答　クエン酸回路は 1 回すること，その回路にアセチル CoA のそれぞれによる 2 個の CO_2 分子を産生する．回路が 1 回するごとに，2 個のオキサロ酢酸の分子が生成される．もしアセチル CoA の炭素原子が回路中に保持されれば，この回路は炭水化物ができるより速く進行する（キトサンの植物はこれをすることが止まることにより，グリオキシル酸回路がキトサン物質から炭水化物を産生する）．サイクルが 1 回すると，2 個の CO_2 分子がアセチル CoA に由来する 2 個の炭素原子から放出され，炭水化物は糖新生により 3 炭素分子から産生される．

15 イオンと膜電位

2章において，生体膜（脂質二重層）は，両親媒性のリン脂質が疎水性の尾部を内側に，親水性の頭部を外側にして配向横列して形成されることを説明した．すなわち，膜はさまざまな溶質の移動に対するバリアなのである．特に，イオンや糖などの分子量の小さな親水性溶質は膜組織を簡単に通ることはできない．なぜなら，疎水性の膜を通過するには，それらの表面に形成されている水和水（p.13）を失う必要があるからである．このことから，第一に，膜の片側の水溶液の組成は，反対側の組成とは異なってもよい．実際，生きているということは，細胞膜のバリア機能によってタンパク質，糖，ATP，その他多くの溶質を細胞内外に不等分布させいることである．表15・1は五つの重要なイオンが細胞質と細胞外液においてそれぞれ違った濃度で存在していることを表わしている．第二に，細胞は親水性溶質の膜透過をサポートするチャネルや輸送体とよばれるタンパク質をもたなくてはならない．この章では，細胞が膜のバリア機能をいかに使用しているのかを述べる．

● カリウムイオンの濃度勾配と静止電位

イオンは電荷を帯びている．このことは膜にとって二つの意味をもつ．第一に，膜を介してのイオンの動きは，膜を隔てて電位差を生じさせる．陽イオンが細胞質を離れれば，そこに負の電位を残すことになり，また，陰イオンの場合はその逆である．第二に，膜を隔てた電位は周囲に存在するすべてのイオンに力を及ぼす．細胞質側の電位が負ならば，ナトリウムイオンやカリウムイオンなどの陽イオンは細胞外からひきつけられる．そこで，イオンと電位の関係を，細胞膜を隔てての電位（膜電位）に対するカリウムイオンの動きの影響から考察しよう．

カリウムチャネルがカリウムイオンに透過性のある細胞膜をつくる

カリウムチャネル（図15・1）は，ほぼすべての細胞の細胞膜にみられ，細胞質と細胞外液をつなぐチューブである．カリウムイオンは細胞膜の脂質二重層を通過で

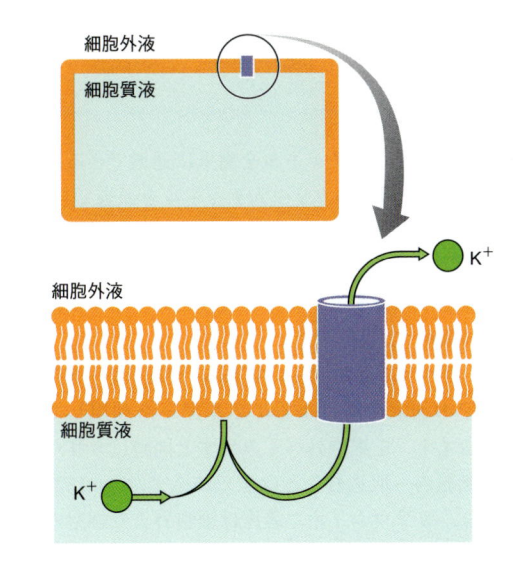

図15・1 正電荷を帯びたカリウムイオンは脂質二重層を通過できないが，カリウムチャネル内の水溶液に満たされたチューブを容易に通過できる．

表15・1 哺乳類の細胞質内と細胞外液における五つの重要イオンの標準濃度

イオン	細胞質内	細胞外液内
ナトリウムイオン（Na^+）	10 mmol/L	150 mmol/L
カリウムイオン（K^+）	140 mmol/L	5 mmol/L
カルシウムイオン（Ca^{2+}）	100 nmol/L†	1 mmol/L
塩化物イオン（Cl^-）	5 mmol/L	100 mmol/L
水素イオン H^+（H_3O^+）	60 nmol/L† または pH 7.2	40 nmol/L または pH 7.4

† 1ナノ（n, 10^{-9}）は1/1,000,000 ミリ（m, 10^{-3}）．

発展 15·1　膜電位の測定法

1949年 Gilbert Ling と Ralph Gerard は，電気伝導性溶液で満たした極細のガラス製マイクロピペットを細胞内へ突き刺すと（図a），細胞膜はマイクロピペットの外壁に密着して，膜を隔てた電圧は消失しないことを発見した．これにより，マイクロピペット内の針金（電極）と，細胞外液の電位差が計測可能となった．マイクロピペットを通して電流を内へ流すと，膜を隔てた電圧（膜電位）を変化させることができる．

25年後，Erwin Neher と Bert Sakmann はマイクロピペットを細胞へ突き刺す必要がないことを発見した．つまり，単に細胞に接触させて，軽く吸引するだけで，細胞膜はマイクロピペットの開口部のまわりに密着する（図b）．cell-attached パッチクランプ法とよばれるこの方法を用いると，マイクロピペットの開口部内のわずかな膜上にある数個のチャネルを通る電流（膜電流）を測定することができる．強く吸引すると，ピペット内の膜組織は破裂し（図c），膜電位を測定できる．ここでも，マイクロピペットを通して電流を流すことにより，膜電位を変化させることができる．これを whole-cell パッチクランプ法という．この功績により，1991年に Neher と Sakmann はノーベル生理学・医学賞を受賞した．

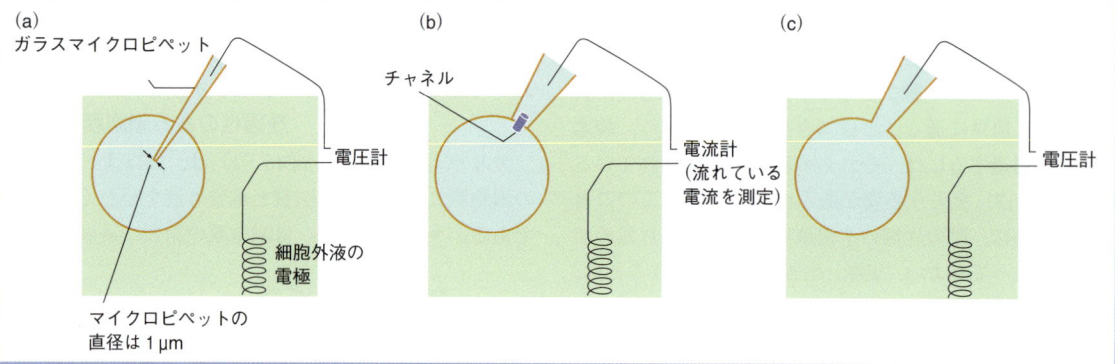

きないが，カリウムチャネルを簡単に通過できる．ただし，他のイオンはこのカリウムチャネルを通過できない，なぜならカリウムチャネルの精密な形状と，電荷アミノ酸側鎖のチューブ内での位置が他のイオンの動きをブロックするからである．すなわち，このチャネルはカリウムに特異的である．

ナトリウム/カリウム ATPase（Na^+/K^+-ATPase）が，ATPの加水分解によるエネルギーを利用して，ナトリウムイオンを細胞外へくみ出すと同時にカリウムイオンを細胞内へ取込むことはすでに述べた（p.152）．これにより，カリウムイオン濃度は細胞外より細胞内の方がより高いということになる．カリウムイオン濃度は通常細胞外においては 5 mmol/L であるのに対し細胞質では 140 mmol/L である．それでは，"カリウムがチャネルを簡単に通過できるのならば，なぜ細胞内のカリウム濃度が細胞外より高いのか" という疑問が起こる．なぜカリウムがすべて細胞外へ噴出しないのか．この疑問に答えるためには，イオンの動きが膜電位に及ぼす影響について考察する必要がある．

濃度勾配と電圧は均衡できる

多くのグリア細胞（図15·2）はカリウムチャネルのみをその細胞膜上に発現している．これらの細胞では細胞質の電位は細胞外よりも約 90 mV 低い．そこではカリウムイオンは二つの力に影響を受けている．すなわち，濃度勾配の影響によって細胞外へ移動しようとし，細胞質側の負電位によって細胞内へ移動しようとする．したがって，膜を隔てた両側にあるすべてのイオンについて，濃度勾配と均衡する膜電位を計算することができる．つまりこの電位が，特定のイオンの特定の膜における**平衡電位**なのである．細胞質と細胞外でのカリウムイオン濃度がそれぞれ 140 mmol/L と 5 mmol/L であるとき，通常体温でのカリウムイオンの平衡電位は −90 mV である．このように，膜電位が −90 mV であるグリア細胞内において，カリウムイオンに影響する二つの力はちょうどバランスを保っており，細胞はカリウムイオンを失うことも得ることもない．つまり，細胞質は電荷を失うことも得ることもないという安定した状態であり，膜電位も変化しない．この状況をつくるのがカリウムイオンの平衡電位である．何らかの理由で膜電位が −80 mV に乱された場合の不安定さを考えるとこの状態がいかに安定しているかがわかる．−80 mV では，カリウムイオンを取込む電気的な力は排出しようとする濃度勾配による力に対抗できず，カリウムイオンは正電荷を伴って細胞外へ排出され，細胞質の電位は負へ傾く．これは濃度勾配による力と電気的な力が均衡するまで，すなわちカリ

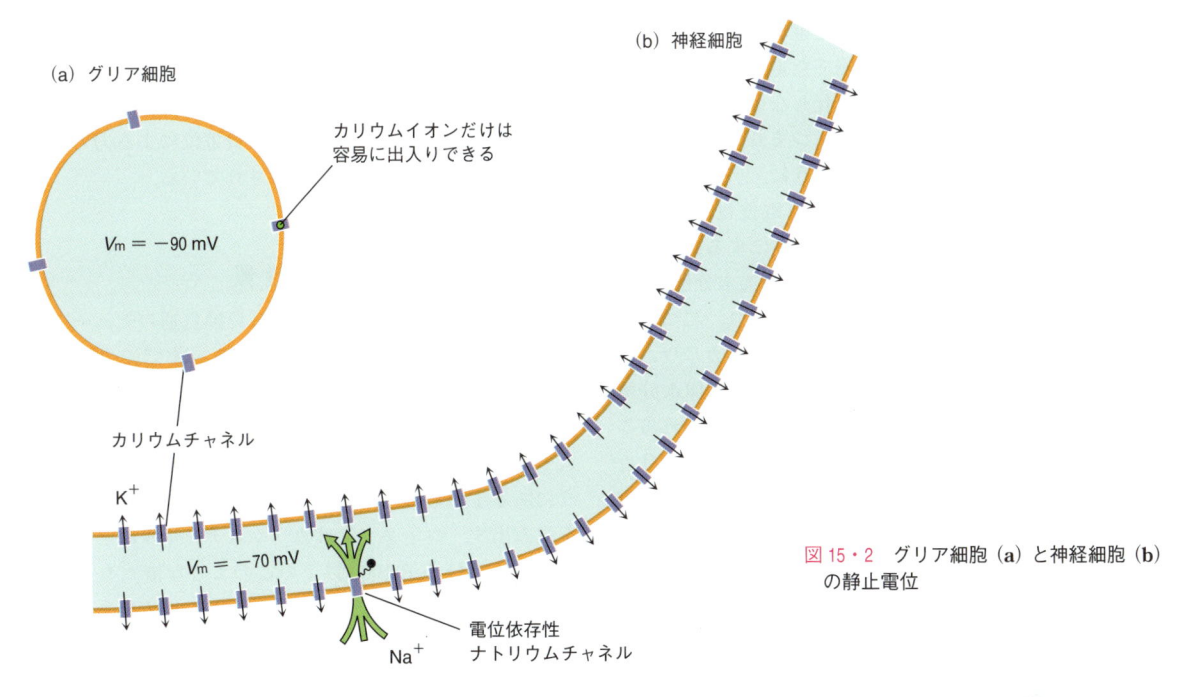

図15・2 グリア細胞（**a**）と神経細胞（**b**）の静止電位

ウムイオンの平衡電位に戻るまで続く．これとは反対に膜電位を意図的に，カリウムイオンの平衡電圧をより負に傾ければ，電荷の移動が膜電位をカリウムの平衡電位へと戻すまで，カリウムイオンは細胞内へ移動し続けるだろう．一般に，細胞膜が1種類のイオンにのみ透過性である細胞は，そのイオンの平衡電位と同じ膜電位をもつことになる．

　他の細胞において状況はより複雑である．たとえば神経細胞の場合（図15・3），刺激のない状態では細胞の膜電位は−70 mV（図15・2 b）である．これは，ナトリウムイオンのみを通す**電位依存性ナトリウムチャネル**という第二のタイプのチャネルをもっているからである．名前の示すとおり，このチャネルの開口は膜電位によってコントロールされる．この通常状態である−70 mVでは，ほとんどのナトリウムチャネルは閉じている．すなわち，4000個に1個程度の割合で開いている．このわずかに開いているチャネルをナトリウムが通過し，静止神経細胞では膜電位は"電位依存性ナトリウムチャネルを通る内向き電流とカリウムチャネルを通るカリウムイオンの外向き電流が均衡をとる"新たな定常電位の方向へシフトする．カリウム電流が流れるのは，"細胞質側の電位による力が，カリウムイオンの濃度勾配による力に十分に対抗できない（膜電位が十分に負でない）"からである．とはいっても，神経細胞においては，膜は他のイオンに対してよりカリウムに対してさらに透過性があり，静止状態での膜電位はカリウムの平衡電位からそれほどかけ離れることはない．しかし，ナトリウムに対

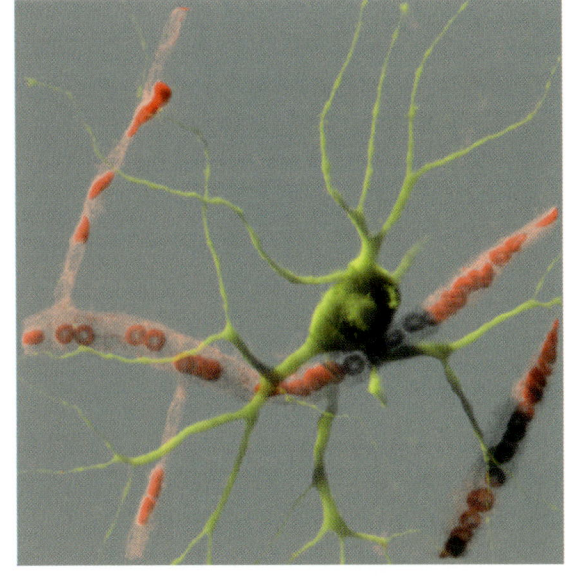

図15・3 **栄養毛細血管に絡まった網膜神経細胞**　赤血球は膜電位がほとんど変化しない細胞の一例である．一方，神経細胞は電気的シグナルを長距離にわたって伝えることに特化している．写真提供：David Becker（University College London）．

してかなりの透過性のある細胞膜を保持している神経細胞や他の細胞においては，Na^+/K^+-ATPase が細胞膜を隔てたイオンの濃度勾配を保つよう常に働かなくてはならない．これは持続的なエネルギーの消費によって保たれている定常状態の一例である（p.145）．後に述べるように，神経細胞が刺激を受け特定の電気信号を送ると

き，膜電位は劇的に変化する．**静止電位**とは刺激を受けていない静止状態での細胞膜を隔てた電位（膜電位）である．また，膜電位がまったく変化しない細胞においても膜電位について語るときがある．つまり，グリア細胞の膜電位は−90 mVであるというふうに．

ほとんどの細胞に特有の負の静止電位はNa^+/K^+-ATPaseの働きをエネルギー的に非対称にする．一つの変換サイクルを通して，1分子のATPが加水分解され，三つのナトリウムイオンが細胞外へ排出され，二つのカリウムイオンが細胞内へ移動する．ここで，カリウムの電気化学的勾配がほぼゼロに近いため，ATP加水分解のエネルギーがカリウムの細胞内への移動に使われることはほとんどない．すなわち，濃度勾配に従ってカリウムイオンは細胞外へ出ようとするが，細胞質側の負の電位により細胞内へ戻されようとする．この二つの力は互いに相殺し合っている．それとは対照的に，三つのナトリウムイオンを細胞外へ排出するには，より多くのエネルギーが必要となる．細胞質が細胞外液と同じ電圧下にあるときよりもより多くのエネルギーが必要になる．ナトリウムイオンは正電荷をもっているため，細胞質側の負電位にひきつけられ，これは濃度勾配による力と共働する．したがって，ATP加水分解によって得られるほとんどのエネルギーは，電気化学的勾配に逆らって三つのナトリウムイオンを排出することに使われる．カリウムチャネルの存在と静止電位の意味するところは，"Na^+/K^+-ATPaseによるATP加水分解のエネルギーはナトリウムイオンの濃度勾配に貯蔵され，カリウムイオンの濃度勾配はほとんど平衡状態にある"ということである．

● 塩化物イオン濃度勾配

塩化物イオン濃度は（図15・4）は細胞外より細胞質側で低い．一般的に塩化物イオンの細胞内濃度は，細胞外濃度（100 mmol/L）に対して5 mmol/Lであり，こ

[Cl⁻] = 100 mmol/L

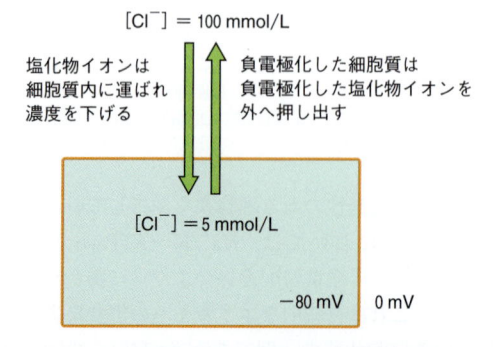

塩化物イオンは細胞質内に運ばれ濃度を下げる　　負電極化した細胞質は負電極化した塩化物イオンを外へ押し出す

[Cl⁻] = 5 mmol/L

−80 mV　　0 mV

図15・4　塩化物イオンはほとんどの細胞膜を隔てて平衡に達している．

れはカリウムチャネルによりつくられた静止電位のためである．負電荷をもつセシウムイオンは細胞質側の負電位によってはじかれる．すなわち，塩化物イオンは，その濃度勾配による力が細胞質側の負電位による力と均衡がとれるまで，細胞内から排除されている．

● チャネルの一般的性質

チャネルは，水溶液で満たされた膜貫通のチューブを形成する膜内在性タンパク質である．すでにコネクソン（ギャップ結合チャネル，p.28），ポリン（βバレル構造で細胞膜小孔を形成するタンパク質，p.147），カリウムチャネルの三つを紹介したが，カリウムチャネルのようにある1種類のイオンにのみ働くチャンネルは膜電位を生み出す．コネクソンはカリウムチャネルほど選択的ではなく，分子量1000以下のどのような溶質も通す直径1.5 nmのチューブを形成する．コネクソンチャネルは常に開いているのではなく，他の細胞のコネクソンと対合したときにのみ，二つの細胞間で溶質が通過できるようになる．ある状況下で開いたり閉じたりするチャネルを**ゲートのあるチャネル**という．ある細胞のコネクソンが他の細胞のコネクソンと対合したとき，ゲートが開き溶質が通る．その他のときは，ゲートは閉じている．もしコネクソンの対合がなくてもゲートが開いたままであれば，ATPやナトリウムなどの溶質が細胞外へもれ出て，細胞内のエネルギー通貨をなくしてしまうので，この機能は非常に実用的であるといえる．

ミトコンドリアの外膜にあるポリンはエネルギー変換において重要な役割を担っている．ポリンは分子量10,000以下のすべての溶質が通過できる大きな直径のチューブを形成し，ほとんどの状況下で常に時間開いている．そのためミトコンドリアの外膜はほとんどの溶質やイオンに対し透過性がある．本書の巻末付録に，現在知られているすべてのチャネルのごく一部ではあるが，本書内で取上げたすべてのタイプのチャネルを表にしてある．

● 輸送体の一般的性質

これまでに，細胞の四つのエネルギー通貨を相互転換する三つの輸送体をみてきた（p.148）．膜内在性タンパク質である輸送体は，細胞を貫通するチューブを形成し溶質を通すという点でチャネルと似ている．しかし明らかな違いは，輸送体においては，チューブの全長にわたって決して全開することはなく，常にどちらか一方の端が閉じている．溶質はチューブの開いている口から入

発展 15・2　ネルンストの式

膜を通過できる一つのイオンには二つの力が作用する．一つ目は濃度勾配によるものである．イオンは高濃度領域から低濃度領域へ拡散する．二つ目は膜電位によるものである．Na^+ や K^+ などの正電荷を帯びたイオンはマイナス極へ，Cl^- などの負電荷を帯びたイオンはプラス極へ移動する傾向がある．それぞれのイオンにはこの二つの力がバランスを保つ膜電位があり，その電位下ではイオンは動かない．そのとき，イオンは平衡状態にあり，その膜電位のことをそのイオンに対しての平衡電位という．

二つの力がバランスを保っているとき，細胞内へ移動するイオンはエネルギーを得ることも失うこともない．このように平衡状態を記述することは有用である．なぜなら，二つの異なる勾配（すなわち，濃度勾配と電位勾配）の影響のバランスをみることを可能にするからである．1 mol のイオン I のもつギブズの自由エネルギーは，

$$G = G^\circ + RT \log_e[I] \quad [J]$$

で表されて，G° は標準状態でのギブズの自由エネルギー，R は気体定数（$8.3 \, J \, mol^{-1} \, K^{-1}$），$T$ は絶対温度である．

したがって，1 mol の I が流入するときは，ギブズの自由エネルギーが，

$$G_{outside} = G^\circ + RT \log_e[I_{outside}] \quad [J]$$

という外側の領域から，ギブズの自由エネルギーが，

$$G_{inside} = G^\circ + RT \log_e[I_{inside}] \quad [J]$$

という内側の領域に動くことになる．すなわち，1 mol のイオン I が流入するときは，濃度勾配によって，

$$RT \log_e[I_{inside}] - RT \log_e[I_{outside}] \quad [J]$$

のギブズの自由エネルギーを獲得することになる．

ここで，電気的力を考慮に入れよう．ボルト（V）の意味は，$V\,V$ の膜を隔てた電位差がある膜を 1 C の電荷が横切るときに $V\,J$ のギブズの自由エネルギーが得られることである．しかし，われわれは C ではなく，mol の世界で考えないと不便である．すなわち，1 mol のイオンは zFC の電荷をもつと考える．ここで，z はそのイオンの電荷である．たとえば，Na^+ や K^+ は $z=1$，Ca^{2+} は $z=2$ であり，Cl^- は $z=-1$ である．F は C と mol を関係づける数で，96,500 というファラデー定数である．それゆえ，1 mol のイオン I が膜電位に沿って内向きに動けば，zFV J なるギブズの自由エネルギーを獲得することになる．このことは，"イオンが内向きに動くときは必ず膜電位からエネルギーを獲得する"ということを意味するものではない．zFV は正にも負にもなるからである．

濃度と電位の効果が均衡するとき，内向きに動く 1 mol のイオンはギブズの自由エネルギーを獲得も損失もしない．すなわち，平衡状態にあることになる．

$$RT \log_e[I_{inside}] - RT \log_e[I_{outside}] + zFV_{eq} = 0$$

これは簡単に書き換えられ，

$$V_{eq} = \left(\frac{RT}{F}\right)\left(\frac{1}{z}\right)\log_e\left(\frac{[I_{outside}]}{[I_{inside}]}\right) \quad [V]$$

となる．これが**ネルンストの式**である．(RT/F) は室温（22 ℃）で 0.025，体温（37 ℃）では 0.027 である．

"in" と "out" は膜で隔てられたどのような 2 種の溶液でもよい．細胞膜では，"in" は細胞質，"out" は細胞外を意味する．しかし，ミトコンドリアの内膜での平衡を考えるときには，"in" はミトコンドリアのマトリックス，"out" は膜間腔である．

り，輸送体の構造変化が起こり，これまで閉じていた端が開いたとき，チューブを通り膜の反対側へ移動する．

グルコース輸送体

最も単純な輸送体の一つであるグルコース輸送体（図 15・5）は，細胞質側が開いている型と細胞外側が開いている型の間を自由に構造変化で行き来する．チューブの内側にグルコースの結合部位があり，一方の開いた口（この場合細胞外側）から入ったグルコースはこの結合部位に結合する．時には，もう一方の口が開く前に，この結合部位から解離してきた通路を戻っていくが，図 15・5 にみるように，グルコースが解離する前に輸送体の構造変化が起こると，結合部位は細胞質側に開かれ，グルコースは細胞質側に出ていく．つまり，輸送体はチャネルと違いチューブの全長を一定時間開くわけではないが，その代わり数個の分子やイオンをその内部に結合させ，構造変化によって別々の口を別々に開閉させることで膜を通して輸送する．

グルコース輸送体は非常に単純であるが，より複雑な輸送体も存在する．つぎに Na^+/Ca^{2+} 交換体とカルシウム ATPase について考察しよう．これらはほとんど同じ働きをする．すなわち，カルシウム濃度勾配に逆らって細胞外へカルシウムイオンを排出する．しかし，必要なエネルギーは，Na^+/Ca^{2+} 交換体はナトリウムの濃度勾

応用例 15・1　シトクロム c ——必須であるが破壊的

電子輸送体であるシトクロム c がミトコンドリアの内膜と外膜にはさまれた膜間腔内に存在し，ミトコンドリア内膜の電子伝達系を介して，NADH のエネルギーを水素イオンの電気化学的勾配のエネルギーへいかに転換するか，ということをみてきた (p.149)．シトクロム c は分子量 12,270 の水溶性タンパク質であるが，外膜にある分子量 10,000 以下の溶液のみを通すポリンとよばれるチャネルのため細胞質へ出ていくことはできない．また，シトクロム c はミトコンドリアの機能にとって不可欠であるが，他の大変破壊的な役割も担っている．もし，シトクロム c が細胞質内の酵素カスパーゼと接触すると，それらを活性化し，アポトーシス (p.238) とよばれる細胞自殺機能を作動させる．ある条件のもとで，ポリンが他のタンパク質と結合してより大きいチャネルを形成すると，シトクロム c は外膜から外へもれだし，細胞はアポトーシスによって死滅する．このプロセスは心臓発作や脳卒中の際に起こるようである．そのためこれらの発生を阻止しようと，相当数の研究が行われている．

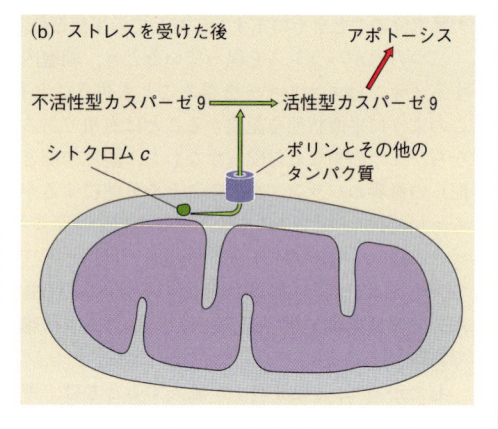

配から，カルシウム ATPase は ATP から，という具合に，それぞれ別の方法で得ている．

Na$^+$/Ca^{2+} 交換体

図 15・5 下段に示したように Na$^+$/Ca^{2+} 交換体はグルコース輸送体のように，細胞質側と細胞外側が開いた二つの状態で存在する．チューブ内にはナトリウムを結合する三つの部位とカルシウムを結合させる一つの部位がある．交換体はいつでも自由にチューブを開閉できるわけではなく，すべてのナトリウムイオン結合部位がいっぱいでカルシウムイオン結合部位が空いている場合（あるいはその逆の場合）のみ構造変化が起こる．

図 15・5 (b) の左に示したように，Na$^+$/Ca^{2+} 交換体はつぎの二つのうちの一つが満たされれば，細胞質側が開口する．(1) カルシウム結合部位は空でナトリウム結合部位が飽和されたとき，(2) ナトリウム結合部位は空でカルシウムイオンが結合したときである．通常，細胞外液のナトリウムイオン濃度は高く，たいてい 1 個以上のナトリウムイオンが結合しているから，この (2) の場合は非常にまれである．したがって，ほとんどの場合，細胞外側開口から細胞質側開口への構造変化が通常の機能である．もし，細胞質側のナトリウムイオン濃度が低く，細胞質側が開口すれば，ナトリウムイオンは解

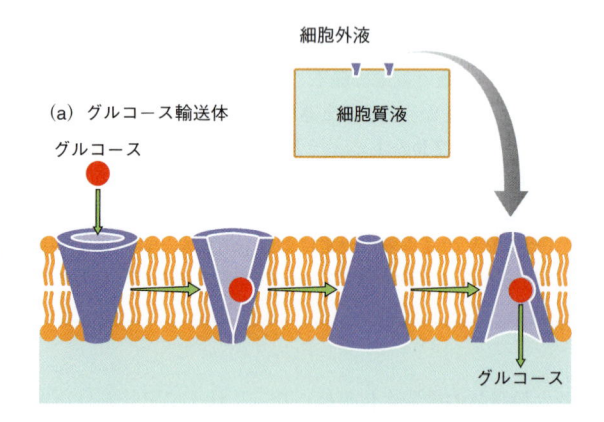

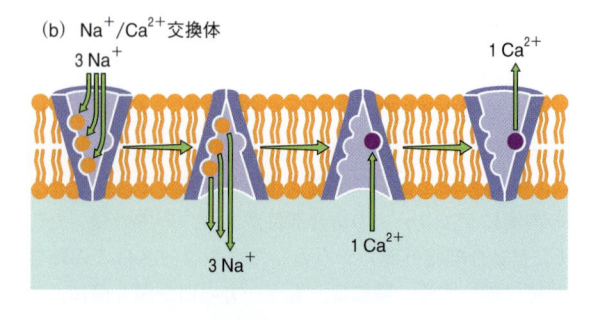

図 15・5　グルコース輸送体と Na$^+$/Ca^{2+} 交換体は細胞質側に開いたり細胞外側に開いたりする．

応用例 15・2　グルコース輸送体は必要不可欠

われわれの身体にある細胞はグルコースを多く含んだ溶液の中にある．しかしグルコースは高親水性のため，拡散という単純な方法では細胞膜を通過することはできない．すなわち，グルコースはグルコース輸送体を通してしか移動できない．いくつかの細胞は常時膜上にグルコース輸送体をもっている．しかし筋細胞や脂肪細胞などの他の細胞は，インスリンが分泌されたときにだけグルコース輸送体を細胞膜上へ移動させる．インスリン依存糖尿病患者はみずからインスリンを分泌できないので，注射によるインスリン投与がなくては筋細胞や脂肪細胞はグルコースを摂取することができず，血液内のグルコース濃度が非常に高い場合でも細胞内エネルギーは枯渇する．それゆえ筋力低下が糖尿病の症状の一つとなる．

離する．

輸送体が細胞質側に開口すれば，(1) 1個のカルシウムイオンが結合するか，または (2) 3個のナトリウムイオンが結合することにより，構造変化が起こって細胞外側が開口する．通常，細胞質のナトリウムイオン濃度は低いので，(2) の場合は起こりにくい．そこで，通常，(1) の場合が起こり，カルシウムイオンが細胞外に輸送される．そして，輸送体は再びナトリウムイオンを結合し，つぎの輸送サイクルへと移っていく．

この1サイクルの効果は，電気化学的勾配に沿って3個のナトリウムイオンを細胞内へ輸送し，電気化学的勾配に逆らって1個のカルシウムイオンを細胞外へ輸送することである．Na^+/Ca^{2+} 交換体が構造変化をする際の単純なルールは，ナトリウムイオンの濃度勾配というエネルギー通貨を使ってカルシウムイオンを細胞外へ排出するというものである．図 15・6 にこのサイクルを簡潔に示す．

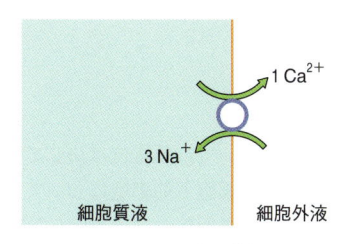

図 15・6　Na^+/Ca^{2+} 交換体の動き

酵素作用を伴う輸送体: カルシウム ATPase

電子伝達系，ATP 合成酵素，Na^+/K^+-ATPase は，輸送体としての機能とともに酵素作用をもつという点でさらに一段複雑な輸送体である．図 15・7 は酵素機能のあるもう一つの輸送体であるカルシウム ATPase のこれまでにわかっている構造と機能の関係を示している．これも Na^+/Ca^{2+} 交換体同様，細胞膜上で機能する．膜貫通部は細胞質側あるいは細胞外側に開くチューブを形成する．チューブ内の二つのカルボキシ基がカルシウム結合部を形成し，細胞質側の領域が ATP を加水分解する．細胞質側の構造変化が膜貫通領域へ伝達され，チューブの細胞質側あるいは細胞外側の開閉が行われる．図中の① はカルシウム ATPase の無刺激状態である．ATP が細胞質領域の一つのくぼみ（ATP 結合クレバス）に非共有結合性相互作用によって保持され，同時にチューブ内の1組のカルボキシ基に水素イオンが付加されている．② 細胞質側からカルシウムイオンが入ってくると，チューブが押し開けられ，二つのカルボキシ基に結合し，同時にすでに結合している1個の水素イオンが離れる．カルシウムイオンによってチューブが開口した構造のひずみは，細胞質領域にある ATP の γ リン酸基を，近くの領域にあるアスパラギン酸残基へ近づける．③ ついで，二つの領域の内在性キナーゼ作用により，ATP の γ リン酸基はアスパラギン酸残基に移される．つまり，2個の負電荷をもつリン酸基が三つの負電荷をもつ ADP に近接することになる．④ すなわち，リン酸化したアスパラギン酸残基と ADP の反発し合う強い力によって，二つの細胞質領域はひき離される．この構造変化は膜貫通領域へ伝達され，チューブの細胞外領域が大きく開口する．それにより，そもそも弱く結合していたカルシウムイオンはカルボキシ基に結合しておられず，細胞外へ出ていき，同時に，水素イオンが一方のカルボキシ基に付加する．⑤ 最後に，ホスタファーゼ活性をもつ三つ目の細胞質領域が動いて，アスパラギン酸残基に付いているリン酸基を脱リン酸する．そのとき，ATP が ADP と置き換わり，くぼみ領域に結合する．リン酸されたアスパラギン酸残基が脱リン酸すれば，アスパラギン酸残基と ADP の電気的反発力がなくなりチューブは細胞外側を開けていることができず，① の無刺激状態へ戻る．図 15・8 は一連の過程を要約したものである．ATP 1分子が ADP と無機リン酸に加水分解され，カルシウムイオン1個が細胞外へ，水素イオン1個を細胞内へ移動させる．ATP の加水分解により発生するエネルギーは，電気化学的勾配に逆らってカルシウムイオンを細胞外へ移動させる．

われわれの体内にあるすべての細胞は，二つのうちの

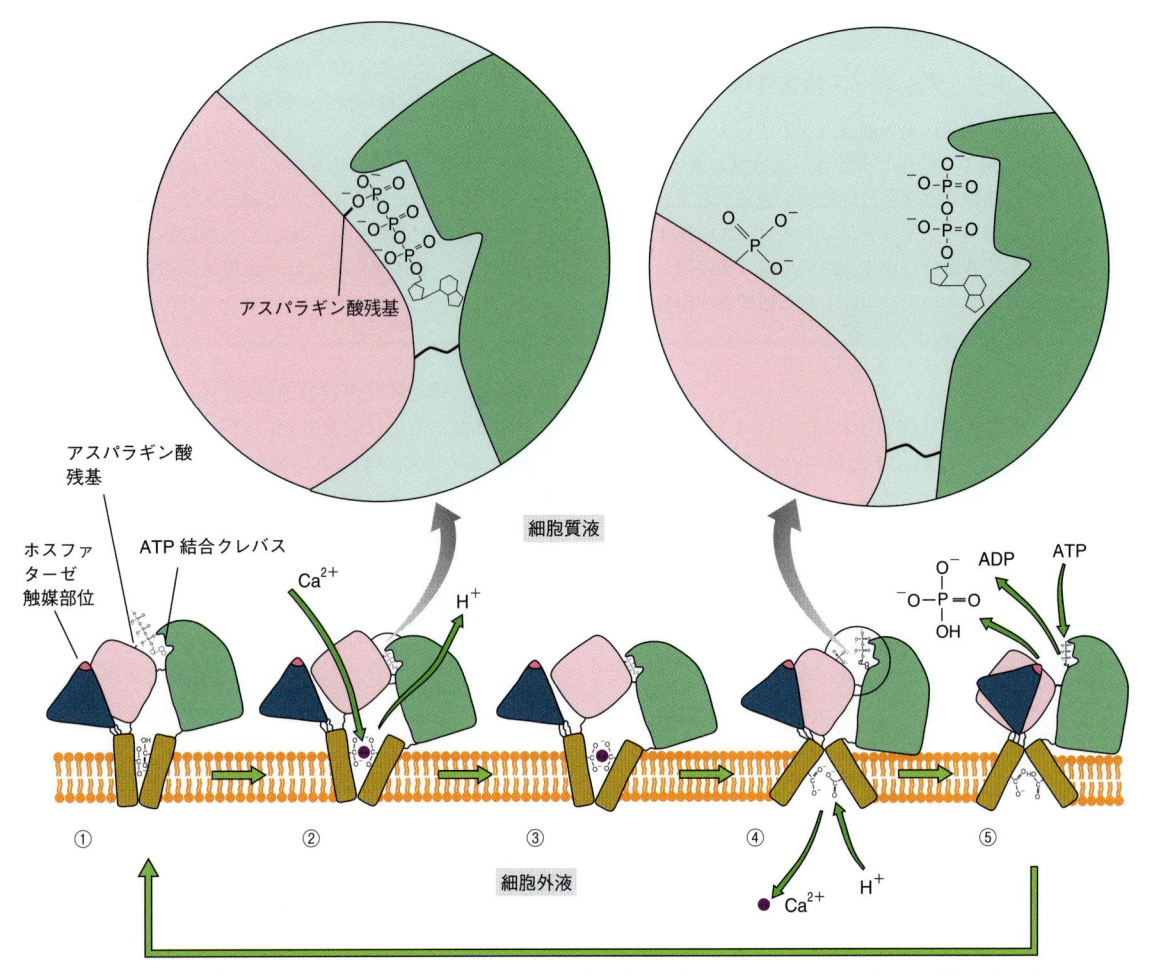

図15・7 カルシウムATPaseはリン酸化反応と脱リン酸反応を交互に行う．このサイクルを通して構造変化が起こり，カルシウムイオンは細胞外へ排出される．

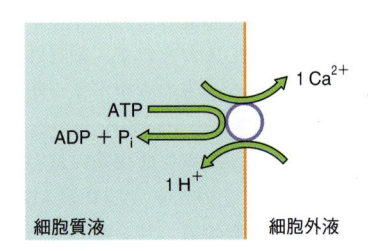

図15・8 カルシウムATPaseの動き

一つのカルシウムポンプ（Na^+/Ca^{2+}交換体かカルシウムATPase）あるいはその両方をもっている．これらの輸送体の働きにより，細胞内のカルシウム濃度は細胞外のそれに比べてはるかに低く保たれている（通常，細胞内は100 nmol/L，細胞外は1 mmol/L程度である）．静止電位は正電荷をもつカルシウムイオンを内向きに（細胞内へ）誘導しようとするので，結果としてカルシウムイオンの細胞内への流入に有利な大きな電気化学的勾配を生み出すのである．

電気的シグナル

多くのタイプの細胞において，膜電位は決して変化しない．しかしながら，神経細胞と筋細胞においては，膜電位の変化があり，それを長距離の速い信号伝達に用いている．

痛覚受容神経細胞

痛覚受容体を使って，神経細胞の働きをみてみよう．図15・9に手の指に存在する痛みの知覚に関係する神経細胞を示した．この神経細胞は双極性の細胞で，その細胞体は脊髄の近くにあり，脊髄と体の末端とに向かって**軸索**を伸ばしている．この神経細胞は，1個の細胞としては異常に長く，およそ1mもの軸索を指先まで伸ばしている．軸索の皮膚内の終末をつくる軸索末端は遠位末端，脊髄内に終末をつくる軸索末端は近位末端である．高温のようなダメージを与える可能性のある事象は，指で感知

され，その情報は脊髄内の別の神経細胞（痛覚伝達神経細胞）へ送られる．遠位末端の細胞膜には，37℃では閉じているが，高温になるほど開くTRPVとよばれるイオンチャネルがある〔図15・10．TRPはtransient receptor proteinの略．TRPスーパーファミリーは，哺乳類では大きく六つのサブファミリー（C, V, M, P, ML, A）に分けられている〕．このチャネルは非選択的なイオンチャネルで，ナトリウムイオン，カリウムイオン，カルシウムイオンを通す．神経細胞内でもカリウムイオン濃度はほぼ平衡電位を生むあたりにあるので，最もよく開いたTRPVチャネルを通過するおもなイオンの流れは，内向きに大きな電気化学的勾配をもっているナトリウムイオンとカルシウムイオンの内向きの流れである．

図15・11(a)は，手の指にハンドドライヤーからの温かい風が当たったときに何が起こるかを示している．"温かさ"はいくつかのTRPVチャネルを開け，ナトリウムイオンとカルシウムイオンが細胞内に流入する．この内向き電流は，軸索遠位末端の膜電位を減少（脱分極）させる．すなわち，大きさや原因は何であれ，膜電位がプラスの方へ変化することを，**脱分極**という．細胞質側の

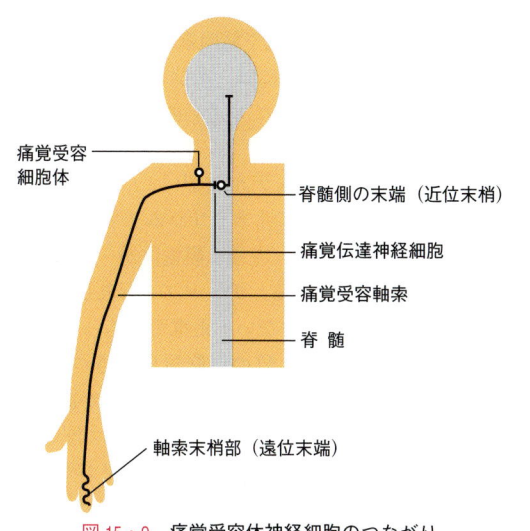

図15・9 痛覚受容体神経細胞のつながり

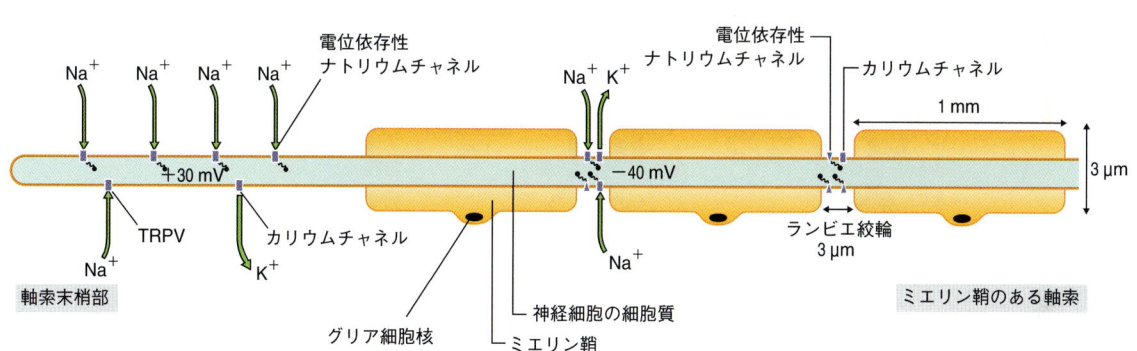

図15・10 痛覚受容体の1タイプは皮膚内に遠位末端をもち，ミエリン鞘を擁する神経線維によって中枢神経系につながっていく．

医療応用 15・1　毒を盛られた心臓はより強い

ジギタリスは心機能不全の治療に使われるが，Na^+/K^+-ATPaseを抑制するので非常に毒性が強い．しかしごく少量であれば，Na^+/K^+-ATPaseの動きをわずかに抑制し，心筋の拍動をより強くする．理由は以下のようである．まず，Na^+/K^+-ATPase機能が少し抑制されると，細胞質内のナトリウムイオン濃度がわずかに上昇する．一方，Na^+/Ca^{2+}交換体には3個のナトリウムイオンとの結合部位があり，その活性はナトリウムイオン濃度に非常に敏感で，わずかな細胞質内のナトリウムイオン濃度の上昇でもその活性は大きく減少する．それゆえ，細胞質内のカルシウムイオン濃度は上昇する．心筋の収縮を担う機械的モーターはカルシウムイオンによってコントロールされているため（p.223），少しのカルシウムイオン濃度の上昇で心拍を強めることができる．

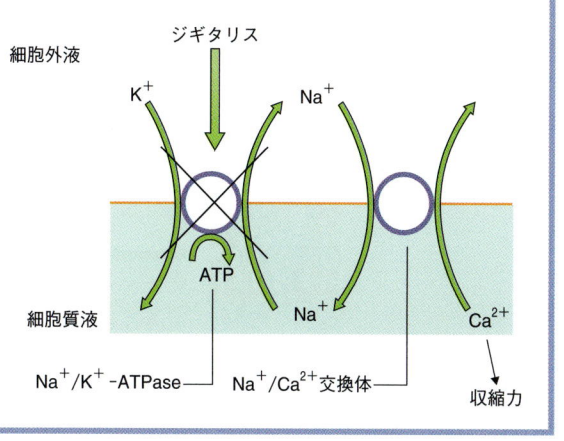

負の電位は前よりも減少し，カリウムイオンの内向き誘導は弱くなるので，カリウムチャネルを通る外向き電流は増加する．そこで，TRPVチャネルを通る内向き電流がカリウムチャネルを通る外向き電流とバランスがとれた"新たな平衡状態"になる．

図15・11 (b) は，手の指にヘアドライアーからの熱い風が当たったときに何が起こるかを示している．熱い空気は多くのTRPVチャネルを開け，軸索遠位末端の膜電位はさらに脱分極する．しかし，膜電位が−40 mVくらいになると新たな現象が起こる．大きく，一時的に＋30 mV程度まで脱分極する．これが**活動電位**である．活動電位を発生させることができる細胞を**電気的に興奮性である**といい，神経細胞や筋肉細胞がこれに当たる．活動電位を理解するためには，電位依存性ナトリウムチャネルをさらに詳しくみていく必要がある．

電位依存性ナトリウムチャネル

図15・12は，電位依存性ナトリウムチャネルの働きを図式化したものである．左端は膜電位が−70 mVのときのタンパク質の形である．チューブを形成しているが膜を貫通して開いてはいない．正電荷をもったアルギニンとリシンの側鎖は，負の細胞質にひきつけられ，チューブの口は閉じた状態になる．もし膜が脱分極すると，正電荷をもった側鎖の内側への誘引は弱くなり，チャネルが開き，ナトリウムイオンがチャネルを通ることができるようになる．不活性化プラグとよばれる細胞

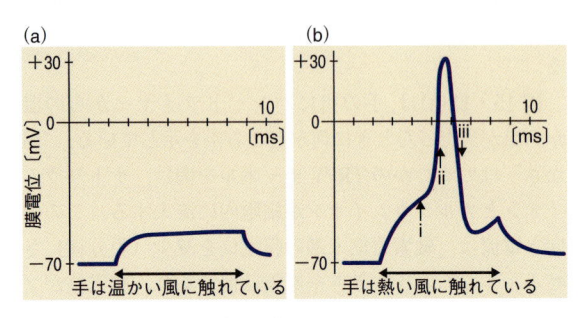

図15・11 痛覚受容体神経細胞における電気的な変化

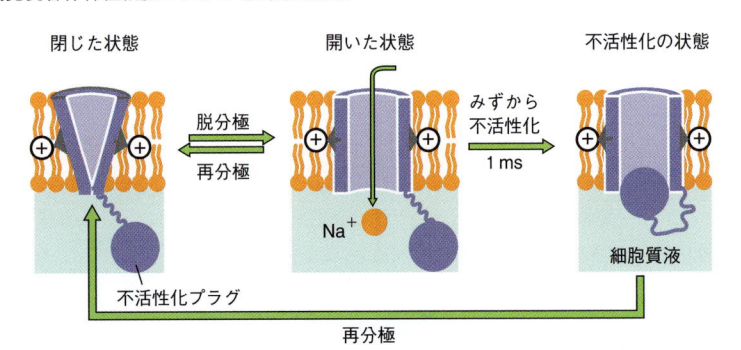

図15・12 電位依存性ナトリウムチャネル

応用例15・3　不活性化プラグの切断

プロテアーゼはタンパク質のペプチド結合を加水分解する酵素である．1976年，Emilio RojasとBernardo Rudyはイカの軸索内へ注入したプロテアーゼの効果を研究していた．イカの軸索膜にも人体と同じような電位依存性ナトリウムチャネルがあり，脱分極後，開いたチャネルは通常1 ms後には不活性化する．しかし，プロテアーゼを注入すると，再分極があればやはり閉じられはするが，脱分極により電位依存性ナトリウムチャネルは完全に開いたままの状態になる．当時二人には，なぜプロテアーゼ注入によりチャネルが開いた状態のままであるのか理解できなかったが，現在ではその謎が解明されている．それは，電位依存性ナトリウムチャネルと不活性化プラグとをつなぐリンカーをプロテアーゼが切断するので，不活化プラグがチャネルをふさぐことができなくなるからである．

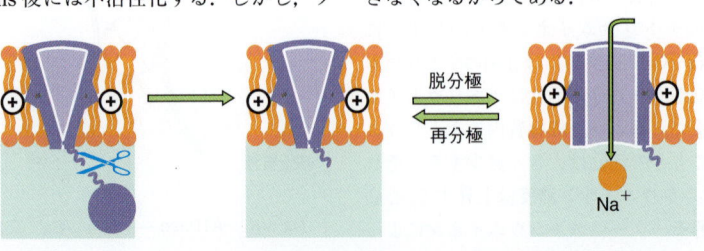

質側領域内のタンパク質ドメインが，自由に動けるリンカーの端で絶えず揺れ動いており，開いたチャネルの内部に結合することができる．その結果起こるチャネルの阻害が**不活性化**であり，活性化の後 1 ミリ秒（ms）ほどで起こる．その後，細胞膜の脱分極が継続している間は，電位依存性ナトリウムチャネルは不活性化状態でいる．細胞膜が再分極すると，正電荷はチャネル内に再びひきつけられ，不活性化プラグを押し戻す．

要約すると，
1. 膜貫通電圧が −70 mV のとき，電位依存性ナトリウムチャネルは閉じている．
2. 細胞膜が脱分極すると，チャネルは素早く開き，約 1 ms 後に不活性化状態になる．
3. チャネルは，この 1 サイクルが終わった後は，静止電位の状態でつぎのサイクルの開始まで約 1 ms ほどの休止が必要である．

電位依存性ナトリウムチャネルはナトリウムイオンがあるなしにかかわらず，一連のサイクルを行うことができる．活動電位を理解するためには，チャネルを通るナトリウムイオンの動きが膜電位に与える影響を考える必要がある．

ナトリウム性活動電位

温かい風によるわずかな脱分極でも，痛覚受容体の遠位末端にある電位依存性ナトリウムチャネルのいくらかは開くが，この内向き電流は外向きカリウム電流によって中和され，膜電位は新たな脱分極された値で安定する．それとは対照的に，膜が脱分極され，**閾値**（神経細胞においては −40 mV 程度である）を超えたとき，十分な数のナトリウムチャネルが開くので，チャネルを通る内向き電流は，TRPV チャネルを通る内向き電流とあいまって，カリウムチャネルを流れる外向き電流れよりはるかに大きくなる．これは図 15・11（b）における（i）の状態である．しかし，細胞質は多くの電荷を得てより正に傾くので，この状態は安定しない．このため，より多くの電位依存性ナトリウムチャネルが開いて，ナトリウ

応用例 15・4　コショウと痛み

トウガラシの活性成分であるカプサイシンは，TRPV チャネルの一つのアイソフォームを活性化させ口内に焼けるような感覚をひき起こす．一方，サンショウの活性成分であるサンショオールは，カリウムチャネルを閉じることにより，痛覚受容体や他の神経細胞を活性化させる．これが細胞を脱分極させ，新たな安定した膜電位を生む．この新しい膜電位下において，カリウムイオンの外向き電流は電位依存性ナトリウムチャネルを通る内向き電流と同じ値になる．しかしまだいくつか開いているカリウムチャネルが存在するため，この新しい定常状態の電位は，チャネルが運ぶカリウムイオンの大きい外向き電流によりカリウムイオンの平衡電位からは大きくかけ離れる．この脱分極は活動電位発生の閾値に達するには十分大きいものである．

医療応用 15・2　ナトリウムチャネル病

てんかんにおいては，脳における神経細胞の活動電位発生が制御できない．これは，小さい子供には珍しい病気ではなく，しばしば成長するとともに治癒する．しかし幼児期発症てんかんの一つ GEFS+，すなわち 6 歳以上の幼児にもみられる熱性発作を伴う全身てんかん症は，成長によって治癒しない．オーストラリアの Robyn Wallace らは，この原因が"電位依存性ナトリウムチャネルの不活性化プラグのチャネルを閉塞する動きが突然変異により遅くなる"ことにあることを突き止めた．つまり，チャネルの不活性化がスローペースで起こるため，脳内の神経細胞で活動電位が発生しやすくなるのである．

応用例 15・5　概して安全な局所麻酔薬

神経伝導は歯科医が局所麻酔薬を使用する際に活用される．患者は，ドリルで削られる際，歯内部の痛覚受容体が脱分極により発生した活動電位を脳に伝えるために，痛みを感じる．歯患部の脱分極を起こす部位はドリルで穴を開けない限り薬が到達することはない．ところが，痛覚受容体の軸索は歯茎にも伸びているので，歯茎の神経軸索近くに注射された局所麻酔薬が神経初節の細胞膜に結合し，電位依存性ナトリウムチャネルが開かなくなる．それでも歯に穴を空けることで，痛覚受容体膜の脱分極が起こり，活動電位が脳に向かって発信されるが，局所麻酔した部位の神経初節は活動電位を発生できない．したがって，患者は痛みを感じなくなる．

医療応用 15・3　腎臓における溶質の動き

腎臓において機能する多くのチャネルや輸送体，多くの複雑な制御機構のいくつかについてについて簡単に紹介しよう．腎臓における機能単位は腎尿細管であり (p.187 下図)，管内を流れる液体は血液の沪過によってつくられており，初期の段階では成分は血漿のそれに似ている．尿細管を通過する間に溶質と水分が加えられ，あるいは除かれ，最後に尿となる．

近位尿細管の機能の一つは管内の溶液からグルコースを回収することである．図にはどのようにグルコースが回収されるかも示した．間質液に接触している**漿膜**とよばれる細胞膜には p.179 でみたグルコース輸送体があり，グルコースが高濃度の領域から低濃度の領域へとグルコースを運ぶ．一方，腎尿細管内腔と接触している細胞膜 (管腔膜) にはナトリウムとグルコースの両方を通すことのできる，通常とは違うタイプのグルコース輸送体がある．ここでは，ナトリウムとグルコースの動きが密接に関係しており，どちらか一方が動くと他方も同時に動くのである．細胞内のナトリウムイオン濃度は，Na^+/K^+-ATPase (p.152) の働きにより低く保たれている．ナトリウム・グルコース共輸送体は，ナトリウムを電気化学的勾配に従って細胞内へ通し，同時にグルコースもその濃度勾配により細胞内へ運ぶ．グルコースの内向き輸送の結果，腎臓の細胞内グルコース濃度は，40 mmol/L と他の通常の細胞よりはるかに高い (発展 13・3, p.154)．そして，グルコースは濃度勾配に従って漿膜上にある通常のグルコース輸送体を通って間質液側へ流れ出し，結果的に血液内へ戻っていく．

輸送体には機能できる最大速度があり，流量と濃度の関係は酵素反応を支配するミカエリス・メンテンの式に従う (p.139)．最初に沪過された血漿内の濃度が正常な3〜4 mmol/L であれば，腎臓内の輸送体はほぼすべてのグルコースを回収できる．しかし糖尿病患者の場合のように濃度が 12 mmol/L を超えると，輸送体が最大限機能したとしてもすべてのグルコースを回収できず，いくらかは尿の中に残り，甘い尿として排出される．これが糖尿病の名前の由来である．

腎臓のもう一つの機能は，H^+ の排出である．摂取した食べ物に含まれる含硫アミノ酸であるメチオニンやシステインの代謝からは，硫酸イオンと水素イオンにイオン化する硫酸が得られる．図に示した遠位尿細管における H^+ の排出を行うこのプロセスの中心は，H^+ を尿細管腔へ押し出す H^+-ATPase である．この輸送体はミトコンドリアの ATP 合成酵素と非常によく似ている (発展 13・2, p.153)．ミトコンドリアの ATP 合成酵素同様，この輸送体も $ATP \rightleftarrows ADP + P_i$ 反応と H^+ の膜通過を連結する回転系を使用している．しかし，その仕事はまったく逆であり，ATP 加水分解エネルギーを使用して，電気化学的勾配に逆らって H^+ を運搬する．

ATPase によるエネルギー力学はうまくバランスを保っており，ATP 加水分解による発生エネルギーのわずかな減少があればもはや H^+ を排出することはできない．こういうわけで，腎臓細胞内において ATP 濃度を減少させる (あるいは，ADP や P_i 濃度を増やす) いかなる状況下でも H^+ の排出に問題が生じ，血液の酸性度を上昇させるという危険に陥る．この尿細管性アシドーシスとよばれる状態は，鎌状赤血球貧血症など (p.42) のように腎臓への酸素供給が危機にさらされた場合に起こる．また，単純に何らかの病気に対する身体反応中に起こる腎臓の細胞ストレスの結果として起こることもある．

副腎がホルモンであるアルドステロンを分泌すると，遠位尿細管は ENaC ナトリウムチャネル (医療応用 6・2, p.64) を発現さる．その結果，尿とともに排出されてしまうナトリウムイオンを回収することができる．管腔膜上にはすでに ROMK というカリウムイオンに対して選択性のあるチャネルが存在しており，ENaC が発現するとナトリウムイオンはその電気化学的勾配に従って流入する．なぜなら，電位依存性ナトリウムチャネル (p.184) と違い，ENaC は膜電位の値にかかわらず 30% の時間は開いている．この場合，膜はナトリウムイオンに対してかなりの透過性があるので，膜電位はカリウムイオンの平衡電位から大きくかけ離れ，約 −70 mV まで動く．そのためカリウムイオンは細胞内から管腔内へ移動する．

ナトリウムイオンは漿膜にある Na^+/K^+-ATPase によって細胞内から間質液へ送り出され，カリウムイオンは細胞内へ引き込まれる．漿膜は，Kir とよばれる違ったタイプのカリウムチャネルが存在するため，カリウムイオンに対して高い透過性があるが，他のイオンに対してはほとんど透過性がないため，漿膜の膜電位の値はカリウムイオンの平衡電位に近い．よって，この膜においてはカリウムイオンの電気化学的勾配はほとんどない．むしろ，Na^+/K^+-ATPase によって細胞内に入ったカリウムイオンは，ROMK を介して管腔内に去っていく．

腎臓がカリウムイオンを排出しすぎ，代わりにナトリウムイオンを回収しすぎる，といった患者には，ENaC をブロックするアミロライド〔商品名ミダモール (Midamor)〕の投与がしばしば必要となる．ENaC がブロックされている状態では，ナトリウムイオンは管腔から細胞内へ移動することはできず，代わりに尿の中に残る．そして，管腔膜はほぼカリウムイオンに対してのみ透過性をもつことによって，管腔に面している膜の電位がカリウムイオンの平衡電位とほぼ同じになり，カリウムイオンは細胞内から管腔への移動を止める．

ROMK に遺伝的損傷のある患者達は過度にナトリウムイオンを排出する（応用例 10・1, p.110）が，この症状は遺伝的に正常な人でも体組織が大きく酸性に傾いた際（アシドーシス：酸血症）もみられる．アシドーシスのおもな原因は，呼吸によって細胞がつくり出す二酸化炭素を完全に排出することができないといった呼吸器の問題，あるいは糖尿病性アシドーシス（医療応用 2・1, p.15）といった代謝の問題である．おもな要因が何であれ，腎臓細胞のわずかな酸性化が ROMK チャネルの開いている時間を非常に短くする．この現象の分子的基盤は現在解明途上にあるが，これまでにわかっている点は，(1) チャネルは四つの同一タンパク質サブユニットから成るが，それぞれのサブユニットのカルボキシ末端にある連続する四つのヒスチジン残基が関係するようである．(2) このヒスチジン側鎖の pK_a は 7 であるので，pH が下がってチャネル複合体の 16 個のヒスチジンがつぎつぎとプロトン化すると，正電荷を帯びるようになる．(3) この正電荷により複合体の四次構造は壊れ，チャネルは閉じられる．したがって，カリウムイオンが腎臓細胞から管腔内へ移動できないようになる．その結果，酸性状態の患者は通常，高い血漿内カリウムイオン濃度を示す，高カリウム血症である．治療しなければ，特に高カリウム濃度の心臓への影響は直ちに致死となることがある．

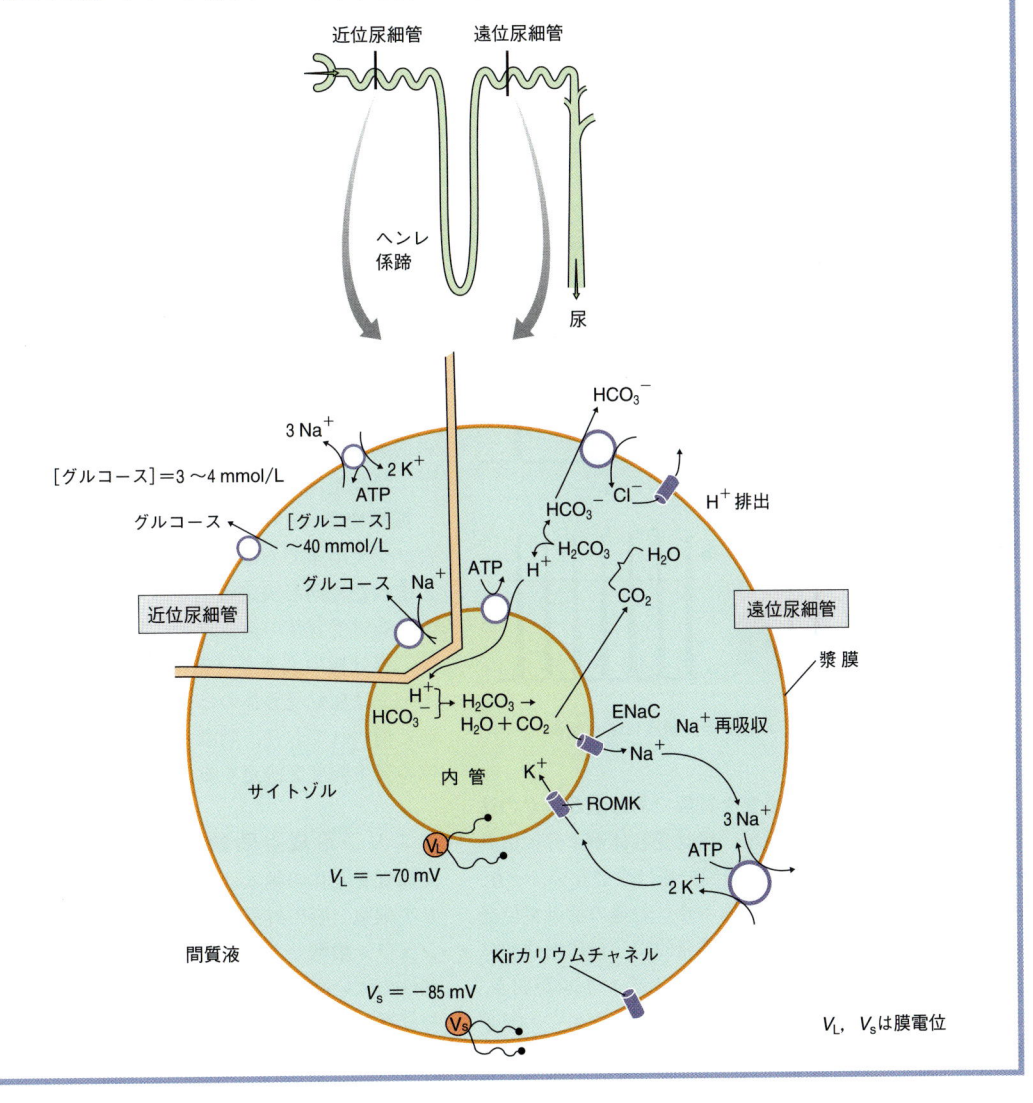

ムイオンが大量に内部に流れ込み，膜がさらに脱分極される．細胞はすぐに (ii) の状態になり，その箇所のすべての電位依存性ナトリウムチャネルが開き，膜は急激に脱分極する．

膜には多くの電位依存性ナトリウムチャネルが存在するので，膜電位はナトリウムの平衡電位である +70 mV

近くに達するが，チャネルは不活性化するので，ナトリウムイオンの流れは止まる．(iii) の状態になるまでには，ほぼすべての電位依存性ナトリウムチャネルが不活性化するので，電流を通すチャネルはカリウムチャネルだけとなる．膜電位がカリウムの平衡電位よりはるか正になるので，それぞれのカリウムチャネルは大きな外向き電流を通すことになる．しかし膜はすぐに再分極する．いったん膜電位が負となると，電位依存性ナトリウムチャネルは回復し"いつでも開くことのできる閉じた状態"となる．そして，TRPVチャネルがまだ開いていれば，細胞は直ちに再び活動電位を発生させる準備が整う．

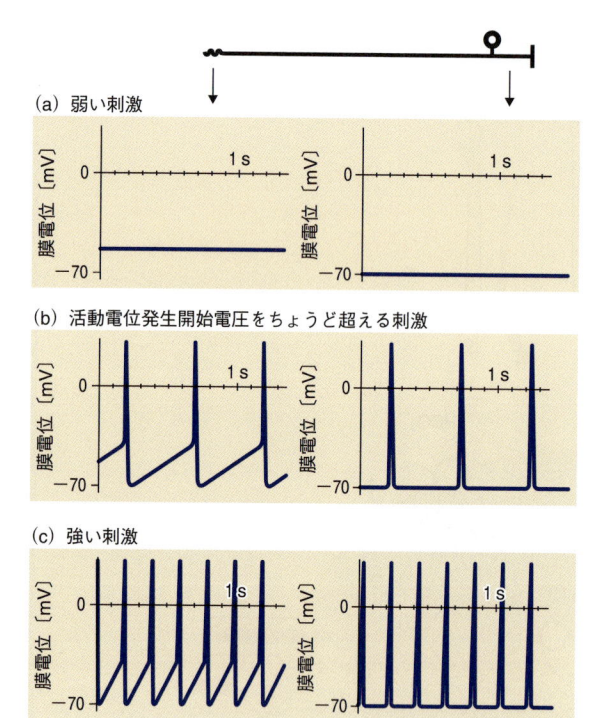

図 15・13　神経系における発火頻度による制御

この図は，活動電位の重要な特徴である**全か無かの法則**を表している．温かい風は，痛覚受容体が十分に活動電位を発生させるに足るだけの脱分極は生じない．一方，熱い風は，細胞を十分に脱分極させ，一連の活動電位発生プロセスを促す．活動電位は爆発的に，自己増殖的になり，すべての電位依存性ナトリウムチャネルが開き，細胞膜が大きく脱分極するまで増大する．すべての興奮性細胞には，活動電位発生のための閾値があり，痛覚受容体においてのそれは約 −40 mV である．閾値を下まわる脱分極では何も起こらないが，閾値を上まわる正への脱分極は完全な活動電位を発生させる．活動電位の特性は正のフィードバックループである．すなわち，脱分極が電位依存性ナトリウムチャネルを開き，開いたチャネルがさらなる脱分極をひき起こす．

シグナルの強さは活動電位の頻度によって決定される

痛覚受容体の軸索遠位末端では，刺激の強さは脱分極の量によって表される．肌に感じる風が熱ければ熱いほど，末端の膜電位はより正となる．他の知覚細胞も同様である．たとえば，16章では，匂い物質を感知する鼻の神経細胞を扱う．匂い物質が多ければ多いほど細胞はより脱分極する．脳に届くシグナルは活動電位である．しかし，活動電位は刺激の強さは全か無かの法則の法則に従うので，活動電位の単なる足し算ではない．むしろ活動電位の頻度によって決定されるのである．

図 15・13 はシグナルの強さと活動電位発生頻度との関係を示している．刺激が活動電位を発生させるには弱すぎる場合は（図 15・13 a）痛覚受容体の膜電位は静止電位から大きくずれることはない（図 15・13 a の右側）．刺激が活動電位発生の閾値をわずかに超える場合（図 15・13 b），遠位末端では，初めの活動電位発生後，つぎの活動電位発生のための膜電位はゆっくりと上昇し閾値に達する．そのため，細胞は低い頻度で活動電位を発生する．この活動電位は，TRPV 非依存的に軸索を伝搬していく（図 15・13 b の右側）．刺激が十分強い場合（図 15・13 c），TRPV チャネルが開き正電荷が動くので，個々の活動電位発生後の脱分極はより早く起こる．したがって，活動電位発生の間隔は短くなり，頻度は上昇する．

振幅変調（AM）と周波数変調（FM）はよく知られたラジオ用語である．われわれは神経系においてもそれとまったく同じ決定戦略をみているのである．AM モードは痛覚受容体の遠位末端において使われ，刺激の強さは，脱分極の大きさ（振幅）によって決定される．FM モードは痛覚受容体のほか，ほとんどすべての軸索において使われており，刺激の強さは，同じ大きさの活動電位の発生頻度を決定する．

ミエリン形成と活動電位の伝導

痛覚受容体の軸索は，そのほとんどの全長においてグリア細胞（脳の外部と脊髄にあるグリア細胞はしばしば**シュワン細胞**とよばれる）がつくる**ミエリン**とよばれる油性の太い鞘のようなもので絶縁されているため，中枢神経系へのシグナルの伝導は非常に速い．痛覚受容体の軸索とグリア細胞との関係をみると図 15・10 では，それぞれのグリア細胞は軸索に巻き付き電気的絶縁体の鞘を形成しており，ランビエ絞輪とよばれる鞘と鞘のわずかな隙間だけ，神経細胞の軸索膜（この絞輪部分には活動電位発生に必要な電位依存性のナトリウムチャネルと

カリウムチャネルがある）は細胞外液に露出している．図15・10は模式図であるので，縦と横の長さスケールは実際とはかけ離れている．グリア細胞が巻付いた電気的絶縁体の鞘であるミエリン部は直径わずか3μmであるのに対してミエリン鞘の長さは1mmもあり，通常の細胞としてはかなりの長い．したがって，ランビエ絞輪と絞輪との間では，軸索は絶縁された電気ケーブルとなっている．すなわち，絶縁された電線の一方の端で起こる電位変化が他方の端で瞬時に感知されるように，一つのランビエ絞輪で生じた膜電位の変化（活動電位）はつぎのランビエ絞輪へ瞬時に伝導される．

図15・10は，軸索末端で発生した活動電位が最初のランビエ絞輪へと飛び移る様子を示している．まさにプラス極からマイナス極へ電流が流れるように，脱分極した部位からつぎのランビエ絞輪へ軸索の細胞質を通って電流が流れる．ランビエ絞輪に流れ込んだ電流はその絞輪部を脱分極し，その脱分極が閾値に達するとそこで活動電位が発生する．この時点で，ランビエ絞輪ではカリウムチャネルから流れ出るカリウムイオンより多くのナトリウムイオンが電位依存性ナトリウムチャネルより流れ込み，そして膜は急速に+30mVまで脱分極する．この一連の変化がつぎのミリメートル（mm）に及ぶ軸索に沿って起こる．軸索の細胞質を流れる電流によりつぎのランビエ絞輪が脱分極し，活動電位が発生する．こうして活動電位はランビエ絞輪から絞輪にジャンプしながら伝わっていく．この過程は，ラテン語の"ジャンプする"という意味の"saltera"からとって，"saltatory conduction"跳躍伝導とよばれる．毎秒15mの速さでシグナルを伝導することができる痛覚受容体の軸策において，活動電位は67μsで1mmのランビエ絞輪間を伝わる．われわれの体内で最も速く伝導できる軸索では，活動電位は17μsでランビエ絞輪間を伝わり，伝導速度は毎秒60mに達する．

TRPVチャネルは痛覚受容体の神経細胞内にのみみられる．他の感覚神経は低温や接触といった他の刺激によって脱分極する．一方，脳への命令を送る，あるいは脳内での情報を処理する，といた神経細胞は次章で述べるように他の機構により活動電位を生み出す．とはいっても，すべての神経細胞には電位依存性ナトリウムチャネルがあり，活動電位伝導メカニズム自体は共有されていることは重要である．

軸索とミエリン鞘との組合わせが神経線維の本質である．図15・10に示した神経線維全体での平均直径は3μmである．人体のミエリン鞘をもった神経線維には，直径1μm，伝導速度毎秒6mというものから直径10μm，伝達速度毎秒60mというものまである．いくつかの神経細胞にはミエリン鞘がなく，伝導速度はより遅い．匂い知覚の神経細胞の軸索はそのよい例である（p.197）．漂ってくる匂いを知覚する時間が多少長くても支障はない，ということを前提とすれば，鼻から脳への匂い情報をできるだけ速く伝えることはそれほど意味のあることではないであろう．

まとめ

1. チャネルは，中央を水溶液で満たされた穴のある膜タンパク質で，イオンを含む水溶性溶質が膜の一方から他方へ通過し移動することができる．チャネルタンパク質の構造変化はチャネルの口を開閉させるが，溶質が一方から他方へ移動すること自体には関係がない．
2. 細胞膜にカリウムチャネルが存在し，それが静止電位を決定することの意味は，Na$^+$/K$^+$-ATPaseによるATPの加水分解エネルギーのほとんどはナトリウムイオンの濃度勾配に保持され，カリウムイオンの濃度勾配がカリウムイオンの平衡電位に近いことにある．
3. 静止電位は細胞内部から塩化物イオンを押し出す．
4. チャネルのような輸送体は膜を貫通するチューブを形成するが，チューブの片方の口は常に閉じている．溶質は開いている口からチューブ内に入る．輸送体が構造変化をして，これまで閉じていた口を開くと，溶質は反対側の口から出ていく．
5. グルコース輸送体は人体のすべての細胞に存在する．
6. ナトリウム/カルシウム交換体は，ナトリウムイオンの濃度勾配によるエネルギーを利用してカルシウムを細胞外に排出する一種の輸送体である．
7. 電子伝達系のATP生成酵素やNa$^+$/K$^+$-ATPase，カルシウムATPaseは輸送体であり，同時に酵素でもある．この二つの特徴は密接に関連している．
8. 電位依存性ナトリウムチャネルは静止電位下では閉じられているが，脱分極によって開かれ，約1/1000秒後に不活性化する．
9. 電位依存性ナトリウムチャネルが開いている間，ナトリウムイオンは電気化学的勾配にしたがって，細胞内に流入する．チャネルを通る電流の膜を隔てた膜電位に及ぼす影響と膜電位が電流に及ぼす影響の相互効果が正のフィードバックシス

テムとなる．最初に膜が活動電位発生の閾値まで脱分極されれば，ナトリウム電流の正のフィードバックシステムにより全か無かの法則にしたがって脱分極が続く．電位依存性ナトリウムチャネルが不活性化すると膜は再分極する．この脱分極と再分極の全サイクルを活動電位という．
10. 活動電位の発生は全か無かの法則に従う．神経細胞によって伝えられるシグナルの強さは，活動電位の大きさではなく，頻度によって決定される．
11. 軸索とよばれる長い神経線維は，最速毎秒 60 m の速さで活動電位を伝導する．これは，ランビエ絞輪の間にある 1 mm もある電気的絶縁体のミエリン鞘のためである．
12. 多くの軸索にはミエリン鞘がなく，活動電位の伝導もミエリン鞘のあるものより遅く，速い伝導速度を必要としない場所にみられる．

参 考 文 献

F. M. Ashcroft, "Ion Channels and Disease", Academic Press, San Diego, CA (2000).

I. B. Levitan, L. K. Kaczmarek, "The Neuron", 3rd edition, Oxford University Press, New York (2002).

復 習 問 題

15・1 重要なイオンの細胞質および細胞外濃度

A. $\geq 10^2$ mmol/L　B. 5×10 mmol/L　C. 10 mmol/L
D. 5 mmol/L　E. 1 mmol/L　F. 10^{-1} mmol/L
G. 10^{-2} mmol/L　H. 1 μmol/L　I. $\geq 10^2$ nmol/L

一般的なヒトの細胞における以下の事項に最も近い値を，上記の濃度リストから選べ．

1. 細胞質内カルシウムイオン濃度
2. 細胞外カルシウムイオン濃度
3. 細胞質内塩化物イオン濃度
4. 細胞外塩化物イオン濃度
5. 細胞質内水素イオン濃度
6. 細胞外水素イオン濃度
7. 細胞質内カリウムイオン濃度
8. 細胞外カリウムイオン濃度
9. 細胞質内ナトリウムイオン濃度
10. 細胞外ナトリウムイオン濃度

15・2 細胞膜におけるイオンが通る道筋

A. カルシウム ATPase　B. コネクソン
C. グルコース輸送体　D. カリウムチャネル
E. Na^+/Ca^{2+} 交換体　F. TRPV
G. 電位依存性ナトリウムチャネル

上記 A～G のチャネルおよび輸送体リストから 1～6 に説明されているタンパク質と最も関係のあるものを選びなさい．

1. 加水分解反応を行う酵素
2. 酵素作用をもたず二つの異なるイオンをそれぞれ逆方向へ運ぶタンパク質
3. グルコースを通すチャネル
4. 人体のほとんどの細胞に存在し，"細胞質側は細胞外に比べ負電圧になる"という事実を保障するタンパク質
5. 痛覚受容体神経に存在するチャネルであり，非常に熱い温度によって開く
6. ほとんどの神経細胞に存在するが，痛みには反応しない．また，肝細胞や赤血球など非神経細胞には存在しない

15・3 神経細胞におけるイオンの流れ

A. Cl^-　B. $H^+(H_3O^+)$　C. K^+　D. Na^+

上記のイオンのリストから下記に説明と最も関係のあるイオンを選びなさい．

1. このイオンの濃度勾配は他の細胞膜では重要な働きをするが，細胞膜を隔てた濃度勾配は小さい．細胞質側と細胞外との濃度はほぼ同じで，あっても 2 倍以内の差である．
2. 静止時の神経細胞では，このイオンは常に細胞内にもれ入っており，ATP を使う輸送体により排出されねばならない．
3. 静止時の神経細胞では，このイオンは常に細胞外にもれ出ており，ATP を使う輸送体によりくみ上げられねばならない．
4. 神経細胞は脱分極すればするほど，このイオンの電気化学的勾配は大きくなり，細胞内への流入に有利となる．
5. 静止時の神経細胞では，このイオンは細胞膜を隔てて平衡状態にある．

発 展 問 題

腎不全では，細胞外液のカリウムイオン濃度は通常の 5 mmol/L から 10 mmol/L あるいはそれ以上にも上昇する．このことの心筋細胞の静止電位に及ぼす影響を述べよ．また，心臓の電位依存性ナトリウムチャネルに対して，結果的にいかなる影響が出るか．

15. イオンと膜電位

発展問題の解答 静止電位よりも正の方向へ脱分極する。

カリウムイオンチャネルに対するこの効果により、電位依存性カリウムイオンチャネルは開いている間は、もう一つは開いているチャネルの電位依存性カリウムイオンチャネルが5 mmol/L、細胞質では140 mmol/Lという濃度状態では、心筋細胞の静止電位は約−80 mV、この電位だと、多くの開口したカリウムイオンチャネルを通り内向きに流れるカリウムイオン電流がそれを運ぶ電流よりも有意になる。一方、チャネルを通る内向き電流を増加している。カリウムイオンチャネルを通り内向きより有意に運ばれる内向き電流を可能にするか、この濃度が10 mV程度高い、という事実である。

もし細胞外のカリウムイオン濃度が増えれば、その平衡電位は正の方へ傾く。たとえば細胞外のカリウム濃度が10 mmol/Lへ増加すれば、その平衡電位はほぼ−71 mVとなる。今度はカリウムイオン濃度が内向きよりも電流となるイオン濃度が内向きとなりカリウム

になりに至る。

を作るために、静止電位はカリウムイオンの平衡電位より約61 mV、正に傾いていることになる。つまり、細胞外カリウムイオン濃度の変化によって、このような−61 mVという濃度に上昇すると、細胞膜は徐々に分解される。

そもそも、部分的な効果はカリウムイオンチャネルが機能を果たすことであり、それによって細胞膜における活動電位の発生を見ると、これらも古い電位や細胞の拍動が生じる条件である。しかし、電位依存性カリウムイオンチャネルはより活性化した状態に戻って閉じた状態のままで、多くの電位依存性カリウムイオンチャネルは−60 mVである。多くの電位依存性カリウムイオンチャネルはもし開じていた状態のままで、もし開じた状態の細胞内の電気的興奮が可能でなくなり、活動電位は発生せず、まったく収縮もできず、容態になるに至る。

16 細胞内シグナル伝達

細胞の挙動は一定ではない．細胞は，細胞内環境の変化や細胞外で起こる現象に応答して挙動を変化させることが必要である．このような細胞の挙動の変化を可能にする細胞内シグナル伝達機構はさまざまであり，かつ複雑である．本章では，15章にひき続き最初に，神経細胞において，どのようにしてカルシウムイオンが細胞膜から細胞内に存在する小胞にシグナルを伝達するのかを説明する．その後，その他の細胞内シグナル伝達機構について説明する．

程はきわめて遅い．電位依存性カルシウムチャネルは休止状態の細胞では閉口しているが，活動電位が皮膚から伝わって軸索末端の細胞膜が脱分極すると開口する．このときカルシウムイオンが細胞外から細胞内へ流入し，細胞内カルシウムイオン濃度は10倍上昇して100 nmol/

● カルシウムイオン

休止状態の細胞においては，細胞内カルシウムイオン濃度は非常に低く，100 nmol/L 程度である．ほとんどの細胞では，細胞内カルシウムイオン濃度が上昇すると，さまざまな反応が誘起される．カルシウムイオンは，細胞外液からの流入あるいは小胞体からの放出の二つの経路により細胞質へ移動する．

カルシウムイオンは細胞外液から流入する

15章では，手が熱くなると，どのようにして手から脊髄へ到達するための活動電位が痛覚受容神経細胞の軸索に沿って発生するかを説明した．活動電位が軸索末端に到達すると，アミノ酸の一つであるグルタミン酸が別の神経細胞の痛覚伝達神経細胞へ放出される（図16・1）．グルタミン酸は痛覚伝達神経細胞を刺激する神経伝達物質であるので，指が傷害を受けているというメッセージは脳へ向かって伝達される．

軸索末端はミエリン化されていないので，軸索末端の細胞膜は細胞外液にさらされている．細胞膜には，カリウムチャネルや電位依存性ナトリウムチャネルのほかに電位依存性カルシウムチャネルも存在している．電位依存性カルシウムチャネルは電位依存性ナトリウムチャネルときわめて類似しているが，カルシウムに選択的であり，電位依存性ナトリウムチャネルと同様に脱分極に応答して開口し，その後に不活性化するが，不活性化の過

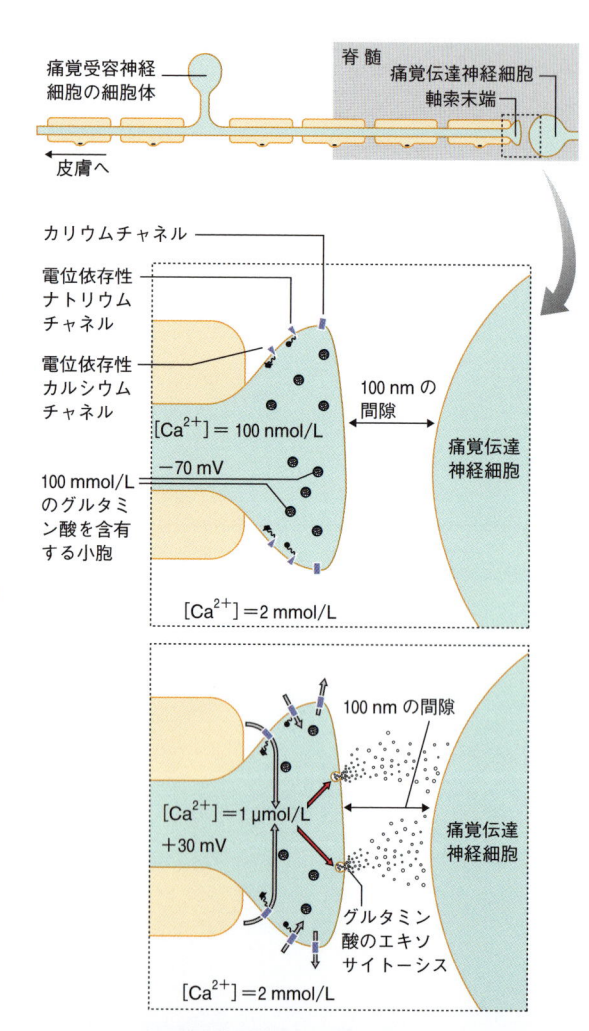

図16・1　痛覚受容神経細胞の軸索末端において細胞外から細胞内へ流入したカルシウムイオンはエキソサイトーシスを促進する．

Lから1 µmol/Lになる．神経細胞の軸索末端の細胞質には調節性分泌小胞が局在している（p.128）．痛覚受容神経細胞に存在する調節性分泌小胞にはグルタミン酸ナトリウムが含有されている．細胞内カルシウムイオン濃度が上昇すると，調節性分泌小胞は細胞質から細胞膜へ移行して細胞膜と融合し，その結果，内容物のグルタミン酸が細胞外液へ放出される．放出されたグルタミン酸は痛覚伝達神経細胞との間隙へ拡散して痛覚伝達神経細胞を活性化する（その機構については，17章で説明する）．痛覚伝達神経細胞の軸索末端での活動電位は1ミリ秒（ms）以内で消失するので，電位依存性カルシウムチャネルが不活性化される時間的余裕はなく，電位依存性カルシウムチャネルは開口準備状態に戻って，つぎの活動電位が到達すると直ちに再び開口する．

この過程において，カルシウムイオンは細胞膜の脱分極と細胞質に局在する調節性分泌小胞からの神経伝達物質の放出を連結する役割を担っている．

カルシウムイオンは，**細胞内メッセンジャー**であり，細胞内カルシウムイオン濃度の上昇によって誘導される調節性分泌小胞からの神経伝達物質の放出は神経細胞で最初に発見されたが，今やほとんどすべての細胞の特徴であることが知られている．

前章では，細胞内メッセンジャーについて説明したが，本章では，痛覚受容神経細胞の軸索末端における二つのポイントについて概説する．一つ目は，異なる種類の神経細胞は，異なる神経伝達物質を放出する，ということである．グルタミン酸はほとんどの種類の神経細胞の分泌小胞に存在するが，グルタミン酸とは異なる神経伝達物質を放出する神経細胞も存在する．二つ目は，命名法についてである．痛覚受容神経細胞のように，多くの神経細胞は連結するつぎの細胞の近傍に軸索末端が存在しており，ここから神経伝達物質を放出する．この場合，軸索末端，間隙，および神経伝達物質を受容する二つ目の神経細胞の一部を含むすべてのユニットを**シナプス**と

よぶ．神経伝達物質を放出する軸索末端を**シナプス前末端**とよび，神経伝達物質を受容する二つ目の細胞を**シナプス後細胞**とよぶ．ある種の神経細胞は，二つ目の細胞とシナプスを形成できるほど接近しておらず，ただ単に，軸索末端から細胞外液へ神経伝達物質を放出する．

カルシウムイオンは小胞体から放出される

活動電位とは関係なく，神経伝達物質や細胞外液に存在する特殊な分子によって細胞内カルシウムイオン濃度が上昇する場合がある．細胞外液の分子は，その分子に対する親和性が高い膜内在性タンパク質である受容体により認識され，最終的には滑面小胞体から細胞質へカルシウムイオンが放出される．この機構について，血小板を例として説明する．その後，この機構がさまざまな細胞種においてどの程度一般化できるかについて議論する．

血液成分の一つである**血小板**は細胞の断片であり，核をもっていないが，細胞膜と小胞体をもっている．血小板は，小胞体からのカルシウムイオンの放出を血液凝固機構の一つのステップとして利用している（図16・2および図16・3）．小胞体からのカルシウムイオンの放出においては二つの機構が関与している．細胞膜における電位依存性カルシウムチャネルのように，小胞体においては**イノシトールトリスリン酸（IP_3）依存性カルシウムチャネル**がカルシウムイオンを通過させる唯一の装置である（図16・2）．このチャネルは通常は閉じており，カルシウムイオンは流出しない．このチャネルは，小胞体膜の電位の変化によっては開口しないが，細胞内のIP_3がチャネルの細胞質側に結合すると開口型へ変化する．

説明すべき二つ目の機構は，細胞内でのIP_3生成機構である（図16・3）．血管が切断されると，切断された部位において損傷を受けた細胞から血液中へ細胞質が流出する．通常は細胞内にのみ存在する溶質が流出すると，それが損傷を受けたという確かな情報となる．アデノシン二リン酸（ADP）はその類の溶質であり，ADPは血

応用例 16・1　カルシウムシグナルの可視化

細胞内のカルシウムシグナルは，カルシウムに結合すると明るく蛍光を発する色素を用いて可視化することができる．画像は，カルシウム検出色素を導入した痛覚受容神経細胞の細胞体を示す．画像aは休止状態の細胞を示しており，細胞は不鮮明である．画像bは，脱分極して100ミリ秒後の細胞で，カルシウムイオンが電位依存性カルシウムチャネルを介して細胞内へ流入したため，細胞の縁が明るくなっている．細胞の下の部分の明るい部位は，核である．

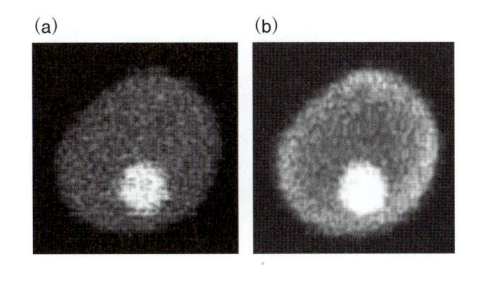

(a)　(b)

小板を活性化して損傷した血管を修復するための血液凝固を誘起する．血小板の細胞膜にはADPを特異的に結合する受容体が存在している．すなわちADPはリガンドである．ADP受容体は，ADPが結合すると，G_qとよばれる**三量体Gタンパク質**のグアニンヌクレオチド交換因子（p.121）として機能する．以前に説明したRanやArf，Rabなどの低分子量GTPaseと同様に，三量体Gタンパク質もGTPaseであり，三量体Gタンパク質にGTPが結合すると活性型となって下流の標的タンパク質を活性化し，結合したGTPがGDPに加水分解されると不活性型になる．三量体Gタンパク質は，名前のとおり，α，βおよびγの三つのサブユニットから構成されている．αサブユニットはGTPaseの本体であり，βおよびγサブユニットは，αサブユニットにGTPが結合するとαサブユニットから解離し，αサブユニットに結合したGTPが加水分解されると再び会合する．GTPが結合した活性型のG_qはホスファチジルイノシトール特異的ホスホリパーゼCのβアイソフォームを活性化する．このホスファチジルイノシトール特異的ホスホリパーゼCは，略して**ホスホリパーゼC**あるいは単に**PLC**とよばれる．（大文字のCはホスホリパーゼにより加水分解されるリン脂質の部位を意味している．ホスホリパーゼA，B，Dも存在するが，これらについては本書では言及しない）．PLCは，極性部分のイノシトール環がリン酸化された細胞膜リン脂質の**ホスファチジルイノシトールビスリン酸（PIP_2）**を特異的に加水分解し，

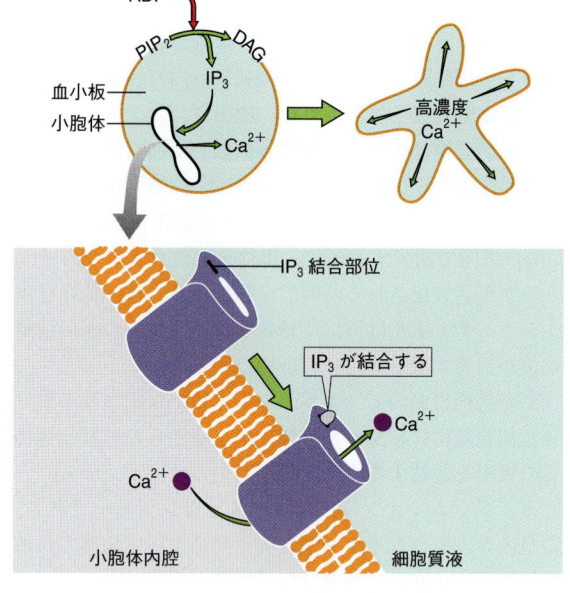

図16・2 イノシトールトリスリン酸依存性カルシウムチャネルは，小胞体膜に存在するカルシウム選択的なチャネルである．血小板において細胞内カルシウムイオン濃度が上昇すると，血小板は粘着性を増して血液凝固を誘起する．DAG: ジアシルグリセロール，PIP_2: ホスファチジルイノシトールビスリン酸，IP_3: イノシトールトリスリン酸．

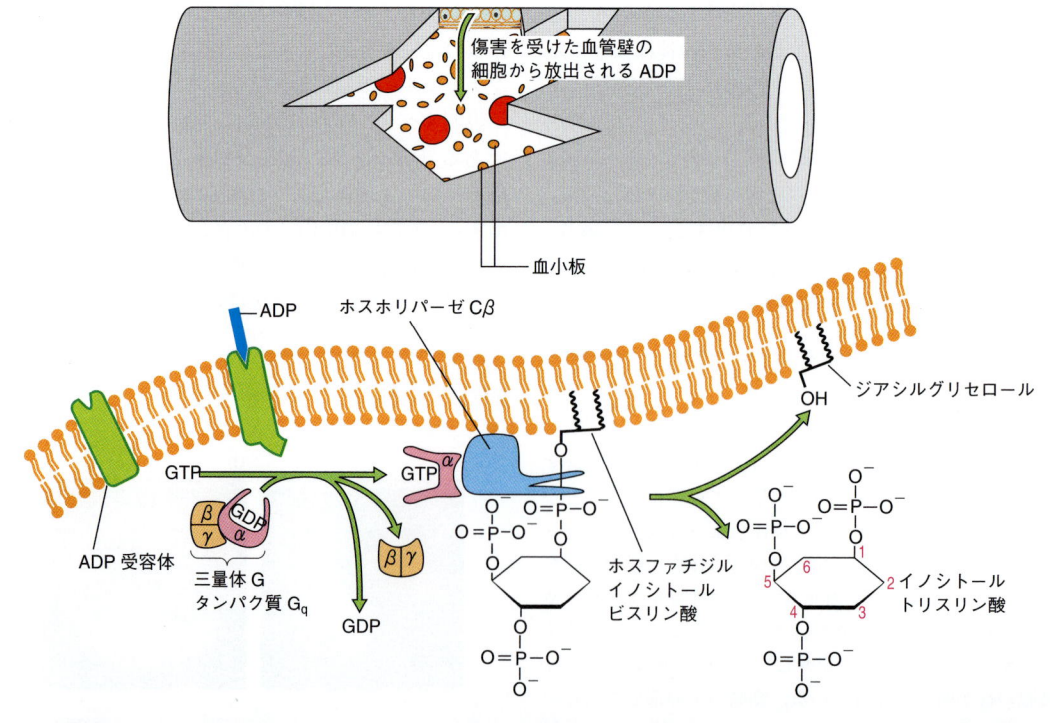

図16・3 傷害を受けた血管壁の細胞から放出される**ADP**は，血小板のG_qを活性化し，ついでホスホリパーゼ**Cβ**を活性化する．

IP₃ とグリセロール骨格に二つのアシル基が結合した脂質のジアシルグリセロール（**DAG**）を産生する．IP₃ は細胞質へ拡散できるので，小胞体へ到達して IP₃ 依存性カルシウムチャネルへ結合する．IP₃ が結合した IP₃ 依存性カルシウムチャネルは開口し，カルシウムイオンが小胞体から細胞質へ流出する．細胞内カルシウムイオン濃度が上昇すると血小板は形態変化を誘起し（図16・4），粘着性を増すために凝集する．

PIP₂, G_q, PLCβ および IP₃ 依存性カルシウムチャネルはほとんどすべての真核細胞に見いだされているが，ADP 受容体の分布は限定されている．ADP 受容体を発現している細胞のみが ADP に応答して細胞質カルシウムイオン濃度を上昇する．他の種類の細胞は，他の分子に応答する．それぞれの分子に特異的な受容体は，G_q を活性化する．このような受容体は，現在 100 種類以上知られている．これらのうち二つの受容体については，つぎの章で説明する．

図16・4　傷害を受けた血管壁の内側表面に存在する血小板の走査型電子顕微鏡像　血小板は活性化されて，偽足とよばれる短い突起を伸ばしており，まさに血液凝固が始まるところである．写真提供：Mark Turmaine (University College London).

細胞内カルシウムイオンによりさまざまな細胞現象が活性化される

細胞内カルシウムイオン濃度の上昇により活性化される細胞現象は，細胞種により異なる．カルシウムイオン濃度の上昇は非常に大ざっぱなシグナルであり，ただ単に"やれ"と言っているようなものであり，細胞が何をすべきかを決定するシグナルではない．このシグナルが活性化する細胞現象は，細胞が設定している細胞現象に依存している．調節性分泌が設定されている細胞あるいは細胞の限られた部位（たとえば唾液腺細胞や軸索末端）では細胞内カルシウムイオン濃度が上昇すると分泌が誘起される．収縮するように設定されている細胞（たとえば筋細胞）では，カルシウムイオン濃度の上昇に伴って細胞は収縮する．それぞれの場合において，カルシウムイオンはカルシウム結合タンパク質に結合し，カルシウム-カルシウム結合タンパク質複合体は標的となる細胞現象を活性化する．

骨格筋細胞 (p.10) において，神経の軸索末端から放

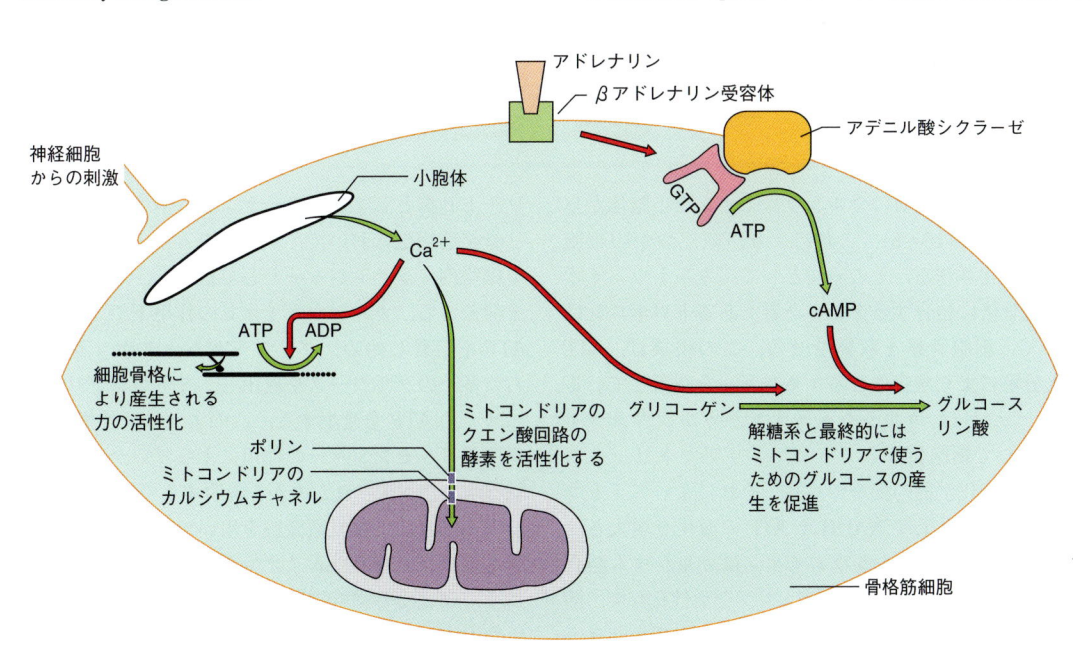

図16・5　カルシウムイオンと **cAMP** は，骨格筋細胞における異なる細胞現象を活性化するが，その一部は重複している．

発展 16・1 リアノジン受容体

ほとんどの細胞では，細胞膜に存在するカルシウムチャネルとは異なるタイプのカルシウムチャネルが小胞体膜に存在する．植物毒素のリアノジンがこのチャネルに結合するという事実から，当初は，このチャネルはIP$_3$受容体とは異なるチャネルであると考えられており，リアノジン受容体とよばれていた．リアノジン受容体は，骨格筋に最初に見いだされた．骨格筋細胞においては，リアノジン受容体は細胞膜に存在する電位依存性カルシウムチャネルと物理的に連結している(図a)．電位依存性カルシウムチャネルが開口構造へ変化すると，その下流に位置するリアノジン受容体は開口構造へ変化し，カルシウムイオンが滑面小胞体から細胞質内へ流出する．このようなリアノジン受容体と細胞膜のカルシウムチャネルとの物理的連結は，他の細胞ではみられない．実際，リアノジン受容体は，細胞内カルシウムイオン濃度が臨界濃度に達すると開口する．たとえば，心筋細胞においては（図b），脱分極すると細胞膜の電位依存性カルシウムチャネルが開口してカルシウムイオンが細胞質内へ流入し，このカルシウムイオンがリアノジン受容体の細胞質側に結合することによって滑面小胞体から細胞質へカルシウムイオンが流出する．

出された神経伝達物質はカルシウムイオンを小胞体から流出させる（図16・5）．これにより，いくつかの細胞現象が活性化される．その一つとして，カルシウムイオンは細胞骨格に結合するタンパク質であるトロポニンに結合して，細胞骨格を収縮させる．この現象は，ATPの加水分解により産生されるエネルギーを利用している（p.223）．二つ目は，カルシウムイオンがカルシウムチャネルを介して細胞質からミトコンドリアマトリックスへ入って電気化学的勾配をつくり，それによってミトコンドリアを活性化してNADHとATPの産生を増大させる（p.172）．最後に，カルシウムイオンはカルシウム結合タンパク質の一つであるカルモジュリンを活性化して，活性化されたカルモジュリンがグリコーゲンホスホリラーゼキナーゼを活性化し，エネルギー代謝のフィードフォワード制御としてグリコーゲンを分解する（p.172）．

骨格筋細胞において，カルシウムイオンはまた，単純な細胞内メッセンジャーとして機能し，さまざまな作用を発揮する．カルシウムイオンの作用下で，細胞骨格はATPを消費し始め，グリコーゲンホスホリラーゼはさらに多くのグルコースを放出し，ミトコンドリアはさらに多くのATPを産生する．このように，骨格筋細胞は，細胞内メッセンジャーの作用によっていかにさまざまな細胞現象が制御されるのかを説明するのによい例である．

図16・6に，蛍光顕微鏡を用いて可視化した，ミトコンドリアがカルシウムイオンを取込む様子の実験結果を示す．痛覚受容神経細胞の細胞体のミトコンドリアの染色像（図16・6a）と核をHoechst33342で染色した像（図16・6d）を示す．また，ミトコンドリア内のカルシウ

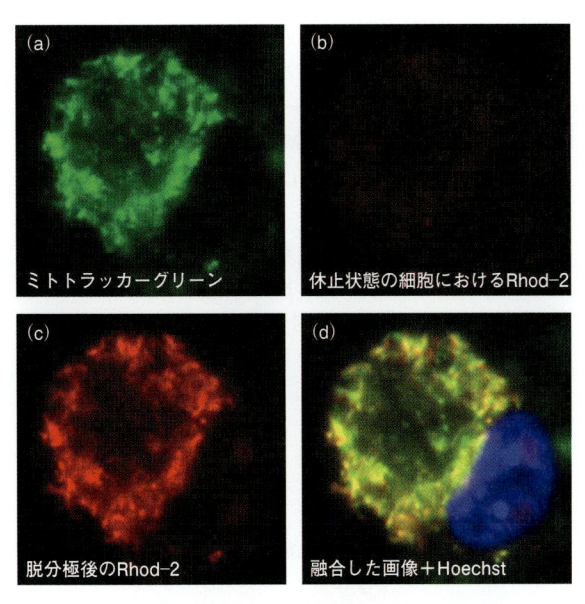

図16・6 神経細胞のミトコンドリアは，カルシウムを細胞質から取込む．写真：William Coatesworth, Stephen Bolsover, *Cell Calcium*, 39, 217 (2006).

図16・7 サイクリックアデノシンーリン酸 サイクリックAMP (cAMP) ともよばれる．

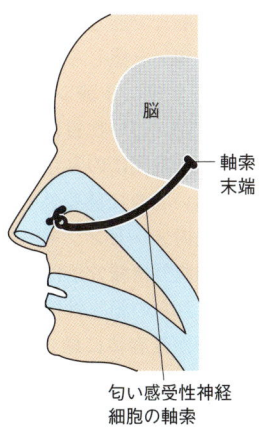

図16・8 匂い感受性神経細胞は軸索を脳に投射している．

ムイオンを検出するために，カルシウム検出色素のRhod-2で染色した．休止状態の細胞では，Rhod-2はごくわずかな蛍光を発しており，ミトコンドリア内のカルシウムイオン濃度は低いことを示している（図16・6b）．しかしながら，細胞膜を1秒間脱分極させると，電位依存性カルシウムチャネルが開口してカルシウムイオンが細胞外液から細胞内へ流入し，ついで細胞質からミトコンドリア内へ流入するため，Rhod-2蛍光は非常に高くなる（図16・6c）．

カルシウムイオン濃度の休止状態レベルへの回復

脱分極や細胞外情報分子などによる刺激がなくなると細胞内カルシウムイオン濃度は再び低下する．カルシウムイオンは二つの輸送体によって細胞質から細胞外あるいは小胞体へくみ戻される．カルシウム ATPase（p.181）は，ATPの加水分解により産生されるエネルギーを利用して細胞質からカルシウムイオンをくみ出し，Na^+/Ca^{2+}交換体（p.180）はナトリウムイオンの細胞内への流入に伴うエネルギーを利用して同じようにカルシウムイオンをくみ出す．

● サイクリックアデノシンーリン酸

すでに，*lac* オペロンの制御（p.60）に関連して，ヌクレオチドであるサイクリックアデノシンーリン酸（cAMP）について説明した（図16・7）．真核生物では，鼻に存在する匂い感受性神経細胞などの多くの細胞において，細胞内メッセンジャーとして重要な役割を果たしている（図16・8）．匂い感受性神経細胞は，鼻の気道の皮膚に細胞体があり，そこから軸索が脳に投射しており，樹状突起とよばれる短い突起を気道の粘膜へ伸ばしている．匂い感受性神経細胞は，空気中の匂い物質によって刺激される．匂い感受性神経細胞は匂い物質を特異的に結合する受容体をもっているので，空気中の化学物質は匂い感受性神経細胞を刺激する（図16・9）．匂い物質が受容体に結合すると，受容体は G_s とよばれる三量体Gタンパク質に特異的なグアニンヌクレオチド交換因子として機能するようになる．GTPを結合した G_s は，ATPをcAMPに変換する酵素である**アデニル酸シクラーゼ**を活性化する．その後続いて起こる現象は，**cAMP依存性チャネル**とよばれる細胞膜に存在するチャネルの開口である．IP_3 が結合すると IP_3 依存性カルシウムチャネルが開口するように，cAMP依存性チャネルはcAMPが結合することによって開口する．このチャネルが開口すると，ナトリウムイオンとカリウムイオンが通過する．ナトリウムイオンの細胞内への流入はカリウムイオンの細胞外への流出よりも大きい．したがって，cAMP依存性チャネルが開口すると陽イオンが流入することになり，細胞膜は脱分極する．細胞膜には，電位依存性ナトリウムチャネルも存在しているので，cAMP依存性チャネルが十分開口するとナトリウム活動電位が生じるために膜電位は閾値に達する．活動電位は軸索に

沿って脳まで達し，それぞれの匂い感受性神経細胞に特異的な匂いを感じることになる．

G_s やアデニル酸シクラーゼは，ほとんどの細胞に存在するが，匂い物質に特異的な受容体は匂い感受性神経細胞の細胞膜にのみ存在するために，匂い感受性神経細胞は匂い物質に感受性が高い．その他の細胞は，cAMPを細胞内メッセンジャーとして利用するが，匂い物質以外の細胞外情報分子に特異的な受容体を発現しているので，それらの細胞外情報分子に感受性が高い．細胞外情報分子が受容体に結合すると G_s が活性化される．細胞外情報分子による受容体の活性化が解除されると，cAMP 濃度は休止状態レベルまで低下する．cAMP は，**cAMP ホスホジエステラーゼ**により加水分解されてAMP になる．AMP は，cAMP 依存性チャネルやその他の cAMP 結合タンパク質には作用しない．

死に至る危険があるコレラの症状は，消化管細菌の *Vibrio cholera* が遊離する毒素によってひき起こされる．この毒素は，消化管細胞に侵入し，G_s の触媒ドメインに ADP リボシル基（応用例 9・2, p.102）を付加することによって，G_s に結合した GTP を加水分解するのを阻

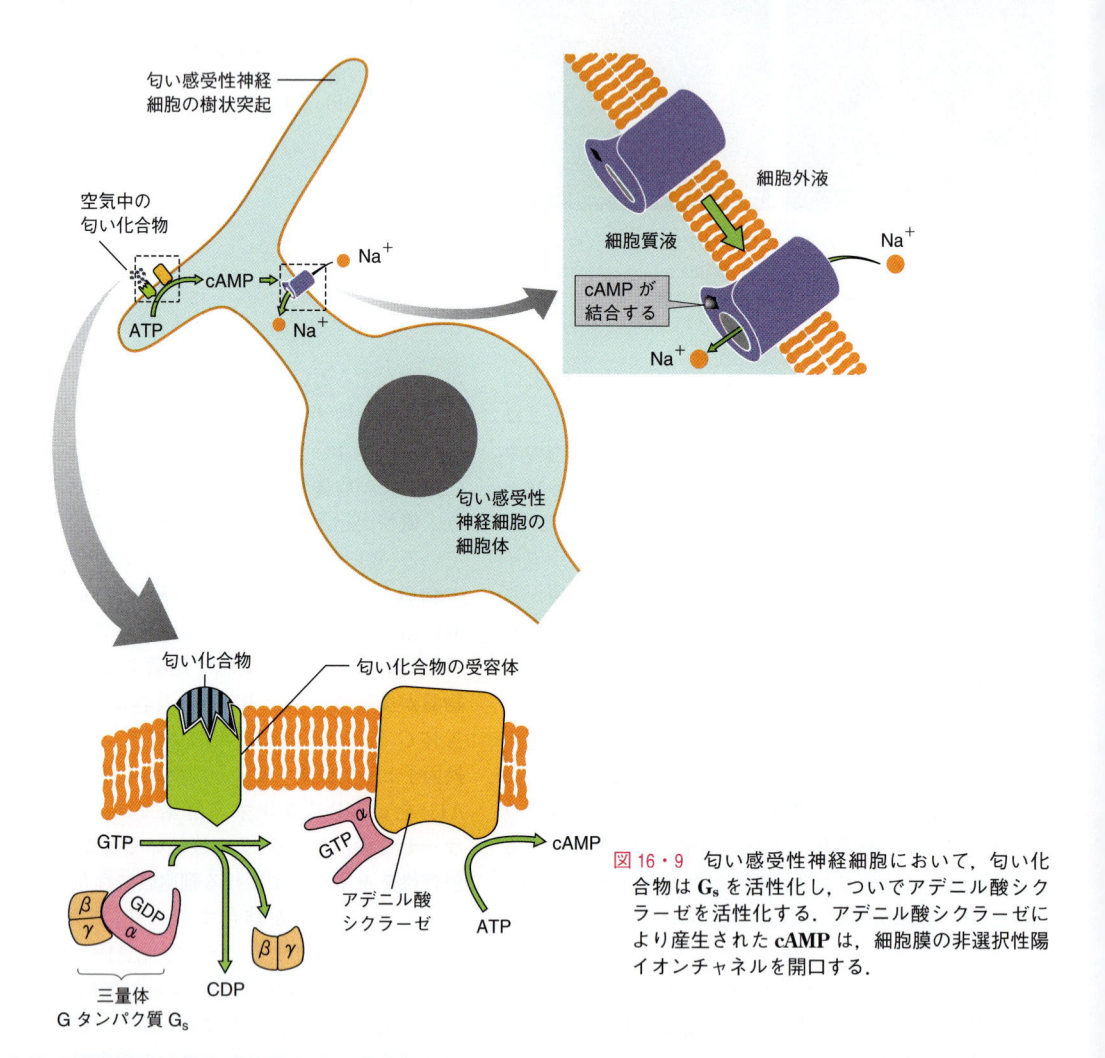

図 16・9 匂い感受性神経細胞において，匂い化合物は G_s を活性化し，ついでアデニル酸シクラーゼを活性化する．アデニル酸シクラーゼにより産生された **cAMP** は，細胞膜の非選択性陽イオンチャネルを開口する．

応用例 16・2 嫌気的解糖の知識

ロッククライマーの腕の筋肉のように，長い間収縮して血液供給が遮断される筋細胞は，野球のピッチャーの腕の筋肉のように瞬間的に使われてその後弛緩する筋細胞に比べて，嫌気的解糖の能力がはるかに高い．これは，筋肉の収縮を誘導するカルシウムシグナルが，解糖に必要な酵素をコードする遺伝子の転写も活性化するからである．この場合，カルシニューリンや NFAT（医療応用 11・1, p.124）を介して転写が活性化される．

害する．その結果，G_sは活性化状態に保たれるためにアデニル酸シクラーゼを活性化し続け，細胞内cAMP濃度は上昇し続ける．そのために，細胞膜のイオンチャネルは開口し，イオンが細胞から消化管へ流出する．このイオンの流出は水の流出を伴い，もし治療しなければ，脱水により死に至る．

● サイクリックグアノシン一リン酸

細胞内メッセンジャーとして機能するその他のヌクレオチドはcGMPである．光感受性神経細胞においては，cGMPは匂い感受性神経細胞におけるcAMPと類似の役割を担っている．暗所では，グアニル酸シクラーゼという酵素がGTPを基質としてcGMPを産生する．cGMPはチャネルに結合して，チャネルを開口するので，ナトリウムとカリウムが通過する．したがって，暗所ではcGMP依存性チャネルを介してナトリウムが流入するため，光感受性神経細胞は脱分極して膜電位が-40 mVになる．明所では，細胞質のcGMP濃度は低下し，膜電位は休止状態時の-70 mVになる．膜電位の変化は他の神経細胞へ伝達され，その結果，明暗を感じることになる．

● 多様な細胞内メッセンジャー

多くの細胞は，さまざまな細胞内メッセンジャーを同時に利用する．骨格筋がそのよい例である（図16・5）．競技の前の興奮状態においては，走者の副腎はアドレナリンを血中に放出する．放出されたアドレナリンは，骨格筋細胞に存在するβアドレナリン作動性受容体に結合する．アドレナリン-βアドレナリン作動性受容体複合体はG_sを活性化し，ついでアデニル酸シクラーゼを活性化する．その結果，cAMPが産生され，cAMPは**プロテインキナーゼA**（p.173）を活性化する．活性化されたプロテインキナーゼAは，カルシウムイオン濃度が低い状態でもグリコーゲンホスホリラーゼキナーゼをリン酸化することにより活性化する（図14・14，p.172）．その結果，走者が走り出す前でも骨格筋はグリコーゲンを分解して，競技が始まると必要になるグルコース1-リン酸を遊離する（p.162）．

● 生化学的シグナル伝達
チロシンキナーゼ型受容体と MAPキナーゼカスケード

血小板は，活性化されると血液凝固に関与したり，傷害を受けた血管を修復したりする．これは，血小板が**血**

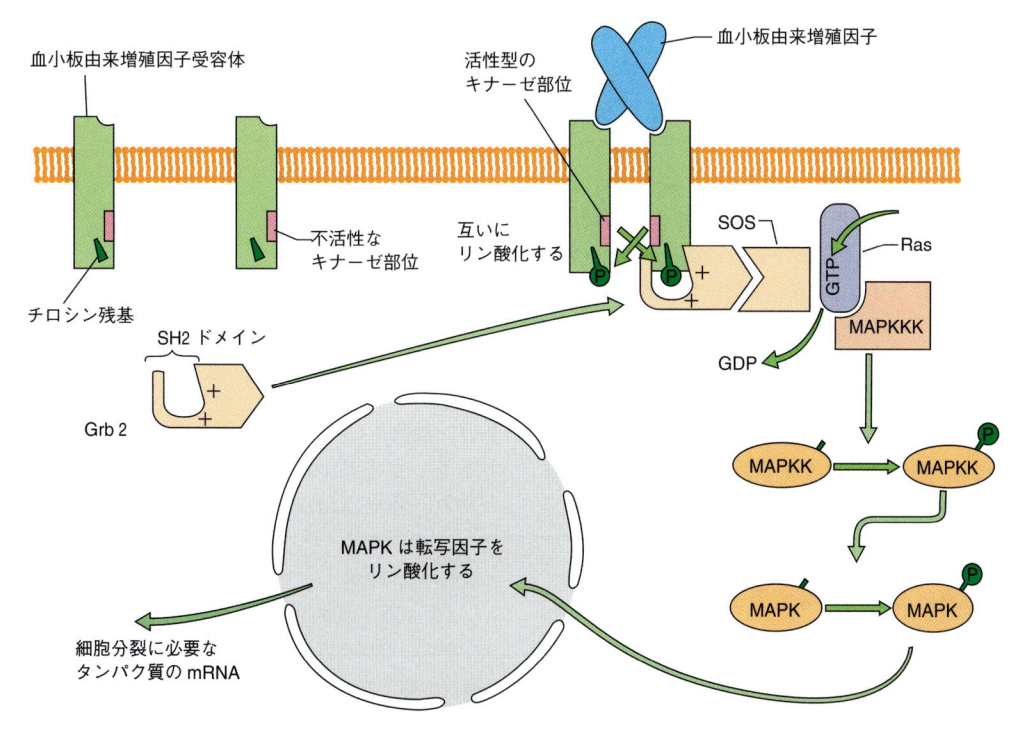

図16・10　血小板由来増殖因子受容体は，他の増殖因子受容体と同様に，**GTPase**である**Ras**を活性化し，ついで**MAP**キナーゼ経路を活性化する．MAPK: MAPキナーゼ，MAPKK: MAPキナーゼキナーゼ，MAPKKK: MAPキナーゼキナーゼキナーゼ．

小板由来増殖因子（**PDGF**）とよばれるタンパク質を調節性エキソサイトーシスによって放出することに起因している．血管を構成する細胞の細胞膜には，PDGFに対する受容体が存在する（図16・10）．PDGF受容体（図10・6, p.112）は，PDGFを結合する細胞外領域，膜貫通領域，およびチロシン残基をリン酸化する細胞内領域から成る（p.111）．PDGF受容体は単量体では触媒活性は低い．PDGFは2分子の受容体に結合することができ，PDGFが結合すると2分子の受容体が互いに接近し，構造変化を起こして，PDGF受容体のチロシンキナーゼ活性が著しく上昇する．最初にリン酸化されるタンパク質は，受容体自身である．

リン酸化チロシン残基に結合できる特定の構造をとっている**SH2**とよばれるドメインをもつタンパク質が細胞内に数多く存在する．これらのタンパク質表面に存在するSH2ドメインの深いポケットの底には，正電荷をもつアルギニン残基が存在する．タンパク質は，チロシン残基以外のアミノ酸残基もリン酸化されるが，チロシン残基のみが十分長くてSH2ドメインのポケットの底まで入込めるため，負電荷のリン酸基が正電荷をもつアルギニン残基に結合することができる．それゆえに，SH2ドメインをもつタンパク質はPDGF受容体のリン酸化チロシン残基に結合することができ，チロシン残基がリン酸化されていない単量体PDGF受容体には結合することができない．

SH2ドメインをもつタンパク質の一つとして，**増殖因子受容体結合タンパク質2**（**Grb2**）があげられる．Grb2は触媒機能はもっていないが，下流分子の**SOS**とよばれるタンパク質を細胞膜へよび込む．SOSはGTPaseである**Ras**に特異的なグアニンヌクレオチド交換因子であるので，SOSはRasに結合しているGDPを解離させて，GTPを結合させる．こうして活性化されたRasは，一連のプロテインキナーゼカスケードの最初のプロテインキナーゼを活性化する．ここで，一連のプロテインキナーゼカスケードにおけるそれぞれのプロテインキナーゼは，下流のプロテインキナーゼをリン酸化することにより活性化し，最終的には**マイトジェン活性化プロテインキナーゼ**（**MAPキナーゼ**または**MAPK**）とよばれるキナーゼを活性化する．MAPキナーゼをリン酸化するキナーゼは**MAPキナーゼキナーゼ**（**MAPKK**）であり，MAPKKをリン酸化するキナーゼは**MAPキナーゼキナーゼキナーゼ**（**MAPKKK**）である．MAPKKKはRasによって活性化される．

マイトジェンとは"有糸分裂を誘導する因子"を意味しており，MAPキナーゼはPDGFなどの増殖因子によって活性化され，最終的には細胞分裂に至る（p.214）．MAPキナーゼは多くの標的タンパク質のセリンおよびトレオニン残基をリン酸化する．MAPキナーゼは，それ自身がリン酸化されると核へ移行して転写因子をリン酸化し，その結果，DNA合成や細胞分裂に必要な**サイクリンD**（p.234），その他のタンパク質をコードする遺伝子の転写を促進する．

PDGFは増殖因子の一つである．すべての増殖因子は多くの場合，同じ様式で機能している．すなわち，増殖因子受容体は，チロシンキナーゼ活性をもっており，増殖因子が結合すると二量体になり，相手側の受容体のチロシン残基をリン酸化する．この類の受容体の一般名称は，**チロシンキナーゼ型受容体**である．リン酸化チロシン残基はGrb2のようなSH2ドメインをもつタンパク質をよび込み，Rasの活性化についでMAPキナーゼ経路を活性化する．その結果，DNA合成や細胞分裂が誘導される．実際には，この活性化過程は，"SH2ドメイン

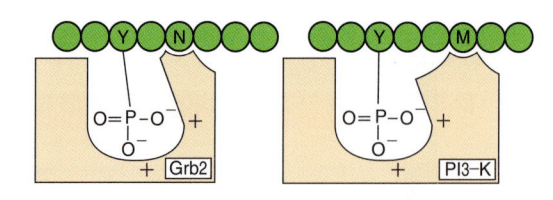

図16・11 リン酸化チロシン残基に隣接したアミノ酸残基が，よび込む特定の**SH2**ドメインをもつタンパク質を決定する．Y: チロシン, N: アスパラギン, M: メチオニン．

のリン酸化チロシン残基への結合"という単純な法則よりももっと複雑である．SH2ドメインにはサブタイプがあり，特定のSH2ドメインをもつタンパク質がリン

医療応用 16・1　増殖因子受容体阻害

増殖因子受容体が活性化されるとMAPキナーゼ経路が活性化され，細胞分裂が促進されると同時に，プロテインキナーゼBも活性化されて細胞生存が維持される（p.239）．それゆえに，増殖因子受容体が不活性化されると細胞増殖は停止して細胞死に至る．セツキシマブやパニツムマブなどの薬物は，上皮増殖因子（EGF）のチロシンキナーゼ型受容体への結合を阻害するので，大腸癌の進行を抑えるのに有効である．このように，癌細胞の増殖因子受容体を阻害すると，癌細胞の細胞分裂を抑制して細胞死を促進する．

酸化チロシン残基へ結合するためには，リン酸化チロシン残基付近の特異的なアミノ酸配列が要求される（図16・11）．PDGF受容体はGrb2をよび込むことができるが，これは，リン酸化チロシン残基からC末端側の二つ目のアミノ酸残基がアスパラギンであるからである．Grb2はこのアミノ酸配列に合致するリン酸化チロシンにのみ結合する．

増殖因子はカルシウムシグナルを誘起することができる

リン酸化されたチロシンキナーゼ型受容体によび込まれるSH2ドメインをもつ二つ目のタンパク質は，ホスファチジルイノシトール特異的ホスホリパーゼC（PLC）アイソザイムの一つである**PLCγ**である．PLCγが増殖因子受容体のリン酸化チロシン残基に結合すると，PLCγ

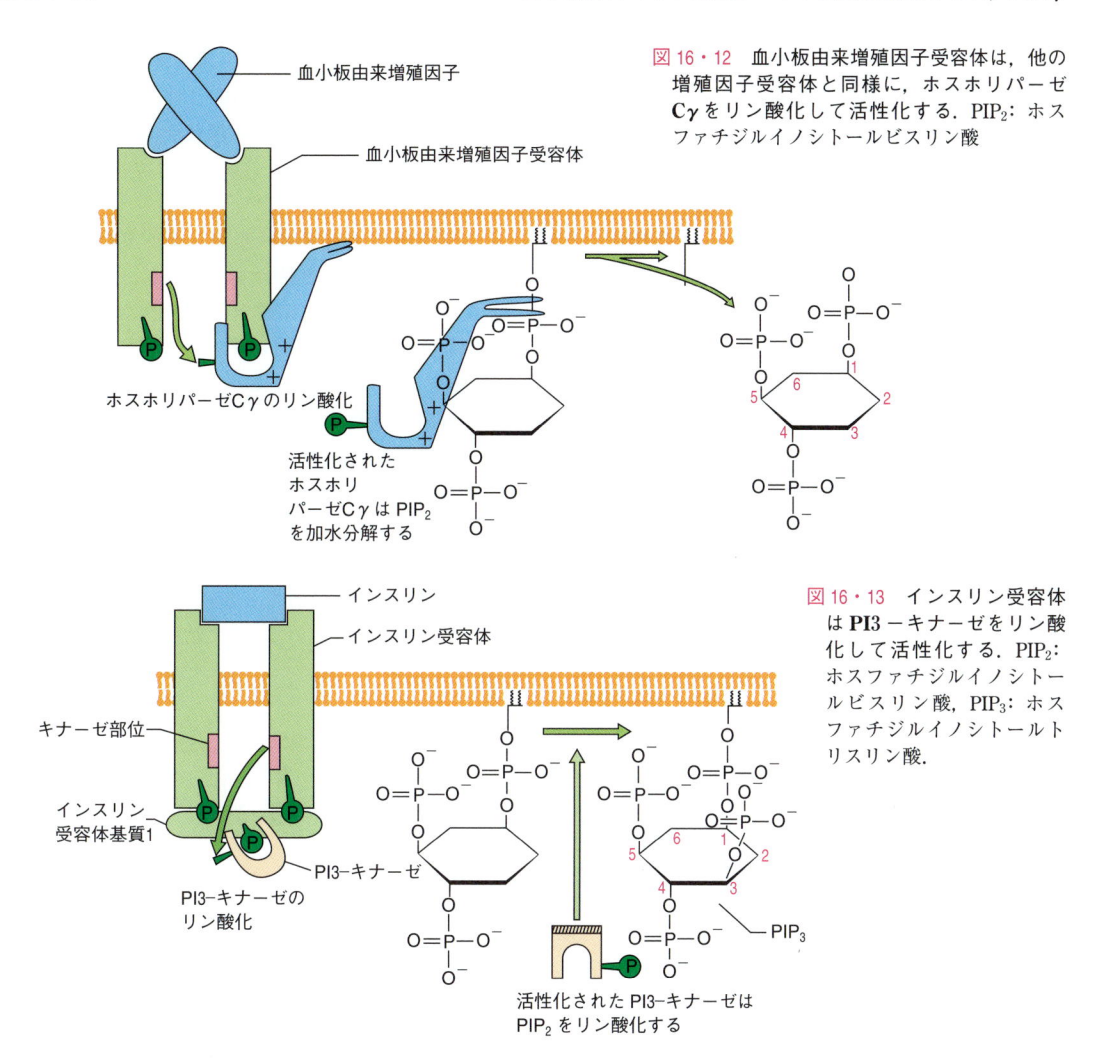

図16・12　血小板由来増殖因子受容体は，他の増殖因子受容体と同様に，ホスホリパーゼCγをリン酸化して活性化する．PIP_2：ホスファチジルイノシトールビスリン酸

図16・13　インスリン受容体はPI3-キナーゼをリン酸化して活性化する．PIP_2：ホスファチジルイノシトールビスリン酸，PIP_3：ホスファチジルイノシトールトリスリン酸．

医療応用 16・2　ZarnestraはRasを阻害する

Rasは，他の低分子量GTPaseと同様に，結合したGTPを加水分解することにより不活性型になる．それゆえに，GTPase活性を欠失したRas変異体は，**恒常的活性型**となる．この恒常的活性型Ras変異体は，常時活性型であるので，増殖因子が作用しなくても，MAPキナーゼ経路を活性化して細胞分裂を促進し続ける．このようなRas変異体は，全ヒト癌の20％に見いだされている．Zarnestra（R115777）は，Rasに長鎖疎水基を付加する翻訳後修飾を阻害することにより活性型のRasがMAPKKKと相互作用できなくするため，MAPKKKは不活性型にとどまり，細胞分裂が阻害される．Zarnestraは，白血病やその他の癌の治療のための臨床試験の最終段階にきている．

は増殖因子受容体によってリン酸化され（図16・12），その結果活性化される．活性化されたPLCγはPIP₂を加水分解して，ジアシルグリセロールとイノシトールトリスリン酸を産生する．産生されたイノシトールトリスリン酸は滑面小胞体からカルシウムイオンの放出を誘起する．

プロテインキナーゼBおよびグルコース輸送体：インスリンはどのように機能するのか

図16・13に**インスリン受容体**を示す．他のチロシンキナーゼ型受容体のように，インスリン受容体は，インスリンが結合する細胞外領域と膜貫通領域，チロシンキナーゼ活性をもつ細胞内領域から構成されている．他の増殖因子受容体と異なり，インスリン受容体は，インスリンが結合していなくても二量体として存在している．インスリンが受容体に結合すると，それぞれのインスリン受容体鎖の形と配向が変化して，その結果，パートナー受容体鎖のチロシン残基がリン酸化される．インスリン受容体に結合するタンパク質である**インスリン受容体基質1（IRS-1）**のチロシン残基もインスリン受容体によってリン酸化される．

特記すべきは，IRS-1中の9個のチロシン残基がリン酸化されるが，それらのチロシン残基からC末端側の三つ目のアミノ酸残基はメチオニン残基であり，Grb2のSH2ドメインとは異なるサブタイプのSH2ドメインをもつ**ホスファチジルイノシトール3-キナーゼ（PI3-キナーゼ）**（図16・11）がこのアミノ酸配列に特異的に結合する．PI3-キナーゼがリン酸化チロシン残基に結合すると，インスリン受容体はPI3-キナーゼをリン酸化することによりPI3-キナーゼの酵素活性を活性化する．活性化されたPI3-キナーゼは，PLCと同様の基質PIP₂に作用するが，PLCとは異なり，加水分解ではなくPIP₂のイノシトール極性基にリン酸基を付加して極度に負荷電したリン脂質の**ホスファチジルイノシトールトリスリン酸（PIP₃）**（図16・13）を産生する．インスリン受容体やIRS-1のリン酸化チロシン残基はPLCγをよび込まないので，インスリンはカルシウムシグナルを誘起しない．

リン酸化チロシン残基がさまざまなSH2ドメインをもつタンパク質を結合するように，PIP₃のイノシトール環のように極度にリン酸化されたイノシトール環は**PHドメイン**とよばれるタンパク質ドメインに結合する．PHドメインをもつタンパク質のうち最も重要なタンパク質は**プロテインキナーゼB（PKB）**（図16・14）である．PKBは標的タンパク質のセリン残基とトレオニン残基をリン酸化するが，PKB自身もリン酸化されて，その結果活性化される．PKBをリン酸化するキナーゼは細胞膜に局在しているので，PKBがPIP₃へ結合して細胞膜へよび込まれたときにリン酸化される．

多くの細胞において，特に脂肪細胞や筋細胞において，

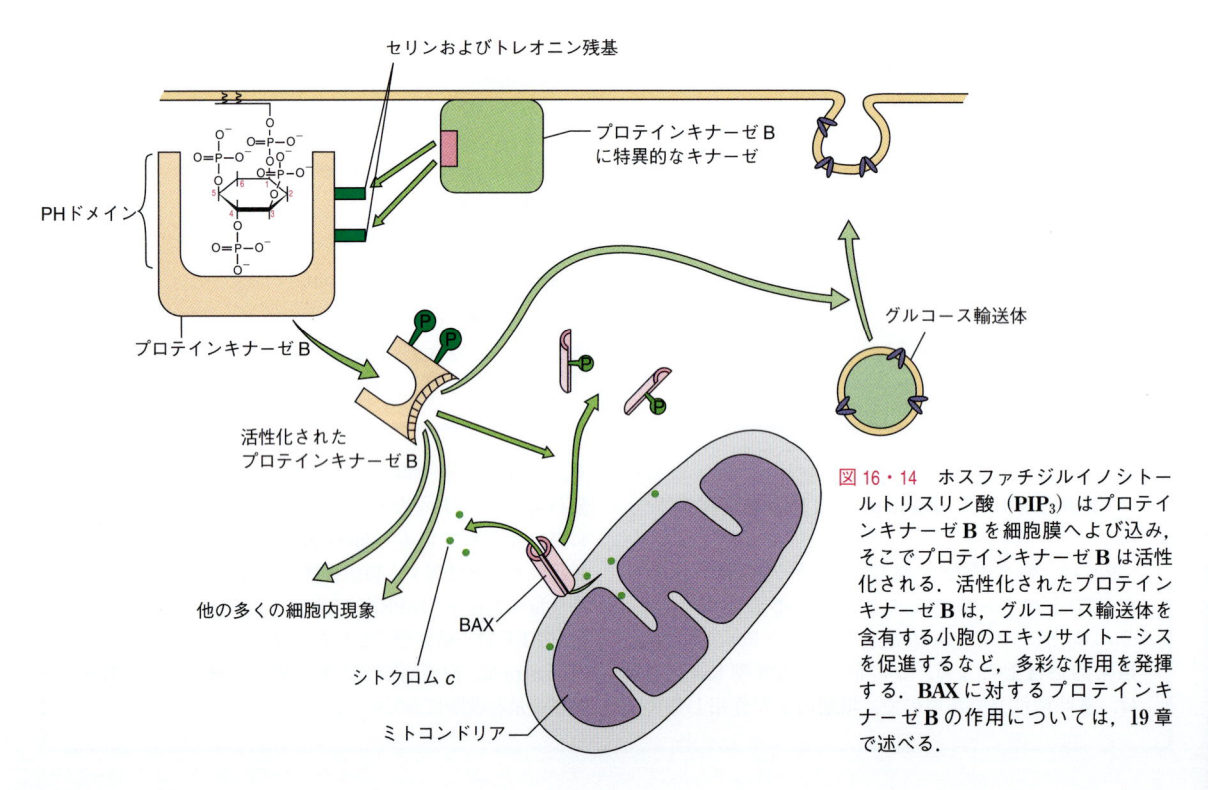

図16・14 ホスファチジルイノシトールトリスリン酸（**PIP₃**）はプロテインキナーゼBを細胞膜へよび込み，そこでプロテインキナーゼBは活性化される．活性化されたプロテインキナーゼBは，グルコース輸送体を含有する小胞のエキソサイトーシスを促進するなど，多彩な作用を発揮する．**BAX**に対するプロテインキナーゼBの作用については，19章で述べる．

グルコース輸送体がゴルジ装置から細胞膜へ移行する細胞内輸送における最後の段階で活性型のPKBが必要である．細胞膜へ移行したグルコース輸送体はついでエンドサイトーシスにより細胞内へ取込まれるが，PKBが活性型であれば細胞膜へ戻される．われわれが食事をすると血中のインスリン濃度は上昇する．そのため，インスリン受容体は活性化され，ついでPKBが活性化されてグルコース輸送体は細胞膜へ移行する．その結果，筋細胞や脂肪細胞は細胞外から大量のグルコースを取込む．取込まれたグルコースは，筋細胞ではグリコーゲンへ変換され (p.166)，脂肪細胞では脂肪へ変換される (p.168)．図16・14に示したタンパク質BAXに対するPKBの作用については，19章で述べる．

サイトカイン受容体

最も複雑な細胞間相互作用は，20章で述べる哺乳動物の免疫系での細胞間相互作用である．一部の細胞-細胞間相互作用は**サイトカイン**とよばれる非常に数の多いタンパク質ファミリーにより仲介されている．非常に大きなさまざまな細胞膜表面受容体がサイトカインを特異的に結合し，その下流で起こる細胞内現象を活性化する．サイトカイン受容体には，ADP受容体やβアドレナリン受容体と類似したGタンパク質共役型受容体や，PDGF受容体やインスリン受容体などのようなチロシンキナーゼ型受容体がある．しかしながら，多くのサイトカインはI型サイトカイン受容体として知られる他のファミリーの受容体を介して作用する．インターロイキン2 (p.124) のようなI型サイトカイン受容体は，数本の膜内在性タンパク質より構成されており，そのおのおのは細胞膜を1回貫通している (図16・15)．これらの膜内在性タンパク質の細胞外領域はサイトカインに対する結合部位をもっている．細胞内領域は**JAK**とよばれるタンパク質と相互作用している．JAKはチロシンキナーゼであるが，以前に説明したチロシンキナーゼ型受容体とは異なり，膜内在性タンパク質ではなく，サイトカイン受容体の細胞内領域と相互作用して細胞膜に局在する膜表在性タンパク質 (p.27) である．

I型サイトカイン受容体の細胞外領域にサイトカインが結合すると，細胞内領域の構造が変化する．この構造変化により2分子のJAKがI型サイトカイン受容体に結合し，2分子のJAKは互いにチロシン残基をリン酸化する．このリン酸化により，JAKの酵素活性は著しく上昇し，複合体を形成する他の構成タンパク質のチロシン残基をリン酸化できるようになる．これらのリン酸化チロシン残基は，チロシンキナーゼ型受容体の項で説明したように，さまざまなシグナル伝達系を活性化する．たとえば，活性化されたインターロイキン2受容体は，Grb2を介してRasにシグナルを伝達し，PI3-キナーゼを介してPKBへシグナルを伝達する．しかしながら，I型サイトカイン受容体はユニークな経路でシグナルを

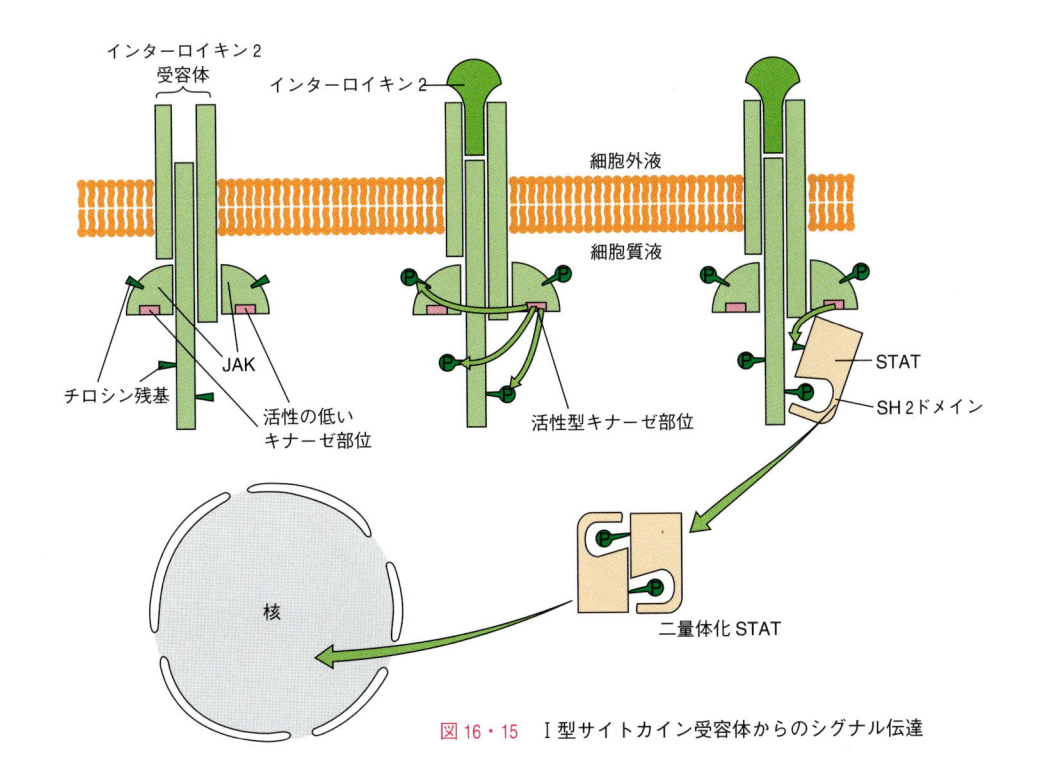

図16・15　I型サイトカイン受容体からのシグナル伝達

核へ伝達する．この経路は，**STAT**（signal transducers and activators of transcription の略）とよばれる転写因子の一つを介している．STAT は休止状態の細胞においては細胞質に存在している．STAT は，SH2 ドメインをもっており，活性化された I 型サイトカイン受容体へよび込まれる．よび込まれた STAT は活性化された JAK によりリン酸化される．1 分子の STAT の SH2 ドメインは，もう 1 分子の STAT のリン酸化チロシンに結合して，STAT は二量体を形成する．二量体 STAT は核内へ移行してサイクリン D（19 章）などの遺伝子の転写を活性化するため，細胞分裂を促進する．

● クロストーク──シグナル伝達系またはシグナルウエブ

細胞生物学者はよく一つの情報伝達物質が一つの効果に連結する一連の現象について言及する．図 16・16 に示した垂直な矢印はこの章で説明してきた四つのシグナル伝達経路を示している．これらの経路がどのように相互作用しているのか，その一つの例をすでに説明した．すなわち，増殖因子はホスホリパーゼ Cγ を活性化することによってカルシウムシグナルを誘起する．実際，シグナル伝達経路はさまざまな方法によって，またいろいろな段階で相互作用することが可能である．図 16・16 中に示した赤色の矢印は，非常に重要な相互作用を示している．SOS はリン酸化された IRS-1 へよび込まれて Ras を活性化する（図 16・16 中の矢印①）．PI3-キナーゼはその構造中の SH2 ドメインを介して増殖因子受容体のリン酸化チロシンに結合し，リン酸化されて活性化されるので，増殖因子はインスリン受容体と同様にプロテインキナーゼ B を活性化する（図 16・16 の矢印②）．この過程は，動物細胞においてきわめて重要であることを 19 章で述べており，もしこの反応が起こらなければ，細胞は死に至る（p.209）．増殖因子が PI3-キナーゼを活性化する第二の経路は図 16・16 の矢印③に示したように，活性型 Ras が PI3-キナーゼを活性化する．

cAMP の多くの作用は，プロテインキナーゼ A によるタンパク質のリン酸化を介して発揮される．特に，真核細胞において cAMP は転写因子をリン酸化することにより活性化し，遺伝子の転写を活性化する（図 16・16 の矢印④）．この経路は，大腸菌における cAMP-CRP 系とはきわめて対照的である．

カルシウムイオンはさまざまなプロテインキナーゼを活性化することができる．特記すべきは，**プロテインキナーゼ C（PKC）とカルシウム-カルモジュリン依存性プロテインキナーゼ**である．これらのプロテインキナーゼはプロテインキナーゼ A と同様の標的タンパク質を

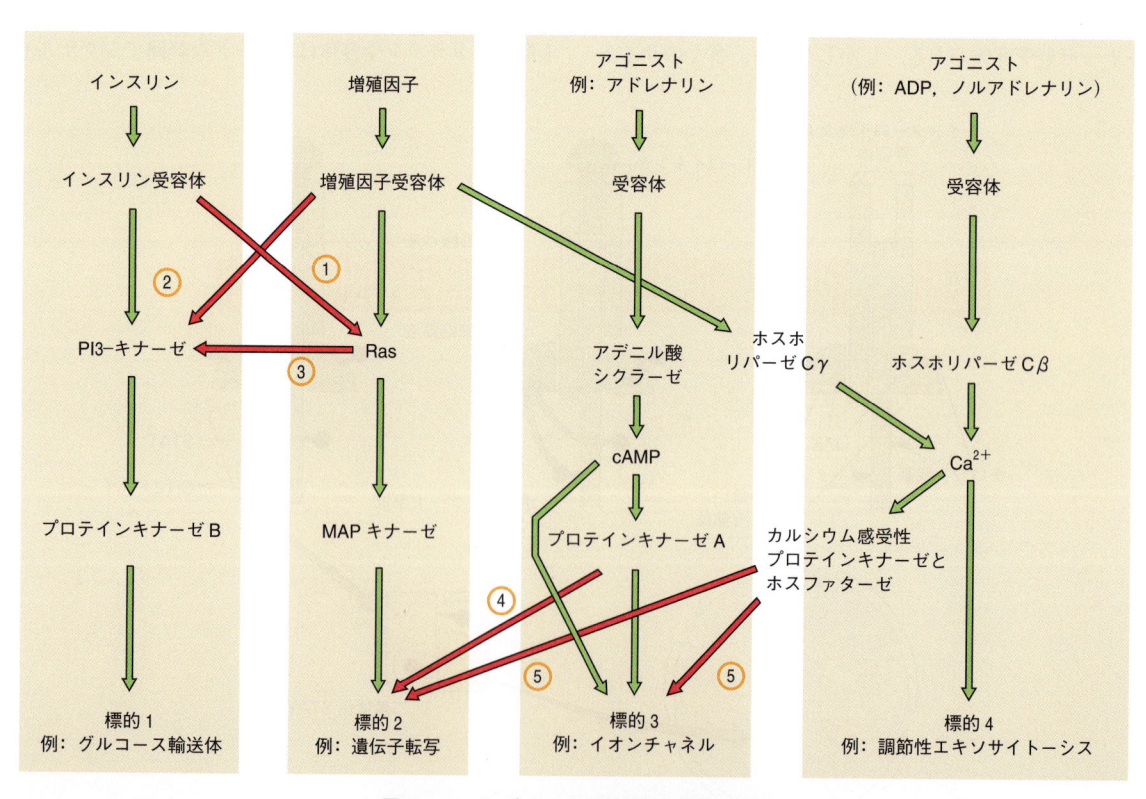

図 16・16　シグナル伝達経路の相互作用

認識して標的タンパク質のセリン残基やトレオニン残基をリン酸化するので，下流シグナル経路の多くは同じである（図 16・16 の矢印⑤）．これとは逆に，カルシウム-カルモジュリンは，転写因子の NFAT を脱リン酸するタンパク質脱リン酸酵素のカルシニューリンを活性化する．このように，細胞内シグナル伝達系を知れば知るほど，シグナル伝達系は別々の経路で機能しているのではなく，連携しているウエブのようである．

ま と め

1. 多くの神経伝達物質は，細胞内カルシウムイオン濃度の上昇により誘起されるエキソサイトーシスによって細胞から放出される．
2. 神経細胞はシグナルを伝達すべき第二の細胞に近いところに軸索末端を投射しており，そこから神経伝達物質を放出する．軸索末端，間隙，および神経伝達物質を受容する第二の神経細胞の部位から成るユニットをシナプスとよぶ．
3. 細胞内メッセンジャーは，その濃度が細胞の刺激に応答して変化し，さまざまな細胞内の現象を活性化あるいは制御する．最も重要な細胞内メッセンジャーは，カルシウムイオン，サイクリックアデノシン一リン酸（cAMP），およびサイクリックグアノシン一リン酸（cGMP）である．
4. 細胞内カルシウムイオン濃度の上昇は，細胞外液からの流入と滑面小胞体からの流出に起因する．
5. ホスホリパーゼ C は，リン脂質であるホスファチジルイノシトールビスリン酸（PIP_2）を加水分解して，水溶性のイノシトールトリスリン酸（IP_3）を産生する．IP_3 は細胞質内に拡散して，滑面小胞体の膜上に存在するカルシウムチャネルを開口する．その結果，カルシウムが滑面小胞体から流出し，細胞内カルシウムイオン濃度が上昇する．
6. IP_3 は，ホスホリパーゼ C の β アイソフォーム（PLCβ）によっても産生される．細胞外情報分子が細胞膜表面の受容体に結合すると三量体 G タンパク質の G_q が活性化されて，ついで PLCβ が活性化される．
7. さまざまな受容体は G_s を活性化して，その結果，ATP を基質として cAMP を産生する酵素であるアデニル酸シクラーゼが活性化される．cAMP の作用の多くは，セリン-トレオニンキナーゼである cAMP 依存性プロテインキナーゼ（プロテインキナーゼ A）を介している．
8. ほとんどのチロシンキナーゼ型受容体は，リガンドが結合すると二量体を形成し，互いがパートナー受容体のチロシン残基をリン酸化する．リン酸化チロシン残基は，SH2 ドメインをもつタンパク質をよび込む．
9. Grb2 は SH2 ドメインをもつタンパク質であり，SOS と Ras を接近させる役割を担っている．Ras は SOS に活性化されて，MAP キナーゼ経路を活性化し，最終的には，DNA 合成や細胞分裂に必要な遺伝子の転写を活性化する．
10. 膜リン脂質のホスファチジルイノシトールビスリン酸（PIP_2）を基質とする二つの酵素，ホスホリパーゼ Cγ（PLCγ）とホスファチジルイノシトール 3-キナーゼ（PI3-キナーゼ）は，両者とも SH2 ドメインをもっており，チロシンキナーゼ型受容体へよび込まれて，受容体によってリン酸化される結果，活性化される．活性化されると，PLCγ は IP_3 を産生し，PI3-キナーゼは PIP_3 を産生する．
11. セリン-トレオニンキナーゼであるプロテインキナーゼ B は PIP_3 によって細胞膜へよび込まれ，自己リン酸化して活性型となる．
12. 脂肪細胞や筋細胞などの細胞においては，インスリン受容体が活性化されてついでプロテインキナーゼ B が活性化されると，グルコース輸送体が細胞膜に組込まれる．
13. I 型サイトカイン受容体はアゴニストが結合するとそのチロシン残基がリン酸化されるが，チロシンキナーゼ型受容体とは異なり，I 型サイトカイン受容体をリン酸化するキナーゼは JAK である．
14. I 型サイトカイン受容体へよび込まれる SH2 ドメインをもつタンパク質は STAT である．STAT は JAK でリン酸化されると，その転写因子活性が上昇する．

参 考 文 献

F. Marks, U. Klingsmüller, K. Müller-Decker, "Cellular Signal Processing", Garland, New York（2009）.

● 復 習 問 題

16・1 チロシンキナーゼ型受容体の下流シグナル
A．JAK
B．ホスファチジルイノシトール 3-キナーゼ

C. ホスホリパーゼ Cβ
D. ホスホリパーゼ Cγ
E. プロテインキナーゼ B
F. SH2
G. SOS
H. STAT

上記のタンパク質あるいはタンパク質ドメインから，以下のそれぞれの記述に相当するものを選べ．
1. ポケットの底に正電荷のアルギニン残基が存在するドメイン．このドメインをもつタンパク質はリン酸化チロシン残基によび込まれる
2. Ras 特異的なグアニンヌクレオチド交換因子
3. チロシンキナーゼ型受容体にリン酸化されると活性化される加水分解酵素
4. チロシンキナーゼ型受容体にリン酸化されると活性化されるプロテインキナーゼ
5. Ras：GTP によって活性化される酵素

16・2　ヌクレオチドにより活性化されるタンパク質

A. カルシウム ATPase　　B. cAMP 依存性チャネル
C. cGMP 依存性チャネル　D. G_q
E. G_s　　　　　　　　F. IP_3 受容体
G. プロテインキナーゼ A　H. プロテインキナーゼ B
I. プロテインキナーゼ C　J. Ras

上記のタンパク質から，以下のそれぞれの記述に相当するものを選べ．
1. cAMP によって活性化されるプロテインキナーゼ
2. 光受容器において電気的シグナルを産生するタンパク質
3. GTP が結合した状態でホスホリパーゼ C を活性化するタンパク質
4. GTP が結合した状態でアデニル酸シクラーゼを活性化するタンパク質
5. GTP が結合した状態で MAP キナーゼキナーゼキナーゼを活性化するタンパク質

16・3　イノシトール化合物

A. イノシトール
B. イノシトールビスリン酸 IP_2
C. イノシトールトリスリン酸 IP_3
D. イノシトールテトラキスリン酸 IP_4
E. イノシトールヘキサキスリン酸 IP_6
F. ホスファチジルイノシトールビスリン酸 PIP_2
G. ホスファチジルイノシトールトリスリン酸 PIP_3

上記のイノシトール化合物から，以下のそれぞれの記述に相当するものを選べ．
1. カルシウムチャネルに結合して開口するリガンド
2. プロテインキナーゼ B を細胞膜によび込む脂質
3. ホスファチジルイノシトール 3-キナーゼの基質
4. ホスホリパーゼ C の基質
5. ホスファチジルイノシトール 3-キナーゼの産物
6. ホスホリパーゼ C の産物

🔵 発展問題

活動電位が軸索末端に達すると，膜電位は $+30 \sim +50\,\mathrm{mV}$ まで脱分極し，電位依存性カルシウムチャネルは開口する．カルシウムイオンはカルシウムチャネルを介して細胞内へ流入することを説明したが，このカルシウムの流入はどのようにして起こるのか？なぜカルシウムイオンは，細胞内部の陽性電位によって細胞質から細胞外へ押出されないのか？あなたの答えを支持する計算式を用いて説明せよ．

発展問題の解答　方向きの電気的な力によって大きな内向きのカルシウム濃度勾配に対抗している．なぜ細胞内向きの濃度差があっても，濃度勾配が非常に大きいために $+50\,\mathrm{mV}$ の膜電位でもカルシウムイオンは細胞内に流入する．

カルシウムイオンを用いて，この関係を書き出すことができる．細胞外カルシウムイオン濃度は約 $1\,\mathrm{mmol/L}$（p.175）であり，細胞状態の細胞内においては $100\,\mathrm{nmol/L}$（p.175）であり，濃度差が 10,000 倍になる．しかしながら，活動電位が末端へ伝わると，カルシウムイオンは $1\,\mu\mathrm{mol/L}$ まで上昇し，濃度差は 1000 倍に低下する．このような状況下での平衡電位を推算することが問題的である．

ネルンストの式は，

$$V_{eq} = \left(\frac{RT}{zF}\right)\log_e\left(\frac{[I_{outside}]}{[I_{inside}]}\right)$$

示す．

ここで，R は気体定数，T は絶対温度，z はイオンの電荷，F はファラデー定数，$[I_{inside}]$ はイオン I の細胞内濃度，$[I_{outside}]$ はイオン I の細胞外濃度である．

このカルシウムにおいては，$z=2$，$[Ca_{outside}] = 10^{-3}\,\mathrm{mol/L}$，$[Ca_{inside}] = 10^{-6}\,\mathrm{mol/L}$ であり，T が体温であれば RT/F の値は 0.027 である．この状態下であると，カルシウムイオンの平衡電位は $+0.093\,\mathrm{V}$（$+93\,\mathrm{mV}$）である．このことは，細胞内電位が $+93\,\mathrm{mV}$ にならない限り，正味のカルシウムイオン流入が起こり続けることを意味している．活動電位下での電位極大値は $+93\,\mathrm{mV}$ には決してならない．

17

細胞間情報伝達

多細胞生物を構成する何百万もの細胞が協調的に働くことができるのは，それらの細胞が絶えず**伝達物質**とよばれる化学信号を交換し合っていることによる．ここでは，細胞同士が個体としての需要に応じて協調して働くうえで，どのように伝達物質を用いているのかについて述べる．伝達物質として知られている物質のほとんどはすべての動物でみつかっており，おそらく十億年以上も前の祖先である多細胞生物から進化してきたと考えられる．

● 伝達物質と受容体の分類

伝達物質のメカニズムは二つに分類される．第一の分類法は標的細胞上における受容体の局在や機能によるものである．この分類では受容体はイオンチャネル型細胞表面受容体，代謝型細胞表面受容体，そして細胞内受容体の3種類に分類される．

イオンチャネル型細胞表面受容体

イオンチャネル型細胞表面受容体は，チャネルタンパク質の細胞外側領域に特定の化学物質が結合したときに開くチャネルである．神経細胞でみつかった**イオンチャネル型グルタミン酸受容体**（図17・1）はその一例である．このチャネルは細胞外液中にアミノ酸であるグルタミン酸が存在しないときには閉じている．グルタミン酸が結合するとチャネルが開き，ナトリウムイオンやカリウムイオンを透過させる．ナトリウムイオンを細胞の外側から内側に透過させる電気化学的勾配は，カリウムイオンを内側から外側に透過させる勾配よりもはるかに大きいため，チャネルが開くとナトリウムイオンが細胞内へと流入し，正電荷が動き，細胞膜が脱分極を起こす．このメカニズムは，16章で紹介した二つのチャネルである，イノシトールトリスリン酸依存性カルシウムチャネル，サイクリック AMP（cAMP）依存性チャネルと同様である．しかしながら，これら二つのチャネルは，細胞質内の物質によって開くのに対して，イオンチャネル型受容体は細胞外の物質を受容して開くという点で異なる．

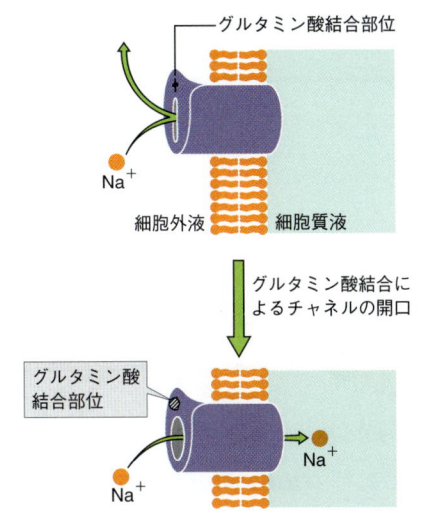

図17・1 イオンチャネル型グルタミン酸受容体は細胞外液中のグルタミン酸が結合したときに開くイオンチャネルである．

代謝型細胞表面受容体

代謝型細胞表面受容体は酵素と共役している．すでに16章で，多くの代謝型細胞表面受容体を紹介した．ADP受容体は，細胞外のADPと結合すると，G_qタンパク質の活性化を経て，ホスホリパーゼ$C\beta$を活性化する．匂い受容体やβアドレナリン受容体は，G_sタンパク質との結合を介してアデニル酸シクラーゼと共役するため，リガンドが結合することにより細胞内cAMPの量を増加させる．タイプ1のサイトカイン受容体はJAKチロシンキナーゼと共役している．チロシンキナーゼ受容体はそれ自身がプロテインキナーゼであり，リガンドが結合したときに活性化される．

αアドレナリン受容体（図17・2）は細胞内カルシウムイオン濃度を増加させる．αアドレナリン受容体とβアドレナリン受容体は，同じ伝達物質，アドレナリンとノルアドレナリンに結合するが，おのおの異なる三量体Gタンパク質を活性化するため，異なる下流の分子に信号を伝達する．話を単純にすると，ノルアドレナリン

応用例 17・1　毒性のあるグルタミン酸類似化合物

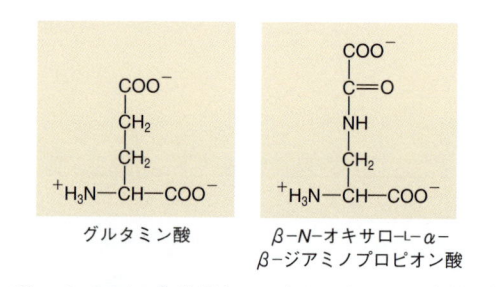

グラスピーとは，インド，アフリカ，中国で古代より栽培され，現在でも重要なカロリー源，タンパク質源となっているタンパク質に富んだ作物である．グラスピーはアミノ酸の一種である β-N-オキサロ-L-α-β-ジアミノプロピオン酸（L-β-ODAP）を含んでいる．未処理のグラスピーを食べると，神経細胞のグルタミン酸受容体に L-β-ODAP が結合し，チャネルが開口する．その結果，長時間にわたる脱分極が起こって神経が損傷し，最終的に壊死してしまう．調理過程でグラスピーをゆでれば L-β-ODAP を分解することができるが，食料，燃料が不足の際には多くの人が生のグラスピーを摂取し，その結果不可逆的な脳障害が起こっている．

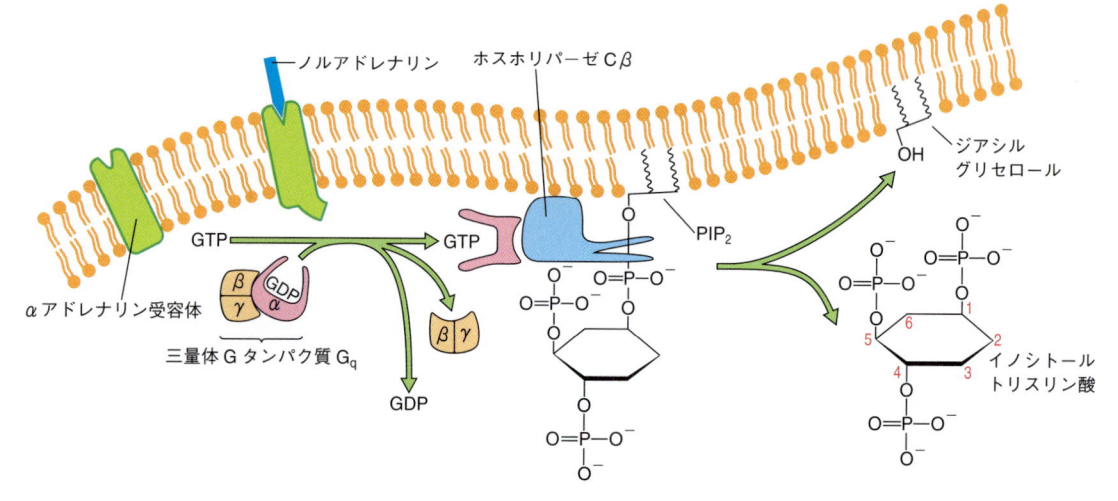

図 17・2　ノルアドレナリンは平滑筋を含む多くの細胞で G_q を活性化し，これによってホスホリパーゼ $C\beta$ が活性化される．　PIP_2: ホスファチジルイノシトールビスリン酸

はおもに α 受容体に，アドレナリンはおもに β 受容体に働くと言ってもよいであろう．α，β 受容体はそれぞれ異なるタンパク質であるので，一方の受容体のみに効果をもつ薬剤（α，β 遮断薬）をつくることも可能である．

細胞内受容体

細胞内受容体は細胞内（細胞質あるいは核）に存在し，細胞膜を透過してくる伝達物質と結合する．細胞内受容体は通常，酵素を活性化することでシグナルを伝達する．一酸化窒素（NO）とステロイドホルモンの受容体についての例をみてみよう．

NO は，多くの生体組織で伝達物質として働いている．NO は必要なときにそのつど合成され，前もって貯蔵されることはない．NO は細胞膜を容易に通過でき，NO 受容体であるさまざまな細胞質タンパク質と結合する．

グアニル酸シクラーゼは，とりわけ重要な NO 受容体である．NO 存在下で，ヌクレオチド GTP を，細胞内メッセンジャーであるサイクリックグアノシン一リン酸（cGMP）に変換する．

ステロイドホルモンはグルココルチコイド受容体（p.66）のような細胞内受容体と結合する．ホルモンが存在しないと，受容体は細胞質にとどまり，阻害タンパク質と結合しているため不活性状態である．しかし，グルココルチコイドホルモンが受容体に結合すると，これが阻害タンパク質にとって代わり阻害タンパク質は外れる．ホルモンが結合したグルココルチコイド受容体の複合体は核へ移行する．核において，複合体二分子は，TATA ボックス（p.65）の上流にあるホルモン応答配列（HRE）として知られる 15 塩基の配列に結合する．HRE は転写促進配列であり，グルココルチコイドホルモン受容体が HRE に結合することで転写が促進される．

伝達物質の存続時間による分類

伝達物質のメカニズムの第二の分類法は，細胞外液中での存続時間によるものである．素早く分解されたり細胞に取込まれたりする伝達物質は，放出された部位の近くでのみ作用する．分解されるのが遅い伝達物質は，長い距離を拡散し，遠く離れた細胞に作用することもある．最も存続時間の短い伝達物質はシナプス (p.193) で放出されるもので，シナプスの放出部位から受容体までの距離はたった 100 nm である．

反対に最も存続時間の長い伝達物質は，何分間も，あるいはそれ以上存続できる．**ホルモン**は長時間存続する伝達物質で，血液に放出され，分解されずに全身を循環する．ほとんどのホルモンは，内分泌腺とよばれる構造を形成する特別な分泌細胞群から放出される．**パラ分泌伝達物質**も分解されるまでに何分間も存続するが，血液ではなく特定の組織内に放出されるので，分解される前に拡散するのはその組織内だけである．

● 素早い情報伝達：神経細胞から標的へ

われわれはすでに痛覚受容神経細胞と痛覚伝達神経細胞間のシナプスについてみてきた (p.192)．痛覚受容体の軸索末端の活動電位は，細胞内カルシウムイオン濃度を 100 nmol/L から 1 μmol/L まで上昇させ，伝達物質であるグルタミン酸を放出する．放出されたグルタミン酸は，細胞外では数ミリ秒しか存続できず，輸送タンパク質によりすぐに細胞内に回収される．しかし，標的の痛覚伝達神経細胞は 100 nm しか離れていない位置に存在するので，細胞膜上にあるイオンチャネル型グルタミン酸受容体に結合するのには十分な時間である．そのチャネルが開くことで小さな脱分極がひき起こされる (図 17・3)．だが痛覚伝達神経細胞では，膜電位の閾値である約 −40 mV にまでは届かない．細胞外のグルタミン酸が回収されるとすぐに膜電位は定常状態に戻る．シナプスから離れた痛覚伝達神経細胞の軸索では膜電位は変化せず，脳へ情報は伝えられないので痛みは感じられない．

ドライヤーからの熱風に指をさらした場合，痛みは感知される (図 17・4)．これは，熱風は指の広い範囲を刺激し，多くの痛覚受容神経細胞の活動電位をひき起こすからである．一つの伝達細胞には多くの痛覚受容体神経細胞とのシナプスが存在するので，大量のグルタミン酸が受容されることになる．この**空間的加算**により，十分な数のグルタミン酸受容体チャネルが開き，伝達細胞の脱分極がひき起こされる．閾値に達すると，15 章ですでに述べたように，電位依存性ナトリウムチャネルを

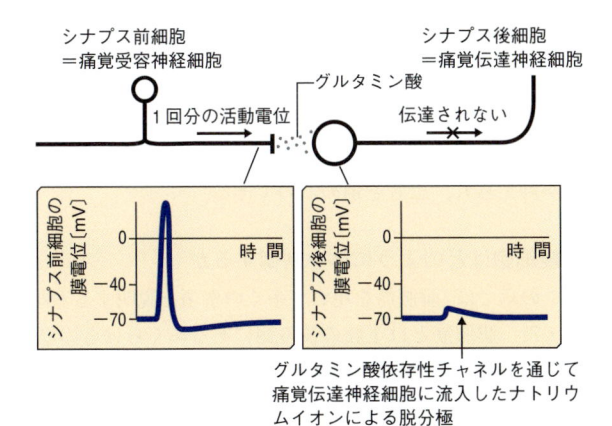

図 17・3 イオンチャネル型グルタミン酸受容体の開口はシナプス後細胞を脱分極させる．

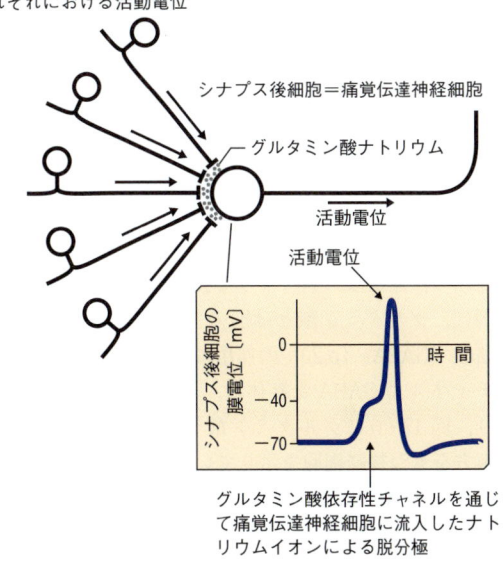

図 17・4 シナプスにおける空間的加算

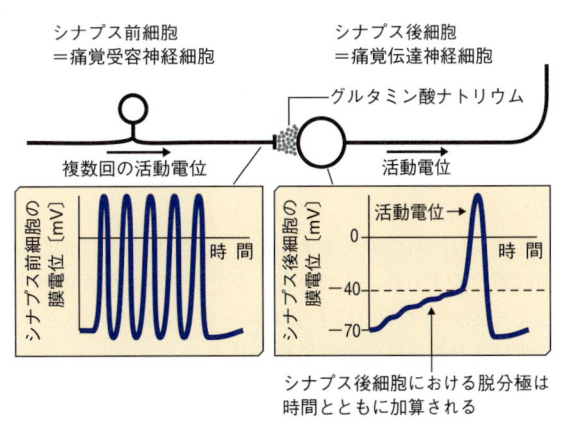

図 17・5 シナプスにおける時間的加算

通じてナトリウムが流入することにより，活動電位が伝達細胞の軸索を経由して脳まで伝えられる．そして痛みが感知される．

狭い範囲への強力な刺激でも痛みの感覚はひき起こされる．たとえば，針で刺された場合では，ただ一つの痛覚受容神経細胞が興奮することになるが，強い刺激なので素早い連続した活動電位がひき起こされ，それぞれがグルタミン酸を放出させ，痛覚伝達神経細胞に強い脱分極をひき起こす（図17・5）．瞬時に伝達細胞の膜電位は閾値に達し，生じた活動電位は軸索を経由して脳まで伝わり，痛みが感知される．このような**時間的加算**は，シナプス前部の活動電位の発生頻度が十分に高いため，シナプス後部の細胞での脱分極がひき起こされる場合である．

抑制性伝達：
塩化物イオン透過性イオンチャネル型受容体

痛みの伝達系は，脳によって強力に調節される．その一例に，グルタミン酸とは別のアミノ酸であるγ-アミノ酪酸（GABA）（p.20）の作用によるものがある．イオンチャネル型 GABA 受容体は，塩化物イオン選択的であり，図17・6にグルタミン酸受容体と GABA 受容体の両方をもつ神経細胞を示している．

グラフのA点において，GABA 分泌細胞軸索に生じた活動電位により，GABA はシナプス後細胞に放出され，GABA 受容体のチャネルが開く．塩化物イオンは細胞内外へ自由に移動することができるが，濃度勾配に従って移動するという性質上，塩化物イオンの細胞質への流入は，細胞質側が負に帯電していることによる反発効果によって起こらない．すなわち塩化物イオンは平衡状態となっている（p.176）．したがって GABA 依存性チャネルが開いても，イオンの移動は起こらず，また膜電位の変化も起こらない．

B点では，六つのグルタミン酸分泌細胞軸索で同時に活動電位が生じる．このとき，シナプス後細胞が閾値を超えて脱分極するのに十分なグルタミン酸が分泌され，シナプス後細胞は活動電位を生じる．

C点では，六つのグルタミン酸分泌細胞軸索に加え，GABA 分泌細胞軸索においてもまた活動電位が生じる．B点と同数のグルタミン酸依存性チャネルが開き，ほぼ同数のナトリウムイオンがシナプス後細胞に流入し，脱分極させる．しかしながら，シナプス後細胞の膜電位が静止電位から変化すると，細胞質側の負の帯電が打ち消され，もはや塩化物イオンの濃度勾配に従った流入を防げなくなるため，塩化物イオンが GABA 依存性チャネルを介して流入し始める．負に帯電した塩化物イオンの内向き移動は，グルタミン酸依存性チャネルを介したナトリウムイオン流入による正電荷をいくらか中和する．それゆえシナプス後細胞は閾値に届くほどには脱分極しない．よってシナプス後細胞では活動電位は生じない．

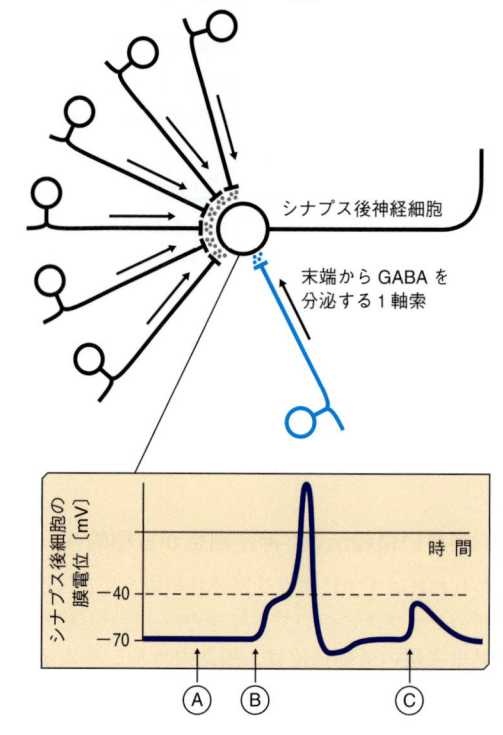

図17・6 **GABA 作動性シナプスによる阻害**

神経系全体において，グルタミン酸と GABA はそれぞれ興奮性と抑制性の最も重要な伝達物質であり，これらの作用に影響を与える薬剤は神経活動に劇的な効果をもたらす．たとえば，ジアゼパムのような抗不安薬は，GABA 受容体に作用し，GABA 依存性チャネルの開く確率を上げる．この薬の作用を受けた神経細胞は閾値に達するまでの脱分極が起こりにくくなるので，脳の活動電位が抑えられ，患者を鎮めるのである．

神経細胞はどのように体を制御するか

この章では，腓腹筋を用いて多くの事項を説明する（図17・7）．腓腹筋とは下肢の後ろ側にあるふくらはぎの筋肉のことである．腓腹筋が収縮すると，アキレス腱が引張られてつま先が地面に押付けられる．筋肉のほとんどは，骨格筋細胞という一種類の細胞から成り立っている．骨格筋細胞の細胞膜には電位依存性ナトリウムチャネルが存在するので，神経と同様に活動電位を生み出すことができるのである．

骨格筋細胞はすべて，**運動神経**とよばれる神経細胞からの収縮命令を受取るまでは弛緩している．運動神経細

胞体は脊髄に存在し，有髄軸索が筋肉へと走っている．足を地面に押付ける際，活動電位は運動神経軸索を伝わって脊髄から軸索末端まで流れ，細胞膜上の電位依存性カルシウムチャネルが開き，伝達物質がシナプス間隙へと放出される．運動神経は，伝達物質として**アセチルコリン**という化学物質を用いる点で比較的独特である．骨格筋細胞の細胞膜には，**ニコチン性アセチルコリン受容体**とよばれるイオンチャネル型のアセチルコリン受容体が存在する．ニコチン性アセチルコリン受容体には，薬物であるニコチンが結合するためにその名前がついた．

イオンチャネル型グルタミン酸受容体と同様に，ニコチン性アセチルコリン受容体は，ナトリウムとカリウムイオンの両方を透過させることができ，骨格筋細胞上での脱分極をひき起こす．実際のところ，運動神経においてたった一度活動電位が発生するだけで，$-50\,\mathrm{mV}$ ほどの骨格筋細胞の脱分極の閾値に達するほど大きな脱分極を生じさせる．筋肉細胞で発生する活動電位が，結果的に小胞体からのカルシウムの放出をひき起こし，この筋肉細胞の細胞内カルシウム濃度上昇によって筋肉が収縮する（p.223）．

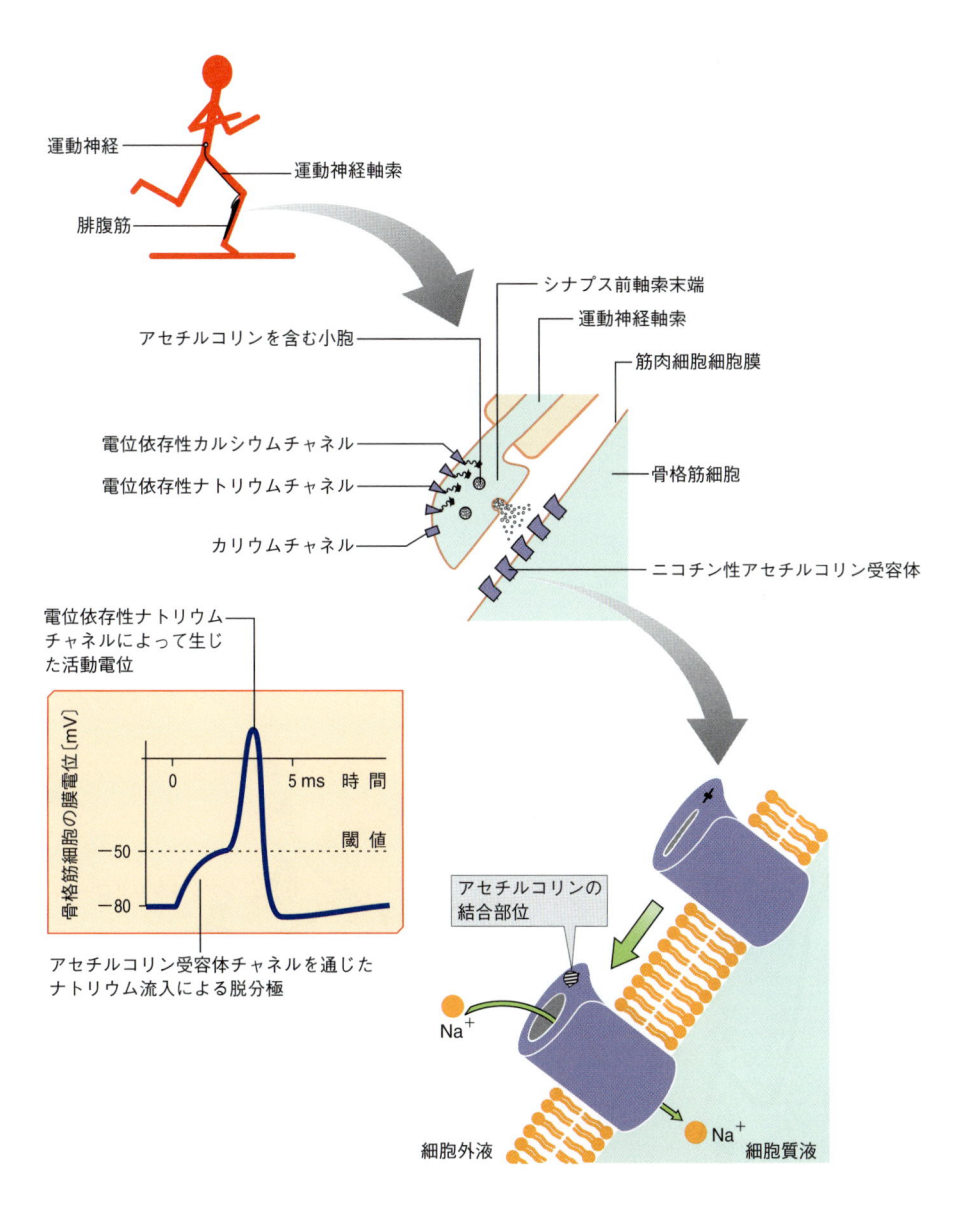

図 17・7　運動神経は伝達物質であるアセチルコリンを放出し，アセチルコリンは骨格筋細胞上のニコチン性受容体に結合する．筋細胞の細胞膜は活動電位が生じる閾値まで脱分極する．

パラ分泌伝達物質と筋肉への血液供給の制御

　神経細胞間や神経細胞と骨格筋細胞間の情報伝達がきわめて迅速でミリ秒レベルであるのに対し，さまざまな組織での細胞間の情報伝達速度は秒，分レベルであり，パラ分泌伝達物質により制御されている．筋肉への血液の流れがどう制御されているかについての例をあげて説明しよう（図17・8）．血管の内表面は**内皮**とよばれる薄い上皮層で覆われている．そしてそれらを覆っているのが，平滑筋とよばれる異なるタイプの筋細胞である．内皮細胞，平滑筋細胞のどちらも骨格筋細胞に比べるとはるかに小さい．小さな血管は骨格筋細胞一つ分と同じほどの大きさしかない．血液の流れは平滑筋の弛緩と収縮により制御され，そして局所的因子や組織外からのシグナルの双方によって制御されている．

　運動をすると，筋肉への血流が促進される．ここでは，いくつものメカニズムが血流の促進に関与している．たとえば，脱酸素されたヘモグロビンが，情報伝達物質である一酸化窒素を生成するといった反応もそうである．血液は最大 $1\,\mu mol/L$ の亜硝酸イオン NO_2^- を含んでいる．組織がヘモグロビンから酸素を受取ると，脱酸素されたヘモグロビンは亜硝酸を一酸化窒素へ還元することができる．

$$NO_2^- + H^+ + ヘモグロビン:Fe^{2+} \longrightarrow$$
$$NO + OH^- + ヘモグロビン:Fe^{3+}$$

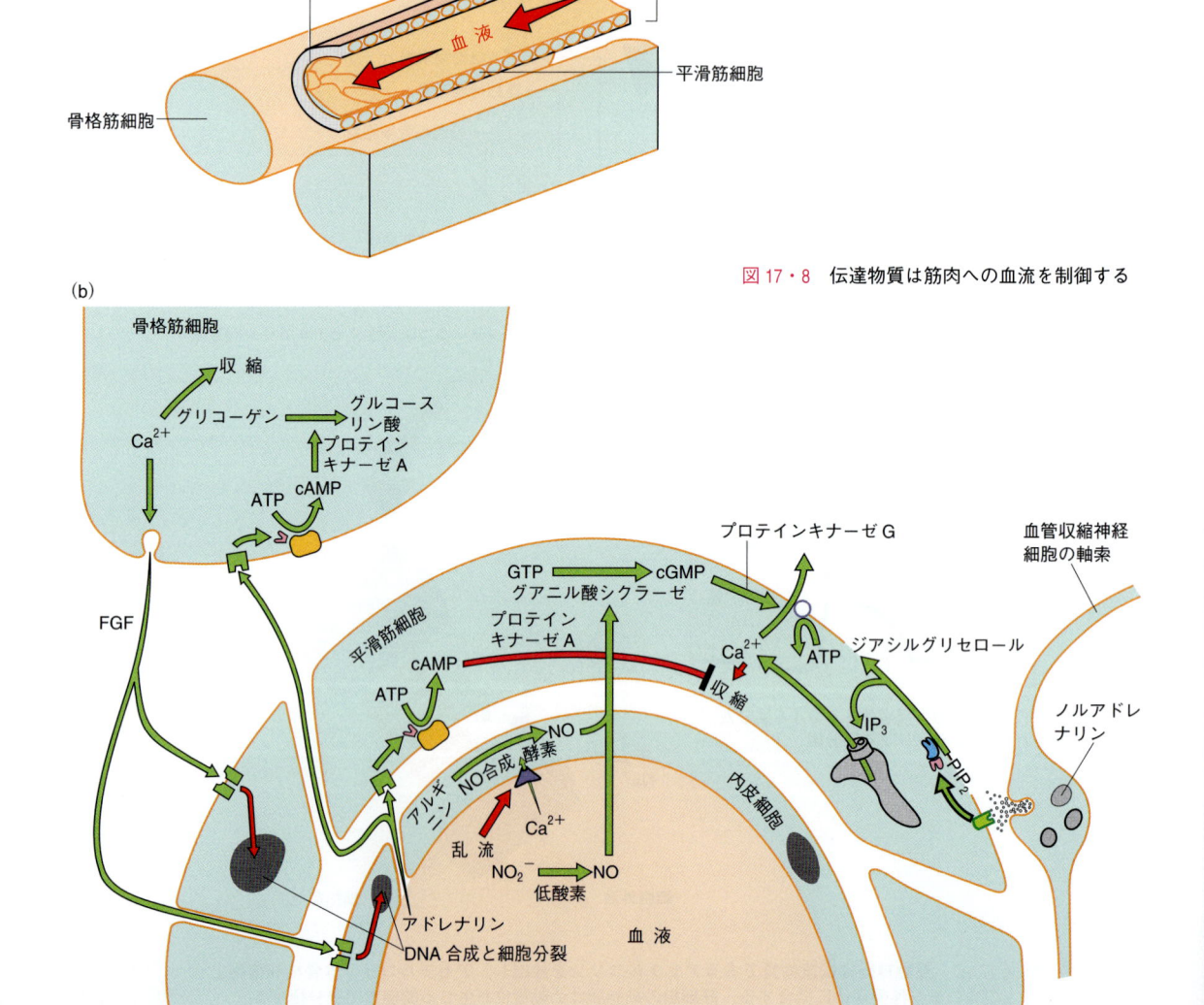

図17・8　伝達物質は筋肉への血流を制御する

応用例 17·2　バイアグラ

cAMP ホスホジエステラーゼが cAMP を AMP に加水分解することで cAMP の細胞内メッセンジャーとしての作用を終結させるのと同様に，cGMP は cGMP ホスホジエステラーゼによって不活性化される．ヒトの各組織には，この酵素のアイソフォームが多数存在する．バイアグラとして販売されている薬剤シルデナフィルは，陰茎における cGMP ホスホジエステラーゼの働きを阻害する．cGMP が合成されない場合は，この薬剤は陰茎への血流にほとんど効果をもたない．しかし，一酸化窒素の局所的な産生により cGMP が合成されると，シルデナフィルによって GMP への加水分解が阻害されるため，血管の平滑筋での cGMP 濃度は薬剤を使用しない場合に比べて大きく増加する．cGMP 濃度の上昇に伴い，プロテインキナーゼ G の活性化，カルシウム ATP 加水分解酵素の活性化，細胞内カルシウム濃度の低下，血管平滑筋の弛緩をつぎつぎに誘導し，最終的に，血流が増大する．

一酸化窒素は容易に内皮細胞や平滑筋細胞の細胞膜を通過し，平滑筋細胞内にある受容体に到達する．そしてグアニル酸シクラーゼを活性化し，cGMP 濃度を上昇させる（一方，医療応用 14·3，p.163 に記述されているように，ヘモグロビンの機能を回復させるためにヘモグロビン内の Fe^{3+} は Fe^{2+} へと還元される必要がある）．

ちょうど cAMP がその多くの作用を cAMP 依存性プロテインキナーゼ（略称はプロテインキナーゼ A）を介して起こすように，cGMP も cGMP 依存性プロテインキナーゼまたは**プロテインキナーゼ G** とよばれる別のセリン-トレオニンキナーゼを介してさまざまな反応をひき起こす．プロテインキナーゼ G の標的の一つがカルシウム ATPase である（p.181）．カルシウム ATPase はプロテインキナーゼ G によりリン酸化を受けると，より活発に働くようになり，細胞質中のカルシウムイオン濃度は減少する．これは平滑筋細胞を弛緩させる効果がある．そして血管は拡張し，より多くの酸素を活動中の組織へと輸送するようになるのである．一酸化窒素はわずか 4 秒で分解される．このように，拡散可能ですべての血管の平滑筋細胞を弛緩させることができるが，離れた組織に到達するのに十分なほど持続はしないため，一酸化窒素はパラ分泌伝達物質である．

一酸化窒素は体内全体における血管の乱流を防ぐうえで重要な役割をしている．内皮細胞の細胞膜に対する物理的ストレスは，細胞内へのカルシウムイオンの流入をひき起こす**伸展活性化チャネル**を開ける．内皮細胞内側には，一酸化窒素を合成する**一酸化窒素シンターゼ**が存在し，この酵素はカルシウムによって活性化される．一酸化窒素は平滑筋へと拡散し，弛緩させる．こうして血管は拡張し，穏やかな血流速度で通常と等量の血液を運ぶことができる．

これら局所的なメカニズムに加えて組織の外からの制御が存在する．神経系は，血液をあまり使用しない器官から必要とされている器官，たとえば活動中の筋組織などへと血液を輸送することを制御している．ここで最も重要な神経細胞は**血管収縮神経**とよばれており，血管を収縮させる．これら神経細胞の軸索における活動電位は，伝達物質であるノルアドレナリンの平滑筋細胞表面上への開口放出をひき起こす．平滑筋は α アドレナリン受容体を細胞膜上にもっている．ノルアドレナリンと α アドレナリン受容体が結合することでホスホリパーゼ Cβ が活性化され，イノシトールトリスリン酸（IP_3）が産生し，それにより小胞体から細胞質へとカルシウムが放出される．細胞質中のカルシウム濃度が増加することで平滑筋は収縮し，血管も収縮し血流は減少することとなる．

血液供給はホルモンによっても制御される

ホルモンであるアドレナリンは，ノルアドレナリンと化学構造がよく似ているが，より安定で，細胞外液中で分解されるまでに 1 分間ほどかかる．アドレナリンは，ストレス条件下で，内分泌腺（副腎）より分泌され，血液を通して全身に運ばれる．骨格筋細胞に拡散したアドレナリンは，これらの細胞を刺激してグリコーゲンの分解を促進し，グルコース 6-リン酸を産生させる（p.172）．骨格筋を通る血管の平滑筋細胞もまた，アデニル酸シクラーゼと共役する β アドレナリン受容体をもっている．しかし，平滑筋細胞はグリコーゲンを貯蔵しておらず，平滑筋細胞において産生される cAMP は他の影響をもたらす．cAMP が上昇すると，cAMP 依存性プロテインキナーゼが活性化される．これはその後，平滑筋細胞を弛緩させるタンパク質群をリン酸化する．つまり，アドレナリンの作用は，逃走か闘争の準備のために，身体のすべての筋細胞への血液供給を増やすことである．われわれがとてもおびえたときに失神してしまうのは，アドレナリンがあまりにも多く分泌されて，血液供給が脳から筋肉へと移ってしまうためである．

成長中の筋肉における血管新生

今までわれわれが議論してきたすべての現象は数分以内で起こる．しかし，筋肉は，何日間にもわたって繰返

し訓練すると強くなる．すなわち，一個一個の骨格筋細胞が肥大するのである．これは，細胞質におけるカルシウム濃度が上昇すると，NFATを介して（医療応用11・1，p.124），構造タンパク質をコードする遺伝子の転写が促進されるためである．さらに，血管新生が起こり，肥大している筋肉中へと伸長する．これは，刺激された筋肉から線維芽細胞増殖因子（FGF）とよばれる増殖因子が放出されるためである．FGFの受容体は，血小板由来増殖因子（PDGF，p.199）の受容体と同様に内皮細胞と平滑筋細胞に存在するチロシンキナーゼである．RasとMAPキナーゼを介してシグナルを伝達し，細胞分裂を誘発し，その結果，新しい血管を発達させる（FGFはfibroblast growth factorの略であるが，内皮細胞と平滑筋細胞を含む非常に多種類の細胞に作用をもつ）．

これまで腓腹筋（ふくらはぎ）とそこへの血液供給という現象を通じて，伝達物質の作用のすべての様式をみてきた．アセチルコリンは運動神経の軸索末端においてシナプス性の伝達物質として働く．アドレナリンはホルモンである．その他，パラ分泌性の伝達物質もある．ニコチン性アセチルコリン受容体は細胞表面にあるイオンチャネル型受容体である．一酸化窒素の受容体は細胞内部に存在する．その他，細胞表面の代謝調節型の受容体がある．情報が伝えられ，作用するまでの時間はさまざまである．運動神経の軸索末端から放出されたアセチルコリンは，骨格筋細胞を5ミリ秒以内の時間で収縮させ，その時間までには細胞外の酵素により分解される．アドレナリンは1分間ほど存続し，この間ずっと血管を拡張させる．FGFは10分間ほど存続するが，その効果はさらに長時間続く．FGFはタンパク質合成を誘導し，数日間にわたる細胞増殖がひき起こされる．これに似たパターンの細胞間情報伝達のやりとりは，体のあらゆる組織でみられる．まったく同じ情報伝達物質と受容体を使うものもあれば，他のものを使うこともある．

走 化 性

運動性細胞も細胞外の化学的因子によって影響を受けるが，そのような応答の一つに化学物質の濃度勾配に従った動きがある．たとえば，ホルミル化されたメチオニンで始まるペプチドは細菌が近づいてきた際，免疫システムへのシグナルとなる（応用例9・1，p.84）．好中球やその他の免疫細胞はN-ホルミルメチオニンペプチドによって活性化され，細菌に遭遇するまで濃度勾配に沿って運動をする．そして，細菌に遭遇するとそれらの免疫細胞は細菌を殺し，食菌する．

発生過程におけるシグナル伝達

受精後，新しい胚は分裂を続け，絶えず細胞の数を増やしている．ほどなくしてそれらの細胞は特有の形質を発現する．その結果，発達が進むにつれ，細胞ごとに決められている運命によって，それらの細胞は，たとえば，運動神経，骨格筋，赤血球細胞のように，特有の性質を発現する．現在，研究の現場で争点となっているのが，これらの分化の決定がどの時期まで可逆的であるかということである．20章で取上げるリンパ球系は唯一の例外であるが，体内で核を有するすべての細胞は完全なゲノムを含み，それゆえ，原理的にはすべてのタイプの細胞への分化に必要なRNAならびにタンパク質を合成することができる．現在，成体の細胞を多少なりとも未分化な幹細胞（p.10）の状態に戻すことで，臨床的に，損傷した組織の再生を目指す研究が精力的に行われている．しかしながら，実験室の外では，細胞の運命決定はたいてい不可逆である．すなわち，神経は神経のまま，筋肉は筋細胞のままなのである．細胞の運命に影響を与える因子としては，細胞それ自身に内在するものと，体の各所で生じるものの2種類が存在する．

内在性シグナル

内在性シグナルは，多くの場合，細胞がその個性を保つためになくてはならないものである．たとえば，筋肉に分化することが決定した細胞は，筋型ミオシンを含むいくつのも遺伝子のエンハンサー領域に作用する転写因子，**MyoD**を発現する．MyoDはまた*MyoD*遺伝子のエンハンサーの領域にも作用し，*MyoD*遺伝子のさらなる転写をひき起こす．この正のフィードバック（p.171）

応用例 17・3　ニトログリセリンは狭心症を和らげる

1987年の一酸化窒素がシグナル伝達物質であるという発見により，ニトログリセリン（薬剤としてよりも爆薬としてよく知られるが）が狭心症を和らげる作用をもつ仕組みが明らかになった．狭心症は過重負荷のかかった心臓によって痛みを感じる病気である．ニトログリセリンは血流を通じて全身を巡り徐々に分解され，一酸化窒素を生じ，血管が拡張される．こうして血液を全身に送り込むため心臓に負荷をかける必要がなくなるのである．

17. 細胞間情報伝達　215

ビコイド mRNA は翻訳され，細胞内でのビコイドタンパク質の濃度勾配ができる．卵が分割し多細胞性の初期胚が形成されるにつれて，娘細胞は異なる量のビコイドタンパクを受継ぐ．最も多くのビコイドを受継いだ細胞は，ビコイドの DNA 上の特定のエンハンサー領域への作用により胚の頭部になり，ほとんど受継がない，もしくはまったく受継がない細胞はそれぞれ体の胸部，あるいは尾部になる．

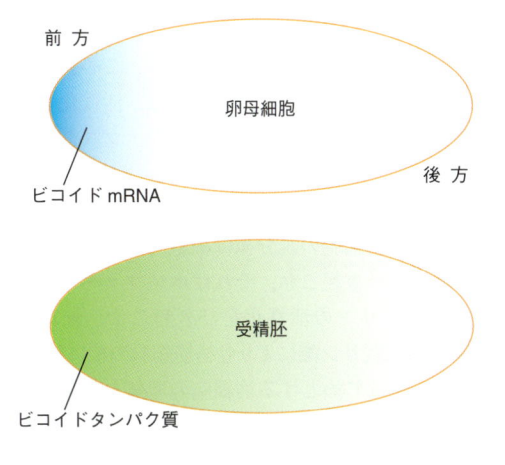

図 17・9　ショウジョウバエ胚におけるビコイドシグナリング

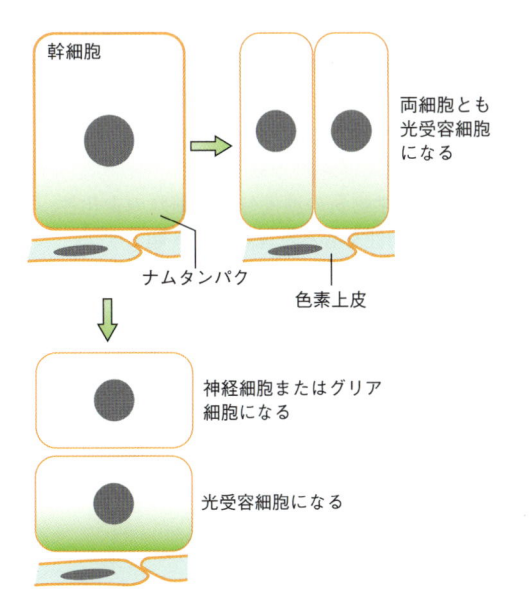

図 17・10　脊椎動物の網膜におけるナムシグナリング

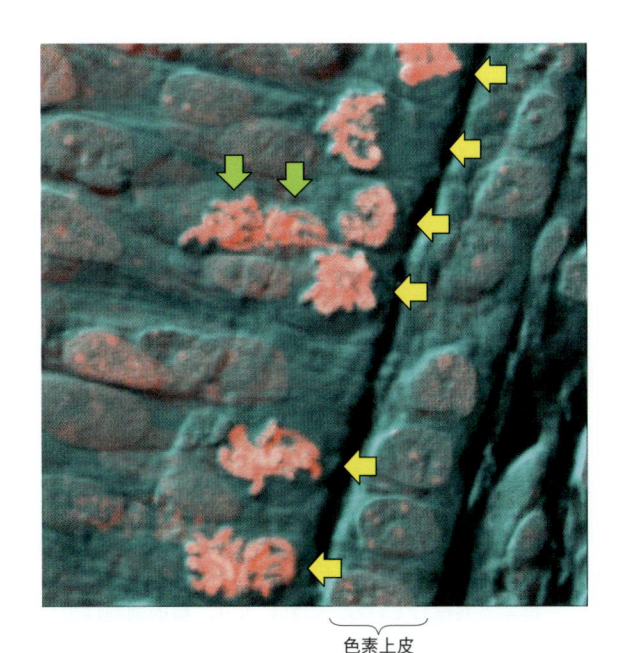

図 17・11　網膜における細胞分裂　顕微鏡写真は発生途中の網膜の一部を示している．組織を固定後，DNA を蛍光赤色に染色する色素，ヨウ化プロピジウムによって染色した．視野内の 4 個の幹細胞は分裂を終えた細胞質分裂の終期の状態にあり，染色体はまだ凝集したままで，独立した構造（p.229）として観察される．図中黄色矢印で示す娘細胞を生じた 3 個の幹細胞の細胞分裂は網膜と同じ面で対照的な分裂をしているが，黄緑色矢印で示す娘細胞は網膜の面に対し垂直方向での非対称性分裂により生じている．写真提供: David Becker（University College London）

により，一度細胞が筋細胞になることを選択したら，それが維持される．

内在性シグナルが細胞の運命の選択をコントロールする例として最もよく解析されているのが，昆虫の卵である．転写因子ビコイド（bicoid）の mRNA は，卵細胞の一端に濃縮して存在している（図 17・9）．受精後，

同様なメカニズムは哺乳類の網膜の発達の際にも働く（図 17・10）．新生ラットの網膜幹細胞において，ナム（numb）タンパク質は色素上皮に面した表面に沿ってのみ存在する．もし，幹細胞が対称的に分裂すると，娘細胞のどちらもが同じようにナムタンパク質を受継ぎ，どちらもが光受容細胞になる．しかし，非対称的に分裂すれば，ナムタンパク質を受継いだ細胞のみが光受容細胞になる．それ以外は神経細胞かグリア細胞になる．図 17・11 は網膜幹細胞の分裂の様子を示している．

誘導シグナリング

外因性シグナルは，単一の細胞，もしくは細胞群が，近接した細胞に対して特定の方向性への運命づけを促すために体中で用いられている．この章ではすでに，活性化した筋細胞から放出されるFGFが，近傍の内皮細胞・平滑筋細胞の細胞分裂をひき起こし，血管新生を導くという，運動中の筋肉の例をみてきた．運動神経の骨格筋シナプスへの発達は第二の例である．発達の間，運動神経の伸張中の軸索は，タンパク質の一種であるアグリンを分泌する．軸索が骨格筋細胞へと近づくと，アグリンは筋特異的受容体型のチロシンキナーゼに結合し，活性化する．活性化された受容体は自身の細胞内ドメインのチロシン残基をリン酸化し，SH2ドメインを含むタンパク質を引寄せ，それらをリン酸化する．この結果として，ニコチン性アセチルコリン受容体は，活性化した筋特異的キナーゼの部位に集められ，後シナプス部位がつくられる．

一度シナプス伝達ができ上がると，さらなる変化がひき起こされる．筋細胞の脱分極は細胞内カルシウムイオン濃度の増大をひき起こし，それはホスファターゼであるカルシニューリンの活性化をひき起こす．転写因子 NFAT（p.124）は脱リン酸により骨格筋細胞の核に移行し，筋型ミオシンをはじめとする筋細胞の増殖や分化に必要な遺伝子の転写をひき起こす．

まとめ

1. 伝達物質のメカニズムは，2通りに分類される．標的細胞に発現する受容体の局在や受容体の作用特性による分類と，伝達物質の寿命や，伝達物質が存在する細胞外環境による分類である．
2. 受容体は，イオンチャネル型細胞表面受容体，代謝型細胞表面受容体，細胞内受容体に分類される．イオンチャネル型細胞表面受容体は，リガンドの結合に応答して開口する．これにより，標的細胞に膜電位の変化をもたらす．代謝型細胞表面受容体は，酵素と共役している．これにより，標的細胞は生化学的に制御される．細胞内受容体は，標的となる細胞内に存在し，単純拡散による細胞膜透過が可能な伝達物質と結合する．
3. シナプス伝達物質はごく短時間で消失する．一方，パラ分泌伝達物質やホルモンは長寿命であり，それぞれ特定の組織や血液中に存在している．
4. 多くの場合，神経細胞間を伝達される活動電位の大きさは，シナプス前後で等価ではない．シナプス前シグナルが長期間続いたり，複数のシナプスから同時に入力が起こったりすることにより，シナプス前シグナルは時間的または空間的に加算され，シナプス後の細胞において活動電位を発生させるのに十分な大きさとなる．
5. 塩化物イオン透過型のイオンチャネル型細胞表面受容体が活性化すると，塩化物イオンが細胞内に流入し，神経細胞が脱分極に至る閾値に達しにくくなる．
6. 生体の需要に応じて組織を協調制御するためのすべてのタイプの細胞間シグナルの例が腓腹筋で起こっている．
7. 細胞外の化学物質の濃度勾配は細胞の走化性，すなわち，方向性をもった運動をひき起こす．
8. 発生過程において，細胞運命の決定には，細胞内在性の因子と外因性シグナルが関与する．前者の例としては，前駆細胞から受継いだ特定のタンパク質の量があげられる．後者の例としては，隣接した細胞から放出される伝達物質があげられる．

参考文献

I. B. Levitan, L. K. Kaczmarek, "The Neuron", 3rd edition, Oxford University Press, New York (2002).

F. Marks, U. Klingsmüller, K. Müller-Decker, "Cellular Signal Processing", Garland, New York (2009).

L. Wolpert et al., "Principles of Development", 3rd edition, Oxford University Press, Oxford (2007).

● 復習問題

17・1 受容体

A. αアドレナリン受容体
B. βアドレナリン受容体
C. グルココルチコイド受容体
D. グアニル酸シクラーゼ
E. インターロイキン2受容体
F. 筋特異的キナーゼ
G. ニコチン性アセチルコリン受容体

以下の記述に最も当てはまる受容体を上記の中から選べ．

1. 三量体Gタンパク質G_qを介してシグナルを伝達する受容体
2. 三量体Gタンパク質G_sを介してシグナルを伝達する受容体
3. 受容体型チロシンキナーゼ
4. 常に細胞質に局在している細胞内受容体

5. 伝達分子との結合により核内へと移行する細胞内受容体
6. イオンチャネル型受容体

17・2 伝達物質

A. アドレナリン　　B. GABA
C. グルタミン酸　　D. グリコーゲン
E. リシン　　　　　F. ノルアドレナリン
G. ナム（numb）　 H. ジアゼパム

以下の記述に最も当てはまる化学種を上記の中から選べ．

1. ホルモン
2. パラ分泌伝達物質
3. 平滑筋をはじめとする多くの細胞において，小胞体からのカルシウムの放出を促す伝達物質
4. γ-アミノ酸の一種で，伝達物質として働く
5. α-アミノ酸の一種で，伝達物質として働く
6. 興奮性シナプス伝達物質
7. 抑制性シナプス伝達物質

17・3 シナプス

A. 活動電位を生じるための閾値には達しない脱分極
B. 活動電位を生じるための閾値を超える脱分極
C. 膜電位が0mVよりプラスの状態へと変化し，1秒以上持続する変化
D. 活動電位の頻度の低下，あるいは完全な消失
E. 電位変化なし

以下の刺激によってひき起こされると考えられるシナプス後細胞における電気的変化を上記の中から選べ．

1. グルタミン酸作動性神経細胞から定常的に興奮性の入力を受けているシナプス後細胞に対する，GABA作動性シナプス前細胞の発火
2. 針刺激のような痛みを伴う刺激によってひき起こされる痛覚受容神経の急激な発火
3. 運動ニューロンにおける単発の活動電位
4. 他にシナプスを形成する神経細胞が活性化していないシナプス後細胞に対する，GABA作動性シナプス前細胞の単発の活動電位
5. 他にシナプスを形成する神経細胞が活性化していないシナプス後細胞に対する，グルタミン酸作動性神経細胞の単発の活動電位

発展問題

1986年，Hans Frohnhöfer と Christiane Nüsslein-Volhard は示唆に富む実験結果を報告した．産みつけられたばかりのショウジョウバエの卵の前端に針で穴を空けて全体の体積のおよそ5％にあたる細胞質を吸い出したところ，卵は胚へと生育したが，どのような現象が観察されたと考えられるか？

発展問題の解答　この実験で吸い出された細胞質は，ビコイドmRNAのほぼ全量を含んでいると考えられる．したがって，胚の発生過程でビコイドタンパク質はほとんど合成されず，結果として頭部を形成することができなかったと考えられる．

18

機械的分子

　真核細胞は，**細胞骨格**とよばれるフィラメントの濃密なネットワークを含む．細胞骨格は多機能であり，細胞の形や動きを決定したり，細胞内のある場所から別の場所への小胞や細胞小器官の移動に関与したり，細胞分裂において重要な役割を果たしたりする．細胞骨格は，三種類の細胞質フィラメントのネットワークから成る．すなわち，微小管，マイクロフィラメント，中間径フィラメントである（図18・1．図1・2, p.2 も参照）．細胞骨格を構成する個々のフィラメントは光学顕微鏡の解像限界以下であるが，フィラメントと細胞骨格全体は，蛍光顕微鏡法を利用することによって細胞内で容易に観察可能である（例：応用例1・1, p.4）．細胞骨格という用語は，細胞内で固定された一群の骨を意味するが，それはまったくの見当違いである．これら三つすべての細胞骨格系はきわめて動的であり，細胞の必要性に応じてその構成を迅速に変化させることができる．

● 微小管

　微小管は，複数の細胞機能への関与を可能にするいくつかの物理的性質をもつ．微小管は，優れた構造的足場となる強靭な線維の束を形成することができる．すなわち，細胞の形の決定において重要な役割を果たしたり，他の細胞成分の方向性をもった移動のための軌道を提供したりする．微小管は，細胞小器官や小胞の二方向性輸送を支える固有の構造極性をもつ．その移動の動力は，微小管の表面と相互作用する酵素によって供給される．微小管は迅速に形成されたり分解されたりする．この性質によって，細胞は微妙な環境変化に応答することが可能である．最後に，微小管は，細胞内で最も精巧で正確な動きの一つである有糸分裂時や減数分裂時の染色体分離における役割も担う（19章）．

　動物細胞は数千もの微小管から成るネットワークを含む．これらの長さは異なるが，直径は 25 nm と一定である．細胞内のすべての微小管は，**中心体**という単一の構造体にたどり着くことがある．中心体は，細胞の中央で核の表面に強固に結合している（図1・2, p.2）．中心体は細胞の**微小管形成中心**であり，1対の**中心小体**を取囲む不定形の物質から成る（図18・2）．中心小体は特徴的な9回対称性をもつ．このことについては，繊毛や鞭毛の項で再び説明する．図18・3は二つの線維芽細胞の免疫蛍光顕微鏡像を示す．どちらの場合にも，緑色の微小管が微小管形成中心から放射状に広がっている．

　微小管は，α と β という二つのサブユニットから成る

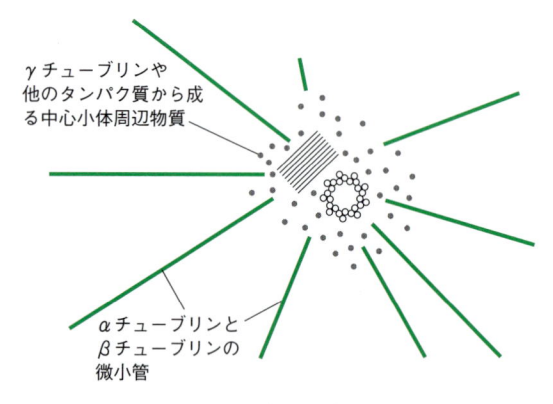

図18・2 微小管形成中心（中心体）は1対の中心小体を取囲む不定形の物質から成る．

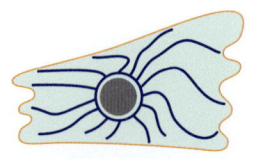

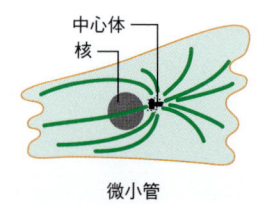

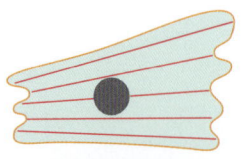

図18・1 微小管，ストレスファイバー（マイクロフィラメントの一形態），および中間径フィラメントの典型的な空間配置

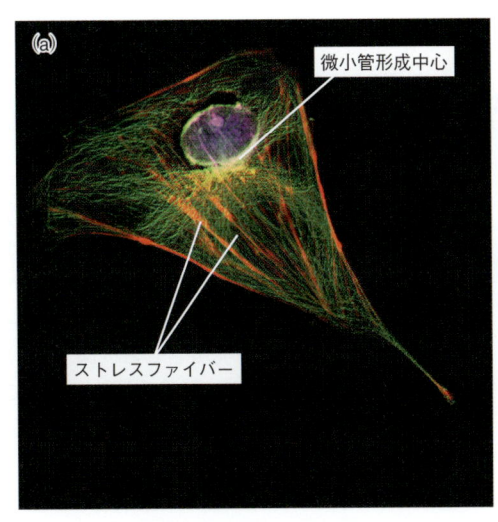

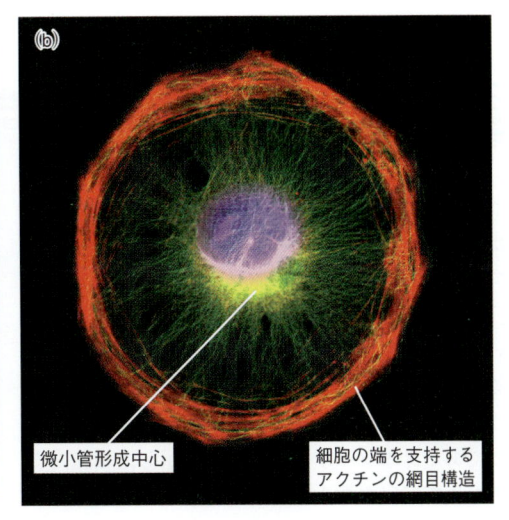

図18・3 培養線維芽細胞におけるマイクロフィラメントと微小管　緑色は微小管形成中心から放射状に伸びる微小管を，赤色はアクチンを示す．(a) この平らな細胞では，アクチンはストレスファイバーとして組織化されている．(b) この丸い細胞では，アクチンは細胞膜直下で目の粗い網目構造として組織化されている．青色は Hoechst 染色であり，核を示す．写真提供：David Becker（University College London）.

チューブリンというタンパク質で構成される．チューブリンは進化の過程で高度に保存されており，ヒトのように複雑な真核生物の細胞に存在するαチューブリンとβチューブリンは，酵母のように単純な真核生物のものとほぼ同じである．ヒトのゲノムには約5個のαチューブリン遺伝子とほぼ同数のβチューブリン遺伝子がある．チューブリンのスーパーファミリーにはγチューブリンという第三のメンバーがあり，それ自体は微小管の構造には寄与しないが，中心体にみられ，微小管の構築の開始において役割を果たす．αチューブリンとβチューブリンから成る二量体が集合して，**プロトフィラメント**という鎖になり，プロトフィラメントが13本集まって微小管壁をつくり上げる（図18・4）．各プロトフィラメント内で，チューブリン二量体はα/β，α/βなどのように"頭と尻尾"でつながっている．これによって，微小管には伸長する方向に反映される分子極性が組込まれる．チューブリンのサブユニットは，一方の末端でもう一方の末端よりもはるかに速く付加されたり失われたりする．慣例として，速く伸長する末端のことをプラス（＋）端，ゆっくりと伸長する末端のことをマイナス（－）端

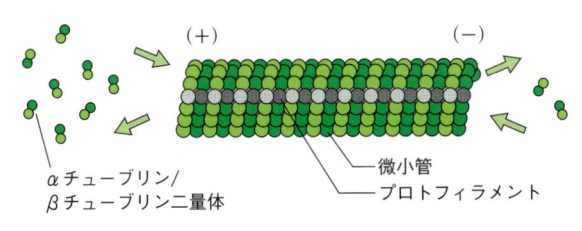

図18・4　微小管構造

という．

細胞において，各微小管のマイナス端は通常は中心体に埋込まれているので，プラス端のみが自由に伸縮する．この過程は驚くほど複雑である．個々の微小管には，ゆっくりと伸長した後に急激に短縮する期間があり，時には微小管は完全に消失する．この現象を**動的不安定性**という．偶然に，ある微小管の伸長しつつある末端が細胞膜で捕捉されて安定化されると，それらは短縮を免れる．それらがさらに伸長すると細胞の形に影響を及ぼす（図

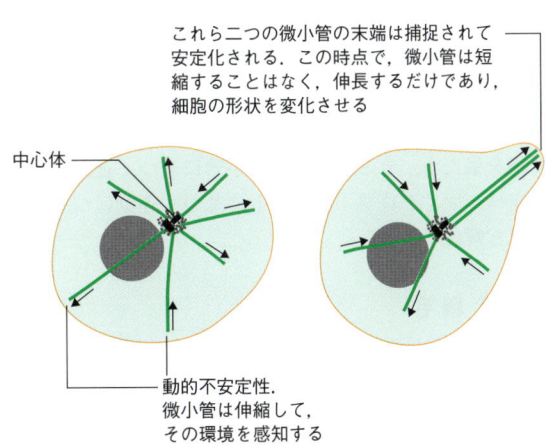

図18・5　微小管は動的不安定性を示す．

18・5）．共通の向きをもつ微小管のグループは優れた構造の骨組みを形成する．微小管は動的なので，その骨組みは細胞の変化の必要性に伴って絶えず再編成される．

細胞における微小管の機能について確認する最も重要なツールの一つは，植物毒素のコルヒチンである．コル

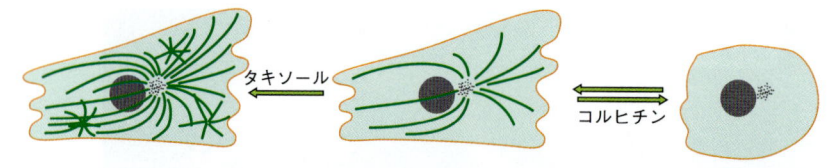

図18・6 微小管に対するタキソールとコルヒチンの作用

ヒチンはイヌサフラン（*Colchicum autumnale*）の球茎から抽出され，ローマ時代から痛風の治療に用いられている．コルヒチンに曝された細胞は形がくずれ，分裂を停止し，細胞質内の細胞小器官が動かなくなる．この薬物を洗い流すと，微小管は中心体から再構築され，通常の機能が回復する（図18・6）．一方，もともとはタイヘイヨウイチイ（*Taxus brevifolia*）の樹皮から得られた別の薬物であるタキソールは逆の効果を示し，細胞内で多数のきわめて安定な微小管の形成をひき起こす．ただし，この効果の回復は難しい．タキソールは細胞分裂をきわめて効率よく遮断するので，今日では化学的に合成され，抗癌薬として広く利用される．

微小管を基盤とする運動

細胞はさまざまな理由で動く．ヒトの無数の精子は狂わんばかりに卵に向かって泳ぐ．土壌中に存在するアメーバのアカンスアメーバ（*Acanthamoeba*）（地球上に最も豊富に存在する真核生物であるといわれる）は，土壌の粒子の上や間をはい回り，それにつれて細菌や小さな有機粒子を飲込む．ある種の癌細胞の浸潤性は，運動性の高い胚の状態への復帰のためである．もちろん，すべての細胞がこのように明確な運動性を示すわけではないが，ほとんど動かない真核細胞でさえも，注意深く観察すれば細胞内の顕著な動きがしばしばみられる．微小管もマイクロフィラメントも細胞運動において重要な役割を果たす．そこで，まず微小管に基づく運動について述べ，マイクロフィラメントに基づく運動については後ほど解説する．

繊毛と鞭毛

繊毛と鞭毛は真核細胞の進化のきわめて初期に出現し，現在までほとんど変化しないままである．**繊毛**（cilium，まつげの意味）と**鞭毛**（flagellum，鞭の意味）という用語は，しばしば気まぐれに互換的に用いられる．一般に，繊毛は鞭毛よりも短く（繊毛は＜10 nmであるのに対して鞭毛は＞40 nm），細胞表面に数多く存在する（繊毛をもつ細胞はしばしば数千本もの繊毛をもつが，鞭毛をもつ細胞は通常は1本の鞭毛をもつ）．しかし，真の意味での違いは，それらの運動性にある．繊毛はオール（櫂）のように動く．その動きは二相性であり，繊毛が

硬直した状態で保たれて基部でのみ曲がる有効打（図18・7，1→4），および屈曲が基部から先端にかけて形成される回復打（4→8→1）から成る．鞭毛はウナギのようにのた打ち，通常は一定の振幅で基部から先端へと全長にわたって伝わる波を発生させる（図18・7）．このように，鞭毛による水の動きは軸に対して平行であるのに対して，繊毛は水を軸に対して垂直に，したがって細胞の表面に対して平行に動かす．

繊毛は，繊毛虫とよばれるある種の単細胞真核生物の際立った特徴である．たとえば，ゾウリムシの遊泳は，細胞表面にある数千本もの繊毛の協調運動によって生じる．また，繊毛は，ヒトの体において多くの重要な役割を果たす．たとえば，気道は全部で 10^{12} 本もの繊毛をもつ上皮によって約 $0.5\,m^2$ にもわたって裏打ちされている（図1・8，p.5）．これらの繊毛の鞭打ち運動は，吸い込まれた粒子や微生物を含む粘液を肺から掃き出すように動かす．この活動は，タバコの煙によって麻痺するので，粘液が喫煙者の肺に蓄積して典型的な咳をひき起こす．

鞭打ち運動の様式が異なるにもかかわらず，繊毛と鞭毛の構造は区別できない（図18・8）．両方ともに，中心の2本の微小管（中心対微小管），およびそれを環状に取囲む9対の微小管（周辺二連微小管）を含む．この全体構造は **9+2軸糸** である．軸糸は細胞膜が伸びたものによって取囲まれている．9対の周辺二連微小管にはモータータンパク質の**ダイニン**から成る突起（腕）が結合している．ダイニンはATPaseであり，ATPの加水分解によって放出されるエネルギーを，繊毛や鞭毛の鞭打ち運動の機械的仕事に変換する．繊毛や鞭毛の基部の近傍に存在するミトコンドリアによって産生されるATPを燃料として利用して，ダイニンの腕は隣接する周辺二連微小管を押し，二連微小管同士の間で滑り運動が起こるようにする．腕は軸糸のまわり，および長軸に沿って厳密な順序で活性化され，滑り運動の程度は放射状スポークと二連微小管間架橋によって制限されるので，滑り運動は屈曲運動に変換される．繊毛と鞭毛は，先端まで全長にわたってサイトゾルで満たされており，そのサイトゾルでATPを利用してその長軸の全長にわたって力を発生させる．

細菌の鞭毛（応用例13・2，p.151）は，根本的に異なる機構を利用する．船のプロペラ（スクリュー）のよう

18. 機械的分子   221

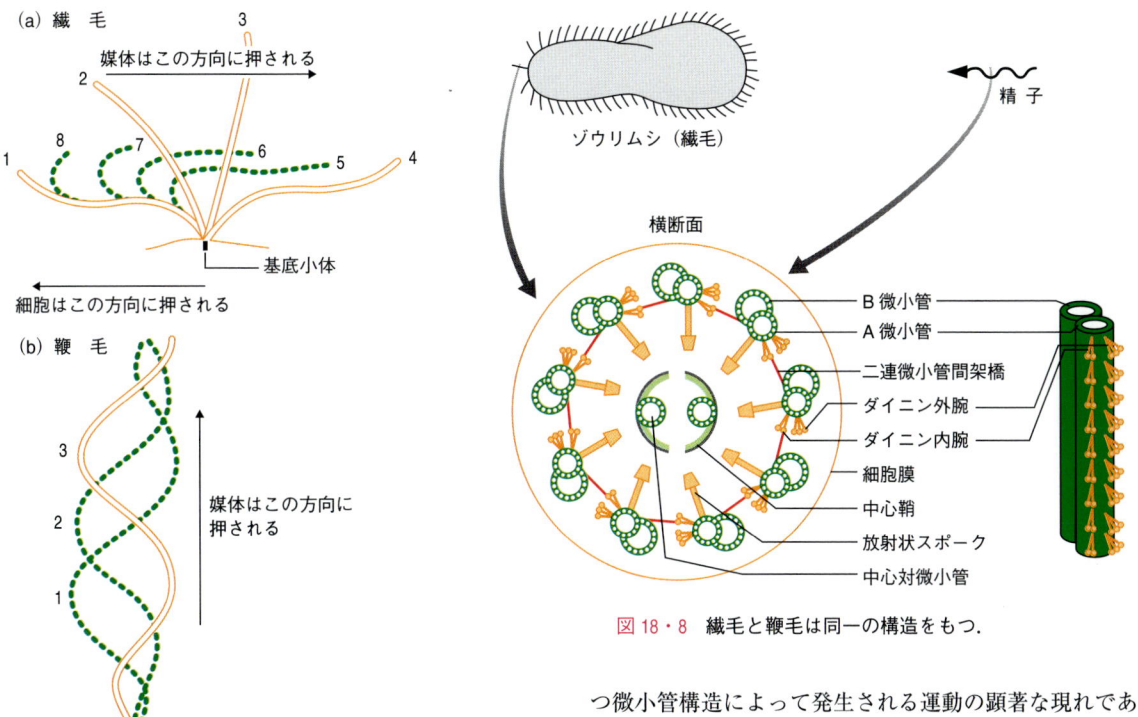

図 18・7 繊毛(**a**)と鞭毛(**b**)の屈曲様式

図 18・8 繊毛と鞭毛は同一の構造をもつ.

に，細菌の鞭毛の動きはもっぱらその基部の回転モーターによって推進される．細菌の鞭毛は，チューブリンやダイニンとは類似性のないフラジェリンという単一のタンパク質で構成されている．

細胞内輸送

繊毛や鞭毛の鞭打ち運動は，明確で幾何学的な形をもつ微小管構造によって発生される運動の顕著な現れである．しかし，運動性は細胞内の微小管の一般的な性質である．このことは，魚類や両生類の皮膚の**色素胞**をもつ色素細胞などの特殊な細胞種において特に顕著である．放射状の微小管に沿った色素顆粒の内向きと外向きの動きは，このような動物が誇示することのできる顕著な体色変化の基盤である（図 18・9）．しかし，このような動きは，すべての細胞内で起こるが，あまり劇的ではない過程の誇張された例にすぎない．たとえば，神経細胞の軸索は，細胞体から伸びて 1 m にも及ぶことがある．細胞小器官，小胞，および mRNA でさえも，**軸索輸送**（図 18・10）とよばれる現象によって，軸索に沿って両方向に輸送される．軸索輸送は外向きの**順行輸送**と内向きの

医療応用 18・1　ある種の細菌はみずからの目的のために細胞骨格を乗取る

われわれはみんな，細菌やウイルスが多様な接触形式によってヒトからヒトへと伝播する方法についてよく知っているが，細菌は人体の細胞の間をどのようにして広まるのだろうか．重要な病原体であるリステリア菌（免疫力の落ちた患者における敗血症や髄膜炎，および妊娠期間中の胎児への感染に関与する）や赤痢菌（赤痢をひき起こす）などの多くの細菌は，組織を通って広まる際に，細胞の細胞質に隠れたままでいることによって，人体の抗体や白血球との接触を避ける．細菌はアクチンを利用して細胞から細胞へと移動する動力を得る．リステリア菌は，桿状の細胞の一端に ActA というタンパク質をもつ．ActA は Arp2/3 複合体を活性化して，アクチンフィラメントの形成を促進する．マイクロフィラメントの伸長によって発生する力は，細菌を細胞質を通って反対方向に向かって押す．動きはランダムであるが，細菌は時には細胞膜に衝突し，細胞表面から指状の突起の形成をひき起こすことがある．その突起の膜は隣接する細胞の膜と融合し，細菌を膜で囲まれた袋に入れたままで転移させる．その後，その細菌はすぐにその袋から逃げ出して，この転移手段を繰返す．

逆行輸送に分けられる．両方の輸送ともに，神経細胞内に豊富に存在する微小管に依存している．

この二つの形式の軸索輸送は異なる分子モーターに依存している．繊毛や鞭毛のダイニンと区別するために**細胞質ダイニン**とよばれることのあるダイニンが，小胞や細胞小器官を逆行輸送するのに対して，**キネシン**は微小管に沿った順方向の動きのためのモーターである．その方向性は，微小管の極性によって規定される．このように，ダイニンは微小管に沿ってプラス端からマイナス端の方向に動くのに対して，キネシンはその反対方向に動く．両タンパク質ともに，輸送されるべき積み荷に結合する尾部，および微小管の表面と相互作用して動きを発生させる二つの球状頭部（ダイニンに関しては三つのこともある）から成る．この過程の特異性は，単一細胞内に複数のダイニンとキネシン（それぞれが特定の積み荷の輸送に関与する）をもつことによってもたらされる．ダイニンとキネシンの多様性は，複数の遺伝子（選択的スプライシングによってさらにバリアントを生じさせる，p.64）の存在によってつくり出される．

アクチンは球状タンパク質（globular protein）なので，アクチン単量体はGアクチンとよばれるのに対して，単量体から形成されるフィラメント（filament）はFアクチンとよばれる．各アクチンフィラメントは，ビーズの2本の鎖のように互いのまわりにねじれたアクチン単量体の2本の鎖から成る（図18・11）．動物細胞では，アクチンは特に細胞辺縁部に結合している．動物細胞をプラスチックシャーレで培養すると，非運動性の細胞は二つの主要なタイプのマイクロフィラメントをもつ．**ストレスファイバー**とよばれるアクチンフィラメントの束は細胞を横切って走り，細胞をシャーレにつなぎ止める（図18・1，図18・3a）のに対して，細胞膜直下には細

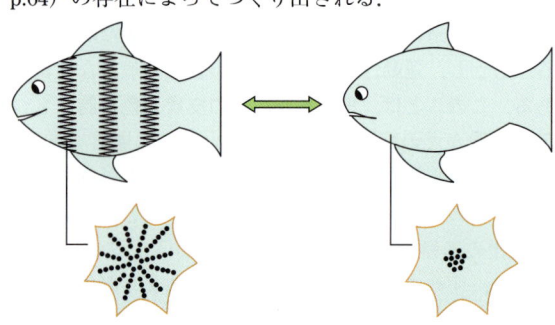

図18・9 魚の色素胞における色素の移動

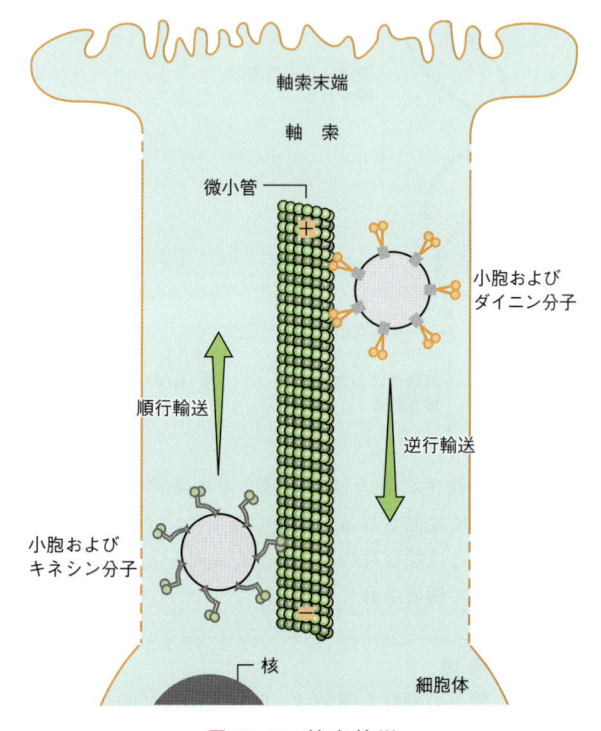

図18・10 軸索輸送

● マイクロフィラメント

マイクロフィラメントは直径約7nmの微細線維であり，**アクチン**というタンパク質のサブユニットから成る．

医療応用 18・2　死によって保護される

皮膚の表皮は，ケラチノサイト（角化細胞）という生細胞の層が，それらの死細胞の保護層で覆われることによって構成されている．ケラチノサイトが生きている間は，ケラチンという中間径フィラメントの濃密な内部細胞骨格をつくり出し，隣接する細胞とはデスモソームによって連結されているので，死んだケラチノサイトは優れた保護層を形成する．細胞が死んでも，中間径フィラメントは安定なので，ケラチンの線維は残る．中間径フィラメントはデスモソームによって連結されていたので，結果的に生じる保護線維は今や死んだ細胞の端で途絶えるのではなく，つぎの細胞，そしてさらにつぎの細胞へと強固に連結され，きわめて強靭な線維のネットワークを形成する．ケラチン病と総称されるケラチンの変異体は，おもに皮膚の水疱症をひき起こす．たとえば，皮膚の主要なケラチン（K5およびK14）の変異は，単純性表皮水疱症をひき起こす．軽症の場合には水疱は手や足に限定されるが，重症の場合には広汎性である．このような患者由来の培養ケラチノサイトは，無秩序なケラチンフィラメントを形成する．その結果として，表皮が脆弱になり，損傷を受けやすくなる．

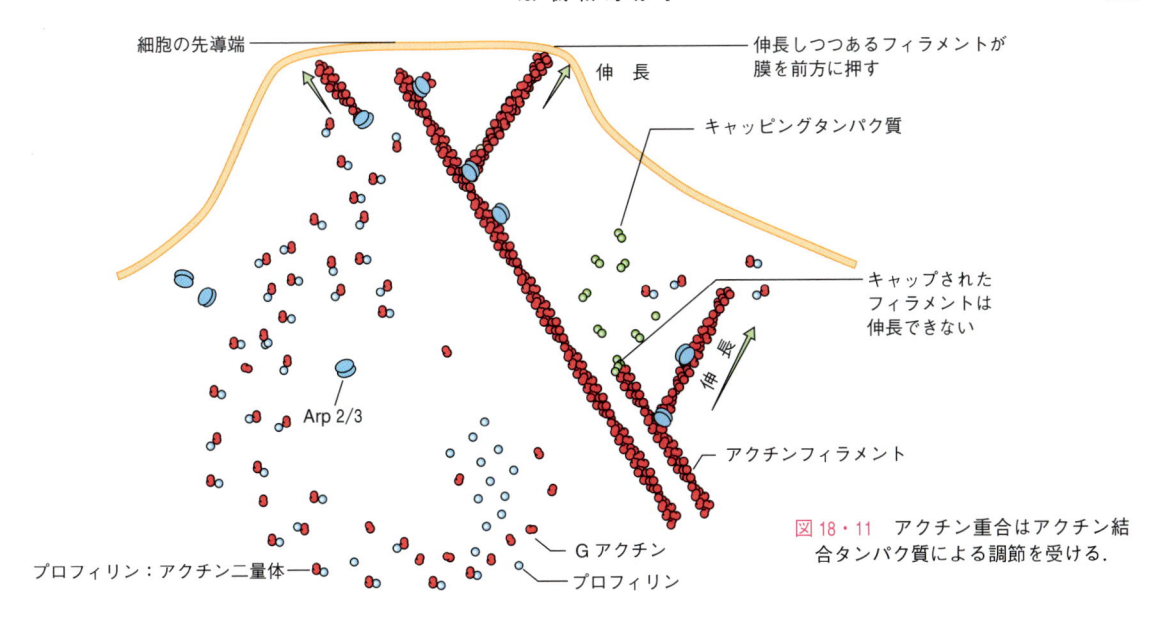

図18・11 アクチン重合はアクチン結合タンパク質による調節を受ける.

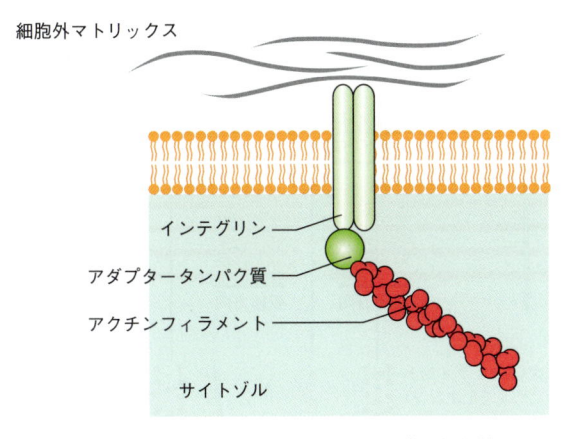

図18・12 インテグリンはアクチン細胞骨格を細胞外マトリックスにつなぎ止める.

胞の端に構造的な強度を与えるフィラメントの目の粗い網目構造がみられる（図18・3b）．活発に運動する細胞ではストレスファイバーは消え，アクチンは先導端に濃縮されるようになる．微絨毛（p.9）のような細胞表面からの突起は，アクチンフィラメントの強固な束によって維持される．

Gアクチンとアクチンの間の平衡は，**アクチン結合タンパク質**（図18・11）などの多くの因子による影響を受ける．フィラメントの伸長は，Gアクチン単量体に結合して重合を妨げる**プロフィリン**や，Fアクチンの末端に結合するキャッピングタンパク質によって妨げられる．これに対して，Arp2/3複合体〔Arpは**アクチン関連タンパク質**（actin-related protein）の意味〕などのアクチンフィラメントの重合核形成タンパク質は，新たなフィラメントが形成可能な基盤として働く．架橋タンパク質は2本の既存のフィラメントに結合して，機械的に強固な格子を形成する．これらの架橋タンパク質のうちで，微絨毛にみられる**ビリン**は平行な束を生じさせるのに対して，関連するタンパク質は交差するフィラメントに結合して，粘性のある三次元の細胞質ゲルを形成する．細胞は，**インテグリン**のような膜貫通タンパク質を介して細胞外マトリックスにつなぎ留められる．インテグリンは，コラーゲンなどの細胞外マトリックスタンパク質に結合する細胞外ドメイン，およびアクチンマイクロフィラメントに付着する細胞内ドメインをもつ二量体タンパク質である（図18・12）．

筋収縮

骨に付着した状態で，あるいは心臓でみられる筋肉の一種の横紋筋は，細胞に沿って平行なマイクロフィラメントの領域（比較的透明である）と，**ミオシン**という第二のタンパク質の**太い**フィラメントの領域が交互に現れるので，横紋様にみえる（図18・13）．完全な繰返し単位は**サルコメア**（**筋節**）であり，**Z板**によって境界が定められている．Z板がマイクロフィラメントを規則的なパターンに維持する結果として，横紋筋は横断面ではほぼ結晶のような様相を呈する（図1・7, p.4）．ミオシン分子は，尾部と二つの球状頭部から成る明確な構造をもつ．太いフィラメントは，尾部同士が会合するように配置した多数のミオシン分子から形成される．この構図は，太いフィラメントがミオシンの頭部を両端にもつ双極性の構造であることを意味する．安静時の横紋筋では，ミオシンの頭部はアクチンマイクロフィラメント上で動くことができない．サイトゾルのカルシウム濃度が上昇す

ると，カルシウムは**トロポニン**というタンパク質に結合して，ミオシンがアクチンにアクセス可能になるように形状を変化させる．この時点で，ミオシン頭部はアクチンフィラメント（**細いフィラメント**ともいう）に沿ってはうように進み，ATPの加水分解によって動力を供給されてスライドする．この系の幾何学的配置のために，二つのZ板は互いに引寄せられ，細胞は縮む．

いくつかのタイプのミオシンが非筋細胞にみられる．それらのうちの一つの**ミオシンⅡ**は，筋肉のミオシンと酷似しているが，おそらくは非筋細胞内で必要な力のレベルが比較的小さいので，同程度に集合してフィラメントになることはない．ミオシンⅡは細胞分裂において主要な役割を果たす（p.229）．**ミオシンⅤ**もまた二つの頭部をもち，アクチンフィラメントに沿った積み荷（小胞や細胞小器官）の運搬に関与する．微小管に結合するモーターのダイニンやキネシン（長距離の輸送を行うことがある）とは異なり，ミオシンⅤはアクチンフィラメントに沿って，外れる前に短距離の輸送のみを行うことができる．

を繊細に"つま先立って歩く"．表面との一過性の付着点は**フォーカルコンタクト**とよばれる（図18・14）．先導端では，アクチンの重合（図18・11）によって，細胞は進行方向に**仮足**という突起を伸ばすようになる．この領域でのアクチンの重合と架橋の全体的な亢進によって，細胞質が粘性の**外質**を形成するようになる．対照的

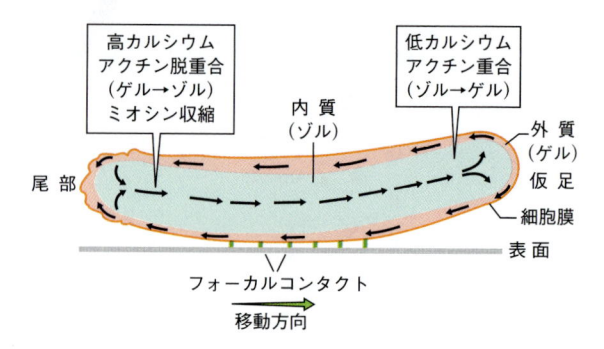

図 18・14 アメーバ運動は戦車の進行に似ている．

に，細胞の後部でのサイトゾルのカルシウム濃度の上昇は，**ゲルゾリン**のような**アクチン切断タンパク質**を活性化する．カルシウムはミオシンⅡも活性化し，その結果起こる収縮が，流動性の"ゾル"である**内質**を前に押出し，既存のアクチン細胞骨格を後方に追いやる．アクチンはフォーカルコンタクトを介して表面に連結されているので，外質の後方への移動は細胞を前に押出し，戦車のキャタピラーのように作動する．

中間径フィラメント

中間径フィラメントは，その直径が 10 nm であり，筋肉の細いフィラメントと太いフィラメントの直径の中

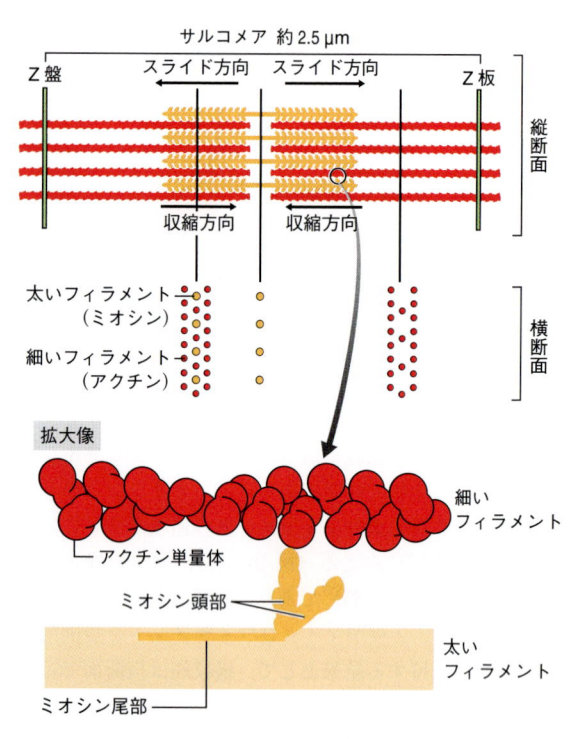

図 18・13 筋 収 縮

細胞運動

アメーバや白血球のように表面をはい回る細胞は，牽引力を発生しなければならない．はい回る細胞の下面の１％未満しか移動しつつある表面に接していないので，細胞はその腹部で滑るように進むのではなく，表面上

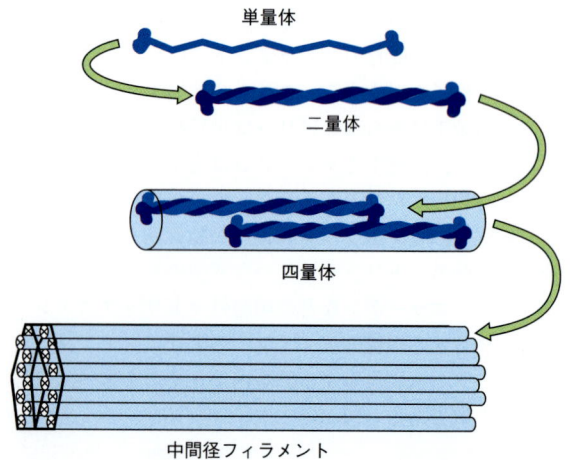

図 18・15 中間径フィラメントは桿状の単量体から形成される．

発展 18・1　植物細胞の特別な性質

真核細胞のうちで最も顕著な違いは，動物細胞と植物細胞の間にみられる．植物は定住性のライフスタイルと林冠を支えるために必要な栄養摂取様式を進化させてきた．植物細胞は，構造支持体として内部の細胞骨格を利用するのではなく，細胞自体を多糖のセルロース (p.17) と他の成分（最も顕著なのはポリフェノール化合物のリグニン）から成る強固な細胞壁で包込んでいる．隣接する植物細胞の細胞膜はセルロースの細胞壁によって隔てられているので，植物細胞は動物でみられるギャップ結合も，密着結合も，固定結合 (p.28, p.226) も形成できない．しかし，**原形質連絡**が動物のギャップ結合と同様の役割を果たし，サイトゾルの溶質の細胞から細胞への通過を可能にする．

植物細胞は，アクチンフィラメント，中間径フィラメント，および微小管をもつ．驚くべきことに，植物細胞には中心体がない．しかし，これによって植物細胞の複雑な微小管ネットワークの構築が妨げられることはない．微小管ネットワークは細胞膜直下にあり，膜の反対側で細胞壁へのセルロース分子の沈着を導く．

植物細胞は，細胞体積の 75 % までも占めることのある一つ以上の液胞をしばしば含む．液胞は，高濃度の糖や他の可溶性化合物を蓄積する．水は液胞内に入って糖を希釈し，強固な細胞壁によってつり合う膨圧を発生させる．このように，植物の細胞は堅くなるか，あるいは膨らむかする．このことは，自転車のタイヤ内で内部のチューブが膨張すると，タイヤは堅くなるのと同じである．液胞はしばしば色素を含むので，花弁や果実の見事な色は，液胞中の紫色のアントシアニンのような化合物の存在を反映する．光合成性の植物組織の細胞は特有の細胞小器官である**葉緑体**を含む．葉緑体は，光合成の集光系と炭素固定系を収容している (p.155)．葉緑体は，グラナという重なり構造を形成するチラコイドという内部の膜を含む．チラコイドは光の捕捉に関与するタンパク質や他の分子を含む．一方，光合成の暗反応 (p.155) は葉緑体のマトリックスである**ストロマ**で起こる．ストロマには DNA やリボソームも含まれる．

動物細胞とは異なって，植物細胞は生まれつき**全能性**である．すなわち，単一の細胞が完全な成熟植物体になることができる．園芸家がある植物から切り取って挿し木にすると，分化して新芽や葉を形成した細胞が脱分化し，つぎに根へと分化することができるという事実を利用する．

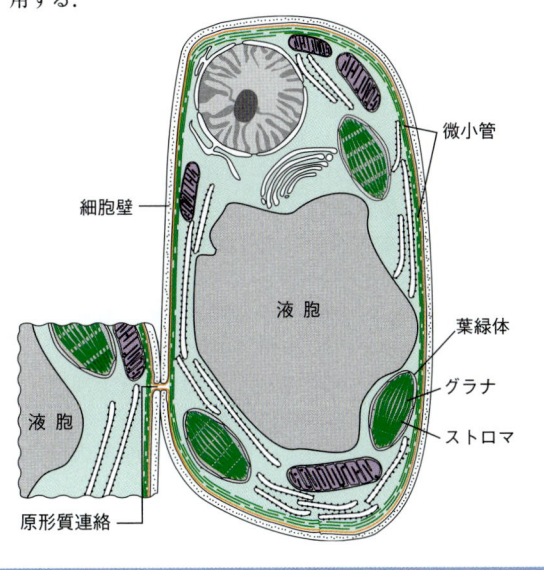

間にあるので，そのように命名された．中間径フィラメントは，細胞骨格のフィラメント系のうちで最も安定である．哺乳類の異なる組織由来の中間径フィラメントは電子顕微鏡ではほぼ同じに見えるが，それらは実際には異なる単量体タンパク質から成る（したがって，免疫蛍光法では区別される．発展 1・1, p.6 を参照）．われわれはすでに，核膜を支持するフィラメントを形成するラミンについてみてきた (p.29)．神経細胞は**ニューロフィラメント**を，筋細胞は**デスミン**のフィラメントを，線維芽細胞は**ビメンチン**のフィラメントを含む．そして上皮細胞は，われわれの皮膚に保護性の表皮をもたらし，髪の毛や指の爪を形成し，家畜やペットの角や蹄をつくる**ケラチン**から成るフィラメントを含む．これらの異なるタンパク質は，それらのすべてが基本的に同じ仕組みをもつので，共通の構造を生じさせることができる（図 18・15）．この構造は，中央に位置する α ヘリックスの棒状部分，およびヘリックス構造をとらない頭部と尾部から成る．中間径フィラメントタンパク質同士の間の違いのほとんどは頭部と尾部にあり，これらの領域はおそらく異なる中間径フィラメントのクラスの微妙に異なる性質をもたらす．中間径フィラメントの基本構成単位は，サブユニットタンパク質の中央領域が連結されてコイルドコイルを形成する対から成る四量体である．中間径フィラメントは，核から細胞表面に向けて伸びる波状の束を形成する傾向がある（図 18・1）．核は，細胞膜に向かって張られた中間径フィラメントによってつり下げられているようにみえ，ハンモックで休む船乗りに似ている．

固定結合

多細胞生物において組織を形成する細胞は，固定結合を介して互いにつなぎ止められる（図 18・16）．**細胞接**

着分子とよばれる膜内在性タンパク質（**カドヘリン**はその一例である）は，各細胞の表面から伸びて互いに強固に結合するのに対して，それらのサイトゾルドメインは細胞骨格に結合する．**接着結合**では，細胞接着分子はカテニンのようなタンパク質の橋渡しによってアクチンマイクロフィラメントに連結される．**デスモソーム**では，細胞接着分子は中間径フィラメントに連結される．機械的強度を要求される組織〔消化管の上皮細胞（p.9）や心筋など〕には，個々の細胞の細胞骨格をつなぐ多数の固定結合が存在する．固定結合は三つのタイプの細胞間結合の一つであり，他には密着結合（p.28）とギャップ結合（p.28）がある．

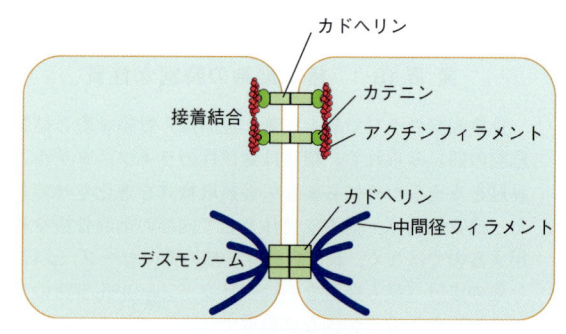

図 18・16　固定結合は細胞骨格を隣接する細胞に連結する．

ま と め

1. 細胞骨格は微小管，マイクロフィラメント，および中間径フィラメントから成る．
2. 微小管は，等量のαチューブリンとβチューブリンから成る．動物細胞では，微小管のマイナス（−）端は中心体で安定化されるのに対して，プラス（＋）端は動的不安定性を示す．
3. 繊毛と鞭毛は，微小管から成る 9 + 2 軸糸，およびモータータンパク質のダイニンを含む．
4. ダイニンは，積み荷を微小管に沿って逆方向に（マイナス端に向かう）輸送する細胞に存在する．キネシンは，積み荷をダイニンとは反対方向に（順方向．プラス端に向かう）輸送する．
5. マイクロフィラメントはアクチンから成る．
6. アクチン結合タンパク質は，アクチンの重合とアクチンフィラメントのネットワークへの組織化を制御する．
7. モータータンパク質のミオシンは，すべての細胞種に存在するが，筋細胞では特に豊富である．ミオシンは，サイトゾルのカルシウム濃度が上昇するとアクチンマイクロフィラメント上を動く．
8. 細胞運動は，ミオシンの補助を受けて，空間的に明確な領域でのアクチンの重合と脱重合によって推進される．
9. 中間径フィラメントを形成するタンパク質は，組織ごとに異なる．中間径フィラメントは微小管やマイクロフィラメントよりも安定であり，構造的な役割を果たす．
10. 固定結合は，隣接する細胞の細胞骨格同士を結びつける．固定結合は，アクチンにつながる接着結合と，中間径フィラメントにつながるデスモソームに分けられる．

参 考 文 献

S. Gruenheid, B. B. Finlay, 'Microbial pathogenesis and cytoskeletal function', *Nature*, **422**, 775–781 (2003).

E. B. Lane, W. H. I. McLean, 'Keratins and skin disorders', *Journal of Pathology*, **204**, 355–366 (2004).

The Myosin Home Page, www.mrc-lmb.cam.ac.uk/myosin/myosin.html.

T. D. Pollard, 'The cytoskeleton, cell motility and the reductionist agenda', *Nature*, **422**, 741–745 (2003).

復 習 問 題

18・1　細胞骨格構造
A．アクチン
B．中間径フィラメントタンパク質
C．チューブリン

以下の構造物のそれぞれに関して，上記のリストからその構造物を形成，あるいは支持する細胞骨格タンパク質を選べ．

1. 繊 毛
2. 指の爪
3. 鞭 毛
4. マイクロフィラメント
5. 微小管
6. 微絨毛
7. ストレスファイバー

18・2　細胞骨格のタンパク質

A．アクチン　　　　　B．βチューブリン
C．γチューブリン　　D．ケラチン
E．キネシン　　　　　F．ミオシン
G．プロフィリン

上記のリストから，以下の記述のそれぞれに対応するタンパク質を選べ．

1. 中間径フィラメントの構成単位
2. マイクロフィラメントの構成単位
3. 微小管の構成単位
4. マイクロフィラメント上で働く分子モーター
5. 微小管上で働く分子モーター
6. アクチンに結合し，その重合を妨げるのに役立つタンパク質
7. 中心体に集結するタンパク質

18・3　動きのエネルギー供給

A．アクチン　　　B．ダイナミン
C．ダイニン　　　D．ゲルゾリン
E．ミオシン　　　F．チューブリン

上記のタンパク質のリストから，以下の記述のそれぞれに最もふさしいタンパク質を選べ．

1. アメーバ運動はこの ATPase が行う ATP の加水分解によって動力を供給される．
2. 筋肉の収縮は，この ATPase が行う ATP の加水分解によって動力を供給される．
3. 繊毛のこぐような動きは，この ATPase が行う ATP の加水分解によって動力を供給される．
4. 神経細胞の先端から細胞体への小胞や細胞小器官の輸送は，この ATPase が行う ATP の加水分解によって動力を供給される．
5. 精子の尾ののた打つような動きは，この ATPase が行う ATP の加水分解によって動力を供給される．

● 発 展 問 題

カテニンには，一見すると細胞骨格における役割とはまったく関連のない別の機能がある．遊離のカテニンは，細胞分裂に必要なタンパク質を増加させる転写因子である．このような二重の役割は，生物にとってどのような利点があるのだろうか．

発展問題の解答　もし組織の多くの細胞が死んだとすれば，残りの細胞は接着相手を失う細胞が多数できるようになる．これによってカテニンが遊離するだろう．このカテニンは (もしも他の因子も存在すれば) 細胞分裂を誘起し，組織を再生する．このようにカテニンの二重の役割は，より多くの細胞が接着のように細胞密度が低下するかを可能にして，細胞を増やすように細胞分裂を促進する．この "接触阻止"の別の側面については p.236 で述べる．

19

真核生物における細胞周期と細胞数制御

　細胞の分裂によって細胞は生まれる．ある細胞が親細胞の分裂によってできたときから，それ自身が分裂するまでの間を**細胞分裂周期**，または，単に**細胞周期**という．細胞周期の長さは，出芽酵母 *Saccharomyces cerevisiae* のような単細胞生物の2〜3時間から，培養ヒト細胞の約24時間までとさまざまである．その間に細胞の体積は2倍になり，ゲノムと細胞小器官を複製し，それらを二つの新しい細胞へと分配している．この過程は非常に精密に，そして，正しい順序で行わなければならず，真核細胞では確実に細胞周期が進むように，精緻な制御系が存在している．細胞周期はこのような正確さで繰返し続けられている．ヒトでは，皮膚，胃の内壁（1章）や骨髄などの組織の細胞は，一生涯分裂し続ける．一方，眼の感光性細胞や骨格筋細胞などの細胞はほとんど入替わることがない．そのような細胞では乳幼児につくられたものが一生存在し続けることになる．どの細胞がいつ分裂するかについて，細胞分裂は正確にコントロールされてなくてはならない．そればかりか，全体の成長がいつ停止するかもわかっていなければならない．ヒトはネズミより大きく，ゾウより小さい．これは基本的な共通デザインのもとで許容されるわずかな違いの結果，ヒトがネズミより多くの細胞から成り（より多くの細胞周期の結果として），ゾウより少ない細胞から成り立つようになったためである．どのようにして，このような違いが生じたのであろうか？ なぜ，ヒトはゾウやクジラの大きさまで成長しないのか？ 最近，細胞周期制御遺伝子というべきものが細胞には存在することがしだいに明らかになってきた．そのような遺伝子が適切に機能することによって，われわれの大きさを決めているだけではなく，細胞分裂の制御が効かなくなって癌になることも防いでもいる．

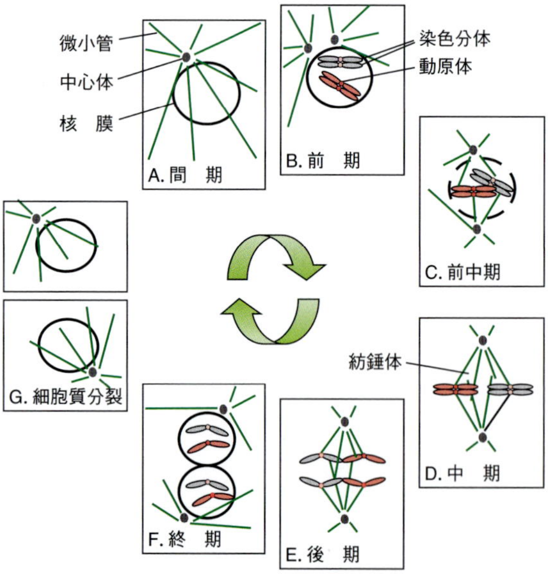

　顕微鏡で細胞周期の二つの時期を見分けることができる．**間期**は細胞周期の90％を占め，明確な形態変化を起こさずに細胞の容積が倍加する合成と成長の期間である．間期が完了すると，短時間に大規模な構造変化をみせる**有糸分裂期**に入る．有糸分裂の中心は染色体の挙動であり，それについてはこの章の最初に述べる．

● 有糸分裂の各時期

　有糸分裂は，親細胞と同じ組合わせの染色体をもつ二つの子孫細胞ができるように構成されている．これを達成するため，染色体は正確に割振りされた一連の挙動を示す．この挙動についての最初の記載は1世紀以上前のことである．古典的には，有糸分裂は五つのステージに分けられている．それぞれのステージは染色体の形態変化と染色体の分離を担う**有糸分裂紡錘体**とよばれる細胞内構造によって特徴づけられている．実際の分裂（**細胞質分裂**）がそれに続く．有糸分裂の各段階を図19・1に示す．

　われわれヒトのゲノムは23本の染色体にコードされ，3×10^9塩基対のDNAから成っている．ヒト細胞は46本の染色体を含んでいるが，23本ずつが親のそれぞれ

図19・1　有糸分裂の各時期　1対の染色体のみを表す．一つの父親由来の染色体（灰色）とそれに相当する母親由来の染色体（赤色）．

応用例 19・1　タキソールは有糸分裂を停止させる

細胞分裂のとき，細胞骨格である微小管は壊れて，その結果できたチューブリン単量体は分裂紡錘体に再形成される．タキソールという薬物は微小管を安定化し，細胞内での紡錘体形成を抑え，細胞分裂を阻害する．このため，パクリタキセルという一般名で知られるタキソールは有用な抗癌剤となっている．

から受継がれたものである．2組の完全な染色体セットをもつ細胞は**二倍体**（ディプロイド）とよばれるのに対し，1セットの細胞は**一倍体**（ハプロイド）とよばれる．わかりやすくするため，図19・1では2組の染色体だけで表す．

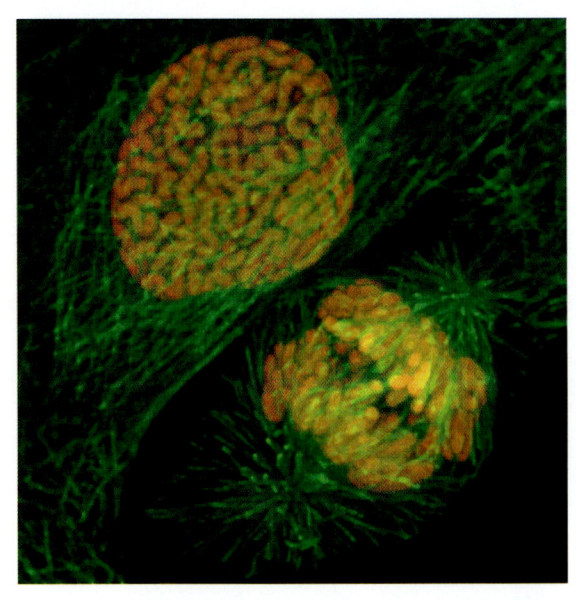

図 19・2　培養乳癌細胞の有糸分裂　上方の細胞は分裂前期である．染色体（オレンジ色）は凝縮して，それぞれが独立した構造として見分けられる．微小管（緑色）はまだ有糸分裂紡錘体に再構築されておらず，核膜（この写真では見えない）がまだ壊れていないので，まだ核にも侵入していない．下方の細胞は分裂後期である．微小管は有糸分裂紡錘体となっている．2組の染色体は相対する紡錘体極に引張られている．写真提供: David Becker（University College London）．

i) 前期　ほとんどの細胞における有糸分裂の最初の兆候は，間期に糸状のクロマチンとして存在していたものが，光学顕微鏡でも観察できる染色体へと凝縮することである（図19・2）．染色体が凝縮すると，それぞれが二つの**染色分体**から成っていることがわかるようになる．これは間期に複製されたDNA分子が目に見えるようになったものである（p.45）．染色体凝縮は長いDNA分子が絡まって，ちぎれてしまう危険性を減少させている．各染色体には**動原体**とよばれるくびれた領域

があり，それは**セントロメア**とよばれるサテライトDNA（p.53）が豊富な領域の周辺で形成される構造である．動原体は，染色体が紡錘体と結合する部位である．染色体が核内で凝縮していくのと同じ時期に，核膜の細胞質側に存在する中心体（p.218）が分かれて有糸分裂紡錘体を形成し始める．

ii) 前中期　核膜が崩壊すると，染色体は形成されつつある紡錘体と相互作用できるようになる．中心体からの微小管重合はランダムでダイナミックである．個々の微小管の成長端が動原体に接触し，捕捉される機会ができる．これらの出来事はランダムに起こるため，最初は染色分体対のそれぞれの動原体は異なった数の微小管に結合し，それぞれの染色体に作用する力はアンバランスとなる．そのため，最初のうちは，紡錘体は非常に不安定で，染色体は極に向かったり離れたりして激しく運動する．しだいに力のバランスがとれるようになり，染色分体対のそれぞれの動原体が反対側の極に向かい合うように染色体が赤道面に整列する．

iii) 中期　中期は有糸分裂期で最も安定した時期である．この状態は，競技開始時の競技者のように，整列した染色体の緊張状態とみなすことができる．中期紡錘体はおもに2種類の微小管から成っている．一つのグループは染色分体と極を結び，二つ目のグループはそれぞれの極から他の極に向かって伸びており，紡錘体赤道面で重なった領域を形成する．

iv) 後期　染色分体の分離開始と紡錘体極への移動開始は，**コヒーシン**というタンパク質の分解による．コヒーシンは，染色分体を一緒にくっつけておく接着剤の役割を果たしている（図19・3）．**後期 A** では染色体に結合している微小管が短くなり，染色体を紡錘体極へ引張る．染色体は移動を導いていく動原体のところで"V"字型になる．動原体は染色体が移動するための力が加えられる部位である（図19・2）．対照的に，**後期 B** では，紡錘体赤道面で重なり合っている微小管が伸びて，互いに滑り合って，極間の距離を広げる．他の細胞運動と比較すると，後期における染色体の動きは1分間に1μm以下できわめて遅い．たとえば，ロサンゼルスとサンフランシスコが，プレートテクトニクスにより離れていくのとほぼ同じ速度である．

v) 終期　この時期には前期で起こった多くの事柄

応用例 19・2　染色体の計測

間期の細胞の DNA 分子は電子顕微鏡を使ってしか見えない (p.3). しかし, 有糸分裂期には, それらは凝縮し, 個々の染色体が標準的な光学顕微鏡で簡単に見分けられるようになる (図 4・6, p.38). 分裂期の細胞は, ダウン症の原因となる第 21 染色体の 3 コピーや第 9 染色体と第 21 染色体の間で転位が起こったフィラデルフィア染色体 (ある種の白血病になる) などの染色体異常の検査として使われている.

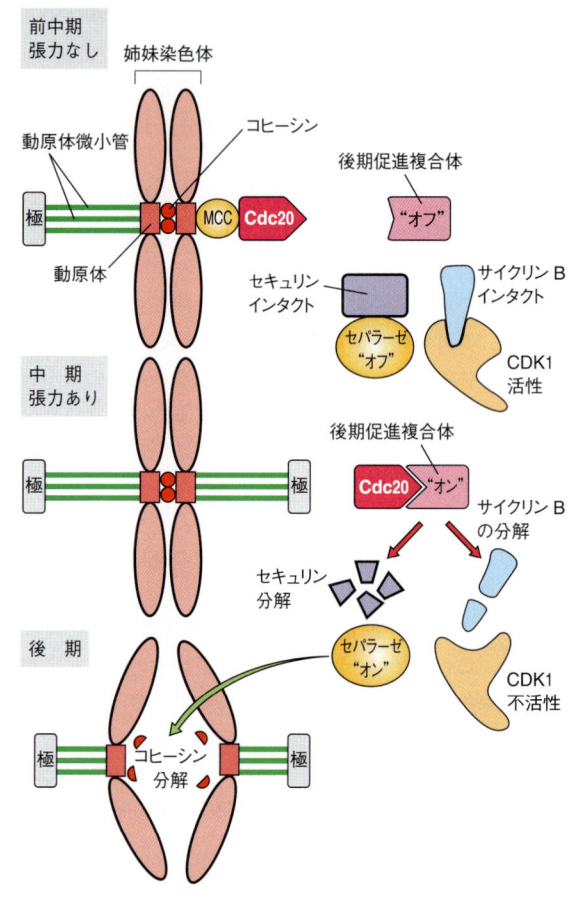

図 19・3　後期促進複合体の活性化とコヒーシンの分解により, 細胞は紡錘体形成チェックポイントを通過できる. MCC: 有糸分裂チェックポイント複合体

がもとに戻るのが観察される. 染色体が脱凝縮し, 紡錘体が解体され, 核膜が再構成され, ゴルジ体と小胞体が再形成され, そして, 核が現れる. 娘細胞核は親細胞ゲノムを完全に複製したものを含んでいることになる.

vi) 細胞質分裂　終期の最終段階では, 細胞そのものが二つに分離する. 動物細胞では, アクチンとモータータンパク質であるミオシン II (p.224) から成る**分裂溝**が細胞の中央で収縮する. 分裂溝の位置は重要で, 紡錘体極からのシグナルによって細胞表層の正しい位置に確実に形成されるようになっている. 二つの娘核の間で狭窄が起こることになる.

減数分裂と受精

有性生殖を行う生物において, 卵や精子をつくりだす**生殖細胞**は, 体の大部分を占める**体細胞**とは異なった様式の細胞分裂によってできる. 有糸細胞分裂では, DNA 合成の後に姉妹染色体の分離が起こるため, 二つの娘細胞は親細胞の染色体と同じ組合わせをもつようになる. 生殖細胞ができるためには, 1 回の DNA 合成の後に, **第一減数分裂**と**第二減数分裂**として知られる 2 回の細胞分裂が起こる. その結果, 精子や卵細胞のいずれも一倍体となる. すなわち, それらは各染色体の 1 コ

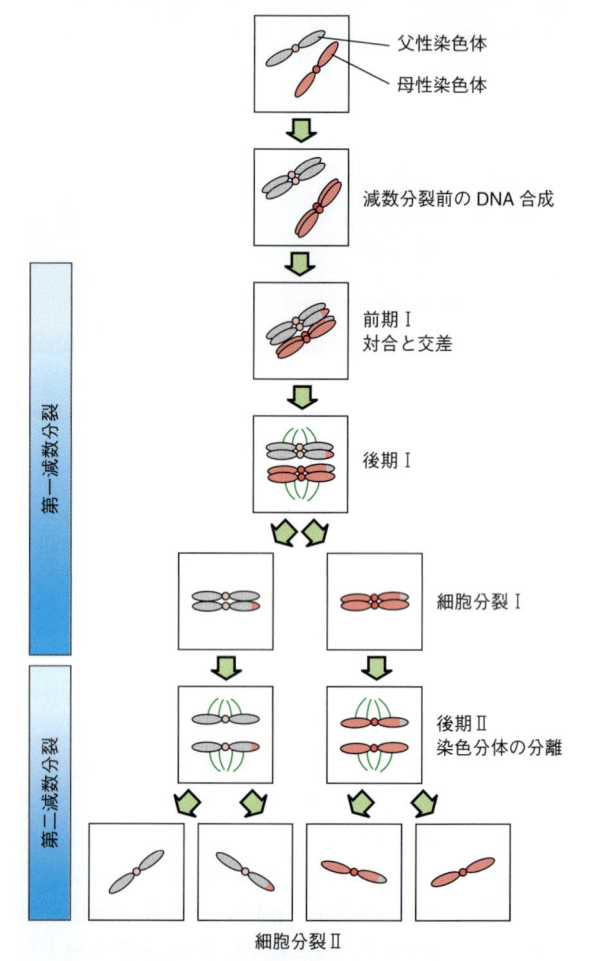

図 19・4　減数分裂の各時期

医療応用 19・1　ダウン症

　有糸分裂による細胞分裂は誤りがほとんど起こらない過程である．細胞周期チェックポイントは，すべての体細胞が正しい染色体数をもつように保証している．一方，減数分裂は，特に女性においてより誤りを起こしやすい傾向がある．人におけるほとんどの染色体異常は，卵母細胞や卵における減数分裂期で染色体が分離できなかったことに由来する．特定の染色体の二つのコピーが減数分裂で分離できないと，染色体が正常な 23 本ではなく 24 本の卵細胞になることがある．

　ほとんどの場合，異常な染色体数をもつ受精胚は，初期段階で自然流産により排除される（第一三半期の自然流産のほとんどは染色体異常によるものである）．しかし，余分な染色体が小さいときには，生き残るものがある．最もよく知られている例がダウン症である．最初のダウン症は 1866 年に英国の医師，John Langdon Down によって記載されたが，ダウン症の人は特色ある平面的な容貌からすぐに判別できる．ほとんどの人がある程度の身体的および認知発達障害を示す．ダウン症の患者は第 21 染色体のトリソミー（もう一つのコピーをもつ）であることがわかるまで，ダウンがこの疾患を記載してから 1 世紀もかかった．この染色体は，男性特異的な小さな Y 染色体以外では最も小さいヒトの染色体であり，ダウン症は第 21 染色体トリソミーとよばれることが多い．

　ダウン症の赤ちゃんを産む可能性は母親の年齢とともに著しく増加する．これは，女性が生涯にわたって排出するすべての卵が，彼女自身が産まれる数カ月前に生み出されるということにおそらくは由来している．通常の生殖サイクルの比較的遅い時期に子供を産む女性は，40 年以上にわたって保存されていた卵を放出することになる．なぜ第 21 染色体の余分なコピーをもつことが重篤な結果になるかは完全には明らかになっていない．第 21 染色体には比較的少ない数の遺伝子しかないが，それらのほんの一つか二つの余分なコピーで正常な発達を妨げるに十分であろう．エドワーズ症候群（第 18 染色体トリソミー），パトー症候群（第 13 染色体トリソミー）のような他の染色体数異常はダウン症よりも重症で，妊娠を経て生き残ることはほとんどない．

ピーだけをもっていることになる．受精で卵と精子が融合することにより二倍体に戻る．

減数分裂

　減数分裂は減数分裂紡錘体の形成と有糸分裂でみたような前期，前中期，中期，後期，終期という同じ順序で起こる各時期から成る．その過程を図 19・4 に示す．2 本の染色体が表してあるが，母親由来の染色体が赤色で，父親由来の**相同体**（父親由来の対応する染色体）は灰色である．直前の間期で DNA 合成が行われているため，それぞれの染色体は二つの相同染色体となって**減数分裂**に入る．通常，有糸分裂は比較的短時間で終了するが，減数分裂は時として非常に長くなる．生物によって異なるが，数カ月から数年続くこともある．そのほとんどは第一減数分裂の長い前期，**前期 I** で占められ，その間複製された相同染色体は密着して並んだ**二価染色体**を形成し，それらは全長に渡って存在する特有の部位で結合している．このキアズマについては後述する (p.233)．第一減数分裂中期が進むにつれて母性/父性の二価染色体は中期板のところに整列する．第一減数分裂後期では，相同染色体対は分離するが，有糸分裂とは異なり，染色分体対は結合したままで一緒に極に移動していく．第一減数分裂後期に形成された二つの娘細胞核はすぐに第二減数分裂に入る．第二減数分裂前期は検出不可能なくらい短時間である．第二減数分裂中期と後期は対応する有糸分裂の各時期と似ていて，染色分体は一倍体の配偶子（精子または卵子）になるため最終的に分離していく．図 19・4 では 1 組の染色体だけを示しているので，最後のパネルにおける配偶子は 1 本の染色体のみを含んでいることになる．動物の雄と雌における減数分裂はほぼ同じ経過をたどるが，いくつかの重要な違いもある．雄では，減数分裂によって精子細胞とよばれる四つの同じ大きさの一倍体がつくられ，それぞれが精子になる．雌の場合，両方の減数分裂は非対称的で，その結果，一つの大きな卵母細胞が残り，極体とよばれる三つの小さな細胞は消失する．

受精と遺伝

　受精では，精細胞は大きな卵細胞と融合する．精子と卵に由来する核は前核とよばれ，移動して一緒になり，最終的に融合して，通常の体細胞の染色体数となる．この二倍体細胞は有糸分裂を繰返して多細胞生物となる．各人を特徴づけている多くの性質は，受継いだ遺伝子のパターンによって決められている．遺伝の最もわかりやすい例は，ある遺伝子の一方が機能的なタンパク質をつくれないときである．茶色い眼がその例である．もしあなたが二つの機能的な第 15 染色体上の *BEY* (brown eye) 遺伝子を受継いでいたら，茶色の色素がつくられ，あなたの眼は茶色になる．もし，片方の親からの染色体

医療応用 19・2　いとことの結婚はなぜ危険か

　いとこ同士の結婚は米国の30の州において違法となっている．この法律の科学的根拠として，いとこ婚により劣性遺伝病の保因者がひ孫の代でその病気をもった子供を産んでしまうという例があげられている．最近英国で明らかになったことであるが，パキスタンからの移住者集団でのいとこ婚の慣習が通常の集団より8倍高い常染色体劣性の代謝異常の発生をひき起こすと政府閣僚が述べている．図は，ある仮想家系においてこれがどのようにして起こるのかを説明している．ハリーとイングリッドはいとこである．彼らの祖母アリスはフェニルケトン尿症の保因者であった．アリスの名前の下の大文字Pは活性のあるフェニルアラニンヒドロキシラーゼをコードする遺伝子を示し，小文字pは欠陥のあるタンパク質をコードする遺伝子を意味している．アリスの子供コンスタンスとデービッドの二人は欠陥のある遺伝子を受継いでいる，いわゆる保因者である．彼らの4人の子供のうち，ハリー，イングリッドとジルも欠陥遺伝子を受継いだ保因者である．したがって，ハリーとイングリッドの子供たちはそれぞれ，1/4の確率でハリーの欠陥遺伝子に加え，イングリッドからも欠陥遺伝子を受継いでしまう．彼らの子供マリアがそうで，フェニルケトン尿症を発症している．

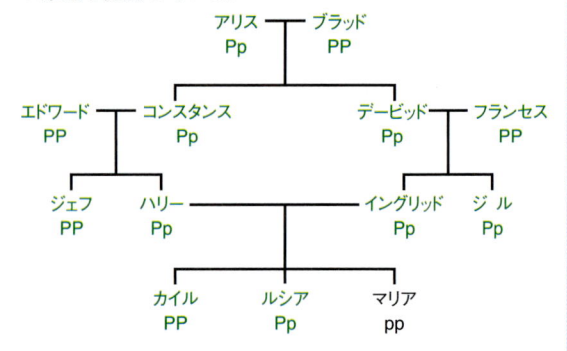

```
           アリス ── ブラッド
            Pp       PP
    ┌────────┴────────┐
エドワード─コンスタンス     デービッド─フランセス
  PP      Pp            Pp       PP
   ┌──────┴──────┐      ┌───────┴────┐
 ジェフ  ハリー           イングリッド  ジル
  PP    Pp                 Pp       Pp
         └───────┬─────────┘
          カイル  ルシア  マリア
           PP     Pp    pp
```

に機能しない *BEY* 遺伝子があったとしても，他の親の染色体に機能的な *BEY* 遺伝子があれば，茶色い色素をつくるに十分なBEYタンパク質ができるので，眼は茶色になる．茶色い眼は**優性**である．

　もし両方の *BEY* 遺伝子に欠陥があるとしたら，第19染色体上にある別の遺伝子が重要になる．*GEY* 遺伝子(緑色の眼)は緑色の色素の合成にかかわるタンパク質をコードしている．もし，あなたが機能的な *BEY* 遺伝子を一つでももっていれば，*GEY* 遺伝子はあまり考えなくともよい．なぜならば，茶色い色素はより弱い緑色の色素をかき消してしまうためである．しかし，もしあなたの *BEY* 遺伝子が二つとも機能せず，少なくとも一つの *GEY* 遺伝子が機能するとしたら，あなたは緑色の眼をもつことになる．もし，両方の *BEY* 遺伝子と両方の *GEY* 遺伝子が機能しない場合は，茶色や緑色の色素はつくられずに，あなたの眼は青色となる．人は茶色の眼の遺伝子を欠いている場合にのみ緑色の眼になるため，緑色の眼の色は茶色に対して**劣性**になる．同様に，機能的な茶色や緑色の眼になる遺伝子がない場合にのみ青い眼になるため，青い眼は茶色と緑色に対して劣性である．

　当然のことながら，われわれのほとんどは緑色や青い眼をもっていても問題は起こらない．しかし，生命にかかわるようなタンパク質が働かなくなったときは，のんきなことを言っている場合ではない．フェニルケトン尿症は重度の精神遅滞をひき起こす劣性の遺伝病である(医療応用 14・5, p.170)．たとえ片方の親から機能しないフェニルアラニンヒドロキシラーゼ遺伝子のある染色体を受継いでも，もう一方の親から機能するフェニルアラニンヒドロキシラーゼ遺伝子をもつ染色体を受継いでいたら，その人はフェニルアラニンをチロシンに変換するために十分なフェニルアラニンヒドロキシラーゼを合成することができるので正常である．しかし，赤ちゃんが両親の両方から機能しないフェニルアラニンヒドロキシラーゼ遺伝子を受継いだときは，将来フェニルケトン尿症という悲惨な病気になる可能性がある．一つの機能的な遺伝子と一つの機能しない遺伝子をもつ人は**保因者**とよばれる．もし，同じ欠損遺伝子をもつ2人の保因者が子供をもつと，その子供は1/4の割合で両親から欠損遺伝子を受継ぎ，眼の色が茶色以外になったり，フェニルケトン尿症になったりするような劣性症状を示す．

　頻度はより少ないが，一つの正常なコピーもっていても，一つの欠損遺伝子だけで問題をひき起こす場合もある．すなわち，欠損した遺伝子が正常の遺伝子に対して優性な場合である．一つの例は家族性クロイツフェルト・ヤコブ病である．すでに述べたように(医療応用 10・2, p.116)，クロイツフェルト・ヤコブ病でみられる脳の障害は，PrP^{sc}(スクレイピー型プリオン関連タンパク質)とよばれる交互に折りたたまれた形をしたPrP(プリオン関連タンパク質)が，周囲のすべてのPrPを交互に折りたたまれた構造にしてしまった結果である．家族性クロイツフェルト・ヤコブ病にかかった人は変異した *PrP* 遺伝子をもっており，自発的にPrP^{sc}型に折りたたまれるようなタンパク質を発現する．PrP^{sc} は，もう一つの正常な遺伝子からつくられた正常なタンパクをPrP^{sc}の形へ折りたたませてしまう．このように，1コピーの欠損遺伝子が病気をひき起こすのに十分な場合もある．

交差と連鎖

第一減数分裂前期は，染色体が絡まったりほどけたりして（トポイソメラーゼIを使う．発展4・1, p.37），長時間続く．図19・5はそこで起こっていることを表したものである．上の方には，2本の染色分体から成る父系と母系染色体が隣合って並んでいるのがみられる．前図と同様に，母親由来の染色体を赤色で，父系染色体を灰色で表す．第一減数分裂前期に，**キアズマ**とよばれる部分で染色体は切断され，再び閉じる．そのとき，ある長さの父系染色体は母系染色体へ移され，そして，逆も起こっている．これが**交差**である．第一減数分裂の残りの部分も進んで，第二減数分裂へと続く．最終的には，配偶子は完全に父系でも母系でもなく，二つの**組換え**により生じた染色体を含むことになる．この現象を**相同組換え**という．

こす．交差なしでは進化は起こらない．同じ染色体上に位置する遺伝子は，世代を超えて**連鎖**していき，各世代で起こりうる遺伝子の組換え確率を大きく減らしている．たとえば，緑色の眼と電位依存性ナトリウムチャネルの遺伝子は二つとも第19染色体上にあるにもかかわらず，子供は祖母の欠損した電位依存性ナトリウムチャネル遺伝子（医療応用15・2, p.185）を受継ぐことなく，緑色の眼だけを受継ぐことが交差によって可能になる．交差があったとしても，同じ染色体上の遺伝子は，違った染色体上にあるよりはずっと一緒に受継がれている．遺伝子間の距離が近くなればなるほど，キアズマがその間で形成されることは少なくなる．この現象は，嚢胞性線維症のような特殊な病気の原因遺伝子を同定するために使われている（21章）．

細胞分裂周期の制御

有糸分裂での染色体の分配は，間期に起こる一連の生化学反応の頂点に相当する．これらの反応のなかで最も重要なのは，**S期**における遺伝子複製である（SはDNA合成を表す）．このような細胞周期の簡略化したよび方では，細胞分裂，すなわち有糸分裂と細胞質分裂は**M期**と称される．S期とM期は細胞周期当たり一度だけ決まった順番で起こる．そうするために，S期とM期

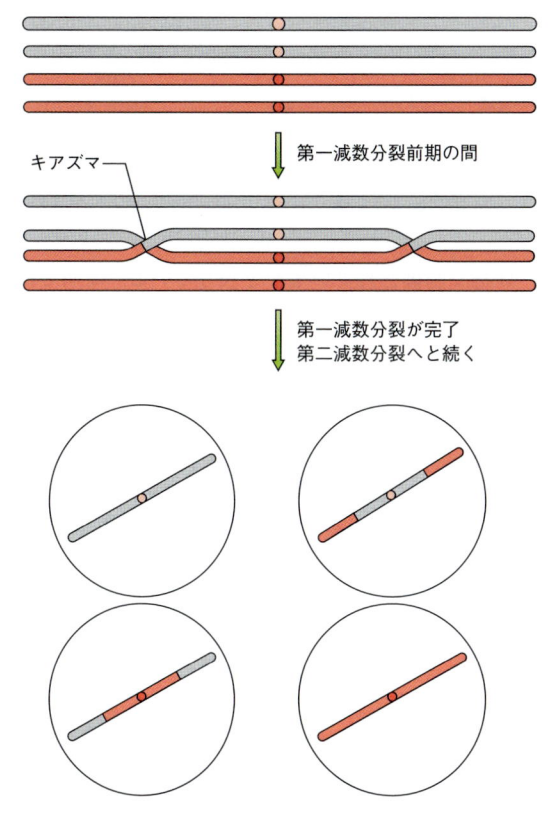

図19・5 第一減数分裂前期に，キアズマにより遺伝物質の乗換えが起こる．

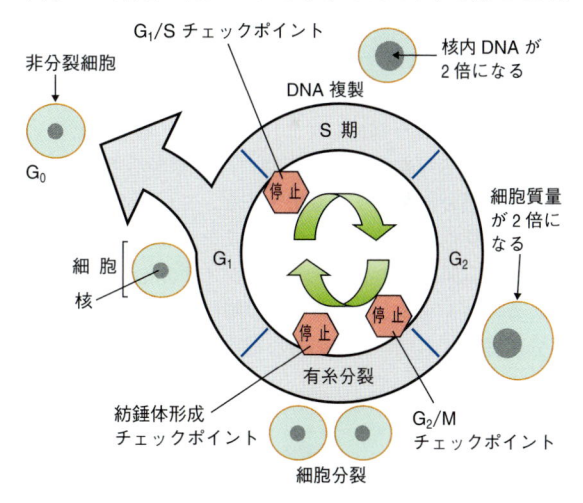

図19・6 細胞分裂周期

は続けてすぐに起こるのではなく，つぎのステージに進む前にすべてが正常であることをチェックできるようなギャップによって分けられている．M期とS期の間のギャップが**G_1期**（ギャップ1），S期とM期の間のギャップが**G_2期**（ギャップ2）である．G_1, S, G_2, Mの四つの時期がよく知られた細胞周期の進行過程である（図19・6）．分裂していない，または，静止状態の細胞

有性生殖の生物学的に有利な点は，先祖の遺伝子からランダムに選択されたものを受継ぐ生命体を生み出すことである．環境に対してよりよく適応するように相補した遺伝子をもつものはよりよい行動をする傾向があり，そういった遺伝子をもつ個体の自然選択が進化をひき起

は細胞周期の G_0 期（ギャップ 0）にいるといわれている．細胞は G_1 期からのみ G_0 期に移行できる．G_0 期の細胞は数カ月から数年の間 G_0 期の状態で生存することができ，ヒトの体のほとんどの細胞が実際にこの分裂しない状態でいる．もし，細胞分裂周期に戻れなくなった場合には，細胞は最終分化したといわれる．神経細胞はそのような例の一つである．グリア細胞（p.10）は，他の分化した細胞と異なり，隣接する細胞から適切なシグナルを受取ると細胞周期に戻ることができる．

分裂を継続している細胞において，分裂周期の順序だった進行を確実に行うために三つの止まれ/進めのスイッチがある（図 19・6）．それらは G_1/S 移行期とよばれる S 期へ入るとき，G_2/M 移行期とよばれる有糸分裂へ入るとき，そして，有糸分裂の後期で，紡錘体形成チェックポイントによって制御されている中期/後期の移行期である．各スイッチはサイクリン依存性キナーゼまたは CDK というユニークな細胞周期酵素群の活性化または不活性化によって制御されている．各 CDK の量は一定であるが，それらは細胞周期の時期によって濃度が増減する制御サブユニット（このためサイクリンと命名）と結合すると活性型になる．CDK は単独だと不活性型で何もしないが，サイクリンとの結合により活性化され，基質へと目標を定めることになる．分裂酵母 *Schizosaccharomyces pombe* のような単純な真核生物では CDK1-サイクリン B という 1 組の CDK-サイクリンが，S 期と有糸分裂期進行の原動力となっている．この酵素活性は G_1/S 期では弱いが，DNA 複製起点における少数のタンパク質を修飾して，DNA 合成を開始させるには十分である（5 章）．G_2/M 期には，酵素活性は強く，多くの種類の基質がリン酸化される．これらが有糸分裂のための染色体の凝縮と紡錘体形成を誘導し，有糸分裂が進行する間にはエンドサイトーシスや分泌が起こらないようにゴルジ体と小胞体の膜の断片化を誘導する．

分裂酵母は G_2/M 期がおもな細胞周期の調節ポイントであるという点で他とは異なる．ヒトのような多細胞生物の細胞は，酵母よりも多くのさまざまな細胞内外のシグナルに応答せねばならず，CDK 活性には複数の波がある（図 19・7）．**CDK4-サイクリン D** と **CDK6-サイクリン D** は G_1 期の初期を制御し，一方 **CDK2-サイクリン E** は G_1/S 期そのものを制御する．**CDK1-サイクリン A** と **CDK2-サイクリン A** は S 期と G_2 期を通過させ，**CDK1-サイクリン B** は酵母でみられるように G_2/M 期を制御する．図 19・8 はどのようにして CDK1 が

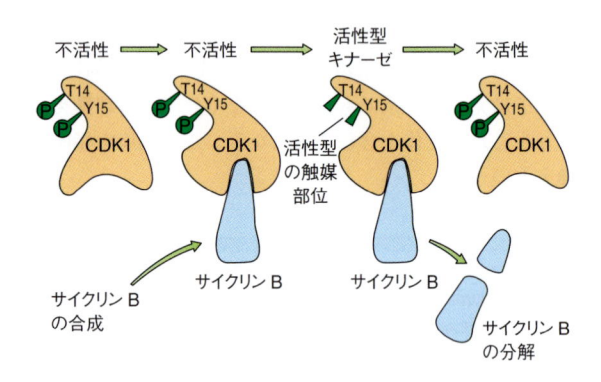

図 19・8 多細胞生物における **CDK1** のサイクリン B とリン酸化による制御

G_2/M 期で制御されているかを表している．間期では，サイクリンが結合しても CDK1 が不活性でいるように，CDK1 自身が **Wee1** とよばれるキナーゼによってリン酸化されている（この酵素の変異体では，CDK1 がリン酸化されないため，まだ "小さい" 早すぎる時期に分裂してしまう．wee はスコットランド語で小さいという意味）．Wee1 は CDK1 の 14 番目のアミノ酸であるトレオニンと，15 番目のアミノ酸であるチロシンの 2 箇所をリン酸化する．これら二つのアミノ酸は CDK1 の ATP 結合部位に存在しており，二つがリン酸化されていると CDK1 によるリン酸化反応の最初の段階である ATP の結合が阻害される．このリン酸化は G_2/M 期において第二の酵素，プロテインホスファターゼである **Cdc25** により取除かれる．これにより CDK1 活性が急上昇し，M 期へと進行する．有糸分裂が開始された後では，先に述べた理由で，CDK1 が不活性化されなければならない．不活性化はサイクリン B の分解や CDK1 の Wee1 による再リン酸化により行われる．

DNA 合成開始の決定は，M 期への進行よりも重大な決定であることは間違いないであろう．なぜなら，一度 S 期が開始すれば，細胞は分裂するところまで進んでしまうからである．DNA を複製しても，適切な時間内に有糸分裂できない細胞は，**倍数体**の状態でいるよりもむ

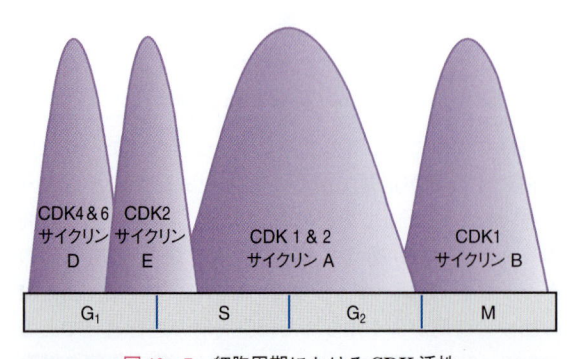

図 19・7 細胞周期における **CDK 活性**

医療応用 19・3　網膜芽細胞腫

網膜芽細胞腫の多くは5歳以下の小児に発症する網膜の癌である．通常は眼の視細胞系列の細胞で起こる二つの独立した体細胞変異によってひき起こされる．それぞれが一方の親から受継いだ *Rb* 遺伝子に損傷を与えたり，破壊したりする．*Rb* 遺伝子は，E2F と結合して隔離する Rb タンパク質をコードしている．まれではあるが，家族性網膜芽細胞腫は欠陥のある *Rb* 遺伝子を一つ受継いだ子供で発症する．体内のすべての細胞はたった一つしか働きうる Rb をもたず，この遺伝子を破壊する一度の体細胞変異が腫瘍の発生となりうる．このような子供は視覚系以外の他の癌についても高いリスクをもつ．

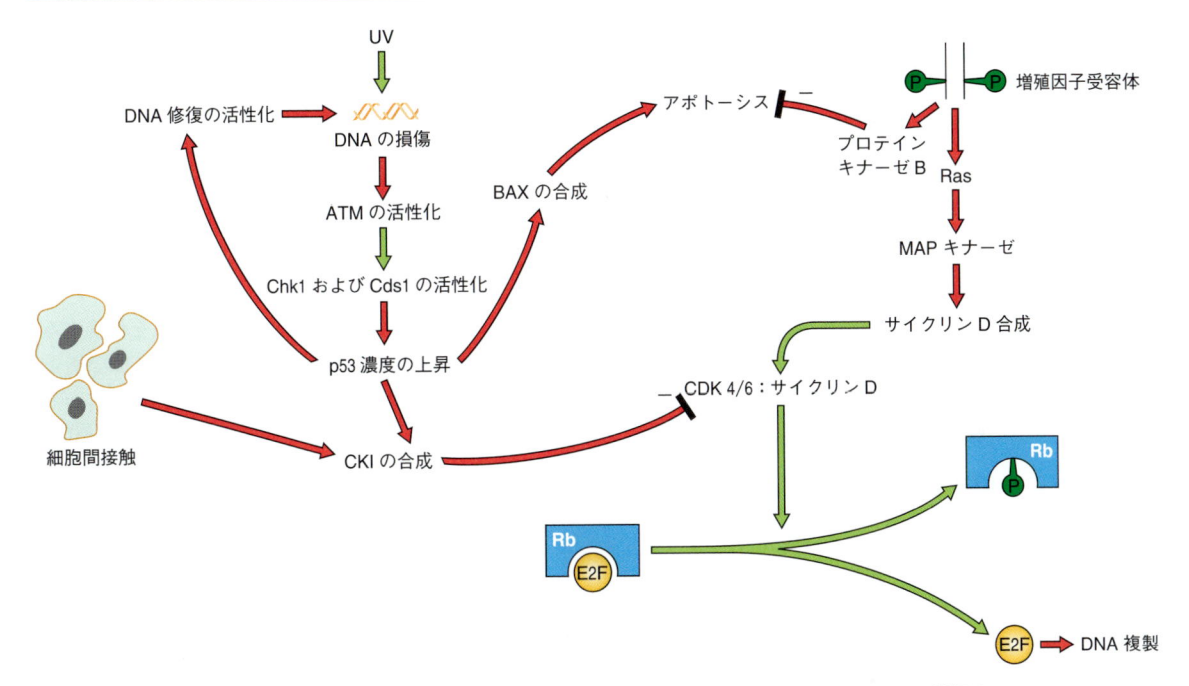

図 19・9　網膜芽細胞腫タンパク質 **Rb** は，S 期移行を制御する重要な転写因子 **E2F** を捕捉する．

しろ**アポトーシス**（p.238）で自殺することになる．CDK4-サイクリン D と CDK6-サイクリン D のおもな標的は **Rb** タンパク質である（図 19・9）．Rb は，S 期の DNA 複製にかかわる酵素群の発現に必須な転写因子 **E2F** と相互作用する．そのような酵素の一つが DNA 複製にかかわるおもなポリメラーゼ，DNA ポリメラーゼ α である．Rb は E2F と結合することによってその機能を阻害する．CDK4-サイクリン D や CDK6-サイクリン D による Rb のリン酸化は E2F を遊離させ，その機能を発揮できるようする．変異 Rb は常にリン酸化されており，E2F の制御ができない．よって DNA 複製の正常な制御がなくなり，細胞は癌化する．

チェックポイントによって細胞周期の停止と進行が決まる

細胞周期には，細胞分裂によって親細胞ゲノムの完全なコピー1組が子孫に伝わることを保証する安全装置が組込まれている．それらは Leland Hartwell により**チェックポイント**と名づけられた．Leland Hartwell は Paul Nurse や Tim Hunt とともに，細胞周期を制御する分子の先駆的な研究により 2001 年にノーベル生理学・医学賞を受賞した．チェックポイント経路は欠陥を検出すると，その問題が解決されるまで細胞周期を止めるように指示を送る．チェックポイントは車のエアバッグのようなものである．通常の外出ではまったく何の役割も果たさないが，衝突したときに命を守ることができる．同様に，チェックポイントタンパク質は正常な細胞の成長においては何の機能も果たさないが，傷害に反応する際にのみ活性化される．最もよくわかっている細胞周期チェックポイントは DNA 損傷時や DNA 複製を完了できなかったときのものである．どちらにおいてもプロテインキナーゼ **ATM** の活性化が起こる．たとえば，紫外線による DNA 損傷に対しては（p.49），ATM は二つのさらなるプロテインキナーゼ Chk1 と Cds1 を活性化

する（図 19・10）．不完全な DNA 複製の場合には，Chk1 のみが活性化される．これらのキナーゼが活性型であるとき，細胞は G_2/M と G_1/S の両方の制御ポイントを通過することができない．有糸分裂期に移行するのを止めるために，Chk1 と Cds1 は Cdc25 をリン酸化する．リン酸化型 Cdc25 は不活性であり，活性型 Cdc25 がないと細胞は CDK1-サイクリン B を活性化できず，M 期に入れない．これによって細胞は DNA 損傷を修復したり，S 期を完了するための時間稼ぎをする．S 期への進行を阻止するために Chk1 と Cds1 は転写因子 **p53** をリン酸化する（図 19・9）．p53 は細胞内で恒常的に発現しているが，すぐに分解されてしまうため，通常濃度は低い．しかし，リン酸化 p53 は分解されないため，濃度が増加する．これにより，DNA 修復の機構が活性化され (p.49)，いくつもの新たなタンパク質の発現が誘導される．その一つが p21^{CIP1} で，**CKI** とよばれる一群の**サイクリン依存性キナーゼ阻害タンパク質**の一つである．これらは CDK に結合し，不活性化する．p21 の場合，標的は CDK4-サイクリン D である．p21 の結合は細胞を G_1 期で停止させ，結合している間はつぎの S 期へ入るのを阻止している（図 19・9）．多くの CKI が複数の経路で機能しているが，すべてが細胞分裂を止めるという同じ結果をもたらす．これらの経路の一つには**接触阻止**によるものがある（図 19・9）．培養皿の中，または傷口の縁にいる細胞は，互いが接触するまで増殖をする．隣の細胞と接触したとき，p16^{INK4a} と p27^{KIP1} という二つの CKI が発現され，増殖を止める．これらは G_1 期の CDK を阻害し，それにより DNA 合成が起こらないようにす

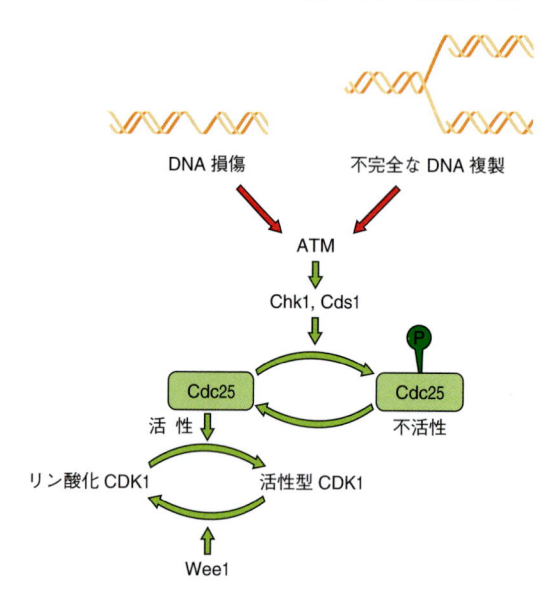

図 19・10 **ATM の活性化は細胞周期を止める．**

る．接触阻止の欠損は，正常な細胞が癌細胞へ転換するときにみられる初期の変化の一つである．p53 は，CDK4 や Cdc25 といった細胞周期に必要なタンパク質の発現を減少させるマイクロ RNA の転写も増加させる（発展 6・1, p.62）．

細胞周期の終了

有糸分裂の開始後では，CDK1 が不活性化されることが重要となる．そうでないと，M 期の最中であるにもかかわらず，つぎの有糸分裂を開始するようになる．図 19・3（p.230）は，どのようにして CDK1 が不活性化されるかを示している．有糸分裂チェックポイント複合体（MCC）とよばれる一群のタンパク質が動原体に結合すると，つづいて Cdc20 とよばれるタンパク質が結合する．すべての動原体が分裂紡錘体に結合すると MCC は解離し，遊離した Cdc20 は後期促進複合体とよばれる酵素群を活性化できるようになる．つぎにプロテアソーム (p.104) により分解されるようにタンパク質を修飾する．分解されるタンパク質の一つがサイクリン B である．二番目の標的であるセキュリンは，姉妹動原体を結合させているコヒーシン複合体を分解するセパラーゼの阻害因子である．こうして，後期が一気にそして同時に開始し，セキュリンの分解と同時に終期が開始され，CDK1 はパートナーであるサイクリン B の分解により不活性になる．

後期促進複合体の活性化は，細胞が紡錘体形成チェックポイントを通過するためには重要な過程である．MCC は張力に感受性を示し，紡錘体糸が染色分体を反対方向に引張るようになると動原体から遊離する．張力下にない染色分体が一つでもあると，後期促進複合体の活性化を抑制するように Cdc20 を隔離しておく．後期はすべての染色分体が赤道面上に正しく並んで初めて開始する．

細胞周期と癌

細胞が正常に細胞周期を制御する仕組みから外れたときに，癌は生ずる．癌細胞になるには，p53 や Rb を含むいくつかのキーとなる遺伝子の変異が体細胞で蓄積する必要がある．すなわち，細胞分裂制御の欠陥により**腫瘍**が形成される．腫瘍には，一つの場所にとどまって，外科的除去がしやすい，いわゆる良性と，他の組織に浸潤して，二次的な癌を形成する悪性がある（図 19・11）．癌による死亡は，通常ほとんどが転移によるものであり（転移；病変が一つの器官から他に広がること），原発性癌ではない．

癌には発生した組織に従って名づけられた多くのタイ

応用例 19・3　日焼け, 細胞死と皮膚癌

われわれはみんなアポトーシスが起こっているのを知らないうちに観察している. 誰でも適切な防御なしで陽の下に出てしまうことがある. そのとき, 紫外線 (UV) は皮膚細胞の DNA に損傷を与えて, p53 を活性化する. もし, DNA の損傷がわずかであれば, p53 は DNA 修復機構が傷害を治すまで細胞周期を止めるだけである. しかし, 損傷がより激しければ, 日焼けした皮膚が死に, はがれ落ちるように, 皮膚細胞はアポトーシス経路を活性化する.

これが長期的な危険性をはらんでいる理由として, 日焼けにより細胞死が起こった皮膚の付近では, 体細胞変異により p53 システムが不活性化した細胞が生き残る確率が高く, 新しくできた皮膚はこれらの変異細胞を多く含むようになり, さらなる発癌性変異が良性ばかりではなく悪性の腫瘍も生成する可能性があげられる.

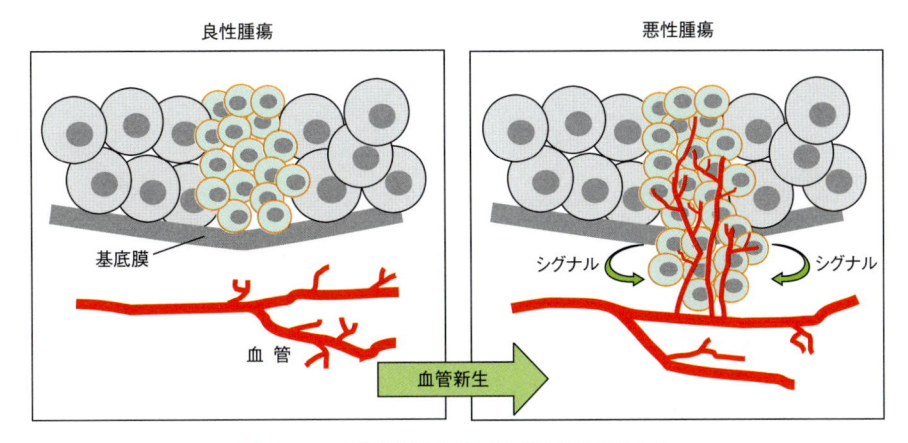

図 19・11　血管の補充は腫瘍の成長に必須である.

プがある. 細胞腫は皮膚, 腸, 胸の上皮細胞層の癌であり, 肉腫は筋肉, 骨, 結合組織の癌であり, リンパ腫は免疫系の癌, そして, 白血病は骨髄のような造血組織の癌である.

発癌 (癌の形成, 腫瘍形成ともいう) は数十年にも及ぶ複雑な経過をたどる. いくつかのケースでは, 病態の発症となる遺伝子変異がよく判明している. 大腸癌がよい例である. 最初の段階は大腸腺腫症遺伝子の変異である. この変異なしに大腸癌は発症しないことから, この遺伝子は門番役 (ゲートキーパー) と称されている. 大腸腺腫症の変異だけでも, 悪くすると, 自覚症状のない小さな良性腫瘍が形成される. さらなる進行には Ras やホスファチジルイノシトール 3-キナーゼ (PI3-キナーゼ) (p.200, 202) を含むいくつかの癌遺伝子の変異が必要である. これらの複数の遺伝的変異にもかかわらず, 形成されるのは良性であり, 腺腫性ポリープとよばれるものを形成, 成長するのみである. それゆえ, ゲートキーパー遺伝子と名前がつけられた. 良性腫瘍が悪性腫瘍に形質転換される致命的なステップは p53 の変異とそれに伴う細胞周期チェックポイントの消失である. p53 の変異はヒトのすべての癌の 50 % 以上で変異がみられ, 癌抑制遺伝子とよばれている. p53 遺伝子が一つ変異して機能を失うことでさえ, p53 タンパク質合成の大幅な減少となり, 悪性度が高く, 早い分裂速度をもつ腫瘍ができることとなる.

血管新生

転移は血管新生なしには起こらない. 血管新生とは発達しつつある腫瘍に酸素を供給する血管ネットワーク形成のことである. 血管は血管内皮細胞の増殖によってできる. 血管内皮細胞は, 通常長期間分裂を抑制された状態でいる. しかし, 血液の供給を再開しなければいけないとき, たとえば傷を受けた後や月経の際には分裂が促進される. 癌細胞は線維芽細胞増殖因子 (FGF) を含む多くの血管新生分子を分泌する. FGF は内皮細胞の表面にある受容体に結合して, 内皮細胞の増殖を促すいくつもの遺伝子の転写をひき起こす. 活性化された内皮細胞はメタロプロテイナーゼを分泌し, 周囲の細胞外マトリックスを分解させ, 内皮細胞が腫瘍内に入っていけるようにして, そこに新しい血管となるような中空の管を形成する. 腫瘍への血液供給の遮断は腫瘍の成長と転移を阻害するので, 血管新生を阻害する薬剤の開発にかなりの労

力が費やされてきた．そのような薬の一つが Avastin というモノクローナル抗体で，2004 年に転移性大腸癌の治療として米国で認可された（日本での一般名はベバシズマブ）．他の組織の癌を標的とする薬もある．

● アポトーシス

成人したヒトは約 60 兆（$6×10^{13}$）個の細胞からできており，そのすべては一つの受精卵に由来する．もし，最初の細胞が二つに分裂し，その二つの細胞が四つになり，そしてそれが繰返されたら，成人のヒトをつくるのに必要な細胞数はたった約 45 回の分裂で足りてしまう

だろう．われわれの成長が止まっても，細胞分裂は止まらない．実際に，成人した体で起こっている幹細胞 (p.10) の細胞分裂をすべて数えあげると，2 週間ごとに 30 兆個の新しい細胞がつくられているのがわかる．2 週間ごとに体のサイズが倍加しない理由は，細胞の増殖が細胞死によってバランスが取れるようになっているからである．細胞は二つのまったく異なる理由で死ぬ．一つは傷害や毒物による偶発的なものであり，**ネクローシス**とよばれている．もう一つの死は，**アポトーシス**や**プログラム細胞死**として知られる細胞に組込まれた自殺メカニズムによる結果で，計画的なものである．この二つのタイ

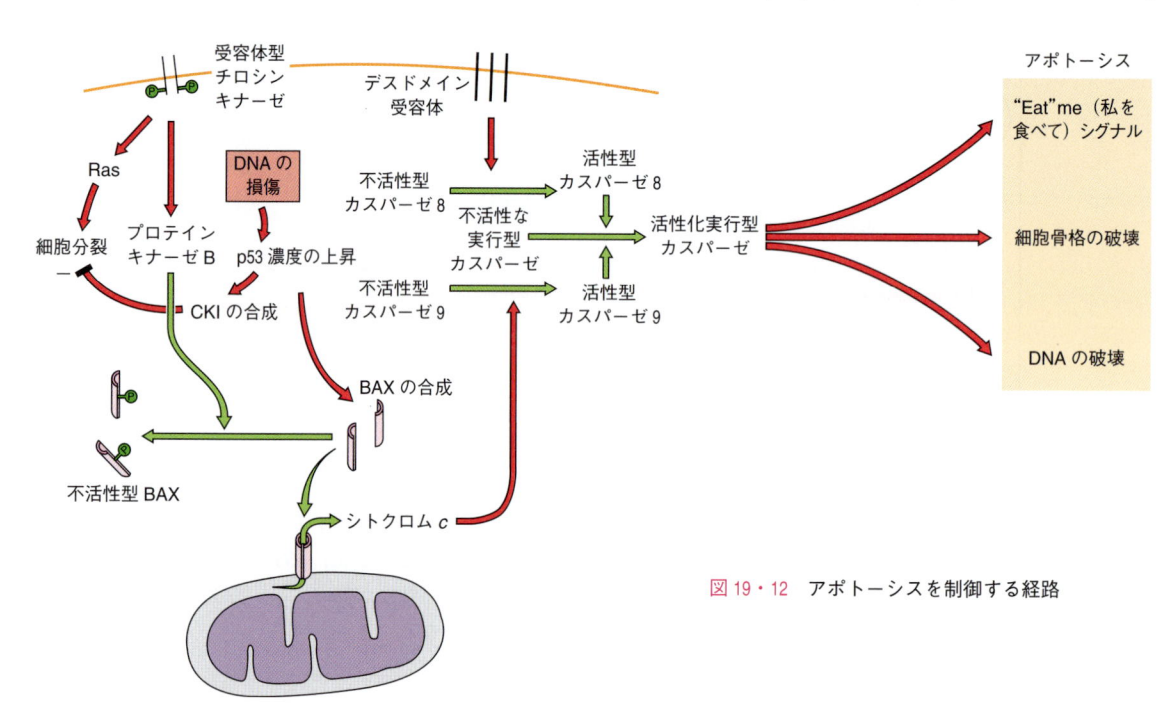

図 19・12　アポトーシスを制御する経路

応用例 19・4　ニューロトロフィンの輸送

胎児発生期に，運動神経細胞は遠方にある筋肉へ正しく軸索を伸ばせなければ死ぬことになる．標的を探し出すということは，筋細胞によって放出された成長因子**ニューロトロフィン 3** を受容することにもなる．ニューロトロフィン 3 は神経細胞表面の受容体チロシンキナーゼ TrkC に結合する．活性化したキナーゼはアポトーシスを防ぐために細胞内のプロテインキナーゼ B を活性化しなければならないが，細胞体は何 mm も離れているかもしれない．これを克服するため，ニューロトロフィンと受容体の複合体はクラスリンによってエンドサイトーシスされる (p.126)．エンドサイトーシス小胞はダイニンによって細胞体まで輸送される (p.221)．細胞

体に到達すると，プロテインキナーゼ B が活性化され，アポトーシスが抑制される．

運動神経細胞を含む神経は痛覚受容体の軸索も含んでいる．これらは，TrkC の代わりに，関連した受容体 TrkA を発現している．TrkA はニューロトロフィン 3 によっては活性化されず，ニューロトロフィン 1 を必要とする．しかし，運動神経細胞と痛覚受容器は，Trk とは異なる p75 とよばれるニューロトロフィン受容体を発現している．p75 はニューロトロフィン 1 とニューロトロフィン 3 の両方に結合する．p75 はデスドメイン受容体である．すなわち，軸索が標的に到達したとき，自動的に死のシグナルを受取ることになる．しかし，正しい場所に到着していれば，生存するための拮抗シグナルを受取ることになる．

プの細胞死はまったく異なっている．傷害を受けた細胞では，ATPの濃度が低下し，Na$^+$/K$^+$-ATPaseが働けなくなり，イオン濃度が調節されなくなる．これにより，細胞が膨潤し，破裂してしまう．細胞の内容物がもれ出し，周囲の組織に炎症を起こさせることになる．一方，自殺で死ぬ細胞は縮み，細胞の内容物は小胞とよばれる膜で囲まれた小さな包みに詰められる．DNAは小さな断片に切断され，それぞれが核膜の一部に封入される．死んでいく細胞は細胞膜を変化させて，マクロファージ(p.9)にシグナルを出す．マクロファージは小胞や残った細胞の断片を貪食し，炎症を抑えるサイトカインを分泌することによって反応する．アポトーシス時に起こる変化は，**カスパーゼ**〔cysteine-containing, cleaving at aspartate（システインを含み，アスパラギン酸のところで切断する）の短縮名〕とよばれるプロテアーゼファミリーによって細胞内タンパク質が加水分解された結果である．われわれの体のすべての細胞はカスパーゼを含んでいるが，通常はカスパーゼ内にある阻害領域によって不活性型に固定されている．阻害領域はタンパク質分解によって切離され，活性化したカスパーゼが遊離されることになる．この戦略が細胞にとって有利なことは，アポトーシス経路を活性化させるのに，すべての因子がすでに存在しており，タンパク質の合成が必要ないことである．たとえば，もしウイルスが細胞に感染し，すべてのタンパク質合成を乗取ってしまったときでさえ，細胞は自殺を遂行し，ウイルスの複製を防ぐことができる．図19・12は死または生の決定を制御する複雑なコントロールシステムを要約したものである．細胞は3種の現象に反応してアポトーシスを活性化している．

指令された細胞死：デスドメイン受容体によるもの

デスドメイン受容体ファミリーの一つにリガンドが結合したとき，細胞は死ぬように指令を受ける．たとえば，前に述べたように，細胞がウイルスに感染した場合，白血球は感染した細胞表面のウイルスタンパク質をみつけて，その細胞の表面に存在するデスドメイン受容体であるFasを活性化させる．デスドメイン受容体にリガンドが結合すると，カスパーゼ8が活性化され，つぎに，カスパーゼ8は**実行型カスパーゼ**を加水分解により活性化し，細胞崩壊のプロセスを開始させる．

デフォルト細胞死：増殖因子が欠乏したとき

生物にとって，必要でない細胞は死ぬことになる．これが確実に起こるように，多細胞生物の細胞には，細胞死が選択肢の一つとして本来備えられている——他の細胞から増殖因子を受取った細胞のみが生き残るように．こ

の経路の最初の部分はすでに説明した(p.199)．受容体型チロシンキナーゼはホスファチジルイノシトール3-キナーゼを活性化し，それは高度に荷電した膜脂質のホスファチジルイノシトールトリスリン酸を産生させる．これがプロテインキナーゼBを細胞膜へよび込み，プロテインキナーゼB自身のリン酸化と，活性化をひき起こす．プロテインキナーゼBは**bcl-2ファミリータンパク質**の一つである**BAX**をリン酸化する．リン酸化されたBAXは不活性である．しかし，もしプロテインキナーゼBが長期に機能しなければ，BAXはリン酸基を失い，ミトコンドリア外膜に移動し，そこで二量体化し，シトクロムcがサイトゾルに流失するような大きなチャネルを形成する．シトクロムcはミトコンドリアにおいて，プロトン濃度勾配を介したエネルギー通貨(ATP)の生成に重要な役割を果たしているが(p.145)，細胞質にいったん出ると致命的になる．カスパーゼ9を活性化し，それが実行型カスパーゼを加水分解によって活性化することになる．図19・13は，シトクロムcと緑色蛍

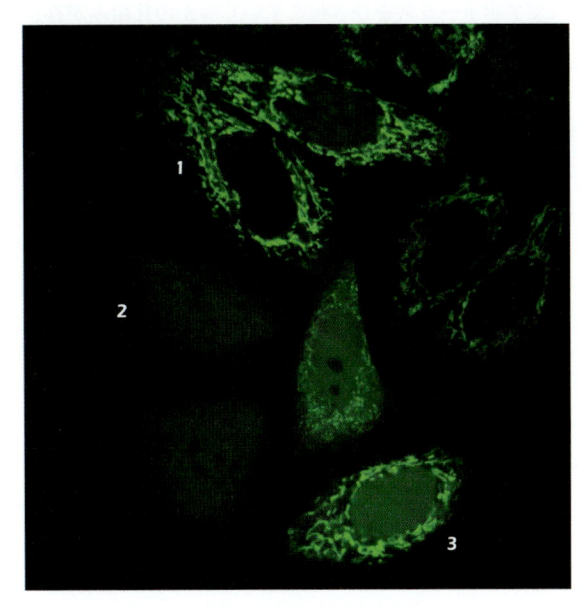

図19・13　シトクロムcの細胞内移動を明らかにするための緑色蛍光タンパク質とのキメラタンパク質　ヒトの細胞（HeLa細胞）にシトクロムcと緑色蛍光タンパク質(GFP)のキメラタンパク質を遺伝子導入し，発現させ，アポトーシス性細胞死をひき起こす試薬のスタウロポリンで処理した．写真提供：Choon Hong TanおよびMicheal Duchen（University College London）．

光タンパク質のキメラタンパク質を発現している細胞である．蛍光像はキメラタンパク質の局在を表している．これらの細胞はBAXの活性化を介してアポトーシスによる細胞死を誘起する薬剤で処理されたものである．細胞1の様子はまだ変わっていない．シトクロムcのキメ

ラタンパク質はミトコンドリアに局在しており，あたかも正常な状態のようである．細胞2では，すべてのシトクロム c がミトコンドリアから消失し，核を含む細胞全体に均等に局在している．細胞3は中間の状態であり，核からのシグナルでシトクロム c の一部はミトコンドリアからなくなっているが，ミトコンドリアは依然として明るい緑色の小器官として見ることができる．時間が経つと，すべての細胞は細胞2の細胞のようになり，収縮や小胞形成といったアポトーシスとしての様相を示すようになる．

病から生ずる死：ストレスによって活性化されるアポトーシス

もし単細胞生物が傷害を受けたなら，死なないように修復しようとする．しかし，多細胞生物の細胞がストレスや傷害を受けた場合には，その細胞を早急に，穏やかに自殺させ，近くの健康な細胞の分裂によって入替えた方が，より効果的である．それゆえに，細胞ストレスに対してアポトーシスをひき起こすいくつかの仕組みが存在する．一つは，直接ミトコンドリア上で行われる．ミトコンドリアがストレスを受けたとき，ミトコンドリアは自発的にシトクロム c を放出する．これは，ミトコンドリア外膜のチャネルであるポリンが他のタンパク質と会合して，シトクロム c を放出するのに十分な直径のチャネルを形成したときに起こるようである．これは主要な医療問題となっている．なぜなら，心臓発作を起こしたときの心臓や脳卒中の脳神経細胞など，細胞分裂によって補修できない組織において起こりうるからである．

二つ目のアポトーシスは，転写因子p53を通して行われる．それについては，細胞周期の調節のところですでに触れた．p53の濃度はDNAが傷害を受けたときに上昇する．それにより，DNA修復機構が活性化されるが，*BAX*遺伝子の転写も上がる．もし，DNAが時間内に修復できなかった場合，BAXの濃度は増加して，プロテインキナーゼBの不活性化システムを凌駕してしまう．シトクロム c は遊離し，アポトーシスが起こる．この機構がなかったら，体細胞DNAの変化による癌がもっと多くなるであろう．

三つ目の仕組み（図19・12には示していない）はp38とよばれるプロテインキナーゼによって行われる．p38はMAPキナーゼの一つであるが，増殖因子によってではなく，細胞の膨張や収縮，放射線などのような細胞へのストレスによって活性化する．p38ともう一つの**ストレス活性化プロテインキナーゼJNK**の影響は複雑であるので，二つのことだけを考えることにする．p38はp53をリン酸化し，通常起こっているp53の急速な分解を防ぐ．p53濃度の増加はBAXの合成などを含むよく知られた結果を導く．p38は最初にみつかったbcl-2ファミリーであるbcl-2にも直接作用する．BAXと違って，bcl-2はミトコンドリア外膜にチャネルをつくることができない．実際には，bcl-2は抗アポトーシス性であり，単量体のBAXに結合して，完全なチャネルの形成を防いでいる．p38はbcl-2をリン酸化し，BAXとの結合を阻害し，BAXにシトクロム c 放出の引き金を引かせてしまっている．

カスパーゼは互いのタンパク質分解で自己活性化することができるので，健康な細胞内でさえも，一定のゆっくりとした活性化が起こっている．これがアポトーシスの引き金を引かないようにするため，細胞はカスパーゼの働きを阻害する**アポトーシス阻害タンパク質**を合成している．もし，カスパーゼ活性化の程度が阻害タンパク質の限度を超えると死となる．

まとめ

1. 一倍体の細胞はそれぞれの染色体1コピーだけを含んでいる．二倍体の細胞は父親からの一つと母親からの一つの2コピーの染色体を保有している．
2. 有糸分裂は前期，前中期，中期，後期，終期から成る．有糸分裂と細胞質分裂によって二つの二倍体細胞ができ，それらにおける染色体総数は最初の細胞のS期に入る前と同じである．
3. 減数分裂によって一倍体の生殖細胞，脊椎動物においては卵と精子ができる．有糸分裂と同様，S期に続いて起こるが，2サイクルの細胞分裂から成るため，最終的には染色体総数がS期前の細胞の半分しかない四つの細胞となる．
4. 第一減数分裂時に，相同染色体は組換えを起こす．それは相同染色体の物理的な切貼りによるものであり，父親と母親から由来する染色体に含まれる情報が混合される．
5. 劣性遺伝子は通常，機能的なタンパク質をつくり出せないもののことである．例として，青い眼やフェニルアラニンケトン尿症の遺伝子がある．各人は機能的なタンパク質をつくることができる1コピーだけでも遺伝すれば十分であることから，機能的な遺伝子は優性とよばれる．
6. まれではあるが，欠損遺伝子が正常遺伝子よりも優性であることがある．たとえば，家族性クロイツ

フェルト・ヤコブ病の遺伝子である．

7. 細胞周期はS，G_1，M，G_2期から成る．G_1，S，G_2期は一緒になって間期を構成する．DNAはS期に複製される．各染色体は同じ染色分体のペアである．細胞はM期で二つに分裂する．

8. 細胞周期には，止まれ／進めスイッチとして働く三つのチェックポイントが組込まれている．それらはG_1/S，G_2/MとM期の中期／後期移行時に存在する．

9. サイクリン依存性キナーゼ1が活性化されると，細胞は有糸分裂期に入る．それには，サイクリンBの濃度が十分に高く，サイクリン依存性キナーゼ1がCdc25によって脱リン酸されていることが必要である．有糸分裂が始まってしまえば，Wee1によるリン酸化とサイクリンBのタンパク質分解によりサイクリン依存性キナーゼ1はすぐに不活性となる．

10. 細胞のS期への進行は，サイクリン依存性キナーゼ2，4，6が関与した複雑な仕組みから成る．サイクリン依存性キナーゼ4のおもな役割はRbをリン酸化して，転写因子E2Fを遊離させて，DNA合成に必要なタンパク質の合成を可能にすることである．その活性化にかかわる重要な要因は，MAPキナーゼ活性化の結果としてサイクリンDの濃度が上がることと，CKIが低濃度になることである．

細胞間接触はCKIを増加させる．それゆえ，器官内における利用可能な空間が細胞で満たされたとき，器官は成長を止める．

11. 細胞周期チェックポイントは，DNAが損傷したり，DNA合成（S期）が不完全だったときに周期を停止させる．3番目のチェックポイントは，後期が始まる前に，すべての染色体が紡錘体上に正しく並んでいることの保証となっている．

12. 細胞内では，p53は絶えず産生されているが，すぐに分解されてしまう．p53濃度の上昇はDNA損傷や他の細胞ストレス時にみられ，三つの主要な効果を示す．(a) DNA修復機構の活性化，(b) 細胞分裂を防ぐことになるCKIの合成，(c) アポトーシスの活性化 である．

13. 発癌遺伝子が活性化するか，癌抑制遺伝子が不活性化すると，細胞は癌になる．腫瘍形成は血管の増殖または血管新生を伴う．

14. 炎症をひき起こすネクローシスとは対照的に，アポトーシスは周辺組織にほとんど影響を与えない制御された細胞死である．アポトーシスの最終実行役はカスパーゼとよばれる一群のプロテアーゼである．

15. アポトーシスは三つの経路で誘導される．(a) デスドメイン受容体へのリガンドの結合，(b) 成長因子がないとき，そして，(c) 細胞ストレス である．

参 考 文 献

H. Chial, 'Genetic regulation of cancer', *Nature Education*, 1 (1) (2008).

D. Michael, M. D. Jacobson, N. McCarthy (eds.), "Apoptosis: The Molecular Biology of Programmed Cell Death", Oxford University Press, Oxford (2002).

T. J. Mitchison, E. D. Salmon, 'Mitosis: A history of division', *Nature Cell Biol.*, 3, E17-E21 (2001).

D. O. Morgan, "The Cell Cycle: Principles of Control", New Science Press, London (2007).

National Cancer Institute (US National Institutes of Health), www.cancer.gov/.

C. O'Connor, 'Cell Division: Stages of Mitosis', *Nature Education*, 1 (1) (2008).

C. O'Connor, 'Meiosis, genetic recombination, and sexual reproduction', *Nature Education*, 1 (1) (2008).

D. P. Snustad, M. J. Simmons, "Principles of Genetics", 4th edition, John Wiley & Sons, New York (2006).

R. A. Weinberg, "Biology of Cancer", Garland Science, USA (2006).

復 習 問 題

19・1　細胞分裂

A．後　期　　B．細胞質分裂　　C．中　期
D．前中期　　E．前　期　　　　F．終　期

上記の細胞分裂の各段階から，以下に述べられていることが起こっているものを一つ選べ．

1. 染色体凝縮は核内で起こり，紡錘体形成は細胞質で始まる．
2. 核膜が崩壊し，染色体が紡錘体と結合する．
3. 染色体は紡錘体上に並び，紡錘体極へ向かったり，離れたりする移動をしない．
4. 対になっている染色分体は分離し，紡錘体極に向かって動き始める．
5. 染色体が脱凝縮し，核膜が再形成される．
6. 二つの細胞に物理的に分離する．

19・2　細胞周期のチェックポイント

A．コヒーシン　　　　　B．サイクリンA
C．サイクリンB　　　　D．T14とY15の脱リン酸
E．G_1期　　　　　　　F．G_2期

G．M 期　　　　　　H．S 期
I．p53　　　　　　　J．T14 と Y15 のリン酸化
K．Rb　　　　　　　L．細胞膜への補充
M．セパラーゼ

上記リストから，下記の質問の答えを一つ選べ．

1. 間期のこの時期に，細胞は DNA を複製する
2. 動物細胞が DNA 複製を開始するには，多くの条件が満たされなければならない．一つは，転写因子 E2F がそれを不活性な二量体にしているリガンドから遊離されなければならない．このリガンドは何か？
3. もし DNA が損傷したら，複製される前に修復されなければならない．DNA 損傷は二つのキナーゼ Chk1 と Cds1 を活性化する．これらはサイクリン依存性キナーゼ阻害因子 CKI の発現を上昇させる転写因子をリン酸化する．転写因子のリン酸化はそれの細胞内濃度を上昇させる．この抗分裂性転写因子は何か？
4. DNA が複製されて，細胞が十分に大きいと，有糸分裂に入ることができる．G_2/M チェックポイントを通過するにはサイクリン依存性キナーゼ1（CDK1）の活性が必要である．CDK1 はパートナータンパク質と二量体化したときにのみ活性となる．このパートナーとは何か？
5. CDK1 は翻訳後修飾によっても制御されている．CDK1 が活性化されるためには，どのような反応が行われなければならないか？
6. 前中期の間に，染色体は中期紡錘体の赤道面上に並んでいくようになる．どのタンパク質によって，姉妹染色分体は動原体で結びつけられているか？
7. すべての動原体が張力を受けると，後期促進複合体はセキュリンを分解し，染色分体間の結合を分解する酵素を活性化させ，後期における染色分体の分離をひき起こす．結合を壊す酵素は何か？

19・3　生と死

A．bcl-2　　　　　B．カスパーゼ　　　C．CDK1
D．シトクロム c　E．Fas　　　　　　F．p53
G．プロテインキナーゼ A
H．プロテインキナーゼ B

上記の化合物リストから，以下の説明に一番合うものを一つ選べ．

1. 動物では，細胞は成長因子を供給する他の細胞活動によって生き続けている．成長因子受容体は PI3-キナーゼを活性化し，PI3-キナーゼは細胞膜でホスファチジルイノシトールトリスリン酸（PIP_3）を産生する．PIP_3 は生存促進キナーゼを細胞膜に誘導する．そのキナーゼの名前をあげよ．
2. もし PIP_3 が細胞膜からなくなり，上記キナーゼが不活性になると，BAX が活性化され，ミトコンドリアからあるタンパク質が遊離されることになる．放出されるミトコンドリアタンパク質の名前をあげよ．
3. 白血球は標的細胞をその細胞表面のデスドメイン受容体を活性化することによって殺すことができる．
4. DNA がひどい損傷を受けて，適切な時間内に修復できない場合にも，細胞も死ぬ．DNA 損傷後，濃度が上昇し，BAX の合成を促進させる転写因子は何か．
5. 上記した細胞死を開始するすべての経路は，この細胞質プロテアーゼファミリーの活性化に収束する．

🔵 発 展 問 題

医療応用 16・2（p.201）では，癌の中で Ras 変異体がどの程度頻繁にみられるのか述べられている．癌において頻繁に変異している他のタンパク質には PTEN がある．その酵素は PIP_3 を加水分解し，ホスファチジルイノシトールビスリン酸（PIP_2）を産生する．PTEN を不活性化する変異は，グリオーマの 75 % でみつかる．なぜ PTEN を不活性する変異が癌になる細胞系列で選択されるのか考察せよ．

発展問題の解答　正常な細胞では PIP_3 が濃度依存的に PTEN によって加水分解し，ポトーシス細胞死から免れないように B 活性を維持し，アポトーシス細胞死から免れる．細胞外プロテインキナーゼ受容体キナーゼをリン酸化してプロテインキナーゼ B 活性を維持する増殖因子を受け続けなければならない．PTEN が不活性化する増殖因子を受け続けなくても一度 PIP_3 がつくられると存在し続けるので，プロテインキナーゼ B は活性型のままでありうる．これにより，増殖因子の供給が低下したとしても増殖することになる．

20

免疫システムの細胞生物学

　多細胞生物の体は，微生物やウイルスが生存し増殖するのにうってつけな場所である．したがって，動物は，外来生物やウイルスを排除し，コントロールするための機構を進化させてきた．これらのメカニズムは，体の中をパトロールし侵入者に攻撃を加える一群の細胞を含んでおり，免疫システムとよばれる．これらの防御メカニズムの大部分は遺伝的進化と選択によって発達したものであり，**自然免疫**を構成している．これは免疫細胞が細菌の存在を検出するのに必要な，遺伝子にコードされた受容体である *N*-ホルミルメチオニン受容体などを含んでいる（p.99）．しかしながら，脊椎動物には**獲得免疫**とよばれるより洗練されたシステムが存在している．これは個体内で，遺伝子に変化を起こし，選択を行い，進化させることで，これまでにその個体や種が遭遇したことのない新しい脅威に対抗することができる．このシステムの基礎となる特殊な遺伝子メカニズムは，1958年に Frank Burnet により"クローン選択説"として最初に提唱されたものであり，このシステムは2種類の免疫細胞，**B細胞**および**T細胞**において明らかとなっている．この2種の細胞は**リンパ球**と総称される．

● 免疫システムにかかわる細胞

　図20・1（p.244）は，造血幹細胞が，どのようにおもな免疫細胞や赤血球と血小板に分化するかを示したものである．左側がリンパ球系の細胞であるB細胞やT細胞であり，その名のとおり成体のリンパ節において樹状細胞とともに存在している．リンパ球系の細胞にはナチュラルキラー細胞も含まれる．ナチュラルキラー細胞は遺伝子変化を受けないが，さまざまな脅威を認識できる一群の共通な受容体を発現している．図20・1の右側は骨髄球系の白血球を示しており，最も知られたものは好中球である．骨髄球系の白血球は貪食能をもち，細菌のような外来粒子を取囲み消化する．

　別な貪食細胞としてはマクロファージが存在する．この細胞は血液中ではなく，体内の組織中に存在し，そこで外来粒子だけではなくアポトーシスにより死んだ細胞の断片をも取込み消化する．

● B細胞と抗体

　B細胞は抗体を分泌する．免疫システムに詳しくない人にとって最も親しみ深いと思われるこの現象が，実は非常に複雑で卓越したものである．血液中を循環している**抗体**（免疫グロブリンともよばれる）は，血漿や他の細胞外空間に存在する可溶性タンパク質であり，特異的な標的と高い親和性で結合する．免疫学者は**抗原**という単語を，抗体やT細胞の受容体に高い親和性で結合する標的，という意味で使っている．多くの場合はタンパク質のことを意味するが，すべての複雑な分子が抗原となりうる．免疫グロブリンの中でも一つのアイソフォームである免疫グロブリンG（IgG）が血中の免疫グロブリンの80％を占め，われわれはこのアイソフォームに関し最初に記載する．図20・2（a, p.244）は分泌されたIgG分子を表している．基本的な構造はすべてのIgGに共通であるが，これらの分子は完全に同一ではない．20世紀中頃の実験によって，IgGがタンパク質分解酵素により二つのポリペプチドに分けられることが示された（図20・2b）．このうちの一つは，抗原に結合するが簡単に結晶化することができず，完全に同一なポリペプチド鎖ではないと考えられた．この分画は抗原結合部位（antigen binding fragment）として**Fab**と名づけられた．タンパク質分解によってFabとなるIgG分子の部分はFab領域とよばれる．IgGをタンパク質分解することによって得られるもう一つの部位は，抗原には結合できないが，簡単に結晶化することができるため，完全に同一であると考えられた．この部位は結晶可能部位（crystallizable fragment）として**Fc**と名づけられた．抗体分子全体からタンパク質分解によりFcとなる部位は，Fc領域とよばれる．

　一つのIgG分子は四つのポリペプチド鎖からできている．うち二つは短く（したがって軽い，**軽鎖**），二つ

20. 免疫システムの細胞生物学

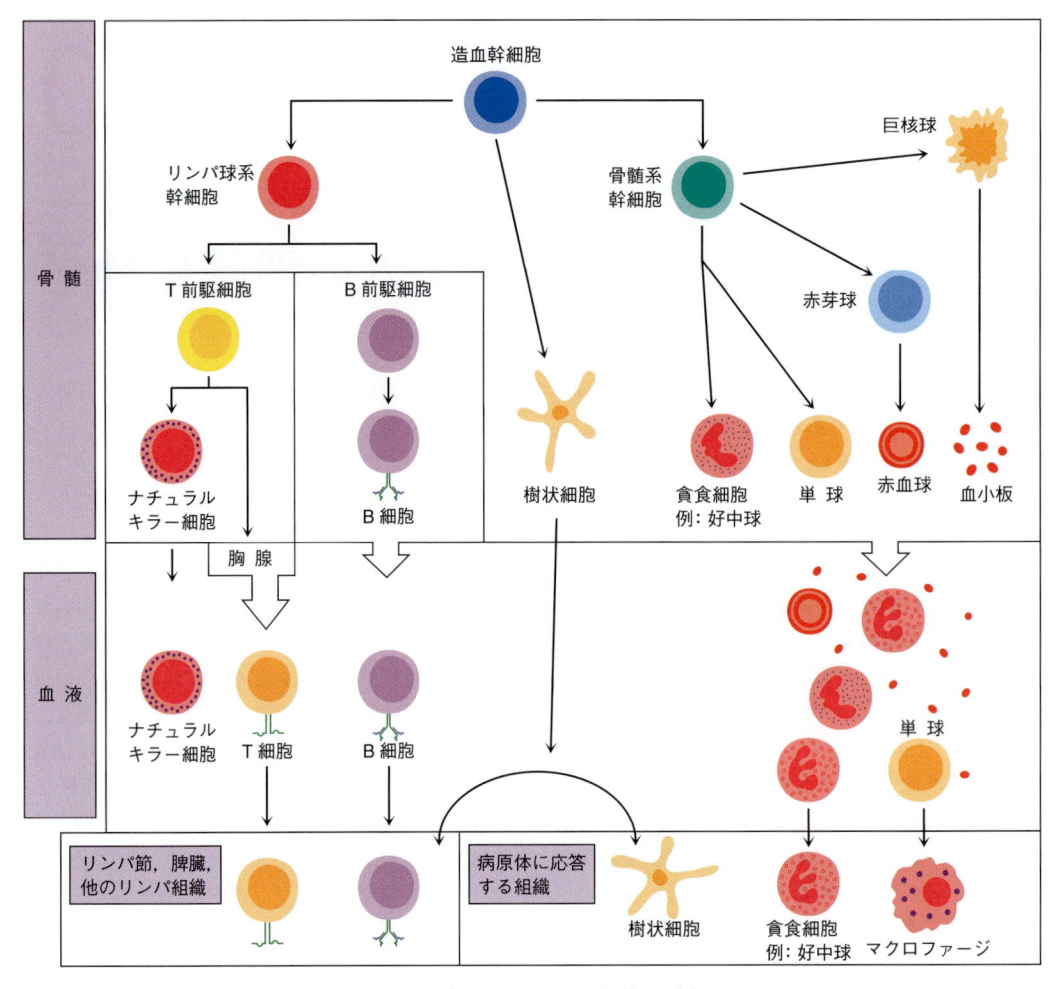

図 20・1 免疫にかかわる細胞の種類

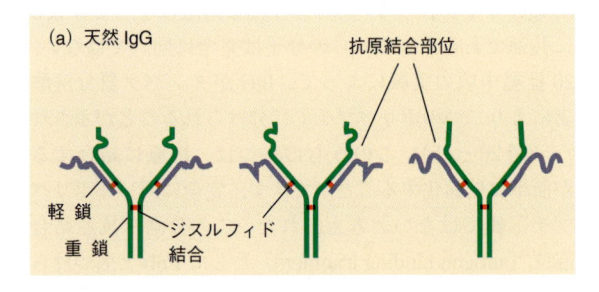

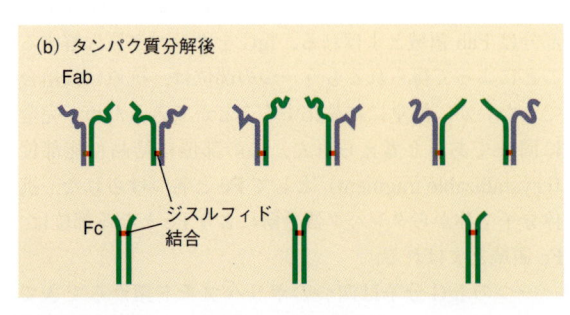

図 20・2 **IgG 構造**

はより長く，したがって重い（**重鎖**）．四つのポリペプチド鎖はジスルフィド結合（SS 結合）によりつなぎ止められ（p.109），さらに疎水結合によりとても安定な構造を形成している．四つのポリペプチド鎖の N 末端はそれぞれ可変であり，同じ個体の IgG 間でも異なっている．Fab がそれぞれ異なるために結晶化しにくいのである．一つの重鎖の可変部位とそれに結合した軽鎖の可変部位は，一つの抗原結合部位を形成している．したがって，一つの IgG は二つの同一な抗原結合領域をもっている．分子の可変性のせいで，同じ個体でも異なる IgG は異なる抗原結合部位をもっているため，異なる抗原に結合する．

われわれが毒素やウイルスの表面，細菌の表層のような特定の抗原に曝露されると，B 細胞は特定の抗原に対する抗体を多量に産生する．抗体が結合するとさまざまな方法で生体を防御している．まず，危険な外来タンパク質は抗体の結合により中和される．たとえば，ボツリ

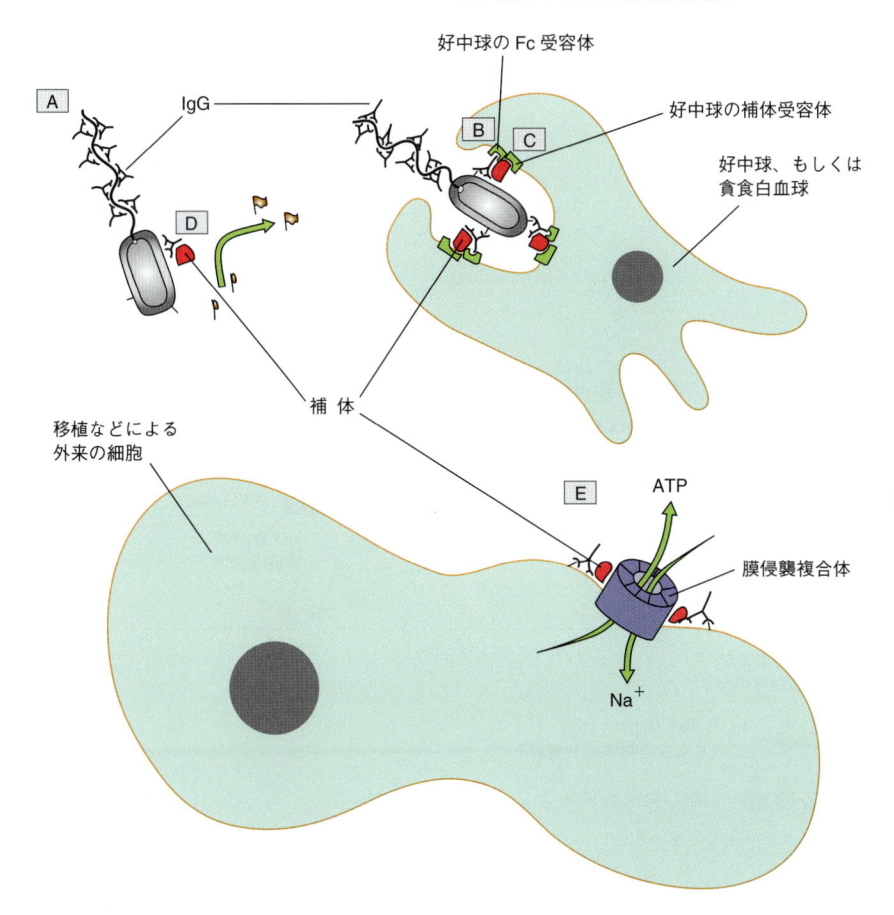

図20・3 抗体結合の効果 (A) 抗体の結合はそれ自身でタンパク質を中和することができる．(B) 食細胞上のFc受容体は抗体を認識して，貪食を開始する．(C) 食細胞上の補体受容体はさらに貪食を刺激する．(D) 補体は不活性型の血清成分を，好中球や白血球を遊走させるタンパク質に変化させる．(E) 膜侵襲複合体が形成されると，標的病原体細胞は直接殺される．

ヌス毒素（応用例 11・3，p.130）を使用する美容整形の医師はワクチンを接種されており，毒素に対する抗体をもっている．彼らがもし事故で自分にボツリヌス毒素を打ってしまったとしても，IgGが毒素タンパク質に結合し，その酵素活性をブロックする．図 20・3 A はさらに異なる例を示す．細菌の鞭毛（p.151）はたくさんの IgG により覆われているため本来のプロペラとしての役割を果たすことができず，細菌は動けなくなってしまう．第二に，IgG の結合は，標的分子を**オプソニン化**する（図 20・3 B）．好中球やマクロファージのような貪食細胞は，目標物から突き出した IgG の Fc 部分に反応して，その粒子を貪食し消化する．第三に，細菌（もしくは，他の侵入体）の表面の抗原に IgG が結合した後，IgG の不変な Fc 部分は，**補体**とよばれる防御タンパク質の膨大な集団を動員する．補体の構成成分は，さらに菌体をオプソニン化するが（図 20・3 C），その一部はパトロール中の好中球やマクロファージを引寄せる（図 20・3 D）．補体の集合は，最終的に標的菌体の原形質膜内で**膜侵襲複合体**とよばれるチャネルを形成する（図 20・3 E）．膜侵襲複合体の形成に成功すると，ナトリウム（真核生物の場合）もしくはプロトン（H$^+$，細菌の場合）といったエネルギー通貨（p.148）を働かなくし，また他の重要な物質を漏出させてしまうことにより，標的の侵入物を殺す．しかしながら，ほとんどの病原細菌は強固な細胞壁をもち，膜侵襲複合体の形成や挿入を防いでいる．

他の抗体アイソフォーム

免疫グロブリンのうち 80 % は IgG であるが，これ以外に IgA，IgD，IgE，IgM という四つの代表的なクラスが存在する．これらのアイソフォームは Fc 部分が異なっており，それによりそれぞれのアイソフォームが異なる特徴をもっている．たとえば，IgA の Fc 部分は腸や呼吸器の上皮細胞にある受容体により認識，エンドサイトーシスされ，つぎに分泌小胞に移行し，管腔内にエキソサイトーシスされる．そこで，IgA は粘膜組織に存在する病原体と結合することができる．すべてのクラスの免疫グロブリンは B 細胞から分泌される．

抗体構造の遺伝子的基盤

抗体は，**遺伝子座**（**loci**）とよばれる染色体の巨大な領域の DNA にコードされている．重鎖の遺伝子座はヒト第 14 染色体に位置し，図 20・4 の上部に示されている．

図20・4 重鎖の遺伝子座

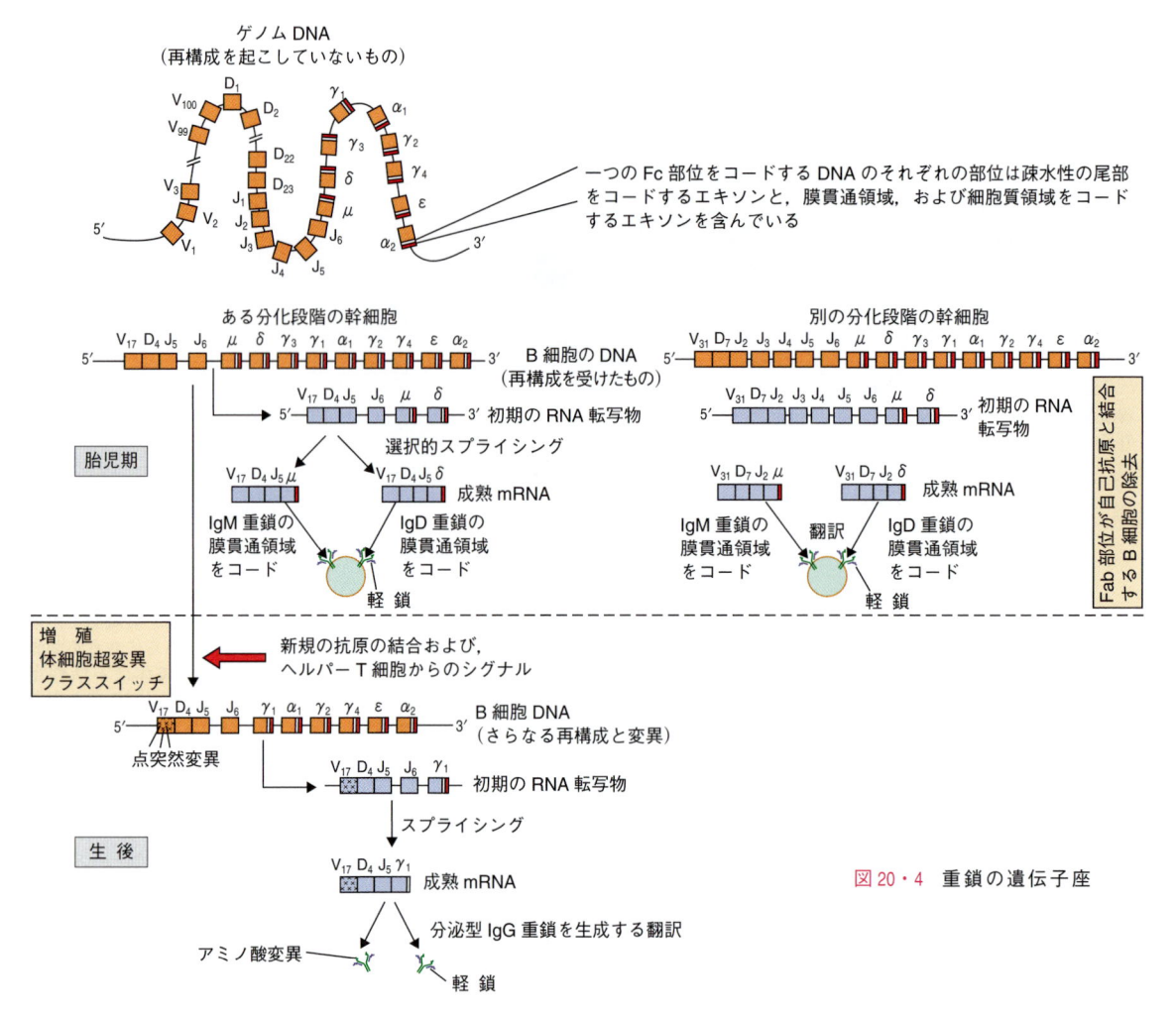

最初の RNA 転写物が切断，別なバージョンのタンパク質をコードするものに再構成される，選択的スプライシングの概念に関してはすでに述べた (p.51)．抗体の産生に関してもこれは起こるが，それに加えて，DNA 自身の切断とスプライシングも起こる．このプロセスはリンパ球とその前駆体でのみ起こり，また，抗体，および後に述べる T 細胞受容体をコードする DNA のみで起こる．

図20・4の下部に抗体重鎖をコードする成熟メッセンジャーRNA を示す．これは四つの構成要素をもっている．このうち V，D，J 構成要素は Fab 部位をコードしており，つづいて Fc 部位をコードする mRNA が存在する．図の最上部に示されている生殖系列の DNA は，すべてが少しずつ異なる大体 100 コピーの V，23 コピーの異なる D，および 6 コピーの J をもっている．機能的な Fab は V，D，J のどの組合わせからでもつくられ，それぞれの組合わせが，異なる抗原結合部位をもつ抗体を生成する．6 コピーの J に続いて九つの長さの DNA が続いており，そのそれぞれが Fc をコードしている．免疫グロブリンのクラスに対応してギリシャ文字が与えられている．したがって，最初の二つの DNA のブロックは μ と δ であり，これはそれぞれ IgM と IgD の重鎖の Fc 部分をコードする．μ と δ は 1 種類しか存在しないが，二つの微妙に異なる α と 4 コピーの微細に異なる γ が存在する．

胎児期の骨髄において B 細胞前駆体は V (D) J リコンビナーゼという酵素を用いて DNA を切断し，長い部位を除去し，切断断片をつなぎ合わせる．V，D 部位はそれぞれ一つを除いてすべて取除かれ，J 部位のうちいくつかも取除かれる．図20・4は多くの可能性のうちの 2 パターンを示している．左に示す一つの B 細胞では，一つの染色体上の V が 17 番を除いてすべて排除される．これは，4 番を除くすべての D も同様であり，J_1 から J_4 までも取除かれる．染色体の δ 部位の 3′ 側には転写終結部位が存在し，再構成した重鎖部位が転写されると，最初の RNA 転写産物は Fc の δ アイソフォームをコードす

る部位の後で終了する．

つぎにRNAスプライシングによりD部位と隣り合ったJ部位以外のすべてのJが取除かれる．その転写物は選択的スプライシングを受け，μで終わりIgMの重鎖をコードするもの，もしくはδで終わりIgDの重鎖をコードするものがつくられる．μやδ領域の選択的エキソンは膜貫通領域，もしくは分泌タンパク質をコードしている．この分化段階では，B細胞は，抗原結合領域を細胞外領域に向け，細胞質内領域をもち細胞内シグナルを活性化させることのできる，膜貫通型の抗体を産生している．

V, D, J領域のすべての組合わせが可能である．たとえば，図20・4の右に示したB細胞ではV_{31}, D_7およびJ_2による抗体が産生される．したがって，一つの重鎖の遺伝子座から，$100 \times 23 \times 6 = 13,800$の異なるFabが産生されうる．同じような遺伝子組換えにより，軽鎖も産生される．ゲノムに存在する選択可能なDNAの範囲を用いるだけで，B細胞は300の異なる軽鎖を作製することができる．一つのB細胞は13,800の可能な重鎖Fabのうちの一つを発現し，300の可能な軽鎖の一つを発現することで，400万以上もの（$13,800 \times 300 = 4,140,000$）ゲノムにコードされた異なる抗原結合部位を得ることが可能になる．子宮の保護された環境下では，胎児が病原体や毒素に曝露されるとは考えにくい．しかしながら，産生された抗体の多くは，内因性のタンパク質に高い親和性をもって結合する．こういった自己特異的B細胞は，抗原への結合がアポトーシス（p.238）による細胞死を誘導したり，アナジーとよばれる不応答性の状態に入ることにより，除去される．

成熟したB細胞の大部分は，抗原に対し反応を起こすほど強く結合することはない．しかしながら，成熟B細胞が，非常に高い親和性で結合するような抗原に曝露した場合には，さまざまな応答がひき起こされる．反応の大きさや正確な特性は，他の免疫細胞からのシグナルによりコントロールされる（p.203）．まず，刺激を受けたB細胞は増殖する．新しい脅威に対し反応するのに適合した抗体を産生するB細胞から，何百万ものB細胞が産出され，そのすべてが同じ抗体を合成する．第二に，B細胞は**クラススイッチ**を受けることができる．これは，染色体DNAのさらなる切断とつなぎ合わせを含む．μとδ部位は切取られ，それらの3′に位置する代わりの部位となる．その結果，転写とそれに続く翻訳はIgMやIgDではなく，他の抗体アイソフォームの一つを産生する．図20・4に示した例では，DNA再構成によりμ，δおよびγ_3部位が除去され，B細胞はγ_1部位を使用するようにプログラムされ，最も一般的な抗体のアイソフォームであるIgGを合成する．刺激に対する第三の反応は最も特筆すべきものである．その細胞において，重鎖，および軽鎖の遺伝子座に残っている一つのV領域が，それぞれ遺伝的な配列と異なっている．すでに体細胞変異に関してはすでに述べたが，この場合には，他の遺伝子や染色体と比較して10,000倍以上高い頻度で起こり，そのため**体細胞超変異**とよばれる．その変異の根本にある原因は，V領域のシトシンをウラシルに脱アミノする酵素の発現上昇である．塩基除去修復（p.49）は通常シトシンを置換するが，その修復はエラーなしとはいかず，多数の脱アミノや有意な数の変異の蓄積を起こす．一つのB細胞はしたがって，さまざまな種類の抗体を産生

発 展 20・1　モノクローナル抗体

ウサギやウマなど家畜によってつくられた抗体は1940年代より研究に用いられてきた．このような抗体は**ポリクローナル抗体**とよばれる．なぜなら，1匹の動物でつくられた抗体であっても，その一つ一つが異なるFabをもつ多くのB細胞によってつくられたものを含んでいるからである．多様な抗体は，動物を免疫するために最初に使用したタンパク質や生物の異なる部分を認識すると考えられる．ポリクローナル抗体はいまだに非常に有益である．免疫蛍光法（p.6）に用いられるほとんどすべての二次抗体はポリクローナルである．しかしながら，ポリクローナル抗体はその性質として変化に富み，それは特に1匹からつくられる以上の抗体が必要なときは顕著である．

Georges KöhlerとCésar Milsteinによる1975年の**モノクローナル抗体**の発明は抗体が応用可能な使用範囲を劇的に増大させた．動物（たいていはマウス）が免疫され，興味のある抗原に対し強固に結合する抗体をもつメモリーB細胞が産生される．つぎにマウスの脾臓から採られたB細胞は細胞培養において無限に増殖することのできる癌細胞と融合される．融合した細胞は癌細胞から無限の増殖性を受継ぎ，B細胞から抗体をコードする再構成したDNAを受継ぐ．融合の成功により発生した個々のクローンは増殖され，分泌する抗体が必要な型，親和性，特異性をもっているかをテストされる．これらの細胞の産物は唯一のモノクローナル抗体であり，**ハイブリドーマ細胞**を増やすだけで，いくらでも必要な量を産生することができる．KöhlerとMilsteinはこの発明に対し1984年にノーベル生理学・医学賞を授与された．

する細胞集団を形成する．その抗体はすべてオリジナルの成功した抗体に由来するが，抗体のアミノ酸配列はそれとは多少違っている．この中で，抗原と最も強く結合する抗体を産生するB細胞が選択され，さらに増殖する．この優れたプロセスの中で，われわれは，変異，自然選択，進化というを一つの個体の中で目の当たりにすることができる．侵入した病原体や他の脅威に対する一連の反応の間に，十分役に立つぐらい強固に抗原と結合する抗体が改変されつぎに選択される．そのことにより数日後には，オリジナルの遺伝子上にコードされたバージョンより高い親和性で病原体や毒素と結合する抗体が得られる．この抗体の微調整のプロセスや，自己抗原を認識するB細胞の除去のプロセスは，ともにFrank Burnetの理論により提唱され，クローン選択説として知られている．この説では，いくつかの細胞を除去し，他の細胞の分裂を促す選択のプロセスによりすべて同一なB細胞のクローンが出現し，外来抗原に対し高親和性抗体を合成するとされた．

抗原刺激の結果として起こる最後の変化が**形質細胞**への分化である．この細胞では，Fc部分をコードするRNAの選択的スプライシングにより，膜結合型ではなく，細胞外に分泌される抗体が産生される．抗原特異的形質細胞がつくられると，その多くは病原体や他の脅威に打ち勝つ抗体を産生する．しかし，すべての活性化B細胞が形質細胞になるわけではない．いくつかのものは膜結合型抗体を発現するメモリーB細胞として残る．これらは，抗原の再出現に備えている．**メモリーB細胞**は，すでに高親和性抗体をコードするDNAの変異をもっており，もしも再び抗原が現れた場合には，素早く対処することができる．これによりどのようにワクチンが働くかを説明することができる．われわれは，死んだ，もしくは弱毒化した病原体，もしくは病原体の特徴をもつタンパク質を投与され，それが投与したタンパク質に対する特異的な抗体をコードするメモリーB細胞を生成する．本物の病原体による攻撃に対して，メモリーB細胞は増殖し，1〜3日以内に多数の形質細胞を産生する．

T 細 胞

リンパ球に分類される他の細胞種はT細胞である．T細胞は胸骨の裏側にある胸腺（thymus）において成熟するためにそうよばれている．そこでは，自己応答性のT細胞が殺されるか抑制されており，生き残ったT細胞が胸腺を離れ，リンパ節や他の組織に移動する．T細胞は**CD8$^+$**，もしくは**CD4$^+$**という2種類に分けることができる．CD8$^+$T細胞がCD8とよばれる細胞表面のタンパク質を発現しているのに対し，CD4$^+$T細胞はCD4を発現している．これら2種類の細胞の機能は非常に異なっている．CD8$^+$T細胞はウイルスや他の細胞内寄生体に感染した体内の細胞を殺す．CD4$^+$T細胞はB細胞の増殖と成熟を制御する．すべてのT細胞は**T細胞受容体**（図20・5）とよばれるタンパク質を細胞表面に発現している．この少し混乱を生むよび名は，T細胞に発現する抗原結合受容体であるということを意味している．T細胞受容体は多くの部分で膜型の抗体とよく似ている．抗体のように，それぞれが二つの長さのDNAの産物である．T細胞受容体の大部分は，それぞれヒトの第14番染色体と第7番染色体にコードされるα鎖とβ鎖から構成されている．重鎖と軽鎖の遺伝子座においてDNAの再構成が起こり多くの異なる抗体が産生されるのと同じやり方で，T細胞受容体のα鎖とβ鎖の遺伝子座でDNAの再構成が起こり，異なる抗原に結合する能力をもつ異なる受容体をそれぞれ発現する細胞クローンをつくり出す．しかしながら，B細胞の場合とは異なり，多様性の生成はそこで終わる．体細胞超変異はT細胞では起こらない．T細胞受容体は他の細胞表面の主要組織適合性複合体（MHC）に提示されたペプチドに結合する（p.129）．

T細胞がMHCタンパク質に提示されたペプチドに最初に出会うのは胸腺中でT細胞が生まれたところである．胸腺の上皮細胞や**樹状細胞**は内在性のタンパク質に由来するペプチドを提示する．そういったMHCタンパク質-ペプチド複合体に強く結合するできたてのT細胞はアポトーシスにより死ぬ．これにより，自己免疫疾患を起こしかねない自己応答性のT細胞を除去する．

成熟T細胞はリンパ節へ移動し，そこで樹状細胞上に提示されたペプチドに日常的に曝露されている．樹状細胞は，プロフェッショナルな抗原提示細胞であるとしばしば記述されるが，これは，抗原提示がこの細胞の主要な機能だからである．樹状細胞は体中どこにでも存在するが，皮膚や腸といった最も病原体感染が起こりやすい部位に多く集まっている．細胞外に存在するような抗原はエンドサイトーシスされ，さらにエンドソームはリ

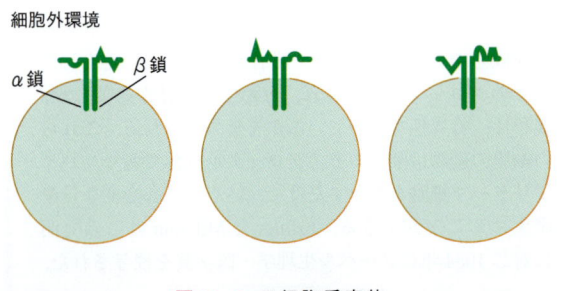

図20・5　**T細胞受容体**

ソソームと融合する（図20・6）．リソソームの酵素はリガンドとなるタンパク質を小さなペプチドへと分解する．その小胞は，つぎに，新しく合成されたMHCタンパク質（p.129）をゴルジ体から細胞膜へ運んでいる小胞と融合する．ペプチドはMHCタンパク質に結合し，したがって，細胞表面に提示される．樹状細胞は，抗原をみつけだして提示する末梢の部位と，T細胞に抗原を提示するリンパ節の間を常に行き来している．T細胞受容体が提示されたMHCタンパク質-ペプチド複合体に強く結合するようなすべてのT細胞は，活性化されカルシウムシグナルを生成する．カルシウム感受性の転写因子であるNFAT（nuclear factor of activated T cell）は活性化され（p.124，医療応用11・1），重要なサイトカインであるインターロイキン2をその一つとして多くの遺伝子の転写のスイッチを入れる．

細胞間相互作用とサイトカインシグナルの正のフィードバックがつぎに起こる．単純に言うと，インターロイキン2は，最初に活性化したT細胞やそのまわりに発現した受容体の働きを通じて（p.203），T細胞の増殖の引き金を引く．抗原を提示している樹状細胞に，新しくできたT細胞が結合すると，さらに増殖の勢いが増す．結果としてできた100,000もの数になる活性化した抗原特異的T細胞は，リンパ節を離れ，体内のパトロールを始める．これらの細胞が適応したMHCタンパク質-ペプチド複合体を提示する細胞に出会うと，それらは応答する．しかしながら，T細胞のタイプや抗原提示細胞によって，二つの非常に異なった結果がひき起こされる．

CD8$^+$T細胞の働き

前述のように（p.129），体内のすべての細胞は細胞質タンパク質の加水分解によって生じたペプチド断片をその表面に提示している．CD8$^+$T細胞の機能は体内をパトロールし，MHCタンパク質に新しいペプチドが提示されているときに，それを検出することである（図20・7）．胸腺での発生の間，そのT細胞受容体が内因性のタンパク質に結合してしまうようなT細胞は除去されるか不活化される．したがって，その生物の細胞でこれまでに生成されたことがない新しいペプチドに対してのみCD8$^+$T細胞は応答する．細胞が新しいペプチドをつくる最も考えやすい高い理由は，その細胞がウイルスに感染しており，ウイルスタンパク質が細胞自身のリボソームによりつくられているということである．また，その細胞は，抗体や，パトロールしているマクロファージや好中球の届かない細胞質内に寄生する細菌の侵入を受けているかもしれないし（医療応用18・1，p.221），その細胞が体細胞の突然変異を受けて新規で危険な可能性のあるタンパク質を合成しているかもしれない．CD8$^+$T細胞はこれらの標的細胞に結合すると，標的細胞のアポトーシス経路を活性化させそれらを殺す．CD8$^+$T細胞は細胞死を達成するために二つのメカニズムを使用する．

第一に，CD8$^+$T細胞は，感染細胞の表面に存在するFasと結合する，**Fasリガンド**を表面に発現している．Fasはつぎにカスパーゼ8を活性化し，アポトーシスを起こす（p.238）．第二に，活性化したCD8$^+$T細胞はグランザイムやパーフォリンを放出する．グランザイムはタンパク質分解酵素のファミリーで，細胞内タンパク質を加水分解する．特にグランザイムはBidとよばれるbcl-2ファミリーに属するタンパク質を分解する（p.239）．リボソームで合成直後はBidは無害であるが，分解の結果として短くなったもの（t-Bidともよばれる）はミトコンドリアからシトクロムcを遊離させ，つぎにカスパーゼ9が活性化，もう一度アポトーシス経路が活性化する．パーフォリンの機能はグランザイムを標的細胞の

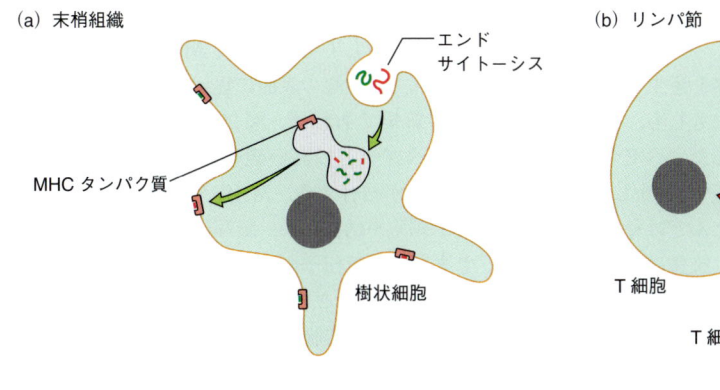

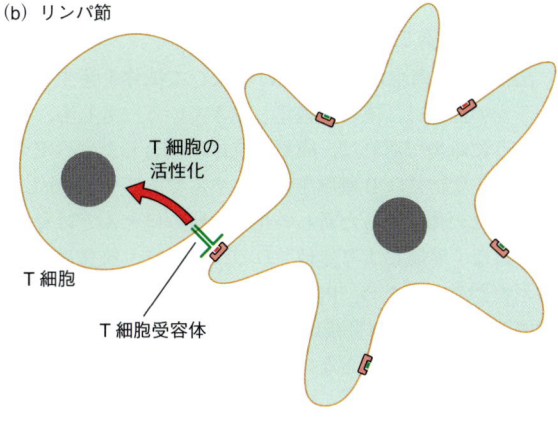

図20・6　樹状細胞はペプチド断片をT細胞に提示する．

250　20. 免疫システムの細胞生物学

(a) 感染細胞，もしくは変異細胞

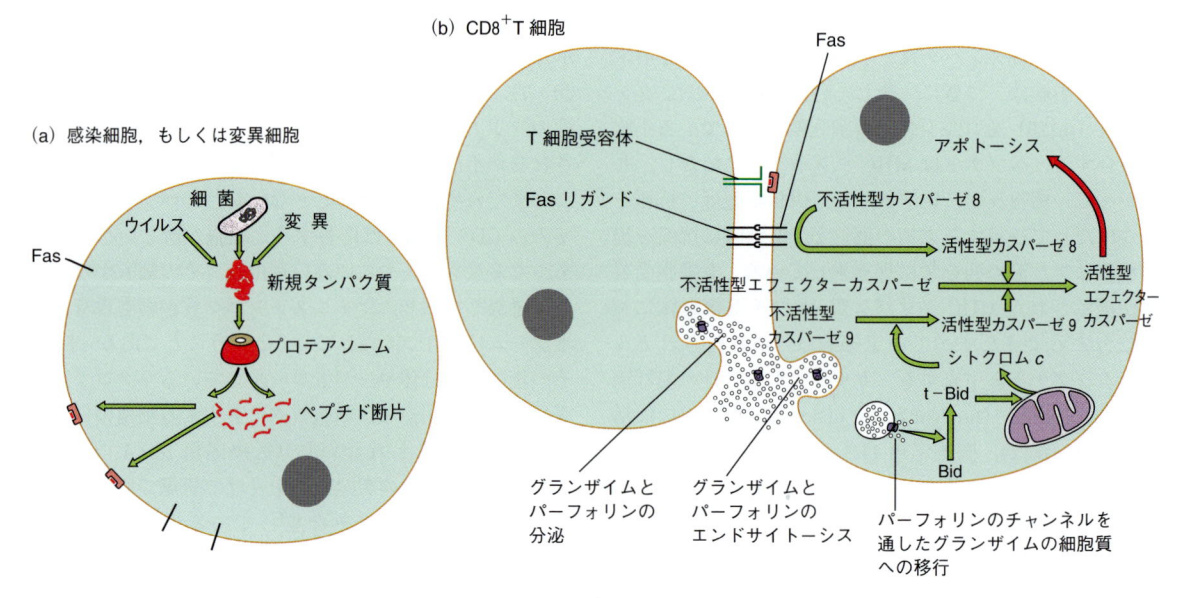

(b) CD8$^+$T細胞

図 20・7　CD8$^+$T細胞の働き

細胞質にアクセスできるようにすることにある．標的細胞はグランザイムをエンドサイトーシスしエンドソームのなかに捕捉する．しかし，パーフォリンはエンドソーム膜に挿入されチャンネルを形成，その中を通ってグランザイムは細胞質に逃れることができる．CD8$^+$T細胞の機能は生物個体の感染した，もしくは変異した細胞を殺すことにあるため，これらの細胞は**キラーT細胞**もしくは**細胞傷害性T細胞**といった名前もつけられている．パトロール中のCD8$^+$細胞がウイルスペプチドをMHCタンパク質に提示した細胞を攻撃し殺すため，ほとんどのウイルスは感染した細胞でMHCタンパク質を発現させなくする機構をもっている．この戦略に対抗するために，哺乳類ではナチュラルキラー細胞が，表面上にMHCタンパク質を発現していないすべての細胞にグランザイムとパーフォリンを放出する．

CD4$^+$T細胞の働き

p.247のB細胞がどのように増殖して抗体を産生し始めるかの記載は，実は単純化しすぎている．もしも，このように単純であれば，膜型の抗体に結合したすべての新しい化学物質はB細胞を活性化するであろう．しかし，われわれの体に入った新しい化学物質のほとんどは免疫系ではなく腎臓により処理される．さらに，抗体は分子の形を認識するため，内在性のタンパク質でも新しい三次構造をとるものは免疫応答を活性化するかもしれない．これは実際には起こらない．たとえば，クロイツフェルト・ヤコブ病にかかり，内在性のプリオン関連タンパク質（PrP）が他の形に変化し始めた患者においても（p.116），スクレイピー型プリオン関連タンパク質（PrP^{sc}）に対する抗体は産生しない．一般的なルールとしての説明は，分子がばらばらにされペプチドになり，それがCD4$^+$T細胞に認識されない限り，ペプチドや一つの分子では成熟B細胞を活性化しないというものである．したがって，抗体産生をひき起こすには，抗原タンパク質は新しい形をしているだけではなく，アミノ酸配列も新規でなければならない．

図20・8はこれがどうやって働くかを示している．基本的な原理は増殖の順番であり，B細胞は二つの細胞表面タンパク質からのシグナルを必要とするということである．うち一つは自身の特異抗体であり，もう一つはCD40とよばれるタンパク質である．図20・8 (a)は膜型抗体にタンパク質が結合したB細胞を示している．抗体とその結合したリガンドはエンドサイトーシスされ，エンドソームはリソソームと融合する．結果としてできた短いペプチドは新しく合成されたMHCタンパク質のところに運ばれ，B細胞の表面に提示される．提示されたペプチドが新規であれば，図20・8 (b)に示されるように，このペプチドに高い親和性をもつT細胞受容体をもつT細胞が結合する．MHCタンパク質：ペプチド複合体はT細胞を活性化し，転写因子NFATを核へ移行させ，さまざまな遺伝子のプロモーター領域へ結合させる．図20・8 (c)はこの活性化の結果の一つを示している．T細胞は，B細胞上のCD40を活性化するリガンドとして働くタンパク質を発現する．このタンパク質は単純にCD40リガンド，もしくはCD40Lとよばれる．B細胞をみてみると，抗原で占められた抗体と，

医療応用 20・1 治療に使用されるモノクローナル抗体

1世紀以上前, ノーベル賞を受賞した Paul Ehrlich は, 抗体がヒトの病気を標的として治療する"魔法の弾丸"となることを予言した. Ehrlich の予言が達成されたことを示すすばらしい例の一つが抗癌剤のハーセプチン(トラスツズマブともよばれる)である. ハーセプチンは Her2 受容体〔ヒト2型上皮増殖因子受容体 (EGFR)〕の細胞外領域に結合するモノクローナル抗体である. 2コピーの HER2 遺伝子をもつ正常細胞では 20,000〜50,000 の Her2 が発現している. これらは, いつ分裂していつ分裂すべきでないのかを細胞に示す, 正常な調節システムの一部である. 約30％の乳癌では, HER2 遺伝子は増加している (たとえば, 細胞が3コピー以上の遺伝子をもっている). Her2 タンパク質のレベルは100倍以上に上昇し, "分裂"シグナルがそれに一致して増強している. 結果として腫瘍は, Her2 抗体を用いた免疫組織化学や, HER2 遺伝子の余剰なコピーを光らせる FISH (蛍光 in situ ハイブリダイゼーション) を用いてバイオプシーサンプルの中にみつけることができる. ハーセプチンは癌細胞において悪い受容体をブロックし, "分裂"反応をシャットダウンすることで腫瘍を縮小させる. ハーセプチンは, 抗微小管薬であるタキソール (p.220) などの化学療法剤とともに使用すると特に効果的である. ハーセプチンは, その非常に高い費用 (1コースの治療に約 50,000 ドル) によりいくつかの国での使用が制限されることから話題となってきた.

医療応用 20・2 受動免疫

抗体は多くの動物の毒素に結合し解毒することから, さまざまなヘビやサソリの毒素に特異的な IgG のストックが, 咬傷や刺傷に対し投与するため, 病院に保管されてきた. 他の動物で作製された抗体やモノクローナル抗体を産生する培養でつくられた抗体を患者に投与することによって得られた防御応答のことを, 受動免疫とよぶ.

活性化した CD40 からのシグナルの組合わせで B 細胞の増殖と分化がひき起こされていることがわかる. したがって, B 細胞は二つの事象がともに正しいときにのみ活性化する. B 細胞はリガンドを捕捉する抗体をもっており, そのリガンドは加水分解されたときに CD4⁺T 細胞によって認識される. CD4⁺T 細胞が, B

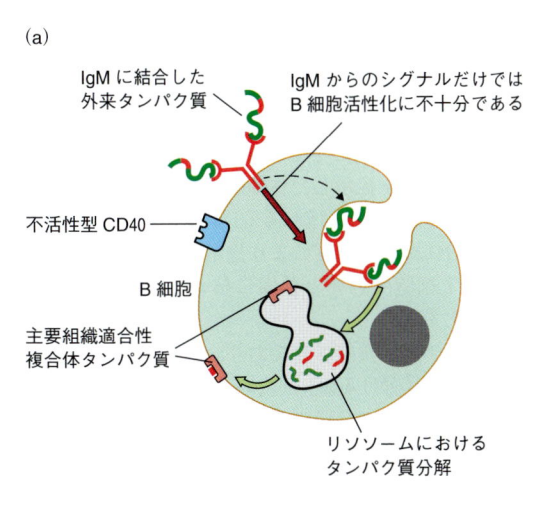

図 20・8　CD4⁺T 細胞の働き

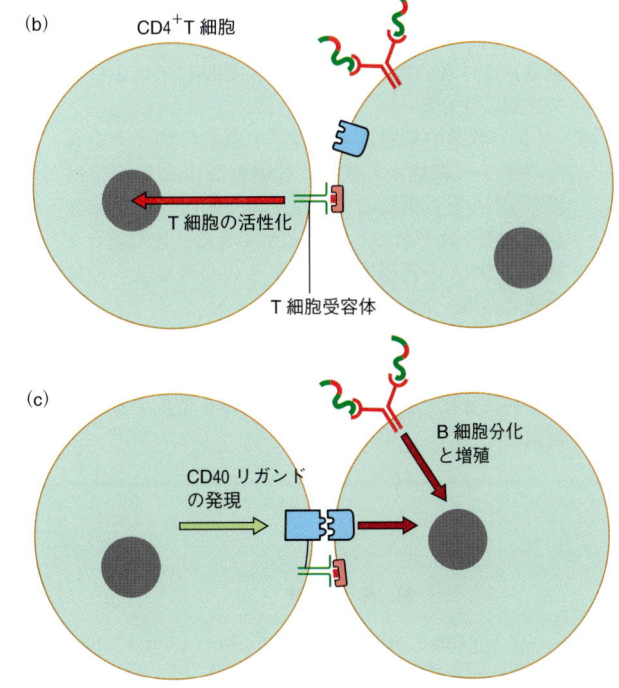

細胞が新しいタンパク質に対する抗体を産生するのを補助することから，この細胞は，**ヘルパーT細胞**としても知られている．

NFATはサイトカインであるインターロイキン2をコードする遺伝子も活性化する（p.249）．CD4$^+$T細胞から分泌されるインターロイキン2はCD4$^+$T細胞，CD8$^+$T細胞，ナチュラルキラー細胞の強い増殖因子である．したがって，感染や外来の寄生体に対抗できるこれらの細胞の数が劇的に増加する．免疫抑制剤（p.124）によりNFATの活性化を抑えることは，移植手術に続く臓器の拒絶を起こさせないために必要である．

● 自己免疫疾患

自己反応性のリンパ球を除去したり不活性化する機構は完全ではない．内在性の分子に結合するTもしくはB細胞は選択のプロセスを生き残ることがあり，もしそうなった場合には，体の自分自身の細胞を攻撃し，炎症や細胞死さえも起こす．その明らかな例の一つは（若年発症の）1型糖尿病である．この病気では，免疫細胞が，インスリンの分泌を行う膵臓のβ細胞を攻撃する．この病気の初期段階では，CD4$^+$やCD8$^+$T細胞が膵臓組織に浸潤し，血中にβ細胞に対する抗体が検出される．その結果が上述したプロセスによるβ細胞の細胞死である．CD8$^+$T細胞はFasを活性化したり，グランザイムやパーフォリンを放出することによりβ細胞を攻撃する．CD4$^+$T細胞のヘルパー機能によりつくられた抗体は，β細胞をオプソニン化し補体系を活性化する．すべてのβ細胞が死んでしまうと，患者はインスリンの投与が必ず必要になる．

自己免疫疾患は通常生まれたときから発症しているわけではない．どちらかというと，ほとんどのヒトにはメモリーB細胞の産生以外長期の作用を及ぼさないような感染が引き金となり，自己反応性リンパ球の増殖と活性化をひき起こしている．現在の理論では，受容体や抗体が病原体を認識するT，B細胞が活性化された際に，非常に低い頻度でこれらの受容体や抗体がたまたま内因性の分子も認識してしまうと考えられている．

まとめ

1. 感染に対する防御は，遺伝情報に完全にコードされた自然免疫と，経験によって調節される獲得免疫から成る．獲得免疫は脊椎動物にのみ存在する．
2. 免疫システムのほとんどの細胞は骨髄球系，もしくはリンパ球系に分類される．
3. 好中球やマクロファージを含むミエロイド細胞（骨髄）は外来の寄生体を貪食し，細胞にアポトーシスを起こさせる．
4. リンパ球系の細胞はB細胞，T細胞に加えナチュラルキラー細胞から成る．B細胞およびT細胞は核のDNAを再構成し多様な抗体や異なったT細胞受容体をそれぞれつくることができる．B細胞とT細胞はDNAの再構成を行うことのできる唯一の体細胞である．
5. B細胞は抗体を産生する．膜型抗体は，抗原とよばれる強固に結合するリガンドに反応してB細胞はさらに分化し，多量の分泌型抗体を産生する形質細胞となる．
6. 抗体は不変のFc部位と可変のFab部位より成る．Fab部位は遺伝子座とよばれる長いDNAにコードされており，DNAスプライシングと体細胞超変異により変化をする．
7. T細胞受容体は，一般の体細胞や樹状細胞のようなプロフェッショナルな抗原提示細胞などのMHCタンパク質に提示されたペプチドに結合する．T細胞受容体遺伝子座のDNA再構成とスプライシングにより個々のT細胞が異なる抗原に反応するようになる．
8. 細胞傷害性T細胞ともよばれるCD8$^+$T細胞は，新規のペプチドを提示した体細胞を殺す．
9. ヘルパーT細胞ともよばれるCD4$^+$T細胞は，B細胞上にMHCタンパク質により提示されたペプチドが自身のT細胞受容体と強固に結合した際にB細胞を活性化する．
10. 免疫システムは洗練されており，自己と外来物を非常に正確に見分けるが，間違いを犯すこともある．免疫システムが体の自己の組織を攻撃する場合，自己免疫疾患となる．

参考文献

R. Coico, G. Sunshine, "Immunology, A Short Course", 6th edition, Wiley-Blackwell, New Jersey（2009）.

A. Abbas, A. H. Lichtman, S. Pillai, "Cellular and Molecular Immunology", 6th edition, Elsevier Saunders, Edinburgh（2007）.

復習問題

20・1 免疫細胞
 A. B細胞　　　　　　B. CD4⁺ T細胞
 C. CD8⁺ T細胞　　　 D. 樹状細胞
 E. マクロファージ　　F. ナチュラルキラー細胞
 G. 好中球

上記の免疫細胞から，以下の記述に最も合うものを選択せよ．
 1. 体細胞超変異を含むプロセスにより産出される細胞
 2. MHCタンパク質を表面に発現していないすべての細胞を攻撃する細胞
 3. 新規のペプチドをMHCタンパク質上に提示したすべての細胞を攻撃する細胞
 4. 抗体を産生する細胞
 5. 組織からリンパ節へ移動し，そこでリンパ球へ抗原を提示する細胞
 6. 刺激によりCD40Lを発現し，つぎにB細胞を活性化する細胞
 7. 血中の単球から分化し，組織中で重要な貪食能をもつ細胞
 8. 血中に最も多い貪食能をもつ細胞

20・2 抗体重鎖の遺伝子座
 A. V　　B. β　　C. γ　　D. D　　E. J　　F. L

上記のリスト中から，抗体重鎖の部位のうち下記の記述に最も合うものを選択せよ．
 1. 体細胞超変異を起こす部位
 2. 膜貫通領域をコードする配列を含む部位
 3. 体内の他のすべての細胞では，第14番染色体においてこれらが6個順番に並んでいるが，成熟B細胞では1〜6のどれかの配列をもっている
 4. ゲノム上のDNAでは20個以上100個未満の少しずつ異なった部位が連続して配列されている
 5. 5′末端よりその部位を読んでいく場合に出会う最初のタンパク質をコードする領域

20・3 T細胞と他の細胞の相互作用
 A. CD4　　　　　　　　B. CD40
 C. CD8　　　　　　　　D. シトクロム c
 E. Fas　　　　　　　　F. グランザイム
 G. インターロイキン2　H. MHCタンパク質
 I. NFAT　　　　　　　 J. プロテアソーム
 K. T細胞受容体

上記のリストに示したタンパク質の中から下記の記述に最も合うものを選択せよ．

 1. デスドメインをもつ受容体で，活性化するとカスパーゼ8のタンパク質分解と活性化を起こし，アポトーシスによる細胞死を起こす
 2. CD4⁺ T細胞により分泌される増殖因子
 3. CD8⁺ T細胞により分泌されるタンパク質分解酵素
 4. 細胞質内のタンパク質を短いペプチドに切るタンパク質複合体
 5. 未刺激のT細胞では細胞質内に存在し，刺激に対し核へ移行するタンパク質
 6. ウイルスや他の病原体に感染した細胞を攻撃するT細胞のメンバーであるキラーT細胞が発現し，研究者や臨床家が見分けるために使用するタンパク質
 7. 成熟B細胞が発現する受容体で，活性化すると分化や増殖をひき起こすもの
 8. 外来抗原を提示するMHCタンパク質と，正しくマッチすれば結合する膜タンパク質
 9. 細胞表面に短いペプチドを提示する膜タンパク質

発展問題

一般的にいって，ウイルスゲノムは小さく，ウイルスはその増殖や放出のために宿主因子に頼っている．非常に一般的なヒトサイトメガロウイルスのゲノムは変異したMHCタンパク質の遺伝子をもっている．この変異タンパク質は宿主のT細胞に抗原を提示することはできない．なぜこのような遺伝子がウイルスの進化の過程で維持される必要があったのか？

発展問題の解答　進化によって，ウイルスと宿主生物における防御能をもつ宿主細胞の非常に複雑な競争がつくり出されてきた．われわれは，この章でキラーT細胞あるいはCD8⁺ T細胞がMHCタンパク質のウイルス由来のペプチドをもつ感染細胞を殺すことによって自身の発現を抑制することを学んだ．MHCタンパク質を発現しなくなってキラーT細胞の攻撃が及ばない感染細胞を殺すように進化したものに，キラーリンパ球あるいはナチュラルキラー細胞の対象のさらに進化しており，サイトメガロウイルスはまたこのウイルスに対抗する．このウイルスが感染した場合，感染細胞はCD8⁺ T細胞を発現を抑制されないが，チュラルキラーMHCタンパク質は発現されていない．このウイルスはCD8⁺ T細胞にはが認識されず，感染細胞であり，したがって，感染細胞を攻撃からも免れる．

21

事例研究：囊胞性線維症

　本書の最終章では，囊胞性線維症（CF）という病気の生化学的基礎，CF 遺伝子の検索，治療の展望，および出生前診断について述べる．事例研究としてこの病気を取上げたのは，囊胞性線維症の原因と CF 遺伝子にコードされているタンパク質の機能をみつけるためには，生化学，遺伝学，分子細胞生物および生理学のどのような共同作業が必要であったかを示すためである．この内容を理解するために必要な技術の基本原理は 1～20 章に述べられている．

● 囊胞性線維症は重症の遺伝病である

　コーカソイド（非ユダヤ系の白人）では，生まれる子供の 2500 人に 1 人は囊胞性線維症である．遺伝様式は単純で，両親がこの病気の遺伝子の保因者であれば，4 人の子供のうち 1 人は囊胞性線維症になる．この病気になると大変である．ほとんどの症状は，生体での水の動きに欠陥があるために生じる．その結果，水分が少ない粘り気の多い粘液がさまざまな臓器に蓄積することになる．肺では粘液の貯留により呼吸困難となり，咳が続き，感染が起こる可能性が非常に高くなる．肺の粘液内で緑膿菌が繁殖し，抗生物質による治療に抵抗を示す．消化液を腸内に分泌する膵臓も影響を受け，高度に損傷される（膵臓の病態は膵囊胞性線維症とよばれ，囊胞性線維症はその略称である）．膵臓が消化酵素を分泌できないと，消化障害が生じる．生殖器にも障害が起こり，成人した男性の大半は不妊症となる．症状は患者により多彩であるが，遺伝様式が単純にメンデルの法則に従うため，病因は単一のタンパク質の異常もしくは欠損によるものに違いないと考えられてきた．

　少し前まで，囊胞性線維症の赤ちゃんが 1 歳の誕生日を迎えることはなかった．今日では，生存年齢の期待値は 40 歳に達しようとしている．この生存率の著しい改善の理由は，個々の症状に対する徹底的な治療によるものである．膵臓がつくれないタンパク質を補充するために，消化酵素製剤を内服する．理学療法では，背中をたたくことによって肺に詰まった粘液を咳き出すことを助け，肺病変の重症化を抑える．こうした対症療法にもかかわらず，囊胞性線維症の患者は非常に若くして亡くなるという悲劇は続く．

　スイスの"子供の歌と遊び集"（1857 年）によれば"額にキスして塩辛ければ，その子は間もなく死んでしまう"とある．この時代から囊胞性線維症は子供の致死的な病であると認識されてきた．しかし，1951 年まで塩辛い額と膵臓や肺を冒す病気との関連性は不明であった．この年，ニューヨークは熱波に襲われた．Paul Di Sant' Agnese らは囊胞性線維症の赤ちゃんは他の子供より熱中症になりやすいことに気づいた．そこで汗を調べてみると，患児は普通の子供より汗の塩分が非常に多いことがわかった．

● 囊胞性線維症の根本的障害は塩化物イオン輸送にある

　汗腺は機能が異なる二つの部分から成る（図 21・1）．皮膚の深部にある分泌部は，細胞外液とほぼ同じイオン組成，すなわち塩化ナトリウムに富んだ液体を分泌する．もし汗腺からこのままの液体が皮膚の表面に出ると，体

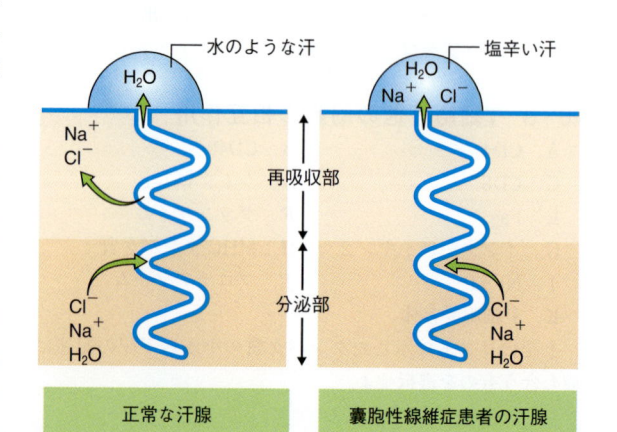

図 21・1　汗腺におけるナトリウムイオン，塩化物イオンと水の輸送

を冷やすことはできるが，同時に大量の塩化ナトリウムを失うことになる．皮膚の表面に近い再吸収部では，汗の原液からイオンが再吸収されるため，主として水（わずかに塩化ナトリウムを含む）が汗腺孔から出る．囊胞性線維症の患者では汗の液量は正常であるが，塩化ナトリウムの量が多い．これは，分泌部は正常であるが，再吸収部の働きが悪いことを意味している．汗からナトリウムイオンと塩化物イオンが除かれる経路は異なる．囊胞性線維症では，どちらの経路が悪いのだろうか？答えは簡単な電気的検査で得られた．正常な汗腺では上皮膜を挟んでわずかな電位差しかない（図21・2）．囊胞性線維症の患者では汗腺の管腔内がはるかにマイナスの電位を示す．この結果から直ちに，ナトリウムではなく塩化物イオン輸送が働いていないことがわかる．つまり患者の汗腺の再吸収部にはナトリウムイオンを輸送するシステムがあるが，塩化物イオンは汗の中にとどまるため管腔内がマイナスの電位となる．マイナス電位が大きくなると電気的にナトリウムイオンも管腔内にひき止められ，ナトリウム輸送系もナトリウムイオンを動かし続けることはできなくなる．その結果，ナトリウムイオンの動きも止まり，塩化ナトリウムが汗とともに失われ，汗が塩辛くなる．囊胞性線維症の患者のすべての症状は塩化物イオン輸送の機能不全が原因である．

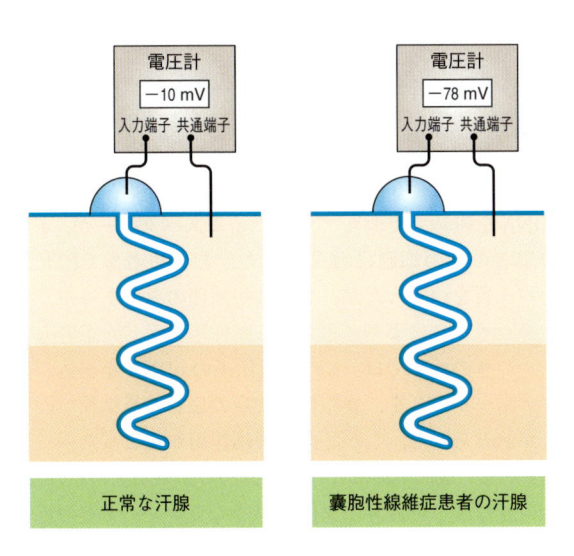

図21・2 囊胞性線維症患者の汗腺は健康人より大きくマイナスの経上皮電位を示す．

● 囊胞性線維症の遺伝子を求めて

最初の囊胞性線維症の家系調査は50年以上前に行われ，この病気が古典的な劣性遺伝をすることを示す家系図は1946年に公表された．しかし，1個の欠陥のある CF 遺伝子をもつ何百万もの人をみつける簡単な方法はなかった．囊胞性線維症の診断するためにさまざまな方法が考案された．一時期，単純な染色法のみで可能かと思われたが，結局だめであった．囊胞線維症の患者や保因者である両親の血液の抽出物には，カキの繊毛の動きを遅くするというような馬鹿げた話もあった．

囊胞性線維症の保因者には特定の遺伝子産物があるという主張の多くは，実証できないか，原因ではなく病気の症状であった．たとえばトリプシンという消化酵素の前駆体であるトリプシノーゲンは，病気の胎児の羊水にのみ検出される．しかし，これは胎児期に，すでに患者の膵臓が壊れてなくなるためであった．1980年代には，この方法を病児の妊娠の診断に使えるのではないか期待された．しかし，すぐに遺伝子そのものを研究する方法の進歩に取って代わられた．ほとんどの先天性疾患と同様に，大きな問題は原因遺伝子が何をしているか，見当もつかないことであった．未知のタンパク質の欠陥をみつけるためには大変な努力とよいアイデアが必要である．非常に時間を要した研究の結果，1985年に Lap-Chee Tsui らのグループは，囊胞性線維症の遺伝子が第7染色体に存在することを発表した．つぎに連鎖分析（p.84, 233）を用いて，第7染色体上のどこに CF 遺伝子が存在するか特定することになった．国際共同研究が組まれ，200家系のDNAが解析された．その結果，CF 遺伝子は第7染色体の Met と D7S8 と命名された二つのマーカーの間にあるはずだとわかった．二つのマーカーの距離は200万塩基対であり，CF 遺伝子の単離を考える段階となった．

● CF 遺伝子のクローニング

CF 遺伝子のクローニングは，努力以外に方法はなかった．科学者たちは CF 遺伝子が二つのマーカー Met と D7S8 の間のどこかにあることを知っていた．彼らの戦略は，この二つのマーカーから CF 遺伝子に向かって，染色体の上を一歩一歩進むことであった．1980年代では，使えるゲノムベクターはコスミド（挿入サイズ 40,000塩基対）とλバクテリオファージ（挿入サイズ 20,000塩基対）（p.75）だけであった．したがって，一つ一つのゲノムのクローンは第7染色体のごく一部分を占めるにすぎなかった．解析スピードを上げるためさまざまな工夫がされ，最終的に CF 遺伝子を含むと思われるいくつかのコスミドクローンが単離された．しかし，どのクローンが求める遺伝子を含んでいるか不明であった．

囊胞性線維症では多くの臓器が冒されるので，哺乳類の進化の過程で保存される重要な遺伝子であると思われ

る．その可能性にかけて，遺伝子を同定するためにズーブロット（p.79）が用いられた．ヒトのコスミドクローンを放射性同位体で標識して，動物種間での相同性を調べるプローブとした．検索したすべての動物の DNA とハイブリッドを形成する 3 個のクローンがみつかった．つぎのステップは，囊胞性線維症で障害を受ける組織において正常に発現している mRNA をコードする塩基配列を，これらのクローンが含んでいるかどうかを調べることである．3 個のクローンをプローブとして，汗腺から取った mRNA のノーザンブロット法（p.80）を行うと，幸運にも 1 個のクローンが陽性であった．このクローンに CF 遺伝子の一部が含まれていると思われた．今から考えてみると研究者たちの運はほとんど尽きようとしていた．実際のところこの塩基配列には CF 遺伝子が含まれていたが，わずか 113 塩基対であった．これは CF 遺伝子全体の 1 % 以下にすぎなかったのだ．

ここからの解析は順調に進んだ．113 塩基配列を用いて，汗腺の mRNA から得た cDNA ライブラリー（p.72）をスクリーニングした．その結果，CF 遺伝子の mRNA 全長に対応する cDNA が得られた．一方，この cDNA を用いてゲノム DNA ライブラリーをスクリーニングして，CF 遺伝子の残りの部分が発見された．CF 遺伝子は 22 万塩基対の長さがあり，24 エキソンをもっていた．

● CFTR 遺伝子は塩化物イオンチャネルをコードしている

CF の cDNA の塩基配列が決定されると，CF 遺伝子は 1480 アミノ酸残基から成るタンパク質をコードしていることがわかった．囊胞線維症は塩化物イオン輸送の欠陥により起こることがわかっていたが，CF 遺伝子産物自体が塩化物イオンチャネルであるかどうかすぐにはわからなかった．ハイドロパシープロット（発展 10・1，p.109）は，CF タンパク質が膜貫通型のタンパク質であることを示していた．しかし，このタンパク質が細胞膜の表面にある受容体であり，その活性化が塩化物イオン輸送を担うタンパク質を誘導する可能性なども考える必要があった．そこで，このタンパク質には cystic fibrosis transmembrane regulator（CFTR，囊胞性線維症膜貫通型調節因子）という包括的な名前がつけられ，この遺伝子は CFTR 遺伝子と命名された．しかし，この件に関しては単純であり，CFTR は細胞膜の塩化物イオンチャネルであった（図 21・3）．このことは，精製した CFTR を脂質二重層に挿入すると，塩化物イオン電流が観察できることからわかる．静止状態ではチャネルの開口部は制御領域とよばれる蓋でふさがれている．制御領域が cAMP 依存性プロテインキナーゼ（p.173）によりリン酸化を受けると，チャネルの蓋が外れて塩化物イオンが通る．

● 囊胞性線維症の新しい治療法

患者の細胞に正常な遺伝子を導入することにより，遺伝病を治療できると考えるとわくわくする．しかし，遺伝子治療は難しい操作であり，患者に副作用がないとはいえない．現時点では，期待されるような特効薬にはなっていない．

米国国立衛生研究所は，1992 年に CFTR 遺伝子治療の治験を承認した．ウイルスはヒトの細胞に効率的に感染するので，体細胞に DNA を導入するためによい道具である．まず，遺伝子操作によりウイルスベクターから有害な部分だけを取除く．改変したウイルスのゲノムに患者に導入する遺伝子を挿入する．CFTR 遺伝子の cDNA を組込んだ改変アデノウイルスベクターが，4 名の患者の肺の細胞に導入された．どの患者も CFTR タンパク質をつくったが，発現は短期間のみであった．アデノウイルスによると思われる副作用を示した患者もいた．つぎの治験では，CFTR 遺伝子の cDNA を組込んだアデノウイルスを，囊胞性線維症の患者の鼻粘膜への導入が試みられた．しかし，再び副作用が起こった．

その後，遺伝子治療に代わる方法の探索が進められた．その目標は患者自身の遺伝子がつくるタンパク質の量と機能を改善することにある．タンパク質自身の働きがよくなくても，少しでもあればまったくないよりはましである．このタイプの治療では，方法は囊胞性線維症を起こす遺伝子変異により異なる．囊胞性線維症を起こす遺伝子変異には五つのクラスがある．クラス I，II，III 変異では典型な囊胞性線維症の症状が起こり，肺も膵臓もともに損傷される．クラス I 変異では短躯型の機能のないタンパク質が合成される．この変異の中には，遺伝子

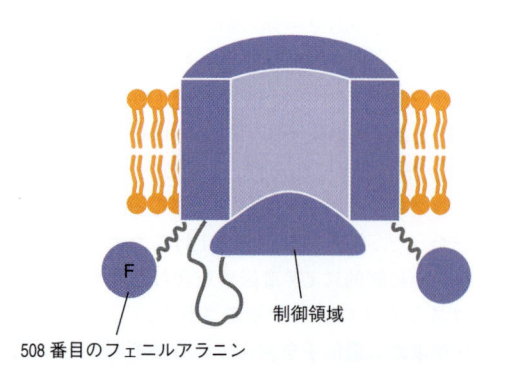

図 21・3 CFTR タンパク質は上皮細胞の細胞膜に塩化物イオンチャネルを形成する．

発展 21・1　脂質二重層における電位固定法

Christine Bear らは，1992 年に CFTR が塩化物イオンチャネルであることを決定的に示した論文を発表した．彼女らは図に示すような脂質二重層における電位固定法を用いた．リン脂質よりつくられた脂質二重層により，二つの電解質液層の境にある小穴をふさぐ．脂質二重層はイオンを通さないので，二つの水槽間に電圧をかけても電流は流れない．しかし，膜貫通型タンパク質を含む人工膜小胞を一方の水槽に加えると，小胞は脂質膜と融合するので，膜タンパク質は脂質二重層を貫通する．Bear らが精製した CFTR タンパク質を用いてこの実験を行ったところ，塩化物イオンチャネルと同じ方向と大きさの電流が記録された．しかも，塩化物イオンの平衡電位（p.179）と同じ電圧をかけた場合には，電流が流れなかった．この実験では他の膜タンパク質は存在しないので，CFTR そのものが塩化物イオンチャネルであることを示している．

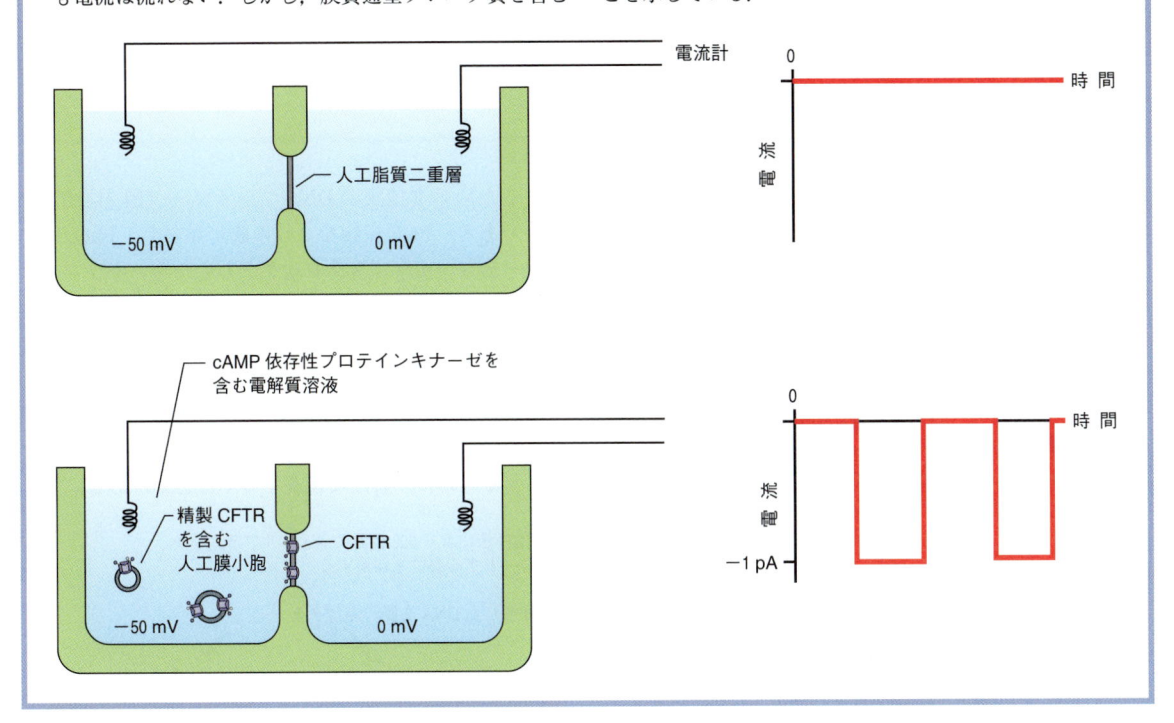

に欠失があるため，タンパク質の大きな部分をコードする DNA が失われているものがある．しかし，一部のクラス I 変異では，単純なナンセンス変異であることがある．この場合，1 塩基の変化のためアミノ酸のコドンが UAA，UAG または UGA という終止コドン（p.42）となる．翻訳はこの場所で止まるため短躯型のタンパク質ができる．医療応用 9・1（p.102）において，終止コドンを読み飛ばす抗生物質がリソソーム蓄積症にどのように用いられるかを述べた．嚢胞性線維症の治療でも同じ戦略が用いられている．しかし，これらの抗生物質を長期間使用することは，健康上の危険を伴う．最近，PTC124 という化学物質が *CFTR* 遺伝子の途中に入った終止コドンを読み飛ばすが，正常な終止コドンは読み取ることが示された．この種の治療法は嚢胞性線維症を治す見込みがあるので，現在，治験が進行中である．

クラス II の変異では，アミノ酸配列が少し異なったタンパク質がつくられる．このタンパク質は効率が悪いが，塩化物イオンチャネル機能を保持している．しかし，細胞膜に到達することはない．一次構造の変化のために折りたたみが阻害され，折りたたみミスのある（ミスフォールド）タンパク質はプロテアソーム（p.104）に送られる．このクラスの変異には，最も頻度の高い F508del 変異（508 番目のフェニルアラニン欠失）（図 21・4）が含まれる．ミスフォールドタンパク質が分解されるのを防ぐ化合物のスクリーニングが，細胞系を用いて行われている．

これに対して，クラス III および IV の変異では，タンパク質は膜に到達するが，チャネル機能が正常でない．クラス III のチャネルは，（たとえば，プロテインキナーゼ C によりリン酸化されるセリン残基の欠失のために）シグナルにより開かない．一方，クラス IV のチャネルでは，リン酸化されても塩化物イオンの透過性が低いか，ほとん

> **医療応用 21・1　レーバー先天性黒内障の遺伝子治療**
>
> 　囊胞性線維症は最も頻度の高い重症の遺伝病であるので，よりよい治療法を求めて莫大な努力が払われてきた．遺伝子異常により障害を受ける臓器によっては，遺伝子治療が適する場合がある．なかでも眼球は，遺伝子ベクターが必要な部位に直接注入できることや，わずかでも視力が取戻せれば患者の生活の質は劇的に改善することもあり，特に注目されてきた．
>
> 　RPE65 は網膜にある酵素で，11-*cis*-レチナール（ロドプシンの補欠分子族）を合成する．この酵素に欠陥のある子供は，レーバー先天黒内障として知られる病態により，生後1年以内に失明する．最近，ユニヴァーシティ・カレッジ・ロンドン，ペンシルベニア大学およびフロリダ大学の三つの研究グループが，RPE65 の遺伝子コードをもつベクターを患者の眼球に注射する予備的な治験を行った．非常に限られた予備的な証拠にしかすぎないが，三つの研究すべてにおいて網膜の感度が高まり，一人の患者では視力の劇的な改善が認められたという．今後，より広範な治験が計画されている．これは遺伝子治療が重い遺伝病の治療に実際に役立つということに，希望を抱かせる例である．しかし，基礎研究が臨床的成果を生み出すスピードは甚だ遅い．

どない．このような機能が低下したタンパク質の調節機能を回復させる化合物のスクリーニングも進行中である．

　クラスVの変異は，*CFTR* 遺伝子の転写に影響を与える．正常より少ない量の CFTR しか合成されないが，その機能は正常である．このような患者では症状は比較的，重くない．

CFTR 正常遺伝子の塩基配列	ATC	ATC	TTT	GGT	GTT
CFTR タンパク質のアミノ酸配列	Ile 506	Ile 507	Phe 508	Gly 509	Val 510
変異 *CFTR* 遺伝子の塩基配列	ATC	ATT	GGT	GTT	
変異 CFTR タンパク質のアミノ酸配列	Ile 506	Ile 507	Gly 508	Val 509	

図 21・4　70％の囊胞性線維症の患者にある変異　CFTR 遺伝子の3塩基欠失により508番目のフェニルアラニンがなくなる．

囊胞性線維症の診断検査

　70％の患者が同じ変異，すなわち508番目のフェニルアラニン（Phe508）欠失をもつので，診断検査が開発された．ポリメラーゼ連鎖反応（PCR）法（p.83）を用いたこの検査では，口腔粘膜より少し細胞を採取し，508番目のアミノ酸をコードする領域を含む DNA を増幅するための2種類の DNA プライマー（図21・5）が必要である．PCR 産物を2枚の膜に貼付し，Phe508 のコドンをもつオリゴヌクレオチドともたないオリゴヌクレオチドと恒温状態で反応させる．正常と変異ヌクレオチドとのハイブリダイゼーションのパターンから *CF* 遺伝子の保因者を同定できる．その他の CF の原因変異を検出する検査もある．しかし，*CFTR* 遺伝子変異の種類は非常に多いので，家族ごとに異なる変異の組合わせを検出するために，新たな検査をつくる必要がある．

1. PCR 法により508番目のフェニルアラニンをコードする部位を増幅する
2. 増幅した DNA を膜に点付する

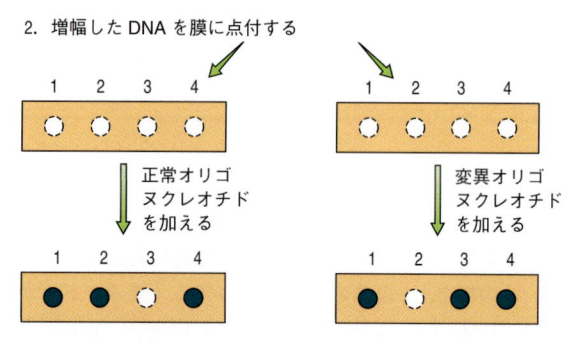

個人1: CF 保因者
個人2: 2対の遺伝子とも正常
個人3: 2対とも変異遺伝子：CF 患者
個人4: CF 保因者

図 21・5　最も頻度の高い *CFTR* 遺伝子変異の診断法

囊胞性線維症の出生前着床前診断

　囊胞性線維症の最初の着床前診断は1992年に行われた．Phe508 変異の保因者である3組の両親が治験に参加した．妻から採取した卵子を，夫の精子により体外受精させた．1組だけが成功し，6個の胎芽が育った．各胎芽から細胞を1個採取し，*CFTR* 遺伝子変異の有無を

PCR により確認した．5 個の胎芽の遺伝子が判明した．2 個の胎芽では，第 7 染色体にある遺伝子は二つとも正常であった．2 個の胎芽では，両方の遺伝子に Phe508 欠失があった．1 個の胎芽は，正常と変異遺伝子がある保因者であった．1 個の正常/正常の胎芽と保因者の胎芽が母親の子宮に着床させられた．一人の女の子が生まれ，DNA から両 CFTR 遺伝子は正常であることがわかった．この成功以来，着床前に胎芽診断を受けて生まれる子供の数は増えた．この種の治療は，今や世界各地の診療所で行われている．ヨーロッパでは，2006 年に 22 人の健康な子供が保因者の両親から生まれている．より安価な方法としては，通常の妊娠の早期に胎児診断を行い，診断結果の説明を受けたうえで，両親が中絶を選択する道がある．英国のエディンバラでは，この方法により囊胞性線維症の出生は 2/3 に減っている．

● 将　来

囊胞性線維症の遺伝子治療の方法論は進歩したが，実際に患者の治療に用いるためには，改良しなければならないことが多い．最良の遺伝子治療でも，症状の一部を改善するだけである．現時点では囊胞性線維症の完治の見込みは立っていない．CF 遺伝子の保因者の検出や出生前診断の後で遺伝カウンセリングを行うことにより，両親に発症の可能性を知らせ，妊娠中絶を選択する機会を与える．

まとめ

1. 囊胞性線維症は，西洋諸国で最も頻度の高い単一遺伝子病である．多数の臓器が冒される重篤な疾患である．粘稠な粘液が生殖器や肺に蓄積する．膵臓は必ず影響を受け，多くの場合機能不全になる．
2. 電気生理学的研究により，根本的問題は塩化物イオン輸送であることがわかっている．
3. 囊胞性線維症は典型的な劣性遺伝をし，遺伝子は第 7 染色体にある．
4. 懸命な努力と新規技術により CFTR 遺伝子の一部が単離された．この部分の塩基配列を用いて，唾液腺のクローンライブラリーから正常な CFTR 遺伝子の cDNA が得られた．
5. この cDNA から遺伝子を特定し，正常と変異タンパク質のアミノ酸配列が決定できた．この遺伝子は CFTR と命名された塩化物イオンチャネルをコードしている．
6. 現在では千以上の CFTR 遺伝子変異がみつかっている．頻度の高い遺伝子変異については，出生前診断や保因者をみつける検査が開発されている．
7. 現在の研究の焦点は，特定の遺伝子変異に対する治療薬の開発である．最も頻度の高い F508del（508 番目のフェニルアラニン欠失）変異では，正常ではミスフォールドタンパク質が細胞膜に輸送されないようにしている細胞の働きを抑える薬である．

参 考 文 献

C. E. Bear, C. H. Li, N. Kartner, *et al*., 'Purification and functional reconstitution of the cystic fibrosis transmembrane conductance regulator (CFTR)', *Cell*, 68, 809-818 (1992).

A. Bragonzi, M. Conese, 'Non-viral approach toward gene therapy of cystic fibrosis lung disease', *Cuff. Gene Therapy*, 2, 295-305 (2002).

A. H. Handyside, J. G. Lesko, J. J. Tarin, *et al*., 'Birth of a normal girl after in vitro fertilization and preimplantation diagnostic testing for cystic fibrosis', *N. Engl. J Med.*, 327, 905-909 (1992).

B. Kerem, J. M. Rommens, J. A. Buchanan, *et al.* 'Identification of the cystic fibrosis gene: genetic analysis', *Science*, 245, 1073-1080 (1989).

H. Pearson, 'Human genetics: One gene, twenty years', *Nature*, 460, 164-169 (2009).

D. P. Rich, M. P. Anderson, R. J. Gregory, *et al*., 'Expression of cystic fibrosis trans-membrane conductance regulator corrects defective chloride channel regulation in cystic fibrosis airway epithelial cells', *Nature*, 347, 358-363 (1990).

J. R. Riordan, J. M. Rommens, B. Kerem, *et al*., 'Identification of the cystic fibrosis gene: Cloning and characterization of complementary DNA', *Science*, 245, 1066-1073 (1989).

M. J. Welsh, A. E. Smith, 'Cystic fibrosis', *Sci. Am.*, 273, 52-59 (1995).

● 復 習 問 題

21・1　CFTR 遺伝子変異

A．クラス I 変異の一部では，遺伝子欠失のためにタンパク質構造の大きな部分をコードする DNA がないので，まったく機能のないタンパク質がつくられる．

B．クラスI変異の一部では，エキソン上の一塩基置換のためまったく機能のない短軀型のタンパク質がつくられる．
C．クラスII変異では，アミノ酸配列の一部が異なるタンパク質がつくられる．このタンパク質には効率が悪いが塩化物イオンチャネル機能がある．しかし，折りたたみ構造に異常があるため細胞質内で壊されるので，タンパク質が細胞膜に到達でいない．
D．クラスIII変異の一部では，全長をもつタンパク質が細胞膜に輸送されるが，プロテインキナーゼAによりリン酸化を受けるセリン残基を欠くためチャネルが開かない．
E．クラスIV変異では，チャネルの穴の構造に異常があるため，チャネルの蓋が開いても塩化物イオンが通過できない．
F．クラスV変異では，正常より少ない量のCFTRタンパク質がつくられるが，タンパク質の機能は正常である．

上述のCFTR遺伝子変異のリストの中から下記の文章に合うものを選べ．

1. この状態はナンセンス変異と思われるので，リボソームが終止コドンを読み飛ばすようにする薬で治療できる可能性がある．
2. この状態はCFTR遺伝子のプロモーターもしくはエンハンサー領域の変異によって生じる．
3. この状態は将来，CFTRチャネルを開放状態にさせる薬で治療できる可能性がある．
4. この状態は将来，プロテアソームの働きを抑制もしくは修正する薬で治療できる可能性がある．

21・2 イオンの透過経路としてのCFTR

A．静止電位はよりマイナスとなり，膜の電気抵抗は上昇する
B．静止電位はよりマイナスとなり，膜の電気抵抗は低下する
C．静止電位はよりマイナスとなるが，膜の電気抵抗は変化しない
D．静止電位はよりプラスとなり（脱分極し），膜の電気抵抗は上昇する
E．静止電位はよりプラスとなる（脱分極する）が，膜の電気抵抗は変化しない
F．静止電位はよりプラスとなり（脱分極し），膜の電気抵抗は低下する
G．静止電位は変化しないが，膜の電気抵抗は上昇する
H．静止電位は変化しないが，膜の電気抵抗は低下する
I．静止電位は変化しないので，膜の電気抵抗も変化しない

CFTR遺伝子をコードするベクターを用いて神経細胞に遺伝子を導入する．1日後に細胞にマイクロピペットを穿刺して，膜電位（発展15・1，図a，p.176）を測定する．間欠的にパルス電流を流して細胞膜の電気抵抗を測定する（この方法は電流固定法として知られている．グルコン酸カリウム溶液を満たしたマイクロピペットを用いた細胞膜の電気的性質の計測は，細胞質内の電解質の組成の変化を最小限にしたいときに用いる方法である）．この細胞にプロテインキナーゼAの活性化させる膜透過性のcAMP類似体などを与えると，最も可能性の高い結果は，上記のリストの中でどれか？

21・3 嚢胞性線維症に関する記述

A．嚢胞性線維症の患者の上皮膜間電位が健常人よりマイナスであることが示していることは，…
B．ズーブロットが役に立つのは，…
C．嚢胞性線維症は劣性遺伝するので，この病気は…
D．CFTRタンパク質が塩化物イオンチャネルであることを間違いなく証明した方法は，…
E．嚢胞性線維症の遺伝子治療が困難である理由は，…
F．出生前，着床前診断によりできることは，…
G．嚢胞性線維症の重症度が異なる理由は，…
H．終止コドンを読み飛ばすことができると一部の患者では役立つことがある理由は，…

上記で始まる文章に下記の文章をつなげると，正しい内容となるように組合わせよ．

1. …両親から遺伝するはずである．
2. …嚢胞性線維症の遺伝子変異の中には途中で終止コドンとなるものがある．短くなったタンパク質は正常には働かない．
3. …異なる生物種間で保存されている遺伝子をみつけるため．そのような遺伝子は重要なタンパク質をコードしている可能性がある．
4. …脂質二重層における電位固定法である．CFTRタンパク質を脂質二重層に挿入すると塩化物イオンがチャネルを通ることが示された．
5. …正常な遺伝子を肺の非常に多くの細胞に導入する必要があり，これらの細胞は比較的，短命であるため．そのうえ，用いるウイルス由来のベクターによる副作用が起こる．

発 展 問 題

1. Baraschらは1991年に，ゴルジ体のpHの異常が嚢胞性線維症患者の粘液異常の原因の一つであるという仮説を提案した．ゴルジ体におけるどのような過程が，粘液タンパク質が水分を含んだゲルになることに影響を与えると考えられるか？
2. 科学者達が最初に単離したCFTR遺伝子の長さはわずか113塩基対であった．今日ではCFTR遺伝子は20万塩基対以上の長さがあることがわかっている．なぜ113塩基対のDNAを用いて，それが汗腺で転写されている遺伝子の一部であることを示すことができるのか？

演習問題の解答

1. 分泌されるムチンが膜により細胞外に運ばれる場所は、アルブ体の中である (p.126)。膜輸送はドロシス運搬が重要であるため細水が重い。したがって、膜輸送の非進行によりムチンが濃くなり繊維水が被害をうこと により、末細胞のアルブを形成する。気道の粘液のム チン質は異常にアルブ化されており、全体の70%が脱水物である。したがって、粘液は薄い水和層のゲル と水になる。Baraschらは気道や体の内腔面を観察にしており、気道や体の内腔pHを測定している。アルブ H⁺の排出メカニズムとしてCl⁻を輸送できないために(嚢胞性 とNa⁺が嚢素を出ないという回路を通り、すなわちCl⁻が 体内の正の電荷を中和するために働けない)。アルブ するためH⁺の過剰分泌がムチンのアルカリ化を阻害 するのではないかと推測している。この問題を調べるべ く彼らのは、膵臓性繊維症の患者では、弱いはNa⁺ 体内のpH弱患者粘膜クムンの酸性化を囲を困難しい、という。これらの細胞の障害は多な構造を もくて他のヒトの細胞の数が多い。細胞の酵素活は多な構造を

2. ノーザンブロッティングハイブリダイゼーション (p.80) は、細胞内に特定のmRNAがつくられているかどうかを調べる方法である。それには遺伝子プローブが必要である。この場合には、mRNAは井腐より抽出し、アガ ロースゲル上で分離する。分離したmRNAを膜に移す。目的は半健できつくられたmRNAが、プローブの反応的な 放射能をもつ113連鎖対のDNAを遺伝子プローブする。 シチクラムムで露光させることである。そうすれば、オー トラジオグラムで消しだすことができる。典出したCFTRの mRNAの長さが133ヌクレオチド長くでも構わない。 放射能をもつ133ヌクレオチドに相補的な配列を検出す るmRNAの部分が未梁剤にこよりハイブリッドを形成する。

# 付　録

チャネルと輸送体 …………………………………… 264
用　語　解　説 …………………………………… 267
復習問題の解答 …………………………………… 291

付録　チャネルと輸送体

本書に掲載されているすべての化合物と輸送体を，参考として以下にまとめた．

表A・1　チャネル

	名称	掲載	局在	特異性	開口の機構	備考
巨大チャネル	コネクソン	p.28	多くの細胞種の細胞膜	分子量1000以下の溶質	別の細胞のコネクソンとの結合により開口する．	一つの細胞の細胞質から別の細胞の細胞質へ輸送する．
	ポリン	p.147	ミトコンドリア外膜	分子量10,000以下の溶質	一般的には，開口するのに時間を要する．	ストレスによって構造変化を起こし，シトクロムcを輸送する．
	膜侵襲複合体	p.245	標的細胞の細胞膜で補体が集合して形成する．	分子量50,000以下の溶質	一度補体が集合すると常時開口したままとなる．	重要な溶質は流出し，ナトリウムは流入して，細菌を殺傷する．
	パーフォリン	p.249	CD8[+]T細胞から放出されて標的細胞のエンドソームの膜に貫入する．	分子量50,000以下の溶質	一度集合すると常時開口したままとなる．	グランザイムを標的細胞内に輸送する．
	BAX	p.239	細胞死した細胞のミトコンドリア外膜	分子量2,000,000以下の溶質	脱リン酸されるとチャネルに結合する．一度結合すると，チャネルは常時開口したままとなる．	シトクロムcやその他のタンパク質を細胞小器官から細胞質へ放出する．
H^+チャネル	サーモゲニン	p.149	ミトコンドリア内膜	H^+	一般的には，開口するのに時間を要する．	褐色脂肪細胞に発現している．電子伝達系とATP合成を脱共役する．
カリウムチャネル	カリウムチャネル（神経細胞のアイソフォームであるROMKとKirを含む）	p.175, 186	すべての細胞種の細胞膜	カリウムイオン	いくつかのアイソフォームは脱分極によって開口し，その他のアイソフォームは常時開口している．	静止状態の細胞の電位に関与している．ROMKとKirは，上皮細胞のカリウムイオンの輸送を促進する．ROMKは特殊で，細胞質のpHに依存しており，細胞質pHが7以下では閉口する．
カルシウムチャネル	イノシトールトリスリン酸依存性カルシウムチャネル	p.193	小胞体膜	カルシウムイオン	細胞質内のイノシトールトリスリン酸が結合すると開口する．	細胞質のカルシウムイオン濃度の上昇に寄与するシステムの一つ．
	ミトコンドリアカルシウムチャネル	p.196	ミトコンドリア内膜	カルシウムイオン	解析が非常に困難である．多分常時開口している．	ミトコンドリアを活性化するために細胞内カルシウム濃度を上昇させる．
	リアノジン受容体（一般的なアイソフォーム）	p.196	小胞体膜	カルシウムイオン	細胞質のカルシウムが結合すると開口する．	細胞内カルシウム濃度をわずかに上昇させて，それが引き金となって細胞内カルシウム濃度が大きく上昇する．
	リアノジン受容体（骨格筋アイソフォーム）	p.196	小胞体膜	カルシウムイオン	細胞膜の電位依存性カルシウムチャネルに物理的に直接共役して開口する．	細胞膜の脱分極に応答して，迅速に細胞内カルシウム濃度を上昇させる．
	電位依存性カルシウムチャネル	p.192	軸索末端，筋，およびその他の細胞の細胞膜	カルシウムイオン	細胞膜の脱分極に伴い開口する．	細胞外から細胞内へのカルシウムイオンの流入により細胞内カルシウム濃度を上昇させる．

表 A・1（つづき）

	名 称	掲載	局 在	特異性	開口の機構	備 考
ナトリウムチャネルとその他の非選択性イオンチャネル	ENaC（上皮細胞のナトリウムチャネル）	p.186	上皮細胞の細胞膜	ナトリウムイオン	細胞膜上にある限り，3割程度チャネルは開いている．すなわち，10時間のうち3時間は開いている．	上皮細胞においてナトリウムの輸送を促進する．
	電位依存性ナトリウムチャネル	p.184	神経細胞と筋細胞の細胞膜	ナトリウムイオン	細胞膜の脱分極に伴い開口する．	短い活動電位を誘導する．
	TRPV	p.183	痛覚神経細胞の細胞膜	ナトリウム，カリウムおよびカルシウム	高温および傷害現象に伴い開口する．TRPV1 アイソフォームは，カプサイシンにより開口する．	軸索末端を脱分極させて活動電位を誘発する．
	伸展活性化チャネル	p.213	内皮細胞の細胞膜	ナトリウム，カリウムおよびカルシウム	膜伸展	カルシウムイオンを流入させて，NO 合成などの下流の細胞現象を誘発する．
	ニコチン性アセチルコリン受容体	p.211	骨格筋とある種の神経細胞の細胞膜	ナトリウムとカリウム；ある種のアイソフォームはカルシウムも通す．	細胞外のアセチルコリンが結合すると開口する．	イオンチャネル型細胞表面受容体で，細胞膜の脱分極をひき起こす．
	イオンチャネル型グルタミン酸受容体	p.207	ある種の神経細胞の細胞膜	ナトリウム，カリウム，ある種のアイソフォームはカルシウムも通す．	細胞外のグルタミン酸が結合すると開口する．	イオンチャネル型細胞表面受容体で，細胞膜の脱分極をひき起こす．
	サイクリック AMP 依存性チャネル	p.197	匂い感受性神経細胞の細胞膜	ナトリウムとカリウム	細胞質のサイクリック AMP が結合すると開口する．	細胞膜が脱分極して，その結果，活動電位が生じる．
	サイクリック GMP 依存性チャネル	p.199	光受容細胞の細胞膜	ナトリウムとカリウム	細胞質のサイクリック GMP が結合すると開口する．	細胞膜を脱分極する．
塩化物イオンチャネル	GABA 受容体	p.210	ある種の神経細胞の細胞膜	塩化物イオン	細胞外の GABA が結合すると開口する．	このチャネルが開口すると，細胞は脱分極しにくくなる．
	CFTR	p.256	汗腺細胞や気道上皮細胞，その他の多くの細胞の細胞膜	塩化物イオン	プロテインキナーゼ A によりリン酸化されると開口する．	腺細胞における運搬過程において必要である．

表A・2　輸　送　体

	名　称	掲載	局　在	作動様式	備　考
非酵素的輸送体	グルコース輸送体	p.179	すべての細胞の細胞膜	グルコース	ヒトのすべての細胞に必要.
	ADP/ATP 交換体	p.152	ミトコンドリア内膜	ADP / ATP	ミトコンドリア内膜を介してATPとADPを獲得する.
	Na^+/Ca^{2+} 交換体	p.180	多くの細胞の細胞膜	$3\,Na^+$ / Ca^{2+}	細胞質からカルシウムイオンを流出させる.
	β-ガラクトシドパーミアーゼ	p.59	細菌の細胞膜	H^+ / ラクトース	*lac* オペロンの産物であるラクトースを細胞内へ透過させる.
酵素活性をもつ輸送体	ATP 合成酵素	p.153	ミトコンドリア内膜	マトリックス $10\,H^+$　$3\,ADP+3\,P_i$ / 膜間腔　$3\,ATP$	H^+勾配のエネルギーとATPとして貯蔵されているエネルギーの間での交換を行う. 化学量論的には一般に10:3であるが, 種差によって異なる.
	カルシウム ATPase	p.181	多くの細胞の細胞膜	サイトゾル　H^+　ATP / Ca^{2+}　$ADP+P_i$ / 細胞外液	細胞質からカルシウムイオンを流出させる. すべての細胞が, このATPaseかNa^+/Ca^{2+}交換体をもっており, 多くの細胞なこれらの両者をもつ.
	Na^+/K^+-ATPase	p.152	すべての細胞の細胞膜	$2\,K^+$ / 細胞外液　ATP　$ADP+P_i$ / $3\,Na^+$	ATPとして貯蔵されているエネルギーとNa^+勾配のエネルギーを交換する.
	電子伝達系	p.149	ミトコンドリア内膜	膜間腔　$NADH + H^+ + 1/2\,O_2$ / $NAD^+ + H_2O$　$12\,H^+$　マトリックス	NADPとして貯蔵されているエネルギーとH^+勾配のエネルギーを交換する.

用 語 解 説

IRS-1［IRS-1］ インスリン受容体基質 1 (insulin receptor substrate number 1) の略．インスリン受容体によってチロシン残基がリン酸化されるタンパク質．IRS-1 がリン酸化されると，PI3-キナーゼをよび込み，それらの PI3-キナーゼはリン酸化されて，活性化される．

in situ ハイブリダイゼーション［in situ hybridization］ 組織標本において，ある配列の局在を調べる一つの方法として，特定の標識した RNA（や DNA）をゲノム内の相補する配列に結合させること．

InsP₃［InsP₃］ ⇌ イノシトールトリスリン酸

アイソフォーム［isoform］ 互いに関連のあるタンパク質．異なる遺伝子から生じる場合と，一つの遺伝子から mRNA の選択的スプライシングによって生じる場合がある．

IP₃［IP₃］ ⇌ イノシトールトリスリン酸

アクチン［actin］ マイクロフィラメントのサブユニットタンパク質．G アクチンは単量体型であるのに対して，マイクロフィラメントは F アクチンで構成される．

アクチン関連タンパク質［actin related protein］ Arp と略す．アクチン重合核形成タンパク質．新たなアクチンフィラメントが Arp を基点にして伸長することができる．

アクチン結合タンパク質［actin binding proteins］ G アクチンまたは F アクチンに結合して，その機能を調節するタンパク質．

アクチン切断タンパク質［actin severing protein］ アクチンのマイクロフィラメントを切断する一群の酵素．ゲルゾリンはその一例である．

アシル基［acyl group］ 一般的な構造式：$C_nH_m-\overset{O}{\overset{\|}{C}}-$ をもつ官能基．アシル基は脂肪酸が他の化合物とエステル結合により連結したときに形成される．

アセチルコリン［acetylcholine］ 運動神経を含むさまざまな神経細胞から放出される伝達物質．

アセチルコリン受容体［acetylcholine receptor］ アセチルコリンに結合する膜内在性タンパク質．イオンチャネル型受容体であるニコチン性アセチルコリン受容体と，G_q を介してホスホリパーゼ Cβ を活性化する代謝型受容体であるムスカリン性アセチルコリン受容体の 2 種類がある．

アセトン［acetone］ $CH_3-CO-CH_3$．糖尿病時にみられるケトーシスにおいて，アセト酢酸から生成される甘い香りの化学物質．

アッセイ［assay］ 化学的な測定のための用語で，たとえば酵素反応の活性の測定などである．

アデニル酸シクラーゼ［adenylate cyclase, adenyl cyclase］ ATP を細胞内メッセンジャーである cAMP に変換する酵素．

アデニン［adenine, A］ DNA や RNA に存在する塩基の一つ．アデニンはプリンである．

アデノシン［adenosine］ 糖のリボースに結合したアデニン．アデノシンはヌクレオシドである．

アデノシン一リン酸［adenosine monophosphate］ ⇌ AMP

アデノシン三リン酸［adenosine triphosphate］ ⇌ ATP

アデノシン二リン酸［adenosine diphosphate］ ⇌ ADP

アドレナリン［adrenaline］ ストレス負荷時に血液中に放出されるホルモン．アドレナリンは β アドレナリン受容体に作用し，G_s を介してアデニル酸シクラーゼを活性化する．

アドレナリン受容体［adrenergic receptor］ 関連する化学物質である，アドレナリンとノルアドレナリンの受容体であり，α と β の二つのアイソフォームがある．おおざっぱにいえば，ノルアドレナリンは主として，G_q と結合している α 受容体に作用し，カルシウムシグナルを生じる．一方，アドレナリンはおもに G_s に結合している β 受容体に作用し，cAMP シグナルを生じる．

アニオン［anion］ 負に荷電したイオンで，たとえば，塩化物イオン（Cl^-）やリン酸イオン（HPO_4^{2-}）．

アノード［anode］ 正に荷電した電極．たとえば SDS-PAGE に使用されるゲル電気泳動装置にある．

油［oil］ 室温で液体のトリアシルグリセロール（トリグリセリド）．一方，脂は室温で固体である．

アポトーシス［apoptosis］ 細胞が自身の崩壊を積極的に行う反応で，ネクローシスとは異なる細胞死．特定の細胞系列の死によって組織や器官が形づくられる脊椎動物の発生において，アポトーシスは重要である．

アポトーシス阻害タンパク質［apoptosis inhibitor protein］ カスパーゼの作用を阻害して，アポトーシス抑制にかかわるタンパク質．

アポリプレッサー［aporepressor］ オペレーター領域に結合し，他の分子と複合体形成したときにだけ転写を抑制するタンパク質．

アミノアシル tRNA［aminoacyl tRNA］ エステル結合によりアミノ酸に結合した tRNA．

アミノアシル tRNA 合成酵素［aminoacyl tRNA synthases］ アミノ酸を対応する tRNA に付加する一群の酵素．

アミノアシル部位［aminoacyl site］ ⇌ A 部位

アミノ基［amino group］ $-NH_2$ 基．アミノ基は塩基性であり，通常の体内の pH でプロトンを受取り正の電荷をもった $-NH_3^+$ となる．

アミノ基転移［transamination］ アミノ酸からアミノ基を外して（新しいアミノ酸をつくるための）オキソ酸を生成する酵素触媒反応．アミノトランスフェラーゼ（トランスアミナーゼ）によって起こる．

アミノ酸［amino acid］ カルボキシ基とアミノ基の両方をもつ分子．α-アミノ酸では，カルボキシ基とアミノ基は同じ炭素に結合している．すべてのタンパク質は，19 種類の α-アミノ酸とプロリンの遺伝的にコードされた組合わせによりつくられている．

α-アミノ酸［α-amino acid］ カルボキシ基とアミノ基が同じ炭素に結合しているアミノ酸．

アミノ末端［amino terminus］ ⇌ N 末端

γ-アミノ酪酸［γ-amino butyric acid］ ⇌ GABA

rRNA［rRNA］ ⇌ リボソーム RNA

RER［RER］ ⇌ 粗面小胞体

Ras［Ras］ MAP キナーゼ経路を活性化して細胞分裂を促進する低分子量 GTPase．Ras は，チロシンキナーゼ型受容体とアダプタータンパク質の Grb2 によって細胞膜へよび込まれる GTP 交換因子（GEF）の SOS によって活性化される．

Ran［Ran］ 核孔を介してタンパク質や mRNA を輸送する低分子量 GTPase．

268　用語解説

Raf［Raf］ マイトジェン活性化タンパク質キナーゼカスケードの初期段階の酵素であり，MAPKKK のアイソフォームの一つである．

RNA［ribonucleic acid, RNA］ リボヌクレオシド-リン酸のポリマー．細胞は，メッセンジャー RNA，リボソーム RNA と転移 RNA の 3 種類の RNA を含んでいる．

RNA スプライシング［RNA splicing］ RNA 分子からイントロンを除去し，成熟した RNA 産物を形成するためにエキソンを接合する過程．

RNA プライマー［RNA primer］ DNA ポリメラーゼⅢが結合して DNA 合成を開始できるような，DNA 鎖に対する配列に相補的な短い RNA．

RNA ポリメラーゼ［RNA polymerase］ ⇌ RNA を合成する酵素．

RNA ポリメラーゼⅠ［RNA polymerase Ⅰ］ 真核生物においてほとんどの rRNA 遺伝子を転写する酵素．

RNA ポリメラーゼⅡ［RNA polymerase Ⅱ］ 真核生物において mRNA 遺伝子を転写する酵素．

RNA ポリメラーゼⅢ［RNA polymerase Ⅲ］ 真核生物において，tRNA 遺伝子や低分子 RNA を転写する酵素．

Rab ファミリー［Rab family］ 小胞と他の細胞小器官の膜との融合を制御する GTPase のファミリー．

アルカリ［alkali］ 水酸化ナトリウムや水酸化カリウムのような（水から H^+ を受取る）強塩基．

アルカリ性［alkaline］ （溶液において）H^+ （実際には H_3O^+）が低濃度であるために pH が 7.0 よりも高いこと．

Rb［Rb］ 転写因子 E2F に結合して，DNA 合成に必要なタンパク質の転写を阻害するタンパク質．Rb が CDK4 によってリン酸化されると Rb から E2F が解離して細胞は S 期に入る．Rb の変異は網膜芽細胞腫とよばれる眼癌をひき起こす．

α ヘリックス［α helix］ 3.6 アミノ酸で一巻きのらせんであるタンパク質において，普遍的な二次構造．ペプチド結合内の N とポリペプチド鎖に沿って 4 残基離れたペプチド結合内の O とが，水素結合している．

アルブミン［albumin］ 血清タンパク質であり，疎水性分子や特に遊離脂肪酸に結合する．

アロステリック［allosteric; allostery］ タンパク質のある場所にリガンドが結合して別の部位の結合に影響すること．同じリガンド間や別のリガンドとの相互作用でありうる．アロステリックなタンパク質はほとんど常に四次構造をもっている．

アロラクトース［allolactose］ 二糖類．ラクトースが，β-ガラクトシダーゼによってアロラクトースに変換される．アロラクトースは，lac オペロンの誘導因子である．

アンチコドン［anticodon］ mRNA 分子のコドンに水素結合する tRNA 分子の三つの塩基．

暗反応［dark reactions］ 光合成で ATP と NADPH を使って大気中の二酸化炭素を固定し糖をつくる代謝反応．植物に存在する．

ER［ER］ ⇌ 小胞体
ES 細胞［ES cell］ ⇌ 胚性幹細胞

イオン［ion］ 荷電した化学種．中性の電荷よりも多いか少ない電子をもつ単一の原子（例として Na^+，Cl^-）がイオンである．一つあるいは複数の荷電領域をもつ分子［たとえば，リン酸イオン HPO_4^{2-} およびロイシン $NH_3^+ - CH(CH_2CH(CH_3)_2) - COO^-$］もイオンである．

イオンチャネル型グルタミン酸受容体［ionotropic glutamate receptor］ 細胞外部分にグルタミン酸が結合すると開くイオンチャネル．ナトリウムイオンとカリウムイオンを透過させる．アイソフォームによってはカルシウムイオンも透過させる．

イオンチャネル型細胞表面受容体［ionotropic cell surface receptors］ 特定の化学物質が細胞外部分に結合したときに開くイオンチャネル．

異化［catabolism］ 化学エネルギーをひき出すために分子を分解する代謝反応．

閾値［threshold (voltage)］ 活動電位を発生する十分な数の電位依存性ナトリウムチャネルが開くのに必要な膜電位．

異性体［isomers］ 同じ分子式をもつ異なった化合物．たとえば，グルコースとマンノースは両方とも $C_6H_{12}O_6$ であるので異性体である．

位相差顕微鏡［phase contrast microscopy］ 試料中の部位による光の屈折率の違いを明暗へ変換して観察できる光学顕微鏡．

一次構造（タンパク質の）［primary structure (of a protein)］ ペプチド結合で形成されるポリペプチドのアミノ酸配列．

一次抗体［primary antibody］ 標本へ直接結合させて使用する抗体．通常は標識した二次抗体を一次抗体へ作用させ目的物を検出する．

一次免疫蛍光法［primary immunofluorescence］ 標識した抗体で標本を処理することにより，化学物質の存在や存在場所を明らかにする方法．

一酸化窒素［nitric oxide, NO］ グアニル酸シクラーゼなどの細胞内受容体に作用するパラ分泌伝達物質．

一本鎖結合タンパク質［single-strand binding protein］ 複製の際に解離した DNA 鎖に結合し伸びた状態を維持することで，二重鎖の再形成を妨げるタンパク質．

遺伝コード［genetic code］ DNA における 4 種類の塩基の配列と，タンパク質におけるアミノ酸配列情報との関係．従来は訳として遺伝暗号を用いてきたが，本書はこの言葉を用いる．

遺伝子［gene］ 遺伝の根源的な単位．多くの場合，遺伝子はあるポリペプチドの合成に必要なアミノ酸配列情報を暗号化して保持する．

遺伝子外 DNA［extragenic DNA］ タンパク質や RNA をコードせず，転写を制御するプロモーターやエンハンサー配列でもない DNA．

遺伝子組換え体［genetically modified, GM］ "遺伝的に修飾された"の意．現代の分子技術を用いて修飾したゲノムをもつ生物であり，一般に新規の遺伝子を追加したり既存遺伝子と新しい遺伝子とを置き換えたりする．

遺伝子座［locus, (pl. loci)］ たとえば，染色体上の位置のこと．特に，抗体と T 細胞受容体といった異なるポリペプチドをコードする遺伝子部位を遺伝子座といい，遺伝子という言葉は遺伝子座がもつ要素に含まれている．

遺伝子チップ［gene chip］ クローン化した DNA を小さなガラス薄板に接着したもの．マイクロアレイや DNA チップともいわれる．

遺伝子治療［gene therapy］ 正常な遺伝子を患者に導入することにより，遺伝病の根治または症状の改善を目指す治療．

遺伝子導入［transfected, transfection］ 原核生物や真核生物の細胞に，外来 DNA 分子を導入することを遺伝子導入という．

遺伝子導入動物［transgenic animal］ 他の生物の遺伝子を導入した動物．外来遺伝子は，通常，受精卵の核に注入される．

遺伝子ファミリー［gene family］ 配列の類似した遺伝子のグループ．多くの場合，類似した機能のタンパク質をコードする．

遺伝子プローブ［gene probe］ 相補する配列を用いて特異的な DNA 配列を検出するために使われる cDNA やゲノム DNA 断片．プローブ（標識）は検出するために付加される．たとえば，放射性同位元素や蛍光色素が標識となる．

E2F［E2F］ DNA 合成に必要な転写因子．増殖停止をしている細胞において，網膜芽細胞腫（レチノブラストーマ）遺伝子の産物である RB に結合することで，E2F は転写の活性化を阻害されている．E2F は CDK4 や CDK6 によって RB がリン酸化されたときに開放される．

イノシトール［inositol］ 環状ポリアルコール $(CHOH)_6$ で，リン脂質のホスファチジルイノシトールの極性頭部基を構成する．イノシトールのリン酸化により，イノシトールトリスリン酸が生成される．

イノシトールトリスリン酸［inositol trisphosphate IP$_3$, InsP$_3$］ 分子量が 420 の低分子で，リン酸化された環状ポリアルコールである．ホスホリパーゼ C が膜リン脂質のホスファチジルイノシトールビスリン酸を加水分解することにより産生されて細胞質に放出され，小胞体からカルシウ

用語解説

ムイオンを放出する作用がある.

イノシトールトリスリン酸依存性カルシウムチャネル［inositol trisphosphate-gated calcium channel］ 多くの細胞の小胞体に存在するチャネルで，イノシトールトリスリン酸がチャネルの細胞質側領域に結合すると開口し，カルシウムを特異的に通す．

イノシトールトリスリン酸受容体［inositol trisphosphate receptor, IP_3 receptor］ 小胞体膜に存在し，イノシトールトリスリン酸（IP_3）がイノシトールトリスリン酸受容体の細胞内領域に結合すると開口するカルシウムチャネル．

E 部位［E site］ エグジット部位（exit site）ともいう．リボソーム上の部位で，tRNA はアミノ酸をペプチド鎖に移した後にここからリボソームを去る．

イミノ酸［imino acid］ イミノ基（＞NH）とカルボキシ基（-COOH）を含む有機化合物．プロリンは通常アミノ酸に含まれるが，正確にはイミノ酸である．

インスリン［insulin］ 膵臓の内分泌細胞により産生されるホルモン．自身の受容体であるチロシンキナーゼを活性化することで，おもに PI3-キナーゼとその下流のプロテインキナーゼ B の活性化を介して作用を示す．

インスリン受容体［insulin receptor］ インスリンに特異的なチロシンキナーゼ型受容体で，PI3-キナーゼを活性化し，ついでプロテインキナーゼ B を活性化する．

インスリン受容体基質 1［insulin receptor substrate number 1］ ⇒ IRS-1

インテグリン［integrin］ 細胞外ドメインを介して細胞外マトリックスに結合し，細胞内ドメインを介してアクチンマイクロフィラメントに連結する二量体タンパク質．

イントロン［intron］ 真核生物において，イントロンは RNA が核外へ輸送される前に切除される．一方，エキソンは RNA がプロセシングを受けた後に残る部分である．

ウイルス［virus］ タンパク質の殻とその内部に入っている核酸（DNA または RNA）から成る小さな構造体であり，宿主細胞の装置を利用して自己複製できる．

ウラシル［uracil］ RNA でみられる四つの塩基の一つ．ウラシルはピリミジン塩基である．

ウラシル DNA グリコシダーゼ［uracil-DNA glycosidase］ ウラシルを認識し DNA 分子から取除く DNA 修復酵素．

ウルトラミクロトーム［ultramicrotome］ 電子顕微鏡観察のために，標本を 100 nm 以下の厚さにスライスする機械．

運動神経［motoneuron］ 脊髄から筋肉へ活動電位を送る神経細胞．神経伝達物質アセチルコリンを筋細胞に放出し，脱分極とそれに伴う収縮をもたらす．

A［A］ ⇒ アデニン

Arf［Arf］ 被覆小胞の形成に重要な GTPase.

Arp［Arp］ ⇒ アクチン関連タンパク質

AMP［AMP］ アデノシン一リン酸．アデノシンのリボースの 5′ 位の炭素にリン酸が一つ結合したもの．ヌクレオチド．

エキソサイトーシス［exocytosis］ 小胞の細胞膜への融合．小胞内の可溶性成分を細胞外に放出する一方，小胞の膜内在性タンパク質は細胞膜の膜内在性タンパク質となる．

エキソヌクレアーゼ［exonuclease］ 核酸分子の端から，ホスホジエステル結合を連続的に除去することにより，核酸を消化する酵素．エンドヌクレアーゼも参照のこと．

エキソン［exon］ 真核生物の遺伝子で，エキソンは，RNA の生成過程後に，核から移動する遺伝子部分である．対照的に，イントロンは，RNA が核を移動する前に切取られる．

液胞［vacuole］ 大きな膜で覆われたコンパートメント．植物細胞は糖と色素に富んだ大きな液胞をもつ．

エグジット部位［exit site］ ⇒ E 部位

Akt［Akt］ プロテインキナーゼ B の初期の名称で，ホスファチジルイノシトールトリスリン酸（PIP$_3$）により細胞膜へよび込まれると自己リン酸化されて活性化される．Akt は，タンパク質（たとえば，bcl-2 ファミリータンパク質の BAX）のセリンとトレオニン残基をリン酸化する．

ActA［ActA］ リステリア菌の表面に存在するタンパク質であり，そこからアクチンフィラメントが重合する．

SH2 ドメイン［SH2 domain］ リン酸化チロシン残基に結合するタンパク質領域．リガンドの結合によってチロシンキナーゼ型受容体が自己リン酸化されると，SH2 ドメインをもつ多くのタンパク質は受容体へよび込まれる．SH2 ドメインをもつ重要なタンパク質として，Grb2, PI3-キナーゼ，およびホスホリパーゼ Cγ などがある．

snRNA［sn RNA］ ⇒ 核内低分子 RNA

SNARE［SNARE］ 小胞と他の膜との融合を担うタンパク質．

SOS［SOS］ 低分子量 GTPase の一つである Ras に対するグアニンヌクレオチド交換因子．SOS は，活性化されたチロシンキナーゼ型受容体へ結合した Grb2 に結合することにより細胞膜へよび込まれる．

S 期［S phase］ 細胞分裂周期の DNA 複製が起こる時期．

S 値［S value］ 沈降係数（sedimentation coefficient）またはスベドベリ単位（Svedberg unit）ともいう．遠心により，巨大分子や細胞小器官が沈降する速度を表す値．

SDS-PAGE［SDS-PAGE］ ドデシル硫酸ナトリウムポリアクリルアミドゲル電気泳動（sodium dodecyl sulphate-polyacrylamide gel electrophoresis）の略．相対的な分子量の違いによりタンパク質を分離する技術．

STAT［STAT］ signal transducers and activators of transcription の略．転写因子ファミリーの一つであり，そのチロシン残基がリン酸化されると二量体を形成して核へ移行する．STAT は，活性化された I 型サイトカイン受容体と相互作用している JAK によってリン酸化される．

エステル結合［ester bond］ アルコールの水素とカルボキシ基のヒドロキシ基の間において水の脱離により形成される結合．

HRE［HRE］ ⇒ ホルモン応答配列

ATM［ATM］ ataxia telangiectasia mutated（血管拡張性失調症変異）の略．DNA の損傷や不完全な DNA 複製に応答して細胞周期を停止させるチェックポイント経路の構成要素．ATM はプロテインキナーゼで，その標的には Cds1 と Chk1 という二つの下流プロテインキナーゼを含む．

ADP［ADP］ アデノシン二リン酸．アデノシンのリボースの 5′ 位の炭素にリン酸が二つ結合したもの．ヌクレオチド．

ATP［ATP］ アデノシン三リン酸．アデノシンのリボースの 5′ 位の炭素にリン酸が三つ結合したもの．ヌクレオチドであり酵素の補因子，細胞のエネルギー通貨の一つ．

ADP/ATP 交換体［ADP/ATP exchanger］ ⇒ ATP/ADP 交換体

ATP/ADP 交換体［ATP/ADP exchanger］ ミトコンドリア内膜にある輸送体で，ATP を膜の片側から反対側に，ADP を逆方向に輸送する．

ATP 合成酵素［ATP synthase, ATP synthetase］ ミトコンドリア内膜にある輸送体で，ATP を合成する回転モーターである．10 個（生物種によって異なる）の H^+ で 3 個の ATP を合成する．

Na^+/K^+-ATPase［Na^+/K^+-ATPase］ ナトリウム/カリウム ATPase，カリウム/ナトリウム ATPase，K^+/Na^+-ATPase，ナトリウムポンプなどともいう．動物細胞膜の輸送体．ATP 1 分子の加水分解で，3 個のナトリウムイオン（Na^+）が細胞外に排出され，2 個のカリウムイオン（K^+）が内側に取込まれる．

NADH［NADH］ ニコチンアミドアデニンジヌクレオチドの還元型（nicotinamide adenine dinucleotide, reduced form）の略．エネルギー通貨の一つ．二つのヌクレオチドが結合した形の化合物で強い還元力をもつ．

NADPH［NADPH］ ニコチンアミドアデニンジヌクレオチドリン酸の還元型（nicotinamide adenine dinucleotide phosphate, reduced form）の略．リン酸化された NADH．NADH と同じく強い還元力をもつ．しかし，エネルギー通貨ではな

269

く，細胞質における生合成反応に使われる．

NFAT［NFAT］ カルシウム-カルモジュリン依存性ホスファターゼのカルシニューリンにより脱リン酸されると核に移行する転写因子．

NGF［NGF］ nerve growth factor（神経成長因子）の略．ニューロトロフィン1の古い名前．

NTR［NTR］ ニューロトロフィン受容体．Trkファミリーがニューロトロフィンの受容体チロシンキナーゼであるが，NTRという名前は通常p75 NTRとよばれるデスドメイン受容体に対して使われる．

N末端［N-terminus］ アミノ末端(amino terminus)ともいう．遊離のα-アミノ基をもつペプチドまたはポリペプチドの末端．この端はリボソームで最初につくられる．

エネルギー通貨［energy currency］ 自由エネルギー変化（ΔG）が正でそのままでは進行しない反応を，進行させるのに使われるエネルギー源．ATP，NADH，ミトコンドリア内膜（あるいは細菌の細胞膜）内外の水素イオンの電気化学的勾配，ナトリウムイオンの電気化学的勾配 の4種がエネルギー通貨として働く．エネルギーを放出した後，ATPはADPに，NADHはNAD$^+$となる．

APエンドヌクレアーゼ［AP endonuclease］ 脱プリンまたは脱ピリミジンが起こった糖残基の両側のホスホジエステル結合を切断するDNA修復酵素．APはapurinic（脱プリン）/apyrimidinic（脱ピリミジン）を意味する．

エピジェネティクス［epigenetics］ エピジェネティクスは，遺伝学（genetics）にエピ（epi: 外あるいは上）をつけた言葉．遺伝学が，遺伝子とその変異に起因する表現型とその変化を扱うのに対し，エピジェネティクスは，ヒストンの修飾やクロマチン構造の変化などによる遺伝子発現の変化を介した表現型の変化を扱う．個体発生や細胞分化にかかわる現象で，1個体内の細胞は同一の遺伝子群（ゲノム）をもつが，エピジェネティックに異なる遺伝子発現によって異なる分化細胞になる．

A部位［A site］ アミノアシル部位（aminoacyl site）ともいう．侵入してくるtRNAとそれに結合したアミノ酸によって占められるリボソーム上の部位．

Fas［Fas］ 代謝調節型の細胞表面受容体で，カスパーゼ8を活性化し，アポトーシスをひき起こす．

Fasリガンド［Fas ligand］ CD8$^+$T細胞の膜内在性タンパク質で標的細胞のFasに結合しアポトーシスを誘導する．

Fab［Fab］ 抗体の抗原結合領域．この言葉は完全な抗体分子の一部を表すのにも使われる．

Fc［Fc］ 抗体分子の結晶化可能な領域．この領域は同じクラス（IgM，IgDなど）の抗体で同一であるため結晶化することができる．この用語は完全な抗体で対応する部位を表すのにも用いられる．

Averyの形質転換実験［Avery transformation experiment］ 非病原性肺炎球菌の生菌と病原性肺炎球菌の死菌成分との混合感染により，病原性のある生菌が復活する．この形質転換の因子がDNAであることを発見した．

mRNA［mRNA］ ⇨メッセンジャーRNA

MHC複合体タンパク質［MHC protein］ MHCは major histocompatibility complex（主要組織適合性複合体）の略．すべての体細胞で発現する膜内在性タンパク質ファミリーで，その機能は細胞質やエンドサイトーシスで取込んだタンパク質の分解によって生じた短いペプチドを，巡視しているT細胞に提示すること．

MAPキナーゼ［MAP kinase, MAPK］ マイトジェン活性化プロテインキナーゼ（mitogen associated protein kinase）の略．MAPKとも略す．サイクリンD遺伝子の転写を促進する転写因子など，数多くの標的タンパク質をリン酸化する酵素．

MAPK［MAPK］ ⇨MAPキナーゼ

MAPKK［MAPKK］ MAPキナーゼキナーゼの略．MAPKKKによりリン酸化されて活性化され，MAPKをリン酸化する酵素．

MAPKKK［MAPKKK］ MAPキナーゼキナーゼキナーゼの略．MAPKKをリン酸化して活性化する酵素．最も重要なMAPKKKのアイソフォームは，低分子量GタンパクのRasにより活性化されるRafである．

M期［M phase］ 細胞分裂周期において，細胞が分裂する時期．有糸分裂と細胞質分裂から成る．

MTOC［MTOC］ ⇨微小管形成中心

MyoD［MyoD］ 骨格筋の転写因子であり，ミオシンのような筋肉特異的タンパク質の発現を亢進させるように働く．

遠位の［distal］ 中心から遠くへ離れること．

塩基［base］ 細胞生物学では二つの意味がある：〔1〕H$^+$を受取る分子．アミノ基をもつ多くの有機塩基はH$^+$を受取り－NH$_3^+$になる．〔2〕糖と結合してヌクレオシドを形成する環状の窒素を含む化合物群：アデニン，グアニン，ヒポキサンチン，シトシン，チミン，ウラシルおよびニコチンアミドなど．

塩基除去修復［base excision repair］ プリンを失った（脱プリン）またはシトシンが脱アミノされウラシル（U）に変化したDNAの修復経路．損傷を受けたヌクレオチドは取除かれ，正しいデオキシリボヌクレオチドが挿入される．

塩基対［base pair］ WatsonとCrickのDNA構造モデルは，一方の鎖のグアニンが他方の鎖のシトシンと，アデニンはチミンと，それぞれうまく対合することを示した．この水素結合により結びついた1組の塩基を塩基対とよぶ．RNAも塩基対を形成することは可能で，その場合にはチミンの代わりにウラシルがアデニンと対をつくる．希少塩基であるイノシンはある種のtRNAの中に見いだされるが，ウラシル，シトシン，アデニンのいずれとも塩基対を形成することができる．

塩橋（タンパク質の）［salt bridge (in protein structure)］ アルギニンのような正電荷をもつアミノ酸とアスパラギン酸のような負電荷をもつアミノ酸の静電的結合．

エンタルピー［enthalpy］ 熱（heat）の熱力学的（thermodynamic）な表現．

円柱状の［columnar］ 横幅より高さがあるさま．いくつかの上皮細胞の描写に用いられる．

エンドサイトーシス［endocytosis］ 細胞膜が内側に出芽して小胞を形成するプロセス．細胞が細胞膜を回収したり外界から物質を取込むプロセスにあたる．

エンドソーム［endosome］ 新しくエンドサイトーシスで生じた小胞が移動して融合する細胞小器官．

エンドヌクレアーゼ［endonuclease］ ホスホジエステル結合を切断することにより，核酸を消化する酵素．エキソヌクレアーゼも参照のこと．

エントロピー［entropy］ 系の乱雑さの定量的な表現．

エンハンサー［enhancer］ 遺伝子の転写効率を上昇させるためにタンパク質が結合する特異的なDNA配列．

エンベロープ［envelope］ 細胞小器官を囲む二重膜．いくつかのウイルスの最も外側の膜でもある．

横紋筋［striated muscle］ 骨格筋や心筋におもにみられる縞模様をした筋肉．

岡崎フラグメント［Okazaki fragment］ DNA複製の際にラギング鎖を鋳型に合成される，短い断片．

オートラジオグラフィー［autoradiography］ 放射性分子を検出する方法．たとえば，サザンブロット法で，放射性遺伝子プローブとハイブリダイズさせた膜を直接X線フィルムに接触させる．放射性崩壊はX線フィルムのエマルジョン上の銀粒子を活性化する．そのフィルムを現像すると，放射能がある部分と接触していた領域が黒くみえる．

オプソニン［opsonin］ 標的に結合し，標的に貪食性白血球が引寄せられるようにするタンパク質群．この過程はオプソニン作用といわれる．

オペレーター［operator］ 抑制性タンパク質が，近接するプロモーターからの転写を妨げるために結合するDNA配列．

オペロン［operon］ 同じ代謝系に関与するタンパク質をコードする遺伝子の一群であり，それらは一つのプロモーターの調節下にあって一続きのmRNAから転写される．われわれが知る限り，オペロンは原

核生物だけで見いだされている．

オリゴ糖［oligosaccharide］ 10程度の単糖がグリコシド結合により連結した連続鎖．

オリゴ糖転移酵素［oligosaccharide transferase］ オリゴ糖をタンパク質に付与する酵素．

オリゴヌクレオチド［oligonucleotide］ DNAあるいはRNAの短い断片．

オレイン酸［oleic acid］ $C_{17}H_{33}$-COOH．一つの二重結合をもつ脂肪酸．オリーブ油のおもなアシル基はオレイン酸からできている．

開鎖複合体［open complex］ DNA複製や転写の際に，DNA鎖の解離をひき起こすDNAとタンパク質から成る複合体．

開始因子［initiation factor］ タンパク質合成の開始に際し，mRNA上に大小のリボソームサブユニットが集合するのを補助するタンパク質．真核生物の開始因子はeIF（eukaryotic initiation factor）と略される．

開始信号［start signal］ タンパク質合成開始の合図として，メチオニンの取込みを指令するAUGコドンのこと．

外質［ectoplasm］ 細胞質の粘性でゲル状の外層．

解糖［glycolysis］ グルコースのピルビン酸への分解．

回復打［recovery stroke］ 繊毛の鞭打ちサイクルの一部であり，繊毛が再び押すことができるような位置に戻る．力を発生させる有効打と対比して用いられる用語．

開放型プロモーター複合体［open promoter complex］ 転写が開始されるために，二重らせんのヘリックスが解けるときに形成される構造．

解離因子［release factor］ ⇌ 終結因子

カオトロピック剤［chaotropic reagent］ タンパク質の二次以上の構造を消滅させ，ランダムに変化する形態にする薬剤．尿素など．

化学量論［stoichiometry］ 化学反応に用いられた分子とその生成分子の量的関係．

核［nucleus］ 染色体をもつ細胞小器官で核膜によって覆われている．

核酸［nucleic acid］ ヌクレオチドがホスホジエステル結合を介して連結された重合体．DNAとRNAは核酸である．

拡散［diffusion］ 分子の小さいランダムな熱ゆらぎにより生じる物質の動き．

核小体［nucleolus（pl. nucleoli）］ リボソームの生成に関与する核の領域．

核小体形成領域［nucleolar organizer regions］ 核小体が形成される染色体の領域．

獲得免疫［adaptive immunity］ 脊椎動物のみにみられる免疫システムで，1個体で遺伝子変異，自然選択，および進化が起こることで，これまでに遭遇したことのない脅威に対し防御を行うことができる．

核内低分子RNA［small nuclear RNA, snRNAs］ RNAスプライシングに役割を果たす核において見いだされた低分子RNA．

核膜［nuclear envelope］ 2層の脂質二重膜により構成された核物質と細胞質を隔てる膜．内膜と外膜の融合する場所に物質輸送のための核膜口をもち，外膜は小胞体とつながっている．

核膜孔［nuclear pore］ 核と細胞質間でのタンパク質や核酸の輸送を制御している核膜に開いている孔．

核膜孔複合体［nuclear pore complex］ 核膜孔の周辺や中に存在するタンパク質複合体であり，ゲート型輸送とよばれるメカニズムで核への移行と核からの排出を制御している．

核様体［nucleoid］ 細菌の細胞中で染色体を含んでいる領域．

核ラミナ［nuclear lamina］ ラミン単量体から成る核膜の内側を裏打ちする中間径フィラメントの網目構造．

加算（シナプス部位における）［summation（at synapses）］ 複数のシナプス前部における活動電位がシナプス後細胞の電位に与える加算効果．

加水分解［hydrolysis］ 水の付加による共有結合の分解．-Hが一方に，-OHが他方に付加される．

カスパーゼ［caspase］ システインを含んだプロテアーゼで，アスパラギン酸残基のところで切断する．カスパーゼはアポトーシスで起こる分解反応を担っている．

ガスリー試験［Guthrie test］ ヒールプリック試験（heel prick test）ともいう．フェニルケトン尿症の検査試験．新生児の血液に異常な高濃度のフェニルアラニンが存在するかについて試験する．

仮足［pseudopodium］ アメーバや他のはい回る細胞が移動方向に伸ばす突起．

カチオン［cation］ 正に荷電したイオン，たとえばNa^+，K^+，Ca^{2+}．

褐色脂肪細胞［brown fat］ 熱発生に特化した細胞．普通の細胞では，ADPが枯渇するなどATP合成酵素が停止すると，電子伝達系はH^+勾配と平衡して止まってしまう．しかし，褐色脂肪細胞では，ミトコンドリア内膜のサーモゲニンがH^+勾配を下る方向にH^+を流しH^+勾配を解消してくれるので，電子伝達系の活性は高いままである．

活性化エネルギー［activation energy］ 化学反応での反応物と生成物の間のエネルギー障壁の高さ．

活性部位［active site］ 酵素の中で基質が結合し反応が起こる場所．

活動電位［action potential］ 細胞膜における一過性の爆発的脱分極．

滑面小胞体［smooth endoplasmic reticulum, SER］ リボソームが結合していない小胞体の領域．脂質の合成やカルシウムイオンの蓄積および刺激に応答した放出にかかわる．

カドヘリン［cadherin］ 接着結合の形成を助ける細胞接着分子．

β-ガラクトシダーゼ［β-galactosidase］ 二糖であるラクトースをグルコースとガラクトースに分解し，ラクトースとアロラクトースを相互転換させる反応を触媒する酵素である．β-ガラクトシダーゼは，lacオペロンの産物である．

カリウムチャネル［potassium channel］ 多くの細胞の細胞膜に存在するチャネルで，カリウムイオンを通す．

カリウム/ナトリウムATPase［potassium/sodium-ATPase］ ⇌ Na^+/K^+-ATPase

下流［downstream］ 物体が動く方向を意味する一般的な語句．DNAや遺伝子に対して使われる場合，転写開始点に隣接するRNAに転写される領域を意味する．シグナル経路に使われる場合，シグナルが伝わる方向を意味する．たとえば，MAPキナーゼはRasの下流である．

カルシウムイオン自身が引き金となって起こるカルシウムイオンの放出［calcium induced calcium release］ 細胞質のカルシウムイオン濃度上昇が引き金となって小胞体からより多くのカルシウムイオンが流出する過程．リアノジン受容体を介するものが最もよく知られている．

カルシウムATPase［calcium ATPase, Ca^{2+}ATPase］ ATPの加水分解から得られるエネルギーを使って，濃度勾配に逆らって細胞質からカルシウムイオンをくみ出す輸送体．細胞膜や小胞体には異なったアイソフォームが存在する．

カルシウム-カルモジュリン依存性プロテインキナーゼ［calcium-calmodulin activated protein kinase］ CaMキナーゼ（CaM-kinase）ともいう．カルシウムが結合したカルモジュリンにより活性化されるタンパク質キナーゼであり，標的タンパク質のセリンおよびトレオニン残基をリン酸化する．

カルシウム結合タンパク質［calcium binding protein］ カルシウムと結合するタンパク質．カルモジュリン，トロポニン，カルレティキュリンはそれぞれ細胞質に，横紋筋のアクチンフィラメントに結合した，そして，小胞体内に存在する例である．

カルシウムポンプ［calcium pump］ 電気化学的勾配に逆らって，細胞質から細胞外へ，あるいは小胞体内へカルシウムイオンを運ぶ輸送体．2種類の重要なカルシウムポンプがある．一つは細胞膜に存在するナトリウム/カルシウム交換体で，もう一つはカルシウムATPaseである．後者には細胞膜にあるもの，小胞体にあるものなど，いろいろなアイソフォームがある．

カルシニューリン［calcineurin］ カルシウム-カルモジュリン依存性ホスファターゼで，キナーゼの作用とは逆に，タンパク質からリン酸基を除去する酵素であ

る．免疫抑制剤のシクロスポリンによって阻害される．

カルビン回路［Calvin cycle］　大気中の二酸化炭素を固定して糖を合成する一連の反応系．葉緑体に存在する．

カルボキシ基［carboxyl group］　-COOH 基．カルボキシ基は水素イオンを手放して脱プロトンした -COO⁻基になるので，カルボキシ基をもつ分子は通常は酸である．

カルボキシ末端［carboxy terminus］　⇌ C 末端

カルボキシ化［carboxylation］　カルボキシ基（-COOH）が導入されること．

カルモジュリン［calmodulin］　多くの細胞にあるカルシウム結合タンパク質で，カルシニューリンやグリコーゲンホスホリラーゼキナーゼなどを活性化する．

間期（細胞周期の）［interphase］　ある細胞分裂からつぎの細胞分裂までの間で，合成と成長が起こる時期．細胞分裂周期の G_1，S，G_2 期から成る．

還元［reduction］　たとえば水素原子を付与すること，あるいは酸素原子を取除くことにより，電子を化合物に付与すること．

還元剤［reducing agent］　電子を他に与えて，それにより自身は酸化される試薬．NADH は還元剤．

幹細胞［stem cell］　異なった性質を有する細胞系列へと分化する能力（多分化能）と細胞分裂を経ても多分化能を維持し続ける能力（自己複製能）を併せもった未分化な細胞．

間接免疫蛍光［indirect immunofluorescence］　特定のタンパク質や細胞内構造体に対する一次抗体を標識するために蛍光標識した二次抗体を用いる技術．二次免疫蛍光ともいう．

キアズマ［chiasma（pl. chiasmata）］　減数分裂期において，相同染色体の染色分体間での交差によって形成される構造．遺伝的組換えの物理的な現れ．

偽遺伝子［pseudogene］　変異が入っているために，機能をもつタンパク質をもはやコードしていない遺伝子．

基質［matrix］　増殖や付着できる固形の基盤という意味で用いられることが多い．この単語はコラーゲンや繊維から成る動物細胞の細胞外マトリックスのことを示すことが多い．

基質［substrate］　通常の英語では"堅い土台"の意味だが，生物学では，
(1) 酵素によって触媒される反応の反応物のことで，たとえば"ラクトースは β-ガラクトシダーゼの基質である"といわれる．
(2) "コラーゲンは細胞接着のよい基質である"と使用されるように，細胞が生育したり動くときの基盤をいう．

基底板［basal lamina］　基底膜の別称であり，上皮細胞を支持する細胞外マトリックスの薄い膜．時として，インテグリンや他の膜内在性タンパク質によって上皮細胞の細胞膜や細胞骨格と直接結合している薄膜をラミナとよぶこともあるが，一般的ではない（基底膜を参照）．

基底膜［basement membrane］　上皮細胞を支えている細胞外マトリックスの薄い層のことをさす．膜の厚さにより基底板（basal lamina）と使い分けされることもあるが一般的ではない（基底板を参照）．

キナーゼ［kinase］　ATP のリン酸基を分子に転移することにより，分子をリン酸化する酵素．

キネシン［kinesin］　微小管に沿った順行輸送に関与する分子モータータンパク質．

ギブズの自由エネルギー［Gibbs free energy］　反応の前と後で比べてギブズの自由エネルギー変化が負であれば，その反応は進行することが可能である．実際の反応速度は，活性化エネルギーの大きさで決まる（大きいほど速度は遅い）．

キメラ［chimera］　二つの異なった部分から形成された構造．キメラタンパク質は，二つの異なった遺伝子の部分をコードするタンパク質の全体もしくは一部を一緒につなぐことにより生じる．キメラ組織は二つもしくはそれ以上の異なった細胞のクローンを混合することにより形成される．

キメラタンパク質［chimeric protein］　二つの異なった遺伝子の部分をコードするタンパク質の全体もしくは一部を一緒につなぐことにより生じる．たとえば，緑色蛍光タンパク質（GFP）と興味の対象のタンパク質とをつなぐ．

逆遺伝学［reverse genetics］　配列既知で機能未知の遺伝子について，その機能を明らかにしていく研究．

逆転写［reverse transcription］　RNA の配列情報をコピーして DNA をつくる過程．

逆転写酵素［reverse transcriptase］　ある種のウイルスがもつ酵素で，RNA の配列情報をコピーして DNA をつくることができる．

逆平行 β シート［antiparallel β sheet］　ペプチド鎖が交互に方向を変えながら平行にそろう β シート構造．

逆行輸送［retrograde transport］　後戻りするような動き．軸索輸送に適用する場合には，細胞体に向かう輸送を意味する．

キャップ［cap］　真核生物の mRNA の 5′末端に付加されるメチル化グアニン．

ギャップ 0［gap 0］　⇌ G_0
ギャップ 1［gap 1］　⇌ G_1
ギャップ 2［gap 2］　⇌ G_2

ギャップ結合［gap junction］　細胞間結合の一つであり，細胞外を経ることなく，一つの細胞と隣合う細胞の間で溶質の受渡しを可能にする．ギャップ結合はたくさんの対になったコネクソンによって形成される．

ギャップ結合チャネル［gap junction channel］　二つのコネクソンで形成されたチャネル．コネクソンは他の細胞のコネクソンと相互作用したときにのみ開き，直径 1.5 nm のチャネルを形成することができる．これにより，細胞膜を貫通し，さらに細胞間の小さな隙間を通抜け，つぎの細胞膜を貫通した水性の液で満たされた管が形成されるため，ある細胞の細胞質から他の細胞の細胞質へと溶質を運ぶことができる．

嗅神経細胞［olfactory neuron］　匂い分子に反応する鼻腔内の神経細胞．細胞体から伸びている樹状突起にある受容体で匂い物質を感知し，信号を脳へと送る．

9+2 軸糸［9+2 axoneme］　繊毛と鞭毛の構造体．九つの周辺二連微小管が中央の 2 本の微小管を取囲む配置のことをいう．

共有結合［covalent bond］　二つの原子間で電子が共有された強い結合．

供与体［donor］　与えるもの．水素結合では，供与体は水素が共有結合しており，二つ目の電子を受取る原子に電子の一部を与える原子（酸素，窒素および硫黄）である．

局在化配列［localization sequence］　合成されたタンパク質を，細胞内のどの区画に配送するかを決定するポリペプチド中のアミノ酸配列．

極　性［polar］　共有結合において電子が不均等に分布している状態であり，原子が部分電荷をもっている．極性の分子は静電的な相互作用と水素結合により水分子と相互作用している．

巨大分子［macromolecule］　大きな分子（訳注：macromolecule は巨大分子とよばれることもあるが，高分子とよばれることも多い．polymer が単量体の繰返し構造であるのに対して，macromolecule はたとえば，同一アミノ酸の繰返しでないようなポリペプチドなどを区別する用語として使われている．しかしながらポリペプチドも一般的には広義の高分子に含まれているので，翻訳では macromolecule と polymer を区別していない）．

キラー T 細胞［T killer cell］　膜内在性タンパク質 CD8 を発現する T 細胞．キラー T 細胞は，新規なペプチドを提示する体細胞を殺す．

近位の［proximal］　中心の近くに位置すること．

筋小胞体［sarcoplasmic reticulum］　横紋筋にみられる滑面小胞体の一種．カルシウムイオン濃度の調節に関係がある．

筋　肉［muscle］　筋繊維の束であり，収縮力を発生させることに特化した組織．

グアニル酸シクラーゼ［guanylate cyclase］　GTP から cGMP を産生する酵素ファミリーの一つ．本書では 2 種類のアイソフォームを取上げている．視細胞に存在するタイプは恒常的に活性型であり，常に cGMP を産生し続ける．平滑筋細胞に存在するタイプは一酸化窒素によって活性化される．

グアニン［guanine］ DNAとRNAに含まれる塩基の一つ．グアニンはプリン塩基の一種である．

グアニンヌクレオチド交換因子［guanine nucleotide exchange factor］ ⇨ GEF

グアノシン［guanosine］ リボース糖と結合したグアニン．グアノシンはヌクレオシドの一種である．

空間的加算［spatial summation］ シナプス前部における1細胞のみによる活動電位ではシナプス後細胞の活動電位をひき起こすのに十分な脱分極とならなくても，複数のシナプス前細胞が同時に脱分極することでシナプス後細胞に活動電位発生をもたらす現象．

クエン酸回路［citric acid cycle］ クレブス回路（Krebs cycle），トリカルボン酸回路（tricarboxylic acid cycle），TCA回路（TCA cycle）ともいう．ミトコンドリアマトリックス内の一連の反応．この反応によって酢酸は完全に酸化されて二酸化炭素となり，それに付随してNAD$^+$はNADHに，またFADはFADH$_2$に還元される．

屈折率［refractive index］ 物質中を光が通過する際の真空中の光速に対する光の減速率を表す．

組換え［recombination］ DNAの切出しと貼付け．組換えは減数分裂のキアズマで起こり，また，胚性幹細胞では挿入突然変異をひき起こす．

組換えタンパク質［recombinant protein］ 組換えプラスミドやその他のクローニングベクターに組込まれた外来DNAから発現されたタンパク質．組換えタンパク質は，細菌，酵母，昆虫あるいは哺乳動物細胞で発現される．

組換えDNA［recombinant DNA］ 二つあるいはそれ以上の異なる由来のDNAから人工的につくられたDNA分子．

組換えプラスミド［recombinant plasmid］ 外来のDNA配列が組込まれたプラスミド．

クラススイッチ［class switching］ B細胞をIgDやIgMを発現するものから，IgA，IgEもしくはIgGを発現するものに変える過程．クラススイッチはμやδ部位の恒久的変化であり，いくつかの数の他の部位が重鎖遺伝子座より除去される．

クラスリン［clathrin］ 特定のリガンド結合に応答して小胞の出芽をひき起こすタンパク質．

クラスリンアダプタータンパク質［clathrin adaptor protein］ 特定の膜貫通受容体に結合してクラスリンを集め，被覆小胞をつくるタンパク質．小胞の中身は受容体に特異的な分子．

グリア細胞［glial cells］ 神経系にみられる電気的に非興奮性の細胞．

グリオキシル酸［glyoxylate］ CHO-COO$^-$．さまざまな代謝経路における中間物質．

グリコーゲン［glycogen］ 容易に加水分解されてグルコースを生成物として与えるグルコースの高分子．グルコースのα1→4高分子でα1→6分岐をもつ．

グリコーゲンホスホリラーゼ［glycogen phosphorylase］ グリコーゲンからグルコース1-リン酸単量体を遊離する酵素．グルコース1-リン酸は，その後，グルコース6-リン酸に変換され，呼吸鎖で使用されたり，脱リン酸されてグルコースとなり，血中に遊離される．

グリコーゲンホスホリラーゼキナーゼ［glycogen phosphorylase kinase］ ホスホリラーゼキナーゼ（phosphorylase kinase）ともいう．カルシウム-カルモジュリン複合体によって活性化されるキナーゼであり，グリコーゲンホスホリラーゼをリン酸化し，活性化する．

グリコシド結合［glycosidic bond］ 単糖残基を連結する結合で，炭素骨格が酸素を介して連結して水分子が失われている．

グリコシル化［glycosylation］ 糖鎖付加ともいう．タンパク質または脂質への糖残基の付加．

クリステ［cristae］ ミトコンドリアの内膜に存在する折りたたまれた構造の名前．

グリセリド［glyceride］ グリセロール骨格に置換基が結合して形成される化合物．トリアシルグリセロール（前にはトリグリセリドとよばれていた）およびリン脂質はグリセリドである．

グリセロール［glycerol］ CH$_2$OH-CHOH-CH$_2$OH．アシル基（脂肪酸鎖）が結合してトリアシルグリセロールやリン脂質を形成するための骨格．

グルココルチコイド［glucocorticoid］ 血糖値の調節系の一部を担う副腎皮質で産生されるステロイドホルモン．

グルココルチコイド受容体［glucocorticoid receptor］ グルココルチコイドホルモンが結合する細胞内受容体．

グルコース［glucose］ ヘキソースの一種．グルコースは血液中の最も一般的な糖で，動物の主要な細胞エネルギー源であり，ATPとピルビン酸を生成するために解糖系で使用され，ピルビン酸はクエン酸回路の駆動力となる．

グルコース輸送体［glucose carrier］ グルコースを細胞の内外に運ぶ細胞膜タンパク質．骨格筋細胞のようなある種の細胞では，プロテインキナーゼBが活性なときにグルコース輸送体を細胞膜に運ぶ．

クレブス回路［Krebs cycle］ ⇨ クエン酸回路

クロストーク［crosstalk］ 二つのシグナル伝達系において，一つの細胞内メッセンジャーがもう一つのシグナル伝達系も制御すること．

クローニング［cloning］ 厳密にたくさんの遺伝的に同一な生物をつくり出すこと．分子遺伝学においては，この言葉は，細菌細胞の分裂のように無性的なプロセスによる，特定配列のDNAの増殖を意味することに使われている．

クローニングベクター［cloning vector］ 遺伝子を運ぶDNA分子で，細胞に導入することができ，細胞内で複製される．クローニングベクターの大きさはプラスミドから人工染色体全体までさまざまである．

クロマチン［chromatin］ DNAとヒストンなどのDNA結合タンパク質から成る複合体．

クロロフィルⅡ［chlorophyll］ 植物および藻類の主要な光合成色素分子．

クローン［clone］ 遺伝的に同一な個体群．

クローンライブラリー［clone library］ 異なった外来性cDNA分子を個々に含む細菌細胞のコレクション．

軽鎖［light chain］ 抗体を構成する二つのポリペプチド鎖のうちの短い方．

形質細胞［plasma cell］ B細胞が分化した細胞．免疫グロブリンを産生する．

形質転換［transform, transformation］ 一般的な英語での意味に加え，分子遺伝学では細胞に外来DNAを導入することをいう．

K$^+$/Na$^+$-ATPase［K$^+$/Na$^+$-ATPase］ ⇨ Na$^+$/K$^+$-ATPase

K_M［K_M］ ⇨ ミカエリス定数

血管拡張剤［vasodilator］ 血管平滑筋を弛緩させ血管を拡張させる薬剤．

血管収縮剤［vasoconstrictor］ 血管（血管平滑筋）を収縮させる薬剤．

血管組織［vascular tissue］ 血管と同義．

結合組織［connective tissue］ 少しの細胞と大量の細胞外マトリックスから成る組織のこと．

結合部位［binding site］ リガンドと特異的に結合するタンパク質の領域．タンパク質の三次元構造に依存する．

血小板［platelet］ 核をもたないが，細胞膜や小胞体をもっている細胞の断片．血小板は血液凝固の過程において重要であり，また，血小板由来増殖因子を分泌する．

血小板由来増殖因子［platelet-derived growth factor］ PDGFと略す．内皮細胞や平滑筋などの標的細胞に対して，アポトーシスの抑制や細胞分裂の促進をひき起こすパラ分泌伝達物質．

ケトーシス［ketosis］ 極端な飢餓や糖尿病でみられるケトン体の過剰産生．

ゲートのある［gated, gating］ 膜を貫通したチューブを閉じられるようにチャネルが構造を変えることができる場合，"ゲートのあるチャネル"などと表現する．

ゲートを利用した輸送［gated transport］ 完全に折りたたまれたタンパク質の細胞内ポアを通しての輸送．

ケトン［ketone］ 他の二つの炭素との単結合および酸素との二重結合をもつ炭素原子を含む有機化合物．アセトン（CH$_3$-CO-CH$_3$）やアセト酢酸（CH$_3$-CO-CH$_2$-COO$^-$）はケトンである．

用語解説

ケトン体［ketone bodies］ アセト酢酸（$CH_3\text{-}CO\text{-}CH_2\text{-}COO^-$）と3-ヒドロキシ酪酸（$CH_3\text{-}CHOH\text{-}CH_2\text{-}COO^-$）．脂肪から形成される循環エネルギーであり，絶食時に体組織にエネルギーを供給するために使用される．アセト酢酸は徐々に二酸化炭素を失い，アセトンになる．

ゲノム［genome］ 生物の遺伝子群から成る一つの完全なセット．ヒトにおいて，ゲノムは23個の染色体から成り，おのおのの細胞は2セットずつもっている．

ゲノムDNAライブラリー［genomic DNA library］ 外来ゲノムDNAのさまざまな断片を含む細菌クローンの集合体．

ケラチン［keratin］ 上皮細胞において中間径フィラメントをつくるタンパク質．

ゲルゾリン［gelsolin］ アクチンフィラメントに結合して断片化をひき起こすアクチン結合タンパク質．

原核生物の［prokaryotic］ 明確な核や細胞小器官をもたない細菌などの細胞形態．

嫌気性［anaerobic］ 空気がない状態．偏性嫌気性菌は酸素によって死滅するため，嫌気性環境下でのみ機能することができる．酵母や骨格筋などの他の細胞は，酸素がない状態下では，嫌気的解糖を使用するように切替えることができる．

嫌気的解糖［anaerobic glycolysis］ 無酸素状態下における糖類や他の細胞エネルギーの部分的分解．

原形質連絡［plasmodesmata（singular；plasmodesma）］ 植物に特有の細胞間結合の一種である．ギャップ結合よりも大きな孔を形成し，二つの細胞の間で物質を通過させる．

減数分裂［meiosis］ 配偶子（細胞をつくる遺伝物質の半分だけをもつ細胞）を生成する細胞分裂の様式．

減数分裂紡錘体［meiotic spindle］ 第一減数分裂期および第二減数分裂期の染色体分離の際に現れる，両極性の微小管から成る構造．

光学異性［chiral］ 自身の鏡像と重ね合わせることができない構造．炭素原子に四つの異なるグループが結合する有機化合物はこの構造をもつ．

光学異性体［optical isomer］ 鏡像の関係にある二つの分子．

後期（細胞分裂の）［anaphase］ 有糸分裂や減数分裂で，姉妹染色分体や相同染色体対が分離する時期であり，後期Aと後期Bから成る．

後期Ⅰ［anaphase Ⅰ］ 第一減数分裂（減数分裂Ⅰ）の後期．

後期Ⅱ［anaphase Ⅱ］ 第二減数分裂（減数分裂Ⅱ）の後期．

後期A［anaphase A］ 後期の中で，染色体が紡錘体極に向かって動いていく時期．

後期B［anaphase B］ 後期の中で，紡錘体極が離れていく時期．

抗原［antigen］ 抗体や主要組織適合性複合体タンパク質に提示された場合にはT細胞受容体に高い親和性で結合することのできるすべての分子．

膠原質（コラーゲン）［collagen］ 細胞外マトリックスの主要構造タンパク質．

光合成［photosynthesis］ 光のエネルギーで，複雑な有機化合物を合成し，水を酸化して分子状酸素を生じる反応．

交差［crossing over］ 組換えの際，相同染色体間で起こる物理的な物質の交換で，キアズマ形成時にみられる．

恒常的［constitutive］ 何の制御も受けずに常時作動していること．常時発現しているハウスキーピング遺伝子は時には恒常的遺伝子とよばれる．常時分泌されるタンパク質は，恒常的経路を介していると考えられている．

恒常的活性型［constitutively active］ 常時活性型になるように変異が入ったあるいは修飾されたタンパク質．恒常的活性型の酵素は，通常の調節因子が存在しなくても活性型である．恒常的活性型のGTPaseは，GTP交換因子が存在しなくても下流の標的タンパク質や酵素を活性化する．恒常的活性型のGTPaseを作製する簡単な方法は，酵素活性を欠失させることであり，この変異体は，GTPを加水分解することができないために，GTPが結合した活性型にとどまっている．

構成的分泌［constitutive secretion］ 常時継続して行われる分泌．サイトゾルのカルシウム濃度の上昇などのシグナルを必要としない．

抗生物質［antibiotic］ 生物が産生し，タンパク質合成などを阻害して他の生物の増殖を抑制する化学物質の総称．ヒトにとっては原核生物に対する抗生物質が最も有用である．

酵素［enzyme］ 生物学的な触媒．すべての触媒と同様に反応の活性化エネルギーを下げることで酵素は機能する．

抗体［antibody］ 免疫システムによりつくられるタンパク質で，他の化学物質に結合しその排除を助ける．抗体はそのリガンドに関し非常に選択的で，免疫蛍光顕微鏡法やウェスタンブロット法など細胞生物学の多くの面で有用である．

高分子［polymer］ 同一あるいは類似の構成単位の長鎖からできている化合物．

絞輪（ミエリン化軸索の）［node（of a myelinated axon）］ 隣り合うミエリンの間隙をさす．この部分では神経細胞膜は細胞外液と直接接触する．発見者Louis Ranvierに因み，ランビエ絞輪ともよばれる．

骨格筋細胞［skeletal muscle cell］ 大きな多核筋細胞であり骨に結合している．肉の切り身のほとんどが骨格筋である．

固定結合［anchoring junction］ ある細胞の細胞骨格を隣接する細胞の細胞骨格に連結する細胞間結合のクラスであり，物理的に強固な結合が形成される．固定結合には二つのタイプ，すなわち中間径フィラメントをつなぐデスモソームと，アクチンマイクロフィラメントをつなぐ接着結合がある．

コートマー［coatamer］ 被覆小胞の一つのタイプを包込むタンパク質複合体．平らな膜上にコートマーのコートを形成することで膜を変形させ，小胞を形成する．

コドン［codon］ mRNA分子中で特定のアミノ酸を指定する3塩基の配列．

コネクソン［connexon］ 膜内在性タンパク質であり，他の細胞のコネクソンと相互作用することで，直径1.5 nmのチャネルを形成することができる．これにより，細胞膜を貫通し，さらに細胞間の小さな隙間を通抜け，つぎの細胞の細胞膜を貫通した水性の液で満たされた管が形成されるため，ある細胞の細胞質から他の細胞の細胞質へと溶質を運ぶことができる．

コヒーシン［cohesin］ 二つの染色分体を一緒にくっつけておくタンパク質．有糸分裂や減数分裂の後期開始に際して，コヒーシンが分解され，二つの染色分体が分離する．

ゴルジ体［Golgi apparatus］ グリコシル化やタンパク質の修飾が行われる平板化した一連の細胞小器官．

コルヒチン［colchicine］ イヌサフラン（*Colchicum autumnale*）由来の植物毒素であり，チューブリンに結合する．

コレステロール［cholesterol］ 四つの環状構造が融合し，一方に短い炭化水素鎖が，もう一方にヒドロキシ基が結合した疎水性分子．コレステロールは真核生物の膜の構成因子であり（原核生物では異なる），膜の流動化の維持に働く．ステロイドホルモンはコレステロールより合成される．

コンティグ［contig］ ゲノム地図をつくり上げるのにともに使われる重なり合う長さのDNA．

コンピテント［competent］ 分子遺伝学では，塩化カルシウムのような溶液で処理した培養細菌をさす．これにより，外来性DNAの取込みが亢進する．

サイクリックアデノシンーリン酸［cyclic adenosine monophosphate］ ⇌ cAMP

サイクリックグアノシンーリン酸［cyclic guanosine monophosphate］ ⇌ cGMP

サイクリン［cyclin］ 細胞分裂周期を通して発現量が周期的に変動するファミリータンパク質の一つ．サイクリンはサイクリン依存性キナーゼと結合，活性化し，細胞周期のチェックポイントを通過させる．

サイクリン依存性キナーゼ阻害因子［cyclin dependent kinase inhibitors］ CKIと略す．細胞周期制御タンパク質の一種．CDKと結合し，不活性化させる．

サイクリン依存性プロテインキナーゼ［cyclin dependent protein kinase］ CDKと略す．細胞周期を制御するプロテインキナーゼファミリーの一つ．サイクリン依存性キナーゼはサイクリンタンパク質ファミ

リーの一つと結合したときに活性化する．たとえば，CDK1はサイクリンBと結合し，G_2/M移行を制御する一方，CDK2はサイクリンDやサイクリンEと結合し，G_1/S移行を制御する．CDK1，2，4，6も参照のこと．

最終分化した［terminally differentiated］細胞分裂周期へ戻ることができない細胞を表す用語．神経細胞は最終分化しており，グリア細胞はそうではない．

最大速度（酵素触媒反応の）［maximal velocity（of an enzyme catalyzed reaction）］酵素量が一定のときに基質濃度が増加した反応初速度の極限値．酵素が基質で飽和したときに起こる．V_mやV_{max}と書かれる．

サイトカイン［cytokine］特に免疫システムに重要な伝達分子の大きなファミリーの一つ．

再分極［repolarization］脱分極後に膜電位が正常な静止電位に戻ること．

細 胞［cell］生物の基本単位．自己複製が可能な膜で囲まれたタンパク質や核酸，その他さまざまな成分の集合体．

細胞外液［extracellular medium］細胞の外側の水溶性の液体．単細胞生物では細胞外液は外界であり，ヒトなどの多細胞生物では細胞外液は間質液のことである．

細胞外マトリックス［extracellular matrix］哺乳類細胞を囲み，支持している繊維からできた網目構造．おもな構成成分はコラーゲンである．

細胞化学［cytochemistry］細胞を，特異的な細胞構造や細胞小器官を染色する化学物質を使用して解析する学問のこと．

細胞学［cytology］光学顕微鏡を用いて細胞の微細構造を研究すること．

細胞間結合［cell junctions］組織における細胞間相互作用の場であり，密着結合，固定結合，ギャップ結合などがある．

細胞周期［cell cycle］細胞分裂周期ともいう．真核生物の細胞分裂を実行させるための順序だった連続的な現象．G_1，S，G_2，M期から成る．

細胞骨格［cytoskeleton］微小管，マイクロフィラメント，中間径フィラメントにより構成される細胞質の線維状の構造．

細胞質［cytoplasm］細胞内の半粘性の基質部分．核以外の細胞膜に囲まれた領域．

細胞質［cytosol］細胞小器官や細胞骨格が浸っている粘性のある水性の液体．

細胞質ダイニン［cytoplasmic dynein］細胞小器官を微小管に沿って逆行輸送するモータータンパク質．

細胞質分裂［cytokinesis］細胞が二つに分裂する過程．細胞分裂周期のM期の一部．

細胞傷害性T細胞［cytotoxic T cell］不可欠な膜内在性タンパク質CD8を発現するT細胞．細胞傷害性T細胞は新規ペプチドを提示する体細胞を殺す．

細胞小器官［organelle］ミトコンドリア，葉緑体，リソソームのような膜に覆われた細胞内の構造．

細胞接着分子［cell adhesion molecule］細胞間の接着に関与する膜内在性タンパク質．細胞外ドメインは別の細胞の細胞接着分子に結合するのに対して，細胞内ドメインは直接，あるいはリンカータンパク質を介して細胞骨格に結合する．

細胞中心［cell center］真核細胞の核のすぐ近傍の場であり，中心体やゴルジ体が局在化している．

細胞内受容体［intracellular receptor］細胞膜上ではなく細胞内にある受容体で，細胞膜透過可能な伝達分子と結合する．

細胞内メッセンジャー［intracellular messenger］細胞外刺激や細胞内現象に応答して，濃度が変化する細胞内分子．一般に知られている細胞内メッセンジャーとして，カルシウムイオン，cAMP，cGMPがあげられる．

細胞表層膜［cell surface membrane］細胞膜（形質膜）に対する別名．

細胞分裂周期［cell division cycle］⇨細胞周期

細胞壁［cell wall］植物や真菌そして多くの原核生物を囲んでいる強固な入れ物．細胞壁は細胞膜の外側に構築され，植物の細胞壁はセルロースやその他の多糖類から構成されている．

細胞膜［plasma membrane, plasmalemma, cell membrane］形質膜ともいう．細胞を取囲む膜構造．

サザンブロット法［Southern blotting］大きさによって分離したDNAを，一本鎖cDNAプローブを用いて検出する手法．

サテライトDNA［satellite DNA］タンデムに何度も繰返されるDNA配列．

サルコメア［sarcomere］横紋筋の収縮単位．

酸［acid］H^+を水に与えやすい分子．ほとんどの有機酸はカルボキシ基をもつ化合物であり，チオール（-SH）も弱酸である．

酸 化［oxidation］たとえば電子を応分の取り分よりも引寄せる傾向のある酸素原子が付与されることで分子から電子が除かれること．分子から水素原子を取除くことで酸化する．（H^+を失う脱プロトンと混同しないように）

酸化剤［oxidizing agent］分子の原子がもっている電子の取り分を減らす役割をする試薬．酸化剤はしばしば酸素原子を付与するか水素原子を取除く働きをする．（HでなくH^+を受取る塩基と混同しないように）．

残 基［residue］残されているもの．化学では，分子が一部を失って大きな分子に組立てられるとき，大きな分子の一部を構成している部分を残基とよんでいる．たとえば，水の要素を失ってポリペプチドに組立てられるアミノ酸は，アミノ酸残基とよばれる．

三次構造［tertiary structure］単一ポリペプチド鎖のタンパク質の生物学的に活性をもつ三次元構造．多くは二次構造をもっているが，側鎖間の相互作用が決定的．

三量体の［trimeric］"3サブユニットからできている"の意．

三リン酸［triphosphate］三つのリン酸基が連続して結合したもの．ATPのようなヌクレオシドの三リン酸は最もよくみられる例である．

cip1［cip1］細胞周期のS期進行を阻害するサイクリン依存性キナーゼ阻害タンパク質をコードしている遺伝子．p21Cip1の発現は細胞間接触によって増加する．

Gアクチン［G-actin］球状のアクチンサブユニット．

ジアシルグリセロール［diacylglycerol, DAG］グリセロール骨格に2個のアシル基（脂肪酸鎖）がエステル結合で結合した化合物．ジアシルグリセロールはリン脂質にホスホリパーゼCが作用することによって生成され，プロテインキナーゼCの活性化に寄与している．

ジアゼパム［diazepam］GABA受容体チャネルの開口を促進し，塩化物イオンの透過を促す抗不安薬．

シアノバクテリア［cyanobacteria］以前は藍藻類として知られていた光合成原核生物．

CRP［CRP］⇨カタボライト活性化タンパク質

Grb2［Grb2］増殖因子受容体結合タンパク質2（growth factor receptor binding protein number 2）の略．SH2ドメインをもっているのでチロシンキナーゼ型受容体のリン酸化チロシン残基へよび込まれ，ついで，Rasのグアニンヌクレオチド交換因子（GEF）であるSOSを細胞膜へよび込むリンカータンパク質．

GEF［GEF］グアニンヌクレオチド交換因子（guanine nucleotide exchange factor）の略．GTPaseからのGDPの解離を加速することでGTPへの交換を促す．GTPaseは不活性型から活性型にスイッチされる．

GEFS（熱性痙攣を伴う全身てんかん）［GEFS］generalized epilepsy with febrile seizuresの略．小児に比較的よくみられるてんかんで，通常，自然に治る．GEFS+は6歳をすぎても発作が起こるまれなタイプである．

JAK［JAK］I型サイトカイン受容体と共役している細胞質内のチロシンキナーゼ．サイトカインが受容体に結合するとJAKは活性化され，STAT転写因子などの標的タンパク質をリン酸化する．

JNK［JNK］ストレス刺激により活性化されるプロテインキナーゼで，細胞修復を促進し，アポトーシスを誘導する．

CaMキナーゼ［CaM-kinase］⇨カルシウム-カルモジュリン依存性プロテインキナーゼ

cAMP［cAMP］サイクリックア

デノシン—リン酸（cyclic adenosine monophosphate）の略．アデニル酸シクラーゼの作用によりATPから産生されるヌクレオチドであり，細胞内メッセンジャーとして機能する．

cAMP依存性チャネル［cAMP gated channel］匂い感受性神経細胞の細胞膜に存在するチャネルであり，cAMPがこのチャネルの細胞質側領域に結合すると開口し，ナトリウムイオンとカリウムイオンを通す．

cAMP依存性プロテインキナーゼ［cAMP-dependent protein kinase］プロテインキナーゼA（protein kinase A, PKA）ともいう．細胞内メッセンジャーのcAMPによって活性化されるセリン-トレオニンプロテインキナーゼ．

cGMP依存性プロテインキナーゼ［cGMP-dependent protein kinase］プロテインキナーゼG（protein kinase G, PKG）ともいう．細胞内メッセンジャーのcGMPによって活性化されるプロテインキナーゼであり，カルシウムATPaseなどのタンパク質のセリンおよびトレオニン残基をリン酸化する．

cAMP受容体タンパク質［cAMP receptor protein, CRP］cAMPに結合する原核生物のタンパク質．CRP-cAMP複合体はいくつかの細菌オペロンのプロモーター領域に結合し，RNAポリメラーゼがプロモーターに結合するのを補助している．

cAMPホスホジエステラーゼ［cAMP phosphodiesterase］cAMPを加水分解してAMPを産生する酵素であり，この酵素の作用によってcAMPを介するシグナル伝達系を遮断する．

G$_s$［G$_s$］三量体Gタンパク質のアイソフォームの一つであり，アデニル酸シクラーゼを活性化してcAMP濃度を上昇させる．

GAP［GAP］⇒GTPase活性化タンパク質

GABA（γ-アミノ酪酸）［GABA（γ-amino butyric acid）］神経細胞の形質膜中の塩化物イオンチャネルを開く作用をもつγ-アミノ酸．$NH_3^+-CH_2-CH_2-CH_2-COO^-$が中性のpHでみられる構造である．

CF［CF］⇒嚢胞性線維症
GM［GM］⇒遺伝子組換え体
-COOH［-COOH］⇒カルボキシ基

時間的加算［temporal summation］シナプス前部における1細胞による活動電位ではシナプス後細胞の活動電位をひき起こすのに十分な脱分極にならなくても，同じシナプス前細胞で短時間に連続した活動電位が起こることにより，シナプス後細胞の活動電位発生をもたらす現象．

色素性乾皮症［xeroderma pigmentosum］不完全なDNA修復酵素によってひき起こされるヒトの遺伝子疾患．患者は紫外線の影響を受けやすく，日光に当たると皮膚癌を発症する．

色素胞［chromatophore］魚類や両生類の皮膚にみられる色素細胞．

G$_q$［G$_q$］三量体Gタンパク質のアイソフォームの一つであり，ホスホリパーゼCβを活性化して，その結果，カルシウムシグナルを活性化する．

軸索［axon］神経細胞から伸びる長い突起で，活動電位の速い伝導のために特化している．

軸索輸送［axonal transport］神経細胞の突起内の微小管に沿った物質の移動．外向き（順行）と内向き（逆行）がある．

シグナル認識粒子［signal recognition particle］ポリペプチドのN末端のシグナル配列を認識して結合するリボ核タンパク質粒子．

シグナル認識粒子受容体［signal recognition particle receptor］ポリペプチド鎖合成と小胞体への移行が起こるときに，シグナル認識粒子が結合する小胞体上の受容体．ドッキングタンパク質ともいう．

シグナル配列［signal sequence］ポリペプチド鎖のN末端にあって，タンパク質を小胞体に標的化する短いアミノ酸配列．

シグナルペプチダーゼ［signal peptidase］ポリペプチド鎖が小胞体内腔に到達するとシグナル配列を切断する酵素．

σ因子［sigma factor, σ factor］プロモーター配列を認識する細菌のRNAポリメラーゼのサブユニット．

CKI［CKI］⇒サイクリン依存性キナーゼ阻害因子

自己誘導［autoinduction］反応産物がそれ自身のよりいっそうの産生を刺激するときに生じる反応．例としては，低分子であるN-アシルホモセリンラクトンによるluxオペロンの活性化があり，luxオペロンの転写はより多くのN-アシルホモセリンラクトンを産生させる．

脂質［lipid］オクタンのような有機溶媒に可溶な細胞の成分．この用語はトリアシルグリセロール，コレステロール，ステロイドホルモンおよび他の材料を含んでいる．

cGMP［cGMP］サイクリックグアノシン—リン酸（cyclic guanosine monophosphate）の略．グアニル酸シクラーゼの作用によってGTPから産生されるヌクレオチドであり，細胞内メッセンジャーとして機能し，プロテインキナーゼGを活性化することにより多彩な作用を発揮する．

脂質二重層［lipid bilayer］膜を形成する脂質分子の二重膜．

シスチン［cystine］ジスルフィド結合により連結した二つのシステインで形成されたアミノ酸の二量体．

シス面［cis face］物質が付される側．ゴルジ体においては小胞体からの小胞を受取る側．

ジスルフィド結合［disulfide bond, disulfide bridge］二つのS原子間の共有結合で，タンパク質では二つのシステイン残基の側鎖内チオール基（-SH）の酸化でできる．おもに細胞外タンパク質に見いだされる．

G$_0$期［G$_0$ phase］gap 0の略．細胞分裂周期から離れて，細胞が分裂を止めている静止状態にある．

自然免疫［innate immunity］遺伝したゲノムに完全にコードされている多細胞生物で共通してみられる免疫システム．

子孫［progeny］子，子孫．本書では，"子孫細胞"という用語を，細胞分裂によってできるものという意味で用いる．

Gタンパク質［G protein］代謝調節型細胞膜受容体と下流標的タンパク質を共役させるタンパク質．GTPを結合してそれを加水分解するαサブユニットと，αサブユニットにGTPが結合するとαサブユニットから解離するβγサブユニットから構成される．重要な三量体Gタンパク質として，ホスホリパーゼCβを活性化するG$_q$やアデニル酸シクラーゼを活性化するG$_s$がある．

G$_2$期［G$_2$ phase］gap 2の略．細胞分裂周期において，S期完了からM期の開始の間にある時期．

G$_2$/M移行チェックポイント［G$_2$/M transition checkpoint］有糸分裂期（M期）への進行を制御するチェックポイント．細胞はサイクリン依存性キナーゼ1が活性化されているときにのみM期に進行できる．サイクリン依存性キナーゼ1は，DNAが損傷しておらず，細胞が十分に成長しているときにのみ活性化される．

実行型カスパーゼ［effector caspase］アポトーシスの過程で細胞内構成要素を分解するカスパーゼ．細胞内構成要素を分解せずに，特定のペプチド結合を分解して実行型カスパーゼを活性化するカスパーゼ8や9と，実行型カスパーゼは違っている．

cDNA［cDNA］complementary DNA（相補的DNA）の略．mRNA分子のDNAコピー．

cDNAライブラリー［cDNA library］異なった外来性cDNA分子を個々に含む細菌細胞の集合体．

CDK［CDK］⇒サイクリン依存性プロテインキナーゼ

CDK1［CDK1］サイクリン依存性キナーゼ1（Cyclin-Dependent Kinase 1）の略．細胞周期のG$_2$/M移行の制御にかかわるプロテインキナーゼ．サイクリンBと結合する．

CDK2［CDK2］サイクリン依存性キナーゼ2の略．細胞周期のG$_1$期の制御にかかわるプロテインキナーゼ．サイクリンEと結合する．

CDK4［CDK4］サイクリン依存性キナーゼ4の略．細胞周期のG$_1$期の制御にかかわるプロテインキナーゼ．サイクリン

Dと結合する．

CDK6［CDK6］ サイクリン依存性キナーゼ6の略．細胞周期のG_1期の制御にかかわるプロテインキナーゼ．サイクリンDと結合する．

cdc［cdc］ 細胞分裂周期の略．この略語は変異したときに細胞分裂周期が異常になる遺伝子を表すのに通常は使われる．

Cdc25［Cdc25］ Cdk1の制御にかかわる脱リン酸酵素．

CD8$^+$T細胞［CD8$^+$ T cell］ 膜内在性タンパク質CD8を発現するT細胞．CD8$^+$T細胞は，キラーT細胞もしくは細胞傷害性T細胞ともよばれ，新規ペプチドを提示する体細胞を殺す．

GTPase活性化タンパク質 ［GTPase activating protein, GAP］ GTPaseのGTP加水分解速度を加速し，GTPaseを活性型から不活性型にスイッチするタンパク質．

GTPase［GTPase］ GTPを加水分解する酵素．通常はGTPに結合すると標的タンパク質を活性化するように構造を変換するタンパク質ファミリーをさす．結合GTPを加水分解するともとの構造に戻る．たとえばEF-tu, Arf, Ran, G_q, G_sなど．

CD4$^+$T細胞［CD4$^+$ T cell］ 不可欠な膜内在性タンパク質CD4を発現するT細胞．CD4$^+$T細胞は，ヘルパーT細胞ともよばれ，B細胞上の主要組織適合性複合体タンパク質により提示されるペプチドがそのT細胞受容体に強く結合する際，そのB細胞を活性化する．

ジデオキシリボヌクレオチド ［dideoxyribonucleotide］ デオキシリボヌクレオチドに類似した人工産物であるが，その糖部分の3位のヒドロキシ基が欠けている．DNAの配列決定に利用される．

シトクロム［cytochrome］ 電子をやりとりできるヘムを補欠分子族とするタンパク質の総称．ミトコンドリアの電子伝達系で不可欠な役割を果たしている．肝臓における解毒に必要なP450などもシトクロムである．

シトクロム*c*［cytochrome *c*］ ミトコンドリア膜間腔にある水溶性のシトクロムで，複合体IIIからIVに電子を運ぶ．ミトコンドリアから外へ流出すると，カスパーゼ9を活性化してアポトーシスをひき起こす．

シトシン［cytosine］ DNAとRNAに含まれる塩基の一つ．シトシンはピリミジン塩基の一種である．

シナプス［synapse］ 神経細胞の軸索末端とシナプス後細胞の隣接した部位から成る構造．軸索末端から放出された神経伝達物質はシナプス間隙へ拡散して，シナプス後細胞へ作用する．

シナプス後細胞［postsynaptic cell］ 神経細胞がそのシナプスにおいて伝達物質を放出する相手の細胞．

シナプス前末端［presynaptic terminal］ 神経伝達物質を放出する軸索末端部分．

脂肪［fat］ 室温で固体であるトリアシルグリセロール．これとは対照的に，油は室温で液体である．

脂肪細胞［fat cell, adipocyte］ 脂肪（トリアシルグリセロール）を蓄える細胞．

脂肪酸［fatty acid］ 水素が付加した長鎖の炭素に結合したカルボキシ基．つまり，一般形の化学物質の一つ．

$$C_nH_m-\underset{\underset{O}{\|}}{C}-OH$$

脂肪組織［adipose tissue］ 一種の脂肪結合組織．

C末端［C-terminus］ カルボキシ末端（carboxy terminus）ともいう．遊離のα-カルボキシ基をもつペプチドまたはポリペプチドの末端．この端はリボソームで最後につくられる．

シャイン・ダルガルノ配列 ［Shine-Dalgarno sequence］ リボソームが結合する細菌のmRNA分子上の配列．

シャペロン［chaperone］ 他のタンパク質が（標的タンパク質に対して）ほどけた状態にとどまったり，正しい三次元構造に折りたたんだりするのを補助するタンパク質．

終期（細胞分裂の）［telophase］ 染色体が脱凝縮し，核膜が再形成する有糸分裂や減数分裂の最終段階．

終結因子［termination factor］ 解離因子（release factor）ともいう．終止コドンに達したリボソームのA部位に結合するタンパク質で，ポリペプチド合成の終結の引き金となる．

終結部位（転写の）［terminator (of transcription)］ mRNAが転写されているとき，転写を終結させるDNA配列．

集光レンズ［condenser lens］ 光や電子を試料に集める光学顕微鏡や電子顕微鏡のレンズ．

重鎖［heavy chain］ 抗体を構成する二つのポリペプチド鎖のうちの長い方．

終止コドン ［stop codon, termination codon］ 3種類のコドンUAA, UAG, UGAはタンパク質合成の終結を指令する．

終止シグナル［stop signal］ タンパク質合成の停止信号で，mRNA上の終止コドンによりリボソームに伝えられる．

重層した［stratified］ 細胞が折り重なっているさま．皮膚においては上皮細胞が何層にもわたって折り重なっている．

重複［duplication］ 特定のDNA配列が倍加する現象．

周辺二連微小管 ［outer doublet microtubules］ 対を形成する微小管であり，繊毛や鞭毛の9+2軸糸の9対の微小管に対応する．

絨毛［villus (*pl.* villi)］ 上皮細胞の表面にある指のように伸びている突起で，細胞表面積を増加させている．

主溝（DNAの）［major groove (of DNA)］ DNA二重らせん表面の2本の溝のうち，幅の広い方をさす．

樹状細胞［dendritic cell］ プロフェッショナルな抗原提示細胞であり，抗原を取込んで提示する末梢局所と，その抗原をT細胞に提示するリンパ節の間を常に行ったり来たりしている．

樹状突起［dendrite］ 枝分かれした細胞突起．この言葉は一般的に軸索とよぶには短すぎる神経細胞突起に使われている．

腫瘍［tumor］ 癌細胞を含んだ増殖性の細胞の塊．

主要組織適合性複合体タンパク質［major histocompatibility complex protein, MHC protein］ 主要組織適合性複合体はMHCと略される．巡回するT細胞に短いペプチドを呈示する細胞膜の膜内在性タンパク質．

受容体(1)［acceptor］ 水素結合において，水素と共有結合していない原子（酸素，窒素，あるいは硫黄）であるにもかかわらず電子を一部受取ることができるもの．

受容体(2)［receptor］ 特定の物質に対して特異的な結合を示すタンパク質．膜貫通タンパク質である場合も，細胞内タンパク質である場合もある．物質の結合に伴い活性化され，新たな機能（イオンチャネル，酵素活性，エンドサイトーシスの活性化因子，転写因子など）を示すものもある．

受容体依存性エンドサイトーシス ［receptor-mediated endocytosis］ 細胞膜上の特異的な受容体にリガンドが結合することにより，クラスリン依存小胞出芽をひき起こす過程．

シュワン細胞［Schwann cell］ 脳と脊髄から離れた末梢神経系におけるグリア細胞のこと．

順行輸送［anterograde transport］ 前方への物質の移動．軸索輸送に関しては，細胞体から離れる方向への輸送のことを意味する．

焦点深度［depth of focus］ 焦点が合う，上下方向の一定の距離．

上皮［epithelium］ 細胞の層．

上皮細胞［epithelial cell］ 表皮を形成する細胞．

小胞［vesicle］ 小さな閉じた膜の袋．

小胞体［endoplasmic reticulum, ER］ 核膜の外膜より細胞膜へ向けて広がった膜で区切られた管や袋の網状組織．小胞体にはリボソームで覆われている粗面小胞体と滑面小胞体の二つの種類がある．

小胞輸送［vesicular trafficking］ 細胞小器官間，あるいは細胞膜との間で行われる，正確に制御された小胞の移動．

漿膜［serosal］ 上皮などを覆っている漿液に浸した薄膜．

上流［upstream］ ある状態からの方向性を意味する一般的な言葉．遺伝子内とその近傍のDNAに応用したとき，転写開始点よりRNAに転写されない側にあるDNAを意味している．シグナル経路では，シグナルが伝達されるのとは反対方向とな

り，つまり，インスリン受容体はプロテインキナーゼBの上流にある，といった意味になる．

初期エンドソーム［primary endosome］被覆小胞が融合する酸性の細胞内コンパートメント．

触媒［catalyst］ 反応の活性化エネルギーを下げる化学物質で，反応をより早く進行させる．多くの生物学的な反応はタンパク質触媒である酵素の働きなしではほとんど進行しないだろう．

触媒速度定数［catalytic rate constant, k_{cat}］ 反応を触媒する酵素の最大初速度（V_m）と酵素濃度との比例定数で，$k_{cat} = V_m/[E]$である．単位は時間の逆数である（代謝回転数と最大速度も参照）．

初速度（反応の）［initial velocity (of a reaction)］ 生成物がないとき，すなわち反応開始のときに，酵素が基質を生成物に変換する速度．

仕分けシグナル［sorting signal］ ソーティングシグナルともいう．タンパク質自身の一部で，タンパク質を核やミトコンドリアなどの細胞内区画に導く．タンパク質を小胞体に導くシグナル配列のように，さまざまな長さのペプチド（標的化配列）のほか，リソソームに導くマンノース6-リン酸のような翻訳後修飾によるものなどがある．

仕分け小胞［sorting vesicle］ 一つの膜区画から別の膜区画にタンパク質を輸送するための小胞．

G_1期［G_1 phase］ gap 1の略．細胞分裂周期において，有糸分裂期（M期）とそれに続くS期を分ける時期．

G_1/S移行チェックポイント［G_1/S transition checkpoint］ 真核細胞において細胞周期のS期への進行を制御しているチェックポイント．たとえば，DNAが損傷したときに，DNA複製を停止させる．

真核生物［eukaryotic］ 明確な核と細胞小器官をもつ細胞から成る生物であり，原核生物（細菌やシアノバクテリア）を除くすべての生物．

心筋［cardiac muscle］ 心臓にみられる横紋筋．

ジンクフィンガー［zinc fingers］ タンパク質のDNA結合部位の立体構造．Zn^{2+}がシステインやヒスチジンに結合して，飛び出した領域がDNAの主溝内で塩基と接触している．

神経細胞［nerve cell］ 細胞体から伸びた長い軸索に沿って活動電位（普通はナトリウムイオン）を伝達させることに特化した細胞．

神経成長因子［nerve growth factor, NGF］ ニューロトロフィン1の古い名前．

神経組織［nervous tissue］ 神経細胞やグリア細胞（神経膠細胞）などにより構成された組織．電気的刺激を統合処理する組織．

親水性［hydrophilic］ 水とのなじみやすさ．

伸長因子［elongation factors］ リボソームでのタンパク質合成過程を促進するタンパク質．伸長因子Tu（EF-Tu）およびG（EF-G）はGTPaseである．

伸展活性化チャネル［stretch activated channel］ 内皮細胞などの細胞に存在し，膜に張力が加わったときに開口するチャネル．ナトリウム，カリウム，カルシウムイオンを透過させる．その性質は明らかになっているものの遺伝子はいまだ同定されていない．

浸透［osmosis］ 濃度勾配を低下させる水の移動．

浸透圧モル濃度［osmolarity］ 溶液の水を引きつける力で決まるモル濃度．

水素イオン勾配［hydrogen ion gradient］ エネルギー通貨の一つ．水素イオン濃度は，ミトコンドリア内膜の外（あるいは細菌の細胞膜の外）の方が，内側よりも高い．これに内外の電位差（内側がマイナス）が加わる．水素イオン勾配に従って水素イオンが流れるとエネルギーが放出される．

水素結合［hydrogen bond］ 水素原子と二つの電子をもつ（窒素や酸素のような）原子の間で形成される弱い結合で，そこでは水素は他の二つの原子間で共有される．

水和殻［hydration shell］ 溶液中でイオンを囲んでいる水分子の層．

スクロース［sucrose］ グルコースがフルクトースに$\alpha 1 \rightarrow \beta 2$のグリコシド結合して構成されている二糖．

ステアリン酸［stearic acid］ $C_{17}H_{35}$-COOH．二重結合をもたない，すなわち完全に飽和している脂肪酸．ステアリン酸から誘導されたアシル基は動物の脂肪やリン脂質によくみられる．

ステロイドホルモン［steroid hormone］ 細胞内受容体に作用し，特定の遺伝子発現を活性化する伝達物質．グルココルチコイドは一例であり，他の例としては性ホルモン（エストラジオール，テストステロン，プロゲステロン）がある．

ステロイドホルモン受容体［steroid hormone receptor］ 適切なステロイドホルモンと結合し，細胞質から核に移動し，特定の遺伝子の転写活性化する転写因子．

ストレス活性化プロテインキナーゼ［stress-activated protein kinase］ 細胞修復を促進し，アポトーシスも誘起するプロテインキナーゼ．p38やJNKがストレス依存性プロテインキナーゼである．

ストレスファイバー［stress fiber］ 動物の培養非筋細胞に一般に見られるアクチンフィラメントの束．

ストロマ［stroma］ 葉緑体の内膜内でチラコイドの外側の領域．

スプライソソーム［spliceosome］ タンパク質のRNAスプライシングに関与する低分子RNAの複合体．

スベドベリ単位［Svedberg unit］ ⇌ S値

制限酵素［restriction endonuclease］ DNA分子の特定の配列のホスホジエステル結合を切断する酵素．

精細胞［spermatid］ 精子細胞ともいう．減数分裂によりつくられ，分化して精子となる細胞．

精子［spermatozoon］ 運動性のある雄の配偶子．

静止状態［quiescent］ 休んでいる状態．分裂しない細胞はしばしば静止状態であるといわれる．

静止電位［resting voltage］ 静止膜電位（resting membrane potential）ともいう．刺激を受けていない静止細胞の細胞膜を隔てた電位のこと．通常，細胞内を負（−）として−70〜−90 mV．

生殖細胞［germ cell］ 卵や精子になる細胞．

成長因子［growth factor］ ⇌ 増殖因子

静電的結合［electrostatic bond］ イオンと反対電荷をもつ荷電基との間での強い引力．

静電的相互作用［electrostatic interaction］ イオンあるいは荷電基間での引力あるいは反発．

正の制御（転写の）［positive regulation (of transcription)］ 特定の分子が存在するときに転写が活性化される過程．

正のフィードバック［positive feedback］ ある変化の結果がその変化の大きさを増大するような過程であり，その過程を経ることにより最初に生じた小さな変化は徐々に大きくなる．

生物［organism］ 自己維持と自己複製を行う単細胞または細胞クローン．

生物発光［bioluminesence］ 生物起源の蛍光．

セカンドメッセンジャー［second messenger］ 細胞内メッセンジャーともよばれる（これに対し，ファーストメッセンジャーは，細胞外情報分子ともよばれる）．セカンドメッセンジャーは，細胞外刺激や細胞内現象に応答してその濃度が変化する細胞内分子であり，一般に知られているセカンドメッセンジャーとして，カルシウムイオン，cAMP，cGMPなどがあげられる．

赤道面［metaphase plate］ 有糸分裂紡錘体や減数分裂紡錘体で，両極から等距離の中央の部分．有糸分裂や減数分裂の中期に染色体が集まる領域．

赤血球［erythrocyte］ 血液細胞の一つ．

接触阻止［contact inhibition］ 細胞間接触による細胞分裂の阻止．細胞は隙間を埋めたすように増殖して，接触阻止により，分裂を停止する．

絶対嫌気性菌［obligate anaerobe］ 酸素が毒として働く細菌で，嫌気性環境でのみ生育する．

接着結合［adherens junctions］ 細胞接着分子がアクチンマイクロフィラメントに連結されている固定結合の一種．

Z型DNA［Z-DNA］ DNAの左巻きらせん構造．

用語解説

Z板 [Z disc] 横紋筋のアクチンマイクロフィラメント内で直角に配置される板．アクチンフィラメントを規則正しい間隔で保持する．

セリン-トレオニンキナーゼ [serine-threonine kinase] 自身のリン酸化チロシンのリン酸基を基質タンパク質のセリンかトレオニンに移す酵素．プロテインキナーゼの大部分はこのタイプかチロシンをリン酸化するタイプである．

セルロース [cellulose] 植物の細胞壁の主要な多糖構造；グルコースが$\beta 1 \to 4$結合した高分子．

線維芽細胞 [fibroblast] 結合組織の細胞．線維芽細胞はコラーゲンや細胞外マトリックスの構成成分を合成する．

線維芽細胞増殖因子 [fibroblast growth factor] FGFと略す．標的細胞の分裂を促進し，アポトーシスを抑制するパラ分泌型の伝達物質．線維芽細胞に対する効果から名前がつけられたが，FGFは多くの組織の増殖をひき起こし，発達中の細胞運命の決定に重要な役割を果たす．

前核 [pronuclei] 融合する前の卵や精子の核．

全か無かの法則 [all or nothing law] いったん引き金が引かれると，その後の刺激がなくても完了する現象．活動電位のように正のフィードバックがかかる過程は"全か無か"になりやすい．

前期（細胞分裂の） [prophase] 有糸分裂または減数分裂の染色体が凝縮する時期．

前駆細胞 [progenitor] 祖先．子孫が生まれてくる個体．本書では，"前駆細胞"という用語を，分裂して二つの細胞（有糸分裂）または四つの細胞（減数分裂）を生じる細胞として用いる．

染色体 [chromosome] 非常に長いDNA 1分子と修飾タンパク質の複合体．染色体は核クロマチンの構成単位であり，たくさんの遺伝子を含んでいる．真核生物においては鎖状であるが，原核生物においては環状である．

染色体ウォーキング [chromosome walking] 短い断片を重ね合わせることによって染色体を調べること．個々の短い断片はすぐつぎのクローンが使われる．

染色分体 [chromatid] 真核生物においてDNA複製が完了した後のDNA二重らせんとアクセサリータンパク質から成るもの．有糸分裂時に染色体としてみえるものは二つの染色分体から成っている．それらはその後分離して，二つの娘細胞の染色体を形成する．

全身てんかん [generalized epilepsy] ⇨ GEFS

選択的スプライシング [alternative splicing] 真核生物において転写によって生じる一つの初期mRNA転写物は，異なったエキソン間でのスプライシングを通して複数のmRNAを生じる．その結果多くの異なるタンパク質を産生する．

前中期 [prometaphase] 有糸分裂または減数分裂で，核膜崩壊や染色体の紡錘体への付着がみられる時期．

セントラルドグマ （分子生物学の） [central dogma (of molecular biology)] "DNA makes RNA makes protein（DNAはRNAをつくりRNAはタンパク質をつくる）"．DNA上の塩基の配列はRNAの塩基配列を規定し，つぎにRNAの塩基配列はタンパク質のアミノ酸の配列を規定する．

セントロメア [centromere] 動原体（有糸分裂や減数分裂時に紡錘体微小管が結合する場所）が形成される染色体の領域．

繊毛 [cilium (pl. cilia)] 上皮細胞や原生動物においてみられる運動器官．

槽 [cisternae] 扁平な膜で覆われた袋で，ゴルジ装置などを形成する．

双極子 [dipole] （部分的および全体的に）正および負の電荷が（通常）近距離で分離している分子．

走査型電子顕微鏡 [scanning electron microscope, SEM] 電子顕微鏡の一種．電子線を試料表面上を走査させて，表面から発生する二次電子や反射電子を検出して試料表面の顕微鏡像を得る．走査型電子顕微鏡は細胞や組織の表面形状の情報を得るのに特に有用である．

増殖因子，成長因子 [growth factor] 標的細胞の発達過程を，多くは細胞分裂をひき起こすことによって，調節するパラ分泌型の伝達物質．

増殖因子受容体結合タンパク質2 [growth factor receptor binding protein number 2] ⇨ Grb2

相同組換え [homologous recombination] 染色体の一部と相同な配列を両端にもったある長さのDNAが，その染色体内の既存のDNAと入替わること．相同組換えは減数分裂の交差の際にキアズマで起こっている．これは適当な外来性DNAが導入された細胞でも起こり，その際にも同じ酵素が使われていると考えられている．

相同性 [homologous, homology] 共通の祖先をもっているために，似通っていること．

相同染色体 [homologous chromosomes] 同じ遺伝子のセットをもつ染色体．相同染色体の一方は母親由来で，もう一方は父親由来である．

相同タンパク質 [homologous proteins] 共通の進化的起源をもつ類似したタンパク質．たとえばRas, Ran, ArfおよびRabなどの小さなGTPaseの遺伝子は共通の起源遺伝子の重複と変異によりできたと考えられる．

挿入変異 [insertional mutagenesis] 新たなヌクレオチドをDNA鎖に挿入すること．

相補性 [complementary] 二つの構造体が互いに適合するか，結合するときに相補的であるという．tRNAとmRNAのアンチコドンとコドンや，DNA二重らせんの二本鎖は相補性である．

相補的DNA [complementary DNA] ⇨ cDNA

側鎖（アミノ酸の） [side chain (of amino acids)] アミノ酸のα炭素についているグループ．

組織 [tissue] 共通の機能をもった細胞集団．

組織液 [interstitial fluid] 多細胞器官の細胞間にある液．

疎水性 [hydrophobic] 水とのなじみにくさ．

疎水的効果 [hydrophobic effect] 疎水性アミノ酸がタンパク質内部に埋もれたり，脂肪鎖が脂質二重層内にあるように，疎水的な分子や分子の一部が水との接触を避けて集まる効果．

ソーティングシグナル [sorting signal] ⇨ 仕分けシグナル

粗面小胞体 [rough endoplasmic reticulum, RER] リボソームが結合して分泌タンパク質を合成している小胞体の領域．大部分の一枚膜で囲まれた細胞小器官（ゴルジ体，リソソームなど）内にとどまるタンパク質やそれらの細胞小器官の膜タンパク質も，粗面小胞体で合成される．

第一減数分裂，第二減数分裂 [meiosis I and II] 減数分裂の1回目と2回目の分裂．

第一減数分裂終期 [telophase I] 第一減数分裂（減数分裂I）の終期．

第一減数分裂前期 [prophase I] 第一減数分裂（減数分裂I）の前期．

体細胞 [somatic cells] 人体のすべての正常な組織を構成する細胞で，配偶子（卵や精子）をつくる生殖細胞とは異なる．

体細胞超変異 [somatic hypermutation] 抗体の抗原結合部位をコードする特定の部位の突然変異．この突然変異は非常に高頻度に起こるため，分化した各B細胞は，染色体のその領域のDNA配列がそれぞれ異なるクローンとなる．

体細胞変異 [somatic mutation] 体細胞のDNAに起こる変異．体細胞変異は子供には受継がれない．さらに，それらは年齢による細胞の機能低下や癌化につながる．

代謝 [metabolism] 細胞内で起こるすべての反応．

代謝回転数 [turnover number] 酵素1 mol当たりに単位時間に基質が生成物に変換される mol 数．別の言葉では触媒速度定数 k_{cat}．

代謝型細胞表面受容体 [metabotropic cell surface receptors] 酵素結合型受容体．伝達分子が結合すると酵素が活性化される．

ダイナミン [dynamin] クラスリン被覆小胞の形成に重要なGTPase．

第二減数分裂終期 [telophase II] 第二減数分裂（減数分裂II）の終期．

第二減数分裂前期 [prophase II] 第二

減数分裂（減数分裂II）の前期．

ダイニン［dynein］ モータータンパク質．細胞質ダイニンは微小管に沿って小胞を動かすのに対して，ダイニンの腕は隣り合う周辺二連微小管の間のスライドをひき起こすことによって，繊毛や鞭毛の鞭打ちを駆動する．

対物レンズ［objective lens］ 観察対象の拡大像を形づくる光学顕微鏡または電子顕微鏡に用いられているレンズ．

多価不飽和［polyunsaturated］ 複数の二重結合をもったもの．通常脂肪酸に適用されている．多価不飽和アシル（脂肪酸）基をもつトリアシルグリセロールは低温でも液体である．

タキソール［Taxol］ タイヘイヨウイチイ（*Taxus brevifolia*）の樹皮から得られる化合物．チューブリンに結合し，強力な抗癌薬である．

ターゲティング配列［targeting sequence］ ⇒ 標的化配列

TATAボックス［TATA box］ プロモーター配列の一部を構成し，多くの真核生物の遺伝子の転写開始 20 bp 位のところで見いだされ，転写の正確な開始のためにRNAポリメラーゼを配置させるのに関与する配列．

脱アミノ［deamination］ アミノ基の除去．シトシンの脱アミノによるウラシルの生成は DNA 損傷の一種．

脱共役（ミトコンドリアの）［uncoupled (of mitochondria)］ ミトコンドリアにおいて電子伝達と ATP 合成の共役が失われた状態．両者を共役しているのはミトコンドリア内膜の内外の水素イオンの電気化学的勾配である．ある種の化合物は，水素イオンを結合しても膜を横断できる．この種の化合物が，存在すると水素イオンは勾配に従って自由に膜を通過するので，その結果，勾配はなくなってしまう．すると電子伝達と ATP 合成の共役は不可能となる．この種の化合物は，脱共役剤（あるいは除共役剤）とよばれる．脱共役剤が全身の細胞に働けば致死的である．ヒトなどでは，褐色脂肪細胞で脱共役作用をもつサーモゲニンというタンパク質が合成されていて，体温の維持のために熱発生を行う．

脱プリン［depurination］ DNA 分子からのアデニンまたはグアニンのプリン塩基の除去．DNA 損傷の一種．

脱分極［depolarization］ 大きさやその原因にかかわらず，膜電位が正の方向にシフトすること．

多糖［polysaccharide］ 100個程度以上の単糖がグリコシド結合で連結した鎖．

Wee1［Wee1］ CDK1 をリン酸化して不活性化するプロテインキナーゼ．

炭化水素尾部［hydrocarbon tail］ リン脂質やトリグリセロール中にみられる水素と結合した炭素原子の長鎖．尾部はカルボキシ基を除く脂肪酸分子のすべてのことである．

炭酸固定［carbon fixation］ 大気中の二酸化炭素を還元して固定して糖を合成する．

単純拡散［simple diffusion］ 特別な専門用語ではない．われわれはしばしば，"輸送体やチャネルを必要としないで，高濃度側から低濃度側への溶質の受動的な動き" について単純拡散という．

炭水化物［carbohydrates］ 単糖および単糖単量体からできたすべての化合物．

タンデム反復［tandem repeats］ 染色体上に多数タンデムに並んでいる同一のDNA 配列．

単糖［monosaccharide］ 酸素原子が炭素環をつないだ構造をしており，複数のヒドロキシ基をもつ甘みのある有機分子である．本書でのすべての単糖は $C_n(H_2O)_n$ で $n=5$（ペントース）か6（ヘキソース）の構造式をもっている．

タンパク質［protein］ 好ましい形に折りたたまれたポリペプチド（α-アミノ酸の高分子）．

タンパク質トランスロケーター［protein translocator］ 小胞体などで合成ポリペプチド鎖の膜透過を担うチャネル様タンパク質．

タンパク質工学［protein engineering］ 組換え DNA 技術，遺伝子の化学合成技術などを用いてタンパク質を性質の異なるものに改変したり，新しい性質のタンパク質を作製したりする技法．

タンパク質リン酸化［protein phosphorylation］ リン酸基をタンパク質に付加すること．ホスホリル基の電荷は，三次構造に影響して，機能にも影響する．

単量体［monomer］ 一つの構成単位で，通常，大きな分子の部品を意味するものとして使われる．DNA はヌクレオチド単量体から形成されている．それから類推して，その言葉は，単一単位で働くタンパク質のことを多量体で働くタンパク質と区別するために使われることもあり，四量体であるヘモグロビンと比較してミオグロビンは単量体であるといわれる．Ran, Arf, および Ras のような GTPase は "単量体 G タンパク質" とよばれることがあり，G_q や G_s のような三量体 G タンパク質と区別されている．

チェックポイント［checkpoint］ 真核生物の細胞周期における制御点．そこでは，すべての必要な過程が完了した場合にのみ進行が許される．

チオール基［thiol group］ -SH 基

チミジン［thymine］ DNA にみられる四つの塩基の一つ．チミジンはピリミジン．

チャージ［charge］ 転移 RNA にアミノ酸が付加した場合に，"チャージされた" といわれる．

チャージされたtRNA［charged tRNA］ アミノ酸が付加した tRNA．

チャネル［channel］ 水で完全に満たされている "膜を貫通した穴" を形成する膜内在性タンパク質．

中間径フィラメント［intermediate filament］ 細胞骨格を構成するフィラメントの一種であり，さまざまなサブユニットタンパク質から成る．

中期［metaphase］ 有糸分裂や減数分裂において，染色体が，後期の分離にさきがけて，整列する時期．

中心小体［centriole］ 動物細胞の中心体（＝微小管形成中心）にみられる構造体．

中心体（微小管形成中心）［centrosome (microtubule organizing center)］ 細胞質の微小管が生じる起点となる構造．

チューブリン［tubulin］ 微小管のサブユニットタンパク質である．α, β, γ のアイソフォームがある．

調節性分泌［regulated secretion］ サイトゾルのカルシウムイオン濃度の上昇などのシグナルに応答するときだけ行われる分泌．

超微細構造［ultrastructure］ 電子顕微鏡で見ることのできる細胞や細胞小器官の微細構造．

跳躍伝導［saltatory conduction］ ミエリン鞘をもつ軸索のランビエ絞輪から絞輪へ活動電位がジャンプすること．

超らせん［supercoiling］ 直鎖状の構造が，空間的に何段階もらせん状に巻上げられた状態．

チラコイド［thylakoid］ 葉緑体の中の折りたたまれた膜．光合成の明反応の場．折りたたまれた膜が積み重なった構造をグラナという．

チロシンキナーゼ［tyrosine kinase］ ATP のリン酸基をタンパク質のチロシン残基へ転移するプロテインキナーゼ．

チロシンキナーゼ型受容体［receptor tyrosine kinase］ 膜内在性タンパク質で，その細胞外領域に細胞外情報分子が結合する部位をもち，細胞内領域にはチロシンキナーゼ触媒部位が存在する．細胞外情報分子がこの受容体に結合すると，受容体のチロシン残基が自己リン酸化されてこのリン酸化チロシン残基に Grb2 やホスホリパーゼ Cγ，ホスファチジルイノシトール 3-キナーゼなどの SH2 ドメインをもつタンパク質がよび込まれ，これらの分子はチロシンキナーゼ型受容体によりリン酸化される．血小板由来増殖因子（PDGF）受容体，上皮増殖因子（EGF）受容体，Trk ファミリー受容体およびインスリン受容体はすべてチロシンキナーゼ型受容体である．

沈降係数［sedimentation coefficient］ ⇒ S値

痛覚受容体［pain receptor］ 熱や張力など，損傷につながる刺激により軸索末端で脱分極がひき起こされる神経細胞．

痛覚伝達神経細胞［pain relay cell］ 痛覚受容神経細胞から情報を受取り，痛覚を脳へ伝達する神経細胞．

tRNA［tRNA］ ⇒ 転移 RNA

Trk［Trk］ 神経栄養因子が結合するチ

ロシンキナーゼ型受容体.

DAG［DAG］⇒ジアシルグリセロール

DNA（デオキシリボ核酸）［DNA, deoxyribonucleic acid］デオキシリボヌクレオチドの重合体. DNAは細胞に遺伝情報に基づく指示を与える.

DnaA［DnaA］DNA複製時の第一段階で, 二重らせん（ヘリックス）の二つの鎖を分離させるDNA結合タンパク質.

DnaB［DnaB］ヘリックスを解いていく過程で, DNA鎖に沿って移動し, 水素結合を解離させる酵素・ヘリカーゼ.

DnaC［DnaC］DNA鎖にDNAbを連れてくる役割をもつDNA結合タンパク質.

DNA塩基配列決定［DNA sequencing］DNA鎖の塩基配列を決定すること.

DNA指紋［DNA fingerprint］特定の繰返し配列の数と位置から決定されるDNA断片の個々人のパターン.

DNA修復酵素［DNA repair enzyme］DNAの変異を検知し修復する酵素.

DNA除去［DNA excision］DNA修復合成の前に損傷を受けたDNAを切出す過程.

DNAチップ［DNA chip］クローン化したDNAを付着させた小さいガラス基板. 遺伝子チップやマイクロアレイとしても知られる.

DNA複製［DNA replication］二重鎖がほどけ, それぞれの鎖が鋳型となり新しいDNAが合成される過程.

DNAポリメラーゼ［DNA polymerase］ホスホジエステル結合形成を触媒しDNAを合成する酵素. DNAは, 常に5′から3′方向に合成される.

DNAリガーゼ［DNA ligase］ホスホジエステル結合形成を触媒し二つのDNA分子を連結する酵素.

T細胞［T cell］他の細胞表面の主要組織適合性複合体タンパク質によって提示されるペプチドに反応する免疫系の細胞. T細胞は, B細胞の抗体産生を助けるCD4$^+$ T細胞と, 新規のタンパク質を発現する体細胞を殺すCD8$^+$ T細胞に分けられる.

T細胞受容体［T cell receptor］T細胞に発現する受容体で, 大きな染色体遺伝子座におけるDNA再構成の産物であり, それによって分化したT細胞上の受容体は, リガンド結合ドメインのアミノ酸配列により各細胞で異なる. 特定のT細胞受容体は, 主要組織適合性複合体タンパク質によって提示される特定の短いペプチドによって選択されて活性化される.

定常状態［steady state］反応のパラメーターが時間変化しない状態. 平衡から非常に離れている条件でエネルギーを使い続けて定常状態が維持される. 例としては細胞の中のATP濃度やヒトの体温（37℃）など.

デオキシリボ核酸［deoxyribonucleic acid］⇒DNA

デオキシリボース［deoxyribose］2位の炭素が-OHではなく-Hであるリボース. デオキシリボースはDNAを構成するヌクレオチドに使われている糖である.

デオキシリボヌクレオチド［deoxyribonucleotide］DNA合成の材料となる構築単位で, 窒素を含む塩基とリン酸基を結合したデオキシリボース糖から成る.

デスドメイン［death domain］Fasやp75ニューロトロフィン受容体のようにアポトーシスの制御にかかわるタンパク質に存在する領域. デスドメインタンパク質が活性化されると, カスパーゼ8を活性化し, アポトーシスを開始する.

デスミン［desmin］筋細胞で中間径フィラメントを形成するタンパク質.

デスモソーム［desmosome］固定結合の一種であり, 隣接する細胞の中間径フィラメントを連結する. デスモソームは皮膚のような組織では一般的である.

テロメア［telomere］真核生物の染色体末端の特殊な領域. テロメアはミニサテライトDNAに富んでいる.

転移RNA［transfer RNA, tRNA］mRNAにアミノ酸を運んでくるRNA.

電位依存性カルシウムチャネル［voltage-gated calcium channel］脱分極に伴って開口してカルシウムイオンを選択的に輸送するチャネル. 多くの細胞の細胞膜に局在する.

電位依存性ナトリウムチャネル［voltage-gated sodium channel］ナトリウムイオンに選択的で, 脱分極が閾値に達すると開く. 神経や筋肉の細胞膜に存在する.

電位固定法［voltage clamp］細胞膜の内外に電極を置き, 膜電位を研究者が設定したレベルに保つ方向に電流を流す方法.

電荷［charge］正（＋）あるいは負（－）を生み出す過少あるいは過多の電子.

電気泳動［electrophoresis］電界を使って, ゲル泸過を通して分子を引張ることにより, 荷電した分子を分離する手法.

電気化学的勾配［electrochemical gradient］膜で隔てられた二つの溶液中のイオンのもつ自由エネルギーの差. 二つの溶液のイオンの濃度差と電位差の和で表される.

電気的に興奮性［electrically excitable］活動電位を発生できること.

電子顕微鏡［electron microscope］物体を透過してきた電子, または反射してきた電子により像を形成する顕微鏡.

電子銃［electron gun］電子顕微鏡の電子源.

電子伝達系［electron transport chain］ミトコンドリア内膜や細菌の細胞膜に存在する一連の電子の授受系. NADHあるいはFADH$_2$を酸化して電子を受取り, 最終的には分子状酸素に電子を渡して水を生じる. この一連の電子の流れによって, 水素イオンをミトコンドリア内膜（あるいは細菌細胞膜）の外側に輸送し, 水素イオンの電気化学的勾配をつくり出す.

転写［transcription］鋳型DNAからのRNA分子の合成.

転写因子［transcription factor］遺伝子発現に必要な, RNAポリメラーゼ以外のタンパク質.

転写開始複合体前駆体［pre-initiation complex］真核生物遺伝子のプロモーター上に, 転写因子とRNAポリメラーゼ間で形成される複合体.

転写バブル［transcription bubble］DNAの二つの鎖が分離し, 一つがRNA分子合成のための鋳型となるときに形成される構造.

転写複合体［transcription complex］RNAポリメラーゼとさまざまな転写因子との複合体.

伝達物質［transmitter］ある細胞から放出され, 他の細胞のふるまいを変化させる化学物質.

投影レンズ［projector lens］光学顕微鏡や電子顕微鏡を通した像を網膜へと投影するレンズ. 一般的には接眼レンズとよばれる.

同化［anabolism］分子をつくり上げる代謝反応. 生合成.

透過型電子顕微鏡［transmission electron microscope］電子顕微鏡の一種で試料に電子を透過させ, 透過してきた電子密度を計測することにより対象を観察する.

動原体［kinetochore］染色体が紡錘体と接着する部分. 動原体はセントロメアの周囲に形成される.

糖鎖付加［glycosylation］⇒グリコシル化

糖新生［gluconeogenesis］アミノ酸や乳酸のような非炭水化物の前駆体からのグルコースの合成. また, 解糖系の逆反応でグルコースが生成される.

動的不安定性［dynamic instability］微小管の挙動について記述する用語であり, 微小管は伸長期から短縮期へと切替わる.

等電点［isoelectric point］タンパク質や他の分子が有効電荷をもたないpH.

糖尿病［diabetes］糖尿病という言葉は, 単に, 患者が大量の尿を生成している状態をさす. この本の中で論じる糖尿病の形態は, 患者が糖を含んだ尿を大量に生産している糖尿病である. 糖尿病は, 内分泌腺がインスリンを産生することができないか, あるいは組織がインスリンに適切に反応できないことによって発生する.

頭部［head group］リン脂質中の親水基. 頭部はリン酸ジエステル結合によりグリセロールと結合している. 例としてはコリンやイノシトール.

特異性定数［specificity constant］ある酵素での触媒速度定数（k_{cat}）とミカエリス定数（K_M）の比. L mol^{-1}s^{-1}の次元をもつ定数で, 同じ酵素に対する異なる基質を比較するときや, ある酵素と別の酵素の

ドッキングタンパク質［docking protein］ シグナル認識粒子受容体（signal recognition particle receptor）ともいう．小胞体に存在し，ポリペプチド鎖が合成されるときにシグナル認識粒子が結合する受容体で，ポリペプチドを小胞体内へ輸送する．

突然変異［mutation］ 娘細胞，あるいは（配偶子の場合）子孫に受継がれるような遺伝子や染色体の構造変化．

トポイソメラーゼ［topoisomerase］ DNA 鎖を切断し，再結合する酵素．トポイソメラーゼⅠは，一方の鎖を切断し，もう一方の鎖のホスホジエステル結合を回転させ，その後再結合することでねじれの力を解消する．トポイソメラーゼⅡは二重鎖の両方の鎖を切断し切断面を保持し，その切れ目を二重鎖が通過した後に再結合する．トポイソメラーゼは DNA 複製に必要不可欠である．

ドメイン［domain］ 単一ポリペプチド鎖内で独自に折りたたまれる部分．

トランスゴルジ網［trans Golgi network］ ゴルジ体のトランス面を構成するチューブやシートから成る複雑なネットワーク．粗面小胞体で合成されたタンパク質は，ここで最終目的地に仕分けられる．

トランスロケーター［translocator］ ⇒ タンパク質トランスロケーター

トランス面［trans-face］ 物質が遊離する側の面．ゴルジ体では小胞が出芽して細胞膜やリソソームに向かう側の面．

トランスロケーション［translocation］ 移動．リボソームについて使われる場合は，mRNA 分子上で起こる 3 ヌクレオチド分のリボソームの移動のこと．

トリアシルグリセロール［triacylglycerol］ トリグリセリド（triglyceride）ともいう．3 本のアシル（脂肪酸）基がグリセロール骨格にエステル結合で結合したもの．もしその化合物が室温で液体なら油とよばれ，固体なら脂とよばれる．

トリスリン酸［trisphosphate］ 三つのリン酸基が分子の異なった位置で結合したもの．イノシトールトリスリン酸やホスファチジルイノシトールトリスリン酸はその例である．

トリプトファンオペロン［tryptophan operon, *trp* operon］ *trp* オペロンとも表記する．トリプトファンの合成にかかわる五つの細菌遺伝子クラスター．

トリメチルアミン［trimethylamine］ 魚の腐敗臭を与える化合物．塩基性で水中でプロトンと結合．腸内細菌がトリメチルアミン N-オキシド，コリンやトリメチルグループをもつものから生成する．哺乳類の肝臓でフラビンモノオキシゲナーゼで酸化される．*FMO3* 遺伝子の変異は，トリメチルアミン尿症になることがある．魚の腐敗臭の尿や汗や息が出る．プロトンを結合したものとしていないものとの構造式は，

トリメチルアミン N-オキシド［trimethylamine N-oxide］ 下記の化合物．

矢印は NO 間の配位結合を表し，N^+-O^- を表している．トリメチルアミンがフラビンモノオキシゲナーゼで酸化され生成する．*FMO3* 遺伝子の変異は，トリメチルアミン尿症になることがある．魚の腐敗臭の尿や汗や息が出る．

トロポニン［troponin］ 筋細胞にみられるカルシウム結合タンパク質．

内因性［endogeneous］ 細胞や生体そのものに起因すること．すなわち，病原体やヒトの介入によってもたらされるされること（もの）ではない．

内腔［lumen］ 閉じられた構造や管の内側．

内質［endoplasm］ 細胞質の液性の内層であり，細胞質の流動の際に流れる．

内皮［endothelium］ 血管，その他の体腔の内側に整列している細胞層．

内皮細胞［endothelial cells］ 血管，その他の体腔の内側に整列している上皮細胞．

内部共生説［endosymbiotic theory］ 真核細胞のいくつかの細胞小器官が原核生物に由来しているという説．

ナトリウム性活動電位［sodium action potential］ 電位依存性ナトリウムチャネルが開き，内向きナトリウム電流により生じる活動電位のこと．

ナトリウム/カリウム ATPase［sodium/potassium-ATPase］ ⇒ Na^+/K^+-ATPase

ナトリウム/カルシウム交換体［sodium/calcium exchanger］ 細胞膜上にある輸送体で，三つのナトリウムイオンが電気化学的勾配に従って細胞内に入り，一つのカルシウムイオンがその電気化学的勾配に逆らって細胞外へ出ていく．

ナトリウム勾配［sodium gradient］ エネルギー通貨の一つ．ナトリウムイオン濃度は細胞内よりも細胞外の方が高い．この濃度差はナトリウムイオンを細胞内に引き込もうとする電位差をもたらす．ナトリウムイオンが細胞内に流入すると，15 kJ mol^{-1} のエネルギーを放出する．

ナトリウムポンプ［sodium pump］ ⇒ Na^+/K^+-ATPase

ナム［numb］ 特に神経系において細胞運命の決定を調節する膜表在性タンパク質

ナンセンス変異［nonsense mutation］ 終止コドンを生み出すような塩基配列の変化．

二価染色体［bivalent chromosome］ 第一減数分裂前期に相同染色体（一つは母親からで，一つは父親由来）が結合したときにできる構造．

ニコチンアミド［nicotinamide］ 2 連のヌクレオチド NADH と NADPH に使われている塩基．

ニコチンアミドアデニンジヌクレオチド（還元型）［nicotinamide adenine dinucleotide（reduced form）］ ⇌ NADH

ニコチンアミドアデニンジヌクレオチドリン酸（還元型）［nicotinamide adenine dinucleotide phosphate（reduced form）］ ⇌ NADPH

ニコチン性アセチルコリン受容体［nicotinic acetylcholine receptor］ 細胞外部分にアセチルコリンが結合すると開くイオンチャネル．ナトリウムイオンとカリウムイオンを透過させる．アイソフォームによってはカルシウムイオンも透過させる．

二次構造［secondary structure］ ポリペプチド骨格の繰返し規則構造．側鎖の影響はあるが直接は関係しない．α ヘリックスと β シートとの 2 種が普遍的．

二次抗体［secondary antibody］ 試料に結合させた非標識一次抗体を検出するのに用いられる標識された抗体．二次抗体は一次抗体を産生した動物種の免疫グロブリンを異動物種へ接種させることによってつくられる．つまり，"ヤギ抗ウサギ"二次抗体はウサギから産生された一次抗体を認識して結合する．特異性は一次抗体によって決まっており，顕微鏡観察やウエスタンブロットなど多様な解析に用いられている方法である．

二次免疫蛍光法［secondary immunofluorescence］ 間接免疫蛍光法ともよばれる方法で，特定のタンパク質や細胞内構造を特異的に認識する一次抗体を蛍光標識した二次抗体で検出する方法．

二重らせん［double helix］ 2 本の線維が互いにらせん状に巻付いた構造．おもに DNA の構造をさすが，たとえば F アクチンなどについても用いられる．

二糖［disaccharide］ 二つの単糖による二量体．例としてはラクトース（ガラクトース β（1→4）グルコース）およびスクロース（グルコース α1→β2 フルクトース）．

ニトロゲナーゼ［nitrogenase］ ある種の原核生物によって使用される酵素複合体であり，窒素ガスをアンモニアに還元する酵素．この酵素は ATP と強力な還元剤（還元されたフェレドキシン）を使用する．この酵素は鉄モリブデン補酵素をもっている．

二倍体［diploid］ 2 組の染色体を含んでいること．ヒトの場合には，父親からの 1 組と母親からの 1 組の 23 個から成る染色体 2 組意味している．体を構成する細胞（体細胞）のほとんどは二倍体である．

二分裂［binary fission］ 原核生物の細

胞分裂様式のことである．真核細胞と異なり有糸分裂を行わずに二つの染色体コピーを二つの子孫細胞へ均等分配する．

乳糖不耐性［lactose intolerant］食事中のラクトースを加水分解することができないこと．

ニューロトロフィン［neurotrophin］神経細胞に作用し，アポトーシスを防ぎ，分化を誘導するパラ分泌型伝達物質の一つ．ニューロトロフィン1は神経成長因子またはNGFとよばれていた．

ニューロフィラメント［neurofilament］神経細胞にみられる中間径フィラメントの一種．

ニューロン［neuron］神経細胞の別称．

尿素［urea］H₂N-(CO)-NH₂，多くの窒素をもっているがアンモニウムよりも低毒性であり肝臓でつくられる化合物．尿素は構造を不安定化させる性質があり，高濃度では可逆的にタンパク質を変性する．

尿素回路［urea cycle］尿中に排泄される尿素をつくる肝臓の代謝回路．

二量体の［dimeric］二つの部分から形成されている．共有結合で結ばれていない二つの部分から成る一つの分子．

二リン酸(1)［pyrophosphate］ピロリン酸ともいう．二リン酸は生体組織外では安定であるが，細胞内や細胞外の酵素により二つのリン酸に速やかに加水分解される．

$$\begin{array}{c}\text{O}\quad\text{O}\\\|\quad\|\\\text{-O-P-O-P-O}^-\\|\quad|\\\text{OH}\quad\text{O}^-\end{array}$$

二リン酸(2)［diphosphate］二つのリン酸が結合して二リン酸として他の化合物に結合している．ADPがその例．ビスリン酸は二つのリン酸が別々の部位に結合している．

ヌクレアーゼ［nuclease］核酸を分解する酵素．

ヌクレオシド［nucleoside］リボースやデオキシリボースと結合したプリン，ピリミジンあるいはニコチンアミド．

ヌクレオソーム［nucleosome］ヒストン八量体の周囲にDNAが巻付くことによって形成されるビーズ状の構造．

ヌクレオチド［nucleotide］核酸の部品．ヌクレオシドの5′位の炭素原子がリン酸化されたもの．

ヌクレオチド除去修復［nucleotide excision repair］チミン二量体を周囲の約30ヌクレオチドとともにDNAから取除く修復経路．生じたギャップはDNAポリメラーゼIとDNAリガーゼによって修復される．

ネクローシス［necrosis］損傷がひどくて，必要なエネルギーレベルを維持できなくなり，細胞がばらばらとなる細胞死．アポトーシスとは異なる．

熱ショックタンパク質［heat shock protein］すべての細胞にあって，細胞が熱などのストレスにさらされると大量に発現するタンパク質．タンパク質のフォールディングを助け，アンフォールドしたタンパク質を救済する．

熱性痙攣を伴う全身てんかん［generalized epilepsy with febrile seizures］⇒ GEFS

熱力学［thermodynamics］物質や反応にエネルギーがどう影響するか，についての学問．

ネルンストの式［Nernst equation］イオンの膜を隔てての平衡電位を計算することができる式．一般的には，

$$V_{eq} = \frac{RT}{zF}\log_e\left(\frac{[\text{I}_{outside}]}{[\text{I}_{inside}]}\right)$$

で与えられる．ここで，Rは気体定数（8.3 J K⁻¹ mol⁻¹），Tは絶対温度，zはイオンの電荷，Fはファラデー定数（1価のイオン1 mol当たり 96,500 C），$[\text{I}_{inside}]$はイオンIの細胞内濃度，$[\text{I}_{outside}]$はイオンIの細胞外濃度である．RT/Fの値は，室温（22℃）で0.025，37℃で0.027となる．

嚢胞性線維症［cystic fibrosis, CF］膵外分泌不全と治療しないと致命的な肺感染症を起こす非常に粘稠な気道粘液により特徴づけられる遺伝病．欧米ではしばしばCFと略される．嚢胞性線維症は機能的な塩化物イオンチャネルをつくらないか，適切に細胞膜に発現できないために起こる．

ノーザンブロット法［northern blotting］大きさで分離したRNAを一本鎖cDNA標識やアンチセンスRNA標識で標識するブロット技術．

ノックアウト［knockout］ノックアウト遺伝子とは機能を人工的に破壊して機能的なタンパク質をもはやコードしない遺伝子のことである．ノックアウト動物は遺伝子をノックアウトした動物のこと．

配位結合［coordinate bond］トリメチルアミン-N-オキシド中でみられる共有結合の特異な結合．

配偶子［gamete］精子または卵．配偶子は半数体である．すなわち，1組の染色体セットしかもっていない（ヒトでは23組）．

倍数体［polyploid］3組またはそれ以上の染色体をもっていること．

胚性幹細胞［embryonic stem cell］ES細胞と略す．初期胚由来の細胞．胚性幹細胞は無限に分裂し，何に分化するかまだ決定されていないため，条件により体内のあらゆる種類の細胞になることができる．

ハイドロパシープロット［hydropathy plot］アミノ鎖に従って，一定の長さごとにアミノ酸側鎖の疎水性の局所平均をとった図．膜タンパク質の膜貫通ドメインの推定に使うことができる．

胚盤胞［blastocyst］初期胚．

ハイブリダイゼーション［hybridization］相同でないもの同士の結合．分子遺伝学において，相補的な塩基対を介した二つの核酸鎖（RNAやDNA）の結合．

ハイブリドーマ［hybridoma］二つの細胞（うち一つは癌細胞）を融合してつくられた不死化株化細胞．この用語は一般的にB細胞と癌細胞とを融合させてつくったモノクローナル抗体を分泌する不死化細胞株に対して使われる．

ハウスキーピング遺伝子［housekeeping gene］真核生物のほとんどすべての細胞でmRNAに転写されている遺伝子．細菌細胞では，ハウスキーピング遺伝子は常に転写されている遺伝子をいう．

バクテリオファージ［bacteriophage］細菌に感染するウイルスの総称であり，単にファージとよばれることもある．

Hershey-Chaseの実験［Hershey-Chase experiment］ファージ感染は，ファージDNAの宿主細胞内への移行により起こり，タンパク質は細胞外にとどまることを，[³²P]DNA，[³⁵S]タンパク質を用いて示した．

白血球［leukocyte］血液細胞の一つ．

発現（遺伝子の）［expression (of a gene)］遺伝子がコードするタンパク質の出現．

発現ベクター［expression vector］挿入する外来性遺伝子がmRNAを転写できるように宿主細胞によって認識されるプロモーター領域を含むクローニングベクター．

パッチクランプ［patch clamp］細胞膜の表面にガラス製の微小ピペットを密着させて細胞の電気的性質を記録する技術（発展15・1を参照）．

パラ分泌伝達物質［paracrine transmitter］細胞から間質液中に分泌され，数分間持続し，分解される前に組織中に広くいきわたることが可能なアゴニスト．

バルキー型損傷［bulky lesion］チミン二量体によってひき起こされるDNAらせんのゆがみ．

半数体［haploid］各染色体の1コピーだけをもっていること．ヒトでは23染色体となる．精子や卵は半数体である．一方，体細胞はそれぞれの親からの23セットずつをもっており，二倍体といわれる．

反復DNA［repetitious DNA］ゲノム内で何度も繰返されるDNA配列．

半保存的複製［semi-conservative replication］二重鎖の両方の鎖が新しい鎖を合成するための鋳型として働くDNA複製の様式．

p38［p38］MAPキナーゼと関連するストレス依存性プロテインキナーゼであるが，MAPキナーゼとは作用が異なる．p38は，細胞ストレスによって活性化され，細胞修復とアポトーシスを活性化する．

p53［p53］細胞修復とアポトーシスを促進する転写因子．多くの癌細胞にp53遺伝子の機能欠失型変異体が見いだされている．

PI3-キナーゼ［PI3-kinase］⇒ ホスファチジルイノシトール3-キナーゼ

PIP₂［PIP₂］ ⇨ ホスファチジルイノシトールビスリン酸

PIP₃［PIP₃］ ⇨ ホスファチジルイノシトールトリスリン酸

BAX［BAX］ bcl-2ファミリータンパク質で，その二量体はミトコンドリアからシトクロム c を放出させるチャネルに入って，アポトーシスを誘導する．BAX はプロテインキナーゼ B によってリン酸化されると不活性化する．

BAC［BAC］ bacterial artificial chromosome の略．細胞内で約 300,000 bp の DNA を増やすのに使われるクローニングベクター．

PAC［PAC］ P1 artificial chromosome の略．バクテリオファージ P1 由来のクローニングベクター．大腸菌の中で約 150,000 bp の DNA を増やすのに用いられる．

pH［pH］ 溶液の酸性の尺度で，mol/L で表した水素イオン濃度の底を10とする常用対数のマイナスと同じである．pH 値が小さいほど溶液は酸性．中性の溶液の pH は 7 で，H^+ 濃度は 10^{-7} mol/L もしくは 100 nmol/L である．

PH ドメイン［PH domain］ リン酸化されたイノシトールに結合するタンパク質ドメイン．プロテインキナーゼ B の PH ドメインは，ホスファチジルイノシトールトリスリン酸に結合して細胞膜へよび込まれる．

PLC［PLC］ ⇨ ホスホリパーゼ

B型DNA［B-DNA］ 右巻きの DNA 二重らせん．

pK_a［pK_a］ $-\log_{10} K_a$ と等しいパラメーターであり，解離した酸の濃度が非解離の酸の濃度と等しくなる pH のことである．

PKA［PKA］ ⇨ プロテインキナーゼ A
PKC［PKC］ ⇨ プロテインキナーゼ C
PKG［PKG］ ⇨ プロテインキナーゼ G
PKB［PKB］ ⇨ プロテインキナーゼ B

ビコイド［bicoid］ 昆虫の転写因子で，発生段階の細胞に用量依存的に作用し，前部の細胞へと運命づける．ビコイド mRNA は未受精卵の片側に濃縮して局在し，受精に伴いタンパク質への翻訳が起こる．

B細胞［B cell］ 抗体を発現もしくは分泌する免疫システムの細胞．

p21Cip1［p21Cip1］ サイクリン依存性キナーゼの阻害因子．細胞間接着によって発現上昇する p21Cip1 は，細胞が細胞周期の S 期に入るのを妨げる．

PCR［PCR］ polymerase chain reaction（ポリメラーゼ連鎖反応）の略．少なくとも両端の配列がわかっている DNA 配列のたくさんのコピーをつくる手法．

bcl-2［bcl-2］ 抗アポトーシス性のタンパク質．BAX と結合して，ミトコンドリアからのシトクロム c 遊離を防御する．

bcl-2 ファミリー［bcl-2 family］ ミトコンドリアからのシトクロム c 遊離の制御にかかわるタンパク質のファミリー．

皮質［cortex］ 器官や構造の外層部分．たとえば，脳の外層領域を形成する組織や，アクチン格子によって占められる細胞の外層領域は皮質とよばれる．

微絨毛［microvilli（sg.microvillus）］ アクチンフィラメントを軸として形成される上皮細胞表面から伸びている突起で，吸収のための細胞表面積を増加させている．

微小管［microtubule］ チューブリンからなる管状の細胞質フィラメント．チューブリンは繊毛や鞭毛の 9＋2 軸糸，および有糸分裂や減数分裂の紡錘体の主要成分である．

微小管形成中心［microtubule organizing center］ MTOC と略す．細胞質微小管が伸び出している構造．中心体と同義．

微小管分子モーター［microtubular molecular motor］ 細胞骨格のフィラメントに沿って小胞を動かすタンパク質．微小管モーターの例は細胞質ダイニンとキネシンである．

非晶質［amorphous］ 結晶のように均質な構造をもたず不定形なさまをさす．

ヒストン［histone］ 正に荷電しているタンパク質で，負に荷電している DNA と結合し，DNA がクロマチンへと折りたたまれるのを助けている．

ヒストン八量体［histone octamer］ ヒストン H2A, H2B, H3, H4 の各 2 分子から成り，全体でヌクレオソームを形成する．

ビスリン酸［bisphosphate］ フルクトース 1,6-ビスリン酸のように，リン酸が同じ分子の 2 箇所に結合している化合物．リン酸が二つ，鎖となって（直列に）結合している二リン酸とは異なる．

微生物［microorganism］ 一細胞で生きる真核または原核生物で，大腸菌に代表される細菌やゾウリムシまたは酵母などの総称である．

必須アミノ酸［essential amino acid］ 生物が必要とするものであるが，合成することができないアミノ酸．ヒスチジン，イソロイシン，ロイシン，リシン，メチオニン，フェニルアラニン，トレオニン，トリプトファン，バリンは必須アミノ酸であり，人間にとって必要不可欠である．

必須脂肪酸［essential fatty acid］ 組織が必要としているが生合成できない脂肪酸．リノール酸やリノレン酸はヒトでは必須である．

PDGF［PDGF］ ⇨ 血小板由来増殖因子

ヒドロキシ基［hydroxyl group］ -OH 基．この用語はカルボキシ基の一部である -OH には使われない．

p75 ニューロトロフィン受容体［p75 neurotrophin receptor］ デスドメインをもつニューロトロフィン受容体．ニューロトロフィンが結合すると，p75 はカスパーゼ 8 を活性化し，それを取消す生存シグナルがない限り，アポトーシスを開始する．

P部位［P site］ ペプチジル部位（peptidyl site）ともいう．伸長中のペプチド鎖によって占められるリボソーム上の部位．

腓腹筋［gastrocnemius muscle］ 脛骨の裏側にある筋肉．腓腹筋が収縮するとつま先が下がる．

被覆小胞［coated vesicle］ タンパク質のコートで包み込まれた細胞質の小胞．コートマーで被覆された小胞とクラスリンで被覆された小胞がある．

非分解性の誘導物質［gratuitous inducer］ 誘導された酵素によって代謝されない転写の誘導物質．

ヒポキサンチン［hypoxanthine］ イノシンヌクレオチドの合成原料となるプリン塩基の一種．イノシンはウラシル，シトシン，アデニンのいずれとも塩基対を形成することができる．

非翻訳配列［untranslated sequence］ mRNA の中の，タンパク質をコードしない配列．非翻訳領域は，mRNA の 5′ および 3′ 末端に見いだされる．

ビメンチン［vimentin］ 線維芽細胞などの間葉系細胞において，中間径フィラメントを構成するタンパク質．

標準状態［standard state］ 反応の熱力学を記述するための温度や圧力など系の条件のセット．たとえば $\Delta G°'$ は，pH 7 の水溶液に対して定義される．

標的化（タンパク質の）［protein targeting］ タンパク質を細胞内の働くべき場所に届けること．

標的化配列［targeting sequence］ ターゲティング配列ともいう．合成されたタンパク質をどの細胞内区画に配送するかを決定するポリペプチド中のアミノ酸配列．

表皮［epidermis］ 生物の内部を保護している最外細胞層．

ピリミジン［pyrimidine］ ヌクレオチドやヌクレオシドにみられる窒素を含む塩基．シトシン，チミンおよびウラシルはピリミジンである．

ビリン［villin］ アクチン線維を架橋するアクチン結合タンパク質．

ヒールプリック試験［heel prick test］ ⇨ ガスリー試験

ファージ［phage］ バクテリオファージの略称．細菌に感染するウイルス．

ファンデルワールス力［van der Waals force］ 原子間に働く弱い引力だが，接近しすぎると強い斥力を生む量子論的な力．

VNTR［VNTR］ variable number tandem repeat（縦列反復配列多型）の略．ヒトゲノムに多くみられる DNA 配列．この反復数はヒトによって異なる．

V_m［V_m］ 酵素触媒反応での最大速度．基質の濃度を無限に増加したときに得られる極限初速度．V_m はまた膜間の電圧の意味でもしばしば使用される．

V（D）J リコンビナーゼ［V（D）J recombinase］ B および T 細胞でのみ活

性をもつ酵素．抗体およびT細胞受容体をコードする領域のDNAを切断してスプライシングする．

部位特異的突然変異 [site-directed mutagenesis] DNA分子の特定の部位の塩基配列を変える手法．

フィードバック [feedback] ある過程による結果が，それらを生み出す過程の速度を増減させている機序を変化させるような過程．負のフィードバックでは，あるパラメーターの変化が，そのようなパラメーターの変化をもとどおりするような機序を活性化する．一例として，trpオペロンの発現に対するトリプトファンの効果がある．一方，正のフィードバックでは，あるパラメーターの変化がそのような変化を加速するような機序を活性化する．例としては，電位依存性ナトリウムチャネル開口に対する脱分極の効果である．

フィードフォワード [feedforward] あるパラメーターの変化を予測する調節過程であり，発動する機序は予測される変化を小さくするように働く．

フェニルケトン尿症 [phenylketonuria] フェニルアラニンヒドロキシラーゼが不足したり，欠損している遺伝性疾患．フェニルアラニンの摂取量が大幅に縮小されない限り，フェニルアラニンとそのアミノ基転移生成物であるフェニルピルビン酸が体内に蓄積し，脳障害をひき起こす．すべての新生児に対して実施されているヒールプリック試験またはガスリー試験はこのようなフェニルケトン尿症の検査試験である．

フォーカルコンタクト [focal contact] 運動している細胞が基質に接触する点．

不活性化（電位依存性チャネルの） [inactivation (of voltage gated channels)] 開いたチャネルがチャネルの細胞質側に付いているプラグ（栓）で阻害されること．

副溝（DNAの） [minor groove (of DNA)] DNA二重らせん表面の2本の溝のうち，幅の狭い方をさす．

複合体 [complex (as a noun)] 解離可能な非共有結合性相互作用によりつながれた分子の集合体．

複合体Ⅰ，Ⅱ，Ⅲ，Ⅳ [complex Ⅰ, complex Ⅱ, complex Ⅲ, complex Ⅳ] ミトコンドリア内膜の電子伝達系を構成する大きなタンパク質複合体．

複製（DNAの） [replication (of DNA)] 一つのDNA分子から二つのDNA分子がつくられる過程．

複製起点 [origin of replication] 染色体上のDNA複製を開始する領域．

複製フォーク [replication fork] 複製の際に二重らせんの2本の鎖が解離することで生じるY字型の構造．

付着末端（DNAの） [sticky ends (of DNA)] DNA分子の二本鎖が，配列中の非対称的な位置で切断されてできる小さな一本鎖末端．

太いフィラメント [thick filament] 横紋筋の細胞骨格を形成する2種類のフィラメントの一つ．モータータンパク質のミオシンⅡから成る．

負の制御（転写の） [negative regulation (of transcription)] 代謝経路の最終産物である特定の物質による転写の阻害．

負のフィードバック [negative feedback] あるパラメーターの変化が，そのパラメーターの変化をもとどおりにするような機序を活性化する．一例として，trpオペロンの発現に対するトリプトファンの効果がある．

不飽和（脂肪酸の） [unsaturated (of fatty acids)] 炭素-炭素間二重結合をもつもの．

プライマー [primer] ポリメラーゼが長い核酸の鎖を合成するための開始点となる短いRNAもしくはDNA．

プライマーゼ [primase] リーディング鎖およびラギング鎖の合成を開始するために必要なRNAプライマーを合成する酵素．

プラーク [plaque] 生きている細菌の中に，バクテリオファージの感染によってできた死んだ細菌の部分．

フラジェリン [flagellin] 細菌の鞭毛にあるタンパク質．

プラスミド [plasmid] 細菌の中で，宿主のDNAとは独立して複製される環状DNA．

プリオン [prion] 自分自身で感染性をもつタンパク質．

プリン [purine] ヌクレオチドやヌクレオシドにみられる窒素を含む塩基．アデニン，グアニンおよびヒポキサンチンはプリンである．

ブルーム症候群 [Bloom's syndrome] ヘリカーゼ遺伝子の欠損に起因する疾病．患者はDNAを修復することができず，皮膚癌や他の癌になりやすい．

フレームシフト変異 [frameshift mutation] ヌクレオチドの挿入や欠失により生じる，mRNAの読み枠をずらすような突然変異．

プログラム細胞死 [programmed cell death] ネクローシスとは異なり，細胞が自分自身の破壊を積極的に進める反応．アポトーシスは脊椎動物の発達に重要で，組織や器官の形成は，特定の細胞系譜の細胞死がかかわる．

プロスタグランジン [prostaglandin] パラ分泌伝達物質のうちの1ファミリー．組織内に拡散するが，持続時間は短い．四つの二重結合をもつ20炭素鎖の脂肪酸であるアラキドン酸から産生される．

プロテアソーム [proteasome] 不必要となったタンパク質を分解する真核細胞に特徴的な樽型をしたタンパク質分解装置．プロテアソームは細菌にもあるが，ほとんどの原核生物でははっきりした樽型構造をとらない．

プロテインキナーゼ [protein kinase] ATPからリン酸基をタンパク質へ転移することにより，タンパク質をリン酸化する酵素．

プロテインキナーゼA [protein kinase A, PKA] 細胞内メッセンジャーのcAMPにより活性化されるプロテインキナーゼ．プロテインキナーゼAは，グリコーゲンホスホリラーゼキナーゼなどのタンパク質のセリン残基およびトレオニン残基をリン酸化する．

プロテインキナーゼC [protein kinase C, PKC] 細胞内カルシウムイオンの上昇とジアシルグリセロールにより活性化されるプロテインキナーゼ．プロテインキナーゼCはタンパク質のセリン残基とトレオニン残基をリン酸化する．

プロテインキナーゼG [protein kinase G, PKG] 細胞内メッセンジャーのcGMPによって活性化されるプロテインキナーゼ．プロテインキナーゼGはカルシウムATPaseなどのタンパク質のセリン残基とトレオニン残基をリン酸化する．

プロテインキナーゼB [protein kinase B, PKB] ホスファチジルイノシトールトリスリン酸により細胞膜へよび込まれると自己リン酸化して活性化するプロテインキナーゼ．プロテインキナーゼBはbcl-2ファミリーのBAXなどのタンパク質のセリン残基とトレオニン残基をリン酸化する．PKBは以前はAktとよばれていた．

プロテインホスファターゼ [protein phosphatase] タンパク質からリン酸基を除く酵素．

プロテオミクス [proteomics] プロテオームの研究．たとえば，二つの組織間でのタンパク質のプロファイルを比較すること．

プロテオーム [proteome] 細胞の全タンパク質．

プロテオリシス [proteolysis] タンパク質中のペプチド結合の加水分解のことで，切断されたフラグメントが生じる．

プロトフィラメント [protofilaments] 微小管の壁を形成するサブユニットの鎖．

プロトン化 [protonated] H^+を受取っているもの．たとえば乳酸イオン$CH_3CH(OH)COO^-$は酸溶液中でプロトン化され乳酸$CH_3CH(OH)COOH$になる．水素の最も一般的な同位体では，その核は単一のプロトンであるので，"プロトン"という言葉は"水素原子核"の略称である．

プロフィリン [profilin] アクチン結合タンパク質の一種であり，アクチンフィラメントの構築を調節する．

プロモーター [promoter] 転写を開始するためにRNAポリメラーゼが結合するDNA領域．

分化 [differentiation] 細胞が特定の機能を果たすために専門化していく過程．

分解能 [resolving power] 顕微鏡下で識別可能な最小の大きさ（識別対象の間隔）をさす．

分化全能性［totipotent］ 異なる性質をもつ細胞へと分化する能力．植物細胞はすべての細胞が分化全能性をもつが，動物細胞では胚性幹細胞だけが分化全能性をもつ．

分極化［polarized］ 異なった性質をもつ二つの部分に分かれること．化学と生物学における特別な使い方をされているものとしては，電磁振動が限定された平面で生じている偏光；電子が均等に共有されておらず分子の片末端が+δの電荷をもち，もう一方の末端が-δの電荷をもったような局在化した分子；異なった電圧で隔離されている電気的に分極化した膜；および異なった形態を示し，異なったタンパク質を異なった末端で発現している分極化した細胞　がある．

分　泌［secretion］ 細胞による化学物質の合成と放出．

分泌小胞［secretory vesicles］ ゴルジ体でつくられ，分泌タンパク質を細胞膜まで輸送し，そこで融合する小胞．

分裂，分離［fission］ 二つに分かれること．もともとは原核生物の複製に使われたが，一枚膜で囲まれた細胞小器官が二つに分裂したり，小胞が膜から分離するプロセスにも使われる．

分裂溝［cleavage furrow］ 動物細胞の細胞質分裂時に細胞の中央をくびり切るために形成される構造．

ヘアピンループ［hairpin loop］ 直鎖状の物体がループをつくり，端同士がくっついた状態．RNA が分子内で相補的な塩基対を形成することによりつくられるループ構造をさすのに用いられる．

平滑筋［smooth muscle］ 横紋筋とは違い，消化管や血管壁など多くの場所に存在する筋肉．

平滑末端［blunt ends］ 平滑的に二つのDNA 鎖に切断する酵素によって生じるDNAの末端．

平　衡［equilibrium］ 反対の力がつり合っていること．一方向に進む傾向と反対方向に進もうとする傾向がまったく同じであるなら，反応や物体は平衡状態である．イオンにとっては，この状態は膜間でのイオン勾配がゼロであるということと同じである．化学的な反応においては，正方向の反応の速度と逆反応の速度が同じであり，たとえば $2H_2O \rightleftarrows OH^- + H_3O^+$ であるときに平衡状態は生じる．

平衡電位［equilibrium voltage］ 特定のイオンの濃度勾配（電気化学的勾配）とちょうどバランスをとる膜を隔てた電位．

平行βシート［parallel β sheet］ すべて同じ方向のペプチド鎖から構成されるβシート．

閉鎖型プロモーター複合体　［closed promoter complex］ 転写開始時に RNA ポリメラーゼがプロモーター配列に結合するときに形成される構造．

ヘキソキナーゼ［hexokinase］ グルコースの6位の炭素をリン酸化する酵素．

ベクター［vector］ 何かを運ぶもの．外来 DNA を運ぶプラスミドやバクテリオファージのことをいう．これらは，細菌の中で独立して複製される．

β酸化［β oxidation］ アセチル CoA を形成するために，脂肪酸が2炭素単位に分解され，CoA に付加される過程．この過程はミトコンドリアのマトリックスで行われており，その結果，NADH と $FADH_2$ の両者を生成する．

βシート［β sheet］ 普遍的二次構造の一つで，伸長したポリペプチドが隣接鎖同士で水素結合している．

ヘテロクロマチン［heterochromatin］ 核クロマチンのこの部分は，高密度に凝集している．ヘテロクロマチンのほとんどは，遺伝子がコードされていない繰返し配列のDNA で構成されている．

ヘテロ接合体［heterozygote］ 対立遺伝子が異なる人（例：一つが変異遺伝子の場合）．本書ではこの言葉は用いず，劣性遺伝子のヘテロ接合体のときに限り"保因者"という言葉を用いる．

ペプチジルトランスフェラーゼ［peptidyl transferase］ 二つのアミノ酸間のペプチド結合の形成を触媒する酵素．大腸菌のペプチジルトランスフェラーゼはリボザイムの例である．

ペプチジル部位［peptidyl site］ ⇒ P 部位

ペプチド［peptide］ アミノ酸の短い直鎖の高分子．

ペプチド結合［peptide bond］ アミノ酸の間での結合．結合は一つのアミノ酸のカルボキシ基と隣の分子のアミノ基との間で形成される．

ヘモグロビン［hemoglobin］ 血液中で酸素を運ぶ鉄を含んだタンパク質．

ヘリカーゼ［helicase］ 複製の際に DNA 二重らせんをほどく酵素．

ヘリックス・ターン・ヘリックス［helix-turn-helix］ 二つのαヘリックスが短いターンでつながってる構造で，多くのDNA 結合タンパク質にみられる．

ペルオキシソーム［peroxisome］ さまざまな機能をもった細胞小器官．ペルオキシソームは過酸化水素を酸素と水に分解するカタラーゼとよばれる酵素をもっていることが多い．

ヘルパーT細胞［helper T cell］ 膜内在性タンパク質である CD4 を発現している T 細胞．B 細胞表面の MHC タンパク質により提示されたペプチドがT 細胞受容体に強固に結合したときに，ヘルパーT 細胞は B 細胞を活性化する．

変　性［denature］ 分子内の非共有結合を壊すことによる三次構造の消失．

ペントース［pentose］ 5個の炭素原子をもつ単糖．

ペントースリン酸回路　［pentose phosphate cycle］ ペントースを産生し，グルコース 6-リン酸を酸化することにより，NADPH を生成し還元力を生み出す経路．

扁平上皮の［squamous］ 平らな上皮細胞集団を示す．

鞭　毛［flagellum］ 遊泳に用いられる付属物．真核生物では，鞭毛は細胞の突起であり，ダイニン／微小管モーター系を利用する．原核生物では，鞭毛は基部でモーターによって回転する細胞外タンパク質である．

補因子［cofactor］ タンパク質の活性に必要な非タンパク質性の分子やイオン．補因子はタンパク質に堅く結合しているが解離可能である．例としては，アミノトランスフェラーゼのピリドキサールリン酸やジンク（亜鉛）フィンガータンパク質の亜鉛などである．

保因者［carrier］ 対立遺伝子の一方に機能をもたない変異遺伝子をもつ人．もう一方の遺伝子が十分な機能を果たすタンパク質をつくるので，見かけ上は健常である．

紡錘体［spindle］ 細胞分裂期に染色体を整列させたり，移動させたりする微小管から成る構造．

紡錘体形成チェックポイント［spindle assembly checkpoint］ 後期への進行を制御するチェックポイント．細胞は，染色分体が赤道面に正しく並んだ時にのみ，後期促進複合体が活性化され，後期に進行することができる．

飽　和（脂肪酸の）［saturated (of fatty acids)］ 炭素-炭素間の二重結合をもっていないこと．

飽和速度［saturation kinetics］ 反応物の濃度が増加して，反応速度が最大の極限値に近づいたときに起こることをいう．触媒の反応物結合部位によって限られる速度．

補欠分子族［prosthetic group］ タンパク質の機能に必要な非タンパク質物質．補因子と重なる概念．その差は，強固に結合しているかどうかで，タンパク質を一部変性しない限り遊離させることができないものを意味する．ミオグロビン，ヘモグロビン，シトクロムのヘムグループが例．

補酵素［coenzyme］ 特定の反応をする酵素で，第二の基質となることが多い分子．ATP/ADP，NAD^+/NADH，アシル CoA/CoA など．

ホスファターゼ［phosphatase］ 基質を脱リン酸させる酵素．グルコース 6-ホスファターゼとカルシニューリンは，おのおのの糖とタンパク質に働くホスファターゼである．

ホスファチジルイノシトール 3-キナーゼ［phosphatidylinositol 3-kinase］ PI-3 キナーゼ（PI-3-kinase）ともいう．ホスファチジルイノシトールビスリン酸のイノシトール環 3 位をリン酸化してホスファチジルイノシトールトリスリン酸（PIP_3）を

産生する酵素．産生された PIP₃ は，PH ドメインをもつタンパク質を細胞膜へよび込む．

ホスファチジルイノシトールトリスリン酸［phosphatidylinositol trisphosphate, PIP₃］ PIP₃ と略す．イノシトール環の 3, 4, 5 位がリン酸化されたイノシトールを頭部極性基にもつリン脂質．PIP₃ はプロテインキナーゼ B のもつ PH ドメインをもつタンパク質を細胞膜へよび込む．

ホスファチジルイノシトールビスリン酸［phosphatidylinositol bisphosphate, PIP₂］ PIP₂ と略す．細胞膜構成リン脂質．ホスホリパーゼ C により加水分解されると，イノシトールトリスリン酸が細胞質へ遊離される．また，PIP₂ はさらにリン酸化されて，ホスファチジルイノシトールトリスリン酸が産生される．

ホスホジエステル結合［phosphodiester link］ ある分子内でリン酸が二つの酸素原子間をつないでいるような結合のこと．リン脂質では，頭部がホスホジエステル結合を介してグリセロールとつながっている．DNA や RNA では，隣接したヌクレオチドがホスホジエステル結合を介して連結されている．

ホスホフルクトキナーゼ［phosphofructokinase］ フルクトース 6-リン酸をリン酸化し，フルクトース 1,6-ビスリン酸を生成する酵素．

ホスホリパーゼ C［phospholipase C］ 細胞膜構成リン脂質のホスファチジルイノシトールビスリン酸を加水分解してイノシトールトリスリン酸を細胞質へ放出する酵素．ホスホリパーゼ C の β アイソフォームは，三量体 G タンパク質の G_q により活性化され，一方，γ アイソフォームはそのチロシン残基がリン酸化されることによって活性化される．

ホスホリラーゼキナーゼ［phosphorylase kinase］ ⇨ グリコーゲンホスホリラーゼキナーゼ

ホスホリラーゼ［phosphorylase］ リン酸塩を添加することによってグリコシド結合を切断する酵素．

細いフィラメント［thin filament］ 横紋筋の細胞骨格を形成する 2 種類のフィラメントの一つ．アクチンから成る．

補体［complement］ 免疫学では，補体という名詞は，抗体が病原体や他の標的を中和するのを助ける一群のタンパク質のことをよぶ．

ホモ接合体［homozygote］ 父母それぞれに由来する対立遺伝子がまったく同一の配列をもつ状態のこと．ヒトの遺伝子の大部分はホモ接合体である．

ポリアデニル化［polyadenylation］ ポリ(A)テールが真核生物の mRNA の 3′ 末端に付加される過程．

ポリ(A)テール［poly adenosine tail, poly (A) tail］ 真核生物の mRNA の 3′ 末端に付加されるアデニン残基の繰返し配列．

ポリクローナル［polyclonal］ 多くのクローンという用語に用いられる．ポリクローナル抗体は，抗原を動物に免疫し，血清を採取することにより得られた抗体のことである．ポリクローナル抗体は B 細胞上の抗体が標的に結合するすべての B 細胞クローンから分泌される．

ポリシストロニックな mRNA［polycistronic mRNA］ 翻訳されたときに，二つ以上のポリペプチドを産生する mRNA．

ポリソーム［polysome］ ⇨ ポリリボソーム

ポリペプチド［polypeptide］ 50 個以上のアミノ酸がペプチド結合で連結した高分子．

ポリメラーゼ［polymerase］ 同一の，もしくは類似した長い鎖を合成する酵素．DNA ポリメラーゼと RNA ポリメラーゼはそれぞれ DNA と RNA を合成する．

ポリメラーゼ連鎖反応［polymerase chain reaction］ ⇨ PCR

ポリリボソーム［polyribosome］ ポリソーム (polysome) ともいう．一つの mRNA 分子に結合した一連のリボソーム．

ポリン［porin］ ミトコンドリア外膜に存在するチャネル．常に開いており分子量が 10,000 以下の溶質を透過させる．

ホルミルメチオニン［formyl methionine, fMet］ ホルミル基が付加したメチオニン．ホルミルメチオニンは細菌において新たに作られたすべてのポリペプチドの最初のアミノ酸である．

ホルモン［hormone］ 血中に分泌され，分解される前に体中を巡る長寿命の伝達物質．

ホルモン応答配列［hormone response element, HRE］ HRE と略す．ステロイドホルモン受容体が特異的に結合する DNA 配列．

翻訳［translation］ 鋳型 mRNA を基にしたタンパク質の合成．

マイクロアレイ［microarray］ クローン化 DNA を接着させた薄層ガラス板．遺伝子チップや DNA チップともいわれる．

マイクロサテライト DNA［microsatellite DNA］ 機能が明らかになっていない反復 DNA．4 塩基対もしくはそれ以下の単位似が複数回繰返される．

マイクロフィラメント［microfilament］ 細胞骨格の主要なフィラメントの一つ．アクチンフィラメントや F アクチンとしても知られる．横紋筋の細いフィラメントと同義である．

マイトジェン［mitogen］ 細胞分裂を促進する因子．線維芽細胞増殖因子 (FGF) および血小板由来増殖因子 (PDGF) は上皮あるいは平滑筋細胞のマイトジェン能をもつ．

マイトジェン活性化プロテインキナーゼ［mitogen associated protein kinase］ ⇨ MAP キナーゼ

膜［membrane］ 平面のシート．生体膜は脂質二重層とタンパク質から成る．

膜間腔［intermembrane space］ ミトコンドリア，葉緑体，核などの二つの膜で覆われた細胞小器官において，膜間腔は内膜と外膜の間にできた水性の領域である．核の膜間腔は小胞体の内腔とつながっている．ミトコンドリアの膜間腔は細胞質と同様のイオン組成となっているが，これはミトコンドリアの外膜に存在するポーリンが分子量 10,000 以下の溶質を通過させることができるからである．

膜貫通タンパク質［transmembrane proteins］ 細胞膜を貫いているタンパク質．

膜侵襲複合体［membrane attack complex］ CD8⁺ T 細胞攻撃の結果として標的細胞の細胞膜に形成されるチャネル．

膜電位［transmembrane voltage］ 膜の一方の側と他方側との間の電位差のこと．一般的には細胞の外側に対して，内側の電位のこと．

膜透過［transmembrane translocation］ タンパク質の輸送形式の一つで，アンフォールドしたポリペプチド鎖がひものように 1 枚または複数枚の膜を通過し，最終目的地で巻戻る．

膜内在性タンパク質［integral protein (of a membrane)］ 膜に強固に結合したタンパク質の一群であり，通常は 1 回以上タンパク質のポリペプチド鎖を膜が貫通している．膜内在性タンパク質は，界面活性剤などを用いることにより膜を破壊することによってのみ単離することができる．一方で膜表在性タンパク質はより弱く膜に結合している．

膜表在性タンパク質［peripheral membrane protein］ 細胞の膜より簡単に遊離することができるタンパク質の一群．界面活性剤などで膜を壊さない限り単離できない膜内在性タンパク質とは異なる．

マクロファージ［macrophage］ 食作用をもつハウスキーピング細胞で，細菌や死細胞を貪食し消化する．

マンノース［mannose］ ヘキソースの一種．

マンノース 6-リン酸［mannose 6-phosphate］ 6 位の炭素がリン酸化されているマンノース．マンノース 6-リン酸はリソソームタンパク質を同定するための仕分けシグナルである．

ミオシン［myosin］ アクチンフィラメントに沿って動いたり，アクチンフィラメントを引張ったりするモータータンパク質．骨格筋の太いフィラメントはミオシン II アイソフォームによって形成される．

ミオシン V［myosin V］ ミオシンのアイソフォームであり，アクチンフィラメントに沿って積み荷を運ぶ．

ミオシン II［myosin II］ ミオシンのアイソフォームであり，横紋筋にみられる太

いフィラメントを形成するが，他の細胞種にもみられる．

ミエリン［myelin］　神経細胞の軸索を覆うグリア細胞から成る脂質に富んだ物質．

ミカエリス定数　［Michaelis constant, K_M］　K_M で示される．酵素反応で最大初速度の半分の初速度が得られたときの基質の濃度．

ミカエリス・メンテンの式［Michaelis-Menten equation］　酵素触媒反応で初速度に対する基質濃度の影響を決める式．

$$v_0 = \frac{V_m[S]}{K_M + [S]}$$

［S］は基質濃度．K_M はミカエリス定数とよばれる定数で，最大速度の半分の初速度が得られたときの基質の濃度である．

ミスセンス変異　［missense mutation］　DNA に生じた塩基の変化で，コドンがもとと違ったアミノ酸を指定するように変わったもの．

ミスマッチ修復［mismatch repair］　細胞は DNA 鎖をメチル化することで標識する．それにより鋳型鎖と新しく合成された鎖を識別できる．もし誤った塩基（ミスマッチ）が新鎖に挿入されると，修復酵素が誤ったヌクレオチドを取除き，メチル化されている鎖を鋳型として正しいヌクレオチドが挿入される．

密着結合［tight junction］　隣接する細胞との間に強固な密封状態を形成し，細胞外と隔てる形の細胞間結合．

ミトコンドリア［mitochondrion (pl. mitochondria)］　好気的呼吸に関与する細胞小器官．

ミトコンドリア外膜　［mitochondrial outer membrane］　ミトコンドリアの外膜はポリンとよばれるチャネルが存在するために分子量 10,000 以下の溶質を透過させる．

ミトコンドリア内膜　［mitochondrial inner membrane］　ミトコンドリアの内膜はクリステとよばれる構造に折りたたまれている．電子伝達系や ATP 合成酵素はミトコンドリア内膜の膜内在性タンパク質である．

ミトコンドリアマトリックス［mitochondrial matrix］　ミトコンドリア内膜内側の水性領域で，クエン酸回路で働く酵素が局在している．

ミニサテライト DNA　［minisatellite DNA］　機能が明らかになっていない反復 DNA．約 25 塩基対の単位が 20,000 回も繰返される場合がある．

無極性［nonpolar］　無極性分子中での共有結合は電子を均等に共有しており，構成原子は電荷をもっていない．

明視野顕微鏡［bright-field microscopy］最も基本的な光学顕微鏡．試料の部位によって光の吸収率が異なるため視野の背景が明るく，試料が暗く見える．

7-メチルグアノシンキャップ［7-methyl guanosine cap］　真核生物の mRNA の 5′ 末端に見いだされるグアノシンの修飾．グアノシンが 5′-5′ ホスホジエステル結合によって mRNA に付加され，グアニンの 7 位がメチル化される．

メッセンジャー RNA　［messenger ribonucleic acid, mRNA］　遺伝コードを実行する RNA 分子．mRNA 上の塩基の順番はポリペプチド鎖のアミノ酸配列を規定する．真核生物では，mRNA は核から移行し，細胞質でタンパク質に翻訳される．

メモリー B 細胞［memory B cell］　抗体構造（体細胞超変異に加え，クラススイッチ）の最終調整した B 細胞のことであるが，膜型の抗体を発現し，急速な増殖により同じ抗原の再刺激に応答できる．メモリー B 細胞（さらにメモリー T 細胞，本書では記述されていない）の存在のおかげで，一度さらされた毒素や病原体への免疫性を獲得することができる．

免疫蛍光［immunofluorescence］　蛍光標識した抗体を使って特異的な化合物の局在を明らかにする．たとえば，蛍光顕微鏡やウェスタンブロット法を使う．

免疫された　［immunized］　抗原を注射して，抗原に結合する抗体を産生することで免疫システムが応答すること．

網膜芽細胞腫　［retinoblastoma］　眼にできる癌で，通常 Rb 遺伝子の変異によってひき起こされる．

モチーフ［motif］　DNA 塩基配列やアミノ酸配列の共通配列．たとえば，転写因子はある DNA のモチーフに結合し，ペプチドのモチーフは，特定の構造（ヘリックス・ターン・ヘリックスモチーフなど）をつくったり，結合相手をもつ（例：KDEL）．

モノクローナル　［monoclonal］　一クローンから成っている．モノクローナル抗体を準備するときは B 細胞ハイブリドーマ細胞のクローンから分泌されるので，相同な免疫グロブリン分子から成り，すべての抗体が正確に同じ標的を認識する．

モル［mole］　6.023×10^{23}（アボガドロ数）個の分子より成る物質量である．1 モルは，グラムで表現される分子量の値と等しい質量である．

有機［organic］　化学において，有機化合物は炭素原子を含むものである．農耕や食品では，有機（オーガニック）は遺伝子工学を用いた高度な農耕技術を排除していることを意味している．

有効打［effective stroke］　繊毛の鞭打ちサイクルの一部であり，細胞外液を押す．

有糸分裂［mitosis］　体細胞でみられる細胞分裂の形式．子孫細胞はもとの細胞に存在していた遺伝物質のすべてを受継ぐ．

有糸分裂紡錘体［mitotic spindle］　有糸分裂期の染色体の整列や移動にかかわる微小管からできる構造．

優性［dominant］　かりに 1 コピーしか存在しなくてもその効果を発揮できる遺伝子のこと．ほとんどの優性遺伝子は，対立する劣性遺伝子が機能的なタンパク質を産生しない状況で，それを産生することにより優性となる．しかしある種の変異遺伝子では，そのタンパク質全体の 50 ％ が変異型で占められただけで効果が表れるものもある．家族性のクロイツフェルト・ヤコブ病をひき起こす遺伝子は，その一例である．

誘導性オペロン［inducible operon］　特異的な基質が存在するときのみに転写されるオペロン．

ユークロマチン［euchromatin］　核クロマチンのこの部分はあまり高密度に凝集していない．ユークロマチンには，活発に転写されているタンパク質の遺伝子がコードされている．

輸送小胞［transport vesicle］　一つの膜区画から別の膜区画にタンパク質を輸送するための膜小胞．

輸送体［carrier］　キャリヤーともいう．膜に埋込まれたタンパク質で，膜を貫通するチューブを形成する．このチューブは膜を貫通して完全に開くことはなく，溶質は，一方の開いた口からチューブ内に入り，チューブの構造変化が起こるとこれまで閉じていたもう一方の口が開き，膜の反対側に出ていく．

ゆらぎ（tRNA 結合における）　［wobble (in tRNA binding)］　アンチコドンの 5′ 位とコドンの 3′ 位との間の塩基対の柔軟性．

溶質［solute］　溶液に溶けている物質．

葉緑体［chloroplast］　植物細胞の光合成のための細胞小器官．

抑制性オペロン　［repressible operon］特定の分子が存在するときに転写が抑制されるオペロン．しばしば，代謝系の最終産物がそれに当たる．

四次構造［quaternary structure］　タンパク質のサブユニット構造．サブユニットはそれぞれ三次構造をもち，それが複合した構造．サブユニットは同じまたは異なるタンパク質で，強固だが非共有結合で複合体をつくる．

読み枠［reading frame］　遺伝コードが 3 塩基の単位として読取られること．それぞれの mRNA には 3 通りの読み枠があり得るが，正しいタンパク質を合成できるのはそのうちの一つだけである．

ラギング鎖［lagging strand］　複製の際に不連続的に合成される DNA 鎖．一方，リーディング鎖は連続的に合成される．

ラクトース［lactose］　グルコースとガラクトースが $\beta(1 \to 4)$ グリコシド結合によって合成された二糖．

ラクトースオペロン［lactose operon, *lac* operon］　*lac* オペロンとも表記する．ラクトースの代謝に関与する酵素をコードしている 3 種類の細菌の遺伝子の集合体．

ラミン［lamin］　核ラミナを構成する中間径フィラメントのタンパク質．

藍藻［blue-green algae］ 現在シアノバクテリアとして知られる光合成細菌の旧名．

卵母細胞［oocyte］ 減数分裂を経て，卵になる細胞．

リアノジン［ryanodine］ リアノジン受容体（カルシウムチャネル）に結合して，チャネルを開口する植物毒素．

リアノジン受容体［ryanodine receptor］ 小胞体膜に存在するカルシウムチャネル．ほとんどの細胞において，細胞内カルシウム濃度の上昇に応答して開口する．骨格筋細胞においては，リアノジン受容体は細胞膜に存在する電位依存性カルシウムチャネルと直接連結しており，電位依存性カルシウムチャネルが開口するとこのチャネルも開口する．

リガンド［ligand］ 高分子の受容体に特異的に結合する比較的低分子量の分子．

リソソーム［lysosome］ 消化酵素を含む膜で覆われた細胞小器官．

立体異性体［stereo isomers］ 原子が同じ結合をもつが原子の空間的な配置が異なっている異性体（同じ分子組成で異なる化合物）．

リーディング鎖［leading strand］ デオキシリボヌクレオチドの付加により5′から3′方向に連続的に合成される鎖．

リボ核酸［ribonucleic acid, RNA］ リボヌクレオシド－リン酸のポリマー．メッセンジャーRNA，転移RNAおよびリボソームRNAを参照．

リボザイム［ribozyme］ 酵素のような触媒活性をもつRNA分子．

リボース［ribose］ RNAを形成するヌクレオチドの材料となるペントース．

リボソーム［ribosome］ リボソームは大小二つのサブユニットをもっており，おのおののサブユニットはいくつかの異なるrRNAとタンパク質からできている．二つのサブユニットは会合し，tRNAがmRNAに結合してタンパク質合成が起こるための舞台となる．

リボソームRNA［ribosomal RNA, rRNA］ リボソームを構成するRNA．リボソームの主要要素であり，翻訳過程の全体に関連している．

リボソーム再生因子［ribosome recycling factor］ タンパク質合成の終了後，リボソームサブユニットの解離を助けるタンパク質．解離したサブユニットはつぎのラウンドのタンパク質合成に再利用される．

リボヌクレアーゼ［ribonuclease］ RNAのホスホジエステル結合を切断する酵素．

リボヌクレアーゼH［ribonuclease H］ 相補なDNA分子と塩基対を形成しているRNA分子のホスホジエステル結合を切断する酵素．

リボヌクレオシド－リン酸［ribonucleoside monophosphate］ 5位の炭素原子に一つのリン酸基をもつリボース糖に付加している窒素含有塩基であり，リボヌクレオチドとしても知られている．

両親媒性［amphiphilic］ 疎水的な領域と親水的な領域をもつ分子を両親媒性という．amphiphilic とは"どちらも好き"の意．

緑色蛍光タンパク質［green fluorescent protein］ オワンクラゲの蛍光タンパク質．他の色のタンパク質や蛍光タンパク質と異なり，補欠分子族を含まないため，遺伝子が導入された細胞によって発現されると蛍光発光する．

リンカーDNA［linker DNA］ 二つのヌクレオソームをつなぐDNA鎖．

リン酸［phosphate］ 正しくは $H_2PO_4^-$，HPO_4^{2-} および PO_4^{3-} に対する名前．また，下記の官能基を意味する言葉として非常に頻繁に使われており，本書でも便宜的に使っている．イオンではなくこの官能基を特に示したいときは，（下記の構造の最も左の酸素を含まないで）リン酸基とよんでいる．

$$-\text{O}-\overset{\text{O}}{\underset{\text{O}^-}{\text{P}}}=\text{O}$$

リン酸化［phosphorylation］ 分子にリン酸基が付加されること．一般的には，ヒドロキシ基へ付加してリン酸エステル結合を形成するが，酸へ付加してリン酸無水結合を形成したり，窒素原子に付加してリン酸イミドを形成したりすることもある．

リン酸化型［phosphorylated］ リン酸基が付加されること．一般的にはリン酸基はヒドロキシ基に付加されてリン酸エステル結合を形成するが，酸にも付加されることがあり，この場合にはリン酸無水結合を形成し，窒素原子に付加された場合にはリン酸イミドを形成する．

リン酸基［phosphoryl group, phosphate group］ 下記の基．

$$-\overset{\text{O}}{\underset{\text{O}^-}{\text{P}}}=\text{O}$$

リン脂質［phospholipid］ グリセロールの1番目と2番目のヒドロキシ基にアシル基が結合して，3番目のヒドロキシ基に極性で多くは電荷を帯びた頭部がリン酸ジエステル結合で連結したグリセロ脂質．リン脂質は両親媒性で，生体膜の主要な構成成分である．

リンパ球［lymphocyte］ ナチュラルキラー細胞を含め，B細胞やT細胞により構成される免疫システム細胞の分類．

リンパ球系［lymphoid］ リンパ節の．生涯のうちある期間，リンパ節にいるB細胞やT細胞はリンパ系細胞あるいは単にリンパ球系という．

劣性［recessive］ 優性の対立遺伝子が存在するとその効果が隠れてしまうような場合，その遺伝子は劣性であるという．通常，劣性遺伝子は機能をもたないタンパク質をコードしており，したがってその個体が別に正常に働く遺伝子を使ってタンパク質をつくることができれば，その影響は表に表れない．

レトロウイルス［retrovirus］ 遺伝情報がRNAによって保持されているウイルスの一種．

連鎖遺伝子［linkage, linked (of genes)］ 同一の染色体上に存在する遺伝子の物理的結合．連鎖遺伝子はともに遺伝する傾向がある．

YAC［YAC］ yeast artificial chromosome の略．酵母の中で約 500,000 bp の DNA を増やすのに用いられるクローニングベクター．

復習問題の解答

1・1 細胞生物学における大きさ
スケール: $1\,m=10^3\,mm=10^6\,\mu m=10^9\,nm$.

1. E. $2000\,nm=2\,\mu m$. 細菌の大きさはおおよそ $1\,\mu m$ から $2\,\mu m$.
2. F. $20{,}000\,nm=20\,\mu m$. 真核生物の大きさはおおよそ $5\,\mu m$ から $100\,\mu m$.
3. I. $1{,}000{,}000{,}000\,nm=1\,m$. 指やつま先まで走っている神経細胞の長さがおよそこの程度.
4. D. $250\,nm$. 緑色光の波長は $500\,nm$; 光学顕微鏡の解像度はこの半分.
5. B. $0.2\,nm$. 光学顕微鏡で見ることができない微細構造を明らかにするために必要な電子顕微鏡の解像度.

1・2 細胞の種類
1. C=線維芽細胞. 線維芽細胞は結合組織の細胞外マトリックスとしてのコラーゲンや他の構成因子を産生する.
2. E=グリア細胞. グリア細胞と神経細胞は神経組織にみられる主要な2種類の細胞である.
3. B=上皮細胞. 上皮は上皮細胞による細胞シートである.
4. D=マクロファージ. マクロファージはラテン語で大食漢を意味しており, 不必要な物質を取込み, 消化する.
5. A=細菌. 原核生物は核膜をもたない; 遺伝物質は細胞質に存在している.
6. F=骨格筋細胞. それぞれ一つの核をもつ前駆体細胞は細胞融合を起こして多核の巨大な細胞となり筋肉を構築する.
7. G=幹細胞.

1・3 真核細胞の基本的な構成要素
1. 細胞質=D
2. 細胞内膜=C
3. ミトコンドリア=F
4. 核=B
5. 細胞膜=A

2・1 有機化合物の種類
1. 二糖=F, ラクトース. ラクトース(乳糖)は名前から推察されるように乳中にみられる二糖である.
2. 脂肪酸=H, オレイン酸
3. ヌクレオシド=B, アデノシン
4. ヌクレオチド=C, アデノシン三リン酸. ヌクレオチドはリン酸化されたヌクレオシドである.
5. ペントース=I, リボース. リボースは核酸の部品の一つであり, 体内において最も重要なペントースである.

2・2 官能基と結合
分子(i)はアセチル化されたスクロース分子である. 糖残基の環構造に酸素が含まれており, 糖残基間がグリコシド結合で連結されていることがわかるだろう. 右端に, スクロースにエステル結合で結合しているのは酢酸残基である. このように1箇所がアセチル化された糖は容易に合成することができるが, 天然でも工業的にも有用な役割をもっていない. しかしながら, エステル結合した複数の酢酸や酪酸残基をもつスクロースである, スクロース酢酸イソ酪酸エステルは食品添加剤であり, ヨーロッパではE444に対応している.

分子(ii)は, 左のシステインと右のセリンがペプチド結合で連結したジペプチドである. セリンの側鎖はリン酸化されており, この修飾は10章で再度出てくる.

図式(iii)はRNA分子が, DNAやRNAのいずれかである他の核酸の塩基と水素結合した部分を示している. 6章の"発展6・1"(p.62)でもRNAを解説している.

1. アミノ酸=D
2. カルボキシ基=G
3. ヒドロキシ基=A. Gのようなカルボキシ基中のOH基はヒドロキシ基とはいわないことに注意.
4. リン酸基=F. Iと答えるのも不適切でないこともない. しかしIでのリン酸原子は二つの結合で他の分子と結合しているので, 通常はIをリン酸基とみなしてしていない.
5. エステル結合=C. この結合に水の成分を付与すると糖にヒドロキシ基が酢酸にカルボキシ基が再生成するので, これはヒドロキシ基と有機酸の間のエステル結合である.
6. グリコシド結合=B
7. 水素結合=H
8. ペプチド結合=E
9. リン酸ジエステル結合=I

2・3 酸と塩基
1. 酢酸を考えると, プロトン化された構造 CH_3COOH と脱プロトンされた構造 CH_3COO^- の両方が顕著な濃度で存在する=B, pH 5. pHが反応 $CH_3COOH \rightleftharpoons CH_3COO^- + H^+$ の pK_a に近い場合には, プロトン化された構造と脱プロトンされた構造の両方が存在する.

2. アンモニウムを考えると, プロトン化された構造 NH_4^+ と脱プロトンされた構造 NH_3 の両方が顕著な濃度で存在する=D, pH 9. pHが反応 $NH_3+H^+ \rightleftharpoons NH_4^+$ の pK_a に近い

場合には，プロトン化された構造と脱プロトンされた構造の両方が存在する．

3. 酢酸とアンモニウムの両方の大部分がプロトン化された構造 CH_3COOH と NH_4^+ である＝A，pH 3．この pH では H^+ の濃度は非常に高く，プロトンをすべての受容体に付与する．

4. 酢酸とアンモニウムの両方の大部分が脱プロトンされた構造 CH_3COO^- と NH_3 である＝E，pH 11．この pH では，H^+ の濃度は非常に低く，アンモニウムイオンであっても H^+ を手放す．

5. 酢酸とアンモニウムの両方の大部分がイオン化されている構造 CH_3COO^- と NH_4^+ である＝C，pH 7．この pH は反応 $CH_3COOH \leftrightarrows CH_3COO^- + H^+$ の pK_a よりもアルカリ側であり，酢酸は H^+ を手放して酢酸イオンとなる．しかしながら，その pH は反応 $NH_3 + H^+ \leftrightarrows NH_4^+$ の pK_a よりも酸性であり，アンモニウムはプロトン化された構造 NH_4^+ のままである．

6. 酢酸とアンモニウムの両方の大部分が電荷をもたない構造 CH_3COOH と NH_3 である＝F．この状態は不可能である．酢酸が電荷をもたないプロトン化された構造 CH_3COOH であるためには，pH は反応 $CH_3COOH \leftrightarrows CH_3COO^- + H^+$ の pK_a よりも酸性であること，すなわち pH 4.8 よりも酸性でなくてはならない．しかしながら，アンモニアが電荷をもたない脱プロトンされた構造 NH_3 であるためには，pH は反応 $NH_3 + H^+ \leftrightarrows NH_4^+$ の pK_a よりアルカリであること，すなわち pH 9.2 よりもアルカリでなくてはならない．

3・1 膜

1. D．ミトコンドリア，核，そして植物細胞においては，葉緑体が二重膜によって覆われている．
2. A
3. B
4. F
5. A

3・2 真核細胞の細胞小器官

1. タンパク質合成の場＝A，小胞体
2. 多くの強力な消化酵素を含む＝C，リソソーム
3. 小さな環状の染色体をもつ＝D，ミトコンドリア．核，ミトコンドリア，そして植物細胞においては葉緑体のみが DNA をもつ．
4. カタラーゼという酵素をもつ＝F，ペルオキシソーム
5. クロマチンに富む＝E，核．着色染料により強く染まるクロマチンは，DNA とヒストンの複合体である．
6. 槽とよばれる扁平な膜で構成される＝B，ゴルジ装置．
7. 細胞の ATP の大部分がここで合成される＝D，ミトコンドリア
8. 通常は細胞の中心にみられる＝B，ゴルジ装置．細胞中心は，核膜に近くゴルジ体と中心体が存在する特別な領域である．

3・3 膜を横切った輸送

1. 分子量 10,000 の RNA 分子＝C．RNA 分子は，糖やリン酸など親水性の構成因子で形成されているために親水性である．したがって，これらは単純拡散によって脂質二重層を通過できない．ほとんどの分子は大きすぎてギャップ結合を通過できない．この RNA 分子の分子量は 10,000 であり，ギャップ結合は分子量が 1000 以上の物質は通過できない．

2. イノシトールトリスリン酸（分子量 649）＝B．イノシトールトリスリン酸は六つの負電荷をもっているために高度に親水性である．したがって，単純拡散によって脂質二重層を通過できない．しかしながら，イノシトールトリスリン酸はギャップ結合を通過することができるほど低分子である．イノシトールトリスリン酸のギャップ結合の通過は細胞間のシグナル伝達において重要な機構であると考えられている．16 章において，イノシトールトリスリン酸のシグナル伝達に関する機能をいくつか学ぶ．

3. カリウムイオン（原子量 39）＝B．低分子イオンであるカリウムイオンは親水性が高く，単純拡散によって脂質二重層を通過できない．しかしながら，カリウムイオンはギャップ結合を容易に通過することができる．カリウムイオンをはじめとしたイオンの移動によって生じる電流の伝達は，心筋細胞が協調して拍動するために必要である．

4. 一酸化窒素（NO）（分子量 30）＝A．一酸化窒素は無電荷の低分子で疎水性溶媒に溶けるので，単純拡散によって脂質二重層を通過できる．この方法による一酸化窒素の細胞間移動は，血流が組織の需要に応答するために重要であるが，その仕組みを 17 章において解説する．

4・1 変異

1. 6 番目のコドンにおける U から A への変化により，以下の配列が生じた場合：

5′ ACU AUC UGU AUU AUG UAA CAC CCA 3′

＝C，ナンセンス変異．終止コドン UAA が生じるので，ポリペプチド鎖の翻訳が途中で停止する．

2. 6 番目のコドンにおける U から C への変化により，以下の配列が生じた場合：

5′ ACU AUC UGU AUU AUG CUA CAC CCA 3′

＝D，上記のいずれでもない．CUA はもとの UUA と同じくロイシンを指定するので，ポリペプチドの配列は変化しない．このようなタイプの変異は，同義変異として知られる．

3. 2 番目のコドンにおける U から G への変化により，以下の配列が生じた場合：

5′ ACU AGC UGU AUU AUG UUA CAC CCA 3′

＝B．ミスセンス変異．この変化により生じる AGC は，もとのイソロイシンの代わりにセリンをコードする．

4. 3 番目のコドンにおける U の欠失により，以下の配列が生じた場合：

5′ ACU AUC UGA UUA UGU UAC ACC CA 3′

＝C，ナンセンス変異．この欠失によって終止コドン UGA が生じるため，ポリペプチド鎖の翻訳が途中で停止する．

5. 4番目のコドンにおける A の欠失により，以下の配列が生じた場合:
　　　5′ ACU AUC UGU UUA UGU UAC ACC CA 3′
＝A，フレームシフト変異．この欠失より後の配列は誤った読み枠で読取られるため，異なる配列のポリペプチドが生じる．

4・2　塩基とアミノ酸

1. 窒素に富む塩基で，DNA の構成成分ではないもの＝J，ウラシル．ウラシルは RNA においてチミンの代わりに用いられる．

2. 正電荷を帯びたアミノ酸で，クロマチン中に大量に含まれ，DNA のホスホジエステル結合の負電荷を中和するもの＝C，アルギニン．アルギニンとリシンはどちらも正電荷をもつアミノ酸で，DNA と結合してヌクレオソームを形成するタンパク質であるヒストンに大量に含まれる．

3. あるタンパク質が G5E と表される変異をもつとする．このタンパク質中で，正常なタンパク質がもつアミノ酸の代わりに存在しているアミノ酸はどれか？＝F，グルタミン酸．G5E という表記は，タンパク質中の 5 番目のアミノ酸が通常グリシン（G）であるところ，変異体ではグルタミン酸（E）に変化していることを意味する．

4. 二重鎖 DNA 中でグアニンと対を形成する塩基＝E，シトシン

5. 二重鎖 DNA 中でチミンと対を形成する塩基＝A，アデニン

4・3　DNA に関連した構造

1. 核の周縁部でみられる DNA とタンパク質から成る物質で，高度に凝縮しており，染色により濃く染まる＝E，ヘテロクロマチン．ヘテロクロマチンは RNA に転写されていない DNA 領域がとる構造である．3 章では，ヘテロクロマチンがどのようにして核の周縁部に局在するか述べられている．

2. DNA とそれに結合したタンパク質の塊で，細胞質中に遊離の状態で存在する＝F，核様体．これは原核生物でみられる構造体である．

3. ヒストンタンパク質の複合体の周囲に，146 塩基対の長さの DNA が巻付くことによって形成される構造＝G，ヌクレオソーム

4. RNA に転写されている染色体領域がとっている構造＝C，ユークロマチン

5・1　鋳型 DNA 上の合成

1. 転写によって 3′ GCGAAGTCGTA 5′ から生じる配列＝F．鋳型鎖に A が存在する場合，U が RNA 合成中の鎖に取込まれるため．

2. 複製によって 3′ GCGAAGTCGTA 5′ から生じる配列＝G．複製は DNA 合成のプロセスである．配列 G は示された鋳型 DNA 鎖の相補的な配列である．

3. 転写によって 5′ ATGCTGAAGCG 3′ から生じる配列＝F．配列 F は示された鋳型 DNA 鎖の相補的な配列である．鋳型鎖に A が存在する場合，U が RNA 合成中の鎖に取込まれるため．

4. 複製によって 5′ ATGCTGAAGCG 3′ から生じる配列＝G．複製は DNA 合成のプロセスである．配列 G は示された鋳型 DNA 鎖の相補的な配列である．

5・2　DNA 複製

1. DNA リガーゼ＝B．DNA リガーゼは，通常の DNA 合成および DNA 修復において，二重鎖 DNA 中の隣り合うデオキシリボヌクレオチドを連結する．

2. DNA ポリメラーゼ I＝F．DNA ポリメラーゼ I は，RNA プライマーによって占有されている領域の DNA 鎖合成を行う．

3. DNA ポリメラーゼ III＝E．DNA ポリメラーゼ III は，連続的にリーディング鎖を合成する．ほとんどのラギング鎖も DNA ポリメラーゼ III によって合成されるが，RNA プライマーによって占有されている領域の DNA 鎖合成を行うことができない．そのような領域の DNA 鎖は DNA ポリメラーゼ I によって合成される．

4. エキソヌクレアーゼ I＝D．ミスマッチ修復の際に，エキソヌクレアーゼ I がどのように 3′ から 5′ の方向性で DNA 鎖を分解するのかについては，本文に記載されている．

5. エキソヌクレアーゼ VII＝D．ミスマッチ修復の際に，エキソヌクレアーゼ VII がどのように 5′ から 3′ の方向性で DNA 鎖を分解するのかについては，本文に記載されている．

6. ヘリカーゼ＝A．DNA 複製の最初のステップにおいて，ヘリカーゼは DNA 二重らせんを一本鎖に開裂する．

7. プライマーゼ＝C．ラギング鎖合成において繰返し働く．6 章に記載されているように，RNA ポリメラーゼなどは転写時に RNA を合成するが，ここでは DNA 複製について述べる．

8. リボヌクレアーゼ H＝G．原核生物の DNA ポリメラーゼは RNA プライマーを取除いて相補鎖合成を行うことができるが，真核生物の DNA ポリメラーゼは，リボヌクレアーゼ H の補助によってこの反応を行う．

5・3　真核生物の染色体における領域

1. 3 塩基ごとに読み取られ，ポリペプチド鎖中の連続したアミノ酸をコードする DNA 領域＝A．真核生物の遺伝子では，エキソンのみがポリペプチドをコードしている．

2. 機能する遺伝子に似ている配列の DNA だが，もはや機能するタンパク質をコードしない DNA 領域＝E，偽遺伝子

3. RNA へ転写されるが，アミノ酸をコードせず，核から出る前に RNA から取除かれる遺伝子内の領域＝C，イントロン

4. 同一かほぼ同一な一連の遺伝子，それらすべてから RNA 産物が転写され，タンパク質をコードした遺伝子の場合は同一かほぼ同一なタンパク質が産生される＝G．例として，リボソーム RNA，トランスファー RNA，ヒストンな

どをコードする遺伝子群があげられる．遺伝子ファミリーという解答は間違いである．遺伝子ファミリーのメンバーは，類似しているが異なったタンパク質をコードしている．

　5．構造的な機能が推測されており，セントロメア領域の染色体の大部分を構成する DNA の種類＝F．サテライト DNA

　6．100 万回以上繰返される遺伝子外の DNA 塩基配列＝F，サテライト DNA．long interspersed nuclear element (LINE) という解答は間違い．LINE のコピー数は数千であるが，100 万ではない．

6・1 塩基配列に潜むコード

　1．TATA ボックスというアデニンとチミンに富む連続した DNA の配列＝E，真核生物の転写開始．転写因子 TFⅡ の要素の一つである TATA 結合タンパク質は，DNA 上の TATA ボックスに結合して他の転写因子を動員し，RNA ポリメラーゼⅡをリクルートする．

　2．連続したアデニンの後に続くグアニンとシトシンに富む DNA の配列＝H，原核生物の転写終結．生成した RNA 鎖は，GC 配列に富んだ部分でヘアピンループを形成し，転写バブルのサイズを減少させる．一方，UA ペアでは二つの水素結合しかないため，連続したアデニンへのウラシルの接合は弱い．

　3．GC ボックスという GGGGCGGGGC の DNA 配列＝E，真核生物の転写開始．多くの真核生物の遺伝子で利用される，選択的な転写開始部位である．Sp1 というタンパク質が GC ボックスに結合して TATA 結合因子を引寄せて，他の転写因子を動員し，RNA ポリメラーゼⅡをリクルートする．

　4．−10 または Pribnow ボックスという TATATT 配列＝F，原核生物の転写開始．−10 ボックスは，原核生物プロモーターの要素であり，σ因子を引寄せて，RNA ポリメラーゼのサブユニットをリクルートする．

　5．GU…AG という RNA モチーフ（…は長鎖の配列）＝D，真核生物 mRNA のイントロンの除去．すべての真核生物のイントロンは GU…AG 配列に従っており，この過程は十分に理解されてはいないが，これらの塩基は，スプライソソームが除去されるべき RNA の長さを認識するのに関係している．

　6．AAUAAA という RNA 配列＝C，真核生物 mRNA のポリアデニル化．この配列は，ほとんどの mRNA の 3′ 末端に近接しており，そこにポリ(A)ポリメラーゼが連続したアデニン(A)残基を付加するのに必要な目印になっていると考えられている．

6・2 転写の調節

　1．cAMP 受容体タンパク質＝C．cAMP が存在するとき，カタボライト活性化タンパク質は大腸菌の *lac* オペロンの調節部位に結合し，転写を上昇させる．

　2．グルココルチコイドホルモン受容体＝C．グルココルチコイドホルモンが存在するとき，グルココルチコイドホルモン受容体はさまざまな哺乳類の遺伝子のエンハンサー部位に結合し，転写を増加させる．

　3．*lac* リプレッサータンパク質＝B．β−ガラクトシド結合をもつ糖が *lac* リプレッサータンパク質に作用すると，このリプレッサーがオペロンのオペレーター領域に結合できなくなる形状になる．β−ガラクトシド結合をもつ糖を利用できる酵素は，それらの糖が存在するときにだけ生合成される．

　4．*trp* アポリプレッサータンパク質＝D．アポリプレッサータンパク質がトリプトファンに結合すると，*trp* オペロンのオペレーター領域に結合して，転写を抑制する．したがって，トリプトファンを合成する酵素はトリプトファンがないときにだけ生合成される．

6・3 真核生物における転写後のイベント

　1．RNA 分子の 3′ 末端の化学修飾＝D，ポリアデニル化．mRNA の 3′ 末端に，連続した長鎖のアデニン残基が付加する修飾である．

　2．RNA 分子の 5′ 末端の化学修飾＝A，キャッピング．メチル化されたグアニンが，RNA ポリメラーゼによって形成される 3′ から 5′ に向かって進行する結合とは異なり，5′ から 5′ へのホスホジエステル結合によって付加された修飾である．

　3．同じ mRNA 転写産物から，二つまたはそれ以上の異なるアミノ酸配列をもつポリペプチド鎖が合成可能になる反応＝E．選択的スプライシングは，一つの一次配列をもつ mRNA 転写産物から，同じエキソンを共有しているものや，異なるエキソンを有していたりする二つの加工された mRNA を生成する反応である．これは，同一分子上で連続した mRNA から，完全に異なるタンパク質を合成する原核生物のポリシストロニック mRNA から生成する現象とは異なっている．

　4．タンパク質への翻訳に先立ち，RNA 分子の長さを，時には劇的に減少させる反応＝E．スプライシングは，イントロンを除去し，RNA をコードしているエキソンだけにする．消化後では mRNA はタンパク質に翻訳されないため，解答 B（ヌクレアーゼによる消化）は間違っている．

7・1 哺乳類発現プラスミド

　1．シトクロム *c* をコードする DNA をプラスミドに挿入する．プラスミドにおいてどの配列に実施することが可能か？＝D，マルチクローニング部位．このプラスミドには多くの制限酵素の認識部位があり，実験者が挿入箇所を適当に選ぶことができるばかりでなく，同じ制限酵素で切断することでシトクロム *c* をコードする DNA を挿入した組換え体プラスミドを構築できる．

　2．組換え体プラスミドをたくさん得るために，コンピテント大腸菌内でプラスミドを増幅させる．この大腸菌をプラスミドを保有する大腸菌のみが生育する培地で培養する．宿主大腸菌が生存可能となるプラスミド上の配列はどれか？＝E，抗生物質耐性遺伝子．大腸菌を致死性抗生物質を含む寒天培地で培養すると，抗生物質耐性遺伝子をもつ大腸

菌だけが生き残る．

3. 形質転換した細菌は繰返し分裂し，単一の形質転換体細胞に由来するコロニーを形成する．宿主大腸菌DNAと並行してプラスミドがコピーされるのに必要な配列は何か？＝A，複製起点．この配列は宿主大腸菌のDnaA酵素が結合する部位であり，複製開始複合体が形成される．

4. コロニーの中には，シトクロム c 挿入断片をもたない組換えが起こっていないプラスミドをいくつか含んでいる．しかし，組換え体プラスミドは分子量が（もとのプラスミドよりも）大きいことから識別することができる．組換え体プラスミドをもつクローンをさらに増殖させて溶解させ，大量の組換えプラスミドを精製する．精製プラスミドはヒト細胞のトランスフェクションに使われ，その細胞は緑色蛍光タンパク質：シトクロム c キメラタンパク質を合成する．細菌内では発現しないがHeLa細胞でこのキメラタンパク質が発現することを可能にする配列はどれか？＝B，サイトメガロウイルスプロモーター．サイトメガロウイルスプロモータは強力なプロモーターで宿主細胞の中での転写を作動させることができるため，実験者は，哺乳類細胞でプラスミドを発現させるときによく用いる．このプロモーターは細菌のRNAポリメラーゼには認識されないため，キメラタンパク質は細菌内では産生されない．

7・2 特定の作業に必要なオリゴヌクレオチドを選択する

1. ポリメラーゼ連鎖反応について：p.87下に示す二本鎖DNA分子を増幅するために 5′ TACGGATCCCTTTGCAGGAT 3′ というオリゴヌクレオチドとともに使うべきオリゴヌクレオチドを示せ＝B．5′ TGCCTACTGCAGCGTCTGCA 3′ というオリゴヌクレオチドは，5′から3′方向で示された配列の先端鎖をコピーするために使うことができる．

2. ポリメラーゼ連鎖反応（PCR）を利用して，p.87下に示す二本鎖DNA分子を使い，DNA産物を得たい．それはプラスミドの *Eco* R1認識部位にクローン化する．PCR反応混合物に 5′ TACGGATCCCTTTGCAGGAT 3′ の部位に使うべきオリゴヌクレオチドを示せ＝E．*Eco* R1が認識できる配列として，5′末端からが 5′ GAATTCTACGGATCCCTTTGCAGGAT 3′ のオリゴヌクレオチドを加える．

3. cDNAライブラリーを合成するために組織に存在するmRNAのほとんどからDNA合成を開始するのに使うことができるオリゴヌクレオチド＝A．5′ TTTTTTTTTTTTTT 3′ 多くの真核生物のmRNAの3′末端はポリ(A)テールがあるので，プライマーとして 5′ TT……T 3′ を用いればそのテールと水素結合するため，逆転写酵素が伸長できる．

4. 鎌状赤血球貧血の患者を同定するサザンブロット法において使うべきオリゴヌクレオチド．この病気は β グロビン遺伝子の 5′ GTGCATCTGACTCCTG**A**GGAGAAGTCT 3′ 配列の中のAが 5′ GTGCATCTGACTCCTG**T**GGAGAAGTCT 3′ 配列の中のTに変異していることによりひき起こされることに留意する＝F．サザンブロット法では，DNAの両鎖が存在するが，そのうちの 5′ GTGCATCTGACTCCTGTGGAGAAGTCT 3′ が相補的な配列であり，水素結合する．

5. 5′ GUCAGCUUACGAUGGCAGUC 3′ 配列を含むmRNAを検出するためのノーザンブロット法のために使うことができるオリゴヌクレオチド＝G．5′ GACTGCCATCGTAAGCTGAC 3′ 配列がこのmRNAと相補的配列である．オリゴヌクレオチドはDNAとして作製されているのでU（ウラシル）のかわりにT（チミン）を使う．

7・3 cDNAクローンの利用

1. ポリメラーゼ連鎖反応を使って，既知あるいは一部既知のDNA配列を増幅する＝A．二本鎖を高温で解離させ，プライマーを相補配列にアニールさせる．熱安定性DNAポリメラーゼが相補鎖を伸長させ，それを繰返すことによってプライマー間のDNAが複製される．現在，ポリメラーゼ連鎖反応で増幅されるDNAの長さは4 kbは普通であり，8 kbまでも増幅できるようになっている．

2. ジデオキシチェーンターミネーション法により，自動的にDNA配列解析する＝D．DNAポリメラーゼはアニールしたオリゴヌクレオチドの3′末端に結合し，ジデオキシヌクレオチドが組込まれてDNA合成が停止するまでDNA鎖をコピーし続ける．ここで注目すべきことは，蛍光標識されたジデオキシヌクレオチドを使うことによって自動的にDNA配列を決定できることである．オリゴヌクレオチドは放射能標識されていないのである（このことは，費用や安全面での考慮から放射能を使用せずに非放射能物質で十分に実験できることを意味する）．

3. サザンブロット法により特定のDNA配列を検出する，たとえば二つのヒト試料からDNAを識別する＝C．特定の配列にハイブリダイズするオリゴヌクレオチドを使うことによって，オートラジオグラフィーで検出することが可能である．

4. 目的遺伝子が特定の組織で転写されている程度をノーザンブロット法で調べる＝C．特異的なRNA配列とハイブリダイズするオリゴヌクレオチドを使うことによって，オートラジオグラフィーで検出することが可能である．

9・1 翻訳開始

1. 原核生物の翻訳開始の初期段階で，リボソーム小サブユニットはしばしばシャイン・ダルガルノ配列といわれるmRNAの5′末端のこの配列に，相補的塩基対により結合する＝H，5′ GGAGG 3′

2. 対照的に真核生物の翻訳開始の初期段階で，リボソーム小サブユニットはmRNA分子の5′末端でこの残基と結合する＝M，7-メチルグアノシンキャップ

3. ついで真核生物の小サブユニットはコザック配列として知られるこの配列に遭遇するまでmRNA上を動く＝E，5′ CCACC 3′

4. その後に続く段階は原核生物と真核生物で類似している．すなわち，小サブユニットはmRNAを数塩基ほど移動して翻訳開始コドンであるこの配列をみつける＝D，5′ AUG 3′

5. ついで開始因子が完全なリボソームの集合を促進する．原核生物ではホルミルメチオニンが，真核生物ではメチオニンが結合した最初の tRNA が，リボソームの三つの tRNA 結合部位のうちの一つに結合する．その部位はどれかを述べよ＝C，P 部位

9・2 翻訳の伸長と終結

1. リボソームの mRNA に沿った 3 塩基のトランスロケーションにより，リボソームのこの部位は空になり mRNA 上の対応するコドンに相補的なアンチコドンをもつチャージされた tRNA が結合できるようになる＝A，A 部位．

2. ペプチジルトランスフェラーゼは新たなアミノ酸とすでに存在するポリペプチド鎖の間のペプチド結合の形成を触媒する．この直後，ポリペプチド鎖はリボソームの三つの tRNA 結合部位のうちのこの部位にある tRNA を介して mRNA に結合している＝A，A 部位．

3. つぎの段階はリボソームの mRNA に沿った 3 塩基の物理的な移動，トランスロケーションである．このためのエネルギーはリボソーム A 部位にいる酵素が GTP を加水分解することにより得られる＝D，EF-G．EF-G は GTP 結合と加水分解を通して生物学的な過程を動かすという本質的に類似の働きをもつ大きなタンパク質ファミリー GTPase の一つである．GTPase については 11 章でより詳しく述べられる．

4. トランスロケーションの結果，ペプチド結合形成によりアミノ酸を失った tRNA はリボソームのこの部位に移動して解離する＝B，E 部位．

5. トランスロケーションによりリボソーム A 部位の位置に終止コドンである UGA，UAA または UAG がくると，A 部位はチャージされた tRNA ではなくこの分子に占められるようになる＝I，解離因子 1 または 2．

6. 最後に EF-G による GTP の加水分解によって生まれるエネルギーによって，リボソームは二つのサブユニットに解離する．解離した小サブユニットにはすでに一つの開始因子が結合しており，他の開始因子と最初のアミノ酸が付加した tRNA が結合して新たなポリペプチドの合成が可能となる．ここで，小サブユニットにあらかじめ結合している開始因子はどれか＝F，IF3．

9・3 ゆらぎ

1. メチオニン＝B，5′ CAU 3′．もしあなたが H，5′ UAC 3′ と解答した場合には，核酸の鎖が逆平行で塩基対を形成することを忘れていたことになる．

2. アスパラギン＝D，5′ GUU 3′．ゆらぎ現象が働いている．アンチコドンの 5′ 端の G はコドンの 3′ 端の U または C と対合できる．

3. フェニルアラニン＝C，5′ GAA 3′．ここでもゆらぎ現象が働いている．アンチコドンの 5′ 端の G はコドンの 3′ 端の U または C と対合できる．

4. イソロイシン＝E，5′ IAU 3′．アンチコドンの 5′ 端のイノシンはコドンの 3′ 端の U，C または A と対合できる．

10・1 アミノ酸

1. リン酸化されることがある＝E，グルタミン酸
2. 強い酸性残基をもつ＝E，グルタミン酸
3. 強い塩基性残基をもつ＝R，アルギニン
4. 正確にはアミノ酸ではなくイミノ酸であり，ポリペプチド鎖の形の自由度を最も強く制限する＝P，プロリン
5. 二つがジスルフィド結合する＝C，システイン

10・2 タンパク質に用いられる用語

1. 二つのシステイン残基の側鎖間の共有結合＝D，ジスルフィド結合
2. ペプチド結合のアミドとカルボキシ基間の水素結合をもち，水素結合の方向とらせん軸が平行になるらせん構造をもつ二次構造＝A，α ヘリックス
3. 単一ペプチド内で別々に巻戻る領域＝E，ドメイン
4. タンパク質の活性の喪失を伴う構造の消滅＝C，変性
5. 疎水性分子が水と接触しないように集まる傾向＝F，疎水的効果

10・3 特異的結合の相手

1. カルモジュリン＝C，カルシウムイオン
2. cAMP 受容体タンパク質（CRP）＝A，DNA の特異的部位．（訳注: cAMP 受容体タンパク質は，cAMP を結合すると DNA の特異的部位との親和性が高まり結合する．大腸菌で低グルコースにより誘導される cAMP レベルの上昇によって lac オペロンの発現が活性化されるという古典的モデルがあるが，直接証拠がないだけでなく，グルコースで lac オペロンの発現が抑制されるのは，lac オペロンの誘導物質の低下で CRP が原因ではないことが明らかになっている．）
3. コネキシン 43＝D，コネキシン 43．細胞の表面にあるコネキシンは隣の細胞の表面にあるコネキシンと結合し，ギャップ結合チャネルを形成する．
4. グルココルチコイド受容体＝A，DNA の特異的部位．グルココルチコイド受容体は，ステロイドホルモンを結合すると，DNA の特異的部位に結合できる形状になる．

11・1 細胞内タンパク質輸送の 3 様式

1. β グロビン＝B．β グロビンは集合してヘモグロビンをつくるので，サイトゾルにとどまる．
2. カタラーゼ（ペルオキシソーム内で必要）＝C．一枚膜で囲まれた他の細胞小器官はすべて大部分のタンパク質を小胞輸送で集めるが，ペルオキシソーム行きのタンパク質はサイトゾルのリボソームで合成された後，ペルオキシソームに移行する．
3. グルココルチコイドホルモン受容体＝A．グルココルチコイドホルモン受容体はステロイドに結合すると核内に移行する．

4. NFAT（T細胞活性化核内因子）＝A．脱リン酸された NFAT は核内移行配列を露出するので核内に移行する．

5. 血小板由来増殖因子受容体＝D．細胞膜のすべての膜内在性タンパク質は小胞体とゴルジ体を経由して輸送される．

6. ピルビン酸デヒドロゲナーゼ（ミトコンドリアマトリックスで必要）＝C．ミトコンドリア行きのタンパク質はサイトゾルのリボソームで合成された後，ミトコンドリアに移行する．

11・2 輸送過程

1. Arf＝D，ゴルジ槽間の輸送
2. ダイナミン＝A，エンドサイトーシス
3. Rab＝B，エキソサイトーシス．Rab ファミリーのメンバーは小胞の細胞膜との融合など融合過程を制御する．
4. Ran＝C，核膜孔を介する輸送
5. シグナル認識粒子＝G，小胞体への輸送
6. TAP（抗原プロセシングにかかわる輸送タンパク質）＝G，小胞体への輸送

11・3 GTPase

1. GTPase はヌクレオチド結合部位をもつ．GTPase が不活性型のときのポケット内のヌクレオチドを同定せよ（たとえば，Arf では膜に結合できない状態）＝D，GDP

2. GTPase は結合ポケット内のヌクレオチドが高濃度でサイトゾルに存在するヌクレオチドに交換すると活性化される．このスイッチを触媒するパートナータンパク質の一般名を記せ＝H，グアニンヌクレオチド交換因子，GEF．

3. GTPase は結合ポケット内のヌクレオチドが加水分解されるとオフになる．加水分解の産物を記せ＝D，GDP

4. 結合ポケット内のヌクレオチドの加水分解はパートナータンパク質によって促進される．加水分解を促進するパートナータンパク質の一般名を記せ＝G，GTPase 活性化タンパク質，GAP．

GTPase 活性化タンパク質という名称はまぎらわしい．実際には GTPase としての触媒活性を活性化するので，加速されるのは GTPase 自身がオフ状態になるプロセス．

12・1 タンパク質の好みの形を変える

1. pH が 7.5 から 6.5 に低下＝B，閉鎖型へ変わる．pH が低いとヒスチジンは大部分がプロトン付加体で存在し，正電荷を帯びる．プロトン付加によりグルタミン酸の負電荷にひきつけられる．

2. セリンのリン酸化＝B，閉鎖型へ変わる．リン酸基の負電荷はリシンの正電荷にひきつけられる．

3. 両方のトレオニンのリン酸化＝A，開放型へ変わる．二つのリン酸基の負電荷は反発する．

12・2 酵素動力学

1. k_{cat}（触媒速度定数）＝E，単位時間に酵素分子当たり生産される生成物の mol 数

2. K_M（ミカエリス定数）＝B，最大速度（V_m）の半分の初速度を与える基質濃度

3. v_0（初速度）＝G，酵素反応開始のときの生成物の生産速度

4. V_m（最大速度）＝C，酵素が基質に完全に飽和したときの最大初速度

12・3 酵素

1. F．触媒速度定数は…V_{max} と酵素全体の濃度がわかっていると決定できる．

2. G．酵素が二つの基質に働くとき，最もよい基質は…最大特異性定数（k_{cat} と K_M の比）を与える．

3. E．（他の条件を一定にして）酵素の量を 2 倍にすると…V_m が 2 倍になる．

4. B．v_0 を基質濃度に対してプロットしたときの S 字曲線は…酵素は基質に協調的に結合し，アロステリック効果を示す．

5. C．K_M が 5×10^{-3} mol L^{-1} の基質は酵素に結合するのが…K_M が 5×10^{-4} mol L^{-1} の基質より弱い．

13・1 細胞のエネルギー変換の場所

1. ADP/ATP 交換体＝B
2. ATP 合成酵素＝B
3. 補酵素 Q＝B
4. シトクロム c＝C
5. [Na$^+$]＞100 mmol L^{-1}＝G
6. ポリン＝D
7. Na$^+$/K$^+$-ATPase＝F
8. 電子伝達系＝B

13・2 電子伝達系と ATP 合成酵素

1. 輸送体ではない＝B
2. 補酵素 Q を酸化する＝C
3. NADH を酸化する＝A
4. コハク酸を酸化する＝B
5. 還元型シトクロム c を酸化する＝D
6. 分子状酸素を還元して水を生じる＝D
7. H$^+$ の電気化学的勾配が脱共役剤で失われると逆反応を始める＝E

13・3 エネルギー通貨

1. ピリミジン塩基を含む＝F．UTP はピリミジンのウラシルがリボース三リン酸に結合したものである．それに対して，NADH, ATP はプリンであるアデニンを含んでいるし，GTP はプリンであるグアニンを含んでいる．NADH はさらにニコチンアミドを含んでいる．

2. 細胞膜の膜タンパク質の作用によって生じる＝E．細胞膜内外の Na$^+$ の電気化学的勾配は，Na$^+$/K$^+$-ATPase でつくられる．

3. 嫌気的条件では形成されない＝C．嫌気的条件では

NADH は電子を酸素に渡すことができず，H$^+$をその電気化学的勾配に逆らってミトコンドリアマトリックスから外に運ぶことができない．

4. 好気的な条件ではこれが一番エネルギーに富む＝C

5. 2,4-ジニトロフェノールのような脱共役剤の作用で直接失われる＝D．脱共役剤は H$^+$がミトコンドリア内膜を自由に透過できるようにしてしまう．したがって，H$^+$の電気化学的勾配は消失する．

14・1　反応と経路

1. 脂肪酸合成＝I, ステアリン酸．ステアリン酸は体内で合成される多くの脂肪酸の一つである．脂肪酸の合成はステアリン酸ができた後，他のシステムにより二重結合と長鎖脂肪酸が生成される．

2. グルコース-6-リン酸デヒドロゲナーゼ＝G, NADPH．NADPH を生成するペントースリン酸経路の最初のステップである．

3. 糖新生＝E, グルコース 6-リン酸．肝細胞はグルコースを生成するため糖新生でできたグルコース 6-リン酸のリン酸基を外すことができる．

4. 乳酸デヒドロゲナーゼ＝F, NADH．乳酸デヒドロゲナーゼは NAD$^+$を使って乳酸をピルビン酸に酸化する．

5. ホスホフルクトキナーゼ＝C, フルクトース 1,6-ビスリン酸．この反応は糖を壊してエネルギーを産生する．

14・2　経路と酵素

1. 脂肪酸からアセチル CoA への変換＝B, β 酸化

2. ピルビン酸をアセチル CoA に変換する＝G, ピルビン酸デヒドロゲナーゼ

3. 赤血球が ATP をつくるためにもつ唯一の作用＝F, 解糖

4. ペントースの源と NADPH 合成の源＝I, ペントースリン酸経路

5. UDP グルコースの使用＝E, グリコーゲン合成酵素

14・3　代　謝

1. B. 必須アミノ酸とは…生物（有機体）が産生することができず，食事中に存在していなければならないアミノ酸である．

2. A. 塩基性アミノ酸とは…イオン化することができる側鎖をもったアミノ酸である．

3. G. クエン酸回路の酵素は…主としてミトコンドリアのマトリックス中に存在しているが，一つはミトコンドリア膜の内側にある．

4. F. ピルビン酸カルボキシラーゼがつくるものは…オキサロ酢酸．この反応はクエン酸回路をオキサロ酢酸でいっぱいにするために使われるものであり，糖新生における重要なものである．

5. D. 酸素があまり利用できない場合にピルビン酸を乳酸に変換することが必要になる．なぜなら…その反応は，解糖系（グリセルアルデヒド 3-リン酸から 1,3-ビスホスホグリセリン酸に酸化する際）において使い尽くされる NAD$^+$を再合成する．

15・1　重要なイオンの細胞質および細胞外濃度

1. 細胞質内カルシウムイオン濃度＝I．細胞質内カルシウムイオンの典型的な濃度は 100 nmol/L.

2. 細胞外カルシウムイオン濃度＝E

3. 細胞質内塩化物イオン濃度＝D

4. 細胞外塩化物イオン濃度＝A

5. 細胞質内水素イオン濃度＝I．細胞質内水素イオンの典型的な濃度は 60 nmol/L である．したがって，"100 nmol/L あるいはそれ以下" が正解．

6. 細胞外水素イオン濃度＝I．細胞外水素イオンの典型的な濃度は 40 nmol/L である．したがって，"100 nmol/L あるいはそれ以下" が正解．

7. 細胞質内カリウムイオン濃度＝A．細胞質内カリウムイオンの典型的な濃度は 140 mmol/L である．したがって，"100 mmol/L あるいはそれ以上" が正解．

8. 細胞外カリウムイオン濃度＝D．

9. 細胞質内ナトリウムイオン濃度＝C．

10. 細胞外ナトリウムイオン濃度＝A．細胞外ナトリウムイオンの典型的は濃度は 150 mmol/L であり，"100 mmol/L あるいはそれ以上" は正解．

15・2　細胞膜におけるイオンが通る道筋

1. 加水分解反応を行う酵素＝A．カルシウム ATPase は ATP を ADP とリン酸に加水分解する．この加水分解反応はカルシウムイオンを細胞質からくみ上げるエネルギーを供給する．

2. 酵素作用をもたず二つの違うイオンをそれぞれ逆方向へ運ぶタンパク質＝E

3. グルコースを通すチャネル＝B．グルコースの分子量は 180 である．これはコネクソンが形成するギャップ結合の通過限界である 1000 以下であるので可能である．C のグルコース輸送体はチャネルではないことに注意．

4. 人体のほとんどの細胞に存在し，"細胞質側は細胞外に比べ負電圧になる" という事実を保障するタンパク質＝D

5. 痛覚受容体神経に存在するチャネルであり，非常に熱い温度によって開く＝F

6. ほとんどの神経細胞に存在するが，痛みには反応しない．また，肝臓細胞や赤血球など非神経細胞には存在しない＝G

15・3　神経細胞におけるイオンの流れ

1. このイオンの濃度勾配は他の細胞膜では重要な働きをするが，細胞膜を隔てた濃度勾配は小さい．細胞質側と細胞外との濃度はほぼ同じで，あっても 2 倍以内の差である＝B．プロトン（H$^+$）はミトコンドリアにおいては決定的な役目を演ずるが，細胞膜においてはその濃度勾配は小さく，細胞質内濃度は細胞外濃度に比べて 1.5 倍程度である．

2. 静止時の神経細胞では，このイオンは常に細胞内にもれ入っており，ATPを使う輸送体により排出されねばならない＝D

3. 静止時の神経細胞では，このイオンは常に細胞外にもれ出ており，ATPを使う輸送体によりくみ上げられねばならない＝C

4. 神経細胞は脱分極すればするほど，このイオンの電気化学的勾配は大きくなり，細胞内への流入に有利となる＝A. 細胞質側の負の電位がより減少する（すなわち脱分極する）と，正の電荷をもったプロトン，カリウムイオン，ナトリウムイオンにとっては電位勾配による細胞内への流入が不利となる．塩化物イオンのような負の電荷をもったイオンのみが，脱分極の際には細胞内への流入にとって有利となる．

5. 静止時の神経細胞では，このイオンは細胞膜を隔てて平衡状態にある＝A. 塩化物イオンは，静止状態にあるほとんどの動物細胞では，細胞膜を隔てて平衡状態にある．

16・1　チロシンキナーゼ型受容体の下流シグナル

1. ポケットの底に正電荷のアルギニン残基が存在するドメイン．このドメインをもつタンパク質はリン酸化チロシン残基によび込まれる＝F

2. Ras特異的なグアニンヌクレオチド交換因子＝G

3. チロシンキナーゼ型受容体にリン酸化されると活性化される加水分解酵素＝D

4. チロシンキナーゼ型受容体にリン酸化されると活性化されるプロテインキナーゼ＝B. キナーゼとは，ATPのγ位のリン酸基を分子に転移する酵素である．本書に記載されているほとんどのキナーゼは，セリン残基，トレオニン残基あるいはチロシン残基をリン酸化するプロテインキナーゼであるが，ホスファチジルイノシトール3-キナーゼはリン脂質のPIP_2をリン酸化する．プロテインキナーゼBは，セリン残基とトレオニン残基がリン酸化されて活性化され，チロシン残基のみをリン酸化するチロシンキナーゼ型受容体によってリン酸化されないので，ここでの答えはプロテインキナーゼBではないことに注意すること．

5. Ras：GTPによって活性化される酵素＝B. RasはMAPKKKを活性化すると同時に，図16・16に示すようにPI3-キナーゼも活性化する．

16・2　ヌクレオチドにより活性化されるタンパク質

1. cAMPによって活性化されるプロテインキナーゼ＝G
2. 光受容器において電気的シグナルを産生するタンパク質＝C
3. GTPが結合した状態でホスホリパーゼCを活性化するタンパク質＝D
4. GTPが結合した状態でアデニル酸シクラーゼを活性化するタンパク質＝E
5. GTPが結合した状態でMAPキナーゼキナーゼキナーゼを活性化するタンパク質＝J

16・3　イノシトール化合物

1. カルシウムチャネルに結合して開口するリガンド＝C
2. プロテインキナーゼBを細胞膜によび込む脂質＝G
3. ホスファチジルイノシトール3-キナーゼの基質＝F
4. ホスホリパーゼCの基質＝F
5. ホスファチジルイノシトール3-キナーゼの産物＝G
6. ホスホリパーゼCの産物＝C

リン酸化されていないイノシトール，IP_2，およびIP_4は哺乳動物細胞において重要な役割を担っているが，この本では説明を割愛している．IP_6は植物において見いだされているが，動物ではそれほど重要な分子ではない．

17・1　受容体

1. 三量体Gタンパク質G_qを介してシグナルを伝達する受容体＝A
2. 三量体Gタンパク質G_sを介してシグナルを伝達する受容体＝B
3. 受容体型チロシンキナーゼ＝F. インターロイキン2受容体は受容体型チロシンキナーゼではないことに注意せよ．この受容体は下流へのシグナル伝達に，受容体の一部ではないが，結合しているJAKチロシンキナーゼの活性を必要とする．
4. 常に細胞質に局在している細胞内受容体＝D
5. 伝達分子との結合により核内へと移行する細胞内受容体＝C
6. イオンチャネル型受容体＝G

17・2　伝達物質

1. ホルモン＝A. アドレナリンは副腎から分泌され，血液を介して体中に運搬される．
2. パラ分泌伝達物質＝F. ノルアドレナリンは血管収縮神経などの神経細胞の軸索から分泌されて組織内を拡散し，平滑筋の収縮などの作用をひき起こす．
3. 平滑筋をはじめとする多くの細胞において，小胞体からのカルシウムの放出を促す伝達物質＝F
4. γ-アミノ酸の一種で，伝達物質として働く＝B
5. α-アミノ酸の一種で，伝達物質として働く＝C
6. 興奮性シナプス伝達物質＝C
7. 抑制性シナプス伝達物質＝B

17・3　シナプス

1. グルタミン酸作動性神経細胞から定常的に興奮性の入力を受けているシナプス後細胞に対する，GABA作動性シナプス前細胞の発火＝D. シナプス後細胞はすでに脱分極しており，GABA受容体の活性化によって塩化物イオンの流入，すなわち負の方向への電位変化が起こり，脱分極が弱まる．

2. 針刺激のような痛みを伴う刺激によってひき起こされる痛覚受容神経の急激な発火＝B. 痛みを伴う刺激という点に注目．刺激が痛みとして検知されるということは，痛

覚伝達細胞は閾値を超えて脱分極しているということである．

3．運動ニューロンにおける単発の活動電位＝B．運動ニューロンと骨格筋細胞との間のシナプスは通常のシナプスと異なり，シナプス前細胞での1回の活動電位の発火によってシナプス後細胞において活動電位が起こるのに十分な大きさの脱分極がひき起こされる．

4．他にシナプスを形成する神経細胞が活性化していないシナプス後細胞に対する，GABA作動性シナプス前細胞の単発の活動電位＝E．他のシナプスによる影響を受けていない細胞における塩化物イオンの濃度は平衡状態が保たれている．

5．他にシナプスを形成する神経細胞が活性化していないシナプス後細胞に対する，グルタミン酸作動性神経細胞の単発の活動電位＝A

18・1 細胞骨格構造

1. 繊毛＝C，チューブリン
2. 指の爪＝B，中間径フィラメントタンパク質．指の爪はケラチンで構成される．
3. 鞭毛＝C，チューブリン
4. マイクロフィラメント＝A，アクチン
5. 微小管＝C，チューブリン
6. 微絨毛＝A，アクチン
7. ストレスファイバー＝A，アクチン

18・2 細胞骨格のタンパク質

1．D．ケラチンは皮膚，および髪の毛，指の爪，角，蹄などの皮膚から形成される構造体に存在する中間径フィラメントである．

2．A．マイクロフィラメントはアクチン単量体で構成される．

3．B．微小管はαチューブリンとβチューブリンから形成される．

4．F．ミオシンはすべての細胞にみられ，骨格筋細胞では収縮装置の一部を形成する．ミオシンはアクチンフィラメント（マイクロフィラメント）と相互作用するモータータンパク質である．

5．E．キネシンとダイニンは微小管上で働くモータータンパク質である．

6．G．

7．C．γチューブリンは微小管を形成することはないが，微小管形成中心の一部として中心体に存在する．

18・3 動きのエネルギー供給

1．アメーバ運動はこのATPaseが行うATPの加水分解によって動力を供給される＝E，ミオシン

2．筋肉の収縮は，このATPaseが行うATPの加水分解によって動力を供給される＝E，ミオシン

3．繊毛のこぐような動きは，このATPaseが行うATPの加水分解によって動力を供給される＝C，ダイニン

4．神経細胞の先端から細胞体への小胞や細胞小器官の輸送は，このATPaseが行うATPの加水分解によって動力を供給される＝C，ダイニン

5．精子の尾ののた打つような動きは，このATPaseが行うATPの加水分解によって動力を供給される＝C，ダイニン

ATPaseであるダイニンをダイナミンと混同しないようにしよう．ダイナミンは，GTPの加水分解によって放出されるエネルギーを動力として利用して，出芽しつつある膜から小胞をくびり取る（p.128）．

19・1 有糸分裂

1. 染色体凝縮は核内で起こり，紡錘体形成は細胞質で始まる＝E，前期．
2. 核膜が崩壊し，染色体が紡錘体と結合することになる＝D，前中期
3. 染色体が紡錘体上に並び，もはや紡錘体極に向かったり，離れたりする移動をしない＝C，中期．
4. 対となっている染色分体が分離し，紡錘体極に向かって動き始める＝A，後期．
5. 染色体が脱凝縮し，核膜が再形成される＝F，終期．
6. 二つの細胞に物理的に分離する＝B，細胞質分裂．

19・2 細胞周期におけるチェックポイント

1．間期のこの期間に，細胞はDNAを複製する＝H，S期

2．動物細胞がDNA複製を開始するには，多くの条件が満たされなければならない．一つは，転写因子E2Fがそれを不活性な二量体にしているリガンドから遊離されなければならない．このリガンドは何か＝K，Rb

3．もしDNAが損傷したら，複製される前に修復されなければならない．DNA損傷は二つのキナーゼChk1とCds1を活性化する．これらはサイクリン依存性キナーゼ阻害因子CKIの発現を上昇させる転写因子をリン酸化する．転写因子のリン酸化はそれの細胞内濃度を上昇させる．この抗分裂性転写因子は何か＝I，p53

4．DNAが複製されて，細胞が十分大きいと，有糸分裂に入ることができる．G_2/Mチェックポイントを通過するにはサイクリン依存性キナーゼ1（CDK1）の活性が必要である．CDK1はパートナータンパク質と二量体化したときにのみ活性となる．このパートナーとは何か＝C，サイクリンB

5．CDK1は翻訳後修飾によっても制御されている．活性化のために，どのような反応がCDK1上で行われるか＝D，T14とY15の脱リン酸

6．前中期の間に，染色体は中期赤道面上に並んでいくようになる．どのようなタンパク質によって，姉妹染色分体は動原体で結びつけられているのか＝A，コヒーシン

7．すべての動原体が張力を受けると，後期促進複合体はセキュリンを分解し，染色分体間の結合を分解する酵素を

活性化させ，後期における染色分体の分離をひき起こす．結合を壊す酵素は何か＝M，セパラーゼ

19・3 生と死

1. 動物では，細胞は成長因子を供給する他の細胞活動によって生き続けている．成長因子受容体は PI3-キナーゼを活性化し，PI3-キナーゼは細胞膜上でホスファチジルイノシトールトリスリン酸（PIP_3）を産生する．PIP_3 は生存促進キナーゼを細胞膜に誘導する．そのキナーゼの名前をあげよ＝H，プロテインキナーゼ B．
2. もし PIP_3 が細胞膜からなくなり，上記キナーゼが不活性になると，BAX が活性化され，ミトコンドリアからあるタンパク質が放出されることになる．放出されるミトコンドリアタンパク質の名前をあげよ＝D，シトクロム c
3. 白血球は標的細胞を細胞表面のデスドメイン受容体を活性化することによって殺すことができる＝E，Fas．白血球が標的細胞を殺す他の仕組みについては20章で述べられている．
4. DNA がひどい損傷を受けて，適切な時間内に修復できない場合にも，細胞は死ぬ．DNA 損傷後，濃度が上昇し，BAX の合成を促進させる転写因子は何か＝F，p53
5. 上記した細胞死を開始するすべての経路は，この細胞質プロテアーゼファミリーの活性化に収束する＝B，カスパーゼ

20・1 免疫システムの細胞

1. 体細胞超変異を含むプロセスにより産出される細胞＝A．体細胞超変異は B 細胞系譜においてのみ起こる．T 細胞となる細胞でさえも，体細胞超変異は起こらない．
2. MHC タンパク質を表面に発現していないすべての細胞を攻撃する細胞＝F
3. 新規のペプチドを MHC タンパク質上に提示したすべての細胞を攻撃する細胞＝C
4. 抗体を産生する細胞＝A
5. 組織からリンパ節へ移動し，そこでリンパ球に抗原を提示する細胞＝D
6. 刺激に対し CD40L を発現し，それにより B 細胞を活性化する細胞＝B
7. 血中の単球から分化し，組織中で重要な貪食能をもつ細胞＝E
8. 血中に最も多い貪食能をもつ細胞＝G

20・2 抗体重鎖の遺伝子座

1. 体細胞超変異を起こす部位＝A．この部位の V 遺伝子領域のみが体細胞超変異を起こし，それにより遺伝子にコードされたオリジナルな抗体よりもより高い抗原結合能をもつ抗体を産生する．
2. 膜貫通領域をコードする配列を含む部位＝C．形質細胞に変化する前のすべての段階において，抗体は膜タンパク質である．その重鎖はある長さの DNA によりコードされたポリペプチド鎖により膜を1回貫通する．その DNA には免疫グロブリンのクラスに対応するラテン文字と同じギリシャ文字（この場合は IgG に対応して γ）で表される．
3. 体内の他のすべての細胞では，第14番染色体においてこれらが6個順番に並んでいるが，成熟 B 細胞では1〜6のどれかの配列をもっている＝E．B 細胞成熟の過程で起こる DNA スプライシングによりたった一つの V および D 領域が残される．これに対し，6存在する J 部位は，そのうち0から5個までが除去される．RNA 転写産物は，当初残っているすべての J 部位をもっているが，そのうち最初のものを除いて RNA スプライシングの過程で除去される．
4. ゲノム上の DNA では20個以上100個未満の少しずつ異なった部位が連続して配列されている＝D．現在の最も信頼できる推計では，23の D 領域がヒトゲノムに存在する．
5. 5′末端よりその部位を読んでいく場合に出会う最初のタンパク質をコードする領域＝A．重鎖の遺伝子座は大体100の少しずつ異なる V 領域から始まる．

20・3 T 細胞と他の細胞の相互作用

1. デスドメインをもつ受容体で，活性化するとカスパーゼ8のタンパク質分解と活性化を起こし，アポトーシスによる細胞死を起こす＝E
2. $CD4^+$ T 細胞により分泌される増殖因子＝G．$CD4^+$ T 細胞表面の CD40L が B 細胞の増殖を誘導するが，これは膜タンパク質であり分泌されない．
3. $CD8^+$ T 細胞により分泌されるタンパク質分解酵素＝F
4. 細胞質内のタンパク質を短いペプチドに切るタンパク質複合体＝J
5. 未刺激の T 細胞では細胞質内に存在し，刺激に対し核へ移行するタンパク質＝I．NFAT はこの性質により名づけられた（nuclear factor of activated T cell；T 細胞活性化核内因子）．
6. ウイルスや他の病原体に感染した細胞を攻撃する T 細胞のメンバーであるキラー T 細胞が発現し，研究者や臨床家が見分けるために使用するタンパク質＝C
7. 成熟 B 細胞が発現する受容体で，活性化すると分化や増殖をひき起こすもの＝B
8. 外来抗原を提示する MHC タンパク質と，正しくマッチすれば結合する膜タンパク質＝K
9. 細胞表面に短いペプチドを提示する膜タンパク質＝H

21・1 *CFTR* 遺伝子変異

1. この状態はナンセンス変異と思われるので，リボソームが終止コドンを読み飛ばすようにする薬で治療できる可能性がある＝B．途中に終止コドンが挿入されたときのみ短躯型タンパク質がつくられる．もし終止コドンが1塩基置換で生じた場合には，フレームシフトは起こらない．したがって，もしリボソームが終止コドンを読み飛ばすようにできれば，完全に正常か，可能性としてはより高いが，1アミノ酸残基のみ異なるタンパク質がつくられる．
2. この状態は *CFTR* 遺伝子のプロモーターもしくはエン

ハンサー領域の変異によって生じる＝F．プロモーターもしくはエンハンサーの配列を変える変異は，RNAポリメラーゼⅡの結合効率を低下させることにより転写速度を減少させるため，mRNAの合成が減少する．もちろん，変異によってはプロモーターもしくはエンハンサーの配列がRNAポリメラーゼⅡの結合効率を高めることもある．この場合には，mRNAからつくられるタンパク質が増加する．一度，mRNAがつくられれば，正常なタンパク質に翻訳される．

　3．この状態は将来，CFTRチャネルを開放状態にさせる薬で治療できる可能性がある＝D．もしCFTRタンパク質が細胞膜にあり，チャネルが開けば塩化物イオンを通過させることができるが，チャネルを開放状態にさせるアミノ酸残基に問題がある場合には，人工的にチャネルを開く薬が役立つであろう．

　4．この状態は将来，プロテアソームの働きを抑制もしくは修正する薬で治療できる可能性がある＝C．プロテアソームは折りたたみ構造に異常のあるミスフォールドタンパク質を分解するタンパク複合体である．この働きを抑制できれば，部分的なミスフォールドがあるCFTRタンパク質が分解を免れて細胞膜に到達し，ある程度の機能を発揮できるかもしれない．

21・2　イオンの透過経路としてのCFTR

答：H　プロテインキナーゼAが活性化されると，CFTRがリン酸化を受け，チャネルが開く．ほとんどの細胞で塩化物イオンは細胞膜を挟んで平衡状態にある．そこでCFTRチャネルが開いても，塩化物イオンの細胞の内から外と，外から内に流れる量は同じなので，ネットでイオンの動きはない．したがって，膜電位は変化しない．しかし，CFTRチャネルが開くと，電流が流れる通路となるので，膜の電気抵抗は下がる．

21・3　嚢胞性線維症に関する記述

　1．C．嚢胞性線維症は劣性遺伝するので，この病気は…両親から遺伝するはずである．

　2．H．終止コドンを読み飛ばすことができると一部の患者では役立つことがある理由は，…嚢胞性線維症の遺伝子変異の中には途中で終止コドンとなるものがある．短くなったタンパク質は正常には働かない．

　3．B．ズーブロットが役に立つのは，…異なる生物種間で保存されている遺伝子をみつけるため．そのような遺伝子は重要なタンパク質をコードしている可能性がある．

　4．D．CFTRタンパク質が塩化物イオンチャネルであることを間違いなく証明した方法は，…脂質二重層における電位固定法．CFTRタンパク質を脂質二重層に挿入すると塩化物イオンがチャネルを通ることが示された．

　5．E．嚢胞性線維症の遺伝子治療が困難である理由は，…正常な遺伝子を肺の非常に多くの細胞に導入する必要があり，これらの細胞は比較的，短命であるため．そのうえ，用いるウイルス由来のベクターによる副作用が起こる．

索　引

あ

I　40, 108
IRS-1　202
in situ ハイブリダイゼーション　70, 80
IF　100
IgG　243
アイソフォーム　29, 245
IP$_3$　19, 193
IP$_3$依存性カルシウムチャネル　193
iPS 細胞　90
IPTG　60, 75
アガロースゲル電気泳動法　78
アキーフルーツ　165
アクチン　222, 230
アクチン関連タンパク質　223
アクチン結合タンパク質　223
アクチン切断タンパク質　224
アクチンフィラメント　2
アグリン　216
アジドチミジ　37
アシル基　22
アシルキャリヤータンパク質　168
アシルグリセロール　22, 168
アシル CoA デヒドロゲナーゼ　165
アスパラギン　40, 108
アスパラギン酸　40, 108, 108, 111
アスピリン　142
N-アセチルグルコサミン　18, 126
アセチルコリン　211
アセチルサリチル酸　142
アセチル CoA　158, 163
アセチルトランスフェラーゼ　59
アッセイ　135
アデニル酸シクラーゼ　197
アデニン　18, 34
アデノシン　18
アデノシン三リン酸　19, 31, 145
アデノシン二リン酸　193
アドレナリン　173, 199, 213
アニーリング　77
アニール　72
Avastin　237
油　22
アポトーシス　235, 238
アポトーシス阻害タンパク質　240
アポリプレッサー　61
アミノアシル tRNA　97

アミノアシル tRNA 合成酵素　97, 141
アミノアシル部位　97
アミノ基　20
アミノ酸　20
α-アミノ酸　21, 39, 107
L-アミノ酸　115
D-アミノ酸　115, 164
アミノ酸側鎖　107
アミノトランスフェラーゼ　141
アミノ末端　101, 107
γ-アミノ酪酸　20, 210
アメーバ　224
アラニン　18, 40, 108, 110
L-アラニン　115
D-アラニン　115, 141
アラニングリオキシル酸アミノトランスフェラーゼ　125
R　40, 108
rRNA　56, 96
RRF　102
Ras　111, 201, 237
Ran　121
Rho　58
RNA　30, 45
RNAi　94
RNaseA　112
RNA スプライシング　63, 247
RNA プライマー　47
RNA ポリメラーゼ　56, 62
RNA ポリメラーゼ I　62
RNA ポリメラーゼ II　62
RNA ポリメラーゼ III　62
Rab ファミリー　130
RF　101
ROMK　110, 186
アルカリホスファターゼ　75
アルギニン　40, 108, 109
アルドステロン　64
アルドラーゼ　160
Rb　235
RPE65　258
αアドレナリン受容体　207
αチューブリン　219
αヘリックス　112, 114
アルブミン　164
アロステリック　133
アロラクトース　133
アンチコドン　96
アンチセンス mRNA　70
暗反応　155
アンピシリン耐性遺伝子　70

アンフォールド　119

い

E　40, 108
eIF　103
ES 細胞 → 胚性幹細胞
ENaC　64, 186
EF　101
イオンチャネル型グルタミン酸受容体　207
イオンチャネル型細胞表面受容体　207
異　化　157
閾　値　185
EGF　200
EGFR　251
異性体　16
位相差顕微鏡　2
イソクエン酸　158
イソプロピルチオ-β-D-ガラクトシド　60, 75
イソロイシン　40, 108, 110
一遺伝子一酵素説　89
一塩基多型　93
1 型原発性高シュウ酸尿症　125
一次構造　112
一次抗体　7
一次免疫蛍光法　7
一倍体　229
一倍体細胞　90
一文字表記　108
一酸化窒素　208, 213, 214
一酸化窒素シンターゼ　213
一本鎖 DNA 結合タンパク質　45, 46
遺　伝　231
遺伝コード　39, 96
遺伝子　89
　　──外の DNA　53
　　──の表記法　56
遺伝子組換えプラスミド　72
遺伝子座　245
遺伝子数　92
遺伝子地図　89
遺伝子治療　256, 258
遺伝子ノックダウン　95
遺伝的筋痙攣　161
遺伝病　232, 254
遺伝物質　45
いとこ　232

索引

E2F　235, 235
イノシトールトリスリン酸　19, 193
イノシトールトリスリン酸依存性カルシウムチャネル　193
E部位　97
イミノ酸　110
in situ ハイブリダイゼーション　70, 80
インスリン　181
インスリン受容体　202
インスリン受容体基質1　202
インターロイキン2　124, 252
インテグリン　223
イントロン　51

う

ウイルス　8, 38, 244
ウェスタンブロット法　81, 98
ウシ海綿状脳症　116
ウラシル　18, 39, 56
ウラシルDNAグリコシダーゼ　50
ウリジン三リン酸　168
ウリジン二リン酸グルコース　168
ウルトラミクロトーム　4
運動神経　210

え

A　40, 108
Arf　127
Arp2/3複合体　221, 223
エキソサイトーシス　126, 128, 129, 192
エキソヌクレアーゼ　48
エキソヌクレアーゼⅦ　49
エキソン　51
エキソンシャッフリング　52, 92
液胞　225
エグジット部位　97
AGT　125
ActA　221
ACP　168
S　40, 108
siRNA　94
SINE　53, 93
SH2　200
snRNA　64
SNARE　130, 130
SNP　93
S期　233
S値　97
SDS-PAGE　98
STAT　204
エステル結合　22
AZT　37
エタノール　161
H　40, 108
HRE　66

Her2受容体　251
ATM　235
ATP　19, 31, 46, 145, 146
ADP　193
ADP/ATP交換体　152
ATP合成酵素　151, 153
ADPリボシル化　102
エドワーズ症候群　231
N　40, 108
Na^+/K^+-ATPase　176, 178, 239
Na^+/Ca^{2+}交換体　180, 197
NADH　20, 146
NADH-Qオキシドレダクターゼ　150
NADHデヒドロゲナーゼ　150
NADPH　162
NFAT　111, 115, 124, 249, 250
NFκB　115
N型糖鎖　126
ncRNA　90, 93
N末端　101, 107
エネルギー通貨　145
APエンドヌクレアーゼ　50
エピジェネティック　90
F　40, 108
Fアクチン　222
A部位　97
Fas　239
Fasリガンド　249
エフェクター　134
FAD　159
Fab　243
fMet　99
Fc　243
FGF　214, 237
Averyの形質転換実験　89
M　40, 108
miRNA　62, 93
mRNA　21, 39, 51, 56, 96
MHCタンパク質　129, 248
MAPキナーゼ（MAPK）　200, 240
MAPキナーゼキナーゼ（MAPKK）　200
MAPキナーゼキナーゼキナーゼ（MAPKKK）　200
M期　233
MCC　236
MutS　49
MutH　49
MutL　49
MyoD　214
エリスロポエチン　126
L　40, 108
LINE　53, 93
*lac*オペロン　59
*lac z*遺伝子　70
*lac*リプレッサー　133
loci　245
塩化物イオン　175, 178, 210, 254
塩化物イオンチャネル　256
塩化物イオン輸送　254
塩基　14, 18
塩基除去修復　50

塩基損傷　49
塩基対　34
塩橋　110, 111
エンタルピー　154
エンドサイトーシス　126, 128, 129, 238, 248, 250
エンドソーム　129, 248
エンドヌクレアーゼ　49
エントロピー　154
エンハンサー　65
エンベロープ　8

お

横紋筋　10
大型ncRNA　95
岡崎フラグメント　46
オキサロ酢酸　158, 166
β-N-オキサロ-L-α-β-ジアミノプロピオン酸　208
2-オキソグルタル酸　158
L-β-ODAP　208
オートファジー　32
オートラジオグラフィー　74
オプソニン化　245
オペレーター　59
オペロン　58
親細胞　37
オリゴ糖　17, 126, 126
オリゴヌクレオチド　72
オリゴヌクレオチドプローブ　73
オルニチン　111
オレイン酸　21

か

開始因子　100
開始コドン　97
開始シグナル　42
解糖　141, 157
解糖系　159
開放型プロモーター複合体　57
海綿状脳症　116
カオトロピック　117
化学結合　12
核　2, 29
核移行シグナル　120
核様体　38
核外膜　121
核外輸送　120
角化細胞　222
核酸　18
核小体　2, 30, 121
核小体形成体　30
獲得免疫　243
核内移行　120
核内低分子RNA　64

索引

核内膜　121
核　膜　2, 8, 229
核膜孔　2, 29, 120, 121
核膜孔複合体　120
核輸送　120
核ラミナ　29, 121
加水分解　24
カスパーゼ　239
ガスリー試験　170
仮　足　224
カタラーゼ　31, 141
褐色脂肪細胞　149
活性化エネルギー　135
活動電位　184
滑面小胞体　2, 31
カドヘリン　226
カプサイシン　185
鎌状赤血球貧血　42
β-ガラクトシダーゼ　59, 70
β-ガラクトシドパーミアーゼ　59
ガラクトース　16
カラーセレクション法　70
カリウムイオン　175, 175, 207
カリウムチャネル　175
下　流　56
カルシウムイオン　31, 175, 192
カルシウム ATPase　136, 197, 213, 181
カルシウム-カルモジュリン依存性プロテインキナーゼ　204
カルシウムシグナル　193
カルシウムポンプ　182
カルシニューリン　124
カルビン回路　155
カルボキシ基　14
カルボキシ末端　101, 107
カルモジュリン　113, 115
カルレティキュリン　121
癌　80, 200, 236
間　期　30
管　腔　9
還　元　20
還元剤　20
感光性細胞　228
幹細胞　8, 10
関節リウマチ　64
汗　腺　254
含フラビンモノオキシゲナーゼ　117
γチューブリン　219

き

キアズマ　233
偽遺伝子　52
基　質　135
基底膜　9
基底ラミナ　9
キナーゼ　111
キネシン　222
ギブズの自由エネルギー　145, 154

キメラタンパク質　83, 239
キモトリプシン　112
逆遺伝学　84
逆行輸送　222
逆転写　36
逆転写酵素　52, 69
逆平行βシート　112, 114
ギャップ 0　234
ギャップ 1　233
ギャップ 2　233
ギャップ結合　10, 28, 29
Q　40, 108
9+2 軸糸　220
Q-シトクロム c オキシドレダクターゼ　151
狂牛病　116, 116
狭心症　214
胸　腺　244, 248
共有結合　12
供与体　16
巨核球　244
極　229
局在化配列　120
局所麻酔薬　185
極性（細胞の）　9
極　性　12
極性基　111
極　体　231
巨大分子　16
キラーT 細胞　129, 250
筋収縮　223
筋　節　223
筋組織　10

く

グアニル酸シクラーゼ　199, 208
グアニン　18, 34
グアニンヌクレオチド交換因子　121, 127
グアノシン三リン酸　100
グアノシン二リン酸　100
空間的加算　209
空　胞　129
クエン酸　158
クエン酸回路　157, 158
クオラムセンシング　61
組換え　233
組換え DNA　69
組換えプラスミド　72
クラススイッチ　247
グラスピー　208
クラスリン　127, 238
クラスリンアダプタータンパク質　128
クラスリン被覆小胞　128
グランザイム　249
グリア細胞　10, 176, 188
グリオキシル酸　125, 141
グリコーゲン　17, 162, 166
グリコーゲンホスホリラーゼ　162

グリコーゲンホスホリラーゼキナーゼ　172
グリコシド結合　17
グリコシル化 → 糖鎖付加
グリシン　40, 108, 110, 141
グリシン-フェニルアラニン繰返し配列　120
クリステ　30
グリセリド　22
グリセルアルデヒド 3-リン酸　160, 166
グリセロール　21, 22
グルココルチコイド受容体　64, 83, 116, 208
グルココルチコイドホルモン　64
グルコース　16, 145, 159, 160, 166
グルコース輸送体　133, 179, 181
グルコース 6-リン酸　145, 159, 160, 166
グルコース 6-リン酸デヒドロゲナーゼ欠乏症　163
グルタミン　40, 108
グルタミン酸　40, 108, 111, 192, 207, 209
グルタミン酸受容体　74
グルタミン酸類似化合物　208
クールー病　116
クレブス回路 → クエン酸回路
グレープフルーツ　63
クロイツフェルト・ヤコブ病　116, 232, 250
クロストーク　204
クローニング　69, 255
クローニングベクター　70, 71
クロマチン　29, 37, 229
クロラムフェニコール　103
クロロフィル　155
クローン　69
クローン選択説　243, 248
クローンライブラリー　72

け

K　40, 108
K_M　139
k_{cat}　137
蛍光顕微鏡　6
軽　鎖　243
形質細胞　248
形質膜　27
経上皮電位　255
系統樹　5
血　液　244
血液供給　212, 213
血管収縮神経　213
血管新生　213, 237
結合組織　9
結合部位　107, 133
血小板　194, 244
血小板由来増殖因子　109, 112, 116, 200
血　流　212
KDEL　120
ゲーティング　29

索引

ゲートのあるチャネル　178
ゲート輸送　119, 120
ケトン（体）　164
ゲノミクス　93
ゲノム　29, 34, 90, 228
ゲノム DNA クローニングベクター　75
ゲノム DNA ライブラリー　76
ゲノムプロジェクト　53
ゲノム量　91
ケラチノサイト　222
ケラチン　104, 113, 222, 225
ゲルゾリン　224
原核細胞　5
原核生物　46
嫌気性生物　161
嫌気的解糖　198
原形質膜　27
原形質連絡　225
減数分裂　231
顕微鏡　1

こ

抗ウイルス薬　37
光学異性　115
光学顕微鏡　2
抗癌剤　111, 229, 251
後期
　　有糸分裂の——　229
　　減数分裂の——　231
後期 A　229
後期促進複合体　236
後期 B　229
抗原　244
光合成　155
交差　233
恒常的活性型　201
校正機構　48
構成的分泌　128
抗生物質　10
酵素　135
酵素アッセイ　135
酵素阻害剤　142
酵素濃度　139
酵素反応　137
抗体　243
抗体アイソフォーム　245
抗体プローブ　74
好中球　243, 244, 244
抗不安薬　210
高分子　16
酵母人工染色体　75
小型 ncRNA　93
呼吸　133
骨格筋細胞　195
古細菌　5
コザック配列　103
コショウ　185
コスミド　75, 255

骨格筋　10
骨格筋細胞　210, 228
骨髄　244
骨髄系幹細胞　244
固定結合　225
コートマー　127
コートマー被覆小胞　127
コドン　39
コネキシン　28, 107
コネクソン　28, 116, 178
コハク酸　158
コハク酸-Q オキシドレダクターゼ　150
コハク酸デヒドロゲナーゼ　150
コヒーシン　229, 236
ゴルジ装置　8, 31
ゴルジ体　2, 119, 126, 230
ゴールデンライス　84
コルヒチン　219
コレステロール　27
コンピテント　72, 78

さ

細菌　214, 221, 244
細菌人工染色体　75
サイクリックアデノシン一リン酸 →
　　　　　　　　　　　　　　cAMP
サイクリック AMP → cAMP
サイクリックグアノシン一リン酸 →
　　　　　　　　　　　　　　cGMP
サイクリック GMP → cGMP
サイクリン　234
サイクリン A　234
サイクリン B　142, 234
サイクリン D　200, 234
サイクリン E　234
サイクリン依存性キナーゼ　234
サイクリン依存性キナーゼ阻害タンパク質
　　　　　　　　　　　　　　236
最大速度　139
サイトカイン　203, 239, 249
サイトカイン受容体　203
サイトゾル　5
細胞　1
細胞運動　224
細胞外マトリックス　9
細胞化学　2
細胞学　1
細胞型プリオン関連タンパク質　116
細胞間液　9
細胞間結合　28
細胞骨格　218
細胞死　237
細胞質　2
細胞質ダイニン　222
細胞質分裂　228, 230
細胞質リボソーム　2
細胞腫　236
細胞周期 → 細胞分裂周期

細胞周期制御遺伝子　228
細胞傷害性 T 細胞　250
細胞小器官　27
細胞説　1
細胞接着分子　225
細胞内カルシウムイオン濃度　192, 207
細胞内受容体　208
細胞内膜　2
細胞内メッセンジャー　193
細胞分裂　7
細胞分裂周期　228, 233
細胞壁　10
細胞膜　1, 2, 24, 27, 147
SINE　53, 93
サザンブロット法　78, 81
サテライト DNA　53, 229
サーモゲニン　149
サルコメア　223
Zarnestra　201
酸　13
酸　化　20
三次構造　113
酵　素　31
三文字表記　108
残余小体　130
残留シグナル　120
三量体 G タンパク質　139, 141, 194

し

C　40, 108
G　40, 108
G アクチン　222
ジアシルグリセロール　195
ジアゼパム　210
シアノバクテリア　8
CRP　60, 115
Grb2　200
GEF　121, 121, 127
JAK　203
JNK　240
cAMP　60, 197
cAMP 依存性プロテインキナーゼ
　　　　　　　　　　　173, 256
cAMP 受容体タンパク質　60, 115
cAMP ホスホジエステラーゼ　198, 213
G$_s$　197
Chk1　235
GAP　121
GABA　20, 210
GABA 依存性チャネル　210
CF　254
CFTR　256
CFTR 遺伝子　256
GFP　7, 83, 113, 127, 239
GF リピート　120
GM 穀物　84
時間的加算　210
色素性乾皮症　51

色素胞　221
ジギタリス　150, 183
G_q　194
軸索輸送　221
シグナルウエブ　204
シグナル伝達系　204
シグナル認識粒子　125
シグナル認識粒子受容体　125
シグナル配列　120
シグナルペプチダーゼ　125
σ因子　57
シクロスポリンA　124
CKI　236
自己免疫疾患　252
自己誘導　61
cGMP　199, 208
cGMP 依存性プロテインキナーゼ　213
cGMP ホスホジエステラーゼ　213
脂質二重層　24, 27, 116, 257
自食作用胞　130
シスターナ　126
シスチン　109
システイン　40, 108, 109
シス面　126
ジスルフィド架橋　109
ジスルフィド結合　98, 109, 112
G_0 期　234
自然選択　233
自然免疫　243
G タンパク質　139, 141, 194
G_2/M 移行期　234
G_2 期　233
実行型カスパーゼ　239
Cds1　235
cDNA　73, 256
cDNA ライブラリー　73, 256
CDK　234
CDK1　234
CDK1-サイクリンA　234
CDK1-サイクリンB　234
CDK2-サイクリンA　234
CDK2-サイクリンE　234
CDK4-サイクリンD　234
CDK6-サイクリンD　234
Cdc20　236
Cdc25　234
$CD8^+T$ 細胞　248, 249
CTP　146
GTP　100, 146
GTPase　121, 139
GTPase 活性化タンパク質　121
$CD4^+T$ 細胞　248, 250
ジデオキシヌクレオチド　77
ジデオキシ法　77
シトクロム　141
シトクロム c　180, 239
シトクロム c オキシダーゼ　151
シトクロム P450　63, 140
シトクロムレダクターゼ　151
シトシン　18, 34
シトシンアラビノシド　47

シトルリン　111
シナプス　193
ジヒドロキシアセトンリン酸　160, 166
ジフテリア菌　102
ジフテリア毒　102
脂肪細胞　149
脂肪酸　22, 163
脂肪酸合成　157
C 末端　101, 107
シャイエ症候群　39, 102
シャイン・ダルガルノ配列　99
シャペロニン　123
シャペロン　117, 122
終　期
　　有糸分裂の――　229
　　減数分裂の――　231
終結因子　101
集光レンズ　2
重　鎖　244
シュウ酸カルシウム　125
終止コドン　42, 257
終止シグナル　41
修復酵素群　50
周辺二連微小管　220
繊　毛　220
縦列反復配列多型　79
縮　重　41
主　溝　35
主　鎖　111
樹状細胞　244, 248
受　精　90, 231
受精卵　90
出生前着床前診断　258
受動免疫　251
腫　瘍　237
主要組織適合性複合体タンパク質　129, 248
受容体　16, 74
受容体型チロシンキナーゼ　239
シュワン細胞　188
順行輸送　221
小サブユニット　97
焦点深度　4
上皮増殖因子　200
上皮組織　9
小　胞　2, 126, 127
小胞体　31, 119, 230
小胞輸送　119, 126
漿　膜　186
上　流　57
食中毒　130
触　媒　135
触媒速度定数　137
初速度　137, 138
CYP　63
CYP3A4　63
仕分けシグナル　119
G_1/S 移行期　234
G_1 期　233
真核生物　5
真核生物開始因子　103
新型クロイツフェルト・ヤコブ病　116

心　筋　10
ジンクフィンガー　114
ジンクフィンガーモチーフ　116
神経細胞　10
神経組織　9
神経変性疾患　148
腎結石　125
真正細菌　5
親水性　24
親水性アミノ酸　111
親水性側鎖　108
心　臓　183
腎　臓　64, 186
迅速反応法　138
伸長因子　101
伸展活性化チャネル　213
浸透圧　117

す

水素イオン　175
水素イオン勾配　146
水素結合　15, 35, 111
睡眠病　160
水溶液　13
水和殻　13
水和水　175
スクシニル CoA　158
スクレイピー　116
スクレイピー型プリオン関連タンパク質　116, 232, 250
ステアリン酸　23
ステロイドホルモン　208
ステロイドホルモン受容体　66
ストップフロー法　138
ストレス活性化プロテインキナーゼ　240
ストレスファイバー　222
ストレプトマイシン　103
ストロマ　225
ズブチリシン　82
スプライシング　51, 64, 247
スプライソソーム　64
ズーブロット　79, 256
スベドベリ単位　97

せ

制限酵素　71
精細胞　231
精　子　230
静止電位　178
生殖細胞　90, 230
成人ヘモグロビン　134
生体高分子　16
生体膜　175
成長端　229

静電的相互作用　111
正のフィードバック　171
赤芽球　244
赤道面　229
セキュリン　236
接眼レンズ　2
セツキシマブ　200
赤血球　28, 163, 244
接　合　90
接合子　90
接触阻止　236
接着結合　226
Z　板　223
Z型（DNAの）　36
セリン　40, 108, 109, 111
セリン-トレオニンキナーゼ　111, 213
セルロース　17
線維芽細胞　9
線維芽細胞増殖因子　214, 237
遷移状態　135
前　核　231
全か無かの法則　188
前　期
　　減数分裂の――　231
　　有糸分裂の――　229
前期Ⅰ　231
腺腫性ポリープ　237
染色体　30, 36, 89, 228, 230
染色体ウォーキング　84
染色体外ゲノム　91
染色体凝縮　229
染色体ゲノム　91
染色分体　37, 229
染色分体対　231
全身てんかん　185
選択的スプライシング　52, 64, 92
前中期
　　減数分裂の――　231
　　有糸分裂の――　229
先導端　223
セント・ジョーンズ・ワート　63
セントラルドグマ　22, 36
セントロメア　53, 229
全能性　225
繊　毛　9

そ

槽　31, 126
走化性　214
双極子　12
双極性の細胞　182
双曲線　134
造血幹細胞　244
走査型電子顕微鏡　4
増殖因子　239
増殖因子受容体結合タンパク質2　200
増殖因子受容体阻害　200

相同組換え　233
相同体　231
挿入変異導入　85
相補的　35
相補的DNA → cDNA
組　織　1, 9
疎水結合　112
疎水性　22
疎水性アミノ酸　111
疎水性側鎖　108
ソーティングシグナル　119
粗面小胞体　2, 31, 119, 121, 125
30 nmソレノイド　37

た

第一減数分裂　230
体細胞　230
体細胞超変異　247
体細胞変異　51
大サブユニット　97
胎児赤血球　134
胎児ヘモグロビン　134
代　謝　27, 157, 157
代謝回転数　137
代謝型細胞表面受容体　207
大腸腺腫症遺伝子　237
ダイナミン　128
第二減数分裂　230
ダイニン　220, 222, 238
対物レンズ　2
ダウン症　230, 231
多価不飽和脂肪酸　23
タキソール　220, 229, 251
ターゲティング配列　120
多層構造　9
TATAボックス　65
多タンパク質複合体　120
脱アミノ　49
脱凝縮　230
脱共役　149
脱コート　127
脱プリン　49
脱分極　183
多　糖　17
W　40, 108
Wee1　234
ターミネーター　57
炭化水素鎖　22
単　球　244
炭酸固定　155
単純拡散　28
炭水化物　16
タンデム反復　53
単　糖　16
タンパク質　20, 107
　　――の三次元構造　111
　　――の分離　98
タンパク質工学　82
タンパク質分解酵素　104

単量体　16

ち

チェックポイント　235
チオール基　109
チミン　18, 34
チミン二量体　50
チャージされたtRNA　97
チャネル　178
中間径フィラメント　2, 222, 224
中　期
　　減数分裂の――　231
　　有糸分裂の――　229
中心小体　218
中心体　2, 32, 218, 229
チューブリン　219, 229
調節性分泌　128
超微細構造　2
跳躍伝導　189
超らせん形成　37
チラコイド　155
チロシン　40, 108, 111, 232
チロシンキナーゼ　111
チロシンキナーゼ型受容体　200
沈降速度　97

つ

痛覚受容神経細胞　182, 209
痛覚伝達神経細胞　192, 209
月見草　23
積み荷タンパク質　122, 126

て

D　40, 108
T　40, 108
tRNA　56, 96
TrkA　238
trpオペロン　61
TRPV　183
Damメチル化酵素　48
DAG → ジアシルグリセロール
TATAボックス　65
DNA　29, 34, 45
　　――の再構成　248
　　遺伝子外の――　53
DnaA　45
DNA塩基配列決定　77
DNA切出し　50
DNAクローニング　69
DnaC　45
DNA修復機構　237, 240
DNA損傷　49
DNAフィンガープリント　79
DNA複製　45

索引

DNA 複製起点　234
DNA ポリメラーゼ　46, 84, 107
DNA ポリメラーゼⅠ　48
DNA ポリメラーゼⅢ　46
DNA ポリメラーゼα　46
DNA ポリメラーゼδ　46
DNA ポリメラーゼε　46
DNA リガーゼ　46, 70
TAP　129
T 細胞　243, 244, 248
T 細胞受容体　248
テイ・サックス病　32
T3 プロモーター　70
TCA 回路 → クエン酸回路
定常状態　145
T 前駆細胞　244
D 体　115
TTP　146
T7 プロモーター　70
ディプロイド → 二倍体
デオキシリボ核酸 → DNA
デオキシリボース　18, 34
デスドメイン受容体　239
デスミン　225
デスモソーム　222, 226
テトラサイクリン　103
ΔG　145, 154
テロメア　53
転移 RNA　40, 56, 96
電位依存性カルシウムチャネル　192, 196, 211
電位依存性ナトリウムチャネル　177, 184, 210
電位依存性ナトリウムチャネル遺伝子　233
電位固定法　257
てんかん　185
電気泳動　78
電気化学的勾配　147, 207
電気的に興奮性　184
電子顕微鏡　3
電子銃　3
電子親和性　12
電子伝達系　149, 157
転　写　107
転写因子　65
転写バブル　57
伝達物質　207

と

銅　117
同　化　157
透過型電子顕微鏡　3
動原体　229
糖鎖修飾　27
糖鎖付加　110, 126
糖新生　157, 165
動的不安定性　219
等電点　15

導　入　83
糖尿病　252
糖尿病性アシドーシス　15
特異性定数　140
毒　素　244
ドッキングタンパク質　125
突然変異　39
トポイソメラーゼ　37
トポイソメラーゼⅠ　233
ドメイン　113
トラスツズマブ　251
トランスクリプトミクス　93
トランスゴルジ網　126, 128
トランスジェニック　85
トランスポゾン　93
トランスミッター　67
トランス面　126
トランスロケーション　101
トランスロケーター　122
トリアシルグリセロール　22, 168
トリカルボン酸回路 → クエン酸回路
トリソミー　231
トリパノソーマ　160
トリプシノーゲン　137, 255
トリプシン　137, 255
トリプトファン　40, 108, 110, 147
トリプトファンオペロン　61
トリプレット　97
トリメチルアミン　117
トリメチルアミン N-オキシド　117
トリメチルアミン尿症　41
トレオニン　40, 108, 109, 111
トロポニン　224
貪食細胞　244

な

ナイアシン　147
内在性シグナル　215
内　皮　212
内部共生説　8, 30
ナチュラルキラー細胞　243, 244
ナトリウムイオン　207, 254, 175
ナトリウムイオン勾配　147
ナトリウム/カリウム ATPase
　　　　(Na^+/K^+-ATPase)　176, 178, 239
ナトリウム/カルシウム交換体
　　　　(Na^+/Ca^{2+}交換体)　180, 197
ナトリウム性活動電位　185
ナトリウムチャネル病　185
ナム　215
ナンセンス変異　42, 257

に

匂い感受性神経細胞　197
二価染色体　231
肉　腫　237
ニコチンアミド　18

ニコチンアミドアデニンジヌクレオチド　20, 146
ニコチンアミドアデニンジヌクレオチドリン酸　162
ニコチン性アセチルコリン受容体　211
二次元ポリアクリルアミドゲル電気泳動　104
二次構造　112
二次抗体　7
二次免疫蛍光法　7
二重らせん　35
ニッチ　10
二　糖　17
ニトログリセリン　214
二倍体　229
二倍体細胞　90
二分裂　8
乳　酸　14
乳酸デヒドロゲナーゼ　135
乳幼児突然死症候群　165
ニューロトロフィン　238
ニューロフィラメント　225
ニューロン　10
尿　素　117
尿素回路　111, 167
二リン酸　24

ぬ

ヌクレオシド　18
ヌクレオシド三リン酸　146
ヌクレオソーム　37
ヌクレオチド　19
ヌクレオチド除去修復　51
ヌクレオポリン　120

ね

ネクローシス　238
熱安定性 DNA ポリメラーゼ　84
熱ショックタンパク質　123
熱力学　154
ネルンストの式　179

の

囊胞性線維症　137, 233, 254
囊胞性線維症膜貫通型調節因子　256
ノーザンブロット法　80, 81, 256
ノックアウトマウス　85

は

バイアグラ　213
配偶子　90, 231
胚性幹細胞　8

索 引

ハイドロパシープロット　109, 256
胚盤胞　85
ハイブリダイゼーション　74
ハイブリドーマ細胞　247
バクテリオファージ　8, 38, 71, 75, 76
パクリタキセル　229
Hershey-Chaseの実験　89
ハーセプチン　251
バターズ症　110
発　癌　237
白血球　224
白血病　237
発　生　214
パッチクランプ法　176
パトー症候群　231
パニツムマブ　200
パーフォリン　249
ハプロイド→一倍体
pamaquine　163
ハーラー症候群　39, 102
パラ分泌伝達物質　209, 212
バリン　40, 108, 110
バルキー型損復　50
反復配列　92
半保存的　47
半保存的複製　47
半メチル化　48

ひ

P　40, 108
p16^{INK4a}　107, 236
p21　236
p27^{KIP1}　236
p38　240
p75　238
p53　236
piRNA　95
PI3-キナーゼ　202, 237
Bid　249
PIP$_2$　194
PIP$_3$　202
PrP　232, 250
PrP^{SC}　116, 232, 250
PrP^C　116
BAX　239
PAC　75
BAC　75
pH　14, 135
PLC→ホスホリパーゼC
B型　36
光受容細胞　215
pK_a　14
PKC　204
PKB　202
ビコイド　215
非コードRNA　90, 93
非コードDNA　92

B細胞　243, 244, 244
PCR　83, 258
bcl-21　239
微絨毛　9
微小管　2, 218, 229
微小管形成中心　218
ヒスチジン　40, 108, 109, 111, 135
ヒストン　29, 37
1,3-ビスホスホグリセリン酸　160, 166
微生物　1
B前駆細胞　244
脾　臓　244
左巻きαヘリックス　115
必須アミノ酸　170
必須脂肪酸　23
PDGF　109, 112, 116, 200
ヒトゲノムプロジェクト　78
ヒト2型上皮増殖因子受容体　251
ヒドロキシプロリン　110
ヒドロキシリシン　110
pBluescript　70
皮　膚　222
P部位　97
皮膚癌　237
腓腹筋　210
pBluescript　70
非分解性の誘導物質　61
ヒポキサンチン　18
ヒポグリシンA　165
非翻訳配列　99
ビメンチン　225
日焼け　237
ピューロマイシン　104
標準状態　154
標的化配列　120, 120
ピリドキサミンリン酸　141
ピリドキサールリン酸　141
ピリミジン　18, 34
ビリン　223
ピルビン酸　141, 159, 160, 161, 166
ヒールプリック試験　170

ふ

ファンデルワールス力　111
V　40, 108
v-SNARE　130
VNTR　79
V（D）Jリコンビナーゼ　246
フィードバック　171
フィードフォワード　171
フィブロイン　113
フィラデルフィア染色体　230
フェニルアラニン　40, 108, 110, 232
フェニルアラニンヒドロキシラーゼ　232
フェニルケトン尿症　170, 232, 232
フォーカルコンタクト　224
フォールディング　119, 122
不活性化プラグ　184

副　溝　35
複合体Ⅰ　150
複合体Ⅱ　150
複合体Ⅲ　151
複合体Ⅳ　151
複　製
　DNAの——　36, 45
複製起点　45
複製フォーク　45
付着末端　71
太いフィラメント　223
負のフィードバック　62, 142, 171
不飽和　23
フマル酸　158
プライマー　47, 84
プライマーゼ　46
プラーク　76
フラジェリン　151
プラス端　219
プラスミド　38
プラスミドクローニングベクター　71
フラビンアデニンジヌクレオチド　158
プリオン　116
プリオン関連タンパク質→PrP
プリン　18, 34
フルクトース　16
フルクトース1,6-ビスリン酸　160, 166
フルクトース6-リン酸　160, 166
ブルーム症候群　51
フレームシフト変異　42
プログラム細胞死　238
プロスタグランジン　142
ブロット法　81
プロテアーゼ　184
プロテアーゼ阻害剤　20
プロテアソーム　104, 129, 236, 257
プロテインキナーゼ　135
プロテインキナーゼA　173, 199
プロテインキナーゼB　202, 239
プロテインキナーゼC　204
プロテインキナーゼG　213
プロテインホスファターゼ　234
プロテオミクス　93, 104
プロテオリシス　24
プロトフィラメント　219
プロトン化　14
プローブ　81
プロフィリン　223
プロモーター　57
プロリン　40, 108, 110
分解能　1
分化全能性　8
分　離　127, 127
分裂期　8
分裂溝　230

へ

平滑筋　10, 212, 213

平滑末端　71
平衡定数　14
平衡電位　176, 179, 257
平行βシート　112, 114
閉鎖型プロモーター複合体　57
ヘキソキナーゼ　145, 159, 160
ヘキソース　16
ベクター　255
βアドレナリン受容体　173, 207
β酸化　164
βシート　112, 114
βチューブリン　219
βバレル　115
ヘテロクロマチン　2, 30, 37, 121
ペニシリン　142
ペプチジルトランスフェラーゼ　101, 107
ペプチジル部位　97
ペプチド　107
ペプチド結合　107
ヘミメチル化　48
ヘム　117, 141
ヘモグロビン　107, 116, 134, 212
ペラグラ　147
ヘリカーゼ　46
ヘリックス・ターン・ヘリックスモチーフ　114
ペルオキシソーム　2, 31, 119, 119, 124, 125
ヘルパーT細胞　252
変異　45
ペントース　17
ペントースリン酸回路　162
鞭毛　151, 220

ほ

補因子　140, 146
保因者　232, 254
紡錘体形成チェックポイント　234
飽和速度　139
補欠分子族　116, 140
補酵素　146
補酵素Q　151
ホスファターゼ　111
ポストゲノム　93
ホスファチジルイノシトール3-キナーゼ　202, 237, 239
ホスファチジルイノシトールトリスリン酸　202
ホスファチジルイノシトールビスリン酸　194
ホスファチジルコリン　24
ホスホアスパラギン酸　110
ホスホエノールピルビン酸　160, 166
2-ホスホグリセリン酸　160, 166
3-ホスホグリセリン酸　160, 166
ホスホグルタミン酸　110
ホスホジエステル結合　34
ホスホセリン　110
ホスホチロシン　110

ホスホトレオニン　110
ホスホヒスチジン　110
ホスホフルクトキナーゼ　142, 142, 160
ホスホリパーゼC　194, 201, 207
細いフィラメント　224
補体　245
ボツリヌス症　130
ボツリヌス毒素　130, 244
ボトックス　130
ポリアクリルアミドゲル電気泳動　98
ポリ(A)テール　62
ポリクローナル抗体　247
ポリシストロニックmRNA　58
ポリソーム　101
ポリヌクレオチドキナーゼ　74
ポリペプチド　20, 107, 107
ポリメラーゼ連鎖反応　83, 258
ポリリボソーム　101
ポリン　147, 178, 240
whole-cellパッチクランプ法　74, 176
ホルミル化　107
ホルミルメチオニン　99
N-ホルミルメチオニンペプチド　214
ホルモン　209, 213
ホルモン応答配列　66
翻訳　39
翻訳後修飾　110

ま

マイクロRNA　62, 93
マイクロアレイ　80
マイクロサテライトDNA　53
マイクロフィラメント　222
マイトジェン　200
マイトジェン活性化プロテインキナーゼ　200
マイナス端　219
膜間腔　29
膜間部　121
膜侵襲複合体　245
膜電位　175, 176
膜透過　119
膜透過装置　122
膜内在性タンパク質　27, 178
膜表在性タンパク質　27
膜融合　130
マクロファージ　32, 239, 243, 244
マッカードル病　161
MAPキナーゼ　200, 240
MAPキナーゼキナーゼ　200
MAPキナーゼキナーゼキナーゼ　200
マトリックス　31
マルチクローニング部位　70
マルファン症候群　9
マンガン　117
慢性疲労症候群　147
マンノース　16, 126
マンノース6-リン酸　18, 128, 129

み

ミエリン　188
ミオグロビン　134
ミオシン　223
ミオシンII　224, 230
ミオシンV　224
ミカエリス定数　139
ミカエリス・メンテンの式　140
右巻きαヘリックス　115
水　12
ミスセンス変異　42
ミスフォールド　257
ミスマッチ修復　48
密着結合　28
ミトコンドリア　2, 8, 30, 119, 122, 148, 160, 239
ミトコンドリア外膜　147
ミトコンドリア内膜　147
ミトコンドリアマトリックス　147
ミトコンドリアリボソーム　2
ミニサテライトDNA　53

む～も

無極性　12
明視野顕微鏡　2
命名法　20
MeselsonとStahlの実験　47
メタボロミクス　93
メタロプロテイナーゼ　237
メチオニン　40, 108, 110
メチル化　48
7-メチルグアノシンキャップ　62
メッセンジャーRNA　21, 39, 51, 56, 96
メモリーB細胞　248
免疫グロブリン　243
免疫グロブリンG　243
免疫抑制剤　124
メンデルの法則　254

網膜芽細胞腫　235
モチーフ　113
モノクローナル抗体　237, 247, 251
モノマー→単量体
モリブデン　117

ゆ

有機物　19
有糸分裂紡錘体　8
融合　130
有糸分裂　37, 228, 229

索引

有糸分裂期　228
有糸分裂チェックポイント複合体　236
有糸分裂紡錘体　228
優　性　232
有性生殖　230
誘導シグナリング　216
誘導適合　137
誘導物質　61
ユークロマチン　29, 37, 121
輸送体　178
UTP　146, 168
UDP　168
ゆらぎ仮説　97

よ

溶　液　13
溶　質　13
葉緑体　8, 225
抑制性オペロン　61
四次構造　133
読み枠　42

ら

ライブラリースクリーニング　73
LINE　53, 93
ラインウィーバー・バークプロット　140
ラギング鎖　46
ラクトース　17, 59
ラクトースオペロン　59
ラクトース不耐症　24

らせん不安定化タンパク質　46
ラミン　29
λバクテリオファージ　255
卵　29, 230
卵細胞　215, 231
ランビエ絞輪　188
卵母細胞　231

り

リアノジン　196
リアノジン受容体　196
リガンド　107
リシン　40, 108, 109
リソソーム　2, 32, 129, 248
リソソーム蓄積症　32, 129
リソソーム標的化シグナル　129
リソソーム輸送　128
リゾチーム　112, 141
リーダー配列　99
立体異性体　16
リーディング鎖　46
リブロース　16
リボザイム　101
リボース　16, 56
リボソーム　2, 30, 96, 103, 121
リボソームRNA　56, 96
リボソーム結合部位　99
リボソーム再生因子　102
リボヌクレアーゼ　141
リボヌクレアーゼH　48, 70
硫酸ドデシルナトリウム　98
両親媒性　22
緑色蛍光タンパク質　7, 83, 113, 127, 239

リンゴ酸　158
リン酸エステル　110
リン酸化　18, 111
リン酸基　18
リン酸ジエステル結合　24
リン酸無水物　110
リン脂質　24, 27
リンパ球　243
リンパ球系幹細胞　244
リンパ腫　237
リンパ節　244, 248

る〜ろ

ルシフェラーゼ　61

劣　性　232
レーバー先天性黒内障　258
連　鎖　84, 233
連鎖分析　255

ロイシン　40, 108, 110
濾過滅菌　4
ロテノン　150

わ

Y　40, 108
YAC　75
Y染色体　231
ワトソン・クリックモデル　35

永田 恭介
ながた きょうすけ
1953年　愛知県に生まれる
1976年　東京大学薬学部 卒
1981年　東京大学大学院薬学研究科 修了
現　筑波大学医学医療系 永田特別研究室長
専　攻　分子生物学, 生化学, ウイルス学
薬学博士

第1版 第1刷 2013年9月10日 発行

基礎コース 細 胞 生 物 学（原著第3版）

監訳者　　　永　田　恭　介
発行者　　　小　澤　美奈子
発　行　　　株式会社 東京化学同人
東京都文京区千石3丁目36-7（〒112-0011）
電話 (03) 3946-5311・FAX (03) 3946-5316
URL: http://www.tkd-pbl.com/

印　刷　大日本印刷株式会社
製　本　株式会社 青木製本所

ISBN978-4-8079-0819-6　Printed in Japan
無断複写, 転載を禁じます.